ラジオが夢見た市民社会

ラジオが夢見た市民社会

アメリカン・デモクラシーの栄光と挫折

デイヴィッド・グッドマン
David Goodman

長﨑励朗……訳

岩波書店

RADIO'S CIVIC AMBITION:
American Broadcasting and Democracy in the 1930s, First Edition
by David Goodman

First published 2011 by Oxford University Press, Oxford.

This Japanese edition published 2018
by Iwanami Shoten, Publishers, Tokyo
by arrangement with Oxford Publishing Limited, Oxford.

序章

一九二〇年代の終わりに成人を迎えた人々は、放送の時代という全く新しい聴覚環境の中で一生を送った最初の世代である。彼らが体験した衝撃について、当時の論者は驚きを込めて次のように言う。

あらゆる出来事を、どこにいても思いのままに聴くことができる。それはこの世界と、そこに住む人々にすさまじい影響を与えた。(1)

事実、ラジオは革命的な装置であった。それは人々の会話のパターンを変えた。各家庭内に新しい社会的、象徴的な中心を作り出すとともに、新たな種類のバックグラウンド・ノイズをも供給したのである。ラジオは瞬く間に、アメリカの生活において最も重要な装置となった。それ以前には貴重ですらあった、おしゃべりと音楽がラジオから尽きることなく流れ出してくる。物語や最新のニュース、そして、それまではほとんど触れることのなかったプロのミュージシャンによる音楽が、あの小さな箱を通じて常に目の前に運ばれてくるようになったのである。各家庭は、明るく、説得力のある声で満たされた。

デジタル時代のすさまじい変化を体験してきた我々には、ラジオが現れた時に人々が感じたある種の高揚感を理解することができる。規格外の新しい可能性、新たな地平。ラジオはそんな感覚をもって迎えられたのだ。

しかし、そこには懸念も存在した。人々は注意深く、批判的に聴くのではなく、ぼんやりと聴くだけになってしまうのではないか？　ラジオから絶え間なく流れ出すおしゃべりが、聴くという行為の質に対するそんな不安を煽ったのである。さらに、公衆として、そして市民としての生き方にラジオが及ぼす影響についての懸念も噴出した。新たに家庭に入ってきたラジオという娯楽があまりに豊饒なものだったからだ。ラジオによってアメリカ人は受動的になり、家に引きこもりがちになるのではないか？　自立してものを考えなくなり、自分の意見を発展させたり、表明したりといったことをしなくなるのではないか？　希望や感嘆と同じく、そのような不安もまた、ラジオ史の一部である。そのいずれもがラジオのありようを決定づけていったのだから。

　全盛期のアメリカのラジオにまつわる支配的な記憶は次のようなものだ。すなわち、ラジオは主に娯楽として機能し、これまでにないほどに国民をまとめあげた、と。社会史や文化史の学者たちによる言及だけではなく、昔のラジオに対する懐古の念もまた、そんな記憶を強化した(2)。古い時代のラジオに対するノスタルジーとともに思い起こされ、神話化されているのは、ルーズヴェルトによる炉辺談話、あるいはジャック・ベニーである。それらを聴く刺激的な体験を共有することで、人々は国家というコミュニティを形成していったというわけだ(3)。

　ラジオは現在、教科書にも掲載されている。そこでは、アメリカ国民がちょうど安価で明るい娯楽を最も必要としていたまさにそのとき、すなわち世界恐慌の時期に、偶発的に登場した安価で気散じに適した大衆娯楽の装置であるとされている(4)。

　このような見方は間違いではない。しかし、歴史においてままあることだが、同じ考え方を単純に反復していると、その他の重要な見方に気づきにくくなってくる。

　ラジオ史にはいくつかの対立軸がある。教育と娯楽、商業的な役割と公的な役割、受動的な聴衆と能動的な聴衆、従順な聴き手と対抗的な聴き手。これらの対立については、一九三〇年代にも広く議論されていた。それらを深く理解するためには、当時における言葉の意味合いや議論そのものをラジオ史の中で、詳細に検討する必要がある。怖いのは、我々の時代の概念体系

家庭でラジオを聴く親子(1940 年，カリフォルニア州テハマ郡にて)
これを撮影した写真家は，ラジオが家族生活の一部になっている様に魅力を感じたという．Photographer: Russell Lee. FSA-OWI Collection, Library of Congress, LC-DIG-fsa-8b00054 D.

を過去に押し付けてしまうこと、すなわち、現代やそこにある娯楽、能動的聴衆といったものを引き合いに出して理解しようとしてしまうことだ。現代の我々自身が使っている言葉を深く考えずに用いてしまうと、メディアの社会的、市民的役割について現代人の持っている考えがどの程度一九三〇年代と連続しているのか見えなくなってしまうかもしれない。放送やその影響に関する当時の広範囲にわたる議論を詳細に検討することによってのみ、ラジオがアメリカ人をいかにして結束させてきたか、そして分断してきたかを理解することができる。その意味で、本書は埋もれた文化史であるともいえる。

本書の狙いは、今日の議論で用いられている言葉がラジオの文化史においていかに重要であるかを示すことだ。そうした議論は、お決まりのパターンで予想どおりの発言がなされることの多い公的な場でのみ交わされているわけではない。それは時として動きや物語を伴ったドラマチックな場所で発見されることもあるのだ。

本書はまた、全盛期のアメリカのラジオが娯楽以上のものを提供するためにどのような試みを行なったかについても論じている。だからといって、本書はラジオを教育に利用しようとする試みについての包括的な歴史書というわけではない。また、ラジオ教育に関係する団体が、どのようにしてラジオ規制についての初期の議論を形成していったかを明らかにするものでもない[5]。そうではなく、アメリカ特有の、ラジオを舞台にした教育と娯楽のクリエイティブな綱引きこそが、本書の描き出したいものである。アメリカのラジオは、市民を育て上げることと同時に、商業的な機能も担っていた。それはつまり、アメリカのラジオが、人々の考えや行動に影響を与え、リスナーたちを楽しませるだけでなく、能動的で知識あふれる聴衆を作り出そうと常に努力してきたことを示している。

本書では、戦前におけるアメリカのラジオがいかにして市民的役割を果たしたかという点について分析を加える。アメリカの放送界における緊張関係や対立を非難するのではなく、理解し、解釈してみたいのだ。この作業はそうした事柄の生産的な側面とマイナスに働いた側面を正しく受けとめることでもある。

これまでの歴史家が関心を抱いてきたのは、一九二〇年代と三〇年代にアメリカがどのようにして商業性の強い放送システムを獲得していったかについてである。しかし、そのシステムに特有の緊張関係や可能性を調べた研究はあまりない。他の国は、国営放送や公共放送しかないか、あるいは公共放送が商業放送と並行して運営されるシステムであるかのどちらかしかなかった。しかしアメリカでは違った。国民生活に対してラジオに何ができるかという当時の期待を受けとめ、それにこたえねばならなかったのは、商業放送だったのだ。たとえそれが利益を求めるビジネスであったにしても、である。結果として出来上がったシステムは、いわば奇妙な雑種形態だった。非常に商業的でありながら、国営放送や公共放送の役割も果たしているとみなされるよう、放送事業者は懸命に努力した。このような構造の影響は、アメリカのラジオ史において、ほとんど見過ごされてしまっているのである。

一九三〇年代、多くの西洋諸国においてラジオは重要な媒体だったが、その中でもアメリカほどラジオが重要視された国は他にない(6)。国勢調査によれば、一九三〇年からのラジオセット購入数は徐々に増加していくのではなく、急速に伸張している。グラフはかなり急激な上昇を描き出しているのだ。一九三七年には、世界の半数以上にあたるラジオセットがアメリカに存在した。実に、四・二人に一人がラジオを持っていた計算になる。当時拡大中だった主要都市に絞ると九〇パーセントの家庭にまでラジオは普及していた。若者たちはラジオを、生活必需品であり、人との関わりにおいて中核をなすものであるとみなすようになった。(7) さらに、ラジオ普及は巨大な聴衆という集団を仮想することを可能にした。ルーズヴェルトは「約四〇〇〇万人のオーディエンス」という言葉を少なくとも一〇回は口にしているし、娯楽放送は三〇〇〇万人を超える聴衆に届けられていた。(8)

しかし同時に、地域や人種、階級によって隔てられた重要な違いも浮上してきた。一九四〇年の調査によると、ラジオのある家庭の割合はミシシッピの三九・九パーセントからマサチューセッツの九六・二パーセントまで非常に大きな幅があった。また、白人家庭におけるラジオの普及率が八六・八パーセントであったのに対して、非白人家庭では四三・三パーセントにとどまっている。(9) 一般的に、南部は他の地域に比べて明らかにラジオの電波が入りにくかった。南部の黒人は一九五〇年になるまでラジオを持っている割合が最も低いグループに分類されている。(10) 一方、裕福な人間は、ラジオを聴く時間を比較的とりにくかったが、聴くチャンスを増やすことはできた。ラジオを二台持つ家庭が増え、一九三〇年代半ばまでに車にラジオを搭載する人間が少数ではあるが、着実に多くなっていったからだ。(11)

こうした一部の不均衡を別にして、総体として見れば、多くのアメリカ人にとって、ラジオは当時、非常に民主的な技術だった。たしかに、富裕層でなくても、ラジオを所有することはできたし、そこから流れてくる無料の娯楽や情報を享受することもできた。

ルーズヴェルト大統領は二度目の就任演説で、国民の三分の一が衣食住に不自由していることを人々に思い出させた。これに対し、『*Chicago Tribune*』紙は、多くの人間がラジオを所有しているという事実は近代的な産業資本主義が民主的平等を促したことの証拠であるとして、社説で次のように述べている。

> ラジオ所有は(中略)産業による文明化の恩恵に、一般人がどの程度あずかっているかを示す公正な指標である。(12)

しかし、ラジオによる娯楽の産業化や、大衆への情報伝達回路の集中化がもたらす民主化への可能性について、『*Chicago Tribune*』ほど楽観的な見通しを持たない人々もいた。ポピュリストたちは、ラジオへの情報の集中化と独占化に対して警鐘を鳴らした。それに刺激された多くのアメリカ人は、ネットワーク・ラジオによって社会的な、そして公共的な生活が変化してしまうことに懸念を抱いていたのである。ラジオがもたらす影響について、はっきりと分かっている人間は誰もいなかった。しかし、広く普及し、頻繁に使われるものに対して、人は大きくかつ持続的な影響を、もっともらしく想定してしまいがちなのだ。

一九三八年の『*New Yorker*』に掲載された漫画がある。その中では、サルだらけの研究室にいる科学者が、訪問者に対して自慢げに次のように語っている。

ごらんください。私が注射をしたこの個体は、日常生活における正常かつ健全な関心を示していますよ。(13)

そのサルはアームチェアに腰かけ、新聞を読んでいる。そのかたわらでは大きなラジオセットが音を流し続けており、満足げなそのサルはボリュームを上げようとしているように描かれている。この漫画はマス・メディアに媒介された「日常生活における正常かつ健全な関心」に対する疑念をコミカルに提示している。それと同時に、家庭に安穏と引きこもっていて、どうして公的な事柄にアクティブな関心を示しているなどと主張できるのか、という疑問を巧妙に投げかけてもいる。この漫画は、いまだに持続しているラジオの市民的役割をめぐる関心に対して一石を投じているのだ。一方通行のラジオを通した社会参加など、ある意味では偽物か、あるいは市民的怠慢にすぎないのではないか、と。

同じ一九三八年、この漫画が掲載されてから数ヶ月後、亡命してきたドイツの哲学者、テオドール・アドルノは、ニューヨークでアメリカのラジオの研究を行なっていた。研究をする中で、彼は戸惑っていた。ラジオ局あてにリスナーたちが送ってきた手紙のファイルを読んで、彼は驚いたのである。手紙を書いた人間の個人的な人格を表すような内容で埋めつくされていたからだ。彼は不思議に思った。ラジオという巨大な商業組織に対して、こんなにも個人的な内容の手紙を書くことを、なぜリスナーたちは有益で適切なことだと感じるのだろうか、と。手紙を書いた見返りに、「自分に対して個人的興味を持ってもらえることなどないと分かっているとしたら」彼らがそんな風に手紙を書く理由は論理的に説明がつかないとアドルノは考えた。しかも、「明らかに神経症的な人間だけでなく、一見、非常に賢明に見える人間もまた、自分の人格、年齢、職業、見た目について語っている」のである。さらに、アドルノにとって最も異常に見えたのは、リスナーたちが自分の意見を正当化する論法である。「彼らは自分に特有の観点を自身の人格の表出だと考えることで、自らの意見に正当性を持たせようとしているように見える」というのだ。

どうしてこんなにバカげた手紙が送られてくるようになったのか。アドルノは次のように推測する。おそらく手紙の書き手たちは、「傷ついて孤独な」自分の感情をなぐさめるための手段を、「どこにでもあり、画一化された」ラジオ以外に見いだせないのではないか。彼らは自分の手紙の内容を恥ずかしいと感じているのではないか。そして彼らは「自分の人格でもってラジオネットワークという巨大な権力に対抗して、無駄であることを知りながら、自らの特異性を強調することで、なんとか釣り合いをとろう」と試みているのではないか。[14]リスナーたちは自分に「固有の観点」を「固有の人格」と関連づけて熱心に論じる。それ自体がラジオによる画一化や均質化に対する抵抗の一形態かもしれないとアドルノは考えたのだ。

アドルノは多くの点でアメリカのラジオや生活に対する鋭い観察者だったといえる。[15]彼は一九三八年にアメリカへ渡ったばかりだったにもかかわらず、魅力的で興味深い現象を正しく見抜いていたのだから。しかし、ラジオの問題を後期資本主義への心理的な適応の問題として捉える考えや、「どこにでもあり、画一化された」ラジオに対する聴衆たちの抵抗と服従といった観点については別の、あるいは正反対の力学が働いていたことを彼は見過ごしている。実際、近年の多くの研究はアドルノの考えを覆し、放送局よりも聴衆組織の覇権を強調することに力を傾けているのだ。[16]しかし、これらの文化、コミュニケーション、メディアといった分野の研究は、アドルノの悲観的な批判と基礎的な前提を共有している。その前提とはつまりこうだ。メディアのメッセージを受け取ることは受動的な服従の行為であって、個人的な主張をすることこそが、ラジオを批判したり、メッセージを自分の目的のために能動的に活用しようとしたりすることにつながるという前提である。言い換えれば、能動的な聴衆は批判的であり、受動的な聴衆は従順であるということになる。

私は、今や当たり前になっているこのような図式を崩してみたいと考えている。一九三〇年代のアメリカにおけるラジオ放送は、人々を鼓舞し、能動的な聴衆を作り上げる意図を公式に表明していた。その結果、実際には、「能動的な聴衆」こそラジオの要求に従順な聴衆となったのである。

能動的な聴衆を作り出そうとする欲求は、規制に対する見通しと政治的圧力、そして商業的な規則が関連し合っているというアメリカ特有の事情に由来している。放送界における商業上の規定と公共サービスとしての義務の間には緊張関係が存在したが、能動的な聴衆を作ろうとする動きは、そうした緊張関係に対する重要な反応の一つだった。一九三八年にアドルノが見落としていたのは、アメリカのラジオが生み出されるにあたって、能動的な聴衆と、個人の反応をめぐる公的な枠組みと商業的な枠組みがどの程度影響していたかということだ。彼が読んだ手紙の書き手たちは、ラジオ局からの要求に従順だったのである。ラジオ局が求めていたのは静かなる画一化ではなく、オーディエンスたちが能動的で多様な聴き方をしているという個々人による証言だったのだ。換言すれば、リスナーたちの個性化された特徴は社会的に生み出されたものだったといえよう。アメリカ人は、他国のラジオが支配に対する服従のために作り出されたことを理解していた。しかし、同時にアメリカのラジオが、自立した個人や個人主義を生み出すための装置になるべく作られたということも信じていた。

あるニューアークの高校教諭は、ラジオの聴き方に関するカリキュラムを作成し、生徒たちに他国のラジオを調べさせることを提案した。課題にあたる質問文は以下のようなものだ。

他国のラジオ番組が規制されているのは、重要な文化的価値観を守るためでしょうか？[17] それとも、厳格な画一化を促すためでしょうか？

この質問には、生徒たちに対する隠然たるメッセージが含まれている。すなわち、他国とは違って、アメリカのラジオは多様性と個人主義をはぐくむものである、と。これこそは、一九三〇年代のアメリカのラジオに関する議論で繰り返されてきたテーマであった。

本書が敬意を込めて描き出すのは、アメリカのラジオが全盛期に持っていた文化的な意志である。その意味で、本書の内容には楽天的な見解も含まれている。それと同時に、ラジオというマス・メディアの当時のあり方や、あるいはありえたかもしれない姿についても論じることになった。そしてそれは不可避的に失敗の歴史を記述することでもある。

本書は第Ⅰ部でラジオに対する当時の高い期待について論じている。その一方で、第Ⅱ部ではアメリカのラジオに特有の根強い構造的対立によって、そういったラジオの野望が頓挫していく様を、いくつかの方向から議論している。公的な側面と私的な側面の対立。それは人々の欲求にこたえることと、彼らのレベルを引き上げ、成長させることとの間にある対立であり、同時に、人々の現状を肯定することによって人気を得ることと、彼らをより忍耐強い市民へと育てることとの間にある葛藤でもあった。

本書には、歴史に修正を求める主張が三つ含まれている。一つ目は、一九三〇年代におけるアメリカのラジオ界が市民的パラダイムを中心においていたことだ。そのパラダイムの中核には、能動的かつ敏感で、自分の意見を持ち、自立したオーディエンスという理想があったのである。二つ目は、そういった枠組みが、州による介入や連邦通信委員会を通した国家レベルの放送規制の産物であったということだ。そして三つ目は、コスモポリタン的かつ多元主義的な市民社会の価値観が主流であったことの直接的な帰結として、ラジオは階級的に分断された人々に対して語りかける媒体になってしまったことである。ここで階級に焦点を当てたからといって、民族的、人種的、あるいは性別による分断がアメリカのラジオ史にはあまりなかったとか、たいして重要でなかったとかそういった信念を私が持っているというわけではない。私が言いたいのは、アメリカにおける市民的パラダイムは、民族や人種、性別を基礎とした抵抗を促した以上に、第四の階級を生み出してしまったということである。

本書の各章では、文化的な野心にあふれながらも、究極的には対立を生み出してしまった市民社会的枠組みについて様々な側面から光をあてていく。

第一章の「アメリカン・システム」では、アメリカのラジオシステムが政府の影響や操作から完全に自由であったわけではないという点について論じている。連邦通信委員会の規制は拘束力が弱く、矛盾をはらんでいる上、政党による政治的な操作も加えられていた。にもかかわらず、目に見えて有益な影響を放送現場に与えていたことは間違いない。一九三四年以後、政治に対して警戒心を抱いている放送局は、放送への政府の介入や、より望ましい規制の体制を押し付けられることを恐れていたし、自分たちの商業的な運営に対して向けられる反トラスト的な関心に対しても憂慮し続けていた。我々はそのことをよく知っているはずだ。結果的に見れば、商業放送が自分たちの思い通りに運営していた場合よりも、ラジオははるかに文化的かつ教育的で、きちんとした市民向けの番組構成になったのだから。

第二章の「市民的パラダイム」では、先に挙げた市民的パラダイムに関する三つの主張のうち、一つ目と二つ目について詳しく論じる。当時、強固な信念体系が存在し、その中心にはいつも、能動的で批判的かつ共感性に優れたリスナーという理想像があったのだ。

第三章の「クラシック音楽放送という約束」では、一九三〇年代のアメリカのラジオにおいて、なぜあれほど夥しい数のクラシック音楽が放送されたのか、という問いの答えを探る。当時のラジオは一九三〇年代の音楽教育者たちの意見を尊重していた。そのため、音楽リスナーたちを、いっぱしの音楽鑑賞者へと育てるべく、力を注いだのである。当時のローカルな演奏者やアマチュアたちは、自身の音楽的趣味や、放送による音楽講座、作曲コンテスト、放送とともに演奏する番組のことなどを語っている。このことは、能動的な音楽文化とラジオの結びつきを証明し、強く印象づけてくれるとともに、クラシック音楽を放送することが、なぜ市民的パラダイムを内在化したラジオにとって重要であったかを明らかにしてくれる。

第四章の「民主的なラジオとは何か」では、重要なラジオの討論番組に分析を加える。そこでは、理想的な聴衆像が想像され、ある程度はそのような聴衆を生み出す助けにもなっていた。その聴衆像とはこうだ。論理的で、多様なことに興味がある聴衆。他者の意見に耳を傾け、かつ批判的な聴衆。そして、特定の信念に固執するのではなく、真実を追求する姿勢を持ち、なにより、相手が正しい場合には喜んで自分の考えを変えるような聴衆である。

本書の後半は、市民的パラダイムによって強められてしまうことになる社会的、文化的断絶について扱う。忍耐、寛容、共感といった多元主義的な美徳に対して、信頼ではなく、懐疑の念を抱いた人々も存在した。後半部ではラジオの市民社会的理想が、そのような人々を最終的に過去の遺物として扱うようになった過程を描き出す。

第五章「階級・コスモポリタニズム・分断」では、ラジオにおける文化闘争について論じる。ラジオは国内全体のみならず国境をも越えて同時聴取ができる。それは今までになかったことだ。ラジオは国内外のアメリカ人を結びつける力を持ったのである。しかし、それゆえに、ラジオは慢性的に文化闘争の場になってしまった。

第六章「ラジオと知的なリスナー——宇宙戦争パニック」では、有名な一九三八年の放送について論じる。プロパガンダと民衆の知性について懸念が抱かれていた当時の文脈の中にこの放送を位置づけてみたい。市民社会的な理想の核心は、リスナーたちが自分の聴取に責任を持ち、自分の意見や信念を形成していくことだった。一九三〇年代の終わりにはラジオプロパガンダへの懸念によって、ある文化的なそして知的な風土が生み出された。そこでは、アメリカ大衆の信じ込みやすさと知性が激しい葛藤を繰り広げていたのである。火星人襲来の放送にパニックを起こしたリスナーたちは、情報を正しく判断して聴くという市民としての義務に照らして、繰り返し強く非難された。これは市民的パラダイムが人々を分断するということが明らかになった瞬間である。

第七章「ポピュリズム、戦争、アメリカン・システム」では、一九三〇年代終わりからポピュリストたちが展開した、アメリカの放送システムに対する批判を精査するとともに、第二次大戦中に、市民的パラダイムという合意に亀裂が生じ始めたことについても論じる。この時期、放送局に対して、政府は全く違った要求をするようになったのである。

後奏では、戦後間もない時期のアメリカのラジオに対する評価に目を向ける。その内容は、連邦通信委員会の報告書や、シカゴ大学の学長だったロバート・ハッチンスが議長を務める報道の自由委員会によるラジオに関する議論などである。

近年のアメリカのラジオ史研究にとって重要なことの一つは、コミュニケーション研究とメディア研究と、歴史研究を含むアメリカ自体の研究を、生産的な形で混合することだ。このような刺激的な結合こそ、単に何が起こったかを記述するだけのラジオ史を超えた研究を生み出す。ラジオが持つ幅広い社会的、文化的重要性を前提とするのではなく、それらを積極的に示していくという責任を果たすのはそういった研究であるはずだ。今こそラジオ史が必要とされているという信念を私はますます強く抱くようになってきた。ラジオはアメリカ人の生活にどのように組み込まれ、それを変革してきたのか。中程度の距離からラジオを見つめるそんな問いかけが必要なのである。

私は比較歴史学的な興味からこの研究に取り組んだ。それもアメリカの外からアメリカの歴史を研究し、教える一人のオーストラリア人としてである。おそらく、近年の一般的な研究よりも網羅的に、アメリカの放送が持つ特徴についての議論を見つけ出すよう心掛けた。例によって、アメリカのメディアのあり方は他国に大きな影響を与えている。そのため、アメリカモデルが持っている特徴だけを取り出すことは非常に困難だ。比較歴史学に有効な統計的比較研究は存在しないし、活力に満ちたこの世界の中で、アメリカ的なアイデアは常に他の文脈へと再解釈されていく。他の多くの人間にとって有益な比較研究は相当数存在する。しかし、私が試みたのは未来の国際的なラジオ史の比較研究が取り上げる可能性のあるいくつかのテーマを提示することだ。

最後に述べておかなければならないのは、ここ一〇年で書かれた多くのラジオ史研究と同じく、本書もまたNBC(National Broadcasting Company)内部で行なわれた調査から最も多くの情報をいただいたということだ。NBCの記録文書のコレクションはウィスコンシン歴史学会やアメリカ議会図書館で研究者が閲覧できるよう、これまでも長らく公開されてきたし、CBS(Columbia Broadcasting System)やその他の共同ネットワーク加盟局に関する文書資料にも比類ないアクセスを持っている[18]。

(1) Anne O'Hare McCormic, "The Radio: A Great Unknown Force," *New York Times*, March 27, 1932: SM1.

(2) 大まかに言って、「黄金時代」とは、ネットワーク化が始まってからテレビが登場するまでの時期、すなわち一九三〇年代前半から一九四〇年代半ばまでの時期を指す。

(3) たとえば以下を参照。
Gerald Nachman, *Raised on Radio* (New York: Pantheon Book, 1998); Leonard Maltin, *The Great American Broadcast: A Celebration of Radio's Golden Age* (New York: Dutton, 1997).

(4) こうした見方を概括したものには以下がある。
Tom Lewis, "'A Godlike Presence': The Impact of Radio on the 1920s and 1930s," *OAH Magazine of History* 6, no. 4 (Spring 1992); Erik Barnouw, *A Tower in Babel: A History of Broadcasting in the United States, to 1933* (New York: Oxford University Press, 1966); Erik Barnouw, *The Golden Web: A History of Broadcasting in the United States, 1933 to 1953* (New York: Oxford University Press, 1968).

(5) 後者のトピックについては以下を参照。
Robert McChesney, *Telecommunications, Mass Media, and Democracy: The Battle for the Control of U.S. Broadcasting, 1928–1935* (New York: Oxford University Press, 1933); Eugene E. Leach, "Tuning Out Education: The Cooperation Doctrine in Radio, 1922–38," which originally appeared in *Current* in January, February, and March 1983. 以下で閲覧可能。 http://www.current.org/coop/index.shtml(二〇一〇年一月二七日閲覧)

(6) 数字の比較に関しては以下を参照。
Douglas B. Craig, *Fireside Politics: Radio and Political Culture in the United States, 1920–1940* (Baltimore: Johns Hopkins University Press, 2000): 12.

(7) F. Holter, "Radio among the Unemployed," *Journal of Applied Psychology* 23, no. 1 (1939): 166–67.

(8) William C. Ackerman, "The Dimensions of American Broadcasting," *Public Opinion Quarterly* 9, no. 1 (Spring 1945): 7.

(9) Ackerman, "The Dimensions of American Broadcasting": 3; "43.3% Have Radios among Non-Whites," *Broadcasting* 23, no. 21 (Nov. 23, 1942): 14.

(10) Steve Craig, "How America Adopted Radio: Demographic Differences in Set Ownership Reported in the 1930–1950 U.S. Censuses," *Journal of Broadcasting & Electronic Media* 48, no. 2 (Jun. 2004): 179–96.

(11) "Study Shows Rapid Rise of Radio," *Los Angeles Times*, March 12, 1935: 14; E. A. Suchman, "Radio Listening and Automobiles," *Journal of Applied Psychology* 23, no. 1 (1939): 148–67.

(12) "Life in America," *Chicago Daily Tribune*, August 28, 1937: 10.

(13) George Price cartoon, *New Yorker*, June 4, 1938: 14.

(14) Theodor Adorno, "Radio Physiognomies" [1939], in Robert Hullot-Kentor (ed.), *Theodor Adorno: Current of Music: Elements of a Radio Theory* (Cambridge: Polity, 2009): 106–8.

(15) アドルノのアメリカ時代に関する近年の評価としては以下を参照。
David Jeneman, *Adorno in America* (Minneapolis: University of Minnesota Press, 2007).

(16) たとえば以下を参照。
Will Brooker and Deborah Jermyn (eds.), *The Audience Studies Reader* (London: Routledge, 2003).

(17) Max J. Herzberg, "Tentative Units in Radio Program Appreciation," *English Journal* 24, no. 7 (September 1935): 548.

(18) アメリカ議会図書館もＷＯＲコレクションを所有している。今後、ミューチュアル・ネットワークによってこれにも光が当てられるはずである。

ラジオが夢見た市民社会

目次

序　章

第Ⅰ部　野　望

第Ⅱ部　分　断

I

野望

第一章　アメリカン・システム

プロローグ：一九三四年の合意

　一九三四年の終わりに、アメリカの放送システムの未来は決定づけられた。当時、議員や放送現場の人々によって交わされた複雑極まりない討議もいよいよ大詰めに差し掛かっていた。ラジオ改革論者たちと放送業界側が丁々発止のやりとりを繰り返していたのだ。しかしここにきて、ニューヨーク州選出の上院議員、ロバート・ワグナーとウェストヴァージニア州選出の同じく上院議員であるヘンリー・ハットフィールドは、FCC（連邦通信委員会）新設の法案に対する一つの修正案を提示した。その内容は、全てのラジオ放送機関のうち二五パーセントを「教育、宗教、農業、労働に関わる協同組合と、その他それに準ずる非営利組織」による使用のために確保するというものだった。[1] この提案は非営利の放送局から強い支持を得た。電波という公共資源が商業によって独占されていることに対して、彼らは一〇年以上にわたって抗議し続け、この修正案が発表される以前に同様の提案を何度か行なってきたからだ。[2] それどころか、ラジオ改革論者たちにしてみれば、ラジオの非営利的な活用の頻度や時間を一定割合確保するということ自体、ごく控えめな妥協の産物にすぎなかった。ジェームズ・ローティは一九三一年に「ラジオの国有化や、重要な公共サービスの実施に向けた動きがますます鮮明になりつつある」と述べている。[3] 今回の提案は、そういったより徹底した要求からの後退であると捉えられていたのだ。

　一九三四年までに、合衆国ラジオをめぐる闘争は、全ての面で重大かつ決定的な段階に入ったと認識されていた。あるラジオ改革論者は、社会生活という領域において「ラジオを私的にコントロールすることほど、人類共通の利益を脅かすものはない」と警鐘を鳴らしている。[4]ニューヨークにあるパウリスト派の放送局WLWLに所属していた教父、ジョン・ハーニーも、放送時間の一部を商業放送局に譲るように強要するFRC〔連邦無線委員会。FCC設立以前に存在した電波を管理する機関であり、FCC設立に伴って廃止された。なお訳者による注は〔　〕におさめる。以下同じ〕のやり方に反発を感じていた。ハーニーはカトリック団体その他のFRCに抗議する団体を首尾良く一つにまとめ上げた。彼らは、FRCから非営利の放送局を守るために法律を制定する必要を感じていたのである。彼らから見れば、FRCは常に商業放送側の意見に偏っていたからだ。[5]楽観的にも、ハーニーは下院の委員会で次のように言い放った。ラジオ放送の四分の一を、「搾取のための単なる商業的な利益団体に譲り渡す」かわりに、「公共の福祉に関わる機関や、教育、宗教、労働に関する組織、農業や共同作業、互助団体」に向けて確保する。この指針に正面切って反対できる者はどこにもいないだろう、と。[6]

一方、放送業界側は、そのような割り当ての拡張によって既存の放送局がライセンスを取り上げられ、アメリカのラジオは崩壊してしまうだろうと主張した。全米放送事業者協会の指摘によれば、一九二七年の電波法によって、彼らは既に「公共の利益、便益、必要性」に基づいた放送をするよう、法的に要請されていた。今回の割り当て案は、特定の利益団体にとっての利害を代表するものであり、「全公衆」の名において非難されるべきだと主張したのである。[7]

これに対して、ハーニーは印象深い反論を行なっている。彼は教育や労働、宗教に関わる団体を「特定の利益団体」とみなすことに異を唱えた。

それらが特定の利益団体であるなどとは断じて言えない。人類の幸福のために働いている人々がごく一部の人間の利益を追求していて、自分の給料のために働いている紳士がそうではないなどと主張するなら話は別だがね。[8]

これはアメリカの放送史において何度も繰り返される根本的な問題である。すなわち、全ての人に向けて広範囲に発信されるラジオ番組に、アメリカ社会の多様性を十分に反映させることができるのか？　あるいは、人々の望むままに、彼ら自身の考えを代弁してくれるような内容を放送するだけで、それは達成されるのか？　といった問題である。

結局、ワグナーとハットフィールドによる修正案は上院で否決された。しかし、一九三四年の通信法の三〇七条C項には、非営利の放送事業者への望ましい割り当て量について、新設の連邦通信委員会がヒアリングを行なわねばならないという規定が盛り込まれた。FCCは一九三四年の一〇月から一一月にかけて正式な調査を行ない、その過程で一万四〇〇〇ページに迫る量の証言を集めた。

ヒアリングの中で、放送業界側は、自分たちが教育者とうまく連携し、定時にあてがわれた公共サービス番組を提供してきたと主張した。より詳細な証言によって、宗教や公的な事柄に対して放送ネットワークがどの程度の功績を上げたかが明らかになったのである。そこには、クラシック音楽放送に関しての調査結果も含まれている。ラジオが文化的な変化や発展を促す可能性に高い期待を寄せる人々にとって、クラシック音楽放送は常に一つの試金石だったからだ。CBS〔Columbia Broadcasting System。アメリカ三大ネットワークの一つ〕の社長、ウィリアム・ペイリーは、現体制を維持するための自己弁護として、以前よりもジャズの需要が減り、最近は交響曲やオペラに興味を持つ聴衆が増えている、と誇らしげに証言している。(9) 放送ネットワークは、自分たちに向けられている政治的な批判がいかに強いかを理解していた。だからこそ、苦心しながらも、自分たちが国家的、公共的な事柄に既に従事している放送事業者であるということを文書化するよう手を尽くしたのである。

一方、教育関係者やラジオ改革論者たちはヒアリングにおいて非常に抑制的だった。アメリカのラジオが商業放送に独占され続けていることに対して、ほとんど批判しなかったのだ。イギリスのBBCをモデルにした全国規模の公共放送を創設するかどうか、という疑問すら、口に出す論者はほとんどいなかった。ただ、二人の州立大学学長は、おそらく自分たちの大学を通してだが、州が放送時間の一部を受け持つという構想に興味を示していた(10)。また、ＴＶＡ〔テネシー川流域開発公社。ニューディール政策の一環として設立された、テネシー川流域の開発を担う政府機関〕のフロイド・リーヴィスは公式に、次のような考えを表明した。アメリカ政府はラジオ局の国営ネットワークを所有し、管理すべきである、と。しかし、彼の言ったことはＴＶＡの議長によってすぐに修正された。ラジオ番組を政府が管理することに対してＴＶＡが賛同しないということを議長は確信していたのである(11)。

しかしＮＢＣ〔National Broadcasting Company。アメリカ三大ネットワークの一つ〕のＨ・Ｋ・ノートンが聞いたところによれば、全体としては「現在なされている商業行為への深刻な批判はほとんどなかった」という(12)。彼は「政府の統制に関する質問もなければ、商業目的ではなく、非営利で放送局が運営されるべきだという提言もなかった(13)」ことを聞いて、明らかに安堵を示していた。

一九三五年の一月に、ＦＣＣは「割り当て」を作るべきではないと議会に勧告した。教育機関は自分たちでラジオ局を作ろうとするよりも、既存のラジオ局と連携した方がよい。そうすれば、彼らが持っている「高価で便利な設備」を使うこともできる。そういった「柔軟な対応」が望ましい。そのために、「十分な信頼に支えられた協力関係」が求められており、それは「新たに設置する委員会の指導と助言のもと」におかれるべきであるというのだ(14)。このような「協力」についで研究、促進を行なうために、ＦＣＣはＦＲＥＣ〔連邦ラジオ教育委員会〕を設置し、議長に教育局長官のジョン・スチュードベーカーを任命した(15)。

一九三四年のラジオに関する公的な議論はこれまで、専ら「アメリカの放送をめぐる最後の戦い」として語られてきた(16)。バーナウは、これらのヒアリングやレポートを称して改革の理念の「公的な埋葬」と呼んだし(17)、マクチェズニーも、次のように論じている。すなわち、ＦＣＣによる一九三五年一月のレポートは「放送改革運動の死」を意味するものであり、「過去一五年にわたって繰り広げられた、アメリカの放送に対する規制や構造についての議論と闘争もほどなくして歴史から消え」、そして人々の記憶からも消えてしまった、と[18]。

たしかに、一九三四年以後、アメリカ版BBCの設立について真剣に賛意を表明する識者がほとんどいなくなったことは事実だ。電波の混み合うAMの周波数帯に放送の割り当てを作ることなどは、これ以降、政治的にありえないものになっていく(ただし、一九四〇年と一九四五年、FCCはFMの周波数帯に対して、非営利の教育局への割り当てを設定している[19])。しかし、少なくとも一九三四年からの一〇年間、商業放送局は自分たちの電波に対する保有権について不安を抱き続けることになったのもまた事実である。業界誌『*Broadcasting*』は一九三六年の初めに、「うぬぼれよりも警戒を」という言葉を標語にすべきであるとし、ラジオを「宣伝や騒音をたれ流す単なるショービジネスの付属品」にしてしまおうと考えている放送事業者は、放送界全体に対して致命的な害を及ぼすことになると警鐘を鳴らしている[20]。

一つの物語の終わりは常に新たな物語の始まりでもある。そしてここから始まる新たな物語はほとんどまだかえりみられたことがないものだ。これまでの歴史家たちは組織的な放送改革運動の指導者層に焦点をあて、放送の所有権が公的か私的か、という二者択一の問題にとらわれてきた。明白に分かる法的な決着にばかり目を向けてきたのだ。その結果、彼らは性急にも、商業放送の完全勝利を宣言し、自由市場と公共の利益が恒久的に葛藤を繰り広げる場としてラジオを捉える考え方は消滅してしまったと言い続けてきたのである。しかし、公的所有か私的所有かという政治経済的な問いではなく、ラジオの市民的役割に関する文化的、社会的な問いに注意を向ければ、一九三四年の合意が持つ、ファウスト的な〔ハイリスク・ハイリターンの〕側面が明らかになってくる。

一九三〇年代後半におけるアメリカのラジオシステムは、改革の可能性に対する放送業界のおびえによって形成された部分が大きい。もし、当時の放送を単なるビジネスライクなものとして理解しようとすれば、ラジオシステムは全くと言っていいほど要領をえないものに見えてしまう。

当時影響力のあった批評家たちは、商業放送が高級文化や教育、市民活動を無視してしまうことについて懸念を抱き続けていた。放送局は彼らをなだめることに必死だった。そのためにFRECのような団体に協力的であると見られなければならなかったし、教育者と放送事業者のあいだの「論争や誤解を根絶」し、「実態のある協力的な合意を促進」しなければならなかったのである。

FRECの予算のうち、半分はNAB(全米放送事業者協会)を通じて放送業界が負担し、残りの半分は有力な財団が負担することになっていた[21]。NBCのフランク・ラッセルのレポートによれば、その裏では陰鬱な交渉が繰り広げられていたという。放送事業者の代表たちは、「FRECの主導権が自分たちにあることが明確にならない限り」割り当てられた予算の支出に同意しないことを鮮明にしていたのだ。調整案は、FRECに「公共のフォーラムとして電波が確保されるための方法と手段」や他国の国営放送システムに関する調査を義務づける規定を削除することを含んでいた。これは、一九三四年の戦いに放送業界側が勝利し、放送の構造改革が議論の俎上から外されたことを再確認するものだったのである。ラッセルはいかにも喜ばしいという調子で、FCCの議会に対する報告書に、「アメリカの放送システムは完全に守られた」と記述している[22]。しかし、ラジオの市民的責任という公的な議論はその後も継続した。放送事業者たちの不安材料はまだまだ山積していたのである。

当時、FRECの公的な立場は次のようなものだった。ラジオの問題を解決するための方策は教育者たちとの協力である。しかし、その協力関係をどのように機能させるかについてはさらなる研究が必要である、と。その研究はラジオを教育利用するための師範教育などの分野から始まった。実験的な台本やアイデアの交換が開始され、一九三九年までには合衆国中のラジオ局に二五万もの教育ラジオの台本が配布された[23]。

一般の財団法人としては、ロックフェラー財団が盛んに財政的援助を行なっていた。RGEB(ロックフェラー教育委員会)はプリンストン大学で行なわれた大規模なラジオ調査のみならず、オハイオ州立大学で行なわれた教育ラジオ番組の評価に関する研究や『*Wisconsin School of the Air*』の研究にも助成を行なっている。[24]カーネギー財団はラジオ聴取者集団の研究に資金を提供した。[25]一九三九年前半までにトータルで三五万五〇〇〇ドルを費やし、これらの財団は教育と商業ラジオの和解というドラマを演出する上で中心的な役割を果たしたのである。[26]一方、放送業界側も自分たちでFRECの調査にさらなる投資を行なった。その内容は教育番組の宣伝や、リスナーたちが何を教育的であると考えているかということについての意識調査といったものだった。

FRECの活動はまもなく表舞台から消えていった。そのため、ラジオ改革論者たちが「煩瑣でほとんど意味のない仕事へと巧妙に追いやられていった」とバーナウは結論づけている。しかし同時に、それが全てではないということも彼は鋭く見抜いていた。バーナウによれば「放送ネットワークやラジオ局は戦いに勝利しながらも、担保となる約束を結ばされていた」のである。[27]

レヴリング・タイソンは、放送ネットワークとの協力関係を提唱した人物として名高いラジオ改革論者である。彼は一九三八年の一二月にNABのネヴィル・ミラーに送った手紙の中で、放送事業者が穏健派のラジオ改革論者と協力することの重要性を改めて強調している。タイソンいわく、「真に責任感のある教育者やその道で一流の人たち」は高級放送や教育局を分けて設置するのではなく、商業放送と協力関係を築くことこそが解決になるという考えに賛同している。しかし、放送事業者はもっと真剣に自主規制を行ない、基準を作ってそれを守って行かねばならない。「さもなければ」とタイソンは次のような脅しともとれる手紙を送っている。

そう遠くないうちに、我々はある日目が覚めて、正気を失った議会が放送を全て乗っ取ってしまっているという事態に直面するでしょう。（中略）これは単なる脅しではありません。社会の様々な分野の優秀なメンバーたちからなる大勢の人々は、ラジオを政府が管理することに不信を抱いています。彼らは洪水時の救助情報などの明らかに公的な目的でなされるラジオの活動には賛同していますし、交響楽団やトスカニーニを扱った番組など、ラジオを通じて得られる素晴らしいものには賛辞を惜しみません。（中略）しかし、にもかかわらず、彼らは平均かそれ以下の水準にあるラジオ番組や、アナウンサーのやり口に強い嫌悪感を抱いています。彼らは、ラジオが政府の管理下に入った方が今の状態よりはまだマシだとおおやけに発言を始めています。

タイソンは手紙を次のように締めくくっている。

最近はピリピリした世相ですから、狂った議会が何をしでかすか予想がつかないのです。(28)

このような脅威に対処するため、放送ネットワークの幹部たちは多くの場合、教養番組、市民番組、教育番組に多大な投資をする許可を出すことが多くなった。あたかも、当選した政治家にマイクを向けることが無上の喜びであるかのように振る舞うようになったのである。とりわけ、放送事業者たちは合衆国政府と協力することに熱心だった。ニューディール改革運動が国営の公共放送を作ろうとする計画へと飛び火しないようにするためだ。NBCとCBSの社長は、ルーズヴェルト大統領に、いつでも好きな時に放送ネットワークを利用してほしいという申し出を就任演説直後に打電している。(29) より大規模なラジオ改革を志向する改革論者たちの批判をかわすために考えられた実利的な戦略だったが、この策は成功した。これは裏の世界では広く知られた戦略だったが、表舞台には現れてこない。表向きには、アメリカのラジオは全く違うストーリーを喧伝した。すなわち、アメリカのラジオは世界で唯一の自由なラジオである、と。

放送の自由

一九二四年、アメリカ商務長官のハーバート・フーヴァーは議会の委員会で、ラジオは「主に信頼性という観点から考えるべき、公的な関心事である」と発言した。ラジオ事業は単なるビジネスとして行なわれるにはあまりに重要なものであり、「私的な利益や私的な宣伝、好奇心の赴くままの娯楽のために」のみ用いるべきではないというのである。(30) アメリカのラジオを扱う歴史家たちは、一種の悲哀を込めてこの言葉をいつも引用し、現在までラジオがたどってきた道すじについて嘆く。それから一〇年を待たず、アメリカにおける放送の自由は政府からの干渉やプロパガンダとは無縁な商業放送によってのみ維持されるのだ、というロジックで放送業は正当化されるようになった。そしてそれはほぼ間違いなく、当時の支配的な世論と合致していたのである。ＲＣＡ〔Radio Corporation of America〕大手ネットワークの一つ〕の社長であったデヴィッド・サーノフは「ラジオにおける表現の自由に干渉しようとする傾向は政府にも議員にも全く見られない」と語っている。「このことは他の多くの国では考えられないことだ」とも[31]。アメリカのラジオの黄金時代において、政府の役割は検閲のようなネガティブなものとしか理解されていなかった。逆に、政府が抑制的であるか、あるいは一切手出しをしないことによってこそ、ラジオの自由は支えられると考えられていたのである。

これは非常に特異な結末だった。事実、「他の多くの国」ではフーヴァーによる一九二五年の見方、つまりラジオは単純に市場や利益の原則にゆだねるにはあまりに重要なものであるという見解が正統なものとして維持されていたのである。カナダの青年ナショナリストたちによって設立されたカナディアン・ラジオリーグが主張するところによると、ラジオは死活的に重要な媒体であり、「他のどの機関よりも国家が最終的に責任を持って管理、統制すべきもの」であるという[32]。この団体に所属するグラハム・スプライは、商業利益を放送に持ち込むことを許可するのは「民主的な政府を作ろうとする、性急だが高貴な理想を放棄することに等しい」と述べている[33]。現地の常識とは全く逆の考え方を打ち立てるために国境の南側を激しく非難する彼らの試みは大胆なものだったが、比較の視点で見れば、両国の違いを浮き彫りにしてくれる良い素材である。

アメリカのラジオ業界が一九三四年から継続して行なってきた自分たちを正当化する試みは、ある意味では容易に語ることができる。当時のアメリカ人の中にも、巨大放送事業者の経済力が、ラジオにおける言論の自由やまっとうな教育的、文化的、市民的なラジオの利用にとって有害であるとする見方をかたくなに持ち続けている人々がいた。現在から見れば非常にラディカルな見方ではあるが、そういった考え方が電波にのることはほとんどなかった。[34] しかし、そのような考え方は、放送事業者たちにつきまとい、彼らに義務感を芽生えさせるだけの力は維持し続けた。アメリカにおける放送の地位を守るために、放送事業者は自分たちが果たすべきことは何かということを考えなければならなかったのだ。商業ラジオの経済力や文化的影響力が強いことは単に善なるものというだけではなく、明確にアメリカ的な美徳でもある。そう人々に信じさせたことは、放送事業者にとって明らかに有利に働いたといえるだろう。

一九三〇年代の後半には、主に商業放送部門の維持を助ける目的で安定的かつ洗練されたPRキャンペーンが展開された。このキャンペーンはナショナリストたちの自尊心をかき立てることを狙ったものだ。そのため、一九三〇年代のラジオ業界は、放送の「アメリカン・システム」についてしつこいほど繰り返し言及した。現在の放送体制を愛国心でくるむことによって、ひた隠しにしたのだ。アメリカのナショナリズムにおいて、「アメリカン・システム」という言葉は長い歴史を持っている。一九世紀初めの関税による保護政策の提唱者から、それと正反対の二〇世紀のニューディール政策への保守的な賛同者までみな、この言葉を用いているのだ。[35] 一九三六年にコロンビア大学の進歩的な学者たちとNBCのフランクリン・ダンハムが、ラジオと教育について議論を交わしたとき、彼は次のような言葉で強い印象を残した。

現在の放送システムに反対している者たちは根本的に、現在のアメリカ政府というシステム自体にも異を唱えている者たちだ。[36]

放送ネットワークの中でもダンハムはリベラルな陣営に属していたが、一九三六年には、そんな彼でさえ、アメリカの商業放送に対する支持に疑念を持つことは、国家への忠誠に対して疑義を差し挟むのと同じことだと考えていたのである。

放送の「アメリカン・システム」は、その賛同者たちによって「自由」なものとして説明されることが多かった。

世界中でアメリカほどラジオの自由が保障されている国はない。

一九三八年にヨーロッパ視察から戻ったNBCの副社長、ジョン・ローヤルは嬉々としてこのように語っている。[37] また、RCA社長のデヴィッド・サーノフの説明するところによると、自由なアメリカのラジオは商業広告によって利益を得て、「どこよりも良い番組」を放送しているという。[38] さらに、ラジオの自由は、現状で保障されている信仰や言論、および報道の自由を補っているというのだ。自由という観念はアメリカ社会において異様なほどの普遍性と重要性を持っていた。この状況についてフォーナーは「個人および国民としてのアメリカ人の自意識にとって自由という観念ほど重要なものは他にない」と評している。[39] したがって、アメリカのラジオが他国とは別格に自由であると広く認識されていたことにさしたる驚きはない。

それにしても、自由なラジオとはいったい何を意味しているのだろうか。この論点について、一九三〇年代には二つの中心的な考え方があった。そのうちの一つは、政府が関与しないことこそ自由であるという考え方だ。放送業界側のスポークスマンたちは、政府による検閲こそ、ラジオの自由にとって最も強力な敵であると強調し続けた。[40] 彼らは、自由なラジオに対する主な脅威は政府からやってくるという見方をアメリカ人たちの共通認識にするべく、熱心に働きかけたのである。この場合、民放の競合者として放送分野に政府が進出することも、公的な検閲や規制による締め付けをはかることも、ともに政府の関与とみなされた。ナッシュヴィルのラジオ局、WSMの広報担当ディレクターであったエドワード・M・カービーは、一九四〇年にリスナーに向けて自身の信条を次のように書き綴っている。

何人《なんぴと》も、私に何を聴くべきかを命じることはできない。そしていかなる政府も私を非難することはできない。なぜなら、アメリカにおいてラジオは自由だからだ。[41]

アメリカン・システムとは何か
1937年，業界誌『*Broadcasting*』に掲載されたこの能弁なWSMの広告にも，エドワード・M・カービーはおそらく携わっていた．ここに書かれている次のような主張は非常に印象的である．「私たちがアメリカにおいて認める唯一の独裁は私たち自身の欲求による独裁である．」WSM advertisement, “I'm GLAD AMERICAN Air IS FREE!” *Broadcasting* 12, no. 12 (Dec. 15, 1937): 43. Reprinted by permission of Gaylord Entertainment Company.

自由とは政府から奪い取るものであり、個々のリスナーによって守られるべきものとしてここでは理解されている。

自由なラジオについてのもう一つの考え方は、アメリカの放送が商業ベースであることが、民主的な観点で重要だと主張するものである。聴取者たちの嗜好に対して、商業ラジオは敏感に反応する必要がある。そのことが、民主的自由の源泉であり、象徴でもあるという考え方だ。[42] たとえば、ラジオ広告の専門家、ヘルマン・ヘッティンガーは「番組の民主的な管理」は「聴取者の多数派による管理を意味している」と述べている。[43]

一方、ラジオ改革論者たちは、アメリカン・システムと呼べるような組織的で理にかなったものが存在するという考え自体に異を唱えていた。一九三一年に、BBCの総裁であったジョン・リースは、アメリカのラジオを観察し、「一般的な言葉の意味におけるシステムなどというものは、実際にはどこにもない」と述べた。[44] また、ラジオ改革論者のジョイ・エルマー・モーガンは、アメリカにおけるラジオ放送は「システムなどとは対極にあるものだ」と書き残している。それはむしろ「人々の精神に直接影響を及ぼすことのできる新しい手段を掌握したい、という強烈な商業的欲望が生み出す狂気じみた混乱状態」だった、と。[45] モーガンは、イギリスの論者が用いたのと同じ論法で、アメリカのラジオが陥った持続的な混沌状態を強調したのである。ジョン・リースは一九三七年にも、ラジオと自由というアメリカの単純な考え方に対して疑問を投げかけた。「自由に関する議論は非常に多い。しかし、その多くは無意味なものだ」と。ロンドンで開かれた会議に臨んでリースが主張したのは、政府による統制も商業による統制もともに、放送の自由を縮小するものので、そこに違いはないということだったのである。[46]

とはいえ、ヨーロッパで起こっていた出来事は、アメリカのラジオがどこよりも自由な例外であると考える人々の主張を裏づけているように見える。ヨーロッパで非民主的な政治形態が復活し、それと同時期にアメリカで商業放送が確立したという歴史的事実は、放送産業を擁護しようとする人々を勢いづかせた。放送の自由を成り立たせているのは、アメリカの放送が持つ商業的基盤であると主張し、商業と自由の結びつきを確固たるものにしようと目論んだのである。

一九三七年にヨーロッパから戻ったあるシカゴのラジオ制作者は「アメリカのラジオ局にいるのはなんと幸運なことか」と感慨を新たにしている。彼には、「商業放送に対して不平不満を言い続ける」アメリカ人たちが、「ヨーロッパのように毎日、国営放送局のプロパガンダを聴かされる方がはるかに良いと考えている」ように見えたのだ(47)。さらに、ニューイングランドのラジオコメンテーターを務めるマリオン・ハーサ・クラークは、一九四一年の初めに、アメリカ合衆国が「世界で最後の自由なラジオシステム」を有しているとして、説得力のある発言を行なった(48)。ラジオにおける広告を批判する人々は、ますますナイーヴで視野の狭い見解を持つ人々として言及されるようになっていったのである。

アメリカのラジオを自由かつ民主的なものにしているのは商業的な団体である。これこそが、「アメリカン・システム」を擁護する産業側の主張の本質だった。政府ではなく人民が電波を支配し、人々の嗜好が積極的かつ持続的に放送内容に影響を与えることで、放送における発言の自由を守っていく。商業ラジオ放送の市場は、これらのことを保証していたのである。NBCの社長、ナイルス・トランメルは一九四六年に、際立った発言をしている。彼に言わせれば、広告は公共の利益に含まれるというだけでなく、「公共の利益の表出そのもの」であった。自由と商業的な競争は不可分であり、「競争なきところに自由はなく、自由なきところに競争はない」と主張したのである(49)。

商業放送を擁護する上で、放送の自由と放送の商業的基盤は一対の理想となった。NAB(全米放送事業者協会)会長のネヴィル・ミラーは一九三八年に以下のように警鐘を鳴らしている。

自由で競争的なアメリカの放送システムに対するいかなる方面からの侵害に対しても、私は断固たる抵抗をすべく、指揮をとるだろう。そしてまた、私は信じている。その抵抗がアメリカ中にある三〇〇〇万のラジオ受信機を所有し、聴取している人々によ

るものでもあるということを。(50)

商業ラジオシステムは、このような説得力を持った考え方によって、民主主義と真の自由にとって不可欠な前提条件となっていった。

アメリカの放送事業者たちがこれほどしつこく守り通そうとした自由とは、なによりもまず第一に、経済的自由であった。それは放送事業者たちがビジネスとしてラジオを放送する権利、様々な番組が存在し、それを聴取者たちが選ぶ権利のことでもある。そして第二に政治的な自由、つまり政府によって検閲されたり、圧力をかけられたりすることのない言論を聴く権利であった。これらの自由は、片方がなければもう片方も存在しない密接な関係にあり、究極的には区別できないとさえ、放送業界はしつこいほど繰り返し語ったのである。この理屈っぽい戦略は、驚くほど傲岸不遜なものではあったが、鮮やかに実行されていった。そしてその戦略は実行に移されたのみならず、実際に機能してもいた。「自由」や「専制政治に対する抵抗」という言葉がアメリカの歴史と共振したからである。さらに言えば、放送業界側が、自由か専制かという明確に特徴づけられた二つの可能性から一つを選ぶものとしてラジオの方向性を描き出すことに成功したからこそ、彼らの戦略はうまく機能したのである。

硬直した二項対立

アメリカン・システムの自由を正当化するためにナショナリストが用いる言葉は、アメリカ社会に根強く存在する対立関係に基礎をおいている。それは、政府による統制と個人の自由、そして旧世界と新世界といった対立である。これらの二項対立は、激動の一九三〇年代を通して、アメリカの放送に関する考え方や公的な言説を支配していた。ただ、この一〇年間を過ぎてしまえば、アメリカン・システムに代わる望ましい形を想像することが徐々に難しくなっていく。ファシズム国家や共産主義国によるラジオの国家統制という事実が積み重なるにつれて、政府による放送が合衆国における政治的な選択肢として説得力を失っていき、放送業界側のスポークスマンも他国の状況とアメリカの対比を強調したからだ。NABの会長、ネヴィル・

ミラーは一九三八年に次のように警鐘を鳴らしている。

政府機関が、放送すべきものとそうでないものを決める決定権を握ろうとしているのだとすれば（中略）、それは民主主義という形態を放棄しようとする動きに他ならない。人々が何を聴き、何を話すべきか、そして何を読み、何を考えるべきかを決定づけること。それは全体主義国家の統治手法を採用することではないか(51)。

放送産業側の広報者たちの戦略はラジオに関する明確かつ単純な選択を印象づけることだった。放送のあり方に対する疑問を、自由のために闘うか否かというオール・オア・ナッシングの問いかけに収斂させ、独裁者と闘う世界中の民主主義者たちの姿とダブるように描き出す。アメリカの公衆たちは、非常に硬直した、たった二つの選択肢に直面しているという考えを持たざるを得なかったのである。放送事業者側は、ラジオに関して譲歩はありえず、完全な自由と政府による統制への完全な服従との間に妥協点など存在しないと主張したし、当時の激しく分極化した政治状況はそれに説得力を与えていたのだ。

一九三八年一一月、NABの広報を取り仕切っていたエド・カービーは、アメリカの放送業界は自らを守る論理を構築しなければならないと、NBC社長のレノックス・ローアのアシスタントに繰り返し書き送っている。

この国におけるラジオの商業構造が持つ重要性を、アメリカの民衆たちが完全に認識しているなどと私は思っていません。もし、広告主からの経済的援助がなければ、ラジオへの評価は料金の支払いという形式にならざるを得ないでしょう。そうなってしまえば、これは税金を納めるのと何ら変わりません。税金を納めるということは、政府による支配を意味します。それは同時に、政治的な統制と、アメリカのラジオにおける表現の自由の喪失へとつながっていくでしょう。このことをアメリカの民衆は認識していません(52)。

長々と語ってはいるが、この文章は二項対立を強調しているにすぎない。このような放送業界側の主張によって、商業放送の市場的自由と、全体主義的な政府による統制およびそれに付随する言論の自由の喪失との間にある残りの可能性が見えなくなってしまったのである。ここにおいて、商業放送は政府による圧政からの自由を守るものとして、アメリカの独立革命の精神と並列に置かれることになった。アメリカン・システムの守り手たちから見れば、公的に設立されたラジオは、政府によって操作され、政治的に偏向しているうえに不寛容なものになることは避けられず、利益志向の商業放送こそが完全な自由を達成できるということになる。そこには、公的に設立されることと政府が操作するということの違いなど、全く受け入れられる余地がなかった。

しかし、実際には一九三〇年代のラジオ界は、それよりもずっと雑然として、複雑極まりない状態にあった。一九七〇年にナショナル・パブリック・ラジオが創設されるまで、合衆国には国家規模の公共放送が存在していなかったため、一九二〇年代より後のアメリカの放送システムは、圧倒的に商業中心であったと言わざるをえない。それでも、一九二〇年代には重要な非営利放送の分野は存在した。この時期、教育機関や労働組合、教会やその他の福祉団体などが、放送の輝かしい可能性を自分たちの目的に役立てようという試みをいち早く開始していたのである。しかし一九三〇年代に入って以降生き残ったのは、これらのラジオ局のうち、ほんの一握りでしかなかった。一九三七年のある調査によると、二〇二あった教育関係のラジオ局のうち、一九三七年の初めに残っていたのは、たった三八局であり、その多くが、十分な援助をもらうための方法を探すことに苦心していたという(53)。生き残った非営利放送局のなかには、一九三〇年代に大きく成長したものもあった。にもかかわらず、こうした局は彼ら自身の行なった公共サービスという仕事によって、商業放送の経済的、政治的に強固な支配体制を常に意識させる機能を果たしてしまったのである。

第二次大戦前になると、この放送システムは普通ではないにしろ、決して珍しいものではなくなっていた。アメリカ合衆国の勧めに従って、ボリビアやチリなどのラテンアメリカ諸国がこの経済中心路線に追随し始めたからだ(54)。ヨーロッパではルクセンブルクを除く全ての国で政府による放送への関与があったことは事実である。オランダは部分的な例外で、非営利の放送しかなく、国からの支援すら受けていない放送局もいくつかあった。支援のない非営利ラジオには、プロテスタントやカトリックの信者および共産主義者などの聴取者層を代表するものや、AVROのような中立的で偏りのない放送局などがある(55)。また、いくつかの国では、国が設立した全国放送がラジオを独占していた。イギリスのBBCはアメリカで最もよく知られていた例だが、ドイツ、日本、ソ連、アイスランドでも、ラジオは全て国営放送の独占状態だった。ファシズムや共産主義体制はこの新しいメディアの可能性を、党の支持者による国営放送の手にゆだね、プロパガンダ放送を行なったのである。しかし、世界の多くの国において、政府の関与はそれよりもずっと控えめだった。イギリスのBBCのように公的な資金によって全国放送を政府が設立するか、あるいはトルコやノルウェイ、エストニア、ルーマニアのように有力な非政府放送局に免許を発行するかといったように、政府は間接的な役割を演じるにとどまっていたのである(56)。

商業的な「アメリカン・システム」だけが自由な人民に適する唯一の形態であるという主張は、他国に対する非常に選択的なまなざしによってしか維持されないものだ。遠くはオーストラリアや南アフリカやフランス、近隣ではカナダでも公共放送と商業放送の混成形態が採用されていた。アイルランド、ノルウェイ、ポーランド、ブラジル、メキシコ、アルゼンチン、ウルグアイなど、この混成システムは世界中の大小様々な国で隆盛を極めたのである。

アメリカの放送事業者たちは一方で、ファシズムや共産主義の国による専制を強調しながら、他方で、高い地位を誇示し、国による放送の独占を招くものとして、わざわざBBCに対する不信も煽っていた。混成システムについては沈黙を守るか、ときには嘘をつくことすらあった。CBS社長のウィリアム・S・ペイリーは一九三五年に、アメリカ合衆国は「放送が政府に独占されたことのない重要な国である」と主張している(57)。このうち、「重要」という形容詞以外は端的に言って大嘘である。ペイリーの発言は、相当数の西洋諸国が混成システムを取り入れて、明らかにうまくっていることを覆い隠そうとしているのだ。これこそが、アメリカの放送業界が知られたくない事実であった。ワイオミング大学の学長で、全国ラジオ教育委員会の議長を務めるアーサー・クレインが「政府による放送と商業放送の並立」を「コンビネーション・プラン」として、合衆国に混成システムを取り入れることを提案したことがあった。並立とは、「互いに補完することを意味するのであって地位を奪うとか、取って代わるとかそういった意味ではない」と彼は強調した。しかし、NBCのフランク・ラッセルは、これが「今日にあって最も危険な考え」であると鋭く見抜いていたのである。[58]

「混成システム」という用語は、非営利と営利の全国放送の間にある役割の違いを明確かつ系統的に表すためにはおそらく役不足である。「デュアル・システム」とか「ハイブリッド・システム」といった言葉もあるが、言葉の使い方に関して、はっきりした結論は出ていないようだ。このことは、ラジオの問題を解決するためにしばしばとられた方策が不確かな位置づけしか与えられていないことの反映でもある。実際、こうした名称は本来あったはずの多様性や複雑性を覆い隠してしまう。

一九三〇年代の、とりわけアメリカ大陸において、混成ラジオシステムには、ほとんど無限ともいえるほどのバリエーションが国ごとに存在していた。カナダでは、国営放送が広告を流していた。既存の商業放送との提携によって、国営放送の大部分が成り立っていたからだ。このやり方によって、公共放送と商業放送が互いに依存する共生関係に位置づけられたとヴァイポンドは言う。[59]オーストラリアでは、CRBC(カナダラジオ放送協会)の設立と同年の一九三二年にABC(オーストラリア放送協会)が設立されたが、ここでは広告は流されなかった。[60]ニュージーランドには個人によって運営される放送局が複数あったが、一九三六年まで広告を流すことは禁じられていた。一九三六年以後は国営放送局が非営利の全国放送も地域的な商業放送も一手に管理するようになる。そこには、「高い水準の」大衆娯楽を与えるとともに、広告収入を最大化するという狙いがあった。これは混成の収入源をもった公共放送による放送の独占状態である(61)。ブラジルでは、政府が運営する小規模の放送と巨大な商業放送とが並立していたが、一九三〇年代のブラジル政府は、番組内容を規制することで、商業放送をかなりの程度管理下におくことを試みていた(62)。メキシコには、一九三〇年代、政府が運営するラジオ局が三つ存在したが、多くのラジオ局がアメリカのラジオネットワークとつながりを持っていたため、ラジオの中心は商業放送であった。しかし、これらの商業放送局は非常にナショナリスティックな政府による規制の影響下にあった。規制には国産のコンテンツを確保することや、論争の的になるような話題は避けることが盛り込まれていたし、政府が直接放送するために時間を使わせるように要求することもできたという(63)。ベネズエラでは、一九三〇年に商業放送がスタートしたが、一九三六年にはそれと並行して政府が運営する国営放送も設立されている(64)。

このように、デュアル・システムには当時、非常に多くのバリエーションがあった。公的な放送と私的な放送がどの程度分かれているか。商業放送への規制がどの程度かかっているか。そういった点において、当時の放送は非常に多様だったのである。一九三〇年代の現実の放送界には、自由か専制か、市場か政府かといったような、単純な対立など存在しなかったのだ。各国はこれらの極端なあり方の間で、それぞれのやり方を見つけ出す以外になかったのである。

少なくともいくつかの国のシステムにおいては、国による放送が存在するおかげで、商業放送局は、市民的、あるいは国家的な責任という厄介ごとから解放された。そうすることで、商業放送局は、単純に優れた娯楽の提供者として自由の身でいることができたし、公共放送局は誇りを持って、国の定めた役割をこなせばよかったのである。たとえば一九二〇年代のオーストラリアでは、商業放送は納税者によって支えられる国営放送に求められるような総合的な内容を要求されることはなかった。レズリー・ジョンソンの言葉を借りるならば、彼らは「公共の利益や国の放送といった観念に縛られなかった」のだ。他方でABCの一部の人々は、商業放送があるおかげで自分たちは民衆の好みを満足させることから解放されたと述べている。[65] デュアル・システムはこの種の分業を可能にした。教育や自己陶冶、国造りに関することは公共放送局から、大衆娯楽は商業放送局からそれぞれ発信するというように。一九三五年にオーストラリア放送局連盟の会長がアメリカを訪れたとき、彼はアメリカの放送産業側に対して、そういったデュアル・システムの利点を率直に説明している。

実際、政府による放送は商業放送の担い手に恩恵を与えます。おかげでうるさい活動家は寄ってきませんし、自由気ままに外からの干渉を受けずに番組を作ることができます。[66]

しかし、これはアメリカの放送事業者の多くにとって、聞きたい話ではなかった。政府と商業放送の間でこのような妥協が可能であるなどとは決して認めたくなかったのである。

時折、混成システムの存在を論じる記事がマスコミで発表されることもあったが、それらは特殊な社会環境の産物として説明されることが多かった。たとえば、オーストラリアやカナダの場合には、人口が少なく、国土が大きいことが「特殊な社会環境」として説明された。[67] しかし、アメリカ合衆国と一般化された「ヨーロッパ」を単純に比較することで生み出された、自由と強制という劇的な対比に焦点が当てられた記事の方がはるかに多かった。FCCの議長であったアニング・プラルは力説する。

我々は政権与党からのいかなる規制も受けない言論の自由を重視したい。

他の国は逆の道を選んだが、「我々はいわゆる「アメリカン・システム」を選んだ。我が国において、放送というメディアは、使い方次第で善にも悪にもなるのだ」と。[68] プラルの主張するような硬直した二項対立図式は、合衆国におけるラジオに対する支配的な見方を見事に表現している。

私が主張したいのは、国家の放送システムと規制の環境が番組制作のあり方に重大な影響をもたらすということだ。それは多くの場合、システムの内側にいる者には見えづらい。様々な国の文脈の中で主流になっている歴史的記述は、国家規模の放送システムの成立を進歩や発展として語っている。しかし、より批判的な歴史記述では、最終的な結果はあくまで偶然にすぎないことが強調されている。だからマクチェズニーはアメリカが全国規模の公共放送をもしかしたら持ちえたかもしれない一九三〇年代初頭に思いをいたすし、カナダやオーストラリアのラジオ史家たちはＣＲＢＣやＡＢＣにいたる最初の一歩があくまで偶然の産物であったと強調するのだ。物事の結果はどうなるか分からない。そのことを思い出させるのも、批判的歴史が持つ重要な機能の一つである。そして、広く普及して今では当たり前になっているものがもたらした構造的影響について考察することもまた、同様に批判的歴史学の使命である。しかし、各国の歴史におけるこのような記述は極めて少ない。一九三〇年代当時にアメリカのラジオについて記述している人々や、その後にアメリカのラジオ史を書いている人々は、自分たちが調べた事実以上に、アメリカのラジオの特異性を強調する。しかし、私が主張したいのは、アメリカン・システムの特異性が、商業的な機能と市民的、国家的な機能の複合状態にあるということだ。同じ放送局がこれらの役割を両方果たす。このことが、アメリカの放送に非常に特徴的な緊張感をもたらしたのだと私は考えている。

「合意」に基づく放送システム

国家レベルでの放送システムの多様性や、民衆と政府双方にとっての放送の重要性が前提とされている場合には、驚いたことに、各国内におけるラジオの編成は、そのほとんどが議論の余地なく決定されていく。たとえばイギリスにおいて、ＢＢＣによる独占体制の成立は政治的な議論を引き起こさなかった。クロフォード委員会が一九二五年と二六年、参考人に聞き取り調査を行なったが、彼らの答えは次のようなものだった。

> ラジオが代表する利益がどれほど多様なものであったとしても、商業ではなく、公的な管理に従う単一

の放送機関が必要であるという考えには概ね賛成である。[69]

ニュージーランドでは、労働党政権が全国放送を設立したが、左右どちらの側が政権についた時も、彼らはこれを支援した。オーストラリアにおいて、ABC設立の計画は労働党政権によって立てられたが、それを実行に移したのは保守系の推進者たちだった。唯一反対意見が出たのは、カナダの庶民院(下院)においてCRBCの設立が議題に上がった時ぐらいである。

ひとたび国家レベルでラジオの編成が決まってしまうと、反対意見が出てくる可能性は極めて低い。各国の放送システムのあり方はすぐに、自然かつ当たり前に見えるようになり、幾分奇妙に見えるほど、その国の特徴に調和したものになっていく。カナダの放送委員会は、国家レベルの放送システムが必要だという自分たちの考えに正当性を持たせるため、あからさまに世論を煽った。これこそがカナダ人の望んでいるものだと印象づけようとしたのである。[70] CRBCの初代議長は当時の状況を次のように書き残している。

他国では別のシステムの方が必要性に合致しているかもしれないが、カナダにおいて一番有効に活用されうるシステムは、民衆の意思と国家による要請に最も直接的に応じることができるこの形態をおいて他にない。[71]

他国でも状況は同じだ。真っ向から対立する二つのシステムがあったとしても、それはやがて双方に受け入れ可能な妥協案へと変わっていき、そこではほとんど政治的な摩擦が起こらない。ある特定の放送システムを選択するのが自然なことであると信じさせるための試みの一環として、あらゆる陣営が地政学的な決定論を喧伝した。『*New York Times*』のラジオ評論家、オーリン・ダンラップは、「重要な論点」は「イギリス諸島という比較的狭い地域に適したラジオのあり方が、合衆国という広大な領域で同じように有益に機能しうるかどうかということである」と主張した。[72] しかし、逆に他の論者たちは、オーストラリアやカナダで国営放送と私企業による放送が並立している理由として、この二つの国が広い国土を持っていることを挙げていたのだが。
合衆国でも、放送政策や実践に関する選択によって生じた複雑な結果は、すぐに自然かつ自明で、国の特徴に合致したものとして捉えられるようになっていった。FRCのハロルド・ラファウントは一九三三年に次のように論じている。

我々の放送システムは概してアメリカ的なものであり、今までに出会ったどの放送システムよりも、我々の持つ民主的な気質に合致していると私は考えている。[73]

また、高校生のディベート参加者たちに対して、講演者であるエズラ・ベーラーは次のように述べている。

商業の自然な発展に政府が干渉することを嫌うのは、これまでアメリカの公衆が持ち続けてきた本質的な特徴ゆえです。したがって、自由競争のもとにおかれた商業的な利益がラジオ番組の放送を支配するべきであるという考えはごく自然なものなのです。[74]

さらに、一九三六年にFCCの議長を務めていたアニング・プラルも、アメリカ人がラジオに対する課税やライセンス料に同意することはないだろうという見通しを語っている。

これはあくまで私の見解だが、アメリカのリスナーたちは受信機に対する課税を決して容認しないだろう。(中略)それはアメリカ的なやり方ではないからだ。[75]

このため、アメリカン・システムはすばやく国の性質と同一視されるようになっていった。すなわち、アメリカ人は昔からこのような人々だから、こういうやり方を選択してきたのだというように。
放送システムのはらむ問題に対する各国の対応が革新的であっても、あるいは非常に複雑であったとしても、当時全く議論の的にならなかったという事実は、非常に衝撃的だ。マクチェズニーによれば、「他の多くの国」と違って、アメリカは一九三〇年代半ば以降、メディアシステムに対する根本的な議論が不足していたことによって、独自性を持ち得たという(76)。しかし、より広い視野で比較すれば、アメリカ国内に見られたような国民的合意が、決して例外ではないことが見えてくる。各国のメディアのあり方が、他国の人間から見てどれほど野放図に、あるいは奇妙なものに見えたとしても、それが日常生活の一部になっている人々にとっては、あっという間に不可避なものとして目に映るようになっていくのだ。一九三〇年代に多くの人が期待と不安を寄せていたラジオも、常識の域に入り、同時に常識を形作っていったのである。ラジオは世界中のあらゆる場所で異常な速さで成功し、当たり前の生活の一部になった。

イギリスの放送は、日常生活に実態や構造を与えるような出来事の一瞬一瞬をごく控えめに提示して見せることで、国民生活を、秩序立っていて親しみがあり、理解可能なものとして感じさせることに寄与したのだ(77)。

とスキャネルは論じている。

アメリカ人の生活にラジオがどれほど深く浸透していたかを示す一つの尺度としては、アメリカの子どものうち、約三分の一がラジオ脚本家になることを夢見ていたという調査結果が挙げられる(78)。このような深い影響から飛び出して、他のラジオシステムの方が良いか否かを問うことにアメリカ人は興味を持たなかったし、そうする意欲もなかった。ラジオ研究者のポール・ラザースフェルドは、一九四六年にアメリカのラジオ聴取者に対する大規模な調査の結果を公表した。その調査で、彼は次のような結論を述べている。

人々は自分たちの知っている内容を聴きたがる。ある特定の条件下ではあるが、これは広く認められる事実だ(79)。

元BBCの幹部で、当時FCCの顧問であったチャールズ・シエープマンはもっと辛辣だった。

ある放送システムのメリットや優秀さを目に見えて分かるリスナーの満足度のみで判断するならば、全ての放送システムが健全で、他のどの放送システムよりも優れているということになるだろう。そんなことは馬鹿げている。

さらに彼はこうも言う。

他の放送システムについて無知であるがゆえに、どのリスナーたちも聴いている内容に自分たち自身を合わせようとする傾向がある(80)。

ラジオ改革論者たちが持つ情熱のうち、少なくとも幾分かはこのような認識に端を発している。商業ラジオシステムはすぐに大衆の「常識」を形成し始めてしまうだろうという危機感が、彼らを突き動かしていたのだ。ジョイ・エルマー・モーガンは、ラジオ番組が「我々の態度や発言に影響を与え、自分の目標や理想を決定するように促す」と論じながらも、幾分大げさに次のような結論を述べている。

商業化された放送は、人間の精神を様々な新しい圧力や身勝手な宣伝に服従させてしまう。それによって、文明生活そのものが脅かされる可能性がある。商業放送は、家庭や学校や教会が何世紀もかけて築いてきた最上のものを全て破壊し尽くしてしまうかもしれない(81)。

彼らはラジオ聴取が生活の中に深く根を下ろし、日常生活の一部となり、その構造を規定するようになることに警戒感を募らせていたのである。そんな批評家たちにとって、国家レベルの放送システムを組織し、その財政的基盤と市民的役割を確立することはまさに喫緊の課題だったのだ。

BBCモデル

一九三三年、NACRE(国家ラジオ教育諮問委員会)は、ラジオに関する国民的な議論を行なうよう、提案した。議論の焦点は「合衆国が国家によって所有、運営される放送システムを持つべきか否か」であったが、この問いをＵＥＡ（大学拡張協会）は「合衆国はラジオの管理、統制を旨とするイギリス的なシステムの特徴を採用すべきか否か」という形にすげ替えた。三三の州にある何千という学校や大学で、このトピックについて議論が交わされた。およそ二五〇万ものアメリカ人たちが二つの立場の議論を聞くことになったのである。[82]この問いをめぐって、両陣営にまたがる三人の教授陣を中心に議論を行なう番組もネットワークで放送されたし、[83]議論する際の補助となるハンドブックも出版された。[84]ＮＡＢは、この議論をアメリカン・システムの問題点ではなく、イギリスのシステムの欠点へと焦点化させるために、自前のブックレットを発行した。[85]そのブックレットのうち、ある号はアメリカにおけるラジオの未来に関する議論の盛り上がりを背景に出版されたが、そこでは、ＢＢＣは「政府のラジオ」とみなされるべきか否かという問題が提起されている。

ＢＢＣは公式には「準公共団体」であり、政府によって設立されたが、同時に政府からは独立している。一九三三年に出版されたハンドブックの一つには、ジョン・リース卿のある論文が再掲された。その論文中で彼は、ＢＢＣが政府のラジオネットワークであるという考えを強く否定している。彼の主張によれば、「方針や運営という点において」ＢＢＣは単に「事実上独立している」というだけではなく、それどころか、運営にあたっては商業的な意味での自由すら持ち合わせているという。[86]しかし、ハンドブックの中には、そういった微妙な違いを無視して、学生たちに次のようなアドバイスを与えるものもあった。

「イギリス政府はラジオシステムを所有し、操作していると言われている」という具合に、議論のためには、同種の主張はまとめてしまってもよいでしょう。[87]

ＢＢＣが政府によって統制されたラジオであるという考えは、合衆国内で「悪意をもって広められ」た。かつてＢＢＣでディレクターを務めていたチャールズ・シエープマンは、一九五〇年に当時のことを振り返って、そう結論づけている。[88]ＢＢＣが「政府によるラジオ」のカテゴリーに入れられてしまったことで、官営ラジオ設立に対する反対派は、あっさりと勝ちをおさめていった。無論、いくつかの議論では、賛成派が勝利した場合もあったのだが(89)。

BBCはアメリカン・システムとは違った形態で、かつ最も信頼性が高く、評価もされているラジオの代表格だった。それゆえ、合衆国ではBBCを無視できなかった。ミシェル・ヒルメスは、第二次大戦前のアメリカが、いかに海外のラジオに対して注意を払っていたかを示すやりとりに注目している。大西洋をへだてて交わされたそれらの対話は、ほとんど偏執的とも言えるものだった。彼女によれば、イギリスとアメリカは「互いに相手方の理念を考えられうる唯一の違う選択肢として扱っ」た。それゆえ、本当はもっと多くの人間から支持を得られたであろう選択肢に対しては、思考が完全に閉ざされていたというのである。イギリスでは、「ブリティッシュ・クオリティー」が、「商業的でローカル、かつ大衆的なあり方と対置されたことで、アメリカのラジオは常にネガティブな例として用いられる」ことになった(90)。そこには、アメリカン・システムのいくつかの側面に対する賞賛と、BBCの番組がアメリカ化することを押しとどめようとする強い懸念がともに存在していた。後者は、たとえば、真にイギリス的な品位ある娯楽を発展させよう、という形で噴出した(91)。アメリカのラジオが持つ教育的側面については、大西洋の向こう側ではほとんど知られていなかったし、理解もされていなかった。一九三三年、イギリスの雑誌『*The Radio Times*』は、「我々はアメリカのラジオを非常に軽薄なだけのものだと考えがちだ」とした上で、いくらかの驚きを込めて、全番組のうち二四パーセントを教育関連にあてているとするNBCの発表を紹介している(92)。

公的資金によって設立されながらも、公式に政府から独立した全国放送としてBBCが存在しているという事実は、「商業的自由か政府による圧政やプロパガンダへの服従か」という硬直した二項対立しかありえないという固定観念を打ち壊す可能性を少なくとも秘めてはいた。だからこそ、アメリカの放送業界からは、イギリスのシステムの欠点を指摘するための公的な主張が数知れずなされた。北アメリカにおけるBBC初代代表のフェリックス・グリーンの報告書によれば、合衆国では「この新しいメディアの適切な利用を妨げようとする力が非常に強く」、そのため、彼自身が立ち向かわねばならない問題は、BBCに対する無知ではなく、「BBCについて彼らが頑強に持っている間違った情報」の方だったという[93]。

BBCが単に政府のプロパガンダをたれ流しているなどと単純には言えないが、一方でほとんど結果論ではあるものの、非常に弱い部分もたしかにあった。イギリスのラジオについて論じる際、アメリカでよく使われた言葉がある。「イギリスの番組の退屈さはアメリカン・システムに対する支持を表明するときの合い言葉のようなものだ」と。さらに、一九三七年にラジオ制作者のE・H・スコットも、もしシカゴの住民がイギリスの番組を聴いたとしたら、「ひどく退屈だ」と感じるだろうと述べている[94]。

コマーシャルに邪魔されることのない放送があったとしたら、それはとても魅力的だろう、と想像するアメリカ人もいるかもしれない。BBCに関する記事の書き出しは、大抵このような確認事項から入る。しかし、そのすぐ後には「イギリスの放送における選択肢のなさを魅力的だと感じるアメリカ人はほとんどいないだろう」という議論が続くのが常だった。一九三八年の『*Radio Guide*』誌の記事によれば、「長ったらしい広告」を嫌うがゆえに、イギリス的なラジオシステムの方が良いと考えているアメリカ人はたしかにいた。しかし、そのことを認めた上で、同記事は、そういった人々が本当に全てイギリス的なシステムになることを欲しているのかどうかを問うている。そこではイギリスのラジオは次のように形容されている。

競争がなく、「自主制作番組〔Suspended Program。スポンサーのつかない、非営利の番組〕」と呼ばれるものの比率が異常に高いせいで退屈な番組が多い。番組の放送時間は頻繁に変わるし、なんの説明もない放送の空白時間がある[95]。

『*Chicago Tribune*』誌の批評家、ラリー・ウォルターもまた、BBCがラジオドラマや「良い音楽」の放送という分野で優れていることを認めつつも、イギリス人へのインタビュー記録をもとに、イギリスのほとんどの番組は「非常に退屈だ」という結論を再確認している。[96]

一方、アメリカのラジオ改革論者たちは、ほぼ一致して、BBCを唯一のありうるアメリカン・システムの代案として注意を向ける傾向にあった。彼らは世界中でアメリカだけが、国営放送に反対している国であると信じ込んでいたのである。一九二九年にジョン・リースは「放送は公共サービスとしてなされるべきであり、それ以外の何物であってもならない」とし、「商業的な動機」は「最も望ましくない」と主張した。[97]彼の妥協しない態度は、アメリカの教育者やその他ラジオの現状に不満を抱いている人々を引きつけた。アメリカのラジオ改革論者たちや自主制作番組の担い手たちに向けて、ヒルメスは「イギリスモデルは、既存の商業ネットワークモデルに対するありとあらゆる別の選択肢を代弁するものとして用いられてきた」と語っている。[98]『ラジオ放送に関する国策』の中で、コーネリア・ローズは「一部の例外を除いて他国はどこも放送局は公的に所有されているか、あるいは政府によって管理されている」と述べている。[99]アメリカのラジオについて分析した論者たちの多くはみな、同じような論調である。第二次大戦前のアメリカのラジオが持つ独自性は政府に統制されたり、独占されたりしていない放送システムにあるとし、BBCの独占体制が世界中の他のラジオを代表するものであるかのように彼らは語ってしまったのだ。

商業放送は本質的にアメリカ的なものであり、アメリカの根本にある国民的な自由を体現したものであるという考えを、放送業界側はうまく浸透させつつあった。この状況に直面していたアメリカのラジオ改革論者たちは、BBCモデルに対して大衆の好意的な関心を集めるのが難しいことに気づいてはいたが、それでも、彼らは一九三四年以後もBBCモデルに強い関心を持ち続けていた。その背後では、ラジオネットワークがラジオ改革論者たちとBBCの関連性を際立たせようとすら試みていたのである。

一九三七年、プリンストンで開催された「放送の社会的統制」会議のプログラムを見て、ジョン・ローヤルは怒りを露わにした。そこには、BBCの代表であるフェリックス・グリーンが顧問としてリストアップされていたからだ。グリーンの個人的な記録にはこうある。

私が初めて着任したときから、アメリカの放送業界は、「敵」を利するかもしれない私の一挙手一投足に対してかなり神経質になっていた。

彼はそのことに気づいていたから、「放送の社会的統制」会議での招待講演を注意深く辞退した。そのかわり、「特にBBCに興味を示している人たちが自分に質問できるディスカッションの場で彼らに会う」ことには同意したのである。[100] ローヤルにとって、そうした外交的に微妙な問題は許しがたかった。彼はロンドンにいるNBCの社員、フレッド・ベイトに怒りの矛先を向けた。

BBCがこういうことをアメリカでどの程度やるつもりなのかを私は知りたいのだ。我々はイギリスでこんな会議を催したりはしない。分かっているだろうが、君がそこで教育を受けているのは、こうしたことに参加するためではない。しかし、おそらく我々は同じような催しをイギリスでもやらなくてはいけなくなるだろう。[101]

NBCの社員たちはまた、一九三七年にシカゴで催される教育放送全国会議における演説のためにジョン・リース卿をアメリカに招こうとする動きにも懸念を抱いていた。ジョン・ローヤルはベイトに対し、「ジョン・リース卿にわざわざ出向いてもらうほど重要な会議にはならないだろう」と言い含めている。さらに、彼はNBCの社長であるレノックス・ローアにも、「そのような会議は時間の無駄であり、必要もないものので、非常にお節介なことです」と告げた。[102] 放送ネットワークがアメリカのラジオ改革論者たちとBBCの接触を制限しようとしたことは、彼らが「アメリカン・システム」の生き残りについて、慢性的な不安感を抱いていたあかしだ。彼らは大西洋をはさんだ継続的な対話や意見交換を妨害することには、結果的に失敗した。しかし、イギリスとアメリカの放送システムの下地になっている文化の溝はついに埋まらなかったのである。

口調の問題

BBCは全国規模の公共放送がその聴取者たちに語りかけるための一つの強力なモデルを提供した。論争が起こっていても、それを超越した立場から威厳を持って発言するというやり方だ。英語圏の他の国における放送では、BBCをまねることが重要な要素となった。それはちょうど、アメリカの放送との決定的かつ永続的な違いをBBC側が提示しているかのようだった。

人間味を排した威厳という方法を選択したBBCとは逆に、アメリカでは、聴取者に訴えかけるための最も効果的なやり方として、親密さや親しみやすさという要素が発明され、それが商業番組でも、そうでない番組でも採用された[103]。初期の段階では、アメリカのネットワークも口調の標準化や人間味を出さない距離感を作り出そうとしていた。しかし、その試みは、番組内容の多様性や創造性に呑み込まれてしまったのだ。BBCは、放送時の口調を標準化することにはアメリカよりも幾分成功したといえるだろう。

BBCは一九二〇年代の半ばから、アナウンサーを匿名にすべきだと主張していた。組織としての「集合的な人格」という感覚を作り出すためだ。「距離感のある匿名の集合的な声」は「ラジオの権威と高い地位」の表れであったとアーサ・ブリッグスは言う[104]。BBCの社員たちは、あまりに砕け過ぎていて、かつ陽気過ぎると考えられていたアメリカ的な話し方や表現方法が侵入してくることに強い警戒感を持っていた。スキャネルとカーディフによれば、BBCは自意識過剰であり、「内容と同じくらいコミュニケーションのスタイルにも気を配りながら、民主的なやり方や見た目」を避けていた[105]。一九三〇年の『*New York Times*』に掲載されたあるレポートは、BBCのアナウンサーが「礼儀作法と良い趣味のお手本」ではあっても、完全に無名のままであり、一個の人格という意味を含んだ「パーソナリティ」にならないように振る舞っていたことに、驚きを表明している。[106] 一九二六年からBBCでアナウンサーを指揮していたヒルダ・マシソンは人間性を見せないことを好む性質を国民性という点から理解し、次のように論じた。

イギリスのリスナーたちは、ニュースや天気予報を読み上げたり、番組中にアナウンスを入れたりする人たちの人間性があまり前に出過ぎない方が好ましいと考えているようだ。

匿名性を守るという方針はファンレターを完全に消滅させるにはいたらなかったが、それでも、その数は「驚くほど」減少したと彼女は満足げに述べている。[107]

ジョン・リースの観察によると、イギリスのリスナーたちはあまり手紙を出してこない。「リスナーたちはコミュニケーションに参加するよう促されたり、誘われたりすることがない」と彼は一九三一年に報告している。当時、BBCに届く手紙の数は年間にせいぜい一〇万通程度だった。しかも、アメリカの商業放送とは違って、初期の頃にはリスナーに対する調査も軽視し、拒絶していたのである。[108] 誰がラジオを聴いているのかを知る必要にかられて、最終的にBBCがしぶしぶ聴取者調査部を設置したのは、一九三六年のことだった。

オーストラリアのABCでは、一九三八年にリスナー調査について話し合いが持たれたが、実際にそれが実現したのは一〇年近く経ってからのことだ。その当時、リスナー調査は必要がないばかりか望ましくないものですらあった。なぜなら、多数派が低俗な嗜好を持っているということが分かったとしても、それを番組に反映させるわけにはいかなかったからである。[109] ニュージーランドの放送委員会も一九三二年に聴取者調査を行なっているが、リスナーの嗜好についてそれ以上掘り下げて研究しようとする試みはなかった。[110]

商業放送と公共放送が両方あって、聴取者が選択できるデュアル・システムを採用していた国の全国放送にとっては、BBCのやり方はまた違った意味を持っていた。オーストラリアやニュージーランドの全国放送は、資金面でBBCに並ぶことができなかったし、国家の中心に独占的に居座り、自尊心を満足させることもかなわなかったものの、スタイルの面でBBCをまねることに躍起になっていた。レズリー・ジョンソンによれば、「形式張った調子で話し、正しい発音を用いて、距離感を持った放送を行なう」というABCのアナウンサーたちの特徴は、「無分別で過度に親近感を強調する」商業放送との違いを出すために採用されていた面があるという(111)。オーストラリアの商業放送で人気を博し、既に名前も含め有名になっている「パーソナリティ」たちとは逆に、ABCのアナウンサーたちは無名のままであった。このことを強調したため、ABCという全国放送は、禁欲的で不寛容だという印象を人々に与えてしまった。ニュージーランドでも同様にNZBBはアナウンサーが個人の人格を表出することを厳しく制限していた。アナウンサーたちは、放送上では「ミスター・アナウンサー」と呼びかけられたのである(112)。

当初、BBCの文化的権威は世間の論争からの超越性によって保たれていると考えられていた。実際、一九二八年までは論争が禁止されていたのである。しかし、多くの全国放送はそれよりももっと長い間、論争を避けていた。ABCが積極的に討論番組を作り始めたのは一九三五年のことだし、ニュージーランドにいたっては、一九四七年まで論争が起こりそうな内容を扱うことを禁止していたのだ(113)。

これらと比べると、アメリカは真逆である。ラジオの認可制によって生じる公共の利益を追求する義務は、異なる様々な見方を放送局が代弁することを保証することになった。放送局やネットワークが、論争的な番組のために放送時間を売ることを禁止しようとする動きもあったが、それでもアメリカのラジオは「世界で最も豊富かつ多様な政治宣伝や政治番組を扱う場」を提供したとクレイグは結論づけている。たとえ不本意であっても、そこでは共産主義者や社会主義者の放送時間も確保されていたのである(114)。

ラジオの口調はいたるところで、アクセントや方言、声の調子などに対する新しい関心を呼び起こした。ヒルダ・マシソンが早くも一九三三年に看取していたのは、「放送のある全ての国で」ラジオが「耳の教育」をもたらしたということだ。それゆえ、声やアクセントに対して人々は以前よりもはるかに敏感になり、「新しい自意識」が生まれたという。[115] BBCモデルとは、一面で、模範的な語調、標準的な発音といった声の問題である。BBCが、よく教育された南部の英語話者をアナウンサーとして採用したことは、イギリス国内で賞賛だけでなく、批判も呼び起こした。そこに隠然として存在するヒエラルキーによって、地域的なアクセントがローカルな消費にしか適さないと考えられるようになり、主にコメディの素材としてしか全国規模の公共圏に加わることのできないものになってしまう。そういった議論が起こったのである。[116]

オーストラリアでも同様に、アクセントの問題は全国放送にとって悩みの種だった。一九三七年時点でABCには三四人のアナウンサーがいたが、そのうち一〇人はイギリス生まれで、BBC英語を話した。オーストラリアの放送機関が、この口調を放送に最も適していると判断したからだ。オーストラリアのナショナリストたちや労働党の議員たちは、このことに根強い反発を感じていた。彼らは政治的な問題として疑問を投げかけ続けたのである。[117]ニュージーランドでもアメリカ的なアクセントや表現が放送に侵入してくることに対して、議会で批判が噴出していた。[118]

最終的にアメリカでBBCモデルが、当然のように悪いものとして捉えられるようになったことには、構造的な理由がある。それは、リスナーと距離をとろうとする戦略が、公共放送の独占体制か、あるいはデュアル・システムのもとでは可能でも、アメリカのような市場を基盤としたシステムにおいては単純に実現不可能だったからだ。アメリカのネットワークは、二重の戦略をとっていた。権威ある国家的な機関として自分たちを位置づけながらも、同時に多くの人々を魅了し、惹きつけようともしていたのだ。そのため、代表的な口調を選択することは非常に難しく、論争の的にもなりやすかった。権威のある声は、同時に人気のある声でなければならなかったのである。アメリカのネットワークが、機関としてBBCに匹敵するほどの権威やアイデンティティを得るためにどれだけ努力したことか。彼らは影響力という点でも、文化や言語についての広く共有されたエリート的な理想という点でもBBCに並ぼうとしたのだ。それだけではない。アメリカン・システムという、イギリスとは全く異なった構造の中で、この試みを完遂しなければならなかったのである。こうした努力や方法論を認識しない限り、一九三〇年代のアメリカにおけるネットワーク放送の歴史を理解することはできない。

アメリカにおいても、ラジオは発音や話し方についての新たな興味を強く喚起した。ラジオ局には、正しい発音に関する問い合わせが洪水のように押し寄せた[119]。一九三五年に、マーガレット・カスバートは、NBCで次のような発言をしている。

ラジオによって、演説法に対する興味が驚くほどのリバイバルを起こしており、それについての議論が私どもの高校でも盛んに交わされています。

彼女によれば、ラジオのおかげで、若者たちの語彙が増え、発音が明快になり、話すスピードまで上がってきたのだという[120]。このような正しい話し方に対する興味の高まりはビジネスチャンスにもなった。アメリカ話術協会(The Better Speech Institute of America)は一九三五年にNBCの番組『*Your English*』を開始し、発音を間違えがちな五〇〇語をリストアップした一〇セントのパンフレットを販売した。同協会は一九三六年までに『実践的な英語と効果的な話術の自習法(*Self-Teaching Course in Practical English and Effective Speech*)』を一〇万部以上も売り上げた[121]。

一九三〇年代におけるアメリカのネットワークは、アナウンサーたちに、正しく、かつ標準的な発音を習得させようと懸命だった。イギリス生まれのフランク・ヴィゼテリーは『必携　発音を間違えやすい二万五〇〇〇語(*A Desk-book of Twenty-Five Thousand Words Frequently Mispronounced*)』という本を含む、数え切れないほどの辞書や言葉遣いのアドバイス本を編纂した[122]。彼はCBSのアナウンサー向けに『英語の上手な話し方(*How to Speak English Effectively*)』という本も執筆している。ヴィゼテリーは、一般的なアメリカ人の「率直な話し方」に対して賞賛を送っていたが、そうした彼のポピュリズムには独自の視点と独特の切れ味があった。彼が言うには、これまでのアメリカでは、「自分たちの言語の純粋性を構築し、維持しようとする積極的な方策」が歴史的に求められてこなかった。しかし、アメリカの言語は、移民たちや彼らの言葉、およびアクセントによって常に脅かされている。彼は自身の執筆した本の初めにこのような主張を綴っている[123]。ヴィゼテリーは、ラジオが均質化の役割を果たすことを期待していた。様々な部分に共通して存在する耳障りな不整合性を、ラジオが解決することを望んでいたのだ。彼は全てのアナウンサーの発音が調和する日を夢見ていたのである[124]。

ヴィゼテリーのあとにCBSの言語アドバイザーに就任したのは、コロンビア大学で口語の教授を務めるウィリアム・キャベル・グリートだった。ヴィゼテリーとは対照的に、彼はラジオがアメリカ英語を標準化してこなかったことを悪いことだと考えていなかった。それどころか、「我々は放送を通してあらゆる種類のアメリカ英語を聴くことができる」と語っているように、言語的多様性を存続させた要因としてラジオを捉えていたのである[125]。

一方、NBCが言語指導を受けていたのは、ヴィーダ・レイヴェンスクロフト・サットンという人物である。彼女はカリフォルニア生まれで、ヘレナやモンタナで育ち、シカゴ大学で哲学を学んだ経歴を持っていた[126]。彼女は一九二九年から一九三七年まで『*The Magic of Speech*』をNBCで放送し、NBCのアナウンサーたちに発音や話し方の訓練を施した。サットンは、地域的なものであっても「正しい言葉遣い」なら十分に放送に堪えうると考えていた。その言葉遣いが一致してくることによって、標準化は進行していくと考えていたのである。

私たちは現在、アメリカの標準語を発達させつつあります。やがては、様々な場所に散らばっている最も望ましい性質が標準語へと統合されていくでしょう[127]。

放送ネットワークは全国的な模範となる役割を真剣にこなそうとした。自分たちネットワークの声は多くのアメリカ人にとって権威のある正しいものでなくてはならない。彼らはそのことをよく分かっていたのである。

ネットワークは初期の段階から、アナウンサーとして大卒者を雇用するために相当な努力をしていた。番組中で維持するのに苦労していたある程度の階級の高さや礼儀作法を放送で醸し出すためである。一九三六年にNBCの副社長ジョン・ローヤルは、ある批判にこたえて、次のように発言している。

もし、うちのアナウンサーが発音の間違いを犯しているとしても、彼らの教育が不足しているのではない。なにしろ、彼らのうち八〇パーセントは大卒者なのだから。[128]

この種の熱意があったため、初期のネットワークの幹部たちの中には、BBC的な声を賞賛する人々もいた。CBSの副社長であったヘンリー・アダムス・ベローズは一九三一年に、ある会議の席上で、自社のアナウンサーたちはまだ全員が大卒者というわけではないのだから、彼らには読み上げ原稿が必要だと主張した。彼は次のように述べたという。

イギリスの番組中で流れるアナウンスは我々のものよりはるかに良いのです。それは、あちらのアナウンサーたちがみな、名誉あるオックスフォードやケンブリッジの卒業生だからです。

アメリカの全てのアナウンサーが「高水準の大卒者」になったときに初めて、「彼らが自分で考えて話すことを許可できる」だろう。ベローズはそう結論づけたのだ。[129] ベローズ自身はハーヴァードで英文学の博士号を取得しており、ミネソタ大学で修辞学の准教授を務めていたが、出版や放送の職につくために大学の職を辞している。彼は時間のあるときに、ミネアポリス交響楽団のプログラムの解説を書いたり、『*Minneapolis Daily News*』に音楽関連のコラムを寄稿したりしていた。彼は自分の仕事を通じて「洗練された文化的価値観や、社会秩序の中でラジオが占めるべき位置の適切な認識」をラジオに持ち込んだとして『*Broadcasting*』誌は賛辞を送っている。[130] ベローズは一九三五年、いかにも議論の的になりそうなラジオ関連の記事を『*Harpers*』誌に寄稿した。

ラジオを単なる金儲けとしか考えていないような幹部たちは社会に対する責務を本当の意味で果たそうとする人々に全て入れかえるべきだ。[131]

彼はそう主張したのである。

それでも、彼はラジオが自分の望むような教育された才能ある人々の領域になっていないことに忸怩たる思いを抱きつつ、一九三五年まで放送産業に残り続けたのだった。[132]

一九三〇年代、ほとんどの英語圏の国で、女性アナウンサーは珍しい存在だった。[133] アメリカでも、女性がアナウンサーとしてラジオ局やネットワークに雇用されることはほとんどなかった。しかし、女性の声は昼間のラジオからはよく流れていた。連続ドラマに主婦や子ども向けの番組、そして常に流れていたのは女性シンガーの声だった。[134] 一九三三年の新聞によると、このような性別の偏りには、次のような商業的理由があったという。

昼間の番組に女性アナウンサーや女性芸能人が多く使われる理由は、単に番組自体がより女性の興味に近いからというだけではない。夕方から夜にかけての番組のリスナーたちが女性アナウンサーの起用に反対しているという理由もあるのだ。[135]

しかし、他国から来た人間が特異だと感じるほど、アメリカのラジオからは女性の声が多く聞こえていた。ＡＦＢＳ（オーストラリア放送局連盟）の会長であったアルフレッド・エドワード・ベネットは、一九三五年にアメリカを訪れたことで、ラジオは力強い男性の声に限るという自身の見方が明確になるのを感じた。彼は本国に、自信を持って次のような報告を送った。

女性がラジオを足場に国を動かし、男性を支配し、過剰に多くのものを手中におさめることを許してはならない。[136]

カナダでも状況は同じで、女性による放送で真剣なアナウンスを行なうこと自体が、いくぶん物笑いの種だった。CBC（カナダ放送協会）の番組制作者、E・L・ブッシュネルが一九三七年に女性アナウンサーについて受けたインタビューの顛末は次のようなものである。

彼は言った。

「しかし、女性が非常にうまくこなせる仕事もあります。魅力的な声を持っていれば、交響曲を扱った格調高い番組でアナウンスを担当してもよいでしょう。あるいは家計やインテリアの飾り付けに関することを女性たちに対して語りかけるのも良いかもしれません。」

「今後、女性がニュースの放送を読み上げることになるでしょうか？」

「それはありえませんよ。」

彼は笑いながら付け加えた。

「彼女たちがニュース放送を読み上げることは今後もないだろうと私は考えています。」[137]

一九三〇年代の初めには、アメリカのネットワークも女性は良いアナウンサーにはなりえないだろうという見方を支持していた。NBCでアナウンサーのスーパバイザーを務めていたP・J・ケリーは女性がアナウンサーの「厳しい訓練に耐える能力を持っていないだろう」と信じ込んでいた。一方、CBSの番組制作部のジョン・カーライルも、女性の声はネットワークでアナウンスするためには人格が出過ぎていると考えていた。さらに、ヴィーダ・レイヴェンスクロフト・サットンも、ラジオのアナウンスには女性より男性の方が適しているという見方を堅持している。男性の声は「美しく、より落ち着いていて、深く響く」というのだ。[138] こうした放送者側の見方が世論を反映したものであったことを示すいくつかの根拠がある。心理学者のハドリー・キャントリルとゴードン・オールポートが一九三五年に刊行した『ラジオの心理学（*The Psychology of Radio*）』によれば、男性も女性もラジオに関しては男性の声をより好む傾向があったというのだ。この調査は男性と女性の声に対する強い役割期待と先入観の存在を明らかにしている。調査を受けた人々は、特に政治やニュース、天気の話題に関しては男性の声をより自然で説得的だと感じた。一方、詩の朗読に関しては女性の声を好む強い傾向が見られたという(139)。

初期のネットワーク放送は、教育された権威ある男性による、正しくかつ標準的な発音を理想としていた。一九三〇年代のアメリカでは、アクセントに関する疑問が議論されていたが、ある新聞によれば、次のような予測が一般に広まっていた。


もし、我々がいつか発音の統一にいたるとすれば、それを成し遂げるのはラジオであろう(140)。


ラジオやその他のコミュニケーションおよび旅行の手段が地域ごとの違いを崩壊させつつあったという根拠もある。たとえば、ブラウン大学の研究者による一九三五年の報告によれば、ニューイングランドの人々はアメリカの他の多くの地域で使われている「r」の発音を取り入れつつあり、少なくともいくつかの点で地域に固有のアクセントを失いつつあったという(141)。

なまりのある方言英語は、ネットワーク・ラジオのコメディ番組ではよく聴かれた。そこでは、地域的、民族的な話し方が笑いのために戯画化されて用いられていたのだ。折しもそれは地域の小さな放送局で民族的な言語、あるいは外国語が放送される機会が消滅しつつある時期だった。

よく知られているように、ネットワークの最初のヒット番組は、一九二九年から始まった白人の役者が黒人を演じるホームコメディ『*Amos'n Andy*』だった。しかし、第二次大戦前にはアフリカ系アメリカ人が自分の人種を隠さずにラジオで話せるチャンスはほとんどなかった(142)。デレク・バイヤンは、シカゴに関する研究の結論として次のように論じている。アフリカ系アメリカ人は「自分たちのラジオへの出方について、他の人種のように自分たちで決めることができなかった」し、彼らの曲はしばしば町の反対側で白人が演奏したものが流された、と(143)。

最初に成功したアフリカ系アメリカ人のラジオアナウンサーは、シカゴのラジオ起業家、ジャック・クーパーだった。彼はもともと、エスニックな声を役柄とするコメディアンとして有名になったが、その後は黒人固有の言葉ではなく、標準的な英語を話すようになった。賑やかし役の黒人は時に、黒人的なアクセントを学ばなければならなかったのである。
一方、黒人のミュージシャンはラジオによく出演した。デューク・エリントンは一九三六年から、ルイ・アームストロングは一九三七年からNBCのネットワークで自分の番組を持っていた。[144] しかし、アメリカのラジオで黒人の声やアクセントが普通に聴かれるようになるのは、第二次大戦後に広告主がアフリカ系アメリカ人の市場を発見してからである。一九四一年には、ヘレナとアーカンソーのラジオ局KFFAで、『*King Biscuit Time*』という昼時の番組が始まった。番組のメインはブルースミュージシャンのサニー・ボーイ・ウィリアムソンとロバート・ジュニア・ロックウッドによるライブ・パフォーマンスである。この番組が成功したことで、アフリカ系アメリカ人に固有の話し方や音楽の需要が存在するということが証明された。その結果、一九四九年までに一〇〇人を超える黒人のDJがアメリカの地方ラジオ曲で働くようになったのである。[145]
ネットワーク放送局やその言語アドバイザーたちによる懸命の努力にもかかわらず、標準的な発音の普及は、スタジオの内外を問わず達成されなかった。多くのアメリカ人は自分たちの言語的多様性を維持することに喜びを感じていたからだ。ウィリアム・キャベル・グリートは一九二七年からの一〇年間を振り返って次のように書き記している。

一九二七年には、これから一〇年のうちにラジオがアメリカに唯一の標準的な英語をもたらしてくれるだろうと、我々の多くが思っていたし、そのような発言もしていた。しかし、そんなことは起こらなかった。[146]

一九四〇年のある新聞には、「ラジオの発音や言葉遣いにこの程度しか信頼が置かれなかったことは残念なこと」ではあるが、言語の完全な標準化や、その結果として起こる「美と個性」の喪失から得られるものはあまりなかっただろう、という考えが掲載された。[147] また、あるアイオワの新聞の一九三八年に書かれた社説には次のような記述がある。

実際のところ、「標準的なアメリカ語」のようなものがあったとしたら、それは悲劇である。ニューイングランドの鼻声やボストンの早口、南部のやわらかく不明瞭な発音に、北西部のかたい子音。こうした言葉が共存できているからこそ、私たちの話し言葉は多様で面白いものになっているのだ。我々は多様な国民である。この言葉は自己弁護の一種ではあるが、特徴的な美徳でもあるのだ[148]。

むしろ、アメリカのラジオは、標準語でない言葉を利する方向に働いた。標準語以外の言葉を、パロディ化することによって、効果的に宣伝し、良い印象を与え、言語的多様性を国の魅力にまで押し上げたからだ。

アメリカのアナウンサーたちが他国と同じように標準的な発音を訓練され、教えられていたにもかかわらず、方言やアクセントなどの「言語的抵抗」はどのようにして、コメディや最も人気のある娯楽番組のかなめとなっていったのか。スーザン・ダグラスはこのことを調査した[149]。商業的なラジオ番組や広告は、速さや誇張表現を特徴とし、目立った発音や語尾変化を追求した話し言葉を生み出した。ダグラスによれば、言語的な礼儀正しさと無礼さが、アメリカのラジオにおいては「かわるがわる登場していた」という[150]。ネットワークの公式なアナウンサーが正しさへの熱意を示せば、それに続くコメディアンたちが、ヴォードヴィル（寄席演劇）やミンストレル・ショー、エスニック・コメディといった既成の豊かな言語的伝統を用いたり発展させたりしながら、自らのトレードマークになっている言語の奇抜さを前に押しだそうと躍起になる。ネットワーク・ラジオが小さくてローカルで民族色豊かなラジオ局から聴取者を引き離そうとした時には、現実のエスニックな声のかわりに、そのパロディが多くの家庭のリビングルームで鳴り響いていた[151]。ヒルメスによれば、言語的特徴を習得するための練習には、ほとんど偏執的とも言える部分があったという。「言語や方言、そして注意深く選択された会話の文脈を通して、民族、人種、性別を表す構造化された表現をはてしなく繰り返して演じる」こと。それは、国家の内側にある境界線をラジオが決定していく過程の一環だったのである。[152]

アーサー・ロイド・ジェームズ教授は、BBCの話し言葉に関する諮問委員会の長を務めていた一九三六年にアメリカを訪れている。彼は、感情をまじえず非人格的なBBCのニュースの読み方と、アメリカのラジオが持つ「活発で刺激的な報道スタイル」の違いに目を向けた。彼が言うには、アメリカのラジオニュースは、「比喩表現や感情的な形容詞、助動詞、そして率直な批判に満たされていた」という。さらに、ロイド・ジェームズは商業的なアナウンスを読み上げる人間の言語的な歪みにも衝撃を受けた。

> 重要なポイントを強調するために、彼らは話し言葉のアクセントを、ほとんど原型をとどめないほど強調して用いていた。

ロイド・ジェームズは標準的な英語の発音を取り入れることのメリットをBBCに信じさせるのに重要な役割を果たした人物である。彼は自分のアドバイスがアメリカ人にも共有されることを喜ばしく思い、次のように勧めた。「細切れになった言葉によるヒステリックな売り込みは排除されるべき」であり、かわりに「自然なアクセントで正しく話された英語」を使うべきだ、と。[153]

アメリカの放送にたずさわるリーダーたちの中には、ロイド・ジェームズに賛同する者たちもたしかにいた。しかし、アメリカのラジオは言語的な奇矯さや無礼さ、そして陽気さを必要としていたのである。ラジオが特徴的な表現を生み出すとき、それは常に誰もが受け入れられるものでなくてはならなかった。その結果、「ラジオ通」という新たな巨大コミュニティが生まれたのだ。ダグラスの主張によれば、「言語のドタバタ劇」は一九二〇年代にエイモスとアンディが用いた言葉の誤用に始まり、一九三〇年代に多くのラジオコメディにおいて、中心的な人物たちがキャッチフレーズを繰り返すことで発展していった。この「言語のドタバタ劇」によって、リスナーたちはあたかも「クラブに入場するためのパスワード」を受け取ったかのように感じたのである。[154] 言語の新奇さを共通の興味として新しい共同体が生み出されていく過程。それは、アメリカのように大きく、かつ多様性に富んだ国にとって、全国放送が担う重要な機能を果たしたのだ。

ネットワークの番組はハリウッド、シカゴ、ニューヨークで制作された。そのため、扱われているユーモアがあまりにローカル過ぎて全国的に広まらないという批判もあった。このことについてNBCのフィリップ・カーリンは一九三八年に次のようなレポートを残している。

> 我々が制作している多くの番組でローカルなシチュエーションやギャグを用いていることに、町の外にあるラジオ局が不快感を示していることが気になる。そういったものは、放送内容が制作された町の外にいる人間にとっては意味をなさないというのだ。（中略）スタジオにいる観客たちはそのギャグに大笑いするだろうが、それ以外の国中の人々にとってはどちらかといえば、ほとんど意味を持たない[155]。

そうしたギャグよりも、番組中の言語的なユーモアの方が多様な国中の聴取者たちに、はるかに伝わりやすい。それは、アメリカのラジオが持つ商業的構造の副産物でもある。コメディの決めゼリフは、アメリカの混み合った電波状況の中で、明らかに商業的な機能を担っていたからだ。新聞でラジオに関わるコラムニストが書いたある見方によれば、「バカバカしい言葉の選択や喜劇的な話し方によって、スポンサーや役者やネットワークは金を儲けて」いたという[156]。商業的に運営されているアメリカのラジオは、他との違いや特徴を出す手段を絶えず必要としていた。なぜなら、彼らが置かれていた聴覚環境には、常に競争相手や他の選択肢が存在したからだ。それと同時に、全国的な流れの中では、BBCのような権威と均質性を獲得する努力も怠れない。この緊張状態によってラジオが力を削がれることもあったが、生産的かつ創造的になることも同じぐらいあった。しかし後者のような場合を除けば、アメリカのラジオは自分自身との戦いを強いられていたと言ってもよいだろう。

公共サービスと高い文化水準の放送

アメリカのラジオの黄金時代に関する後世の考察は、

アメリカと他国のラジオの間にある極端な二項対立をあっさり受け入れ過ぎている。ここまで論じてきたように、この二項対立自体が一九三〇年代にアメリカの放送業界の用意した論客たちによって生み出されたものだ。アメリカのラジオには独自性がある。しかしその理由はアメリカのラジオの擁護者たちによって提示されたような単純な理由、すなわち、国家や公共のサービスと対立するものだったからというようなものではない。そうではなく、商業的で娯楽寄りの構造の枠内に国家や公共のサービスが果たす役割を組み込まなければならなかったからだ。アメリカのラジオとイギリスのラジオの違いを急いで探さねばならなかったとき、アメリカの放送事業者が最もよく口にしたことがある。それは、アメリカのラジオは大衆の欲するものを放送するが、イギリスのラジオは「大衆が聴くべきだ」と政府が考えている内容を放送するというものだった。しかし、実際のところそのような違いはさほど明確なものではない。

『*New York Times*』のコラムニストが一九三四年に次のように予言している。

放送事業者が社会活動家に対峙したとき、彼らの耳の奥ではある常套句が鳴り響いているだろう。すなわち、自分たちが生き残るためには「公共の利益、便益、必要性」に忠実でなければならない、と。(157)

ネットワークは公共放送としての役割と、利益を生み出す商業的なエンターテイナーとしての役割を同時に果たすことができる。そんな考えを確立するための思想的、文化的働きかけは、一九三四年の時点ではまだ先の見えないものだったのである。

ネットワークは、自分たちが社会的責務を果たせるということを示すために、新しい公共サービス番組を開始した。政治的な危機感を感じれば感じるほど、ネットワークの幹部たちは、できる限り頻繁に公共サービス放送のように振る舞わなければならないと考えるようになったのだ。シンシナティで力を持っていたラジオ局、WLWは一九三八年の『*Broadcasting*』誌に掲載されたフルページ広告で、次のように宣言している。

良い放送局は、単に娯楽を与える以上のことをしなければなりません。知識や情報を提供せねばならないのです。[158]

アメリカの放送事業者たちは決して自由ではなかった。単にリスナーたちに望むものを与え、娯楽の提供者や、営利目的で放送時間を売る業者になればよいというものではなかったのだ。その時々に市民的番組、教育的番組そして高級文化を扱った番組とみなされる非常に広範囲のものを提供するように、規制のシステムや政治状況によって束縛されていたのである。それは、政府との競合から自由であることの代償だった。彼らは全国的な意味でもローカルな意味でも、常に公共サービス放送のような外観を維持しなければならなかった。それは教育や、人々を向上させるという目的にコミットするということでもあった。

現存する歴史資料によれば、一九二六年に誕生したNBCの初期の段階では、ネットワーク・ラジオにとって市民的理想は重要なものだった。しかし、資料はこうも告げている。一九二八年にCBSができてからは、それ以前よりも容赦のない商業主義が広がり、初期の理想は瞬く間に放棄されていった、と。[159]ひとたびネットワーク間の競争が始まってしまえば、自主制作番組の時間が犠牲にされ、放送時間に占める商業番組の割合が増え、クラシック音楽に割り当てられる時間も減少していったのである。一九三〇年代の初めに広告機関が多くの商業ネットワーク番組を引き受けるようになったとき、市民的価値観の重要性はさらに低下したと歴史家たちは結論づけてきた。バーナウは広告元主導の番組制作と、公的に価値のある番組の減少との間にはつながりがあると主張する。広告主たちは、ほんの一握りの聴取者も怒らせたくなかった。そのため、現在の社会や政治の問題を扱った番組よりも、ヴォードヴィル的な娯楽へと強烈に引き寄せられていったのである。[160]ヒルメスは、競争する二つのネットワークによって、経済が放送を支配するようになったと主張している。

FRCによって芽吹いた気高い公共サービスとして

の目標は、RCAによって後退させられ、とうとう営利優先の考え方に席を譲ってしまったのだ。

彼女が引用したのは、ルウェリン・ホワイトが一九四七年に行なった研究『アメリカのラジオ(The American Radio)』の数字だ。それによると一九三三年時点で七六パーセントだったNBCの放送に占める自主制作番組の割合は、一九四四年時点では五〇パーセントにまで低下しており、「クラシックやセミ・クラシック音楽」に割り当てられる時間は同じ時期に二六パーセントから一二パーセントにまで落ち込んでいる。

このような割合の低下は事実であり、かつ劇的である。しかし、公共サービス番組が全てなくなったわけではない。アメリカの商業放送には、一九三〇年代を通して、まだ多くの公共サービスに関わる番組やクラシック音楽の時間が残っていた。一〇年間で起こったこの急激な減少は一九三〇年代終わりにこれらのものが急増したという事実を押し隠してしまっている。そう、実は一九三〇年代の終わりに、自主制作番組やクラシック音楽の放送は急増しているのだ。ヘイスタッドが行なった一年ごとの分析によれば、公共サービス的な性質を帯びた自主制作番組の数とクラシック音楽の放送時間は一九三四年と一九三五年に少し減少しているが、一九三〇年代の後半には著しく増加し、第二次大戦期に再び減少に転じたという。彼が計算したところ、一九二八年から一九五二年までの間、公共サービスに関わる番組は、平均して番組スケジュールの三分の一を占めていたのである。ヘイスタッドが作成した自主制作番組と公共サービスに関わる番組の数を示すそれぞれのグラフはともに、一九三〇年代の終わりごろピークを迎え、第二次大戦期に顕著な下落を見せている。当時、広告主の資金は潤沢だったが、売る品物自体が不足していた。そのため、あらゆる種類の番組でスポンサーを務めることが新たに魅力的な事柄として映ったのである。[161]

私は当時の公共サービス番組が、なぜこんなにも少なかったかではなく、なぜこんなにも多かったかについて説明を試みたいと考えている。この問いに答えることによって、当時のアメリカの放送が持っていた構造的、相対的な独自性について得られるものは多いと私には思える。商業ラジオシステムが文化的、市民的期待という重荷をこれほど背負っている国は類を見ないし、これほど創造的でありながら、市民的責務と商業的責務が不安定に混ざり合っている例も他にない。アメリカのラジオが持つ独自性は、その商業主義や活力やパーソナリティたちにあるのではなく、娯楽と公共サービスとしての役割やネットワークの商業的性格と公的な性格との間にある生産的な緊張関係にあると私は考えている。古い時代のラジオを懐かしむ人々が、音楽番組やコメディやドラマを思い出すのは、間違いではない。当時多くのアメリカ人がほとんどの時間、そうしたものを聴いていたのだから。しかし、人気番組のすぐ隣の枠に、多くのクラシック音楽や教育番組、公共サービス番組などが配置されていたという事実は、アメリカン・システムの本質的な性質を示している。決して解決されることのない文化の緊張関係こそ、アメリカのラジオが持つ決定的な特徴の一つであり、魅力的であるために重要な側面でもあった。黄金期のアメリカのラジオを最もよく特徴づけているのは、こうした創造的な不安定さである。人気や商業的成功と、礼儀正しさや文化的な上昇志向。これら二つの両立しえない要求をアメリカのラジオは常に調整し続けなければならなかったのだ。

もしも娯楽と教育を単に対立するものとしてしか捉えないならば、ラジオが引き起こした熱狂を理解することは難しいだろう。テオドール・アドルノは、一九三八年に次のような鋭い指摘を行なっている。

商業的な関心がラジオの保守的な側面を代表しており、教育的な関心が進歩的な側面を代表しているといえるか否か。この疑問は見た目ほど単純な問題ではない。[162]

一九三〇年代の初期にはラジオの教育的役割について、多くの公的な議論が交わされた。この場合の教育とは、学校教育の補助や家庭でフランス語を学ぶ方法などといった用途を超えたなんらかのラジオの利用法であると広く理解されていた。教育ラジオは、放送という奇跡的な発明から商業的娯楽以上のものを得たいと考えていた人々の結集点となったのである。[163]一九二七年の電波法と一九三四年の通信法では「公共の利益となる」放送が求められていたし、FRCや、それを引き継いだFCCはこの文言を解釈し、認可プロセスに取り入れていた。こうした事実が意味するのは、アメリカにおける多くの商業放送が初期の一〇年間においては、大衆的な魅力やそれによる利益の追求と、明らかにそれと分かる教育番組や公共サービス番組をいかにして組み合わせるか、という創造的な思考をせざるをえなかったということだ。

同様に、リスナーたちにとっても娯楽と教育の境界は曖昧だった。ラジオ教育家のライマン・ブライソンは人気のあるソープオペラを成人教育の授業に取り入れることを提唱した。

ある人がドラマの登場人物に共感するような興味を示したとき、その人は既に自分自身を登場人物といくらか同一化しています。ということは、与えられた状況の中でどう振る舞うのが正しくて、どうすることが間違いなのかという決断に、その人は既に参加しているのです。(164)

初期のラジオ聴取者を対象にした研究者たちは、このことを何度も目の当たりにしていた。リスナーたちは娯楽番組を、人生の道しるべとなる言葉を自分たちに与えてくれるものだと考えていたというのだ。一九三〇年代後半にインタビューを受けたリスナーたちは、ソープオペラが直接的に生活の役に立つガイドになっていると証言した。

「私はストーリーものを続けて聴くのが好きです。そこから学べることがあるからです。」

「私は登場人物が使っているいくつかのものを、自分の家でも使っていますよ。(165)」

ある研究は次のように主張する。

お昼時に放送されている多くの連続ドラマは、なんらかのトラブルを抱えた登場人物を扱っている。ドラマの筋書きは、その人物が自分の問題を解決する方法に関わるようにできている。(中略)多くのリスナーたちは自分自身が抱えている困難と登場人物のそれを重ね合わせて、自分の行動に対する助言や道しるべとして物語を利用しているのである[166]。

アメリカのラジオは一面で逃避や気晴らしとして人気を得ていたが、娯楽と教育方法を両立する方法として革新的であったということもまた、人気の要因だったのである。

保険としての公共サービス番組

放送事業者、とりわけネットワークにとっては、文化的、教育的な番組に投資することはある種の保険のような方策だった。いつ何時、政府が公共放送を設立するか分からない不安定な時期にあって、そうした可能性が出てきたときに抵抗するための投資だったのである。放送事業者の上層部は、文化的、市民的番組が放送システム全体の政治的正当性となり、政府による干渉や改革に対する防備になると理解していたのだ。

もちろん、批評家や改革論者や教育者たちは、一九三〇年代を通じて、ラジオでもっと公共サービス的な内容を放送すべきだと要求し続けていた。しかし、二一世紀初頭のラジオリスナーが聞けば驚くほどの多様性や文化的な幅を、戦前のアメリカにおける商業放送は有していたのだ。ディームズ・テイラーは、ニューヨークにあった四つの主要なネットワーク局について一九三四年のある平日における放送時間、一二時間に占める番組の時間を計算している。その合計は、交響曲が一七・五時間、講義やディスカッションが一四時間、オペラや歌唱、器楽のリサイタルがそれぞれ四・五時間に、室内楽が二・七五時間となっている[167]。また、一九三八年の一二月四日を例にとると、ニューヨークのラジオリスナーたちは、六つのオーケストラ番組と一つのオペラを聴くことができた。さらに、オーソン・ウェルズとクラーク・ゲーブルそれぞれの手による二つのラジオドラマや、パリから生放送されたフランスの財務大臣の発言に、三つの公開討論、そしてクーパー・ユニオンで行なわれた「公的利益と私的利益」に関するエドワード・ベルナイスの講演も同日にラジオから流れていたのである。これはあくまでニューヨークの話だ。しかし、これらの番組の多くは全国中継されていた。一九三〇年代にアメリカの商業ラジオを聴いていた人々は、大量の文化的、教育的な番組を聴取することが可能だったのである。

一九三〇年代におけるアメリカのラジオネットワークは、他国であれば公的に設立された全国放送が担うはずの市民的、国家的な役割を、数多く引き受けていた。具体的に羅列してみると、公共サービス的な番組、教室で使えるように作られた教育放送、成人教育に関わる公開討論の動きとリンクした討論番組、大衆的な聴取者たちに「真面目な」音楽鑑賞の作法を学ばせることを目的にしたクラシック音楽番組に、宗教番組なども挙げられる。家庭や農場や庭に関する実用的な助言をする番組も急増しつつあったし、多くのソープオペラでさえ、そこにある道徳的な雰囲気によって、市民的、国家的な役割を果たしていたといえよう。また、ネットワーク・ラジオは政府高官から要求されれば、放送時間を提供することもあった[168]。公共サービス番組の担い手であるネットワークは、国を構成するそれぞれのコミュニティや場所ごとではなく、全てを一緒くたに統合した一つの包括的な国家という理念を想像し、それに向けた取り組みを行なっていたのである。

アメリカのラジオは、リースの規範的な理想とは距離がある。そう主張する巧みな言辞が存在したにもかかわらず、これらは両立していた。ネットワークは、娯楽的側面において人々が望むものを与えようと躍起になる一方、公共サービスの側面では聴取者自体を変化させようと試みたのだ。後者が目指したものは、より活動的で責任感のある市民、民主的な対話に参加する能力があって、西ヨーロッパの文化的伝統の高級な部分に理解のある市民、そして、論理的、生産的かつ自立的な市民へと聴取者たちを変化させることだった。アメリカの放送が持つ広告的基盤によって、それを生み出した人々自体も変化した。人々の行動を変化させたり、説得や忠告をしたりする取り組みに、彼らは他国のどの公共放送よりも慣れていたのである。

公共サービス番組や市民的な番組を放送しなければならないという圧力を放送事業者は感じていたが、これは一九三〇年代終わりにもまだ続いており、むしろ強まってさえいた。ＮＢＣの社長であるＭ・Ｈ・アイルスワースは一九三五年、ＦＣＣ議長のアニング・プラルと交わした私的な会話について、次のように記述している。

ワシントンには、より過激にラジオ放送の統制を推し進めたいと考えている小さなグループがいるが、自分はそれには反対だ。プラル議長はそう打ち明けてくれた。そして彼はこうも言った。もし我々が現状と同じように仕事を続けるなら、ラジオ放送に対するさらなる統制を支持する人はほとんどいないだろう、と。[169]

ここでいう「仕事」のうち、最も重要な要素が教育番組や公共サービス番組であることを放送事業者たちはよく知っていたし、そうした番組を放送し、世に出す理由についても互いに率直に話し合っていた。WFEA（世界教育連合会）の東京大会にNBCが代表を送るべきか否かについての議論が記された一九三七年の覚書がある。その中で、NBCの番組統括部長だったジョン・ローヤルは、「一見したところ」誰かを送らなければならないような必要性は見受けられないとした上で、しかし、もしもCBSが人を送るならNBCもやはり代表を送るべきだと述べている。さらに、続けてローヤルは言う。

たとえCBSが代表を送らないとしても我々は送っておいた方が良いかもしれません。（中略）放送業界で名声を得るためのこの戦いにおいて、我々は普通ならやらないような多くのことを実行することになるでしょう。[170]

こうした防衛的で、予防策に汲々とした雰囲気の中で、アメリカのネットワークは多くの公共サービス番組の担い手となった。一九三〇年代の終わりには、「名声」や政治的主導権を得るためにネットワーク同士がこのような形で競争を繰り広げたのである。

アメリカの放送業界では、低いランクの放送局よりもトップクラスの放送局の方が、こうした「名声を得るための戦い」の政治的重要性を強く意識していた。NBCの社長、レノックス・ローアは、一九三九年にNBCの局やネットワークにおける教育系のディレクターたちを集めた会議で次のように発言している。

私は、我が社の公共サービス番組に非常に関心を持っている。私の見たところ、結局、アメリカの放送システムのゆくえは、我々がそうした特殊な仕事をいかにうまくこなすかにかかっているからだ(171)。

ネットワークを統括する人間にとって、それはプラグマティックな政治的実感だった。しかし、そのような切迫感は、下で働く人間に常にうまく伝わっていたわけでない。ＮＢＣの教育顧問を務めていたジェームズ・エンジェルは一九三八年に、ジョン・ローヤルへ次のように書き送っている。

一般的に言って、これまで、教育は放送産業にとってひどい頭痛の種であり続けてきたことは間違いないと思います。これは私の率直な意見なのですが、教育に対して放送が負うべき義務や、教育が民主主義の中で占めるべき中心的な役割を心の底から完全に理解できるのは、幸運にも高い地位についていて、教育に触れる機会のあった一握りの人間だけだと私は考えております(172)。

少なくとも一九三四年以後、ローヤルは、目につきやすい市民的、文化的、教育的番組が必要であることを非常に明確かつ現実的に意識していた(173)。

私がここにやってきた最初期には、我々は多くのシェイクスピア作品を放送していた。（中略）しかし、その頃になると、もうシェイクスピアは流さなくなっていた。我々はシェイクスピアの熱狂的なファンだったからこそ、流さなかったのだ。正直に言えば、我々がそういったものを放送したのは、自分たちが文化的なものになんらかの貢献をしているということを、教育者などに対して見せつけるためだったのである(174)。

ローヤルは後年、このように回想している。当時、ネットワークの幹部たちは、教育や高級文化を扱った番組に力を入れる動機について同業者間で率直に語り合っていた。継続的な自己弁護の手段が必要であると最も強く認識していたNBCの職員は、ワシントン支局の所長、フランク・ラッセルであった。彼は、一九四〇年にNBC社長のレノックス・ローアに一通の手紙をしたためている。手紙には「部外秘(記録は保存せず、破棄すること)」と書かれており、そこには、次のような露骨な意見が述べられていた。

RCAとNBCはあらゆる分野で公共サービス番組を開設しました。ラジオを私的利益の手段のままにとどめておいてはいけないのではないか。投資された多額の資金は別にして、RCAやNBCは本当に高水準の公共サービス番組を中心に運営され、制御されているのか。そういった疑念をかわす必要があるからです。(175)

アメリカン・システムが政府による規制や競合に脅かされているという危機感を感じたとき、放送事業者がとった主な戦術は、政府の干渉によって真っ先に犠牲になるのが聴取者の意識を高めるような公共サービス番組だと主張することだった。一九四一年、FCCはネットワーク放送に対する新たな規制を発表したが、それに反応したNBC社長はすぐにプレス・リリースを発表した。それによると、今回の規制を受けて、ネットワークは「『*Town Meeting of the Air*』、『*Toscanini Symphony Concerts*』、『*Farm and Home Hour*』、『*NBC Music Appreciation Hour*』、『*Metropolitan Opera*』およびその他の目立った宗教番組や教育番組を犠牲にせざるを得なくなった」という。(176) NBC側はネットワーク全体規模の利益によってのみ、そうした番組は運営可能になると主張した。逆に言えば、こうした高級な番組を提供することによって、商業放送の存続は正当性を与えられていたのである。

とはいえ、文化的、教育的な番組の政治的重要性をネットワーク内にいる全ての人間が理解していたわけではない。その結果、公共サービス番組に高い注目が集まっていたにもかかわらず、支局によっては放送スケジュールの中できちんと扱わないことも多かったのである。ラジオ改革論者たちは、この点を突いてネットワークを責めたてた。ネットワークの教育番組は商業的に最も価値のない時間に放送され、商業番組が時間枠を要求すれば容易く時間も変更されてしまうというのだ。ＮＢＣの教育部門に所属していたフランクリン・ダンハムは、一九三八年に『*The World Is Yours*』という番組の扱いについて不満を漏らしている。この番組は「ぞんざいに扱われ、たらいまわしにされた」という。その番組について、政府の名のもとに送りつけられた通達書は三〇万通に上ったが、それだけではなく、合衆国教育長官のジョン・スチュードベーカーからの「これまでで最も深刻な批判」にもネットワークはさらされることになった。

既存の教育機関と協力するために必要な評判を、我々は急速に落としつつある。[177]

地方の放送局は、採算のとれるローカル番組が他にあるなら、必ずしも公共サービス番組を流す必要はなかった。[178]また、地方局が自主制作番組を取り上げる意欲も能力も持ち合わせていないというケースが驚くほど多かった、とジェームズ・エンジェルは一九三八年に述べている。[179]ネットワークは、こうした番組を支局に放送させる権限を限定的にしか持っていなかった。もし、何の利益も生み出さない自主制作番組をタダで使うか、ローカルな商業番組に放送時間を売るかという選択に直面すれば、地方の支局は多くの場合、儲けが出る方をとっただろう。研究者のルウェリン・ホワイトが報道の自由委員会に説明したところによると、放送局はネットワークによる自主制作番組を放送する義務を課されていたわけではない。そのため、「結果として、ほとんどの放送局が自主制作番組を流さず、気軽に内容を変更してしまうのだ」という。[180]つまり、全国的に知られているネットワークの番組が必ずしも国中で放送されていたわけではなかったのである。このことに気づいたＮＢＣのジェームズ・ローランド・エンジェルは、番組統括部長であったシドニー・ストローツに、支局が公共サービス番組を放送しているか否かをもっと頻繁にチェックできないか、と一九四一年に尋ねている。これに対して、ストローツは苛立ちを露わにしながら次のように答えている。

支局をチェックしたところで、彼らが公共サービス番組を放送するようになるわけではありません。番組自体の長所、公益性に加えて、放送局の広報部門を通して番組部門が行なう営業活動。これがあなたの質問に対する率直な答えです。『*Defense for America*』や『*Town Meeting of the Air*』、『*University of Chicago Round Table*』などの本当に役に立つ番組は多くの支局で放送のラインナップに入っていますし、実際には長所もなく、取り立てて公共の利益にもならない番組はほとんど放送されていないというだけのことだと私は考えています[181]。

ネットワークではなく、広告主が全国的な放送内容の価値を決めていたのである。ネットワーク放送から見捨てられた放送局が最も多かったのは南部だったが、西部の放送内容も不完全であることが多かった[182]。公共サービス番組に注意を払っているネットワークのスタッフたちは、支局の放送内容が不安定であることに、慢性的な不満と困惑の念を抱いていた。ＮＢＣのジュディス・ウォーラーは内々のメモで次のように不満をぶちまけている。

特色があり面白い自主制作番組を作るために、我々はヨーロッパ、アメリカをまたにかけ、多大な時間と労力を費やしているが、それがほんの一握りの、しかもニューヨーク外にある自社の放送局ですらない局に放送させるためだと考えると、何もかも無意味に思えてくる[183]。

しかし、ＮＢＣの公共サービス番組が、全体の一部のオーディエンスにしか届かなかった理由は他にもある。ＮＢＣは一九三〇年代、レッドとブルーという二つのネットワークを運営していた。レッド・ネットワークは巨大かつ経済的価値の高いもので、最も商業的利益の大きい番組を放送していた。これに対してブルー・ネットワークはＮＢＣにとって新番組の実験場であり、番組がそこで成功し、スポンサーを見つけてレッド・ネットワークに移るという目的のために放送時間を使わせていたのである。また、ブルー・ネットワークの放送スケジュールは、自主制作番組や公共サービス番組にあてがうための「余り」として運営されていた。フランク・ラッセルは一九三六年に次のような批判をしている。

我々が制作している「義務としての自主制作番組」は非常にバラエティに富んだトーク番組その他のものを含んではいるが、リスナーからの関心を集められてはいない。そのため、昨今では自動的にブルー・ネットワークに追いやられる羽目になっている。費用がいくらかかっても、レッド・ネットワークをコロンビアに勝るものにしておきたいという野望は当然かつ自然なものだ。したがってブルー・ネットワークの低迷は必然的なものなのだが……。(184)

このように、ネットワークの現実的な運営は複雑だった。結果として、ネットワークの広報が人々に信じ込ませようとしたほどには、公共サービス番組は広まらなかったのである。

ネットワークが公共サービスの担い手であると認知されることの重要性を最も強く主張していた内部の関係者は、こうした分野において悪い評判を持たれることの危険性を鋭く意識していた。CCER(ラジオ市民教育委員会)は一九三六年に、過去四年間のNBCによる放送を回顧し、次のような悲観的な結論を出している。

ラジオ放送には二重の葛藤がある。それは商業的利益と教育的利益の間にある葛藤、そしてネットワークとその傘下にある個々の放送局との間にある葛藤だ。こうした事態を見る限り、多くの大人の聴取者がラジオを聴くことができる時間に、全国放送でシステマティックな教育を施そうとする試みは今日において無力である。(185)

この指摘はネットワークにとって痛烈な打撃になった。ネットワークは文化的に格調高い番組や市民的な番組を、アメリカン・システム全体の正統性を保証する際の常套手段として用いていたからだ。ジョン・ローヤルはNBCのレノックス・ローアにこの報告書のコピーを送り、「この本はこの教育問題がいかに深刻な事態になりうるかを示しています」と述べて、彼やRCAの社長であるデヴィッド・サーノフに全文を読むよう勧めている。[186] 商業番組と公共サービス番組の目的の違いに起因する葛藤は、とうとう解決しなかった。しかし、アメリカのラジオが持つ特色は、このような矛盾によって形成されていったのである。

公共サービスか？ 娯楽か？

放送事業者の公的役割と商業的な役割の間にある緊張関係は何度も議論の俎上にのせられた。それは、自分たちが第一に公共の利益に仕えるものであるというタテマエと、規制の少ない自由企業であり、営利放送であるという立場を守ろうとするホンネの間にある葛藤でもあった。こうした緊張関係はある部分、ジェンダーに関わる側面を不可避的に持っていた。ラジオ史の分野におけるジェンダーとマス・カルチャーの議論は、今や古典になっているアンドレアス・ハッセンの論文「Mass Culture as Woman: Modernism's Other」に始まる。そこでは、近代における大衆文化が女性的な特徴を有しているとする挑発的かつ説得的な主張がなされていた。[187] ヒルメスは一九三〇年代におけるアメリカの放送は二つの仕事を担っていたとする。一つは、「家庭用品を購入する女性に明らかに依存した経済基盤によって」金をかせぐ仕事、今一つは、放送規制を行なおうと考えている人間に対して、自分たちの放送業務には「商業主義的な番組と同じぐらい公共サービス番組も含まれている」ということを納得させる仕事だった。ヒルメスの観察によれば、放送事業者たちは、昼の番組の「品位を落とし、（中略）商業化し、女性向けのものにする」ことで、「複雑かつ洗練されていて、男性的なプライムタイムの番組」と差別化した。そうすることで、彼らは二つの仕事を両立していたのである。[188] しかし、ネットワークの内部で、こうした傾向が逆転することもあった。ネットワークによる自主制作の教育番組や教養番組といった公共サービス番組は、商業番組よりも明らかに女性的な一面を持っていたのである。その原因は、芸術との結びつきの強さだけではなく、教育放送の戦略的背景にもあった。おだてて、落としてから、相手にとって良いものを勧めるという一連の流れは女性的な役割だった。ちなみにBBCはこうした特徴を捉えて「おばちゃん戦略」と名づけている。

WNRC(女性による全国ラジオ委員会)は、教育番組や教養番組に対するロビー活動において重要な役割を果たした。NBCの社長、マーリン・アイルスワースは、彼女たちが「子ども向け番組や教養番組」に興味を示している、と走り書きのようなメモを残している。[189] NBCのジュディス・ウォーラーやマーガレット・カスパート、CBSのマリアン・カーターのような、放送業界でそれなりの地位を築いた数少ない女性たちは、教育や公共サービスの分野で働いていたのである。

ネットワーク放送の商業的な側面は目に見えて男性的だった。NABの集会で撮影された写真を見れば、そこで働く男性たちがゴルフによって友情をはぐくむ様が見て取れる。[190] しかし実際には、ここにおいてすら、ジェンダーの状況は錯綜していた。というのも、こうした男性たちが売り込んでいた人気のある娯楽番組が、ジェンダーの境界を風変わりな方法で扱っていたからだ。鋭敏な歴史家がこれまでに指摘してきたように、トップクラスの聴取率を誇る商業的なコメディーショーは、支配的な性役割規範、とりわけ伝統的な男らしさを幾分不安げに探り出すという作業を驚くほど頻繁に行なっていた。「おかま」を演じ、スーザン・ダグラスが「声の女装」と名づけた話し方をする男性キャラクターは、一九三〇年代においてジョークの中心的な存在だったし、当時のトップクラスのラジオコメディアンのうち、幾人かはそうした手法を用いるパーソナリティだった。[191] NBCのジャネット・マクローリーはこうした喜劇的な人物像を「男らしくない、あるいは性的に倒錯した連中」と呼んだ。こうした表現があまりにも広まったため、ネットワークは「これに準ずるような描写を放送から締め出すように」という内部指示を出したという。[192] アメリカのラジオが持つ分裂した自己感、あるいは二重のアイデンティティの歴史は、ラジオの性役割規範の複雑さを示しているといえよう。にもかかわらず、ネットワークの内部で商業部門の責任者と教養・教育放送の担い手たちが文化的な衝突をするとき、その争いは比較的明確に性役割や階級といった側面を持っていた。

NBC幹部のフランク・ミューレンは、一九四二年、共和党下院議員に対し、放送のアメリカン・システムについて次のように説明している。

チャールズ・ウォルヴァートン(ニュージャージー州選出の共和党議員):あなたが言わんとしている──その、「アメリカン・システム」でしたかな?

フランク・ミューレン(NBC副会長兼ゼネラル・マネージャー):そう、アメリカン・システムです。

ウォルヴァートン:あなたはその言葉を他のシステムと区別するために使っておられるのですか?

ミューレン:その通りです。放送のアメリカン・システムとは、私企業によって支えられるシステムのことです。それも民主的な原則と言論の自由を持った自由企業によってです。世界中のどこにもこの種のシステムを持った国は他にありませんよ。

ウォルヴァートン:他のシステムと比較しながら説明していただけますか?

ミューレン:一例として挙げれば、イギリスのシステムは英国政府によって統制されております。それはラジオ受信機に対する税金によって支えられているのです。したがって、英国には広告番組というものは存在しません。

ウォルヴァートン:そのようなシステムのもとでは誰が番組を提供するのです?

ミューレン:英国郵便公社の子会社であるBBCです。

ウォルヴァートン:我々は放送のアメリカン・システムを守らねばならないとあなたがおっしゃったことの重要さが分かりました。それには、私も賛同したい。たしかに私もアメリカン・システムを、政府自体が放送を通して我々に番組を提供することであると考えたくはなかったのです。[193]

ミューレンはここで、調査にやってきた議員に対して、自由企業と言論の自由というアメリカン・システムの二つの美徳に関する典型的な発言をし、前者が後者を生み出し、サポートするというよくできた信念体系も披露している。さらに、彼はこうした自由の体系に対する最大の脅威は政府からやってくると主張しているのである。そこからスムーズに理論を展開し、「民主的な原則と言論の自由を持った自由企業」という首尾一貫した全体像を作り出すにいたっているのだ。

しかし、自由というものがこれほどに浸透し、自由の反映であるとさえ言われたアメリカン・システムが、現状のリスナーによる支配権を認めず、彼らを育て、変化させるように試みる番組形態によってのみ運営されるとしたらどうだろうか？　また、そうした番組にかかるコストがネットワークの収益性を低下させるとしたらどうだろうか？　ここに、先ほどと同じフランク・ミューレンに関するちょっとした記録がある。

昨日、ＲＣＡのダイニングルームで開かれる昼食会に初めて参加しました。フランク・ミューレンがそばにやってきたのですが、彼は無精ひげをはやし、まるで一晩中飲み明かした後のように見えました。彼は私に何の仕事をしているかを尋ねました。そして次に、我々が教育番組にいくら費やしているかと尋ねたのです。おそらく年間二〇万ドルから二五万ドル程度だと思う、と私は答えました。するとそこにやってきたカーネル・デイヴィスに向かってミューレンはこう言ったのです。

「知っているかね？　ＮＢＣはほぼ二五万ドルもの金を教育番組に費やしているのだよ。それも売り物としての時間の値段を含まずにだ。」

さらにミューレンは私に尋ねました。

「君はこれを最大限だと思うかね？　それとも最低限だと？」

私は最低限だと答えました。そのとき、他の人がやってきたので、話題は変わりました。ミューレンは大声で、野球のワールドシリーズの独占放送権をミューチュアル・ネットワークが落札するのを許してしまったＮＢＣの失態を批判していました。このことによって、教育番組のために私たちが持っている少ない予算をミューレンが狙い始めることにならないよう、私は祈るような気持ちでした。(194)

この短い描写からもよく分かるように、ネットワーク内部には全く異なる二つの文化が存在していたのである。放送の営業的側面を重視する商業方面の幹部と、この新しいメディアが持つ、教育的、教養的な可能性を重視する教育方面の幹部との間にある争いは、ＮＢＣの風土病のようなものだった。そしてどちらの側も自分たちが会社にとって最も利益になるよう働いていると考えていた。教育番組が費用を食い過ぎていて、トップレベルのスポーツを放送するための競争力を大きく削いでしまっているとするミューレンの感覚はある種ジェンダー的な意味合いを帯びている。「無精ひげをはやし」たミューレンは、教育番組の支持者たちによって、ネットワークの男性性が失われ、無力化してしまうことを恐れているように見えた。

　しかし、こうした内部抗争には、階級に関わる側面もあった。ミューレンが感情をぶちまける様子を記録した前出の描写は、ＮＢＣの番組部門で教育課の主任を務めていたウォルター・プレストンからジェームズ・エンジェルにあてて内密に書かれたメモから抜粋したものだ。エンジェルはこの少し前まで、イェール大学で学長を務め、当時はＮＢＣの教育顧問だった。プレストン自身はアンドーヴァーとフィリップスとイェールの大学で教育を受け、卒業後もクレイトン、シカゴ、シンシナティで学んだあと、シカゴ大学の学長であったロバート・ハッチンスの助手の職を得た人物である[195]。彼はＮＢＣにいる間、イェール大学卒業生の同窓会長も務めていた[196]。ＮＢＣの運営サイドに、公共サービス番組に費やされている予算や放送時間をカットしたいと考えている人間が多くいることを彼は明確に理解していた。プレストンはエンジェルに次のように書き送っている。

> 運営サイドの儲け主義的な姿勢によって、私たちの公共サービス番組が今後、より短く、そしてより悪い時間へと追いやられていくに違いないということを私は確信しています[197]。

　一方、フランク・ミューレンはカンザスとサウスダコタの農場で育った人物だ。彼の父は、法律家で、地方判事だった。彼自身はエイムズにあるアイオワ州立大学の農学部出身である。そこで彼は農業ジャーナリズムを専攻し、アルバイトで『*Swine World*』〔邦訳すると『豚の世界』〕の編集補佐を務めていた。ミューレンはフランスで第一次大戦に参戦したあと、最初の仕事として『*Sioux City Journal*』の農場欄編集者の職を得た。彼はまもなく、シカゴのラジオ局、WMAQでラジオの仕事にたずさわるようになり、農業従事者のための番組を先駆的に手掛けることになる。その後、NBCに入った彼は、長寿番組『*Farm and Home Hour*』を含む、農業番組の全国理事に就任した[198]。一九三〇年に彼のプロフィールを掲載した新聞は、彼を「今もなお、農業従事者であり続けている」と評した。農業従事者にとって、天気や相場の情報、そして古くからのフィドルとヒルビリー・ミュージックがいかに重要かをよく理解しているというわけである[199]。おそらくミューレンにとって、NBCが教育番組を重視し、多額の資金を出費することは、「民主的原則と言論の自由を持った自由企業」という理念に対する侵犯であるように思えたに違いない。教育にこれほど多くを費やすことが、なぜ会社の利益になるのかを彼は理解できなかったのである。

ミューレンは忠誠心が強く、有能なNBCの幹部だった。彼はラジオの規制について「アメリカン・システム」を守るために妥協なく線を引いた。そして認可制に関わる政府のほんの少しの監視ですら危険視した。認可制は放送業界が「ある程度の政府の統制に服従する」ことを意味しており、「そうした統制は市民の強い支持によって定められた範囲でない限り、常に危険なものである」と彼は考えていたのである[200]。一九四四年に、ミューレンはアメリカのラジオが世界で唯一の自由なラジオであることを再確認した上で、認可制を通した検閲の危険性を次のように指摘した。

我々は一つのシステムを持っている。そのシステムを他とは違う「アメリカン・システム」たらしめているものは何か？　その答えは四つの言葉に要約できる。それは言論の自由、自由な企業、（中略）である。我々は次のように考えることを禁じ得ない。すなわち、我が国はラジオ番組が政府の統制下に置かれていない世界で唯一の国であると。こうした事実に対して無関心であることそのものが、潜在的な脅威である。そのことによって、本来自分たちに危険を知らせてくれるはずのラジオがその自由を侵犯されていることに我々は気づきにくくなっているのだ。というのも、合衆国に暮らす我々は、直接的な番組検閲こそ受けていないものの、政府によって、放送局へ免許が発行されており、これは取り消されることもありうるからだ。この事実こそが、検閲の一形態を可能にしてしまっている。そして、そういった検閲は、直接的なものではないからといって、効果に欠けるものでは決してないのである(201)。

ここには非常に重要な自己矛盾の要素がある。ミューレンはNBCの『*Farm and Home Hour*』という番組で名を上げた人物だが、その番組は政府の省庁と商業放送の協力によって制作されたものだったからだ。放送において政府が果たしうる役割は、検閲や自由の否定などのネガティブな役割しかありえないという認識を、彼のキャリアそのものが裏切っているのである。

とはいえ、ミューレンの考えに賛同する人々は、商業放送、とりわけ地方のラジオ局の指導者たちの中に多くいた。彼らはアメリカン・システムがもたらす自由市場の価値に信頼をおいており、教養、教育番組は、アメリカ人たちが望んでいる量だけ放送されるのが適切であると考えていた。NAB会長のマーク・エスリッジは一九三八年、次のように述べている。

民主国家において、いくつかの男女の集団が、どの程度、文化様式を代表しうるのか、正直、全く分からないと言わざるをえない。

ラジオはアメリカ人の「資質や才能、思考」をうつす鏡であり、そこに表れてくるレベルは、「その国における文化やそれを鑑賞する能力の一般的な水準でしかない」というのである(202)。この指摘はアメリカのラジオに特有の緊張関係を見事に捉えている。それは政府からの完全な自由をうたうことと、教育的、市民的な分野への助言という政府の効果的な役割を受け入れることとの間にある緊張関係であった。

公共サービス番組はネットワークにとって戦略的に重要であったが、同時に、常にネットワーク内部から監査を受けていた。商業的なバックグラウンドと利益に対する熱意を持った懐疑的なネットワークの幹部たちによって、コストをカットされる危険性に個々の番組がさらされていない時期はなかった。フランク・ミューレンはネットワークの商業的機能と公共サービス的機能の間にある対立を認識していたが、どちらのサイドにいる人間も「バカではない」ので、相手側が必要であると考えていると主張していた。

商業部門は自分たちのことを、営業が売るための番組を作るナンバーワンの部署だと考えているし、公共サービス部門も同様に、聴取者に売り物を供給していると確信している。もしそうでなければ、我々は健全な組織を持っているとは言い難いだろう。(203)

商業番組、公的な番組、公共奉仕番組というネットワークの構成は、外部的にも、内部的にも紛糾する、困難で複雑なものだった。NBCの顧問であったジェームズ・ローランド・エンジェルの役割をさらに詳しく見ていくことで、このことはより明確になる。娯楽を売る商業放送が、いかにして信頼性の高い権威ある公的な機関として、公共の利益に資するよう機能するかを説明するというデリケートな仕事を彼は担っていたからだ。エンジェルを選んだNBCの賢明な選択や彼のネットワークに対する戦略的な助言は、アメリカのネットワークが果たした役割の複雑さや、そこにあった緊張関係を明らかにしてくれるはずである。

エンジェルのジレンマ

ジョン・ローヤルは一九三七年、退官した元イェール大学学長のジェームズ・ローランド・エンジェルに、NBC内における彼の地位に関する相談をするために手紙を送っている。それまでにエンジェルは既に三つのポジションの打診を受けていたが、六八歳にしていまだ活動的な彼は「熱烈にものを語れる地位」を求めていた。ローヤルの報告には次のようにある。

我々は現在非常に深刻な問題に直面しており、それを解決する助けを必要としている、と私は説明した。エンジェルが自宅にある五つのラジオについて語り、イギリスのシステムはアメリカではうまくいかないだろうという見通しを自発的に述べてきたことに勇気づけられたローヤルは、いくつかの楽観的な考えを率直に語った。[204]エンジェルはNBCの申し出を受けて、社長のレノックス・ローアに「私は一人の新人です」と語り、自分は放送に関して何も知らないと伝えた。しかし、ローアの回想によると、エンジェルはその年齢にもかかわらず、「驚くべきことに若者のような鋭敏さを持っており、真新しいラジオという事柄についてーからスタートし、放送について学ぶことを喜んで行なった」という。[205]NBCは、エンジェルをネットワークの教育顧問として雇ったことを大々的に宣伝した。[206]また、NBCは「最も広い意味における教育的、文化的な公共の利益を追求することが重要な義務であるという変わらない認識」に基づく宣言を発表した。[207]

エンジェルはNBCが直面していた課題をある程度明確に理解していた。それは、営利を追求しつつも、巨大で全国的規模を持った公共サービスを担う団体としてNBCを構成し、正当化することである。そのためにに参照できるいくつかのモデルがあった。そしてNBCはいくつかの理由から、賢明にもアイヴィーリーグの大学の指導者を選択したのである。彼らもまた、全国で公共サービスの役割を担う支配的な地位を持った私的存在だったからだ。他のアイヴィーリーグ指導者たちも国家的、あるいは国際的な規模で文化的な使命を全うしていたし、エンジェルにしても、一九二〇年から二一年にかけて慈善活動を行なうニューヨークのカーネギー・コーポレーションで総裁を務めた経験があった。

大学で心理学を専攻していたエンジェルは世界恐慌の時期を経て、イェール大学の指導者の立場を去ってNBCに入社する。彼はアメリカにおける私的機関と公的な機関の連携や、エリートによるリーダーシップや指導と民主主義の共存といった考えを持って、NBCにやってきたのである。エンジェルは同世代の多くの人々と同じように、民主主義の適切な度合いについて本能的に理解していた。それは究極的に人種の問題に還元されるものだった。イェール大学を卒業していく学生たちに向かって、彼は一九三六年の演説で次のように述べている。

祖先から連綿と続く血脈の中で、我々は個人の自由を大切にしつつも、民主主義と呼ばれる社会的統制をどうにかして機能させようとしてきた種族である。それは形式的に言うと、社会構造に深く埋め込まれた私有財産制度の伝統を伴った立憲共和制だ。

このバランスが維持されるためには、「社会の中にある巨大な企業を寛容かつ人間的に、運営すること」が必要である。そうすることで、「近視眼的で想像力の欠如した、自己中心性」によってそうした企業が脅かされることはなくなるだろう、とエンジェルは続けた。そして最後に「自由の倫理的帰結は道義的責任なのである」と警鐘を鳴らしている。[208] このビジネス版ノブレス・オブリージュは、イェール大学の卒業生たちの糧になるよう、提示されたものだ。しかし、彼らの課された民主主義と私有財産制のバランス、すなわち「民主主義と呼ばれる社会統制」を維持する責任はやがて地に落ちることになる。

NBCでエンジェルの発言がいくらか抑え込まれたことがある。それは一九三八年に式典のスピーチでニューディール政策を「自己満足的で空虚なもの」と批判した時だ。[209] 彼の相対的に保守的な観点では、常に個人主義と自治が解決策だったからだ。ニューディールによる過度の集権化、計画化と行政による統制は当然、批判されるべきものだった。エンジェルは一九四一年に、国家的士気を高く保つには「政府が高潔な人物によって安全に運営されているという一般的な信頼」が重要であると書き残している。[210]

ネットワークの幹部のうち、少なくとも何人かはエリート私立大学の出身者であった。このことは、公共サービスに従事する私企業の可能性を概念化する彼らの能力に影響を与えていた。エリート大学の指導者たちは以前からこのことを力強く主張してきた。エンジェルもNEA(全国教育協会)に対して「教育的資源のみなもとの重要性を誇張することはたやすい」と語っているし、[211] コロンビア大学の学長を務めていたニコラス・マレー・バトラーは「重要な違いは公的か私的かではなく、公式か非公式かということである」と述べている。[212] 重要なのは、公共サービスを行なう非政府組織が存在しうるという意識を作ることだった。当時、

ＮＢＣがエンジェルに振ろうと考えていた仕事の微妙さを彼自身は知的に理解していたし、多くの点で完璧に備えもできていた。アメリカの放送の商業的基盤を維持するためには、公的な精神に基づく啓蒙されたリーダーシップや、エンジェルがイェールで述べたような自己規制の能力を、ネットワークが発揮できることを示さねばならない。商業放送という自由企業の「倫理的帰結」はやはり、道義的責任と、自由を取り上げられることへの絶えざる警戒心だったのである。

自分たちがリーダーシップや先の見通しや想像力をリスナーに与えているということを保証してほしい、とネットワークの放送事業者たちが考えていることを、エンジェルはよく分かっていた。ネットワークが自分たちの利益への関心だけではなく、寛容で人間的な公益にも服していると見られない限り、放送の公的な管理を拡大しようとする要求は必ず起こってくる。全国放送はリーダーシップや啓蒙を求めるこうした期待にこたえなければならなかっただろうし、公的な精神と自己規制を経営方針としていることを公衆に信じさせなければならなかっただろう。エンジェルは一九三四年の演説で次のように問うた。

> 我々の責務として社会的、経済的に今日要求されていることを扱うのに適した原則は厳しい。我々はこの厳しさを自分自身に課すことができるだろうか？[213]

商業放送にとって、いや、もっと一般的に言うなら商業活動にとって、自己を規制し、ある種の道義的な自律性を内部に持つことは、生き残っていくために決定的に重要なことだったのだ。

エンジェルはＮＢＣが巧みに選んだ教育系の形式的な長だった。その選択によって、ＮＢＣは自分たちを自制的な全国放送に見せようと試みたし、利益と公共サービスの対立も緩和することができたからだ。ＮＢＣは、政府による干渉や競合を求める要求のさらに上を行っているという、ある種の信頼を勝ち得ることを切望していたのである。ネットワーク放送はそれ自体、ある種の統治形態であるとエンジェルは理解していた。ネットワークは人々が望むものを与えるだけではなく、市民を作り出すことに関与し、民主的社会統制の一つの範型として機能するからだ。これこそが全国放送の役割をアメリカ的に組み上げたものだった。エンジェルはBBCをまねるように、という主張は特にしなかった。アメリカ合衆国の社会的、政治的、文化的環境の中で、放送ネットワークが置かれていた非常に特異な状況を彼はよく分かっていたのである。

エンジェルが自身の公的な発言の中で、注意深く強調したのは、次のようなことだ。アメリカの放送は「そもそも商業的」なものであって、「慈善事業」ではない。しかし、「自分たちの財源が国民から出ているため、国民の本質的な利益や要求をなるべく多く踏まえて運営しなければ、信頼を維持していくことはできない」ことを放送事業者はよく分かっているというのである[214]。この「本質的な利益や要求」というフレーズは、ある疑問、それもアメリカン・システムの正当化において非常に困難な疑問を巧妙に避けたものだ。それはアメリカ国民が「本質的な利益や要求」を自分で分かっているのかどうか、あるいは、「本質的な利益や要求」とみなされるべきものが存在するのかどうかという疑問である。

では、国民は自分の欲望のままにラジオを聴いていたのだろうか、それとも、自分にとってタメになるものを聴いていたのだろうか、あるいはその両者は幸運にもいくらかは重なっていたのだろうか?

エンジェルがBBCモデルをさほど魅力的だと感じないと言った後も、NBCには一抹の不安があった。NBCはエンジェルをヨーロッパへの研究出張に派遣することにしたが、その際、BBCの北アメリカ代表を務めるフェリックス・グリーンはロンドンに次のように書き送っている。「歩く国民的名声」、エンジェルは「アメリカにおける放送業界の思考パターンに信じられないほど大きな変化をもたらす可能性がある」という内容だった。さらに、グリーンはエンジェルの人となりについての注意も書き加えている。

はじめ、彼はどうしようもないほど愚鈍に見えるかもしれません。しかし、そんな鈍い一面や勿体ぶった話を我慢して、しばらく付き合えば彼の良い面が見えてきます[215]。

一方、ジョン・ローヤルの方はNBCのロンドン代表であるフレッド・ベイトにやや乱暴な指示を送りつけていた。

エンジェルと話す際には、BBCの教育システムが持つ弱点を伝えるように。（中略）君の思いつく限りあらゆる欠点を全て提示するのだ。[216]

これに対してベイトはローヤルを安堵させるべく返事を返した。それによれば、エンジェルは「純粋な教育目的の放送が持つ有効性について、いかなる幻想も持っていない」という。さらに、教育ラジオの困難さについては、既にBBC総裁のジョン・リースがエンジェルに対して率直に話してしまったということも、ベイトは手紙に書き記した。エンジェルはBBCの各部署のトップと会い、現行のBBCの学校放送を視察するために学校にも赴いたのだった。[217]

その翌月、ニュージーランド出身のBBC学校放送のディレクター、メアリー・サマーヴィルがアメリカにやって来た。彼女はアメリカの教育ラジオを公に批判し、ジョン・ローヤルを激怒させる。ローヤルはBBCのリースに正式な抗議を送るようフレッド・ベイトに命じた。彼はBBCのプロパガンダにも苛立っていたし、「彼らの非常に退屈で馬鹿げた番組」について、ベイトが物申すことができるのに、それを言わないことに対しても腹を立てていた。[218] 数ヶ月後、いまだ憤懣やるかたないローヤルは、「際どいジョークなどほとんど見られない」BBCの娯楽番組の録音を確保するよう指示を送った。[219] BBCは全体的に優れた教育、教養番組を提供している、という一般の認識が批判的に見られていることを示すのにNBCは躍起になっていたのである。

NBC内部には、自分たちの公共サービス番組に対する戦略的な名前のつけ方について、継続的な議論があった。一九三〇年代初めには、教育ラジオを求める圧力団体の力が強かったため、「教育」放送という名のもとにそういった団体を多く取り込み、教育とみなされるものの境界をできる限り広く押し広げておきたいという根強い傾向があったのだ。たとえば、一九三四年のFCCによるヒアリングに対して会社概要を用意する際に、NBCのフランクリン・ダンハムは広報顧問のウィリアム・ハードに次のような助言をしている。

> セミ・クラシックを含む高い階層向けの全ての音楽は、機械的に教育価値があるものとみなしてよい[220]。

しかし、この状況を見て取ったエンジェルは、教養、教育番組の必要性を訴える中で、社内的に節度と現実主義を保つことを求め始めた。彼は一九三七年にNBCの教育報で「番組スケジュールの中で多くの番組が教育的なものとされているが、それは非常に緩やかな意味でしかない」と言及している[221]。一九三九年に、ある広報向けパンフレットの草稿を読んだ際、彼はNBCの社長に次のように書き送った。

> 意地の悪いニュースラジオの連中が、いくぶん博愛的で利他的なこの文書のトーンにつけこんで、この会社がアメリカの企業から受けている投資の観点から、巨大な利益を生み出す一企業であることを暴きにくることを私は恐れています。おそらく、いくつかの観点から見れば、配当金を受け取ることに熱心な株主がいるという事実認識は、やや率直過ぎるとはいえ、正しいのですから[222]。

公共サービスに関する広報にもう少し思慮や気配りを示すべきだとする考えを持っていたのはエンジェルだけではなかった。フランク・ラッセルは一九三七年にNBCの広報担当に対して「NBCが過度に「総体として利他的である」と公言することはあまりよくないと私は考えている」とコメントしている[223]。

NBCは「教育」というラベルを「公共サービス」と書き換えるべきだとエンジェルは主張し始めた。そのため、教育番組は次のようなアナウンスで締めくくられることになる。

> NBCの提供による公共サービス番組をお送りしました[224]。

これに対してNBCのワシントン支局長であるフラン

ク・ラッセルは警戒感を示した。「公共サービス(public service)」という言葉が、会社にとって良くない含意を持った使われ方を一般にされているというのだ。放送が電話やガス、水道のようなものだとみなされ、したがって規制もされるようになる事態は避けなければならないと苦心して主張してきたのだから。「このような位置づけを許容してしまう言葉を受け入れるのは、あまり良くないのではないかと私には思える」とラッセルは語っている。彼はそのかわりに「公共の利益に基づく放送(broadcast in the public interest)」というフレーズを提案した。一九三四年の通信法の言葉をそのまま借りてきたものだ[225]。エンジェルは「そのフレーズには反対の余地がない」と折れたが、そこにはいくつかの小さなごまかしがあるとも考えていた。彼はラッセルに「公共奉仕のために放送される番組」、あるいは「公共の利益のために放送される番組」についてどう考えているかを尋ねた。こうしたやりとりは、放送が自身の市民的役割を許容範囲内で戦略的に定式化していった際の困難を裏づける、ぎこちない言い回しの集積であった[226]。エンジェルのもともとの提案は最終的に採用された。それは、「リスナーたちは教育されるためではなく、楽しむためにラジオのスイッチをひねる」ため、「彼らを教育するには、楽しませなければならない」という放送事業者側の認識を示す一例である[227]。一九三九年にエンジェルはNBCの教育番組のディレクター会議を観察し、ディレクターが公共サービスというラベリングに次のような肯定的な判断を下しているのを見て取っている。

この言葉は私たちがこれまで考えていたことを表す最高の一言です[228]。

商業ネットワークの公共サービス的役割に対するネーミングの不安定さは、利益志向を単なるビジネスではないと見せなければいけない会社をどのように運営するか、という「アメリカン・システム」に特有の緊張感を見事に表している。

各番組の意図がどのように解釈されるかを考えるためには、ある種の技術と政治的な鋭い感覚が必要だった。ウォルター・クーンズはその意味で、正しい方向を向いていたように見える。彼は一九三七年、同僚の幹部たちにNBCミュージック・ファウンデーションを立ち上げることを熱心に提案したのである。これについて、「商業的であるという疑いを乗り越えて、我々の芸術音楽放送をより権威あるものとして位置づけるものだ」と彼は説明している。さらに、その財団は、そうした音楽を放送するためのコストを賄う寄付も受け付けることにした。こうした活動には既に先例もあった。ニューヨークフィルハーモニー協会にはCBSでのニューヨークフィルの放送を援助するラジオ業界の人間が入会していたのである。クーンズはこの財団が「ラジオ会社の私的所有を守る先兵」になると考えていた。彼は「我々の公的企業としての地位を強化するためには、放送に対する人々の参加感覚を育て、我々個々人がみんなで所有するという感覚を持たせる以上に良い方法は考えられない」と書き残している。(229)この言葉はネットワークが直面していた広報の複雑さを覆そうとするものだ。(230)「みんなで所有する」という感覚を養うというのだから。これに対してはウォルター・プレストンも乗り気だった。

ドクター・エンジェルや巨匠のトスカニーニを採用することや、こうした財団の設立によって、おそらく、我々のうち最も熱心な人間が考えているよりもずっと価値ある公共サービスをラジオが行なうことに寄与するだろう。(231)

しかし、音楽財団設立のアイデアは、より鋭い政治感覚を持った、もっと上の地位にいる人物によってまもなく潰されてしまう。A・L・アシュビーが、そうした財団の設立は「政府による所有という議論につながり、やがて我々に不利に働く」と警告したのである。そうした動きは、NBCが自分では最高の番組を作る財力を持っていないと宣言していると受け取られかねず、悪くすれば、「NBCの利益を増やすために、人々に自主制作番組のコストを負担させている」ととられる可能性もあるというのだ。(232)

ここで重要なのは、ネットワークが自分で宣言していた公共サービスの使命をどの程度こなせていたかを議論することではないし、彼らが現実には自分の利益の方を重視していたことを非難することでもない。本当に重要なのは、彼らがこうした使命を果たしていると見せかける必要を感じていたことや、全国放送としての自分たちの正当性や生き残る道の中心が公共サービスにあると一九三〇年代を通して正確に見抜いていたことである。彼らはこうした正当性を絶えず訴え続けねばならなかったし、政府や改革論者たち、そして国内的、国際的な世論を形成しようとする人々がいつも自分たちを見ていることを認識していた。その意味で、公共サービス放送という理想は合衆国で実際に影響力を持っていたのである。放送が実際にどうであったかは関係ない。アメリカのネットワークは、決して実現することのない理想を抱えつつ、絶えず現実の実践を繰り返しながら「アメリカン・システム」の土台として商業ベースの全国ネットワーク放送という自己規定を作り上げていった。その過程にこそ、そうした理想は影響を与えていたのである。

　公共サービスという理念は世界的に分かち合われていた理想である。しかし、それとラジオが持つ商業的娯楽の機能の間にある緊張関係はアメリカの放送に独特のものだった。一九四五年にフランク・ミューレンにあてられたエンジェルの報告書には次のように書かれている。

> ラジオはある時は劇場であり、ある時はコンサートホール、またある時は新聞にも、学校にも、教会にも、そして人々が話し合う議論の場にもなります。こうしたものを横に並べるか、縦に並べるか、それとも、あなたの思う通りに並べるか。これは非常に難しい実践的な問題です[233]。

エンジェルが正しく洞察していたように、アメリカン・システムの際立った特徴の一つは、商業的なスポンサーのついた大衆娯楽とスポンサーのつかない公共サービス番組が押し合いへし合いしながら共存していたことなのである。

「面白い」公共サービス番組

最もよく言われるアメリカのラジオが持つ特徴の一つは、「興行的手腕」である。放送事業者はこの興行的手腕による面白さを広告主に売って、経営を成り立たせていた。たとえば、ナッシュヴィルのＷＳＭは「ユニークなコンセプトの興行的手腕」を持っていることを広告主に対するウリにしていた。

優れたサーカスの主は、力持ちの田舎の巨人にライオンの毛皮と宣伝の力を与えます。[234]

教育者と放送事業者の間に位置していた会社の公式方針は、教育者はプロの興行師による助けを必要としている、という見方によってしばしば表現されていた。一九三五年のＦＣＣによる調査では、「教育者の経験と放送事業者の番組制作技術」を組み合わせる必要があると結論づけられている。[235] 合衆国教育長官のジョン・スチュードベーカーはこうした協力関係の先鋭的な提唱者であった。教育放送は娯楽放送の発達に後れをとっており、教育番組の制作者は「娯楽放送が人々を楽しませるのと同じくらい効果的に、放送を通じた教育という自分たちの仕事を遂行しなければならない」と彼は言う。[236] 商業放送で人気のある娯楽番組と並んで放送されれば、教育者たちが効果的で楽しいコミュニケーションを実現できていないことは、はっきりと分かった。初期の大学放送はしばしば単なる講義の放送だった。たとえば、一九二〇年代半ばから、シカゴ大学はＷＭＡＱやＷＬＳといった商業放送局からバスケットの試合や教会の中継だけにとどまらず、講義内容にいたるまで丸々流していた（「Aspects of American Life」、「Reading in Modern Literature」）。教育と娯楽の「緊張緩和」に際して、放送事業者が俎上にのせたのは、興行的価値を見分け、作り出す自分たちの技術と経験だった。その狙いは教育ラジオをより効果的にしながらも、講義らしくないものへと作り変えることだったのである。

アメリカの聴取者たちにとって魅力的な教養、教育番組を作る最上の方法を自分たちは知っているとネットワークは主張した。このメッセージは会社の内外を問わず何度も繰り返された。ＮＢＣに長年勤めていたシカゴの教育番組ディレクター、ジュディス・ウォーラーは一九三六年、ジョン・ローヤルに助言を行なっている。彼女によれば、自分たちの目標は「第一に一五パーセントのリスナーのために制作されている番組を、残りの八五パーセントのリスナーに聴いてもらえるような面白いものにするよう努力することだ」という。[237] 一九三八年に『*Broadcasting*』誌に掲載されたNBCのフルページ広告では、「教育番組の価値は聴取者に依存する」と高らかにうたわれていた。「リスナーを惹きつけるように作られていなければ、多大な労力を費やして制作された番組も無価値である」というのだ。[238] また、CBSの副社長、ポール・ケステンも一九四五年に、CBSは人々がもっと聴きたくなるような教育、教養番組を放送することが自分たちの仕事の一つであると理解していると説明している。[239]

一九三〇年代半ばまでは、いくつかの最も人気のある商業番組で用いられている言語的な技術やエネルギーを流用して、教育的な素材を劇にしたり、活性化したりする必要があると喧伝された。企業に対して友好的なNACRE(国家ラジオ教育諮問委員会)は、商業放送の担い手と教育者がそれぞれの領域で互いに協力することを特に強く推奨した。NACREの指導者であるレヴリング・タイソンは「興行と教育の間に大きな違いはない」とまで主張していたのである。[240] 最も影響力のある初期のマス・コミュニケーション研究者、ポール・ラザースフェルドも、クイズ番組の形式が持つ教育力についてしばしば言及している。[241] 興行的手法こそ教育ラジオの未来であり、救いである。注目すべきことに、こうした考えは一九三〇年代半ばには放送事業者側も教育者側も含め、誰もが賛同するところとなっていた。

さらに、この種の議論は教育ラジオの役割に対する理解を見直す動きにも合致していた。この頃、教育において鍵となるラジオの機能は、システマティックな指導を行なうことではなく、学びへの意欲を喚起することであると言われていたのだ。それはちょうど、広告の機能が、商品に関する全てを伝えることではなく、興味や欲望を喚起することにあるのと相似的であった。これと同じようなことをカリフォルニア大学学長のロバート・ゴードン・スプロウルも主張している。教育ラジオの役割は「平均的な市民に、知性や精神の成長に対する欲求を起こさせることだ」というのだ。[242]

商業放送の業界内では、リスナーの関心を捉え、引きつけるための技術について、継続的な議論や実験が繰り広げられていた。ラジオのながら聴取が広まっていることが念頭にあったため、広告主や放送事業者はリスナーの集中力を惹起し、それに報いるような番組を生み出すことを急務だと感じていた。J・ウォルター・トンプソン広告会社の幹部は次のように発言している。

「小麦クリーム」についての放送を楽しむためには、ラジオに注意を強く向けていなければいけない。トランプのブリッジにおしゃべり、ダンスその他の家庭内の娯楽は、番組が終わるまでわきに置かせるように仕向けなければいけないのだ。

彼が言うには、「コマーシャルのメッセージは放送の中に深く織り込まれているので、よく聴いてもらうしかない」のである(243)。

教育ラジオは面白くなければいけない、という産業側のスポークスマンによる主張の裏にはこの種の実践的な知恵が横たわっていた。一九四〇年にNBCが刊行した公共サービス放送に関するパンフレットには「人々は教育されることを望んでいる。しかし、それはあくまで「砂糖をまぶした」教育なのだ」と書かれていた(244)。NABの業務執行取締役、フィリップ・G・ラウクスは注意深く言葉を選びながらも、教育者に対して、ラジオによる教育は「そのコンセプトや目的を助ける手段として、民主的であるだけでなく、面白く、かつ偏りのないものでなくてはならない」と発言している(245)。

ネットワークは自社で確保している時間帯に自社制作の教育番組を放送した。これらの番組は、ラジオによる教育放送の中でも最も声高に宣伝されていた。NBCではウォルター・ダムロッシュによる『*Music Appreciation Hour*』が、CBSではアリス・キースによる『*American School of the Air*』がそれぞれ非常に重要な番組であった。これらの番組によって、ネットワークは真剣な学校教育を行なう能力が自分たちにあることを示そうとしたのである。NBCによる『*Music Appreciation Hour*』は一九四二年まで、CBSによる『*American School of the Air*』は一九四八年まで続いたが、結局、放送上の学校のような番組をネットワークレベルで流す放送局は、他に現れなかった。放送による学校教育的番組は、州ごとや地域ごとの自治体が直接運営することの方が、ネットワークが運営するよりもずっと多かったのである。[246] ネットワークによる教育番組は、外部の文化機関や政府との協力によって制作される番組と比べて形式に新奇性がなかった。そうした外部機関において、興味関心を刺激するというラジオの役割が正統性を帯び始め、その表現もクリアになってきていたのである。そしてもちろん、直接の学校放送に対してネットワークがあまり興味を持っていなかったことと、ソープオペラの勃興や昼の放送時間の商業的価値が高まっていったことは表裏一体であることは心に留めておくべきである。

フランク・アーネスト・ヒルとその他の出演者たち
これはCBSの『*American School of the Air*』の1コーナー，「*This Living World*」の収録風景である(1943年12月31日)．この番組においては社会問題がドラマチックに表現され，最後の10分で学生たちが議論を行なっていた．
CBS/Landov.

NBCでは公共サービス番組がひとたび聴取者を獲得すれば、ほとんど不可避に広告主への売り込みが始まった。はたして教育番組は売り物になってよいのだろうか？　FRECの職員に対する質問紙調査によれば、これに対する意見はかなり分かれる。[247] この質問は議論の的であり続けたが、スポンサーのついた教育番組や公共サービス番組はあってもよいという見方にネットワークがくみしたことは、驚くにはあたらない。

カリフォルニアのスタンダード・オイル社は、

自社がスポンサーとなって教育番組を制作した。一九二八年に『*Standard School Broadcast*』、一九二六年には『*Standard Symphony Hour*』をそれぞれ放送している。これらは「会社の新たな友人を作る手段」として、広告を入れずに放送された。新聞の広告には、その補足として「我が社は何かを売ろうとしてこの放送をしているわけではありません。ただ、我々の友人やお得意様に「ありがとう」を伝えるために放送しているのです」という言葉が自慢げに掲載されている[248]。

エンジェルはＮＢＣが教育番組を売ることに原則として異を唱えなかった。彼は一九三九年にＮＢＣの教育放送のディレクターに次のように語っている。

> 一般的な公共サービスや教育の要素を持った番組が、放送局自身によって費用を賄われる自主制作番組の枠に閉じ込められるべきだと主張する理由を私は思いつきません[249]。

一九四四年に書かれたメモを見ると、宗教番組を除くＮＢＣの公共サービス番組は、「権威あるスポンサー」にならば売られてもよいとエンジェルは判断していたようだ。『*Billboard*』誌で引用された彼の言葉によれば、彼のそうした判断は次のような認識に基づくものだった。すなわち、自主制作番組を流してくれる地方放送局がせいぜい五〇―七五であるのに対して、スポンサーのついた番組は一五〇もの放送局で流してもらえる可能性があるというのだ[250]。ＣＢＳでも、最上の教育的、教養的な性質と商業的なスポンサーがつくことは、必ずしも両立しがたいわけではないという議論がなされていた[251]。しかし、商業的機能と公共サービス的な機能の間に潜在する対立がなくなったわけではない。単に会社のためだけではなく、公共のためのものでもあると認められるか。この問いの中にそうした感覚は根強く残っていたのである。

実践における協力関係

一九三九年、ＮＢＣは公共サービス番組や教育番組を作るにあたって、二二の様々な非営利団体と協働作業を行なっている[252]。こうした協力はネットワーク、とりわけＮＢＣにとって、非常に重要だった。ウォルター・プレストンはジェームズ・エンジェルに一九三九年、自身の考えを語っている。

我々は様々な圧力団体の指導者の要求を満足させるためだけに、彼らによる古いタイプの番組に時間を割き、放送するという安易な道を選択してきました。

彼はこれを非常に良くないことだと感じていた。彼が言うには、「我々はそうした番組を放送したら、制作に関することは全て速やかに忘れるようにしてきた。それでいて、国中に番組を自慢して回ることは忘れなかった」からだ。[253]

政府によるラジオ制作の広がりは、ラジオの政府からの独立という一点でのみ定義されていたアメリカン・システムという産業側の筋書きが虚偽であったことを示す一つの重要な証拠である。ニューディール時代は、政府による改革路線が強まり、行政を日常生活に統合していく歴史的に新しい試みが増加した時期だ。そんな時代にあって、政府の部局や機関は、ラジオの利用に自然に関心を抱くようになっていた。研究者のジャネット・セイヤーが数えたところ、一九四〇年には四二の政府関係機関がなんらかの形で放送を行なっている。[254] 一九三〇年代を通して、政府による放送は、それが地方局向けの文書であれ、生放送であれ、あるいは録音された放送であれ、ネットワークの公共サービス番組の中で、少数ではあるが無視できない数になっていった。連邦住宅局、商務省、教育局、雇用促進局、労働省など多くの連邦機関が番組を制作したり、援助したりしていたのだ。雇用促進局による連邦劇場計画には、ラジオ部門が存在した。そこではNBCで放送された『*Professional Parade*』を含む多くのドラマやミュージカル番組が制作され、ミュージカルやその他の舞台に出演していて職を失った俳優や音楽家が出演していた。一九三八年には、内務省が自身の建物内に自前のスタジオを持つにいたっている。これに関しては産業界の多くが警戒感を示したし、『*Chicago Tribune*』誌は「プロパガンダ目的で電波をシステマティックに乗っ取るためにラジオ部門を作った」政府の危険性を訴えたという。[255]

政府によるこれらの番組は一九三〇年代のラジオに

対する考え方を示す好例である。その考え方とは、ラジオが学習に対してできる真の貢献は教育的内容と娯楽的形式を混ぜ合わせることにあるというものだ。合衆国教育局は一九三〇年にラジオ部局を設立している。初め、それはカーネギー財団やその他の慈善団体から資金を受け取っていた。一九三六年からは緊急教育プログラムの一環として教育ラジオワークショップを開き、放送作家やラジオプロデューサーを育成した。彼らは教育ラジオのテクニックを試みるために短い期間を与えられ、新しく、想像力に富んだ方法で教育的内容と娯楽的な形式を組み合わせる道を見つけ出していったのである。産業界の代表による諮問委員会が教育局の番組制作を監督した。そこにはNBC代表としてフランクリン・ダンハムが、CBS代表としてエドワード・R・マローが参加していた。一九四〇年までにラジオ部局は実に二〇〇人近いラジオ制作従事者を雇いあげたのである。

ラジオは細かいことを教えるのに適さないメディアだが、対象への興味をかき立てるには良い手段であると教育局は早々に結論づけている[256]。事務局のプロジェクトは、教育的価値と娯楽的魅力を併せ持った番組制作の可能性を意識的に示そうとするものとなった。NBCは一九三七年、教育局との協力によって四つのシリーズ番組を制作し、それを自慢げに宣伝した。それらのシリーズは「ドラマやゲーム、討論といった形式で情報を伝えるようにデザインされている」というのだ。たとえば、『*Have You Heard*』は科学的な発見についての話題が交わされるディナー・パーティーを模した番組だったし、『*Answer Me This*』は、社会科学をベースにした一問一答形式の番組だった[257]。教育局は他にもいくつかの重要なシリーズを制作している。中でもおそらく最も突出した特徴を持っていたのはCBSの『*Americans All, Immigrants All*』である。この番組は「全てのアメリカ人が人種や社会集団に対する寛容の精神を養い、それを実践する」ために放送されたものだ[258]。事務局によって制作された番組は他にも市民的自由についての番組『*Let Freedom Ring*』（CBS）や政府の活動を扱った『*Democracy in Action*』（CBS）、そして、汎米連合と協力して作られた『*Gallant American Woman*』（NBC）や『*Brave New*

World』(CBS)などがあった。共同作業の試みはネットワークが放送時間や人員の確保を担当し、政府が脚本やアイデアを作成することによって成立していた。そうした番組にはドラマや語りや音楽が用いられ、時に野心的で複雑な構造をなしていたのである。

もともとネットワークの側のフランク・ミューレンが主導していた『*The National Farm and Home Hour*』は、一九二八年から一九五八年までNBCで週六回放送されている。放送内容はネットワークによる音楽や娯楽と、農務省から直接伝えられる情報によって構成されていた[259]。その番組は田舎にも都会にも熱心な聴取者を持ち、ある種の慣習と化していった。そのため、ネットワークからは決して動かしてはいけないもののように、目されていたのである。しかし、農務省が一九三六年に自前のスタジオを持った方が便利ではないかという提案を行なった際には、NBCのフランク・ラッセルが警戒感を露わにした。

> 政府がスタジオを設けることは、誤った道への第一歩です。そうなってしまえば、政府が放送機関自体を統制下に置こうとするまでに長くはかからないでしょう[260]。

農務省はまた、『*Housekeepers' Chat*』や『*Your Child*』といった番組も制作していたが、これらは労働省児童局によって提供されている。その他の農務省による番組は地域の放送局に所属するスタッフが読むように、文書形式で各局に配布されていた。

アメリカのラジオが政府から独立しているというアメリカン・システムに対する単純な観念は、一九三〇年代にアメリカのラジオが置かれていた現実の状況を正しく反映していない。政府によるラジオ番組の存在はそれを示す一つの根拠である。実際には、認可制度や規制のシステムから番組制作にいたるまで、政府は様々なレベルでラジオに関与していた。公的放送と私的放送の境界は、現実にはアメリカでも他の多くの国と同じくらい曖昧で複雑だったのである。たとえば、時として政府による番組に商業的なスポンサーがつくこともあった。NBCは一九三八年以降、『*The National Farm and Home Hour*』の中の一五分間を販売していたのだ[261]。連邦住宅局は単純に家を持つことを勧めるためにシリーズ番組を制作していたが、それは娯楽としてスポンサーの広告や音楽を流していた枠を使って、そのまま出来合いの商業番組を流しただけのものだった。これについてジャネット・セイヤーは次のように述べている。

> 公共サービスと金儲けの幸福な両立によって、各放送局内で連邦住宅局の番組に対する人気が高まったことは疑いない[262]。

政府の番組が放送産業界から批判されるのは、おそらく避けられないことだった。産業側から見て、政府機関が番組に費やすことのできる予算は小さ過ぎたため、制作に関する不満が噴出したのだ。セイヤーは、一九三四年から放送されている『*Ford Sunday Evening Hour*』の幕あいに、ウィリアム・J・キャメロンが言った次のような言葉を、政府の努力と対比的に描き出している。

> フォード氏がやったように、自身の持つ政治的信念の要約をリスナーたちに聴かせるためにデトロイト交響楽団を放送する余裕を、政府のどの部局や機関が持っているだろうか[263]？

他国の政府放送の状況とは対照的に、アメリカ政府は時としてラジオ番組の劣化版を提供しているように見えることもあったのだ。

自分たちが公共サービスの一環として無料で政府の番組を放送すべきだと期待されていることに、ラジオ局は折に触れて不満を漏らしていた。一九三六年半ばの『*Broadcasting*』誌は次のように報じている。

> ネットワークの番組だけでなく、脚本やスポットアナウンス、果ては既に録音したテープまでが常にニューディール関連の機関から放送局に送られてくる。そんなものを放送する時間的余裕はないという不満の声が既に放送局から上がり始めている[264]。

その裏で、政府がネットワークに課す負担について、フランク・ラッセルがFCCと議論を始めていた。彼の報告によれば、一九三五年の一年間でNBCは政府による番組を五五六時間も放送している。しかも、それぞれの政府機関が「何千ものスピーチ原稿や台本、テープ」を送り付けてくる、とラッセルは抗議していた。[265]

これらは頭痛の種には違いなかったが、アメリカの放送事業者が抱えていた最も大きな懸念はもちろん、ラジオにおける政府のこうした活動がアメリカン・システムの根本的な改革の予兆となってしまいかねないことだった。BBCの代表、フェリックス・グリーンが一九三七年にロンドンへ送った報告によると、アメリカ政府は「自分たちに賛同する機関を通して作られた自前の番組が成功することを好ましく思っており、今後放送に対する統制を強め、政府の直接的なラジオでの活動を拡張しようと目論んで」いたという。[266]

放送事業者は教育委員会のジョン・W・スチュードベーカーを産業側にとって危険な人物だと考えていた。一九三七年時点でスチュードベーカーは政府によるラジオネットワークの構想を真剣に検討しているように見えたのだ。しかし、当時彼と最も親しい同僚だったチェスター・S・ウィリアムズは、こうした考えは慎重に検討すべきだと感じていた。ウィリアムズはスチュードベーカーに次のような意見を返している。

連邦政府は自前のネットワークを持ちたいとは考えていないでしょう。中心となる放送局を作り、地方局から時間を買いさえすればそれでよいのですから。[267]

しかし、スチュードベーカーは意見を曲げず、ネットワークの社長たちにあてて声明を送った。教育局は放送に対して正当な関心を抱いており、全国的な教育の管理を理由として、放送に介入する準備は既にできていると主張したのである。

確実かつ恒常的、全国的な放送内容をシステマティックに駆使して商品に関する情報を安定供給し続けるまっとうな理由は存在しない。一方で、一般的な啓蒙の度合いや文化のレベルを向上させるという純粋な目的のもとに、知識や考え、理想、創造的な刺激を与えるような放送内容は商品のそれに比べてはるかに少ない。[268]

これは政府高官によるラジオへの宣戦布告である。スチュードベーカーはNBCやCBSにアメリカ教育放送学会を組織させ、全国放送のために教育番組を作らせようと考えたのだ。彼が一九三七年五月にラジオ教育協会の席上で述べたところによると、政府がラジオに健全かつ積極的な関心を向ける理由は三つあった。

公共サービス放送を最大限確保するためにラジオの周波数帯を保護すること。ラジオを用いて政府の政策を人々に知らせること。そしてラジオに期待されるべき放送内容を人々に知らしめ、そうした内容を供給するよう放送事業者を説得し、支援することです。

さらに、人気の高さは放送が公共の利益に服しているかどうかの唯一の尺度にはなりえないと、スチュードベーカーは論じる。

アメリカの放送は自国の聴取者から常に人気を集めています。しかしながら、商業放送が公共の利益や便益や必要性にこたえるよういくら努力していたとしても、周波数上のほとんど全てのチャンネルが彼らの手中にあり続けるべきだとする考えは到底受け入れられません。

そして彼は同じスピーチを痛烈な言葉で締めくくった。

電波は全国民のものです。それを使用する権利は、国民の機関である政府によって与えられますが、それと同じくらい容易に剝奪することもできるのです。[269]

この発言は放送産業にとって、それまでに耳にしたことのあるどんな言葉よりも恐ろしいものだった。当時、ジョン・ロイヤルはレノックス・ローアに「ドクター・スチュードベーカーの考えは非常に深刻なものです」と書き送っている。[270]『*Broadcasting*』誌もこのスピーチの全文を掲載し、ラジオを政府が狙っているとするスチュードベーカーの発言が「現在のラジオシステムに対する政府の今後の方針を示しているかもしれない」と警戒を促した。[271] ローヤルはスチュードベーカーを注意深く観察し、彼の発言が商業ラジオに対するなんらかの働きかけの予兆ではないかと精査し続けた。一九四〇年にスチュードベーカーはFRECの活動に関する報告書を発表した。そこではついでのように、ラジオは「国民のものであり、公共の利益の名のもとに、国民によって発展させられ、規制もされるべきだ」とする見解が述べられている。[272] ローヤルはこのコメントから「やや危険な香り」を嗅ぎ取っていた。彼はRCA社長のデヴィッド・サーノフに次のように書き送っている。

ラジオは国民のもの、という言葉はいかようにも解釈できますが、スチュードベーカー氏の解釈が我々の利益にかなうなどと安心することはできません。[273]

政府による教育放送の恐怖は、ネットワークに慢性的な懸念を抱かせるに十分なほどリアルなものだったし、だからこそ、一九三四年合意の枠内でネットワークは協力的な姿勢を保ち続けたのである。

国家 vs. 商業

全国放送のシステムが国民的文化を創造し、保護すると考えられるような、もっと小さな国であれば、ラジオによる国民統合への期待は目に見えやすい。カナディアン・ラジオリーグは、「アメリカのようなラジオシステムや、行き過ぎたアメリカのコンテンツからカナダを守る」という目的を持っていた。[274] ラジオ放送局が形成される時期、カナダの公共放送は国家的役割を担い、商業放送はもっと地域的な方向性を目指していたのだ。[275] CARC（カナダ王立ラジオ放送委員会）は一九二九年、ラジオを国民的メディアとして理解しており、ひとたび「カナディアン・システム」が成立すれば、ラジオは「疑いなく国民精神を涵養し、国民全体に市民としての役割を伝える大きな力になるだろう」と予測していた。[276]

放送時代の新しく、流動的な文化形態やその所産から国民を守るために、国民国家は介在していた。国民統合の技術的手段は、国境を越えて文化的所産を伝播させることにも効果を発揮したからだ(277)。一九三〇年代において、全国的な番組の水準は、多くの国で政治的、行政的問題となっていった。とりわけ、英語やスペイン語が話される国でその傾向は強かった。海外の番組と自国民を隔てる言語的な障壁が低かったからだ。当時、『*New York Times*』はカナダについて次のように報じている。

ジャズやクルーナー唱法の歌手たち、オラトリオや退屈極まりない広告といったアメリカの番組に電波を占拠されることを腹立たしく思っている人々の中から、ラジオの国有化を強く支持する層がカナダでは出現している(278)。

オーストラリアやカナダやニュージーランドでは、放送事業者がアメリカの番組やBBCの王立番組を放送していたが、政府の側は自国の文化を守ることに汲々としていたのである。そこに単純な答えはなかった。オーリン・ダンラップは『*New York Times*』で、カナダの聴取者たちが内部で論争を繰り広げていると述べている。

カナダ人はもともと心情的にはイギリス人で、生活習慣的にはアメリカ人だ。ジャック・ベニーを聴きながら、イギリスの立憲君主制を信奉しているのである(279)。

アメリカのラジオ史を他国のそれと比較してみれば、自ずから明らかになることがある。それは、アメリカのラジオもまた、重要な国家的役割を担っていたこと、しかし同時に、その機能が放送の商業的構造のため、他国よりも複雑な様相を呈していたことである。アメリカのラジオが果たした国民統合の役割は、他の小さな国の全国放送のそれと比べて、研究蓄積が少ない。このことは、一九三〇年代以後、アメリカとイギリスという英語を母国語とする大国間の相違に焦点があてられたため、より大きな構図が見えなくなってしまった一例である。イギリスとアメリカのラジオはほとんど全ての番組を国産のもので賄っていたし、それができた。例外は特別なイベントに関わる番組を海外からあえて選んできて放送されたコンテンツがせいぜいだった。もっと小さな国では、土着の文化やその担い手を守るために全国的な番組の割り当てを取り入れる必要などなかった。しかし、アメリカやイギリスでは、政府から命じられた割り当てという明確な形はないにせよ、全国ネットワークはナショナリスト的、あるいは国民統合的な役割を果たしていた。たとえば両国は自国の音楽に特別な関心を向けていたし、全国ニュースの重要性も高まりつつあった。また、複数の階級や民族、地域を国民的文化に取り込み、同化しようとする努力も陰に日向に存在した。これらはラジオが国民統合の役割を果たそうとした明確な証拠である。ヒルメスの議論によれば、アメリカのラジオは「アメリカの文化体験やアイデンティティをそれまでのどのメディアも試みたことがないほどに、集権化し均質化する」役割を果たしたという[280]。

アメリカのネットワークは、自分たちを全国的、国民的放送事業者として描き出すことに熱心だった。だから彼らは放送で政府の役人を代弁したり、国家的問題に関する議論や会議の模様を放送したり、国内の非常に遠い場所で起こったニュースを報じたりもしたのである。一九三七年のNBC年鑑には、ルーズヴェルト大統領その他の政府高官がNBCのマイクを通して話す写真がふんだんに盛り込まれており、驚くべきことに、それ以外の写真にはラベルすらつけられていない。同書には、ワシントンDCにあるNBCの「超近代的な」スタジオについて説明がされており、「政府の役人や外交官、議員が簡単に使うことができる」と記されている。

CBSもまた、自分たちが担う全国規模の機能を強調していた。ウィリアム・ペイリーは「我が国の国民としての感覚や感情を一つに統合することに資する全ての放送は、重要な教育的価値を有すると考えてよい」とまで主張している[281]。炉辺談話が、ラジオネットワークと国家の結びつきを多くの人々に浸透させたことはあまりにも有名だ。ネットワーク・ラジオによって、一般的なアメリカ人が国家という意識をより鮮明に持つようになったということは、よく知られた歴史的事実なのである。

しかし、アメリカのネットワークは自分たちの番組との関係性において、ＢＢＣと全く異なっていた。彼らは番組内容を管理下に置こうと努力はしていたものの、制作そのものは広告主に任せてしまうケースが徐々に増加していったのである。ネットワークはこのことを後悔していたが、状況を変えるのは難しかった。一九三〇年代終盤、ＣＢＳ社長のウィリアム・ペイリーはシカゴ大学学長のロバート・Ｍ・ハッチンスに、放送事業者は広告主に番組制作を乗っ取られるのを許してしまうという「大きな過ち」を犯したと何度か吐露している(282)。

ネットワークが番組を支配しきれていないことは、国家的に重大で厳粛さが要求されるような時期が来るたびに、一個の争点になった。一九三五年に社会改革者、平和運動家として国際的に有名だったジェーン・アダムスが逝去した際には、ＮＢＣ内で動揺が広がり、ついで、アダムスの死を報じる際のやり方を内部でそろえようという合意が成立した。しかし、死の原因として、アダムス自身にも告知されていなかった癌のことが速報で報じられてしまったのである。ＮＢＣシカゴのシドニー・ストローツはニューヨークにいたジョン・ローヤルに今回の「へま」について謝罪の連絡を入れた。「「へま」をやらかしたアナウンサーは正規のアナウンサーではなく、「商業番組に出演していた特殊なアナウンサーだった」というのだ(283)。ＮＢＣの幹部たちですら、公的な出来事を話すときの声と商業放送のために話す声とは異なるトーンでなければならないと感じており、今回、不可避的に起こってしまったこれらの混合の結果について気をもんでいたのである。

真の国民的象徴は広告主ではなく、ネットワークと結びつけられなければならなかった。たとえば、国歌もネットワークへの帰属と結びつけられねばならないのであって、それが広告主であってはならない。だからＮＢＣでは「国歌のあとには、いかなる制作者や広告主の名も入れてはならないという方針を会社としてとってきた。（中略）換言すれば、国家を商業的なものとタイアップさせることを許可してはならない」のだった(284)。

国民的に重要な話し手が、広告のために時間をカットされてしまうというアンバランスな状況についてリスナーたちはＦＣＣに抗議の手紙を送った。あるモンタナのリスナーは「バカバカしい広告のためだけに、国民にとって重要な人物による最も興味深い話の部分がカットされているのを私は何度も聴いたことがある」と報告している。[285] 商業的なコメディ番組が国家を侮辱しているとすら感じるリスナーたちもいた。一九四二年にあるオハイオの女性は、ジョージ・バーンズとグレイシー・アレンがリンカーンの名を語り、ゲティスバーグ演説の一部を「非常に軽く」用いているのを聴いて、不快な気持ちになったと書き送っている。彼女は言う。

現在のような深刻な時期に我々が最も忌避するのは、自分たちのヒーローや祝福すべき出来事をあのように冒瀆されることだと、私は考えます。[286]

ラジオのアメリカン・システムは、公的な声と商業的な声の間にあるこのような葛藤を特徴としていた。リスナーたちは両者のうち、片方を聴いたあと、すぐにもう片方を聴くことによって生じる違和感や、一方がもう一方を物笑いにするという不調和をも体験したのである。

国家的指導者や代表者に与えられた時間はネットワークの市民番組や公共サービス番組を支える柱だったし、彼らが自分たちの公共性を喧伝する際の材料でもあった。そうした時間は量的に無視できない長さに上った。ＮＢＣの統計によれば、一九三七年には大統領、副大統領、上下院議員やその他の代表者を含む政府関係者の話に費やされた時間は二二三時間四五分を超えるという。[287] ルーズヴェルト大統領自身、時として多産な放送者だった。戦略的に作りこまれた有名な炉辺談話は限られた回数しかなかったが、それ以外にも多くの放送を行なっていたのだ。たとえば一九三八年の七月には、記念碑の除幕式や自身の政策についての議論をＮＢＣで五回も放送している。[288]

ＮＢＣでは、ネットワークへのコストを最小化するために、国民的指導者や代表者による談話を、販売されていない時間に流そうとする扱いが普通だった。一九三六年の内部資料では、放送スケジュールの裏にある商業的な原則を露骨に主張することなくこうした出演者たちを販売されていない時間枠に入れるのに見事に成功したある幹部のことが称えられている。フランク・ラッセルが言うには、「モートンは政治関連の出演者のうち約八〇パーセントをオープン・タイム（販売されていない時間）に首尾よく割り当てただけでなく、非凡かつ完璧な配慮と策略で様々な団体を上手に切り回した」というのだ。(289)

しかし、ネットワーク・ラジオの商業的成功や採算性といった要素は、この種の全国的な公共サービス的な機能と商業的な機能の間にある対立を強化する一方だった。多くの放送時間が売れれば売れるほどスケジュールの空きは少なくなっていくからだ。シドニー・ストローツは一九四一年、ＮＢＣの営業部長に次のような手紙を送り、商業的成功がいかにして公共サービスを脅かすかを指摘している。

あなたやその部下である営業部の方々がレッド部門を熱心に販売し、その販売量を増やしたために、結果としてレッド部門に残った空き時間は次のようになっています。土曜の七時から七時半、月曜と金曜の一〇時半から一一時、そして土曜の一〇時から一〇時半。こうした細切れの時間しかありません。このように時間を販売し過ぎたために、現在、あなた方自身が問題に直面しているはずです。もし、合衆国大統領、あるいはそれほど重要ではないにしても、公的な放送を願い出る人が現れたなら、おそらく、我々は商業放送の時間をキャンセルしなければならないでしょう。(290)

もし、政治的出来事や危機が訪れ、尋常でない数の政府関係者がラジオで話す時間を要求したならば、ネットワークは市民的義務の名のもとに損失を甘んじて受けるしかない状態だったのだ。ＮＢＣの計算によれば、一九三七年に最高裁に時間を提供することで中止になった商業放送の時間による損失は正確に言えば、一万三六一一・七六ドルに及んだという。(291) 一九三九年の八月下旬と九月上旬にはヨーロッパで戦争が勃発し、ＮＢＣはニュースを流すため、多くの商業番組の放送をキャンセルしなければならず、その損失は二万二七〇六・七二ドルに及んだと報告されている。(292) こうした損失は正確に計算できるが、利益については計算しにくい。それは、リスク分析の問題であるからというだけではなく、どれだけの聴取者を獲得したかという見積もりにも関わっているからだ。このため、アメリカン・システムが機能し続けることに対する政治的な脅威を見張る役割を持ったフランク・ラッセルのような幹部たちの仕事は、より難しいものになっていたのである。

一九四一年一二月七日、真珠湾攻撃を知らせる放送の数分後、ＲＣＡ社長兼ＮＢＣ理事長のデヴィッド・サーノフはルーズヴェルト大統領に次のような電報を送った。

我が社の全施設、全社員はあなたの声を送る準備が既にできています。あなたの命令をお待ちしております。

ネットワークは既に公的な放送機関であり、政府による緊急介入は不要であるということを、先手をとって宣言したのである。ネットワークは即座に二四時間の放送体制に入った。真珠湾攻撃以後、攻撃や宣戦布告についてリスナーたちに情報を与えておくために、ニュース速報が常に番組に割り込むようになった。予定されていた番組の中には、丸々中止になったものもいくつかあった。あるラジオ評論家はこの状況を受けて、「全ての通常番組は、太平洋からの衝撃的なニュースに時間を譲るべき副次的なカテゴリーに入れられた」と述べている[293]。

しかし、真珠湾のニュースを放送するために多くの番組が中断させられたことは、ネットワークの商業的業務に対して破壊的な影響をもたらした。ＮＢＣは、「あらかじめ予定されたニュース速報」を一五分番組では最初の一分に、三〇分番組では最初の二分に入れることで、商業部門への影響を限定しようと試みた。ＮＢＣの資料からは当時のネットワーク内部の分裂が垣間見える。商業部門の責任者であった幹部たちと番組担当の幹部たちが、この重大な状況をめぐって対立していたのだ。一九四二年一月に、ある販売部門の上級幹部が別の幹部に書き送ったところによると、ニュース速報によって放送時間を削られた顧客に対して十分な説明や対応をすることは非常に難しく、定時のニュース速報を取りやめるべきだと考えていたという。[294]しかし、当時番組制作部門の長を務めていたクラレンス・メンサーはこうした考えに異を唱えている。

私が考えるに、〔ニュース速報があったとしても〕番組にとって重要な二つのポイントは満たされている。第一に、速報に時間を割かれた番組の聴取者は、増えることはないにせよ、逃げはしないということだ。聴取者は短期間のうちに速報が常に流れてくることに慣れてしまったし、ニュース速報を探してダイヤルを回す必要がないことにも気づいているからだ。第二に、顧客は広告をニュースに何ら邪魔されることなく番組に挿入できており、内容も全て聴取者に伝えられているということだ。[295]

こうした国家的危機の中で、公的な放送事業者としての役割と、価値ある時間を広告会社に売る販売者としての役割の間にある対立が再び明確かつ劇的に表れていたのである。ラジオ評論家の言を借りれば、「国家的役割を担った戦時下のラジオと平時における商業放送のあり方との間には本質的な対立」があったのだ。[296]

もし、アメリカのラジオ業界の言うことを信用し、単純にアメリカのラジオをBBCの対極にあるものと考えたとしても、それは多くの点でほとんど意味をなさない。一九三四年以後のラジオは規制の枠組みと、政治状況に対する不安によって形成されてきた。特にアメリカのネットワークは多くの点で二重のアイデンティティを維持し続けてきたのである。彼らはエンターテイナーにして教育者であり、人々の望むものを与えつつも、教育し、向上させる役割を持ち、賢明な商売人でありながら、権威ある国家的機関でもあった。しかも、放送事業者にはこれらを二者択一の選択肢として扱う贅沢は許されなかった。本質的な「自由」というよりは、こうした絶え間ない葛藤こそが、アメリカのラジオが持つ真の特徴だったのである。

しかし、放送事業者たちはまもなく気づくことになる。教育的かつ文化的に高い価値を持った番組は、政治的に大きな有効性を持つにしても、自らの存在を正当化するという大問題を解決するには十分ではないということに。教育を前面に押し出したラジオ改革運動は一九三四年時点で敗北したが、まもなく、戦いはさらに先へと進んだ。プロパガンダの時代にあっては、中央集権的な教育を普及させることは喫緊の課題ではなくなり、むしろ望ましくないものにすらなった。それよりも論理的で懐疑的かつ自意識を持った市民を養成することの方が重要事項になっていったのである。そのため、放送事業者は教育や高級文化に加えて、「公民」という第三の極めて重要な分野に取り組み、より能動的で批判的な市民を育成する番組を発展させなければならなくなった。教育ラジオの敗北は同時に、別のものが生まれた瞬間でもあった。そしてこれについて、歴史家はほとんど注意を払ってこなかったのである。次章では、この敗北の物語から、やがてラジオの市民的パラダイムが台頭するまでを描き出してみたい。

(1) この複雑なストーリーに関しては以下で詳しく論じられている。McChesney, *Telecommunications, Mass Media, and Democracy*, ch. 8; Susan Smulyan, *Selling Radio: The Commercialization of American Broadcasting 1920–1934* (Washington DC: Smithsonian Institution Press, 1994), ch. 5; Barnouw, *The Golden Web*: 22–28.

(2) 上院議員のシミオン・フェスは一九三一年に、ラジオのチャンネルの一五パーセントを非営利の番組や教育番組のために確保するという法案を提出したが、うまくいかなかった。この種の提言に関する歴史については以下を参照。McChesney, *Telecommunications, Mass Media, and Democracy*; Louise M. Benjamin, *Freedom of the Air and the Public Interest: First Amendment Rights in Broadcasting to 1935* (Carbondale: Southern Illinois University Press, 2001), ch. 12.

(3) James Rorty, "The Impending Radio War," *Harpers Magazine* 163 (November 1931): 714–15.

(4) Gross W. Alexander of the Pacific-Western Broadcasting Federation in, *Hearings Before the Committee on Interstate and Foreign Commerce, House of Representatives, 73rd Congress, 2nd session, on HR 8301*: 281–91.

(5) Hugh Slotten, *Radio's Hidden Voice: The Origins of Public Broadcasting in the United States* (Urbana: University of Illinois Press, 2009), ch. 4.

(6) *Hearings Before the Committee on Interstate and Foreign Commerce, House of Representatives, 73rd Congress, 2nd session, on HR 8301*: 147–53.

(7) "Supplementary Statement by the National Association of Broadcasters Reading the Amendment to

HR8301," *Hearings Before the Committee on Interstate and Foreign Commerce, House of Representatives, 73rd Congress, 2nd session, on HR 8301*: 116–17.

(8) *Hearings Before the Committee on Interstate and Foreign Commerce, House of Representatives, 73rd Congress, 2nd session, on HR 8301*: 161.

(9) "W. S. Paley, Against 'Forced' Programs," *New York Times*, October 18, 1934: 26.

(10) Orrin Dunlap, "Congress Wants It," *New York Times*, October 14, 1934: XII; Henry K. Norton to William Hard, October 1, 1934, folder 28, box 26, NBC records, WHS.

(11) "Tennessee Valley Authority Urges Federal Chain," *Education by Radio* 4, no. 12 (October 25, 1934): 45; Eugene E. Leach, *Tuning Out Education: The Cooperation Doctrine in Radio, 1922–38*, http://www.current.org/coop/coop5.html; McChesney, *Telecommunications, Mass Media, and Democracy*: 217–20.

(12) Henry K. Norton to R. C. Patterson Jr., October 4, 1934, folder 28, box 26, NBC records, WHS.

(13) H. K. Norton to William Hard, October 1, 1934, folder 28, box 26, NBC records, WHS.

(14) FCC press release, December 18, 1935, folder 24, box 68, NBC records, WHS.

(15) "Joint Committee to Lay Plans for Educational Cooperation," *Broadcasting* 10, no. 1 (January 1, 1936): 22.

(16) ワグナー・ハットフィールド合意で終わる歴史的な説明の有名なものとしては以下がある。McChesney, *Telecommunications, Mass Media, and Democracy*; Smulyan, *Selling Radio*; Benjamin, *Freedom of the Air*.

(17) Barnouw, *The Golden Web*: 26.

(18) McChesney, *Telecommunications, Mass Media, and Democracy*: 226, 224, 242.

(19) Smulyan, *Selling Radio*: 130.

(20) "1936 and Public Service," *Broadcasting* 10, no. 1 (January 1, 1936): 32.

(21) "Joint Committee to Lay Plans for Educational Cooperation," *Broadcasting* 10, no. 1 (January 1, 1936): 22.

(22) Frank Russell to R. C. Patterson Jr., September 21, 1935, folder 42, box 91, NBC records, WHS.

(23) "Minutes of the Meeting of the Executive Committee of the Federal Radio Education Committee September 29, 1939," folder 24, box 68, NBC records, WHS.

(24) Paul Seattler, *The Evolution of American Educational Technology* (Mahwah, NJ: L. Erlbaum, 2005): 238–43.

(25) Frank Ernest Hill, *Radio's Listening Groups: The United States and Great Britain* (New York: Columbia University Press, 1941).

(26) National Association of Broadcasters, "The FREC? What Does It Mean to the Broadcaster?," folder 24, box 68, NBC records, WHS; William J. Buxton, "The Political Economy of Communications Research," in Robert E. Babe (ed.), *Information and Communication in Economics* (Boston: Kluwer Academic, 1994): 168.

これらの研究はロックフェラー財団が「事実上の政府機関」として活動していたとみなしている。

(27) Barnouw, *The Golden Web*: 26–27.

(28) Levering Tyson to Neville Miller, December 9, 1938, folder 66, box 62, NBC records, WHS.
タイソンはカーネギー財団出資の全国教育ラジオ審議会(National Advisory Council on Radio in Education)の指導者を務めていたことがある。この機関は教育放送の事業者と商業放送の事業者を協力させるために機能していた。しかし、彼は次第に商業放送に幻滅していくことになる。これについては以下を参照。
Slotten, *Radio's Hidden Voice*: 177.

(29) President's Personal File 75, Franklin D. Roosevelt Presidential Library, Hyde Park, NY.

(30) Marvin R. Bensman, *The Beginning of Broadcast Regulation in the Twentieth Century* (Jefferson, NC: McFarland, 2000): 99.

(31) Orrin E. Dunlap Jr., "Sarnoff Scans the Radio World," *New York Times*, October 27, 1935: SM5.

(32) Marc Raboy, *Missed Opportunities: The Story of Canada's Broadcasting Policy* (Montreal: McGill-Queens University Press, 1990): 43.

(33) Quoted in Mary Vipond, *Listening In: The First Decade of Canadian Broadcasting 1922–1932* (Montreal: McGill-Queens University Press, 1992): 228.

(34) たとえば以下を参照。
Ruth Brindze, *The Truth About Radio—Not to Be Broadcast* (New York: Vanguard, 1937); Nathan Godfried, *WCFL, Chicago's Voice of Labor, 1926–78* (Urbana: University of Illinois Press, 1997); National Advisory Council on Radio in Education, Committee on Civic Education by Radio, and American Political Science Association, *Four Years of Network Broadcasting: A Report* (Chicago: University of Chicago Press, 1937).

(35) たとえば以下を参照。
Facts—The New Deal versus American System (Chicago: Republican National Committee, 1936).

(36) Franklin Dunham to John Royal, March 3, 1936, folder 6, box 92, NBC records, WHS.

(37) Orrin Dunlap, "An American Showman's View," *New York Times*, May 29, 1938.

(38) "Radio Self-Rule Urged by Sarnoff," *New York Times*, November 15, 1938: 19.

(39) Eric Foner, *The Story of American Freedom* (New York: W. W. Norton, 1998): xii.
〔横山良・竹田有・常松洋・肥後本芳男 訳『アメリカ 自由の物語(上)—植民地時代から現代まで(上)』岩波書店、二〇〇八年、xv頁〕

(40) McChesney, *Telecommunications, Mass Media, and Democracy*: 239–51.

(41) Quoted in Paul F. Peter, "The American Listener in 1940," *Annals of the American Academy of Political and Social Science* 213, no. 1 (January 1941): 1.

(42) クレイグはこの方針を「リスナー主権」と名づけてい

る。

Fireside Politics: xvii.

(43) Herman S. Hettinger, "Broadcasting in the United States," *Annals of the American Academy of Political and Social Science* 177 (January 1935): 11.

(44) J. C. W. Reith, "Broadcasting in America," *Nineteenth Century* 110 (August 1931), reprinted in E. C. Buehler (ed.), *American vs. British System of Radio Control* (New York: H. W. Wilson, 1933): 282.

(45) Joy Elmer Morgan, "The New American Plan for Radio," in Bower Aly and Gerald D. Shively (eds.), *Debate Handbook: Radio Control* (Columbia, MO: Staples, 1933): 82.

(46) "Sir John's View of News," *New York Times*, June 27, 1937: 146.

(47) "Lucky U.S., Says Radio Man After Trip to Europe," *Chicago Tribune*, August 22, 1937: W4.

(48) "Clubwomen Are Told Public at Fault for Poor Radio Programs," *Lowell Sun*, March 4, 1941: 4.

(49) Niles Trammell, "Advertising in the Public Interest," *National Association of Broadcasters—Information Bulletin—Convention* 14, no. 16 (November 25, 1946), box 5B, NAB collection, WHS.

(50) Neville Miller, "The Place of Radio in American Life: A Free People Can Never Tolerate Government Control," *Vital Speeches of the Day* 4, no. 23 (September 1936): 715.

(51) *Broadcasting* 15, no. 5 (September 1, 1938): 14.

(52) Ed Kirby to Martha McGrew, November 26, 1938, folder 66, box 62, NBC records, WHS.

(53) S. E. Frost Jr., *Education's Own Stations* (Chicago: University of Chicago Press, 1937): 4–5.

(54) James Schwoch, *The American Radio Industry and Its Latin American Activities 1900–1939* (Urbana: University of Illinois Press, 1990).

(55) J. C. H. Blom and Emiel Lamberts (eds.), *History of the Low Countries* (Providence, RI: Berghahn, 1999): 430.

(56) Armstrong Perry, "Radio Broadcasting in Europe," *Education by Radio* (February 1932), reprinted in Buehler (ed.), *American vs. British System of Radio Control*: 115–30.

(57) William S. Paley, "Radio and the Humanities," *Annals of the American Academy of Political and Social Science* 177, no. 1 (January 1935): 94.

(58) Frank Russell to R. C. Patterson Jr., "Statement of Dr. Arthur G. Crane," folder 38, box 36, NBC records, WHS.

(59) W. H. N. Hull, "The Public Control of Broadcasting: The Canadian and Australian Experiences," *Canadian Journal of Economics and Political Science/Revue Canadienne d'Economique et de Science Politique* 28, no. 1 (February 1962): 114–26; Mary Vipond, "British or American? Canada's 'Mixed' Broadcasting System in the 1930s," *Radio Journal* 2, no. 2 (2004): 91.

(60) ＣＢＣは一九三六年にＣＲＢＣへと移行した。

(61) Patrick Day, *The Radio Years: A History of Broadcasting in New Zealand* (Auckland: Auckland University Press): 229.

(62) Daryle Williams, *Culture Wars in Brazil: The First Vargas Regime, 1930–1945* (Durham: Duke University Press, 2001): 85.

(63) Michael S. Werner (ed.), *Concise Encyclopedia of Mexico* (London: Fitzroy Dearborn, 2001): 663–66.

(64) Mark Dineen, *Culture and Customs of Venezuela* (Westport, CT: Greenwood, 2001): 75–76.

(65) Lesley Johnson, *The Unseen Voice: A Cultural Study of Early Australian Radio* (London: Routledge, 1988): 61, 151.

オーストラリアの混成システムについては以下も参照。

Bridget Griffen-Foley, "The Birth of a Hybrid: The Shaping of the Australian Radio Industry," *Radio Journal* 2, no. 3 (2004): 153–69; Bridget Griffen-Foley, *Changing Stations: The Story of Australian Commercial Radio* (Sydney: University of NSW Press, 2009).

(66) "Public Operation Not Suitable Here Says Anzac Chief," *Broadcasting* 8, no. 12 (June 15, 1935): 38.

(67) たとえば以下を参照。

Orrin Dunlap on Canadian broadcasting: "Radio Reciprocity—Science and Geography Lead the Dominion to Combine American and British Radio," *New York Times*, March 6, 1938: 160, and Larry Wolters on Australian radio: "Radio Stops for Tea—and Beer in Australia," *Chicago Tribune*, June 26, 1938: SW4.

(68) "Hopes of the Future," *New York Times*, November 15, 1936: X10.

(69) D. L. Le Mahieu, *A Culture for Democracy: Mass Communication and the Cultivated Mind in Britain Between the Wars* (Oxford: Clarendon Press, 1988): 151; Asa Briggs, *History of Broadcasting in the United Kingdom: Volume I: The Birth of Broadcasting* (Oxford: Oxford University Press, 1995): 300.

(70) Mike Gasher, "Invoking Public Support for Public Broadcasting: The Aird Commission Revisited," *Canadian Journal of Communication* 23, no. 2 (1998). 以下で閲覧可能。http://www.cjc-online.ca/index.php/journal/article/view/1032(二〇一〇年一月二七日閲覧)

(71) Hector Charlesworth, "Broadcasting in Canada," *Annals of the American Academy of Political and Social Science* 177 (January 1935): 47.

(72) Orrin Dunlap, "What Is the Ideal System?" *New York Times*, December 17, 1933: X15.

(73) Harold Lafount, "Should the US Adopt the British System of Radio Control?" *Congressional Digest* 12, nos. 8/9 (August/September 1933): 205.

(74) E. C. Buehler, "Analytical Discussion," in Aly and Shively (eds.), *Debate Handbook*: 45.

(75) "Educators Urge Freedom of Radio," *New York Times*, December 11, 1936: 28.

(76) McChesney, *Telecommunications, Mass Media, and*

Democracy: 4.

(77) Paddy Scannell, *Radio, Television and Everyday Life: A Phenomenological Approach* (Oxford: Blackwell, 1996): 153.

(78) Hadley Cantril and Gordon W. Allport, *The Psychology of Radio* (New York: Harper and Brothers, 1935): 34.

(79) Columbia University Bureau of Applied Social Research, Paul Felix Lazarsfeld, Harry Hubert Field, National Opinion Research Center, and National Association of Broadcasters, *The People Look at Radio* (Chapel Hill: University of North Carolina Press, 1946): 11.

(80) Charles A. Siepmann, *Radio, Television and Society* (New York: Oxford University Press, 1950): 111–12.

(81) Joy Elmer Morgan, "The New American Plan for Radio," in Aly and Shively (eds.), *Debate Handbook: Radio Control*: 93.

(82) "School in 33 States to Debate Merits of American-British Radio," *New York Times*, October 1, 1933: X9.

(83) "Columbia Hails Chicago Station," *Los Angeles Times*, November 1, 1933: 18.
話者の中でこの問いに賛意を示していたのは、話術を専門としていた教授たちで、ウィスコンシンのH・L・ユーバンクとカンザスのエズラ・ビューラーだった。彼らの著述に関しては、ともに本章の別の箇所で参照している。

(84) Aly and Shively (eds.), *Debate Handbook: Radio Control*; Buehler (ed.), *American vs. British System of Radio Control*.

(85) McChesney, *Telecommunications, Mass Media, and Democracy*: 160–62.

(86) John Reith, "What Europe's Experience Can Offer America" in Bower Aly and Gerald D. Shively (eds.), *A Debate Handbook Supplement on Radio Control and Operation* (Columbia, MO: Staples, 1933): 8.

(87) E. C. Buehler "Analytical Discussion," in Aly and Shively (eds.), *Debate Handbook: Radio Control*: 47

(88) Siepmann, *Radio, Television and Society*: 118.

(89) たとえば以下を参照。
Oakland High's defeat of Berkeley High School: *Oakland Tribune*, March 9, 1934: 6; Purdue's defeat of University of Illinois: *Hammond Times*, December 14, 1933: 10.

(90) Michele Hilmes, "British Quality, American Chaos: Historical Dualisms and What They Leave Out," *Radio Journal* 1, no. 1 (2003): 14.

(91) Simon Frith, "The Pleasures of the Hearth: The Making of BBC Light Entertainment," in Fredric Jameson, Victor Burgin and Tony Bennett (eds.), *Formations of Pleasure* (London: Routledge, 1983): 101–23.

(92) Quoted in Valeria Camporesi, *Mass Culture and National Traditions: The BBC and American Broadcasting 1922–1954* (Florence: European Press, 2000): 178.

(93) Felix Greene, Confidential Report "USA," March 1, 1936, BBC Written Archives Centre File E1/113/2.

(94) "Lucky U.S., Says Radio Man after Trip to Europe," *Chicago Tribune*, August 22, 1937: W4.

(95) "Will FDR Be the First Radio Czar?" *Radio Guide*, November 26, 1938: 2.

(96) Larry Wolters, "Britain Bars Ads for Decade: Dull Airfare Assured," *Chicago Tribune*, August 2, 1936: 1.

(97) "State Control of Broadcasting: Sir John Reith's View," *Times*, July 29, 1930: 12.

(98) Michele Hilmes, "Front Line Family: 'Women's Culture' Comes to the BBC," *Media, Culture and Society* 29, no. 1 (2006): 7.

(99) Cornelia B. Rose, *National Policy for Radio Broadcasting* (New York: Harper and Brothers, 1940): 47.

(100) Greene confidential report, May 19, 1937, BBC Written Archives Centre File E1/212/2.

(101) John Royal to Fred Bate, March 13, 1937, folder 33, box 93, NBC records, WHS.

(102) John Royal to Fred Bate, May 22, 1937, folder 22, box 53, NBC records, WHS.

(103) アメリカのラジオは親密性のメディアであるという一般的な認識については、第二章で詳細に論じる。

(104) Asa Briggs, *The Birth of Broadcasting*: 267; Paddy Scannell and David Cardiff, *A Social History of British Broadcasting: Volume One 1922–1939 — Serving the Nation* (Oxford: Basil Blackwell, 1991): 317.

(105) Scannell and Cardiff, *A Social History*: 293, 298.

(106) George Fyfe, "Sidelights on England's Radio," *New York Times*, November 9, 1930: 22.

(107) Hilda Matheson, *Broadcasting* (London: Thornton Butterworth, 1933): 54.

(108) "Radio Differs Across the Sea," *New York Times*, May 31, 1931: XX9.
また、以下も参照のこと。
Camporesi, *Mass Culture and National Traditions*, ch. 3.

(109) 商業目的のオーディエンス調査によれば、商業放送ではなく、ABCを聴くというリスナーは二〇パーセント前後で、少数派だったという。
K. S. Inglis, *This Is the ABC: The Australian Broadcasting Commission 1932–1983* (Carlton: Melbourne University Press, 1983): 75.

(110) Day, *The Radio Years*: 163–64.

(111) Lesley Johnson, "The Intimate Voice of Australian Radio," *Historical Journal of Film, Radio and Television* 3, no. 1 (1983): 46.

(112) Day, *The Radio Years*: 165.

(113) Johnson, *The Unseen Voice*: 190; Day, *The Radio Years*: 288–89.

(114) Craig, *Fireside Politics*: 184.

(115) Matheson, *Broadcasting*: 62.

(116) Lynda Mugglestone, *Talking Proper: The Rise of Accent as Social Symbol*: 276–77; Scannell and Cardiff, *A Social History*.

(117) Inglis, *This Is the ABC*: 70.
ジョイ・ダモーシは、オーストラリアにおけるトーキーやラジオを取り巻いていたアクセントに対する敏感さについて論じている。とりわけ、アメリカ的なアクセントに対する拒否感を示していたのはエリートたちであった。
Joy Damousi, "'The Filthy American Twang': Elocution, the Advent of American 'Talkies,' and Australian Cultural Identity," *American Historical Review*, no. 2(April 2007): 394–416.

(118) Day, *The Radio Years*: 126.

(119) "Educators Plan to Improve Programs," *Broadcasting* 11, no. 12 (December 15, 1936): 72.

(120) "Address by Margaret Cuthbert to the General Foundation of Women's Clubs, San Francisco, March 11, 1935," folder 51, box 68, NBC records, WHS.

(121) "A Market for Words Is Developed by Radio," *Broadcasting* 12, no. 8 (April 15, 1937): 15.

(122) Frank Vizetelly, *A Desk-Book of Twenty-Five Thousand Words Frequently Mispronounced* (New York: Funk and Wagnall, 1917).

(123) Quoted in Thomas Paul Bonfiglio, *Race and the Rise of Standard American* (New York: Mouton de Gruyter, 2002): 164.

(124) "Expert Urges American Speech," *Syracuse Herald*, October 18, 1931: 11.

(125) W. Cabell Greet, "A Standard American Language?" *New Republic* 95 (May 25, 1938): 69–70.

(126) "Vida R. Sutton, Former Helena Resident, Dies," *Helena Independent Record*, August 5, 1956: 3.

(127) Vida Ravenscroft Sutton, "Speech at the National Broadcasting Company," *English Journal* 22, no. 6(June 1933): 457.

(128) John Royal to Colonel H. B. Hayden, February 6, 1936, folder 4, box 108, NBC records, WHS.

(129) "U.S. Language Follows Radio and Talkies," *Charles City Daily Press*, January 23, 1931: 5.

(130) "We Pay Our Respects To—Henry Adams Bellows," *Broadcasting* 3, no. 8 (October 15, 1932): 17.

(131) "Bellows Charges FCC, Broadcasters Censor Radio," *Broadcasting* 9, no. 9 (November 1, 1935): 44.

(132) 一九三五年に彼とＮＢＣ社長、Ｍ・Ｈ・アイルスワースとの間に交わされたやりとりを参照。
folder 1, box 34, NBC records, WHS.

(133) Anne McKay, "Speaking Up: Voice Amplification and Women's Struggle for Public Expression," in Cheris Kramarae (ed.), *Technology and Women's Voices: Keeping in Touch* (New York: Routledge, 1988): 198–203.

(134) Donna Halper, *Invisible Stars: A Social History of Women in American Broadcasting* (Armonk, NY: M. E. Sharpe, 2001): ch. 3.

(135) "Man's Voice Clearer and More Distinct over Telephone and Radio," *Syracuse Herald*, August 27, 1933: 4.

(136) "Public Operation Not Suitable Here Says Anzac Chief," *Broadcasting* 8, no. 12 (June 15, 1935): 38.

(137) "No Replacements," *Winnipeg Free Press*, October 25, 1937: 8.

(138) "Women Not Wanted as Announcers," *Zanesville Times Recorder*, October 16, 1931: 9.

(139) Cantril and Allport, *The Psychology of Radio*: 127–32.

(140) "Pronounciation," *Moberly Monitor-Index*, October 26, 1929: 4.

(141) "Uniformity of Speech Passing," *North Adams Transcript*, December 20, 1935: 10.
ヴィゼテリーはアメリカ的な「r」の発音が言語的な男らしさの証であると考えていた。そのため、彼はこうした変化を好ましく思わなかったと考えられる。
Bonfiglio, *Race and the Rise of Standard American*: 167.

(142) William Barlow, *Voice Over: The Making of Black Radio* (Philadelphia: Temple University Press, 1999): ch. 2; Melvin Patrick Ely, *The Adventures of Amos'n Andy: A Social History of an American Phenomenon* (New York: Free Press, 1991); Murray Forman, "Employment and Blue Pencils: NBC, Race and Representation 1926–55," in Michele Hilmes (ed.), *NBC: America's Network* (Berkeley: University of California Press, 2007): 117–20.

(143) Derek Vaillant, *Sounds of Reform: Progressivism and Music in Chicago, 1873–1935* (Chapel Hill: University of North Carolina Press, 2003): 236–46.

(144) J. Fred Macdonald, *Don't Touch That Dial! Radio Programming in American Life 1920–1960*. 以下で閲覧可能。http://www.jfredmacdonald.com/blacks.htm（二〇一〇年一月二七日閲覧）

(145) Barlow, *Voice Over: The Making of Black Radio*: 57, 96–98; Kathy Newman, "The Forgotten Fifteen Million: Black Radio, the 'Negro Market' and the Civil Rights Movement," *Radical History Review* 76 (2000): 115–35; Bob Hunter, "74 and Blind, Jack L. Cooper, First Negro Deejay, Still Airs Radio Show," *Chicago Defender*, May 14, 1963: 9.

(146) Quoted in "Educators Plan to Improve Programs," *Broadcasting* 11, no. 12 (December 15, 1936): 72.

(147) "Variations in Speech," *Mansfield News Journal*, January 24, 1940: 4.

(148) "Variable Language," *Mason City Globe Gazatte*, September 2, 1938: 4.

(149) Susan Douglas, *Listening In: Radio and the American Imagination* (New York: Times Books, 1999): 102–103.

(150) Douglas, *Listening In*: 101.

(151) Lizabeth Cohen, *Making a New Deal: Industrial Workers in Chicago, 1919–1939* (New York: Cambridge University Press, 1991): 328.

(152) Michele Hilmes, *Radio Voices: American Broadcasting, 1922–1952* (Minneapolis: University of Minnesota Press, 1997): 21.

(153) "Some Sales Tips by Prof. Lloyd Jones," *Broadcasting* 10, no. 7 (April 1, 1936): 18; Mugglestone, *Talking Proper*: 273–75.

(154) Douglas, *Listening In*: 111.

(155) Memo from Phillips Carlin, August 22, 1938, folder 59, box 93, NBC records, WHS.

(156) "Slangy Taglines Spell Success," *Fresno Bee*, September 28, 1941.

(157) "'Court' Opens Tomorrow," *New York Times*, September 30, 1934: 12.

(158) WLW advertisement, *Broadcasting* 15, no. 1 (July 1, 1938): 67.

(159) たとえば以下を参照。
Michele Hilmes, *Hollywood and Broadcasting: From Radio to Cable* (Urbana: University of Illinois Press, 1990): 51–52; Hilmes, *Radio Voices*: 97; Daniel J. Czitrom, *Media and the American Mind From Morse to Mcluhan* (Chapel Hill: University of North Carolina Press, 1982): 80–81.

(160) Barnouw, *The Golden Web*: 17.

(161) Mark Jonathan Heistad, "Radio without Sponsors: Public Service Programming in Network Sustaining Time, 1928–1952" (PhD diss., University of Minnesota, 1998): 132.

(162) Theodore Wiesengrund-Adorno, "Memorandum: Music in Radio," typescript in Paul F. Lazarsfeld papers, CRBM: 7.

(163) McChesney, *Telecommunications, Mass Media, and Democracy* 参照。
全国教育ラジオ委員会は一九三一年から四一年まで会報『Education by Radio』を発行している。この時期、教育ラジオは、ラジオ番組における討議や学校教育よりもはるかに範囲が広く、政治的でもある手段として成立していた。

(164) Lyman Bryson, "Daytime Serials" typescript talk 1942, box 29, Lyman Bryson papers, LOC.

(165) Paul F. Lazarsfeld, *Radio and the Printed Page—An Introduction to the Study of Radio and Its Role in the Communication of Ideas* (New York: Duell, Sloan and Pearce, 1940): 52.

(166) Paul F. Lazarsfeld, *Should She Have Music?* (New York: Bureau of Applied Social Research, 1942): 8.

(167) Deems Taylor, "Radio: A Brief for the Defense," *Harpers Magazine* 166 (April 1933): 557.

(168) 一九三七年の間にＮＢＣでは、政府の人間が総計二三三時間四五分も話している。これには、大統領、副大統領、上下院議員その他の代表者が含まれている。
H. M. Beville, NBC Statistician, Memo May 25, 1938, box 94, folder 34, NBC records, WHS.

(169) M. H. Aylesworth to R. C. Patterson, March 26, 1935, folder 36, box 36, NBC records, WHS.

(170) John Royal to Lenox Lohr, April 19, 1937, folder 10, box 108, NBC records, WHS.

(171) "Proceedings—Educational Directors' Meeting National Broadcasting Company," December 5, 1939, Drake Hotel, Chicago, folder 61, box 94, NBC records, WHS.

(172) James Angell to Lenox Lohr, June 28, 1939, folder 60, box 94, NBC records, WHS.

(173) ただし、ローヤルは文化的な戦略を常に重要視していたわけではない。一九三二年のシカゴ大学ラジオ評議会において、シカゴのＮＢＣ幹部、ジュディス・ウォーラーは、ＮＢＣ内部には教育ラジオに対する二つの態度が同居しているとして、次のように警告した。
「一方にジョン・ローヤルや番組ディレクター、臨時雇用の出演者たちに代表される立場があります。彼らは教育的要素を尊重してきませんでしたし、実のところ、文化的なものをあまり理解していないように見えます（中略）教育的な要素を好ましく思っている人間は少数派なのです。」

Minutes of University of Chicago Radio Committee, February 1932, Allen Miller papers, WHS.

(174) Interview with John Royal (1964): 16, folder 3, box 3, William Hedges papers, WHS.

(175) Frank Russell to Lenox Lohr, January 21, 1940, folder 474, NBC history files, LOC.

(176) Press release, Niles Trammell, May 4, 1941, folder 5, box 83, NBC records, WHS.

(177) Franklin Dunham to Phillips Carlin, January 18, 1938, folder 39, box 60, NBC records, WHS.

(178) たとえば以下を参照。

Committee on Civic Education by Radio of the National Advisory Council on Radio in Education and the American Political Science Association, *Four Years of Network Broadcasting* (Chicago: University of Chicago Press, 1937).

(179) "Memorandum of Matters on Dr. Angell's Desk as of July 1, 1938," folder 57, box 93, NBC records, WHS.

(180) "Preliminary Report by White on Radio Regulation": 65, folder 10, box 3, Commission on Freedom of Press Records, UCSC.

(181) Strotz to Angell, April 25, 1941, folder 1, box 354, NBC records, WHS.

(182) この現象に関する最も優れた議論は以下。

Michael J. Socolow, "To Network a Nation: NBC, CBS, and the Development of National Network Radio in the United States, 1925–1950" (PhD diss., Georgetown University, 2001), ch. 2.

(183) 彼女はネットワークが「所有し、運営している」放送局について言及している。

Judith Waller to John Royal, November 3, 1936, folder 6, box 92, NBC records, WHS.

(184) Frank Russell to Lenox Lohr, September 29, 1936, folder 31, box 92, NBC records, WHS.

(185) Committee on Civic Education, *Four Years of Network Broadcasting*: 73.

(186) John Royal to Lenox Lohr, December 23, 1936, folder 6, box 108, NBC records, WHS.

(187) Andreas Hyussen, *After the Great Divide: Modernism, Mass Culture, Postmodernism* (Bloomington: Indiana University Press, 1986).

(188) Hilmes, *Radio Voices*: 153–54.

(189) M. H. Aylesworth to R. C. Patterson Jr., March 26, 1935, folder 36, box 36, NBC records, WHS.

(190) NABのような放送機関は「男性によって運営され、男性メンバーの意見に偏りがちであった」とドナ・ハルパーは結論づけている。

Donna Halper, *Invisible Stars: A Social History of Women in American Broadcasting* (Armonk, NY: M. E. Sharpe, 2000): 79.

(191) Douglas, *Listening In*: 111. また、以下も参照のこと。

Margaret T. McFadden, "'America's Boy Friend Who Can't Get a Date': Gender, Race, and the Cultural Work of the Jack Benny Program, 1932–1946," *Journal of American History* 80, no. 1 (June 1993): 113–34; Margaret T. McFadden, "'Anything Goes': Gender and Knowledge in the Comic Popular Culture of the 1930s" (PhD diss., Yale University, 1996); Matthew Murray, "'The Tendency to Deprave and Corrupt Morals': Regulation and Irregular Sexuality in Golden Age Radio Comedy," in Hilmes and Loviglio (eds.), *Radio Reader*: 135–56.

(192) Janet MacRorie to Witmer and Kobak, December 19, 1940, folder 14, box 95, NBC records, WHS.

(193) *Proposed Changes in the Communications Act of 1934, Hearings Before the Committee on Interstate and Foreign Commerce House of Representatives, 77th Congress, 2nd session, 1942*: 195.

(194) Walter Preston to James Rowland Angell, August 19, 1939, folder 59, box 94, NBC records, WHS.

(195) "Preston Appointed to Assist Royal," *Broadcasting* 15, no. 3 (August 1, 1938): 26.

(196) 残念ながら、彼のキャリアは短い期間で途絶えた。真珠湾攻撃が起こった一九四一年一二月七日、日曜の朝刊が彼の自殺を報じている。彼は当時まだ三九歳だった。"NBC Official Found Dead on Floor of Home," *Lima News*, December 7, 1941: 35.

(197) Preston to Angell, August 3, 1939, folder 59, box 94, NBC records, WHS.

(198) この情報は以下のミューレンのスピーチに含まれていた。Mullen speech over WHY Schenectady, November 1, 1940, document 160-G in Library of American Broadcasting, University of Maryland, and in "We Pay Our Respects To—Frank Mullen," *Broadcasting* 7, no. 11 (December 1, 1934): 14.

(199) "Frank Mullen Helped in Making Radio Valuable to Farm Folk of Continent," *Decatur Herald*, September 21, 1930: 18.

(200) Frank Mullen, "Free Radio, An American Institution," address to the National Society of the Daughters of the American Revolution, New York, April 18, 1944: 7, document 160B, Library of American Broadcasting, University of Maryland.

(201) Frank Mullen, *The American System of Broadcasting* (New York, 1944): 12–13.

(202) Testimony of Mark Ethridge, President of the National Association of Broadcasters, before the FCC, Washington DC, June 6, 1938, box 1, NAB Collection, WHS.

(203) "NBC Decision to Sell Service Shows Not Set," *Billboard*, August 26, 1944: 8.

(204) John Royal to Lenox Lohr, March 8, 1937, folder 64, box 92, NBC records, WHS.

(205) "Proceedings—Educational Directors' Meeting National Broadcasting Company," December 5, 1939, Drake

Hotel, Chicago, folder 61, box 94, NBC records, WHS.

(206) 彼は年間二万五〇〇〇ドルを受け取ることになった。Announcement in folder 64, box 92, NBC records, WHS.

(207) "Angell to Be Radio Educational Counsellor: Takes NBC Post as Avenue to Wide Service," *New York Times*, June 28, 1937: 1.

(208) James Rowland Angell, "The Moral Crisis of Democracy," *Vital Speech of the Day* 2, no. 22 (August 1936): 671–72.

(209) "Angell Calls FDR Policies Undemocratic," *Middletown Times Herald*, June 15, 1938: 2.

(210) James Rowland Angell, "Radio and National Morale," *American Journal of Sociology* 47, no. 3 (November 1941): 352.

(211) James Rowland Angell, "The Endowed Institution of Higher Education and Its Relation to Public Education," in James Rowland Angell, *American Education: Addresses and Articles* (New Haven: Yale University Press, 1937): 31.

(212) Nicholas Murray Butler, "Democracy in Danger: Without Vision, the People Perish," *Vital Speeches of the Day* 2, no. 23 (September 1938): 709.

(213) James Rowland Angell, "Moral Implications of Contemporary Special Trends," in Angell, *American Education*: 227.

(214) James Rowland Angell, "Listening to Learn," *New York Times*, February 2, 1941: X10.

(215) Felix Greene to C. G. Graves, September 24, 1937, BBC Written Archives Centre File E1/115.

(216) John Royal to Fred Bate, October 5, 1937, folder 64, box 92, NBC records, WHS.

(217) Fred Bate to John Royal, October 21, 1937, folder 64, box 92, NBC records, WHS.

(218) John Royal to Lenox Lohr and John Royal to Fred Bate, October 6, 1937, folder 15, box 108, NBC records, WHS.

(219) John Royal to Fred Bate, February 24, 1938, folder 19, box 18, NBC records, WHS.

(220) Franklin Dunham to William Hard, September 24, 1934, folder 28, box 26, NBC records, WHS.

(221) James Rowland Angell to John Royal, December 13, 1937, folder 64, box 92, NBC records, WHS.

(222) Angell to Lohr, May 15, 1939, folder 60, box 94, NBC records, WHS.

(223) Frank Russell to Clay Morgan, May 18, 1937, folder 26, box 93, NBC records, WHS.

(224) James Angell to John Royal, October 18, 1938, folder 57, box 93, NBC records, WHS.

(225) Frank Russell to John Royal, October 28, 1938, folder 57, box 93, NBC records, WHS.
また、ラッセルの見解については以下でも議論されている。Walter Preston to Judith Waller, November 2, 1938, folder 477, NBC history files, LOC.

(226) James Angell to John Royal, November 1, 1938, fold-

er 57, box 93, NBC records, WHS.

(227) "Radio Finds a New Word for Education," *New York Times*, February 11, 1940: 138.

(228) "Proceedings—Educational Directors' Meeting National Broadcasting Company," December 5, 1939, Drake Hotel, Chicago, folder 61, box 94, NBC records, WHS.

(229) Walter Koons, "Proposal for an NBC Music Foundation," June 22, 1937, folder 222, NBC history files, LOC.

(230) この時期の大企業による広告戦略については以下を参照。
Roland Marchand, *Creating the Corporate Soul: The Rise of Public Relations and Corporate Imagery in American Big Business* (Berkely: University of California Press, 1998).

(231) W. G. Preston to Clay Morgan, September 15, 1937, folder 222, NBC history files, LOC.

(232) A. L. Ashby to Clay Morgan, September 23, 1937, folder 222, NBC history files, LOC.

(233) James Angell to Frank Mullen, June 1, 1945, folder 69, box 114, NBC records, WHS.

(234) "The Leopard Skin Puts Him Across," *Broadcasting* 11, no. 10 (November 15, 1936): 38.

(235) Quoted in McChesney, *Telecommunications, Mass Media and Democracy*: 223.

(236) "Education's Future," *Broadcasting* 11, no. 12 (December 15, 1936): 73.

(237) Judith Waller to John Royal, November 3, 1936, folder 6, box 92, NBC records, WHS.

(238) *Broadcasting* 15, no. 3 (August 1, 1938): 7.

(239) Llewellyn White interview with Paul W. Kesten, August 26, 1945, folder 1, box 4, Commission of Freedom of Press Records, UCSC.

(240) Quoted in Edmund Leach, "Tuning Out Education: The Cooperation Doctrine in Radio, 1922–1938," Part 4: 2, 以下で閲覧可能。 http://www.current.org/coop/coop4.html(二〇一八年現在は閲覧不可)

(241) この領域におけるラジオ研究プロジェクトの成果については以下を参照。
Herta Herzog, "Professor Quiz: A Gratifications Study," in P. F. Lazarsfeld and F. N. Stanton (eds.), *Radio Research 1941* (New York: Duell, Sloan and Pearce, 1941).

(242) R. G. Sproul in Radio and Education 1934, quoted in William Albig, *Public Opinion* (New York: Duell, Sloan and Pearce, 1941).

(243) Herschel V. Williams Jr., "Skimming the Cream off the Air Audience," *Broadcasting* 8, no. 4 (February 15, 1935): 9.

(244) *NBC Interprets Public Service in Radio Broadcasting* (New York: NBC, 1940): 5.

(245) "Educators Oppose Upheaval of Radio at Ohio Sessions," *Broadcasting* 8, no. 10 (May 15, 1935): 46–47.

(246) 全国規模、州単位、地域レベルの放送教育の詳しい歴史については以下を参照。
William Bianchi, *Schools of the Air: A History of Instruc-*

tional Programs on Radio in the United States (Jefferson, NC: McFarland, 2008).

(247) "Joint Committee Seeks $142,000 Fund," *Broadcasting* 10, no. 5 (March 1, 1936): 46.

(248) "The School Broadcasts of Standard Oil Company," *Broadcasting* 9, no. 6 (September 15, 1935): 11; Standard Oil advertisement, *Fresno Bee*, September 18, 1939: 3.

(249) "Proceedings—Educational Directors' Meeting National Broadcasting Company," December 5, 1939, Drake Hotel, Chicago, folder 61, box 94, NBC records, WHS.

(250) Memo Dwight Herrick to Berth Brainard, October 6, 1944, folder 476, NBC history files, LOC; "NBC Decision to Sell Service Shows Not Set," *Billboard*, August 26, 1944: 8.

(251) Llewellyn White interview with Paul W. Kesten, August 26, 1945, folder 1, box 4, Commission on Freedom of Press Records, UCSC.

(252) Heistad, "Radio without Sposors": 199.

(253) Walter Preston to J. R. Angell, August 23, 1939, folder 59, box 94, NBC records, WHS.

(254) Jeanette Sayre, *An Analysis of the Radiobroadcasting Activities of Federal Agencies* (Studies in the Control of Radio, no. 3) (Cambridge, MA: Radiobroadcasting Research Project at the Littauer Center, Harvard University, 1941): 8–16.

(255) Walter Trohan, "See Roosevelt Regime Threat to Air Freedom," *Chicago Tribune*, February 16, 1939: 11.

(256) Sayre, *An Analysis of the Radiobroadcasting Activities of Federal Agencies*: 80.

(257) *The NBC 1937 Yearbook: A Report of the National Broadcasting Company's Service to the Public in Its Eleventh Year* (New York: NBC, 1938), unpaginated.

(258) "Americans All—Immigrants All, Purpose and Objectives," in Office of Education files, box 1, Entry 174, RG 12, NACP.

(259) "Uncle Sam on the Air—with Donated Time," *Broadcasting* 10, no. 8 (April 15, 1936): 56.

(260) Frank Russel to Niles Trammell, August 13, 1936, folder 31, box 92, NBC records, WHS.

(261) Sayre, *An Analysis of the Radiobroadcasting Activities of Federal Agencies*: 53.

(262) Sayre, *An Analysis of the Radiobroadcasting Activities of Federal Agencies*: 63, 66.

(263) Sayre, *An Analysis of the Radiobroadcasting Activities of Federal Agencies*: 115.
フォードによるラジオの活動については以下を参照。
David Lewis, *The Public Image of Henry Ford: An American Folk Hero and His Company* (Detroit: Wayne State University Press, 1976), ch. 19.

(264) "Uncle Sam on the Air—with Donated Time," *Broadcasting* 10, no. 8 (April 15, 1936): 11.

(265) Frank Russell to Anning Pral, May 11, 1936, folder 71, box 45, NBC records, WHS.

(266) Felix Greene confidential report, May 19, 1937, BBC

Written Archives Centre File E1/212/2.

(267) Memo Williams to Studebaker, April 13, 1937, Federal Forum Project, box 1, RG 12, Entry 190, NACP.

(268) J. W. Studebaker, "How Can a Real System of Educational Broadcasting Be Established in the United States?" April 6, 1937, folder 18, box 53, NBC records, WHS.

(269) J. W. Studebaker, "The Government's Responsibility for Education by Radio," Speech at 8th Institute on Education by Radio, May 4, 1937, Columbus, Ohio, unprocessed collection: Institute for Education by Radio and Television, Ohio State University Archives.

(270) John Royal to Lenox Lohr, May 10, 1937, folder 18, box 53, NBC records, WHS.

(271) "Federal Aims in Education by Radio," *Broadcasting* 12, no. 10 (May 15, 1937): 17.

(272) John Studebaker report on FREC, December 19, 1939, folder 3, box 77, NBC records, WHS.

(273) John Royal to David Sarnoff, January 13, 1940, folder 3, box 77, NBC records, WHS.

(274) Quoted in Marc Raboy, *Missed Opportunities*: 31.

(275) Mary Vipond, "British or American? Canada's 'Mixed' Broadcasting System in the 1930s," *Radio Journal* 2, no. 2 (2004): 92.

(276) Aird Commission report quoted in Hector Charlesworth, "Broadcasting in Canada," in *Radio the Fifth Estate, Annals of the American Academy of Political and Social Science*, 177 (January 1935): 42.

(277) この点に関する議論は以下を参照。
Eric Thomas, "Canadian Broadcasting and Multiculturalism: Attempts to Accommodate Ethnic Minorities," *Canadian Journal of Communication* 17, no. 3(1992). 以下で閲覧可能。http://www.cjc-online.ca/index.php/journal/article/view/676/582(二〇一〇年一月二七日閲覧)

(278) "Canada Seeks Plan for Radio Control," *New York Times*, February 21, 1932: E6.

(279) Orrin Dunlap, "Radio Reciprocity," *New York Times*, March 6, 1938: 160.

(280) Hilmes, *Radio Voices*: 22.

(281) William S. Paley, "Radio and the Humanities," *Annals of the American Academy of Political and Social Science*, 177 (January 1935): 96.

(282) Folder 10, box 3: 90, Commission on Freedom of Press Records, UCSC.

(283) Sidney Strotz to John Royal, folder 49, box 33, NBC records, WHS.

(284) Sidney Strotz to Niles Trammell, December 15, 1941, folder 9, box 354, WHS, NBC papers.

(285) Letter to FCC, June 25, 1938, box 184, RG 173, FCC, Office of the Executive Director, General Correspondence 1927–46, 44–3, NACP.

(286) Letter to FCC, February 13, 1942, box 194, RG 173, NACP.

(287) Memo from H. M. Beville, May 25, 1938, folder 34, box 94, NBC records, WHS.

(288) "Appearances of President Franklin D. Roosevelt on NBC Red and Blue Networks 1938," folder 84, box 63, NBC records, WHS.

(289) Frank Russell to Lenox Lohr, November 5, 1936, folder 31, box 92, NBC records, WHS.

(290) Sidney Strotz to Roy Witmer, August 11, 1941, folder 5, box 354, NBC records, WHS.

(291) Mark Woods to Frank Russell, March 16, 1937, folder 26, box 93, NBC records, WHS.

(292) Charles Rynd to R. C. Witmer, September 20, 1939, folder 13, box 68, NBC records, WHS.

(293) Larry Wolters, "War News Puts Stations on 24 Hour Basis," *Chicago Tribune*, December 14, 1941: N10.

(294) Roy Witmer to Frank Mullen, January 1942, folder 10, box 354, NBC records, WHS.

(295) C. L. Menser to Roy Witmer January 19, 1942, folder 10, box 354, NBC records, WHS.

(296) John Coburn Turner, "Why Not One Network Solely for News Bulletins?" *Washington Post*, December 14, 1941: L5.

第二章　市民的パラダイム

プロローグ：敗北の歴史

ジョン・R・サンピーはSBC（南部バプテスト協議会）の会長を務めていた。彼は高名な教会指導者であり、ルーイヴィルやケンタッキーの南部バプテスト神学校で一八八〇年代から教鞭をとった後、一九二九年からはその校長となった人物である。(1) 彼は晩年の一九三八年にラジオと出会い、ラジオを用いた自身のコミュニケーション能力を開花させた。「遠くにいる多くの友人たちが、私のことを、良い声を持っていると言ってくれた」と彼は回想する。(2) サンピーは一九三九年から一九四五年までの間、ルーイヴィルのラジオで毎月第二日曜日に放送される『*Baptist Hour*』の説教師を務めていたのである。(3)

一九三八年の一月、メーコンとジョージアで行なわれた説教において、サンピーはラジオに対する怒りを露わにした。彼のメッセージには鬼気迫るものがあった。サンピーは「石鹸や歯磨き粉の広告に時間を浪費している」としてアメリカのラジオを強く非難したのだ。その後の新聞紙上におけるインタビューで、彼はさらに踏み込んだ発言を行なっている。もしも彼が歯に衣着せずに発言していたなら、放送局は連邦議会によって管理され、認可制を取り入れるべきだと記者に伝えていただろう。実際に彼が言ったのは、ラジオは「アメリカのような商業目的ではなく」、イギリスのように教育目的に利用されるべきであるということだった。サンピーはそれに続けて、テクノロジー自体には何ら欠点はない旨を付け加えている。

多くの良い技術は、時に間違った用いられ方をする。たとえば航空機は苦しんでいる人に血清を届けもするが、同時に、中国に爆弾を落とすことにも用いられているのだから(4)。

メーコンにおけるサンピーの説教はWMAZを通じて放送された。この放送局は、バプテストによる教育機関であるマーサ大学物理学部のプロジェクトとして開設されたもので、一九二二年に大学内のチャペルの塔内にスタジオも設置されている。しかし、同様の取り組みを行なった多くの大学がそうであったように、初期の情熱は失われ、マーサ大学は恒常的な放送スケジュールを維持することが困難であると考えるようになっていた(5)。一九二六年に放送局の設備を近代化するためのさらなる費用が必要となる状況に直面し、大学の評議員会はこのラジオ局をメーコン商工会議所に貸し出すことを決定し、一九二九年にはそのまま売却する運びとなった(6)。さらにその後、この放送局を運営していたE・K・カーギルとその他三人の地域のビジネスマンが一九二九年に局そのものを借り受け、一九三六年には完全に買い取るにいたっている。この段階において、かつての教育放送局は商業放送局の一つになってしまったのだ。

WMAZの社長となったE・K・カーギルはアラバマのユーフォーラ近郊出身だ。彼は全てのキャリアをラジオで過ごしたアメリカ人としては最初の世代にあたる。カーギルは初め、エンターテイナーとしてラジオに関わり、その後、一九二七年からは運営する側となり、最終的にはWMAZを所有するにいたった。一九三七年四月、カーギルたちはWMAZをCBSの傘下に入れる。今や重要なネットワーク局を担当することとなったカーギルはその矢先にサンピーの説教によって痛烈に批判される立場になったのである。カーギルにしてみれば、WMAZが説教という「格調高い放送」を編成したあとで「こんな発言をするというお粗末な判断」をサンピーが下したというように見えた。カーギルはメーコンの第一バプテスト教会の牧師、J・P・ブーンにその旨を書き送っている。ブーンはサンピーよりもカーギルの言い分の方に理解を示し、サンピーのラジオ批判に対する失望の念を直ちに公表した。彼は「WMAZの厚意に対する感謝の念」を示し、「我々のローカル局に対する攻撃になってしまった」発言に対して深い遺憾の意を表明したのである[7]。しかし、サンピーは開き直って、次のように発言したのだった。

私は謝るようなことは何も言っていないし、今後も同じことを一〇〇〇回でも言うだろう[8]。

一九三〇年代の終わりまでに、商業化されたアメリカン・システムに対して公的に反抗を示すことは、個人的にも政治的にも難しくなっていった。放送事業者がアメリカ国内の多くのコミュニティに対する影響力をますます強めていったからだ。おそらくサンピーはつい最近までバプテストたちによって所有され、運営されていたラジオ局に「格調高い」放送を喜んで行なう姿勢を求めていた。だからこそ、彼は苛立ちを隠せなかったのである。サンピーは商業放送やネットワーク放送に支配されつつある状況を体感していた。しかし、彼は高齢だったことに加え、高い地位にあって、都市の外に暮らしていたため、メーコンのラジオ局のオーナーたちが抱いている不満に無関心だったのだ。一方、ブーンの方はこうしたことに無頓着ではいられなかった。彼はメーコンで暮らし、働いていかねばならなかったし、ラジオ局のオーナーたちの厚意も必要としていた[9]。ブーンは彼らが教育、宗教、その他のグループと友好的な協力関係を結ぶことによって「アメリカン・システム」を擁護しようとする動きを理にかなったものだと認める必要があったのである。

教育から市民的パラダイムへ

商業ラジオの理念ではなく、実践面に対する批判は、消費者側の運動として目立ったものがいくつもあった。にもかかわらず、放送のアメリカン・システムが商業ベースであることに対する根本的な批判は一九三〇年代後半には数えるほどになってしまう[10]。先に述べたサンピーのエピソードは、この理由を理解する手がかりになる。放送改革運動の主張は、教育的、市民的、教養的な番組をより多く流すことだった。こうした要求は、同じ方向性で大義名分という政治的な意味での資産を獲得するために協力関係を模索していた放送事業者側と簡単に和解できた。教育的な番組内容は、腕の良い放送事業者によって娯楽を用いて放送されるのが最も効果的だとする協働の原則は、最終的に、非営利放送局と教育放送局を分断してしまった。他方、地域コミュニティにおける商業放送の権力や影響力はますます増大していったのである。加えて、プロパガンダの時代にヨーロッパで実践された国営放送のような他の選択肢は、合衆国において魅力や妥当性を失っていった。BBCはアメリカン・システムに対する、目に見える魅力的な代替物として機能する頻度が減少していったし、イギリス自体、存続可能なロールモデルではなくなりつつあった。イギリスの価値観や制度に対する広範囲の批判につながった外交政策に、アメリカの孤立主義者の多数派が疑念を持つようになったからだ。

実際、一九三〇年代後半までに、教育やラジオの改革論者たちは放送のシステマティックな改革の見通しに絶望してしまった。言論の自由を脅かすのは商業による放送の統制ではなく、政府による検閲である。放送産業側が高度なPR能力を使って、アメリカ人全体にそう信じ込ませてしまったからだ。全体主義や共産主義のもとで、政府によってラジオが管理されている国際的な事例は、アメリカにおいて、どの立場の人間にも恐ろしいものだと認識されていた。微妙なケースを公共放送と、政府によって直接運営される放送に分けてみるという試みを思いつく者もアメリカ人にはほとんどいなかったのである。

かつて商業ネットワーク放送に批判的だった著名な評論家も「公共」放送ではなく、「政府による」放送という言葉をネガティブな意味で使い始めていた。政府によって設立されることが、検閲やプロパガンダにつながることは避けられないとする人々に譲歩した結果である。たとえば、ACLU（アメリカ自由人権協会）は当初、商業放送システムによって言論の自由が脅かされることに懸念を表明していたが、やがて政府による検閲に焦点を当てるようになり、ラジオ局は「私企業」であって、検閲にさらされるべきではないと認めるようになっていった。[11] ACLUのロジャー・

ボールドウィンは一九三九年、自分たちは政府によるラジオ所有という方針を支持しない旨を表明している。彼が言うには、この問題は既に「何度となく公にされている」とのことだった[12]。NCER（全国ラジオ教育委員会）のS・ハワード・エヴァンスは以前、教育放送を改革しようとする組織でも、最も先鋭的な人物だったが、彼もまた、渋々ながら現状を追認する立場になっていった。構造改革ではなく、既成の質を向上していくことの方が、望みうる限りで最上の選択だという判断にいたったのである[13]。エヴァンスは自らの妥協について次のように語っている。

近年のヨーロッパ諸国におけるラジオの現実が示しているのは、民主主義にとって本当の危機は、放送で流されるべき内容を中央政府に委任してしまうことにあるということだ。それに比べれば、最小限の権威によって統制される方がまだマシである[14]。

一九三〇年代前半のラジオ改革運動は教育者によって主導され、統括されており、それに加えて、宗教家や労働者の代表たちも重要な役割を果たしていた。だから、放送産業側は、長らくこの地平線に垂れ込める暗雲を「教育問題」と認識してきた。一九三六年の『*Broadcasting*』誌もワグナーとハットフィールドの合意や、その他の割り当て案の底流に「教育問題」があることを思い出すよう読者に促している。教育についての懸念は、「多くの議員たちをラジオ攻撃に駆り立ててきた」し、「改革論者や改革を煽動する人たちが脚光を浴びるための手段」にもなってきた[15]。だから、一九三四年の合意における勝利直後にも、放送業界側は、教育と宗教になおも譲歩し続けることが必要だという反応を示すにとどまったのである。NBCのジョン・ローヤルはFCCの報告書にこっそり次のように書き残している。

合意に含まれる論調は（中略）我々に対して明確に危険を知らせているように見える。委員会が現在のラジオの編成に教育や宗教への配慮を加えるべきだと考えていることは火を見るよりも明らかだ。

NBC幹部のリチャード・パターソンもこれに同意し、「もちろんだ。今後も警戒を怠るまい」と述べている(16)。多くの放送事業者が一九三四年の合意から聞き取った明確なメッセージは教育的、教養的、宗教的な番組に放送時間を割り当てよ、というものだったのである。ただ、労働に関するトピックに対しては、放送事業者はその他のものより強い抵抗を示すのが常だった。彼らは広告主とうまく付き合う必要があったが、労働者のメッセージはその関係を進展させるのではなく、むしろ議論を巻き起こしてしまうものだとみなされていたからだ(17)。

しかし、合衆国におけるラジオの社会的目標についての議論の状況は微妙に変化しつつあった。一九三四年の議論では、直近の趨勢が回顧されているが、そこから分かるのは、当時の放送に関する議論はアクセスの問題が中心になっていたということだ。教育機関や教会や労働組合、民族団体が自前のラジオ局を持ち、運営することができるのか？　そうした組織が自分たちのことを表現するために既存の放送局から放送時間を分けてもらうための条件は何か？　しかし、サンピーのエピソードからも分かる通り、アメリカ社会に存在する多様な団体が放送局を所有することによって、自分たちの情報を送るための直接的な手段を手に入れようとする戦いは、一九三〇年代半ばまでにほとんど終息してしまったのである。

ラジオというメディアへのアクセスをめぐる議論の法的枠組みは、次のような問いに収斂する。水や電気を供給する事業と同じように、ラジオ局は、利用したいと思う全ての人間が分け隔てなく、同じ値段で使うことのできる公益企業であると考えてよいのか、あるいはそうみなされなければならないだろうか？　もっと言えば、電信や電話と同様に、公開された同じ条件のもと、メッセージの受け手のみならず送り手にもなれる、一般的な通信事業とみなされるべきだろうか？

一九三四年の通信法(Communications Act)は一九二七年の電波法(Radio Act)と同様、公益事業の規制の用語を借りているものの、ラジオ局が一般の通信事業とみなされるべきではないことが明記されている。それでも、放送事業は公益事業であり、通信事業一般として考えられるべきだという考えは一九三〇年代にはまだ残っていた。ポピュリストのラジオ改革論者たちや、自分たちの放送を流せず、不満を募らせている人々によって、このような考え方は、理念としても、名目としても、復活させられることになる。一九三七年にFCCの議長を引き継いだフランク・マクニンチは、以前、FPC（連邦動力委員会）で公益事業の規制を行なっていた背景を持つ人物だった。ラジオは一般的な通信事業ではないかもしれないが、公益事業であり、その他の公益事業と同じように規制しようと考えている。彼はそう明言した(18)。ある法学者は次のように述べることで、この考えに正当性を与えている。

主だった議員やラジオ監察官、そして法律家たちからは、総じて放送は公益事業であると論じられてきた(19)。

しかし、一九三〇年代後半までに、こうした放送機関に対するアクセス権の問題は、聴取者としての個人の役割に焦点をあてた一連の主張の陰に埋もれてしまった。その要因は、ラジオに教育や宗教、労働といった内容をもっと盛り込むべきだと考えていた改革論者たちが、放送のアメリカン・システムを大きく変えるという希望をほとんど失ってしまったこと、そして彼らがもはや潜在的な政治力を持たなくなってしまったことにある。マクチェズニーやその他の論者たちはそう認識している。しかしそれだけではなく、一九三〇年代中盤から終わりまでの、様々な国レベルや世界的なレベルの政治的、文化的な状況もまた、こうした流れの原因となっている。自国民に対するプロパガンダへの恐怖が募っていく中で、能動的で批判的な聴取者を生み出す放送システムを作らねばならないという新たな動機づけが生じてきたのである。独立した個人という市民的な観点から望ましい性質、たとえば自己陶冶、自制、共感性、寛容性、論理性といったものが、ラジオの公共サービス番組の目標に加えられた。それは、教育や教養、主流派の宗教などと同様に、疑いなく正しいものの一員になったのである。

一九二〇年代後半から一九三〇年代前半にかけての議論と、それ以後の議論の間には根本的な変化がある。サンピーのエピソードはその変化の一部分を象徴するものだ。前者の時期には、ラジオ改革論者たちが強い熱意を持って、自前の放送機関を所有しようとしていた。それは教育機関や労働組合や教会、民族団体が自分たちのために自ら運営する非営利のラジオ局である。しかし、時とともに、多くの非営利団体は自分たちの局を維持することに苦慮するようになった。一週間の放送時間を番組で埋めねばならない上に、金を払って機材をＦＣＣの要求する水準に維持しなければならなかったからだ。社会の中の各集団が自分たちで放送したいものを放送する直接的なアクセスという夢は、放送業界側からの容赦ない攻撃にさらされた。さらに、単一のテーマやアイデンティティを持った局も一般的な放送をすることが望ましいとする政策を、ＦＲＣやその後継であるＦＣＣがとったこともそうした理想を掘り崩すことになってしまったのである。放送の未来はもはや、誰もが自分たちのために発言することができる一般的な通信手段ではなく、人々全体を代表する機関として表現されるにいたったのだ。放送局はあらゆる種類の地域の代表を招くようになり、理論上はあらゆる人に向けた内容を放送することとなった。総合的な放送局は一日を通して、多くの多様な人々を惹きつけ、様々なコミュニティのことをその他のコミュニティに対して紹介することができるというのだ。ジョン・スチュードベーカーは合衆国教育長官、およびＦＲＣ議長在任中の初期に、こうした変化を簡潔に語っている。それによると、彼自身やその周囲の多くの人々は、アメリカン・システムに対する疑念を捨てさり、ラジオ局の代表性や協力関係をより良いものにする方向へとシフトチェンジしていったという。なるほど、自分たちのコミュニケーション・システムは私企業によって所有されてはいるが、「我々の民主主義を守るためには、こうしたコミュニケーションの手段を誰が持っているか、あるいは与えられた時間をどの機関が管理しているかといったこととは関係なく、放送がアメリカ人民を支配するためではなく、代表するために用いられることこそ最も重要なのだ[20]」とスチュードベーカーは述べた。

「公共の利益」という放送事業者の責任は、自分たちの属する地域コミュニティを知ることによって、またコミュニティが自分たちの全体像をその成員に示すプロセスを促進することによってこそ果たされる。ここには循環的な論理の複雑性があるが、最も重要なのは、放送や放送に関する政策が、場所に根ざしたコミュニティを「地域(local)」という言葉で特権化していったことだ。一九三四年以後の一〇年間、概して支配的だったのは、地域コミュニティへの奉仕に対する当局側の期待と地域コミュニティの多様性をラジオによって聴取できるようにせよ、という要求だったのである。

しかし、放送への直接的なアクセスという夢から、混み合った放送スケジュールの中のどこかで一、二時間でも代表性を担保しようという方向性への変化は、単なる敗北ではなかった。それを裏づけるために、リスナーがこうした多様性にさらされることによって受ける影響を示すケースについても論じておかねばならない。

議論の焦点は、各集団が自分たちを代弁する放送を行なう権利から聴取者の権利へと移行した。公共の利益という名のもとに、放送事業者はますますリスナーの利益に準拠することを要求されるようになっていったのである。それはリスナーたちがラジオを通して、様々な視点、様々な人々、様々な音楽といった多様なものに触れる機会を作ることを意味していた。一九三〇年代後半までには、自分たちの考えを放送することではなく、ラジオを通して多様性に触れることの方が権利として認識されるようになったのである。新聞がまだはっきりとした強固な党派性を持っていた当時にあって、ラジオが担っていた新しい使命は、一般性が高く、責任感のある代弁者となることであった。スチュードベーカーによれば、「人々は全ての重要な視点について聴く侵されざる権利を持っている」[21]というのだ。それぞれの立場ごとに理由はあったが、ともかく、放送事業者もＦＣＣも、そして洗練され、知識のある多くのリスナーたちも、ラジオの公的な目的をめぐる争いの着地点として、この代表性という理想を支持するようになっていったのである。しかし、たとえばラジオに出演していた司祭のチャールズ・コフリン(当時ラジオで反ユダヤ主義、反共主義を訴えて人気を博していたカトリックの司祭)の支持者たちのように、現状を批判するポピュリストたちの主張によって、ラジオ放送へのダイレクトなアクセス権を要求する古いタイプの公益事業論は生き残り続けた。たしかに彼らはラジオの公共圏をめぐる長い論戦に敗れはした。しかし、ラジオという公共圏に関して支配的になりつつあった、道徳的な多元主義や飼いならされた代表性に対して、持続的で活力のある鋭い反論を行なうことには成功したのである。

放送の代表性というモデルは新たな道すじであるように見えた。それは私がラジオの「市民的パラダイム」と呼んでいるものを構成する重要な要素の一つである。様々な問題や対立を解決する明確な手段が一九三四年には顕在化してきたのだ。各社会集団が直接放送の手段を持つという理想は、アメリカ社会における放送の公的な役割についての支配的な考え方だったが、市民的パラダイムがそれに取って代わったのである。そしてそれは同時に、リベラルな人々やエリートたちの考え方の変化でもあった。市民的パラダイムの重要な要素を私なりに定義するなら、次のような信念が挙げられる。

・ラジオ局は自らの属する地域コミュニティの多様性を反映するべきだ。
・リスナーはそうした多様性に触れる権利がある。
・リスナーは多様な意見や観点に触れることを通してより良い市民になっていく。
・理想的なリスナーとは、寛容かつ共感的であるだけではなく、能動的かつ論理的、批判的で、聴くという行動に個々人が責任を持つ人間である。
・そうした理想的なリスナーは、発見されるものであると同時に作られるものでもある。したがって、放送事業者と政府には、ラジオ聴取を単なる受動的な娯楽以上のものにしていく責任がある。
・プロパガンダの時代における民主主義の中にあって、市民的リスナーが、自身の意見を形成し、はっきりと述べることこそ聴取の到達目標である。

これはやや乱暴な要約ではあるが、一九三四年から一〇年あまりの間、アメリカの放送においてはこうした考えが公式の場では正統性を持っていたのである。ここからはこの考えについて議論してみたい。

巨大な放送事業者は、政府と競合することなく自分たちの営利活動を継続する権利を得た。しかし、それはあくまで、こうした市民的パラダイムの枠内に限ってのことである。放送事業者にとって、市民的パラダイムが求めるところは厳しかったが、直接的なアクセス権を要求されるよりもはるかにうまくやっていける考え方だった。市民的パラダイムは常に傍らにいて、教育番組や教養番組に横やりを入れ、それに関わってきた。政府やFCC、そして、多くのリスナーたちは、市民的パラダイムに含意されている多元主義的な価値観を共有していた。彼らにしてみれば、市民的パラダイムは、ラジオの公的役割という問題に対する最も現実的で受け入れやすい、熱を帯びた答えだったのである。

教育から市民の形成へ

教育、宗教、労働、そして地方特有のニーズなどは一九三〇年代終盤になっても、ラジオに関する公的議論においてはなおも関心の的であった。しかし、それに加えて、市民性や民主主義、危険なプロパガンダの影響力といったトピックも増えつつあり、新たに強調されるようになっていた。このことは、様々な影響をもたらした。NBCのヘンリー・ノートンは、一九三四年にFCCがウィスコンシン大学のヘンリー・リー・ユーバンクに対して行なったヒアリングに鋭い観察眼を向けている。ノートンによれば、ユーバンクはそこで、「あらん限りの強い調子で商業放送を非難した」という。ユーバンクの話のテーマは、現代において市民性をはぐくむために必要な条件についてだった。彼は私が市民的パラダイムと呼んでいる信念体系について簡潔な発言を行なっている。彼はFCCに対して次のように述べた。

> 民主主義を持続させるためには、差し迫って解決すべき問題に対して、一般の人々が常に敏感であるよう仕向けなければなりません。また、選挙期間中であっても、そうでない時期であっても、こうした問題に対して合理的な意見を表明する能力を持たせる必要があります。

ユーバンクが非営利の放送局に求めていたのは「公的な問題に関する妨げられることのない、親密かつ持続的な議論」だった。商業放送は「議論を呼ぶようなテーマの情報源としては、本質的に偏ったもの」になってしまうからだ。[22] 放送産業が将来的に自分たちを正当化していく必要があるのはこの領域であるとNBCのノートンは直感していた。「合理的な意見」を形成し、表明する能力を持った人間を作り出すことが商業ラジオシステムにも可能だということを示さねばならない。彼はそう感じていたのである。ラジオのリスナーは当時、放送への積極的な参加者ではなく、サービスの消費者としてイメージされていた。しかし、ラジオ聴取を通して積極的に意見を形成する市民へと、彼らを変化させる必要性を真剣に受けとめねばならなくなってきたのである。

一九三四年から一〇年あまりの間、アメリカ社会におけるラジオの位置づけをめぐる議論を支配していたのは、「市民的責任」や「市民の形成」といった言葉だった。市民的パラダイムにおけるラジオについての考え方は次のようなものだ。ラジオは代表性を持ち、多様性を反映し、作り出す。さらに言えば、対立する他者の意見を聞き、自分の意見を形成する人間、市民としての自覚を持ち、国際的な視野をもちつつも、地域ではアクティブに活動する人間を生み出すこと。つまり、黄金期のアメリカのラジオは新たな人間を作り出すための政策的な技法として広く理解されていたのである。その新たな人間とは、自意識を持ち、自制心のある人間。積極的かつ論理的で、文化的に洗練された人間。そして寛容で自己表現に長けており、自分の意見を形成するが、他者にも共感できる能力のある人間でもあった。これらは全て一九三〇年代のリベラリズムにおいてカギとなる性格である。

ラジオについて公的な場で話す際、政府や放送産業の代表者はしばしば市民の形成について言及した。カンザスの共和党議員、ハロルド・マクギュージンは一九三二年、下院で次のような発言をしている。

ラジオについて、娯楽よりはるかに重要な要素があると認識されていることを私は固く信じております。なぜなら、市民の形成におけるラジオの役割はます

ます明白になりつつあるからです。それはまさに政府それ自体のルーツと同じものであると私は考えています。(23)

一九三二年時点ではたくさんあるうちの一つでしかなかった問題が、一九三〇年代の終わりにはアメリカの放送を正当化する際の支配的な言葉になっていたのである。FCC委員長のE・O・サイクスは一九三七年、NABに対して、放送の主たる目標および目的は公共サービスであり、広告時間の販売は「単なる付属物にすぎない」と述べている。彼が言うには、ラジオ番組は全国の男女や子どもに届けられるが、その中には、「現在の担い手が去った後の政府を引き継ぐべく、訓練されている途上の人々」も含まれている。ラジオを聴いている若い世代は、「自分たちが担うべき責任に備えて鍛えられねばならない」というのだ。(24)また、ルーズヴェルト大統領がNABの会議に送ったメッセージでは、放送は公共サービスの新しい分野として語られており、放送が「我々の経済的な発展のみならず、社会的発展にも」貢献するだろうという期待も述べられている。さらに、放送事業者は、ラジオが「民主主義という高潔な目的に仕えるために作られた」ということを理解しておく責任があるともルーズヴェルトは語っている。(25)

こうした声明を口当たりの良い、誰にでも受け入れられる事実を述べているにすぎないものとして片付けてしまうのは誤りであろう。この言葉は、歴史的に非常に限定された時期に正当性を持った言葉であり、実際に影響力を持っていたのだ。ラジオは単なるうるさい娯楽の手段であるだけでなく、重要な市民的装置として、語られ、評価され、批判され、そして規制もされていたのである。

能動的な聴取者の創出：ライマン・ブライソン

ライマン・ブライソンが司会を務める『*The People's Platform*』は一九三八年からCBSで放送されていた。(26)番組には毎回四人のゲストを呼び、CBSのダイニングルームでディナーを振る舞った。その後の会話がマイクで拾われて放送されるのである。

三〇分の間、自然な形で意見や信念が披露され、ときには熱い論争が交わされることもあります。その内容を全国に放送しているのです。

とCBSの広報は自信を込めて豪語した。こうした会話はアメリカの多様性を表現し、明確にするものだと言うのである。

リハーサルもなく、形式張ってもいないこうした会話によって、アメリカ人同士の考え方の違いが明らかにされます。様々な職業、様々な支持政党、様々な経済状況を背景にした考え。これらは即、アメリカ人の思考や感覚の反映なのです(27)。

ブライソンはこの頃、ニューヨーク師範学校の教育学の教授であり、CBSの成人教育会議の議長も務めていた。彼は一九三〇年代後半におけるラジオと教育の関係を決定づけたキーパーソンの一人である。ブライソンは『*The People's Platform*』を良き市民行動のモデルとして記述している。

我々は生き生きとした意見の多様性や、決して敵対的にならない活発な議論の一例を人々に示しているのです。

結論に達することなく終わるというこの番組の性質によって、放送終了後に家庭内での議論が誘発されます。

ゲストのうち一人ないし二人が有名な公人であり、残りが日常生活を送る一般人、たとえばタクシー・ドライバー、主婦、配管工などから選ばれるという事実がこのモデルに確固たる根拠を与えている。つまり、一般人が専門家と議論するという形式をとっていたのだ。ブライソンによるゲスト選びの方針は、次のようなものだった。すなわち、なんらかのトピックに関して精通しているビッグネームや専門家と、「たとえばタクシー・ドライバー、靴屋の店員、簿記係といったように町中で普通に過ごしている誰かでなければならない」(28)と。また、そのうち一人は女性であることもゲスト選びの方針に入っていた。ブライソンの説明によれば、後者の人々、すなわち「アメリカ大衆の代表」が出席するのは、単に彼らのためというだけではなく、専門家がブライソンに対して自分の言葉で語るように促す効果もあった(29)。こうした人々の役割は、意見の対立を自分たちの経歴の中に文脈づけることによって、様々な視点をドラマ化してみせることにあった。ブライソンはこうした自己をドラマ化していく過程を助けるということに、自身の役割を見いだしていた。当時のことについて、ブライソンは次のように回顧する。

時が経つにつれて、私は自分の仕事をある種の劇作家だと考えるようになりました。瞬間的な出来事をドラマ化していくのです。私はたくさんの演劇の会話を研究しました。(中略)それ以来、私はずっと熱心な劇場愛好家です(30)。

ブライソンは進歩主義的教育という価値多元主義者の視点に、ある程度共感を示していた。知識は個人的なものであり、経験によって育つものだと考えていたのである。この考え方は、ある部分、彼自身の人生経験に根ざしていた。ジャーナリストとして働き、ミシガン大学でジャーナリズムや修辞学について講義した経験を持つブライソンは、一九一九年から一九二四年までヨーロッパの赤十字社で働いていた。その頃、赤十字社の広報担当ディレクターであったアイヴィー・リーのアシスタントを務めていた時期がある。そこで、まだ黎明期にあった世論操作の専門家というアイデアに触れる機会に恵まれていたのだ。ヨーロッパで過ごした年月によって、ブライソンはアメリカ的な生き方から距離をとって批判的に眺めることを学んだ。一九二四年に帰国した際のことについて、ブライソンは次のように語っている。

アメリカ人とは何か、ということを意識するようになれば、アメリカ人ではない人に囲まれても不快に感じることはなくなる。つまりそれこそ、幾分かは本当の国際人になるということなのだ(31)。

サンディエゴに移り住んで、物書きの仕事につこうとした彼は、一九二八年にサンディエゴ人類学博物館の副所長という半日労働の職を得た。それはサンディエゴの州立師範学校で人類学の科目を教える仕事でもあった。ほとんど人類学のバックグラウンドを持たなかった彼は「毎日人類学の書物に首っ引きになった」と語っている。「全く新しい思考体系に没頭している自分に気づいた」のだと。[32]この時に、人類学的思考がブライソンを世界的視野へと誘ったのだと推測できる。人間の信念や行動には途方もない多様性があり、「我々」のやり方とは全く違う行動原理が存在することを彼は学んだのである。

一九二九年、恐慌の嵐が吹きすさぶまさにその頃、ブライソンは成人教育という新しい重要な領域で仕事を始める。カーネギー財団の設立したカリフォルニア成人教育協会の会長に就任したのである。そこでカーネギー財団のフレデリック・ケッペルやモース・カートライトの知己を得たことが、後に彼が成人教育の公職につくのを後押しすることになる。一九三二年にブライソンはカーネギー財団による展覧会プロジェクトで働くために、アイオワ州のデモインに引っ越した。このプロジェクトを指揮していたのは、青年赤十字社や第一次大戦期からの古い友人であるジョン・スチュードベーカーだった。当時、スチュードベーカーはデモインの学校全体の最高責任者だったのである。カーネギー財団による実践プロジェクトは、公立学校システムの中に、成人による夜間公開討論を打ち立てようとするものだった。[33]一九三四年に、スチュードベーカーはデモインから合衆国教育局の委員に任命され、ブライソンは同年、ニューヨーク師範学校で成人教育を行なう地位についたが、このプロジェクトはそこにいたる道すじの一部だといえる。スチュードベーカーはこの公開討論を全国レベルに持ち込み、連邦公開討論プログラムを開始することになる。[34]一方、ブライソンの方も公開討論を推進し続けたが、政府の関与には慎重だった。彼は一九三五年にコロンビア大学で開かれた会議の席上で、合衆国教育局の委員たちが、全国で公開討論を行なうための予算割り当てを求めているという事実に言及している。このことは、合衆国における教育がファシズムの「恐るべき危険性」にさらされていることを示す五つの証拠の一つであると彼は述べ

たのである。(35)

こうした影響や経験によって、ブライソンの教育には、当時の思潮傾向であったパースペクティヴィズム〔あらゆるものは、特定の視点からしか見ることはできず、絶対的な世界認識などありえないとする考え方〕や相対主義までもが組み込まれることとなった。成人教育を行なう者として、彼は人々が異なる考え方に触れることの価値をいつも意識していたし、自分たちの文化が形成されたのは偶然にすぎないということを直視させることにも価値をおいていたのである。

一九三四年から師範学校で働き始めたブライソンは、同僚たちと比較して自分は保守的だと認識していた。同僚たちは進歩的教育運動を再建しようとする派閥の人間を指導者と仰いでいた。そうした人々は、成人教育の目的は社会変革であるべきだと考えていたのである。(36) これに対してブライソンは別の進歩的感覚を持っていた。本当の知識は体験を通じて成長するものであって、変化に備えるためには、新たな考え方に開かれていて、それを受容する能力が人々に必要であると考えていたのだ。彼は次のように言う。

人生から最も多くのことを得られる人間とは、常に心を開放している人間である。

彼が主張したのは、「自身の為すことに責任を持つ自律的な市民が現在起こっていることを常にチェックし続けない限り」、民主主義が良き政府につながることはないということだった。市民は自分が今現在、間違っていないかどうかを確かめるために、「自分自身が最も好む意見を進んで何度も精査しなければならない」というのである。(37)

ジェームズ・ローランド・エンジェルと同様に、ブライソンは民主主義と単なる多数派支配を区別していた。

多様な意見を守り、育てることは民主的な活動の中で非常に重要な試金石である。

と彼は述べる。民主主義とは、「自分のもてる最善のものを引き出し、力を獲得し、不断の成長を要求されることを全ての市民に体験させる」べく作られた、政府の教育的形態である[38]。ブライソンはそう主張したのだ。これは、多くの点で注目すべき、デューイの影響下にある定式である。特に、不断の成長という原理は重要だ。ブライソンという進歩的教育者にとっての民主主義とは、市民に個人としての成長と変革を義務づけているのである。

この情熱的な発言を聞き、理解することは、これから私が論じていく一九三四年以後のアメリカにおけるラジオの市民的機能を理解するための基礎となる。民主的活動への積極的な参加を持続的な教育活動として捉えるこの市民観は、アメリカのラジオにおける市民的パラダイムの重要な構成要素だ。そこでは、ラジオと「成人教育」は互いに構築し合う関係にあった。そしてこの両者は、伝統的な教育観を大きく拡張し、不断の成長と変化を伴った永続するプロセスへと変化させることに関与していったのである。

ブライソンはアメリカにおける個人主義が衰退しつつあると考えていた。かわって、「元来の意味における個人主義や民主主義」とは逆行する標準化や「画一性」が大陸全土に広まりつつあると感じていたのだ。彼が恐れていたのは、それ自体「ラジオ文明」の産物でもある標準化が蔓延することで、「将来的に自主自立という考え方がアメリカの信条から失われ、やがて、徐々に可能性としても消えてしまう」のではないかということだった[39]。

ブライソンや、彼と同時代を生きた知識人たちがラジオを標準化の原因とみなすと同時に、その解決策としても見ていたことは興味深い。これは重要なポイントである。一般に、ラジオプロパガンダに対する恐怖の方が、それに対する処方箋よりも記憶にとどめられている傾向にあるからだ。ブライソンは、対話のモデルやそれを促すものとして色々な形でラジオを用いることで、アメリカ人をもう一度個人主義に引き戻し、常に自分の意見を形成し、主張するよう導く取り組みを始められると考えていた。このことは、彼が成人教育会議の議長を務め、『*School of the Air*』や『*Church of the Air*』、『*Of Men and Books*』などのCBSの番組で司会を務めていた頃の仕事から見て取れる。ブライソンの主張によれば、『*The People's Platform*』は教育的でありながらも、同時に、個人主義化を促す番組だった。自分が賛同できない意見を聴くように人々を「誘い込む」からだ。ブライソンは「異なる意見の飛び交うディナー・パーティーの様子を聴かせられたとき、人はそれを聴かないではいられないものだ。人はそこから逃れることはできない」と語っている。彼の言葉は、この討論番組の教育哲学を要約しているだけでなく、一九三〇年代のネットワーク・ラジオにおける公共サービス番組の多くが背景に持っていたエートスを表してもいる。

> 教育は、自身の偏見や先入観の中に我々を閉じ込めるものであってはならない。それは我々をいくらか苛立たせるものでなくてはならないのだ[40]。

ブライソンはそう説明している。個人は自分の意見を形成するべきだが、それは、異なる意見に触れた上でのことだ。こうした市民哲学は人々を単一の正しい考えに導くのではなく、自由に変動する意見の不確定性や、寛容や共感の美徳へと人々をいざなう。ある新聞はブライソンの番組に対し、賞賛を込めた次のようなレビューを掲載している。

> 他者の考えの妥当性を相互に認識することこそが、『*The People's Platform*』が持つ究極の目的である。

この番組は唯一の勝者が決まるディベートでもなく、二〇世紀後半的な意味での単なる「おしゃべり」番組でも「対話」番組でもなく、視点を変化させる公開討論であるべきだった[41]。この番組の目的は、多様な意見による多元主義的な世界観や相対主義的な理解に人々を誘い込むこと、あるいは無理にでも触れさせることにあると宣言されていたのである。意見というものは個人の経験や様々な生活状況の中から生まれてくるため、他者の意見は、正しいかどうかを判断するだけでなく、共感的な視点から聞かねばならない。番組の狙いはこうした理解に人々を導くことだったのである。この番組は、教育番組が娯楽的でもありえると主張していた人々の希望にも最良の形で答えを出した。一九四三年に『*Billboard*』誌は、新しく始まったエド・

サリヴァンによる著名人へのインタビュー番組を批判して、「テーブルに座っている人物を人間として認識させる方法」を学ぶためにサリヴァンは「『*The People's Platform*』を聴くべきだ」とコメントをつけている(42)。

「最良とされるもの」を超えて：アメリカのラジオと個人的意見の創造

国は違っても、ラジオに関する議論で使われる言葉は、一見よく似ているように見える。たとえば、一九二〇年代から一九三〇年代にかけて、西洋諸国ではどこでも、クラシック音楽を放送すべきであると考える人々とジャズやポピュラー・ミュージックを支持する人々との間で論争が繰り広げられた。ラジオは多くの人々を啓蒙し、成長させるための装置として重要だと考える人々と、ラジオは第一に、一般人に安価な娯楽を提供する歴史的なチャンスだと考える人々が争っていたのだ。教育番組を賞賛し、大衆的な番組を批判するか、あるいは大衆娯楽の名目で提供される高尚で真面目な番組を非難するか。こういった議論は一般的に存在し、様々な国の文脈に合わせて簡単に輸入することができた。当時の英語圏では、向上や成長を旨とするアーノルド的な風潮や、ラジオを通して大衆に高級文化を伝えることは劇的な社会的影響があるという信念が共有されていたのである。

しかし、各国を少し掘り下げて洞察すると、議論の変遷や、政治的に見込まれる成果の範囲は異なっていることが分かる。たとえば、ラジオ上で繰り広げられるジェンダーや人種や民族性、階級をめぐる文化的な論争に対する反響が地域ごとに異なるように、教育的ラジオと大衆的ラジオの区分に対する理解の仕方や実際の運営方針も違ってくる。リースにとって、放送の使命とは、明らかにアーノルド的〔イギリスの詩人にして文明批評家のマシュー・アーノルドの思想に近いという意味。アーノルドの思想については、次ページの引用部を参照〕なもので、膨大な数の人々に「最良とされるもの」を届けることにあった。一九二四年の彼の著作『イギリスの放送』の中で、彼はBBCの責務を次のように規定している。

人類がもたらしたあらゆる分野における最良の知識、最良の試み、最良の成果を可能な限り多くの家庭に届け、有害なもの、あるいはそうなる可能性のあるものを退けることである(43)。

さらに、リースは究極の尺度は真実だという。真実の探求こそ、人類の持つ「最も高潔な役割である」と彼は書き残している。この「真実の探求」についてリースはマシュー・アーノルドを引用し、「真実の様々な側面に触れるようリスナーたちを促す」ことを主張した。また、彼は次のように嘆いてもいる。

物事の良し悪しを決めるために我々が最終的に仕えるべきなのは、正しく、偏らず、確立された判断基準である。しかし、そんなものは結局存在しないのではないかという感情に時として襲われる。

だからこそ、「自分の判断に頼るしかない」というのだ。放送の目的は、真実の探求を助けることである。真実には様々な方向から近づかねばならない。なぜなら、確立された権威など存在しないからだ。しかし、それでも求められる真実は一つしかないというのである。放送の仕事はこの唯一の真実に向かって手を伸ばし、可能な限りそれに近づくことだ、と。多様な観点を放送することは、真実を精査する過程の一つであって、それ自体が到達点ではないということが、ここでは明確に述べられている。

アーノルド的な使命感は、高度に中央集権化された放送システムと相性が良い。スキャネルとカーディフの記録によれば、「BBCではコスモポリタン的な基準や評価は当然のこととされて」おり、「世界で最も良い演奏、最も人気のあるエンターテイメントのスター、そして最も重要な論者をロンドンが提供できるということは自明である」と考えているようだったという(44)。リスナーの参加を呼びかける際にも、この優良さの基準は同じだった。一九三二年の一二月、BBCのトーク・ディレクターは放送で流すための詩をリスナーに募集した。これについて、BBCの刊行物である『*The Listener*』には「非常に多くの作品が、詩を書くという行為について作者が驚くほど無知であることを示して」おり、提出された労作は「概して非常に保守的な」形式だったという容赦ないレポートが掲載されている。(45) リスナーの詩は当時における最良の作品と同じ基準で判断され、欠陥のあるものだとみなされたのだ。公共放送の役割は、より多くの人々が最良のものを理解できるように仕向け、どうすればその水準まで自分を高めることができるかを学ばせることだというわけである。

これまでにジョン・リースが書き残してきたものの中で、おそらく最も引用され、かつ誤用されている言葉がある。

大衆にとって必要だと我々が考えるものを提供することを、我々は明確な目標としている。それは望ましい状態だと折に触れて感じる。それは大衆の求めるものでは決してない。自分の望むものが何か分かっている人間は大衆の中にほとんどいないし、自分にとって必要なものが何かを知っている人間はさらに少ないからだ。(46)

これに対する反応には二つの流れがある。その第一のものは最もよく知られている考え方で、これまで見てきたように、アメリカン・システムはリスナーの求める内容を放送するのであって、リスナーに聴取させるべきだと政府が考えている内容を提供するのではない、というものだ。このような考えはアメリカの商業ラジオが持つ、民主的で自由な性質を擁護するための基礎となった。ウィリアム・ベルヒトルトは、放送産業によるこのオーソドックスな説明を一九三五年にも、著作の中で繰り返している。それによると、BBCは「自分たちがイギリスの聴取者たちにとって最もタメになるものが何かを知っているという前提に立っている。アメリカにおける商業的スポンサー付きの番組のような競争への動機づけがないために、残念ながらBBCの番組はますます面白味のないものになりつつある」という。(47) 放送の現体制を維持したい人々がリスナーを自分たちの考え方に引き込もうと努力する中で、こうした対立関係は繰り返し論じられた。放送業界の代表者たちは、自分たちの役割が人々の望むものを提供することにあると発言することによって、ほとんど常にと言っていいほど、アメリカのラジオをイギリスのラジオと対立するものとして定義してきたのである。FRCの委員であったハロルド・ラファウントは一九二九年、次のように書き残している。

アメリカのラジオ番組を全体として向上させようとする包括的なプランは全て、人々が望んだときに、より多くの望む内容を、より多くの人々が受け取るための方法論となる。

彼の主張では、望ましい番組とは何かという問いは「明らかに、個人的な主観の問題であり、多くの人間によるものでなければ、意見というものにはほとんど価値がない」という[48]。この発言はリースとは逆の立場を代表している。商業放送システムにおいては、数が重要なのであって、最も重要な嗜好性や意見とは、最も多くの人々が支持するものを指していたのだ。

一方、アメリカにおけるBBCに対する反応の第二の流れは、これまでにそれほど広く認知されてこなかった。アメリカの放送哲学や実践においてはしばしば潜在しており、表には出てこなかったからだ。それは、多様な見方を提起することはそれ自体良いことであって、最終的に確実な真理に到達するためのステップである必要は必ずしもないという信念である。これは、公共圏に対するより多元主義的な理解を主張するものだ。CBS社長のウィリアム・S・ペイリーはこの考え方を次のような言葉で非常に簡潔にまとめている。

ひとまとまりの「公衆(public)」などというものは存在しない。複数の「公衆群(publics)」が存在しているだけだ[49]。

こうした考え方においては、最も重要なのは単一の真理でもなければ、数的優位にある支配的な意見でもない。死活的に重要なことは多様な意見の存在であり、多様な意見に対して共感を持って接することだけが、超越的な価値を持っているという信念である。記者のエドワード・アチソンは『*Washington Post*』の読者に対して次のように断言している。

政府が所有するラジオはその定義からして、政治的疑念を投げかける反対意見に対して寛容ではいられない。

政府によるラジオの魅力はアメリカでは通用せず、「海外での「浮かれた論調」をアメリカには」持ち込めないと彼は結論づけている[50]。ここで、アチソンは公共サービスに対するアメリカのラジオの考え方について重要なことを明らかにしている。その考え方とは、「最良のもの」を多くの人々に広めるだけでなく、聴取者たちを様々な見方に触れさせるということだ。一九三八年にNBCで教育番組や宗教番組のディレクターを務めていたフランクリン・ダンハムは、ネットワークの宗教番組について、次のような言葉で正当性を主張している。

このような宗教番組の一番の功績は、信仰の結果として表れてくる他者の視点に対しての、相互的な尊敬や理解を生み出したことにあると考えております。

彼の言によれば、ラジオにおける宗教番組によって、人々は他者の考え方を知ることができるというのだ[51]。こうした正当性の主張は、異なる視点への接触や寛容と共感の促進と関わっていた。これは、リース的な処方箋のアメリカバージョンである。人々に必要なのは、多様な視点への接触だというわけである。

では、アメリカ人が持っていた、こうした多様な視点への関心はどこからやってきたのだろうか。進歩的教育観や、もっと広い意味での文化多元主義は、一つには文化人類学に由来している。このような考え方は、一九三〇年代においてアメリカのラジオによる市民的使命への理解に重要な影響を及ぼした。その一方、一九三〇年代のアメリカでは、文化多元主義や相対主義は別の文脈でも顕著に形成されつつあった。しかし、このような思想の歴史についてはいまだ十分に解明されていない。ニューディール政策自体も多元主義的嗜好の重要な温床の一つだった。国内の文化的多様性への理解を促進しようとした中央政府の取り組みは歴史的に新しいものだったのだ。ジェラルド・ヒルシュは、FWP（連邦作家プロジェクト）の歴史の中で次のように述べている。

文化多元主義が発展しうる環境を作ったことはニューディール・ナショナリズムの輝かしい功績の一つである。

ニューディールが「多様性を美徳へと」転換したというのだ。[52] 人種差別主義に対する科学的批判や、文化人類学に埋め込まれていた相対主義が、この頃、知的な礼節へと押し上げられ、文化における支配的な考えにすらなっていた。戦間期の文化人類学に関する歴史家はそう指摘する。ストッキングの主張によれば、一九三〇年代後半までに「ボアズ派の文化人類学者がアメリカの知識人に対し、「科学的発言」として人種や文化の問題を語るという新しい時代が始まっていた」という。[53] ここで重要なのは、人種差別主義への批判だけではなく、徹底した文化相対主義の台頭だった。こうした理論はフランツ・ボアズの弟子たち、有名どころではルース・ベネディクトやマーガレット・ミード、メルヴィル・ハースコヴィッツなどによって体系化され、唱導されたのである。これによって、単一の文化(culture)についての議論が、多様な文化(cultures)に関する議論へと変化した。文化人類学者たちは、西洋的な常識を文化的多様性の豊饒な海の中に位置づけ、ある意味では、それ自体を変質させたのである。

進歩的教育の言説は、個人の人格や意見、子ども中心の学習、想像力に富んだ教育、アクティブ・ラーニングといったことを強調した。こうした言説は、たとえ多くのアメリカ人から反発を受けたにしても、合衆国において、他のどの国よりも強大な、社会的、文化的影響力を持っていた。アクティブ・ラーニングや子ども中心の学習を強調することによって、進歩的教育者たちは、関連づけの能力や、創造性、自己表現能力といったものを追求し、知識は行動と経験から得られると主張したのである。学校に通うことは、「子どもの総合的な人格を発達させる」ための努力の一環であった。[54] こうした考えは、一八世紀ヨーロッパのロマン主義的な個人主義者たちに端を発してはいるが、一九二〇年代と三〇年代のアメリカで新たに生命を吹き込まれ、新たな制度的形態をとって発現したのである。

それはとりわけ、ジョン・デューイの著作や影響を通した動きだった[55]。クレミンは、アメリカにおける進歩的教育運動の絶頂期は第二次大戦直前であったと位置づけている[56]。

教育における保守主義者たちが嘆いてはいたが、進歩的教育者たちによって唱導されていた実践が、実際にどの程度公立学校システムの中に取り入れられたかということには、議論の余地がある。しかし、リースの主張によれば、ロマン主義的な個人主義を掲げる進歩的教育者たちと、功利主義的でテストを重視する社会的効用の支持者たちの間の論争による複合効果は「人間の差異を表す言葉」をアメリカの学校の中にとりこむための「強力な」手段となった[57]。ブレホニーによれば、これとは対照的に、「イギリスでは一九六〇年代や七〇年代になるまで、進歩的教育という社会的構成物は生まれてこなかった」という[58]。慈善的な企業共同体が資金を出す優先順位において、アメリカでは進歩的教育観とラジオ聴取に関する考え方との間に非常に強いつながりがあった。このことは、カーネギー財団もロックフェラー財団もともに教育調査に資金を提供し、ラジオ聴取の社会的、教育的可能性に関する調査にも資金を提供していたことからも見て取れる[59]。

もちろん、他の多くの国でも、ラジオ教育に関する議論では、アクティブ・ラーニングが強調されていた。ジョン・リースも、若者は「自らの人格や特徴を大いに発展させるべきだ」と考えていた[60]。彼はラジオ聴取が積極的な過程、すなわち「意志の活動」であらねばならないと信じていたのである[61]。しかし、ラジオの市民教育的役割に関して、合衆国にはこうした重要な共通意見を超えた考えがあった。それは以下のようなものだ。

(1)パースペクティヴィズムや国民生活における各自の視点の強調。

(2)ラジオによる市民教育の到達点は、知識があり、自分の意見を表明できて、常に暫定的な自分の意見を持っている市民を形成することにあるという信念。

パースペクティヴィズムやそれに伴う、ラジオ聴取を通した個人的意見の発展への強い要求は、現代的な進歩的教育観とも共鳴し、信用を得るものだと考えられる。

　ここで注意を向けておきたい進歩的教育の特質は、個人の違いや、世界に対する多様な理解の仕方に触れることによって生じる個人の利益を執拗に強調したことだ。一九三六年に、ある進歩的教育者は次のように書いている。

> 自分自身と社会のつながりの基礎となっているものを発見する過程で、生徒たちは社会の関心や目的が途方もなく多様で混沌としていることに気づくだろう。加えてそうした関心や目的に役立つ単一の方法論など、どこにもないことにも気づくはずだ(62)。

一九三八年には以下のような記述をしている者もいる。

> 私たちは「普通(normal)」という言葉の意味を知る必要がある。世界中の人々を見渡し、そのような見地から、自分自身に対して抱いているイメージが何に由来しているのかを明らかにせねばならないのだ(63)。

こうした考えは、アーノルド的な優美と明知の感覚と大きく隔たっている。多様性から逃げるのではなく、向き合うことを促しているのだ。進歩的個人主義について語る際の言葉は、責務という概念に支配されている。我々は自分の理解を相対化する必要がある。人々は考え方や感じ方の多様性を認めるようにならねばならない。このような見方を表現し、確固たるものにし、補強していくにあたって、ラジオのような大衆媒体が持つ可能性は計り知れないものだったのである。

　ラジオは様々なものの見方を家庭に持ち込み、市民たちに自分たちの社会の多様性を突きつけることができた。S・E・フロストによる一九三八年の著作、『*Is American Radio Democratic?*』は、こうした個人主義や多元主義、パースペクティヴィズムといった観点からしか民主的ラジオを論じていない。その内容はこうだ。

> 社会におけるあらゆる機関の民主的な性質は、次の

ような条件を満たすよう積極的かつ意識的に機能している度合いによって決まる。その条件とは、全ての個人が①自分自身、および他者の物理的環境に対して広範かつ多様で豊かな接触を持つこと、②偏見のない態度を育て、現在提案されている活動によって生じうる結果について熟慮するよう促されること、③変わりゆく環境の中で創造的に生きられるように、考えや行動の柔軟性を高めることである。(64)

フロストは、当時の考えが染みついた進歩的教育論者であり、哲学者だ。違いを経験し、柔軟で偏見のない状態を保つことの重要性は、彼の著作に通底するテーマだった。彼にしてみれば、こうしたことは、近代的市民を生み出すためにラジオを役立てる方法の一つだったのである。フロストは、ラジオと教育の相互作用に関する考え方を形成していた最も影響力のある人々の考えを要約しているのだ。

合衆国教育長官、ジョン・スチュードベーカーは、おそらくアメリカで最も強力なラジオと教育の推進者だった。そして、彼もまた、これまで述べてきたような進歩的な考えが染みついた人間の一人だった。このことは、彼が、熱心なデューイ主義者であるウィリアム・キルパトリックによる指導のもと、師範学校の修士課程を卒業したという経歴を持っていたことからもよく分かる。スチュードベーカーは一九三六年の著作、『*Plain Talk*』で、自由主義的な教育の役割とは、「社会生活を民主的にコントロールしていくためにうまく機能するよう個人の精神を解放すること、および、個人の自己表現力や自己効力感が不断に成長していくための準備をし、それを促すこと」にあると定義づけている。(65)さらに、一九三九年のFRECのレポートでは、教育は次のような前提に立って遂行されると書き残している。

アメリカ的な政府形態のもとにあっては、十分に自身の意見を表明するよう、促されるべきである。

ここで言う教育には「個人が創造的かつ、あらゆる市民の利益にかなった方向で自己表現ができるように導く」努力をすることもその「前提」に含まれていた。(66)

このような考えはラジオや教育に関する活動家の間で広く共有されていたが、スチュードベーカーは他の多くの人々よりも、それを実行に移す力を持っていた。ウィスコンシン大学の発達教育学科の学科長は、教育に関してラジオが最も優れている点は、「誤りや偏見、その他の悪しきものを駆逐し、人間の視野を明るく照らし出す」という役割を担っているところにあると述べている。(67) 全国ラジオ教育委員会の議長であったラジオ改革論者のジョーイ・エルマー・モーガンもまた、同様の考え方を共有していた。彼は、教育は永遠に不可欠なものであるとして、次のように発言した。

地域単位や州単位および全国規模の事業について、日々、議論を継続していかねばならない。そうすることで、人々は自分の家庭をどう運営していくかということに関しても精通するようになっていくのだ。(68)

「日々議論を続けていかねばならない」、あるいは、「視野を広げることによって、偏見という悪しきものを正していく必要がある」とするこうした命令的なトーンが、教育におけるラジオの位置づけをめぐる一九三〇年代の議論には充満していたのである。

もちろん、一九三〇年代には、他の多くの国においてもラジオは民主的な媒体として理解されていた。スキャネルとカーディフは、イギリスにおける放送の確立は「全ての成人男女に投票がゆだねられ、その過程で大衆民主主義の発展が放送の役割と密接に結びつけられていったこと」と軌を一にしていると述べている。(69) リースは、一九三一年にアメリカを訪れた時点では、合衆国もいつか放送のイギリスモデルを採用するだろうと予見していた。ラジオは「地域的な環境によって抑制されてきた世界中の人間の能力を開花させるのに、非常に適している。実際、ラジオのおかげで、民主主義はこの世界にとって安全なものになっているのだ」と彼は述べている。(70) こうした非アメリカ的な逆転の発想は教育や人間の向上に対する信念だけでなく、民主主義は危険なもので管理が必要だとする感覚にも反している。アメリカのエリートの多くはこの感情を共有していたが、こうした考えは合衆国において公には発言できないものになっていった。アメリカで語ることができ、かつ何度も繰り返されたのは、個人の意見の繁栄が民主主義の前提であるという意見だけだったのだ。

CBS社長のウィリアム・S・ペイリーは一九三五年、民主主義と個人の意見に関する自身の核心的な見解について、次のように述べている。

我が国の経済的、政治的な思想は、個々の人間が持つごく個人的な考えと深く結びついている。そして、それぞれの個人は、自分が良く生きることに関係すると思われることに関心を持っているのだ。

放送産業において最も力を持つ人間の一人であったペイリーは、ラジオがアメリカの生活において非常に重要な役割を担っていると主張した上で、次の二点を強調する。第一に「今日のアメリカにおける生活の流動性」、すなわち、アメリカの生活がめまぐるしく変わりつつあるということ、第二に「社会全体の方向性を決定づける」のは、「ごく小さく、個人的な事柄に対する人間の欲望」であるということ。(71) この発言が、ジョン・リース卿のそれとは全く異なるものであることは明白だ。しかし、これまでの研究では、これら二つの進歩的テーマが、一九三〇年代のアメリカにおけるラジオに関する議論をどのように彩ってきたのかを比較しながら論じるということはされてこなかった。二つのテーマとは、一つには、個人の欲望や嗜好、意見について、今ひとつは、変化に対する適応の仕方を学ぶことを最も重要な構成要素としている社会に対する認識についてである。

私がここで描き出しているのは、BBCやそこに所属するアーノルド派の人々が持っていた、市民教育におけるラジオの役割に関するトップダウン的な哲学とアメリカとの鮮やかな対比である。合衆国においても、こうした考えの表明がいくらかはあった。たとえばFRCの委員であるハロルド・ラファウントは一九三三年に、近い将来、教育番組は「いくつかの短波放送局から政府自身の手で」放送されることになるだろうと予測していた。そうすることで、「全国が一人の教師によって教育されるようになる」と考えていたのだ。(72) アメリカのラジオに関するこうした要素はほぼ間違いなく、これまで十分に認識されてこなかった。(73) このことは、進歩的かつ市民的なパラダイムに関する主流とは異なる要素も同様である。アメリカの個人主義者たちが一般に主張していたのは、ラジオは「自己表現を絶えず成長させ続ける」個人や、今後有能な人材に育つ個人を育成することができるということだった。だからこそラジオは重要な媒体になるだろうというのである。ここで言う有能な人材とは、自己管理ができるだけでなく、モーガンが「無くてはならない」と言った、公的な事柄に関する日々の議論という義務に対しても従順な人間のことを指す。アメリカのラジオが標榜する市民的使命について支配的だったこうした考え方は、進歩的であると同時に高圧的でもあった。個人の違いや成長に関する議論をしつつも、そうした議論をすること自体の必要性は、強制的かつ揺るぎないものとして論じられていたのだから。

ただし、ネットワークの幹部たち全員が、そうした進歩的考えの支持者であったわけではないし、熱心な進歩的ニューディーラーだったわけでもなかった。このことは、強く主張しておきたい。彼らの多くは共和党支持者であり、ニューディール政策や、それが推進するあらゆる事柄に敵意を持っていた。しかし、改革案の流れを見れば分かるように、これらの人々は政治的に抜け目がなく、どこで改革に対する助言者の側に回るべきかを心得ていた。また、彼らはどの改革運動がラジオに信頼性と権威を与え、ラジオが経済的利益を生むだけでなく、進歩的で社会的責任を持った媒体として見られることに役立つかということもよく分かっていたのである。ネットワークの幹部たちが番組制作にあたって教育者たちと協力したとき、また、プロパガンダの時代におけるラジオの市民的役割について専門家に助言を求めたとき、彼らがこれまで論じてきた進歩的なパースペクティヴィズムの思想に出会っていた可能性は極めて高い。そしてこのことが、ラジオや、その市民的役割に対する理解に明確な影響を与えていたのである。

プロパガンダ時代における意見形成

一九三〇年代を通して、放送の持つ説得能力や、放送を支配している人間が得る権力について、あらゆる立場の人々が懸念を抱いていた。ロサンゼルスのある放送事業者は不気味な口調で警鐘を鳴らす。それによると、「これらのコミュニケーション機器」は「公的所有、特定の人種に対する便益、人間に対する保護を行なう状態に」とどめるべきである。なぜなら、「ラジオを支配する者は誰でも、実質的に人間社会を操る地位を得ることになる」からだという[74]。市民的パラダイムの核心にして、支配的だった考え方は、ラジオの使命は個人の意見形成を促進することにあるというものだった。この考えを理解するためには、プロパガンダが服従を促すという当時の問題意識を知っておく必要がある。これによって、市民的パラダイムの考えは正当性を付与されたのだ。

戦間期のアメリカにおけるプロパガンダへの恐怖心は、最も直接的には第一次大戦中のプロパガンダの効果に対する評価に由来している。それは、ジョージ・クリールの広報委員会だけではなく、イギリスのプロパガンダも念頭に置いたものだ。一九三〇年代前半にアメリカ国内で交わされたプロパガンダとラジオに関する議論は、フランクリン・ルーズヴェルトやチャールズ・コフリン神父、ヒューイ・ロングといった国内の政治的人物に強く焦点が当たっていた。コフリンは初期のアメリカのプロパガンディストの原型である。アルフレッド・マカラング・リーとエリザベス・ブライアント・リーは一九三九年、コフリンの雄弁術について、丸一冊かけて論じた研究を発表した。その研究、『プロパガンダという芸術（*The Fine Art of Propaganda*）』はコフリンのレトリックの中から、主なプロパガンダ戦略の例を全て抽出した著作である。ラジオプロパガンダは、それを研究する人々の多くの目に、個人主義だけでなく、民主主義をも脅かすものとして映っていた[75]。一九三〇年代の終わりまでに、短波放送で宣伝戦は始まっていく。ヒトラーやムッソリーニもまた、宣伝戦に関する議論の中心に挙がっていた。一九三八年には、ジグムント・ノイマンが「煽動的指導者の新しい可能性が開いた」と警鐘を鳴らしている[76]。

プロパガンダへの懸念は政治の領域を席巻した。急進的な左派は、当時のアメリカ社会のいたるところにあるプロパガンダを注視し、合衆国内の保守主義者や極右団体による政治活動の増加に恐怖した。しかし、多くの左派にとって、最も強力で狡猾なプロパガンダは、政治的なものではなく、商業的なものだった。ジェームズ・ローティは次のように言う。活字メディアやラジオのオーナーたちは、「我々の社会的コミュニケーションの主要な装置を用いて、自分たちに金を払う広告主の利害関心に仕えている。本来、ラジオの自由で公平な機能は、民主主義という概念の中で具現化するものであるはず」だ。こうした事態は、資本家によるメディア組織の必然的な帰結である。広告は「文化の中の欲望を駆り立て、放送で取り上げられる相対的に微々たる量の教育よりもはるかに大きな」影響をリスナーの生活に与えている。(77) ローティはこのように主張したが、もっと徹底した批判を加えたのはフランクフルト学派の亡命知識人たちだった。彼らは一九三〇年代終わりから、アメリカの大衆文化はそれ自体、プロパガンダと区別がつかない、と主張し始めたのだ。アドルノとホルクハイマーに言わせれば、「全ての人間になんらかのモノを与えることによって、そこから逃れられなくなる」というアメリカの大衆文化のあり方は、生き方に対するプロパガンダなのである。(78)

プロパガンダが個人主義の価値を引き下げることによって民主主義を衰退させてしまい、アメリカ人が投票する際に自分の意見を持たなくなってしまうのではないか。自由主義者たちはこのような懸念を抱いていた。ラジオプロパガンダの巧妙さに対して彼らが抱いた懸念の一つは、プロパガンダがアメリカのリビングルームに入り込み、かつてない規模で信念や行動の服従を誘発してしまうかもしれないということだった。市民が私的に意見を形成する家庭の中にプロパガンダが侵入し始めたなら、民主主義がどのような意味を持ち得るだろうか？

自由主義者たちも急進派と同じく、チャールズ・コフリンや好戦的な企業による第二次ニューディール期のプロパガンダが引き起こしたポピュリズムに不安を抱いていた。プロパガンダに対する自由主義者たちの懸念は、主に民主主義の未来に対する政治的なものだったが、それは文化的な空間や、社会的、文化的従属が引き起こす政治的帰結にまで及んだ。経済学者のハリー・ギデオンスは一九三八年、バーナード大学の学部生たちに向かってスウィング・ミュージックの危険性について警鐘を鳴らしている。

スウィングは音楽におけるヒトラーイズムだ。そこには、「感情を解放する」という集団的な感覚の共有が存在する。

ギデオンスは、解き放たれた感情を危険なものだと考えていた。近代社会にとって、そうした感情は受け入れがたいものだったからだ。彼は「近代人とは感情的に空虚な存在である」と述べている[79]。さらに、彼はラジオ討論がしばしば「感情に訴える内容に堕落してしまう」ことにも懸念を抱いていた。

その種の番組が非常に刺激的で、多くの人々が聴いているという証拠があるとしても、それは決して知的な体験などではない。私は結果的にそのように感じることがよくあります。そうした番組を聴くことは知的な体験とは全く異なり、ごく感情的なものです。人々はそれに煽られているにすぎません[80]。

ギデオンスは公的議論に感情が入り込むことを警戒していたのである。彼はまた、アカデミックな研究に対しても懸念を示していた。学問的な分析は、感情を濾過し、無視してしまうため、社会を動かす最も強い力学に気づかないだろう、というのである。

一九三〇年代において、保守主義者たちがプロパガンダに対して抱いていた懸念は、当初、そのほとんどがニューディールに関することだった。連邦政府が情報の流れをつかさどるような権力を獲得すれば、ルーズヴェルトが独裁者の地位につくことを許してしまうのではないかと恐れたのである[81]。ニューハンプシャーのチャールズ・トビーに代表されるような共和党の議員たちは、一九三〇年代終盤に放送の独占という問題を繰り返し提起し、巨大ネットワークと民主党とのつながりを証拠づけようと試みた[82]。しかし、その頃までに、保守主義者たちのプロパガンダに対する懸念の中心は、共産主義へと移っていた。人民戦線の時代になり、巧妙に隠蔽された共産主義が、明確な論理的形態をとって、一般のアメリカ人に提起され始めていたことに脅威を感じていたのである。

プロパガンダを批判する人々は様々な政治的立場をとってはいたが、マス・コミュニケーションというテクノロジーが世論を操作する史上空前の力を持っているという感覚は共有していた。こうしたテクノロジーが利用されることによって、現状の政治的議論のあり方は変化を余儀なくされるだろうと、彼らは確信していたし、恐ろしいことに、アメリカ人は全体として日々押し寄せるプロパガンダの波に対処する準備ができていないとも考えていた。こうした懸念に対する唯一可能な対応は、プロパガンダに対抗する教育を要求することだけだったのである。プロパガンダに批判的な人々は、意見を変化させるメディアの力を恐れており、当時次のように結論づけた。すなわち、合衆国で民主主義が生き残るためには、プロパガンダの機能について、挙国一致で人民を教育するしかない、と。

公共サービスや教育といったラジオの役割が重視されるのは、プロパガンダの脅威ゆえである。一九三〇年代半ばまで、ライマン・ブライソンは、そう信じていた。一九三六年に開催された第一回教育放送会議で、彼は教育者の責任として「混乱や誤解を狙ったプロパガンダを撲滅するために、あらゆる教育水準の、そしてあらゆる年齢層に属する全ての人々に十分な論理的懐疑主義を獲得させること」を挙げている。真実があくまで相対的なものだとすれば普遍的な懐疑主義教育こそ唯一の解決策であった。

もしも、プロパガンダが虚言であり、教育が真実なのであれば、問題は非常に単純だ。ラジオからプロパガンダを撲滅すればよい。しかし問題は、プロパガンダが一般的に考えられている教育の主体と「同格の他者による教育」にすぎないことだとブライソンは主張する。ブライソンがラジオにおいて行なってきた教育的取り組みは、こうした挑戦的なパースペクティヴィズムの基礎の上にあったのだ。個人の意見形成の促進という自分自身の領域において、彼がアメリカのラジオと教育を象徴する人物となった所以である(83)。

戦間期の知識人がラジオを注視していたとき、その最も差し迫った問題は大衆の説得とその帰結として生じる史上空前の規模での服従だった(84)。ラジオは意見の服従と画一化と標準化をもたらすという多くの主張が一九三〇年代を通して叫ばれ続けた。膨大な数の人間に同じ聴覚体験を同時に運んでくるというネットワーク・ラジオの能力は、差し迫った未来に対するユートピア的な予測とディストピア的な予測をともに誘発した。そしてどちらにせよ、その未来像においては、思考の自立性や多様性は大きく減退すると予測されていたのである。

しかし、プロパガンダについて考えをめぐらせていた全てのアメリカ人が、それを恐れていたわけではない。広報の専門家であるエドワード・ベルナイスは一九二八年に次のような主張をしている。

大衆の精神を操作することは、社会的目的にかなっている。

この新しい技法や技術は「考えを多くの人々に拡散する」ために用いることができると彼は情熱的に書き綴っている。[85] ハロルド・ラファウントはラジオが国家の統合を促進し、「共通の娯楽、共通の経済的利益、共通の理想、共通の問題意識や危機意識は、我が国の国民を一つにする紐帯となる」という信念を持っていた。[86]ただ、ラファウントは、良い意味での社会的安定を重視しており、こうした画一化から生じる肯定的な側面しか見えていなかった。[87] ハドリー・キャントリルとゴードン・オールポートが一九三五年に発表した著作『ラジオの心理学（*The Psychology of Radio*）』は、最初期の最も洞察力に優れた、放送に関する学術研究であるが、そこで彼らは、ラジオが「精神活動を標準化し、ステレオタイプ化する」傾向があることを指摘している。キャントリルとオールポートは、ラジオが「生活習慣のさらなる標準化」を促すだろうと予測していた。彼らはまた、こうした共通性の増大によって生じる多くの利点に対しても目を向けている。ラジオは「社会的結束」を促進したし、アメリカ人はラジオによって、より社会的に統合され、専門家の意見に触れる機会が増え、時間もきちんと守るようになったという。[88] キャントリルはそれに続けて、さらに楽観的な可能性も指摘している。彼の考えでは、生活の標準化は、社会的不平等が崩れつつあり、アメリカ人がより平等な社会参加の機会をえられる兆しであった。[89] 社会学者のハワード・オーダムもまた、ラジオについて希望的観測を持っていた。ラジオは「考えや理解の均質化」を助け、それによって、「より良いアメリカが形成される」だろうというのである[90]。ジェームズ・ローランド・エンジェルはNBCに勤めていた頃、放送がソーシャル・エンジニアリングの装置として位置づけられることを期待していた。一九三八年、彼はラジオに関して次のような賞賛の言葉を述べている。

人間関係を導き、かつ、コントロールするために、ラジオに匹敵するほどの重要性を持った媒体はこれまでになかった[91]。

より組織的で統制のとれた社会の可能性は、大恐慌時代のただ中にあって、ある種の知識人の領域でも理解しやすく、非常に魅力的なものとして受け入れられた。「進歩」という希望にいまだこだわっている人々にとっても、計画された社会改良としてのラジオ、とりわけネットワーク・ラジオは、自分たちの幾分捉えにくい目的を果たすために不思議なほど効率が良い手段を与えてくれるように思えたのだ。

おそらく今日では、プロパガンダ放送に対する希望よりも恐怖の方が、はるかに馴染み深い。大衆に向けられたラジオの言葉は、必然的に広い範囲で受け入れられる嗜好や意見に狙いを定めることになるし、それは合理的な社会構造を導くこともあれば、退屈で危険な服従へとつながることもある。こうしたことを知識人たちは懸念していた。キャントリルとオールポートによれば、放送事業者は広範囲に受け入れられる意見や音楽的嗜好にこたえるよう働きかけており、リスナーたちは自分の思考に最も近いもので間に合わせるしかないという。

ラジオが提供する共通の型に自分を合わせるために、私は絶えず自分の個性を犠牲にしている。もし私が個人主義者でいることにこだわるならば、ほとんど全てのラジオ番組を拒否することになるだろう[92]。

おそらく、音楽的嗜好を無理やり適合させること自体は、それが即社会的な帰結につながるわけではないだろう。しかし、生き方に関する指導や助言となれば話は違ってくる。一九四三年、ラジオ研究者のマージョリー・フィスクは、ラジオが「個人的な行動を決断する際の参考になる出来合いの判断基準を人々に与える」過程について議論している。[93] 一部の知識人たちにしてみれば、ラジオによる出来合いの助言やストーリーは、他者とのより成熟したやりとりの粗悪な代用品であると感じられたのである。意見や判断の標準化に関するこの種の懸念と、放送されたプロパガンダによって生じる政治的帰結に対する警戒感との間にはほとんど隔たりがない。研究者のハータ・ヘルツォークは、子どもに対するラジオの感情的影響や、市民的な観点から見たその帰結について、不気味な問いを発している。

幼少期において子どもたちが借り物の体験の中に住まい続けるとすれば、彼らの人格形成にはどのような影響があるだろうか？　このような環境で育った子どもたちは、自分たちに刺激的なものを与えてくれる他者を常に探し求めるようになり、やすやすと彼らの感情的な飢餓感を利用したプロパガンダの餌食になってしまうのではないだろうか？[94]

ここにおいて、議論の焦点は、個性の維持という問題から、自己の考えや感情を理性的にコントロールする過程の操作、および喪失といった問題へとシフトしている。中央集権的で、意図的かつ高圧的な手段によって個人の意見が形成され、操作されるとしたら、民主主義に何の意味があるだろうか。プロパガンダが家庭に侵入し、市民たちが語る意見が必ずしも自分自身のものでないとすれば、恐ろしいことに、民主的プロセスは操作可能だということになる。こうした恐れは一九三〇年代以降、ますます注目されるようになっていった。社会学者のラザースフェルドとマートンの観察によれば、一九四八年のアメリカ人は「プロパガンダの力に対する特有の恐怖心」の中で暮らしていたという。[95]

しかし、アメリカン・システムの中心では、これとは別種のプロパガンダが支配的だった。ラジオネットワークは一九二〇年代終盤に登場したが、それはちょうど全国広告の潮流が台頭してきたことと軌を一にしている。当時、心理学の研究は、見た事柄よりも聴いた事柄の方が記憶に残りやすいという知見を示した。ラジオ広告の方が雑誌よりも想起されやすく、その差は時間とともに大きくなるというのである。[96] この知見に放送産業は驚喜した。ラジオ広告に関する国を代表する専門家、ヘルマン・ヘッティンガーの当時の見解によれば、ラジオは、「声の感情的魅力と説得力」を手中におさめており、それによって「冷たい印刷メディアには太刀打ちできないほどの力」を持つにいたったという。[97] 一九三〇年代、放送産業の熱心な支持者たちによって、広告やマーケティングは一つの科学分野の始まりと目されていた。最終的には全ての販売プロセスが「システム化された科学的説得」の問題に還元されるだろうという希望を彼らは抱いていたのである。[98]

商業ラジオが自らの存在意義として立脚しているのは広告プロパガンダであり、それは政治的なプロパガンダと形式においてほとんど違わない。政治的プロパガンダと同じく、巧妙に人の信念や行動を服従させるようにデザインされている。放送プロパガンダについて思考していたニューディール時代のアカデミックな批評家たちは、このような結論に遅かれ早かれ到達した。[99]「多くの人間を操作するテクニックはビジネスの世界で発達し、我々の全ての文化に浸透していった」とポール・ラザースフェルドは述べている。[100] キャントリルとオールポートも、歯磨き粉やソファの商業プロパガンダとヒトラーやコフリンによる政治的プロパガンダを区別しなかった。[101] このように黎明期にある社会科学分野としてのプロパガンダ批判が自由主義的、左派的な色彩を帯びていたことには、必然的な理由があった。「プロパガンダ」というカテゴリー自体が、商業的説得と政治的説得のテクニックの関係性について考えさせる引き金となっていたのである。

放送事業者たちは、ラジオ聴取者についての相矛盾するストーリーを維持しなくてはならなかった。彼らはリスナーや政治的指導者に対して、アメリカにおいてはリスナーの嗜好が放送内容を決定づけていると主張した。実際、ラジオファンの雑誌に寄せられた手紙からは、熱心なラジオリスナーたちが自らの役割を受け入れていたことが見て取れる。[102] 一方、潜在的な広告主にアピールする際には、放送事業者は自分たちの説得能力を強く押し出した。一九三五年にCBSが広告主に向けて発行したパンフレットでは「一〇回のうち、七回から九回、人々は言われた通りに動きます」とうたわれている[103]。この広告の補足が『*Broadcasting*』誌に掲載されているが、そこでは、何を食べるべきかについての広告主からの提案に対して、アメリカに住む家族がいかによく反応するかが説明されている。NBCの社長、レノックス・ローアは、一九三八年に合衆国商工会議所で講演した際、ラジオが「知性だけでなく、感情にも訴える魅力」を持っていることを強調した。彼はごく普通のアメリカの家族生活を描いた昼の連続番組で、庭に植物を植えるエピソードを流した際のことを語っている。一〇セントを送ってくれれば、番組内のキャラクターが「自分のアサガオの種」を分けてくれると、アナウンサーがリスナーに呼びかけたというのだ。「聴き手の感情の動きを分析すると面白いのですが」とローアは次のように続ける。

聴取者たちにとって、物語の中の登場人物たちは、隣に住んでいる人と同じくらいリアルで、生きているのです。アサガオの種や庭は、作者によって創られたフィクションであり、それを役者が読み上げているにすぎないなどということには、彼らは思いいたらないのです。もし実際にそんな庭があったとしても、リスナーたちの愛する登場人物たちはリスナーの欲求を満たすことはできません。しかし、卸売り業者から仕入れた種は、スタッフによって送り届けられるでしょう。リスナーたちは手紙を書き、一〇セント硬貨を同封した封筒を送るという複雑な作業をするよう、動機づけられました。感情的な魅力がそれほどに大きかったからです。その結果、一〇〇万枚以上の一〇セント硬貨が送付され、一〇万ドル相当のアサガオの種が送り届けられました。

ローアはネットワークの時間を買ってくれる潜在的な顧客に対して直接訴えかけたのである。その際、ネットワークのリスナーたちを、放送上の聴覚的なフィクションに対して分別のないカモとして描き出すことに彼は何の良心的呵責も感じていなかった。

登場人物に対するリスナーの関心が非常に強く、彼らの生活の一部になっていました。そのため、リスナーたちの耳に入る言葉が、普通の思考過程を飛ばして、冷たい論理のもとにある心に直接響いたのです。その結果、数枚の一〇セント硬貨が送られたのです。(104)

これが真実ならば、広告主にとっては素晴らしい話だ。しかし、市民的な関心を持つ人々にとってみれば、ラジオが持つ印象操作の力を示すこうした報告は非常に不穏なものだったのである。

ラジオの親密性

ラジオはそのメディアとしての特徴ゆえに、プロパガンダに関する議論の中心におかれていた。ラジオは外の声を家庭に届け、人々がリラックスしている時間に語りかけることを可能にした。これまでに何度も裏づけられてきたことだが、一九三〇年代における最も偉大な発見の一つは、ラジオが親密性のメディアであるという事実だ。ラジオはマスとしてのオーディエンスに語りかけるが、それは合衆国中に存在する、小さな集まりやリビングルームにおいて聴取される。NAB（全米放送事業者協会）会長のネヴィル・ミラーは一九三九年の演説で、ラジオ特有の性質について、次のように誇らしげに語ったという。

ラジオはあなた方の家庭内にいる訪問者です。ラジオは説得的で、おだて上手でかつ威厳も持ち合わせており、常に親しみを持てる、まるで人間のような存在なのです。そしてそのラジオが発する言葉は何百万という数の人々に同時に影響力を発揮します。(105)

セシル・B・デ・ミルもまた、一九三八年にラジオの親密性について論じている。「ラジオはあらゆる媒体の中で最も親しみが持てるものだ」と彼は言う。

ラジオは私がこれまで経験した中で最も身近なコミュニケーションの道具だ。それゆえに、我々は非常に大きな責任を負っている。というのも、我々はリスナーの家庭に入り込み、自分たちの織りなすスト

ーリーを聴かせるために、暖炉の周りでその家庭生活に参加することになるからである。(106)

広告主たちによってなされた重要な発見は科学的ではなかったが、実用的なものではあった。その発見とは、ラジオの説得力はその親密な雰囲気と関連しているということだ。家庭にいるリスナーたちに呼びかける際に最も効果的なのは、人間的で親密な雰囲気の声だというのである。(107) このことは、現在でも放送の教科書で繰り返し言われているが、その古典的な位置づけの割には、明確な意味はほとんど論じられていない。(108) ヘッティンガーは一九三四年、当時のラジオ広告に賞賛の言葉を送っているが、それは「良質で説得力があり、洗練された」声の調子に対してだった。彼の説明したところによれば、ラジオは「アナウンサーと個々のリスナーとの間の会話であって、一人の人間と十把一絡げにされた何百万人との間のそれでは決してない」という。(109)

広告機関が実際の番組制作に参加するようになるにつれて、放送業界の内部では、娯楽番組それ自体が広告商品の情報を消費者に届けるための、親密性に立脚した手段であると露骨に考えられるようになっていった。デトロイトのラジオ局、ＷＸＹＺは自局が昼に放送している連続ドラマ『*Ann Worth, Housewife*』を業界誌の『*Broadcasting*』で宣伝しているが、そこでは、番組の広告としての優秀さが自慢げに、そして露骨に語られていた。デトロイトの市場は競争が激しく、家庭にモノを売り込むことを困難にしている壁がある。この番組は「並外れて説得力のある」主人公によって、そうした障壁を打ち破るように、特別に設計されているというのだ。この番組宣伝のシンプルなメッセージはこうだ。

この番組を聞いた女性は必ず買う!!(110)

業界内では、ラジオの親密性と説得力は販売戦略の一つであり、リスナーに対する論理的ではなく、感情的なアピールの方法として明確に理解されていたのである。しかし、放送業界や広告業界の外部にとってみれば、これは恐るべき結論だった。

ラジオによる親密な声が持つ効果の第一発見者が広告業者たちであったとすれば、政治に関する放送でそうした発見を最も有名な形で利用したのはルーズヴェルト大統領だった。彼は公式な演説調の語りだけではなく、「炉辺談話」を用いて、全国の聴衆に対して「友人たちよ」と呼びかけたのだ。しかし、邪悪な指導者がこうした親密で魅力的なテクニックを用いていたならどうなっていただろうか？　一九三〇年代のプロパガンダに関する議論はほとんど恒常的にこうした諸刃の剣ともいえる可能性に依存して展開していた。このテクニックを民主的で温和な商業利用だけに制限することができるかどうか、そうするためにはどうすればよいかについて考えていたのである。

一九三〇年代の放送プロパガンダに関する議論において、ラジオは暴力と威圧ではなく、魅力と説得による政治的支配や統制の技術として語られた。ラジオの力と危険性は公私の境界を突き抜け、それを破壊しさえする点にあると理解されていたのだ。ラジオは政治方針のスローガンも、セールスマンの耳障りな宣伝文句も、大衆演劇の下品なジョークも、突然の自然災害に関するニュースも全てリビングルームに運んできた。ラジオは最もリラックスしたプライベートな時間に、家庭にいる家族の成員たちに対して語りかける親密性の媒体だった。ラジオの親密性は成長への希望や計画と同時に、誘惑と危険も運んできたのである。[111]

ラジオにおける親密な語りの持つ重要な役割を発見したのはアメリカの放送事業者だけではなかった。チェコのある放送関係者は一九三八年に国際会議でいかに「リスナーたちが自分自身に対して呼びかけているように聞こえる話に対して敏感であるか」を語っている。

> そうした呼びかけとは「私が思うにあなた方は……」とか「タトラスのリスナーのみなさん」とか「モラビアでお聴きのみなさん」などです。このことは逆に、演説調の形式があまり効果を発揮しない理由でもあります。[112]

アメリカの放送産業のリーダーや娯楽番組の制作者、政治的指導者たちはみな、これに同意した。時として恐ろしいラジオの力は、親密性の産物だというのである。大衆に呼びかけながらも、親密で個人的なものとして体験されるラジオ技術が持つ潜在的な影響力は、非常に強力であるように見えていたのだ。

知識人のプロパガンダに対する懸念は、無数に表明されており、『世論(*Public Opinion*)』や『幻の公衆(*The Phantom Public*)』で世論と民主主義について論じたウォルター・リップマンの知見にまで遡ることができる(詳しくは第四章で論じる)。科学的な政策立案を行なうエリートが、公的利益に最もかなうと考えている政策に関して同意をとりつける際にプロパガンダは有用だと、リップマンは考えていた。

合意を作り出すための知識は、あらゆる政治的算段を変化させ、政治的前提の修正を促すだろう。(113)

ジョン・デューイはこれに対して、一九二七年、『公衆とその諸問題(*The Public and Its Problems*)』を著し、近代における公衆の知性と民衆による統治の成長可能性を弁護している。この二人の雄弁な自由主義的知識人による論争は、世論とその操作に関する議論の歴史において、最も有名なものとして位置づけられてきた。彼らはこうした議論の二つの要素を代表するようになっていったのである。デューイ派の伝統は、プロパガンダに対して批判的になるよう公衆を教育するという試みにつながる。一方リップマン的伝統は、プロパガンダは避けられないもので、むしろ近代社会にあっては望ましい機能すら持っており、だからこそ、良い目的のために使われるべきだという信念につながっている。

プロパガンダに関する思想を研究する歴史家によれば、一九四〇年代までのアメリカでは、リップマン的伝統が勝利をおさめていたという。(114)しかし、ラジオの市民的パラダイムの時代において重要な点は、アメリカのラジオシステムが、それ以前から常にこれら両方の考え方を持っていたということだ。リスナーに影響を与える方法に対する関心と、批判的でプロパガンダに耐性を持ち、自己陶冶のできる人間を生み出すという市民的目標の両方を保持していたのである。個人が放送で聴取した内容に説得されることの根拠は、ラジオの健全経営の生命線だった。しかし、一九三〇年代の多くの時期においては、アメリカン・システムの公的、政治的正当性を維持するために、個人の意見形成が放送プロパガンダの猛攻にあっても生き延びるという根拠も死活的に重要だったのである。

従順な「能動的ラジオ聴取者」

ラジオは公私の区別に問題を引き起こし、複雑化させてしまうと長らく考えられてきた[115]。文化は必ず混乱や曖昧さに直面し、そのたびに規範を強化したり改変したりすることで、それらをルールの中に囲い込む[116]。これは、メアリー・ダグラスがかつて主張したことだ。テクノロジーとしてのラジオの危険性は公私の区別を取り払ってしまうことから生じている。アメリカ政府はFCCという機関を通じて、商業放送界を、特殊かつ目立った形で市民的役割を担うものへと作り変えようとした。その背景には、公の声を私的空間に届けるラジオの能力に対する懸念があった。放送技術は公的生活と私的生活の関係性についての考え方に、革命的に新しい可能性を与えた。放送という一方通行の大量送信技術を、人々を隷属させるためではなく、個人主義を生み出すために用いることができるとしたらどうだろうか？　大量送信が作り出す個人主義が生まれるのではないだろうか？　この新しい装置はより良く、より民主的で、より参加しやすい市民生活を可能にする。そしてそれは強化された個人主義を基礎に打ち立てられる。合衆国では多くの人々がこのような希望を共有していた。

合衆国のコミュニケーション研究において、一九三〇年代は主にプロパガンダ理論にとって重要な時期として思い起こされてきた。プロパガンダへの恐怖は想起されても、それに対する対応は忘れ去られてきたのだ。それゆえ、我々は一九三〇年代の人々が、実際よりもずっと無防備でだまされやすかったというイメージを抱き続けてきた。一九四〇年代のメディア研究者たちはマスコミが受け手に対して「限定的な」影響しか与えないという限定効果論を発展させたが、そのことによって、一九三〇年代の学者たちがプロパガンダや「皮下注射モデル」を信じていた度合いを誇張してしまっている。一九二〇年代、三〇年代には、メディアの受け手は極端にプロパガンダに弱いという一般的かつ単純な議論しかなかったという考えが、戦後のマス・コミュニケーション研究に埋め込まれてしまっているのだ。たとえば、カッツとラザースフェルドは一九五五年に発表した『パーソナル・インフルエンス』の中で、大胆にも次のように主張する。一九二〇年代、三〇年代のプロパガンダ批判者たちは「メディアが発する全てのメッセージは即時的な反応を引き起こす直接的で強力な刺激である」とみな一様に考えてきたと。(117)

一九七〇年代以後のメディア研究やカルチュラル・スタディーズにおける受け手に関する議論は次のような問いに還元される。すなわち、「放送メディアは受け手を受動的にしてしまうか、それとも批判的、能動的かつ、対抗的なオーディエンスにするのか」という問いである。オーディエンスは元来受動的ではなく、能動的であるという主張は、一度は正統なものとして認知されたが、歴史的に限られた時期の議論としては通用しても、より単純化し、いつの時代も変わらない真理の地位を占めるには弱すぎる。(118)また、能動的聴取者という願いにも似た主張は、しばしばかつてあった思想のカリカチュアに依存しており、悲観的なフランクフルト学派の大衆文化論の影響下にあって、それを誇張することによって成立している。たとえば、受け手研究を集めた近年のとある論集は、既に伝統的なものとなった系譜をそのままなぞっている。その論集によれば、「大衆社会や大衆文化に関する論文が現れたのは、一九二〇年代、三〇年代のこと」だという。当時、フランクフルト学派は「文化は受動的で影響されやすいオーディエンスに対して「上から」押し付けられるもの」だと主張しており、受け手研究における強力効果論派は「皮下注射モデル」を提唱し、受け手は「直接的にメッセージを流し込まれる存在である」ことが前提とされていたと説明しているのだ。(119)

こうしたストーリーは現代における能動的聴取者論の系譜を正当化する役割を担っているのだが、歴史的には全く正しくない。メイロウィッツは「一九二〇年代に流行した古い「皮下注射」モデルは既にほとんど全ての研究者から打ち捨てられてしまった」と述べている。(120)実際、最も単純な意味での受動的聴取者論を本当に信じ込んでいた者が存在したか否かということに関しても強い疑問が投げかけられてきたのである。おそらく皮下注射モデルとは、ラザースフェルドらが、ライバルと自分たちの限定効果論の違いをより劇的に見せるために用いた架空の存在だったのではないか[121]。それは従来からあった観念をまとめたものであって、誰か特定の人物が定式化したものではなかった。チャフィーの言によれば、皮下注射モデルは当時の常識から抽出されたものであり、「ヨーロッパにおける急速かつラディカルな政治的変化という目に見える事象」に説明をつけるためのものであったという[122]。一九三〇年代における多くの事柄から見えてくるのは、一九四六年にロバート・K・マートンが言ったように、ラジオが「大衆に対する即時的な説得行為」を生み出したということだけだ[123]。しかし、マートンやラザースフェルドなどを含む一九四〇年代から一九五〇年代における ラジオ研究の先駆者たちによって提唱された限定効果論パラダイムによって、ある世代は誘導されてしまった。その世代は、プロパガンダがいつ、どのようにして聴取者に影響を及ぼすかということに対する一九三〇年代の考えを誇張し、単純化するようになってしまったのである[124]。

限定効果論はいつの時代も変わらぬ真理というわけではなく、むしろ、その頃までにアメリカが経験したことをまとめたものにすぎない。そのことをラザースフェルドはよく分かっていた。彼は、放送がいつでもどこでも聴取者に対して限定的な影響しか持たないと主張しているわけではなく、ある特定の最適な条件がそろわない限り、限られた影響しか及ぼさないと言っているのである[125]。一九四八年に発表された古典的な論文、「マス・コミュニケーション、大衆の嗜好、組織化された社会行動(Mass Communication, Popular Taste and Organized Social Action)」で、ラザースフェルドとマートンはプロパガンダが機能するための条件を三つ挙げており、このうち最低一つは満たしていなければならないと明確に述べている。その三条件とは①マス・メディアの独占状態が存在している場合、②プロパガンダが、新しい考えを提示しているのではなく、多くの広告と同じように、単に既存の考え方の「方向性を操作」しようとしているだけの場合、③放送プロパガンダが対面での接触によって「補完」されている場合である。[126]プロパガンダがこうした理想的な条件下でしか機能しないという知見は人々を安心させるものだった。結局、アメリカ人はかつて危惧されたほどには、プロパガンダに弱いわけではなく、メディアによってやすやすと服従させられてしまうわけでもないということが明らかになったのである。

我々は、コミュニケーション実践の文化史ではなく、コミュニケーションに関する思想の流れを扱った知性の歴史に目を向ける必要がある。アメリカのラジオは過去二〇年間にわたり、システマティックかつ自覚的な方法で、聴取者の受動性への対策を講じてきた。意見を形成し、行動を起こすような刺激を構造化していたのである。一九四八年の時点でラザースフェルドたちはそのことをよく認識していた。ラジオは受動性や服従を促し、信頼性のない情報をたれ流してしまうのではないか。そんな懸念にこたえて、アメリカの放送を規制する立場にある人々や公職についた人々は常に根拠を求めてきた。ラジオが社会生活を反映し、その刺激となっているという根拠を、である。一つのシステムとしてのアメリカの放送は、受動的な服従を促してしまうという危惧に対処するよう設計されていたのだ。

ブレット・ゲイリーは知識人による議論の記録を研究し、次のように主張している。プロパガンダへの恐怖は、大衆の非論理性という信念を強化し、一九三〇年代後半までに「人間の理性や知性はマス・メディアに媒介されたイメージやスローガンの猛攻に耐えられない」という認識を生み出した、と。ここから、ゲイリーはさらに推測を進める。「大衆の愚かさと強力なプロパガンダ」という発想はアメリカの公的機関に恐怖を抱かせ、「その結果、大衆の能力を非常に低く見積もる信念を生み出してしまった」というのだ。[127]しかし、この知見は、主に社会運営の一形態としてプロパガンダに関心を持っていた知識人の見方を観察してえられたものだ。ラジオ実践の研究からは、大衆やその能力に関するそれとは別の信念体系や戦略が見えてくる。それは、放送プロパガンダに対峙した際に、批判的かつ論理的な能力を発達させるための考え方である。

初期のコミュニケーション研究は大衆社会論に支配されており、大衆操作的なコミュニケーションに対する個人の耐性については非常に悲観的に見積もる傾向を有していた。そんな定説に対して、ジョン・ダーラム・ピーターズによるマス・コミュニケーション研究の思想史は、異を唱えている。ピーターズの観察によれば、一九三〇年代の放送文化は「非常に自覚的に次のような不安を払拭するよう努めていた。その不安とは、(a)互いに干渉したり意識したりすることのない聴衆、(b)一方的な情報の流れ、(c)匿名の発言について」である。[128] 一九三〇年代における「放送文化」の多くの要素が、受動的でよそよそしいマス・コミュニケーションの性質として恐れられているものに対処するよう意識的にデザインされていたというのだ。彼が言うには、放送に関して講義していた戦間期の知識人たちは「大規模なコミュニケーションの中で行なわれるやりとりの潜在的な力に注意を払って」いた。また、彼らは「ラジオのあからさまな親密性や私的空間への侵入、リスナーと対話したり、個人的な関係性を結んだりする能力に魅了されつつも警戒心を抱いていた」という。[129]

感覚として常につきまとっていた能動的聴取者の不在を克服するため、ラジオは聴取者の参加を様々な方法で演出していた。

一九三四年の通信法は、公益性という観点から放送を位置づけることによって、聴取者像を明示した。私欲のない市民的オーディエンス。それは、ラジオという技術自体が持つ、秘密の少なさに合致していたし、一連のラジオの実践に正統性を与えた。それはサーカスの系譜であると同時にギリシャのポリスの系譜でもあるというように。……ラジオが知識の普及を行なっていた短い黄金時代は、対話式討論の洪水によって、きれいさっぱり押し流されてしまったのである。[130]

ピーターズの著作は「コミュニケーションに関する考え方」に関する思想史であって、文化史ではないため、軽くしか触れられていないが、非常に示唆的で重要な一節である。ただし、私がピーターズと見解を異にするのは、アメリカのラジオが担う役割に対する見解の部分だ。彼は、ラジオの市民的役割として、理念的には、私欲のない聴衆に対して中央から知識を普及させることだと考えており、逆に、聴取者の存在を演出しようとして商業娯楽ラジオが見事に発展させた対話や親密な語りかけに対しては否定的である。その演出とは、「クルーナー唱法やリスナーへの直接的なよびかけ、ドラマチックな会話、スター同士の確執、ファンレターにファンクラブ、コンテストや販売促進のための賞金番組、ラジオコメディ」などを指している[131]。ピーターズにしてみれば、「対話式討論の洪水」はトップダウン式の知識普及という市民的な理想とは全く別物である。しかし、私の考えは違う。アメリカのラジオにおける市民的パラダイムは、パッケージ化された真実として教育や文化を普及するのと同程度に、常に個人の意見形成やそのための対話を演出することにも関わってきた。プロパガンダの時代において、理性的な市民意識の基盤として個人の意見形成にラジオは取り組んだ。そのことは、高度な知識人の間で交わされた議論の記録よりも放送実践の文化史の方がはるかに明確に語っているのである。

過去数十年に及ぶ能動的聴取者論が残した遺産の一つは、能動的な聴取者が対抗的であり、受動的な聴取者が従順であるという慣習的な理解である。たとえば、スーザン・ダグラスは、一九九二年にメディア聴取者の歴史研究に対して要求を突きつけている。その要求とは、「文化産業による画一化や自分たちを飼いならそうとする動きに、人々がどの程度黙従し、あるいは抵抗していたのか」という問いに焦点をあてることだった[132]。現代のカルチュラル・スタディーズにおけるこうした思想の流れは、少なくとも一九七〇年代のスチュアート・ホールやバーミンガム・リサーチセンターの研究にまで遡ることができる。当時のカルチュラル・スタディーズは、「能動的聴取者と思想への抵抗を結びつけ」ようとしたのである[133]。一九三〇年代におけるアメリカのあらゆる公的な放送機関は能動的聴取者になるように人々を駆り立て、そうした聴取者を生み出そうとした。これを主張することによって、能動的であれば対抗的聴取者であり、受動的であれば従順な聴取者であるという旧来の図式を修正したいと私は考えている。たしかに、能動的聴取者は個人の傾向として批判的で自説にこだわるし、それを表現しようともする。しかし、だからこそ、人々を個性化しようとするシステムの要求に対しては対抗的なのではなく、むしろ従順だといえるのである。

メディアの力に対する単純なプロパガンダ理論に回帰しようとする人々と、聴取者組織を賛美するあまりに楽観的な人々との間で、近年のメディア研究は行き詰まっている。歴史的研究はこうした袋小路を回避する方法を見つける助けになるはずだ。[134] 一九三〇年代には、メディア・プロパガンダに対する悲観的な信念と、聴取者による批判的な活動や組織に対する楽観的な信念との間にこうした単純な対立は存在しなかった。プロパガンダ理論によってリスナーの反応について強く意識させられている環境下では、聴取者の活動は多くの場合、文化的な事業の産物であると理解されていたのだ。能動的聴取者が自然発生的に生まれてくるなどとは期待されていなかったのである。たとえば、ラザースフェルドとマートンも、能動的聴取者とは作り出すもの、あるいは教育し、導くことによって生まれてくるものであると明確に理解していた。

過去の聴取者たちが自分たち自身を能動的だとみなしていたということをどのようにして知ることができるのか。当時、何百万ものアメリカ人が、放送局や政府、あるいは新聞に、聴取した番組に関する自分たちの考えを綴った手紙をわざわざ送っている。[135] 誤ったことや常識から外れたこと、あるいはマナーに反していること、反アメリカ的なことや、冒瀆的な発言が放送されたならば、それを批判するだけの価値があると考えられていた。ラジオはそれだけ重要なものだとみなされていたのである。リスナーたちは非難するために筆をとることもあっただろうし、称えるために手紙を書くこともあっただろう。しかし重要なことは、自分自身について語るために、そして聴取の雰囲気や文脈を伝えるために手紙を書いていたということだ。彼らは驚くべき数の手紙を書き送った。ルーズヴェルト大統領の「炉辺談話」に対する反応として何百万通もの手紙が届いたことはあまりにも有名である。[136] 当時進行中だった不景気の改善度合いを知らせるために、ルーズヴェルト大統領や様々なニューディール機関がラジオを用いたことは、政府にとって新しい利用法の発見でもあった。「ラジオは参加民主主義のための装置として台頭した」のである。[137] ルーズヴェルトは一九三三年七月の炉辺談話で次のように語った。

アメリカ人は自分の力でこの不況から立ち直れるかどうかと問われれば、「彼らが望むならきっとそうなるだろう」と私は答えます。

この言葉は返答として、個々人が行動を起こす意思があるというある種の宣誓を要求しているように見える。初期の炉辺談話は刺激的であった。そのため、多くのアシスタントを雇わねばならなくなるほど、大量の手紙が殺到した。一九三三年の三月だけで、五〇万通もの手紙が大統領にあてて書かれたのである。それらはしばしば、大統領への私信であり、書き手自身の体験が綴られていた。

一九三一年にCBSがデトロイトの「ラジオ司祭」チャールズ・コフリンに政治的話題について扱うことをやめさせようとしたときには、「検閲」を批判する手紙が一二五万通も届いたという。一九三三年まで、彼は一日に一万二〇〇〇通もの手紙を受け取っていたといわれている。その手紙に返信するため、一九三五年まで彼は一五〇人もの速記者を雇っていた。当時のコフリンはアメリカで最も多く手紙を受け取っている人物だったという(138)。一九三五年の放送の後、ヒューイ・ロングも一日に八〇〇〇通から一万五〇〇〇通の手紙を受け取り、手紙を開けてスピーチのコピーを求める人々に返信するために、少なくとも一二名のスタッフを雇っていたといわれている(139)。一九三八年までに、番組に関するリスナーからの意見として、六〇〇万通を超える手紙を受け取り、五万通の電報が届いたとNBCは発表している(140)。

これらの事実はよく指摘されることではあるが、教科書ではここからほとんど何の結論も引き出してはいない。ここで私が主張したいのは、ローカル・ラジオもネットワーク・ラジオも、ともにそれぞれのやり方で聴取者たちを、発言し、聴いたものについて批判し、自分たちが何をどのように聴いたのかを文章化するように仕向けて行ったということだ。実際、多くのラジオ番組は、聴衆たちが個人的な意見を持ちやすいようにデザインされていた。それは、ソープオペラのキャラクターが陥っているジレンマについてであったり、ポピュラー音楽に関するものであったり、はたまた公的な問題についての意見であったりした。ラジオファン向けの雑誌では、番組に対する個々人の意見を表現させるために投書欄を設けていた。既存の情報や考えに刺激を受けながら、個人の責任ある意見を形成することは、近代民主主義の中で暮らす市民が持つ義務の一つであった。放送産業の擁護者で、ＮＢＣのコメンテーターも務めたウィリアム・ハードが放送事業者の「最も高潔な義務」について次のように記述した時、彼は放送のアメリカン・システムというイデオロギーの正統性を主張する議論を見事に概括していた。

あらゆる学派の人間を自分たちのスタジオに招き入れ、彼らの正説、あるいは異説を聴取者に伝えることを許容することである。リスナーたちは自身の考え方を自分で決めるのだから。(141)

この思想こそ、ラジオの規制や番組構成、リスナーたちの自己理解を特徴づけるものだ。

こうした考えに基づくラジオモデルにおいては、ラジオの影響力は画一性ではなく、個人主義を創りだすために用いられ、受動性ではなく、能動性を生み出すために行使される。広告ですら、リスナーたちを盲従させるのではなく、一見よく似た製品に対する強い意見を持つ方向へ導くようにデザインされていた。ニューマンによれば、広告主たちは受動的ではなく、能動的な消費者を求めていた。自分たちが聴いたことをもとに、積極的な動機で行動する人々、そうした心構えのできた聴衆を欲していたというのである。(142)

このように、批判的で独立した市民の形成に放送が果たす役割は、恒常的に強調されていた。それゆえに、アメリカ人は自分たちのラジオに対して娯楽だけではなく、市民的、教育的な役割を期待するようになっていったのだ。一九四五年の調査によれば、毎晩の放送で、最低一本は「真面目な、あるいは教育的な」番組が必要だと答えた人の割合は七四パーセントに上っている。すなわち、「公的な事柄に関する議論は放送のアメリカン・システムが持つ、最も特徴的かつ印象的な性質の一つであるという一般的な合意」が存在したのである。(143)

ラジオの市民的、教育的な役割は、自覚的に意見を形成するリスナーを生み出すことと必ずと言っていいほど結びつけられて理解された。ラジオの役割は、放送による多様な意見や情報に触れ、自身で批判的な評価を確立する個人へと帰着するのが常であった。

とはいえ、ラジオによって人々が机上の空論を弄ぶ受動的な存在へと堕してしまう危険性に、多くのアメリカ人は気づいていた。ラジオに投書することは、当時にあって、そうした見方に対する自覚的な反論の意味合いを持っていたのだ。

一九三〇年代におけるリスナーの投書を、マスコミの画一的なメッセージに対して抵抗する能動的な聴衆が存在した根拠として、単純に引き合いに出してしまうのは誤りであろう。そうした見方は、当時の出来事との恣意的な関連づけが、分析され、構成された歴史的事実にすぎないということを認めず、現在の分析視点をそのまま過去に適用しているという点で非歴史的である。一九三〇年代のリスナーたちがラジオ局に手紙を送ったとき、それが称賛であるにせよ、批判であるにせよ、彼らはラジオによる大衆への要求に批判的であったのではなく、むしろラジオからの要求に服従していたのだ。「自分自身や自分の聴いたもの、それに対する意見に反応し、責任を持て！」「自分自身を自覚的に個人として、そして人民や聴取者の一人として位置づけよ！」そうした要求に忠実だったのである。これらの手紙はロヴィグリオの正鵠を射た表現を借りれば、リスナーたちの投書が持つ「自己言及的で、自分のことを要約して表現するよう」な性質を根拠づけるものでしかない[144]。

リスナーたちは手紙を書くだけではなく、彼らに自分たちの聴取行動に関して話したり、書いたりする場を提供するための組織にも参加した。一九三七年、WNRC（女性による全国ラジオ委員会）は、全国で一〇〇〇万人の女性が自分たちの組織に加入しており、彼女たちがこの会の「ラジオプログラム・オブ・ザ・イヤー」の投票にも参加していると発表した[145]。リスナーたちは政府やコメンテーターたちにも手紙を書き送った。ラジオが生み出したように見える、こうした市民と政府の新しい関係に彼らは驚嘆し、次のように記述している。

リスナーは階級や時間や空間といった意識によって押しとどめられることがない。民主主義の中の市民として、国中の役人に自分の嘆願や要求を送り付けることに躊躇がないのだ(146)。

リスナーたちは自分たちがラジオで聴いた出演者たちに対して、彼らが誰であろうと、どこにいようと自由に手紙を書き、自分の意見を聞いてもらっているという確信を持って、感想や反応を表現した(147)。自分たちの書いたものが放送の最中やそのすぐ後に取り上げられるというこの新たな同時性によって、アメリカのリスナーは自分たちが、空間を越えて流れる放送によってリアルタイムで世界に関わっているという感覚を抱いていたのである。

プロパガンダに対する不安が蔓延する時代にあって、アメリカの放送業界にいる多くの人々や機関が、それとは逆に機能する放送システムを作り上げていった。アメリカの放送システムの方向を決める立場にあった人々は、放送というマス・メディアが、政治的な事柄であれ、消費行動であれ、信念の画一化や同質化を創りだすことができると意識していた。彼らはそのようなラジオをアンチ・プロパガンダの機械として位置づけようとした。放送によって一斉配信されたメッセージが、個人的に受けとめられ、解釈されることを保証するよう意図していたのである。ラジオ的公共圏は理性的かつ多元的でなければならない。プロパガンダと闘うために、理想的なリスナーたちは、批判的に反応しなければならないが、同時に、原理主義や偏見と闘うためには、彼らは他者の考えに対して共感的で寛容でなければならなかったのである。

規制が生んだもの

市民的パラダイムは政府による規制の産物である。一九三一年当時、ジョン・リースはアメリカの放送が「制度の不足」に足を引っ張られていると考えていた。彼の考える制度とは、「健全な人々の社会活動を守る」という責務を担った安定した制度を指している(148)。とはいえ、アメリカのラジオに対して明確に影響を及ぼしている制度や規制は存在していた。トーマス・ストリーターの主張によれば、アメリカの放送を純粋に商業的な事柄とみなし、社会的、政治的規制の不在によって成長したのだと考えることにはほとんど意味がない。アメリカの放送は「熟考の上に展開された政治活動の産物であって、そうしたものの欠如によって生み出されたものでは決してない」という[149]。

アメリカの放送システムが持っていた市民的目標は、おそらく計画的なものである。アメリカにおける放送システムは一九二七年から一九八一年までの間、規制によって制御されていたからだ。この規制体制の中核には、政府が放送の市民的影響について判断を下す能力があり、それゆえに「公共の利益に」奉仕するであろう放送セクションを構築する決断をも下せるという前提があった。放送事業者はこうした公共の利益への要求に服従するかわりに、自分たちのマーケットへの新規参入者を阻む障壁や、納税者によって支えられる公共放送の不在という見返りを与えられたのである。したがってラジオにおける市民的パラダイムは、アメリカの持つ高潔な精神が自然に開花したものなどではなく、政府による干渉と規制の産物なのだ。市民的パラダイムが生まれたのは政治過程の結果であり、それは規制のシステムが機能することによって現実的な影響力を発揮したのである[150]。

こうした公共の利益に基づく規制体制は、近年、他のものに取って代わられているため、現在ではその歴史を比較や回顧の視点から記述することができる。政府機関が公共の利益を認識しているという前提は、現在ではほとんど打ち捨てられてしまったように見えるからだ。新たなコミュニケーション・サービスのライセンスは、一九八一年からはくじ引きで決められるようになり、一九九四年以降は競売にかけられるようになった。商業放送の認可をめぐる争いを解決する手段として、競売は、ヒアリングや公共の利益に基づく評価といった古いシステムよりも「スピーディーで公平な」方法であると、FCCは一九九九年に改めて明言している[151]。二〇〇四年には、FCCは二五八ものFM局開局の許可をめぐって大規模な競売を催した。その際、彼らは次のように説明している。

ヒアリングやくじ引きよりも競売の方がライセンス

を効率的に配分できる。[152]

放送を理解し、規制するための基準として、公共の利益と私的財産が長らく葛藤を続けてきたが、ここにおいて、その尺度は明らかに後者の方に大きく傾いてしまった。[153]二〇世紀終わりに起こったこうした一連の出来事は、一九三四年の合意が放送の自由市場に完全な勝利をもたらしたわけではないことを逆照射しているのだ。

誰が勝利したのかという結論を急ぐ人々は、放送の認可に関する詳細を見逃してしまうかもしれない。それは、より大きな図式の中で長い目で見た時に意味を持ってくるものだ。アメリカにおけるラジオの黄金時代を生み出したのは、広告との協力関係だけではなく、政府による規制でもあるということを理解することの重要性。本書はこれを主張したいのである。FCCの役割を理想視したり、誇張したりするつもりはない。複数の論者が指摘している通り、FCCは多くの点で欠点を抱えた非効率的な規制主体であった。FCCが多くの放送事業者から深刻な相手として意識された理由の幾分かは、むしろその政治的影響力に対する脆弱性や内部で繰り広げられる思想的暗闘にあったといえる。FCCは放送事業者が「公共の利益」に基づいて活動することを保証することを使命としていたが、その解釈は常に揺れ動いており、予測がつかず、それゆえに潜在的に危険な存在だったからである。[154]

アメリカ政府の放送に対する規制は、重要かつ有益な効果を目に見える形で生み出していた。こうした役割は、左右どちらの立場からも過小評価されがちである。左派はその脆弱性や産業界に取り込まれている点を嘆き、右派は自由市場の覇権を言祝ぐ。両者に共通するのは、政府による規制の相対的な弱さを強調していることだ。

経済合理主義者による歴史記述は、次のような認識を擁護する方向へと発展してきた。すなわち、開かれた市場における最高額入札者に放送のライセンスを売ることこそ、放送システムを運用する上で、最良かつ最も公平な方法である、と。それはあまりに明白なことであり、残された歴史的説明を要する難問は、こうした基本的な事実に人々がたどり着くまでになぜこれほど時間がかかったのかという点だけであるという[155]。

一般に法学者は、ラジオの領域において財産権という概念が一九三〇年代までは発達していなかったと結論づける[156]。しかし、そうした議論は記録の中にたしかに存在している。その証拠に、一九二七年と三四年の条文の中で、放送ライセンスが与えるものは周波数の使用権であって所有権ではないことが明記されていた。それは実際のところ、当時あった要求や期待に対する返答であったといえる[157]。ラジオ局を高額で売買すること、すなわちライセンスを黙って売却することに対して規制する側が絶えず懸念を抱いていた。この事実も、財産という考え方がむしろ一般的であり、一九三〇年代に規制する側がそれを拒絶していたことを証拠立てている[158]。ネットワークの指導者たちは、「公共の利益に基づく認可制度」という考えを含んだ公的議論と、常に注意深く歩調を合わせていた。財産権についてオープンに議論したのはやや慎重さを欠いた放送の利益関係者だけである。WGNというラジオ局のオーナーであった『*Chicago Tribune*』は、既存のアメリカの認可制度に対して保守の立場から異を唱えた。財産権について次のような議論を展開したのだ。

それぞれの周波数帯を発見した人は、それに対する自然権を持っていた。その自然権が現在の所有者に委譲されたのである。

売買することによって、「周波数帯が、リスナーの要求にこたえた放送をできる人間の手に渡る」ことが保証される[159]。『*Chicago Tribune*』はそのように主張したのだ。このように、財産としての放送ライセンスという考えを公然と擁護した議論は、一九三〇年代終わりには、比較的珍しいものだった。このことは、当時、市民的パラダイムが支配的であったことのさらなる裏づけとなる。一九三〇年代において、放送事業者の権利はリスナーの権利よりも重要であると公然と主張することは難しかった。それは、一九三四年の合意のためだけでなく、リスナーがプロパガンダに対して脆弱であるという当時広く共有されていた信念のゆえでもあった。

代表性という約束

公共サービスとしての放送をめぐる議論が続いている間に、それに対抗する、ラジオやその聴衆に関する考え方のモデルが一定の合意を得て、公的な主張として地盤を固めつつあった。代表性モデルがそれである。代表性モデルによれば、放送事業者の責任は、全ての人間がラジオへアクセスできるようにすることではなく、ラジオに地域コミュニティの多様性を代表させることにある。このモデルを体現した最も有名かつ、強い影響力を持った初期の文書は、ＦＲＣによる一九二九年の「*Great Lake* decision」である。ＦＲＣはまず、儀礼的にコモンキャリア・モデルに言及することから始めている。そこで主張されているところによれば、「放送局は政府によって定められた割合に応じて、あらゆる人を偏見なく平等に受け入れ、その主張を伝えなければなら」ず、「この義務は全ての公衆がリスナーに伝えたいと思うあらゆる内容にまで拡張される。その内容が音楽であれ、プロパガンダであれ、朗読や宣伝、その他であれ、同様である」という。しかし、こうした状況を誰も容認できるはずはなく、非現実的でもあった。「何千もの新たな放送局」が、「自分の主張こそはマイクを通して放送されるべきだと主張する」全ての人々の要求にこたえねばならなくなるだろうし、リスナーたちは番組選びにあたって、「解決不能な難問」に直面することにもなるだろう。

このオープン・アクセスモデルをきれいさっぱり捨て去ったことで、ＦＲＣはその放送政策において、メッセージの送り手よりも受け手に力点を置かねばならなくなった。リスナーの地位向上は決定的かつ、創造的な調停方法だった。それはまもなく、ラジオによる公共圏を拡張し、大きな影響を与えることとなったからだ。代表性モデルは、公衆の定義を演者から消費者へ、そして潜在的な送り手から受け手へと変更した。しかしこのモデルは、リスナーたちをその役割の中に閉じ込めることによって、彼らに広大かつ野心的で論争的な、しばしば迷惑ですらある権利を付与することになった。その権利とは、自分たちの社会に存在する一つ一つのコミュニティを代表した放送の全てを聴く権利である。ラジオは電報や鉄道のような誰もが使える移送手段とみなされるべきではなく、電気や水のような「生活必需品を全ての人々に供給する」インフラに近いものとして捉えるべきである。FRCはそう声明を発表している。放送の公益性の中心にはリスナーが置かれ、彼らには代表性を持った放送を聴く権利が与えられる。それゆえに、「対立する意見同士の自由かつ公平な議論を十分に聴く」ことが要求される。また、放送事業者は「放送の流れる地域にいる全てのリスナー」に向けた番組を作る必要があっただろう。それは、「地域にいる全ての小集団が持つ嗜好、必要性、欲求にこたえねばならない」ということを意味した。そのためには「一定の割合で番組を回す必要がある。クラシックと軽音楽を含む娯楽番組、宗教番組、教育番組に、重要な公的なイベントや公的な問題に関する討論、天気、株価情報など家族の全てのメンバーにとっての関心事が放送の中でどこかしらの位置を占めるようになった」のである。このような代表性に依拠した番組構成は、特定の見方に偏った「プロパガンダ」放送とは鋭い対照をなしていた。プロパガンダ放送局は、「公的な問題に関する議論という最も有益なものと決して相容れない」ものだったのである。(160)

幾人かの歴史家が指摘するところによれば、一般性と代表性を備えた放送スケジュールを良しとするこうした政策は、一つの局が特定のグループを代表することに抵抗するものであり、FRCが宗教団体、民族団体、労働者団体その他の非営利組織によって運営される放送局よりも商業放送局を好んだ大きな理由の一つであるという。(161)

しかし、多くの歴史記述の中で言及されてこなかったのは、この取引の別の側面である。誰もが使える移送手段という地位に置かれずに済むかわりに、商業放送局は、自分たちが実際に万人向けの番組を放送していることや社会的多様性を代表しているということを示し続けなくてはならなくなったのだ。すなわち、公的には、ラジオの正統性は代表性モデルに依拠していたのである。

FCCも自分たちの決断を正当化するために繰り返しこの哲学に言及した。たとえば一九三八年に、ピッツバーグに外国語放送が必要ない理由の説明として、FCCは次のように繰り返した。ライセンスを受けた人々は、自分たちの放送局を「全ての社会集団、およびあらゆる思想を持った人々」が人種や信仰に関わりなく、公正かつ平等に利用できるように運営している。それは「面白く、かつコミュニティ全体の公衆の利益に資するよう、バランスよく作られた番組構成によって成立している」のだ。こうしたことは、「放送のアメリカン・システムがこれまで首尾よく積み上げてきた実践の本質」である。[162] FCCはそう主張したのだ。

放送に対するこうした期待は、一九三〇年代のアメリカにおける放送規制に正統性を付与していた。そうした発想が生まれてきたのは、ある面で、アメリカが抱える特有の文化的、政治的な問題に起因している。厳密に言えば、それは過大な要求を放送事業者に課すものだったのだ。代表性モデルは、教育や宗教および労働者や地域コミュニティに対して放送機関への直接的なアクセス権を与えるという考え方よりも、多様かつ複雑な問題を提起した。市民的パラダイムの核心的な構成要素として理解して初めて、このモデルの真の重要性が明らかになる。市民的パラダイムにおいて、多様性は決定的に重要だと認識されていた。それは少ない放送時間しか与えられない小さな社会集団にとってだけではなく、全ての公衆にとって重要だと理解されていたのである。多様な番組に触れることによってこそ、公衆が得られる利益は最大化されると考えられていたからだ。

これは一九六〇年代以後に現れてくる「多文化主義」とは明らかに異なる。一例を挙げれば、外国語放送の重要性について、FCCは常に「アメリカナイゼーション」にとって望ましいかどうかという観点から理解しようとしているように見える。真のマイノリティに対してFCCが示す理解や共感には明らかに限界があった。しかし、私はそのことを強く主張したいわけではない。むしろここで強調しておきたいのは、番組の多様性が本質的に「公共の利益となる」という論争含みの原則にFCCが固執していたことだ。この原則はマイノリティに対する深刻な強制となった。ラジオを通して発言したいその種の話者たちは代表性があるだけでなく、全ての公衆から面白いと評価されなければならなかったからだ。コミュニティの多様性が電波にのり、一定の正当性を帯びたあらゆる思想がラジオの上で次々に流れる状況は、今やマイノリティのためだけではなく、全ての公衆の利益のために維持されるべきものになっていた。ハーバーマスの言葉を借りれば、ラジオは一つの巨大な公共圏を形成するよう要請されていたのであって、複数の小公共圏群を作ることを求められていたわけではなかったのである。

ラジオ改革論者たちは、ラジオの送り手側としてはあらゆる局面で敗北した。ラジオへの平等なアクセス権や放送する権利、誰もが使える情報の入れ物としてのラジオの地位。これらが確保される保証はどこにもなかったのである。そのかわりに、ラジオ放送の多様性は消費者の権利として確立されたものになっていった。

一九四一年のメイフラワー放送会社のケースでFCCが下した判断は、放送局自体の意見を放送に反映させることを認めなかった一つの象徴的事例として最もよく記憶されている。それは、「重要な公的問題について、あらゆる立場の意見を公平かつ客観的に偏りなく」聴くことができるというリスナーの権利を強く主張するものでもあった。[163] このラジオ上での社説の禁止は、最終的に一九四九年、FCCの公平性原則によって覆されることになる。この原則は、放送事業者に対して、公的な事柄に時間を費やすことを求めるものだったが、マイノリティがその声を電波にのせる権利は保証されておらず、次のようなことが定式化された。

自由な社会に生きる公衆の最も重要な権利は、コミュニティを構成する様々なグループにとって重要で、かつ論争含みの問題に関する色々な態度や視点を知り、またそれらに対する賛否を表明することができるということだ。[164]

この言葉の中にある「知り」という部分の意義は大きい。ここでいう「公衆」は、オーディエンス、あるいはラジオの消費者としてイメージされているのであって、送り手ではないということを示しているからだ。話す権利ではなく、「表明する」権利となっているのはそのためである。公平性原則は、当時イメージされていた市民的パラダイムを成文化した。それは、多様性のある社会の全てを含んだ存在というラジオの理想を政策的に強化しようとする試みだったのである。

あらゆる考え方を聴く権利というのは、一九二〇年代から三〇年代にかけて議論された選択肢の中で、多くの観点から見て最も穏健な結論だった。しかし、それは左派や進歩主義者たちのラジオに関する運動における焦点となったし、一九八〇年代までには、大きな政府を押し付ける極端な進歩主義だとみなされるようになっていった。そのため、レーガン時代に、FCCはこの公平性原則を放棄することになる。(165)

公平性原則があらゆる教科書に登場するのとは対照的に、より歴史が長いはずの代表性モデルが言及されることはそれほど多くない。しかし、ここで私が主張したいのは、代表性モデルこそは放送事業者と政府による駆け引きと妥協の最も重要な部分であるということだ。放送事業者は公益事業として位置づけられてしまうことを回避した見返りに、多様性を代表し、市民的パラダイムに準拠しているという体裁をとり続けることを求められた。そしてその市民的パラダイムにおいては、多様な意見を聴くことが、市民的美徳として理解されていたのである。

中央の規制が強化した地域性

一九三〇年代には、受動的な聴衆ではなく能動的な聴衆を良しとする考え方が非常に力を持っていたため、ラジオに対する政策は、専ら全国的な聴衆よりも地域的な聴衆に向けられたものとなった。この時期のラジオに対するアメリカの規制で最も重要なものは、地域性に関する政策である。新しいライセンスの申請者は、自分たちが新手の娯楽形態を念頭においているのではなく、まだ他の放送事業者が提供していない種類の地域的な公共サービスを行なおうとしているということをワシントンのFCCに納得させなければならなかった。著名な人物を呼んだり、地域の才能ある人材や意見を発掘したりしているうちに、ラジオは現代の民主的な統治システムの一部になっていった。そうしたシステムは、独立性があり、自律的かつ合理的で、意見を持ち、それを他者と交換するような個人やコミュニティを必要とした。そのような性質を持つ個人やコミュニティは代表制と相性が良いからだ。市民的パラダイムはある面で、ラジオと地域コミュニティの関係性について共有されていた一つのフィクションである。しかしそれは合衆国の放送を作り上げたフィクションでもあった。

急速な中央集権化のテクノロジーとして存在したアメリカのラジオが、地域ベースのコミュニティに奉仕するローカルなサービスに価値をおく規制体制によって統治されていたことは、大いなる逆説としてしばしば言及されてきた。一九三四年の通信法は、放送を個々のライセンス所有者によって担われる地域的な責務として規定している。バーナウの主張によれば、その前提は「一九二七年には既に陳腐化しており、一九三四年までには全く妥当性を欠いたものに成り果てていた」という[166]。アメリカ人が全国的なネットワーク番組をどんどん聴くようになっていった時期にあっても、ラジオの規制は専らローカル局や地域的なサービスに関するものばかりだったのだ。国民生活全体の効率性や組織化を増進させる取り組みに関与していた人々にとって、それは深刻な誤りであるように思えた。NESPA(国民経済・社会計画協会)が一九四〇年に発表した報告書では、ネットワークシステムはアメリカのラジオ全体を管理する基盤となるべきである、という主張がなされた。放送局は主に地域コミュニティの利益に奉仕するために存在しているという前提に立った規制方法について、そのレポートは「時代遅れ、あるいはそうなりかけている」とし、「ネットワークによる放送の管理という現実」がきちんと政策の中で認識されているべきだと結論づけている[167]。

しかし、ローカル局に特権を与えるということは、そう簡単に実現していたわけではなかった。一九二六年にNBCが、一九二七年にCBSがそれぞれ創設されてから、ネットワークは聴取率においても利益においても成長し続けていた[168]。それでも、ポピュリズムの広まりや中央集権化されたプロパガンダへの恐怖からも読み取れるように、ラジオが主に地域的なものであるということは、合衆国において非常に重要な響きを持っていた。一九三二年におけるネットワークの広告収入は三九〇〇万ドルだったが、一九三五年には四九〇〇万ドルに増加し、一九三九年には八三〇〇万ドルに達している[169]。一九三〇年代を通して、ネットワークは、ラジオ全体の広告収入の半分以上をかせぎだしていた。ネットワーク傘下のラジオ局の割合も一九三〇年の二一パーセントから一九四〇年の五九パーセントへと増加した。しかし、ネットワークによる支配はこうした数字のみで伝わってくる以上に強いものだった。ネットワークは国内の有力な放送局のほとんどを傘下に入れていたからだ[170]。FCCによる一〇年に一度の調査によれば、一九三八年まで、ネットワーク局は「アメリカの夜間放送用電源の九七・九パーセントを使用していた」という[171]。

当時、ネットワークが重要であったことは否定しようがない。しかし、これまでのラジオ史はあまりにもネットワークの歴史に偏って記述されてきた。その理由の一端は、ネットワークが地方局よりも多くの文書資料を残しているという点にある[172]。しかし、アメリカのラジオの半分以上がネットワーク傘下に入ったのはあくまで一九三八年以降に限ってのことである。ネットワーク傘下の局による地域番組も重要だが、地方局もやはり重要ではあり続けた。広告主にはしばしば「スプリット・ネットワーク」方式で販売されたため、主に南部や西海岸などでは、それぞれの地域で異なる番組が放送されたからである。近年の研究から明らかになってきたのは、地域・地方・全国といった異なる規模の放送事業者間の関係はかつてのラジオ史が言及してきたものよりもはるかに複雑で、からみ合ったり、敵対し合ったりしていたということだ。それでも、聴取者や局がネットワーク番組に向かい、地域性から離れていく傾向は明らかに存在していた[173]。

地域における市民的理想は、地方局がFCCにライセンスを新たに申請する際や、更新を求める際の文章に純化された形で明文化されている。その内容はしばしば半分はでっち上げだったが、その中で思い描かれている模範的な放送局は、放送時間の多くを商業番組ではなく、スポンサーなしの自主制作番組に割り当て、ネットワークの番組ではなく、ローカルな番組を好むような、そんな放送局である。さらに言うならコミュニティを反映し、その中に埋め込まれた局。コミュニティの中で機能している組織に多くの時間を与える局。録音された音楽ではなく、ライブ演奏を流し、地域で活動している才能ある者を引っ張り出して育てる局。これらが地方局のモデルだった。つまり、ラジオは意識的、論理的かつ寛容で能動的な市民を生み出す手段であり、国民的文化はローカルな地域における根強さによって支えられているということを理解している局こそ、理想的な放送局とされたのである。

FCCはローカル局を次のような業務に従事できる放送局として定義している。

・コミュニティの住民たちに、その地域の利益となるような番組を提供すること。
・その業績が有益だと認められる地域のタレントを使用し、彼らを育てること。
・地域の宗教、教育、市民活動、および愛郷的な活動などに関わる組織に奉仕すること。
・ローカルニュースを放送すること。
・地域に住む公衆に自己表現の手段を提供し、リスナーたちにローカルな放送を届けること。(174)

FCCは特定の地域に住む人々の地元意識の強さを認識していた。そのため、FCCはしばしば放送ライセンスの所有者たちに地域コミュニティについての知識を求めたし、時には地域の住民であることを要件にすることもあった。(175)ミシシッピに住むFCC理事のE・O・サイクスは、一九三六年、NABに対して次のように強調している。

ローカル局は特定のコミュニティに奉仕するものであり、可能であれば、外部の人間ではなく、その地域に住む人間によって所有、管理されなければならない。(176)

FCCはこの原則をいくつかの決定を下す際にも主張している。彼らは認可を拒否する際にその理由として、申請者が十分に地域と密着していないこと、あるいは地域コミュニティにとって完全な「よそ者」であること、したがってそこで使用できるタレントとも全く交流がないことなどを挙げている。(177)たとえば、サウスカロライナのある人物が、ノースカロライナのガストニアにラジオ局を新設する許可を一九三七年に申請してきたが、FCCはそれを拒絶している。その理由の一つは彼がガストニアに住んだこともなく、「当該地域の求めるニーズに関して十分な知識を持ち合わせておらず、精通もしていない」ことだった[178]。ＦＣＣにはこの放送局が地域の公的利益に奉仕するとは思えなかったのである。ラジオの市民的な目標は全国的なものだったが、それは地方ごとに達成されねばならない。当時のＦＣＣはそうしたラジオの地域的な貢献を確固たるものとすべく、認可体制を運営していたのである。

　能動的な市民参加や向上の精神は、ラジオがコミュニティに奉仕し、改善する存在であるだけでなく、その反映や代表でもあるべきだという信念につながった。「*Great Lake* decision」では、次のような原則が打ち立てられた。

　放送局は電波上における地域コミュニティの代弁者の一種であるとみなしてよい。

さらにこの原則では次のように断定されている。

　放送局が多面的な番組を供給するという義務を果たすならば、コミュニティの権利は十分に達成されるだろう[179]。

ここで言う「権利」は非常に強い言葉だ。ＦＲＣ、およびＦＣＣは、生き生きとしたローカルな放送を求めているということを明言したのである。

　自分たちに寄せられたこれらの期待を理解したことで、放送事業者たちはローカルかつ市民的な番組を放送する傾向を持つようになった。地域の合唱団によるライブ演奏をラジオで流すことは公共サービスになっても、どこか別の場所で活動する優れた合唱団の録音を流すことはそうはならないかもしれない。そんなＦＣＣの哲学を特徴づける考え方が強くのしかかっていたのである。

　ネットワーク各社は生放送を好むこのような傾向を非常に真剣に捉えているということを明言していた。ＮＢＣで番組を統括していたジョン・ローヤルは、録音番組が生放送より質の劣ったニセモノであるという信念をＦＣＣと共有していることを一九三八年に公言した。彼の言によれば、「生放送と録音放送の違いは生身の美女とその写真との違いと同じである」という

のだ。(180)

ラジオ局認可のために行なわれるヒアリングでは、ローカル番組や地域のニーズだけでなく、出演者としての地域人材についても話題に上った。認可の申請者が地域のタレントをどの程度意識しているか、またそうしたタレントたちをどのように発見したり、動かしたり、援助して成長させたりしようと考えているのかといったことが問題にされたのである。市民的パラダイムの中で理解された放送は、単にパッケージ化された娯楽や情報を一方通行的に流すというだけではなく、コミュニティによるコミュニティ自身との対話であった。ＦＣＣへの申請者たちは「地域主義(localism)」という言葉をよく知っていた。ウェストヴァージニアのフェアモントにある放送局は、ネットワークの番組を今後増やそうと考えているかと聞かれ、次のように答えている。

いいえ。我々はできる限り地域の市民活動を促進しようと考えております。また、地域のタレントを見つけ出し、彼らを売り出したいと考えてもいます。(181)

また、ニューヨークのトロイにある新しい放送局は市民たちに対してどのようなものを提供できるか尋ねられて次のように答えている。

市民たちに関わるニュースである限り、彼らが時勢に遅れないように放送します。また、話題になっている市民的問題についても常に報じるようにいたします。最後に、これは重要なことなのですが、トロイにいる才能ある人々に対して、徐々にラジオ教育の考え方を学んでいく機会を設け、ラジオ分野でさらにのし上がっていくチャンスを与えます。ローカル局の出演者という枠を超えて彼らが成長していくことを我々は望んでいます。(182)

ライセンス審査のヒアリングでは、ローカル・タレントの存在は常にカギとなる問題だった。すなわち、そうした人々がどれだけいるのか、そして彼らをどれだけ出演させるつもりなのかといったことが重要だったのである。首尾よくライセンスを取得した申請者は既存のローカル・タレントをよく知っていることや、そうした人々を発掘し、育てようとしていることを常に主張していた。サウスダコタのラピッドシティでは、どのようなローカル・タレントを出演させることができるかを聞かれた局が次のように応答している。

この地域の教育長が私どものラジオ局に多種多様な音楽グループを出演させるように働きかけてくれています。また、ラピッドシティの自治体が運営するバンドや多くのソリスト、劇作家などがこの放送局への出演に同意してくれております。（中略）ペニントン郡の保安官も当放送局が（中略）犯罪者の逮捕において重要な助けとなるはずだと明言しておられました。[183]

カリフォルニアのサンルイスオビスポで申請に成功した放送局はさらに包括的な市民的番組の放送を約束している。

ローカル・タレントを育てるためのアマチュア番組には次のようなものがあります。毎日の始まりに放送される一五分の宗教番組、株式情報、天気情報、農業番組、（中略）ニュース速報、安全に関する啓蒙番組、サンルイスオビスポの高校が提供する教育番組、旅行案内所がスポンサーを務めるサンタマリアのハワイアントリオによるハワイアンの番組、地域のオーケストラやアーティストによる子ども向けの番組、ワルツの番組などのポピュラー音楽番組、地域の農業者によるヒルビリーやカウボーイ音楽、ラジオ向けに作られた毎週日曜日の教会番組、地域の医者や歯科医による会話を含んだ健康番組、地域の市民的番組や親睦を深める番組、地域的な興味に沿ったスポーツ番組……（後略）。[184]

申請に成功した局は典型的にこのような発言を行なった。地域コミュニティに求められている情報を供給するだけでなく、地域にいる人材を育て、意見の多様性や専門的な知識を聴かせることを約束したのである。これこそは市民的パラダイムとの契約に他ならない。少なくともローカリズムに対する関心を微に入り、細を穿ちアピールすることがその証となったのだ。

逆に失敗した申請者たちは地域コミュニティのニーズやそこにいる人材に対する無知を露呈してしまったとしばしば指摘されている。既存の地域人材を評価しないことは、彼らのことをよく知らないということよりもさらに悪い評価を受けた。たとえば、人口一万五〇〇〇人しかいないジョージアのアルバニーで認可を申請した局は、愚かにもFCCに対して「小さな町には才能ある者などいない」と発言し、それゆえコロンビアのネットワークと提携することを心待ちにしているなどと伝えた。[185]もちろん、申請は却下された。カークパトリックが一九三四年以前の時代に見て取ったのは、「FRCと放送業界がともにそのやり方を学んでいったゲーム」であった。もし、番組提供における地域主義がそうしたゲームであったとしても、それが現実の帰結をもたらしたことは紛れもない事実である。[186]

ローカル放送は単なる是か非かで割り切れるものではない。システムの中で質的に評価されうるし、そうでなければならない。一つの認可を与えることが他のライセンス保持者の活動と衝突することになる場合に、FCCはローカル放送のレベルを比較する試みを行なった。シカゴ郊外のエヴァンストンの申請者たちが認可を拒絶された理由の一つはイリノイ州の中心的な放送局であったタスコラのWDZと干渉し合ってしまうという点にあった。WDZが非常に模範的なローカル局であると判断されていたからだ。WDZはストレートなタイトルでありながら、想像力に富んだローカル番組を放送していた。たとえばそれは、毎日シカゴとイリノイ東部の列車に乗る乗客にインタビューする『*Man on the Train*』や、「早朝に農場からお届けする」という農業従事者へのインタビュー番組の『*Farmer on His Farm*』、毎週日曜日にタスコラ近くの大きな公園から放送する『*At the Park*』などの番組だった。[187]大都市であるシカゴにもう一つラジオ放送を入れることで、そうした特徴的な番組を危機にさらすことはできないとFCCは判断したのである。

市民的パラダイムの影響力と地域への焦点化を最も分かりやすい形で観察できる場所がある。一九三八年、『*New York Times*』と『*Chattanooga Times*』を発行している会社がテネシー州チャタヌーガで新しいラジオ局の申請を求めてきた。もし認可が下りていれば、それはチャタヌーガで第三のラジオ局になるはずだった。しかし、一九三八年は劇的なニュースが多くあった年であるにもかかわらず、その申請では驚くべきことに、ニュース番組についてはほとんど言及されておらず、二つの新聞という資源を役立てる方法についてもほぼ触れられていなかった。一方で、申請者はチャタヌーガの音楽に関わる人材で登用できる人々の詳細なリストをFCCに提出している。そこには全部で三三五の演者たちの名前があった。ソプラノ、アルト、バリトン、テナー、バスの歌い手、ブルース・シンガー、ゴスペル・シンガー、ピアノ伴奏者、ボーカルのデュオ、トリオ、カルテット、セクステット、オクテットにグリークラブ、マドリガルを歌うグループ、教会の聖歌隊、弦楽隊、ピアノデュオ、ダンサー、コメディアンにタップダンサーすら含まれていた。さらに、チャタヌーガの町における新たなラジオ局開設を熱望する市民団体の長大なリストも添付されている。それらには、社交クラブをはじめ、経済、教育、政治、チャリティ、宗教、文化に関わる団体や、退役軍人会、労働組合、女性や子どもや黒人の団体が挙げられていた。

申請者たちはチャタヌーガの町にある既存のラジオ局が十分に機能を果たしていないことを示す必要があった。彼らはチャタヌーガのラジオ局が録音された音源や広告をあまりに多く流し過ぎていると主張した。既存の二つのラジオ局のうち、小さい方の局であったWAPOはまだネットワークと提携していなかったが、放送時間のうち五四パーセントの時間、録音を流していることが指摘された。また、CBSと提携しているより大きな放送局のWDODは、録音を流している時間は二四パーセントであるものの、生放送の一部はネットワークを通じて放送されているということが示された。現在の我々から見ればこれら二つの局による生放送やローカル番組の割合は少ないというよりむしろ多いという印象を受けるが、この新しい申請者たちは、これらの数字を録音演奏という次善の策への過度な、そして恥ずべき依存の証拠としてFCCに提示したのである。槍玉にあがったWAPOでさえも、小さなグループだけではなく、ジャズ、ダンス、ハワイアンのオーケストラの生放送をリストには挙げている。

しかし、問題は量ではなく質であった。『*Chattanooga Times*』の申請者たちは、反論を封じるため、オーケストラの常勤スタッフを雇うことや放送の八六パーセントを生放送で行なうことを保証した。さらに、彼らは他の局よりも「ヒルビリー」を減らし、「良い」音楽を流すことをも約束したのである。[188] 一九三〇年代のチャタヌーガはヒルビリーの中心地だった。[189] WDODはバンジョーやフィドルの音楽だけでなく、ストリング・ダスターズ、スリー・パルズ、ハワイアン・ヒルビリーズ、グランドパピー、バスタ・ダウン・ボーイズ、アンクル・ヘルマン・ヒルビリーズといった演奏家たちによる多くのヒルビリー番組を抱えていた。そのため、ヒアリングの参考人たちの中には、チャタヌーガのラジオにはヒルビリーが多すぎるため、新しい局にはもっと良いものを放送してほしいと主張する人々もいた。チャタヌーガ中央労働組合のスポークスマンは、既存の局の放送には「広告と決まりきった音楽があまりに多く」、「我々が求めているような地域の向上につながる良い音楽」が不足していると証言している。労働組合は産業的な理由で生演奏を支持したのである。ここで言う「良い」音楽とコミュニティの向上との結びつきが当然視されていたことは、市民的パラダイムという言葉が共有されていたことの明白な証拠であるといえよう。

ヒルビリーが貧しい人や低学歴者に人気があることはよく知られていた。アメリカにおけるラジオ研究の中心人物であるポール・ラザースフェルドは、この二年後に次のように述べている。すなわち、クラシック音楽が「より高い文化レベル」のオーディエンスに聴かれるのに対して、ヒルビリーはより低い所得の人々と強く結びついている、と。[190] 町のラジオ局があからさまにヒルビリーに占領されている状況がなくなることは、チャタヌーガに住む多くの著名人にとって明らかに誇らしいことだったのだ。そのため、この申請には、市民的啓蒙という強い後押しがあった。『*Chattanooga Times*』によって、ラジオ局開設への賛成者として挙げられた多くの人々は、この新しい局が様々な点でチャタヌーガを良くしてくれると考えていたし、最も能動的で進歩的な市民の功績や情熱を十分に代表してくれるものだという思いを持っていた。

『*Chattanooga Times*』はまた、政治、宗教、民族、人種に関する幅広い社会集団が新しい局を利用できるようにすると約束した。ここでは、番組内容が包括的なものであるということだけではなく、町にいる様々な社会集団から個々のラジオ出演者が台頭してくるように支援する際の方法にも言及している。チャタヌーガ中央労働組合は、この新しい放送局が「偏りのない見地に立って、我々のコミュニティにおける日々の活動に参加してくれるだろう」という希望を表明していた。

　チャタヌーガで伝統的に黒人の高校となっていたハワード高校の校長、W・J・ダヴェンポートは、既存のラジオ局がいまだかつて、納得するだけの「有色人種」を出演させたことはなかったと発言した。彼はラジオ局にアナウンスしてほしいことがあると願いでていたが、それまで聞き入れられたことはなかったのである。ダヴェンポートは自分の高校から放送される音楽演奏は教育的なものになるだろうと考えていた。彼によると、その理由はこうだ。

> 多くの人々は誰がその番組で演奏しているかを知らずに良いものだと評価するだろう。そのあとで、放送局が有色人種による演奏であったことに言及すれば、それはあらゆる点で非常に教育的なものになると私は信じている。

NAACPのメンバーであったダヴェンポートはなぜ既存のラジオ局はこちらの要請を聞いてくれないのかと何度も問いかけている。彼は言った。

> 私は普通、このような恥ずかしく、屈辱的な立場に立たされるはずはないのです。私が要求していることは、本来持っているはずの権利であって、獲得するようなものではないのですから。

ダヴェンポートの証言は潜在的にではあるが、重要である。真に総合的なラジオ局を作るという約束は、申請者たちがFCCにアピールできるだろうと予測していた要素だった。重要かつ代表性を持った意見を放送する局を運営していく能力は市民的パラダイムの核心に触れるものだったからだ。このようにFCCの前で行なわれる議論は常に地域の公共サービスとしての質に関することだった。チャタヌーガにいるソプラノ歌手やバンジョー奏者の数や、高校、ハイキング・クラブ、社交団体などの抱く放送への欲求が、今回の案件に強く関わってくるということを、審査する側もされる側もよく分かっていたのである。つまり、ラジオは市民的かつローカルで、ナマの放送たろうとしていたのだ。

市民参加は『*Chattanooga Times*』の申請者たちの拠り所であったが、それが同時に、申請に失敗する原因ともなった。新しい放送局は、放送時間の八六パーセントを、生放送用の地域人材を登用した高級番組にあてようとしていたが、その人材という点に関して、放送局は納得しなかったのだ。[191] 加えて、コミュニティに存在するグループの代表たちのうち、既存の局から放送時間の使用を断られたと明確に言える人間がいなかったことも彼らの主張の説得力を削ぐことになった。ダヴェンポートのように、頼んでも無駄だという印象をはっきりと抱いていた人はいたが、彼とて断られたわけではない。

このケースには、政治的影響や金銭、あるいは情実にまつわる裏話が存在したかもしれない。しかし、ここで重要なのはFCCが認可を拒絶した「真の」理由ではない。大切なのは、放送とその社会的影響を議論するにあたって、「ローカルな公共サービス」という言葉が中心を占めていたということだ。少なくとも公的な議論においては、金銭や市場についてだけではなく、ソプラノ歌手やバンジョー奏者のことが話題に上っていたのである。

この事例がはらむ歴史的な偶発性にも目を向けておく必要がある。ラジオはチャタヌーガの人々と都会的なアメリカの生活や政府を結びつけるものでもあったから、主に国家全体との関係において理解されていた可能性もある。また、放送産業のスポークスマンたちがしばしばそうであるように、純然たる市場との関係性、すなわち、人々に求めるものを与える手段という観点において語られていたかもしれない。市民的理想と、能動的なコミュニティに対する地域の公共サービスといったトピックは、あくまでラジオに関する一つの観点であるにすぎなかった。ラジオは近代生活にとって、とりわけアメリカ市民の自己表現や自治を促進する手段として不可欠であると考えられていたのだ。そのため、現実にはネットワーク放送が主流であったにもかかわらず、思想的に支配的だった市民的パラダイムにおいて、ネットワークはラジオの最良の形態であるとみなされてはいなかったし、知識人や政治家の中で、ネットワークの擁護者は驚くほど少なかった。ラジオの理想形はほとんど常にローカルなものに見いだされた。一九三〇年代のラジオについて理想視される時代は、ローカルな出演者が全国的な聴衆を獲得し、ローカルな聴取者たちが国家的問題に関して個人の意見を形成していった時期である。それは、我々の記憶により強く刻みこまれている、個人が家で腰を下ろして大統領の発言を聴くことができた時期では決してないのだ。

積極的な地域主義は、全国的には無名だが地域的にはよく知られている出演者に放送時間を割くように要求するものだった。一九三〇年代にアマチュアや才能ある人物を発掘する番組が人気を集めたという事実は、市民的パラダイムの力点が能動的聴取者たちの参加にあったことを示しているだけではなく、アメリカのラジオが人々の望む娯楽番組を作る能力に長けていたことをも証明している。BBC発行の『*Radio Times*』は一九三六年にアメリカのことを「東海岸と西海岸をつなぐ放送網と、ラジオセットとアマチュア番組の国」と評した[192]。慈愛にあふれた雰囲気でありつつも、仕事を正確にこなす司会者のメジャー・ボウズは、アメリカのラジオで最も人気のあった『*Original Amateur Hour*』という番組を持っていた。その人気ぶりを当時の人は次のように評した。

これほど長く人気を博した放送は他にないし、スタジオチケットの申し込みがこれほど多かった番組も類を見ない[193]。

一九三七年から行なわれたスペリング競争も人気のある呼び物番組となった。ジェイソン・ロヴィグリオによれば、聴衆参加形式の番組は「ネットワーク・ラジオやそれを聴く新たなリスナーたちが、国民生活においてラジオが果たすべき役割について考えるようになっていったという自意識」を表す証拠として理解せねばならない[194]。あまりに広く普及していたため、こうした素人参加番組の形式に飽き始めるリスナーたちもいた。あるウースターのリスナーは、「アマチュア・ビジネスはやり尽くされたと思っている」とコメントしている[195]。地域の市民文化を向上させ、地域人材を育成するよう真面目に取り組むことは、ネットワーク放送の理想的なモデルの一角を占めている。こうしたモデルにおいて、ラジオは地域の文化活動に取って代わるのではなく、それらに刺激を与えるものである。それは、ネットワークが地域の人材や文化を没落させるだけではなく、向上させることもできるという見通しに依拠した考えだった。

カークパトリックによれば、一九三四年以前、FRCは地域主義という言葉をゲートキーピング的に使用していた。放送における地方の多様性を抑制し、「白人の都市生活を送るエリートが持つ嗜好や感性」のみを反映した放送を押し付けるために用いていたというのだ。FRCが「多様な地域集団に属するリスナーたちのニーズや欲望に対して、特に関心を持っていなかった」とするカークパトリックの批判は正しい。しかし、多様性は単に民族、人種、宗教といった集団の性質としてのみ理解されるべきではない。私が主張したいのは、一九三〇年代の市民的パラダイムの枠内の地域主義にとって最も重要な課題は、集団アイデンティティを育てることではなく、個人の意見形成能力を涵養する点にあったということだ。カークパトリックが正確に描写してみせた全国的に分布している階層、すなわち都市生活者たちの当然視していた考え方の核心は、非常に近代主義的な感覚だった。彼らは個人の意見の柔軟性と論理性は慣習的かつ伝統的な集団のアイデンティティよりも重要で価値が高いと考えていたのである。カークパトリックはさらに、一九三四年以降「FCCは積極的な地域主義を奨励し始めた」とも指摘している。これに私の主張を付け加えるならば、それ以降、地域主義者の言説と個人の意見形成とのつながりはさらに強まって行ったのである[196]。

もちろん、地域主義という理想が常に達成されたわけではない。一九四六年にFCCは『放送認可取得者における公共奉仕の責任（*Public Service Responsibility of Broadcast Licensees*）』と銘うたれた報告書を出版した。その重要な部分はチャールズ・シープマンによって書かれたもので、現在ではアメリカの放送史における記念碑的著作としてよく知られている。この本はFCCが初めて番組の責任について発表した声明だった。そこでは、放送局が最初にした約束と実際の活動の間にある大きな乖離に対する懸念が強く表明されている。たとえば、カリフォルニアのグレンデールの放送局、KIEVは、一九三二年、次のような約束のもと、ライセンスを取得していた。地域の「市民的、教育的団体や社交団体、宗教組織」との協力、農業従事者やスペイン系のコミュニティ向けの番組制作、放送時間の三分の一を教育系にあてること……。しかし、一九三九年にライセンスの更新時期になったとき、FCCの調査員はその実態を知ることになった。通常の放送日はその多くの時間が広告や録音された大衆音楽、そして「ペットの迷子情報」で埋め尽くされていたのである。同局の記録を調べてみても彼らが約束した「デュオやカルテットによる合唱、オペラからの抜粋、偉大な詞の朗読」は遂に見つけ出せなかった(197)。報告によれば、これはより一般的なパターンの典型例であるという。ライセンスを取得する際に、そうした放送局はみな、地域の公共サービスの役割を果たすと言っていた。地域のニュースの放送や教育、宗教団体、地域コミュニティに放送時間を与えること、地域の討論番組、および学校による番組や宗教に関する討論番組、オペラやその他の地域のミュージシャンによる演奏、社交団体による食後のスピーチを流すこと。これらの約束が果たされることはなかったのである。その本の中で、FCCは、「地域の生放送」番組が実際に流される量が限られていることに懸念を表明し、「地域に奉仕するという責任を十分に全うしている放送局はごくわずかである」と指摘している(198)。

ラジオの歴史が初期に存在した市民的理想の説明や解釈よりも、破られた約束の連続として記憶されることになった原因の一端は、この報告書にある(199)。しかし、この教書で挙げられているようなスキャンダルは市民的理想が受容され、現実に影響力を持っていた中で浮上したのだ。もちろん、現実の放送局は時に見事なほど理想とはかけ離れていた。しかし、市民的関心を完全かつ大っぴらに無視することはほとんど不可能だったのも事実だ。アメリカのラジオに関する公的言説において、これらの市民的関心が全体を通して支配的であった時代をこの報告書は総括しているのである。それは、市民的かつ地域サービス的であらねばならないというパラダイムがこれから衰退を迎えようとする瞬間に出された最大限の声明だった。第二次大戦前までの歴史的に限られた期間ではあるが、アメリカのラジオにおいて、市民的理想は非常に力を持っていた。これが本書の主張であり、主題でもある。

（1） James Duane Bolin, *Kentucky Baptists 1925–2000: A Story of Cooperation* (Brentwood, TN: Southern Baptist Historical Society, 2000): 105.

（2） *Memoirs of John R. Sampey* (Nashville: Broadman Press, 1947): 270.

（3） *Memoirs of John R. Sampey*: 269.
サンピーに関する伝記的な情報に関しては、以下で閲覧可能。http://www.ageslibrary.com/authordb/S/sampey.html（二〇一〇年一月二七日閲覧）

（4） "Baptist Leader Voices Surprise," *Charleston News and Courier* January 28, 1938: 2.

（5） 大学による放送や教育放送の衰退については以下を参照。
Llewellyn White, *The American Radio: A Report on the Broadcasting Industry in the United States from the Commission on Freedom of the Press* (Chicago: University of Chicago Press, 1947), ch. 5; Hugh Slotten, "Universities, Public Service Experimentation, and the Origins of Radio Broadcasting in the United States, 1900–1920," *Historical Journal of Film, Radio and Television* 26, no. 4 (October 2006): 485–504.

（6） James Adams Lester, *A History of the Georgia Baptist Convention 1822–1972* (Nashville: Curtley Printing, 1972): 517; Joseph G. Jackson, "Vintage Broadcasting: The End of An Era—WMAZ AM (1921–1996)," *Antique Radio Classified* 15, no. 3 (March 1998).
これに関しては以下で閲覧可能。http://www.antiqueradio.com/wmaz_03-98.html（二〇一〇年一月二七日閲覧）。
S. E. Frost Jr., *Education's Own Stations: The History of Broadcast Licenses Issued to Educational Institutions* (Chicago: University of Chicago Press, 1937): 197–98.

（7） *Florence Morning News*, January 28, 1938: 3.

（8） *Charleston News and Courier*, January 28, 1938: 2.

（9） ブーンは一二月にメーコンの牧師を解任され、テキサスのワクサハチーに戻っている。
H. Lewis Batts, *History of the First Baptist Church at Ma-*

con (Macon: Southern Press, 1968): 180.

(10) Kathy M. Newman, *Radio Active: Advertising and Consumer Activism, 1935–1947* (Berkeley: University of California Press, 2004), ch. 2 for discussion of 'radio activists'.

(11) Robert McChesney, *Telecommunications, Mass Media, and Democracy: The Battle for the Control of U.S. Broadcasting, 1928–1935* (New York: Oxford University Press, 1993): 82–86, 236–39.

(12) Roger Baldwin interview, FCC hearings docket 5060, box 1413, RG 173, NACP: 6504.

(13) McChesney, *Telecommunications, Mass Media, and Democracy*: 232–33.

(14) Howard Evans interview, FCC hearings, docket 5060, box 1413, RG 173, NACP: 6571.

(15) "Educated Cooperation," *Broadcasting* 10, no. 1 (January 1, 1936): 32.

(16) John F. Royal to Richard C. Patterson Jr., January 23, 1935, folder 26, box 26, NBC records, WHS.

(17) Elizabeth Fones-Wolf, "Promoting a Labor Perspective in the American Mass Media: Unions and Radio in the CIO Era, 1936–56," *Media, Culture & Society* 22, no. 3 (2000): 288.

(18) "Mr. McNinch Talks about Radio," *New York Times*, October 10, 1937: 184.

(19) "Notes: Radio," *Air Law Review* 11, no. 2 (April 1940): 181.

(20) John Studebaker, "Educational Broadcasting in a Democracy," speech given May 15, 1935, folder 36, box 36, NBC records, WHS.

(21) Studebaker, "Educational Broadcasting in a Democracy."

(22) "Brief for H. L. Ewbank's Remarks before Communications Commission," folder 38, box 26, NBC records, WHS; "More Education over Radio Asked," *New York Times*, October 2, 1934: 16.

(23) Debate on HR 7715, *Congressional Record—House of Representatives*, February 10, 1932: 3692.

(24) "Radio Warned of Obligation," *New York Times*, June 27, 1937: 146.

(25) "Broadcasters Act to Clean Up Radio," *New York Times*, February 15, 1938: 4.

(26) この番組は一九五二年まで放送されており、ブライソンは一九三八年から一九四六年まで司会を務めている。

(27) CBS Advertisement "Columbia Sets the Table," *Broadcasting* 15, no. 12 (December 15, 1938): 4–5.

(28) "Reminiscences of Lyman Bryson," typescript of oral history interview with Frank Ernest Hill, 1951, Oral History Research Unit, Columbia University, in box 40, Lyman Bryson papers, LOC: 121.
時には一人かそれ以上の女性が参加したこともあった。しかし、専門家や著名人、一般人のいずれも女性ではないという前提があったのは明らかである。

(29) "Are We Victims of Propaganda: A Program in the

Manner of 'The People's Platform'" in Josephine H. MacLatchy (ed.), *Education on the Air: Eleventh Yearbook of the Institute for Education by Radio* (Columbus: Ohio State University, 1940): 41.
(30) "Reminiscences of Lyman Bryson": 136.
(31) "Reminiscences of Lyman Bryson": 64.
(32) "Reminiscences of Lyman Bryson": 68–69; "Dr. Lyman Bryson of Columbia Dead," *New York Times*, November 26, 1959: 37.
(33) デモインについては以下を参照。
William M. Keith, *Democracy as Discussion: Civil Education and the American Forum Movement* (Lanham, MD: Lexington Books, 2007): 277–86.
(34) 連邦公開討論プロジェクトについては以下を参照。
David Goodman, "Democracy and Public Discussion in the Progressive and New Deal Eras: From Civic Competence to the Expression of Opinion," *Studies in American Political Development* 18, no. 2 (Fall 2004): 81–111; Keith, *Democracy as Discussion*, ch. 9.
(35) "Fascism Danger Faces Education, Declares Bryson," *Teachers College Record* 37, no. 1 (1935): 79–80.
(36) Lyman Bryson to Morse Cartwright, March 5, 1934, box 3, Lyman Bryson papers, LOC.
(37) Lyman Bryson, "Adult Education," talk over NBC Red network, August 14, 1934, box 20, Lyman Bryson Papers, LOC.
(38) Lyman Bryson, "Education, Citizenship and Character," *Teachers College Record* 42, no. 4 (1941): 298, 300.
(39) "Educator Finds Individual Thinking Waning," *New York Times*, February 24, 1935: N1.
(40) Lester Bernstein, "Victory on the Side of Education," *New York Times*, September 1, 1940: X10.
(41) "After-Dinner Radio Forum," *Christian Science Monitor*, March 21, 1939: 11.
(42) "Ed Sullivan Entertains," *Billboard*, October 2, 1943: 13.
(43) J. C. Reith, *Broadcast Over Britain* (London: Hodder and Stoughton, 1924): 34.
(44) Paddy Scannell and David Cardiff, *A Social History of British Broadcasting*: 16.
(45) "Week by Week," *Listener*, June 7, 1933: 892.
(46) Reith, *Broadcast Over Britain*: 34.
(47) William E. Berchtold, "Battle of the Wave Lengths," *New Outlook* (March 1935): 25.
(48) Harold A. Lafount, "Lafount Tells Way to Better Radio Programs," *Chicago Tribune*, October 20, 1929: J10.
(49) William S. Paley, "Broadcasting and American Society," *Annals of the American Academy of Social and Political Sciences* 213, no. 1 (January 1941): 65.
(50) Edward Acheson, "Britain Sees US Broadcasting Soon Under Government Control," *Washington Post*, December 9, 1934: B5.
(51) Quoted in Elizabeth Benneche Petersen, "Religion in the Armchair," *Radio Stars* (August 1938): 68.

(52) Jerrold Hirsch, *Portrait of America: A Cultural History of the Federal Writers Project* (Chapel Hill: University of North Carolina Press, 2003): 18.

(53) George Stocking, "Introduction: Thoughts toward a History of the Interwar Years," in Stocking (ed.), *Papers from the American Anthropologist* (Lincoln: University of Nebraska Press, 2002): 48.

(54) Harold Rugg and Ann Schumaker, *The Child-Centered School* (1928) as quoted in Maurice R. Berube, *American School Reform: Progressive, Equity and Excellence Movements, 1883–1993* (Westport, CT: Praeger, 1994): 14.

(55) 進歩的教育の熱気を帯びた始まりについては，以下を参照。
William J. Reese, "The Origins of Progressive Education," *History of Education Quarterly* 41, no. 1 (Spring 2001): 1–24.

(56) Lawrence A. Cremin, *The Transformation of the School: Progressivism in American Education, 1876–1957* (New York: Alfred A. Knopf, 1964): 324.

(57) William J. Reese, *America's Public Schools: From the Common School to "No Child Left Behind"* (Baltimore: Johns Hopkins University Press, 2005): 179.

(58) Kevin J. Brehony, "From the Particular to the General, the Continuous to the Discontinuous: Progressive Education Revisited," *History of Education* 30, no. 5 (2001): 414.

(59) ロックフェラー財団と進歩的教育については以下を参照。
Theresa Richardson, "Rethinking Progressive High School Reform in the 1930s," *American Educational History Journal* 33, no. 1 (2006): 77–87; Ellen Condliffe Lagemann, *An Elusive Science: The Troubling History of Education Research* (Chicago: University of Chicago Press, 2002): 130–34.

(60) "Sir John Reith on Education," *The Times*, October 9, 1928: 9.

(61) Quoted in James Donald, *Sentimental Education—Schooling Popular Culture and the Regulation of Liberty* (London: Verso, 1992): 75.

(62) Lester Dix, "Integration in the Lincoln School Philosophy," *Teachers College Record* 37, no. 5 (February 1936): 369.

(63) Alice V. Keliher, *Life and Growth* (New York: D. Appleton-Century, 1938): 4.

(64) Frost, *Is American Radio Democratic?*: 156.

(65) John W. Studebaker, *Plain Talk* (Washington DC: National Home Library Foundation, 1936): 87.

(66) John Studebaker report on FREC, December 19, 1939, folder 3, box 77, NBC records, WHS.

(67) Quoted in undated Judith Waller talk, folder 32, box 26, NBC records, WHS.

(68) Joy Elmer Morgan, "The New American Plan for Radio" in Bower Aly and Gerald D. Shively (eds.), *Debate*

Handbook: Radio Control (Columbia, MO: Staples, 1933): 81.

(69) Scannell and Cardiff, *A Social History*: 10–11.

(70) "Radio Differs across the Sea," *New York Times*, May 31, 1931: 9.

(71) William S. Paley, "Radio and the Humanities," *Annals of the American Academy of Political and Social Science* 177 (January 1935): 94–95.

(72) Harold Lafount press release, May 19, 1933, folder 35, box 17, NBC records, WHS.

(73) ただし、以下も参照のこと。

William Bianchi, *Schools of the Air: A History of Instructional Programs on Radio in the United States* (Jefferson, NC: McFarland, 2008).

(74) Gross W. Alexander of the Pacific-Western Broadcasting Federation in, *Hearings Before the Committee on Interstate and Foreign Commerce, House of Representatives, 73rd Congress, 2nd session on HR 8301*: 281.

(75) プロパガンダ分析の影響力ある著作には、以下のようなものがある。

Leonard William Doob, *Propaganda: Its Psychology and Technique* (New York: H. Holt, 1935); Alfred McCling Lee and Elizabeth Briant Lee, *The Fine Art of Propaganda: A Study of Father Coughlin's Speeches* (New York: Harcourt Brace, 1939).

(76) Sigmund Neumann, "The Rule of the Demagogue," *American Sociological Review* 3, no. 4 (August 1938): 497.

(77) James Rorty, *Our Master's Voice: Advertising* (New York: John Day, 1934): 14, 274.

(78) Max Horkheimer and Theodor W. Adorno, Dialectic of Enlightenment (1944; reprint, London: Allen Lane, 1973): 123.

(79) "Swing Viewed as 'Musical Hitlerism,'" *New York Times*, November 2, 1938: 25.

(80) Transcripts of disscussion at the Second National Conference on Educational Broadcasting, Chicago November/December 1937, Records Relating to National Conferences on Educational Broadcasting, 1936–37, box 2, RG 12, NACP.

(81) Barry Karl, *The Uneasy State: The United States from 1915 to 1945* (Chicago: University of Chicago Press, 1983).

(82) 独占に対する一般の関心については以下を参照。

Socolow, "To Network a Nation": ch. 3.

(83) Typescript summary, Session U, National Conference on Educational Radio 1936, box 29, Lyman Bryson papers, LOC.

(84) 以下を参照。

Eugene E. Leach, "'Voices out of the Night': Radio Research and Ideas about Mass Behavior in the United States, 1920–1950," *Canadian Review of American Studies* 20(1989): 191–209; Gerd Horten, *Radio Goes to War: The Cultural Politics of Propaganda during World War II* (Berkeley: University of California Press, 2002): ch. 1; J.

Michael Sproule, *Propaganda and Democracy: The American Experience of Media and Mass Persuasion* (New York: Cambridge University Press, 1997).

(85) Edward L. Bernays, "Manipulating Public Opinion: The Why and the How," *American Journal of Sociology* 33, no. 6 (May 1928): 959, 971.

(86) Harold Lafount, "Radio Control in the United States," folder 35, box 17, NBC records, WHS.

(87) "Extract of Remarks Made by Commissioner Harold Lafount," May 19, 1933, folder 34, box 17, NBC records, WHS.

(88) Hadley Cantril and Gordon W. Allport, *The Psychology of Radio* (New York: Harper and Brothers, 1935): 22–24.
キャントリルとオールポートに関しては以下を参照。
Katherine Pandora, "'Mapping the New Mental World Created by Radio': Media Messages, Cultural Politics, and Cantril and Allport's *The Psychology of Radio*," *Journal of Social Issues* 54, no. 1 (Spring 1998): 7–27.

(89) Hadley Cantril, "The Effect of Modern Technology and Organization upon Social Behavior," *Social Forces* 15, no. 4 (May 1937): 494.

(90) "Radio Augurs World Peace, Parley Hears," *Washington Post*, December 12, 1936: X17.

(91) James Rowland Angell, "The Influence of Radio," in Federal Council of the Churches of Christ in America, *Broadcasting and the Public: A Case Study in Social Ethics* (New York: Abingdon, 1938): 13.

(92) Cantril and Allport, *The Psychology of Radio*: 22–23.

(93) Marjorie Fiske, "Survey of Materials on the Psychology of Radio Listening" (New York: Office of Radio Research, 1943), typescript paper B0185, in *Reports of the Bureau of Applied Social Research on Microfiche* (New York: Clearwater, 1981): 44.

(94) Herta Herzog, "Children and Their Leisure Time Listening to the Radio" (New York: Office of Radio Research, 1941): 44.

(95) Paul F. Lazarsfeld and Robert K. Merton, "Mass Communication, Popular Taste and Organized Social Action," in Lyman Bryson (ed.), *The Communication of Ideas* (New York: Harper and Brothers, 1948): 95.

(96) John J. Karol, "Notes on Further Psychological Research in Radio," *Journal of Marketing* 1, no. 2 (October 1936): 150; H. N. De Wick, "The Relative Recall Effectiveness of Visual and Auditory Presentation of Advertising Material," *Journal of Applied Psychology* 19, no. 3 (June 1935): 245–64; "Memory for Advertising Copy Presented Visually vs. Orally," *Journal of Applied Psychology* 18, no. 1 (February 1934): 45–64.

(97) Herman S. Hettinger, "Broadcasting in the United States," *Annals of the American Academy of Political and Social Science* 177, no. 1 (January 1935): 3.

(98) John T. A. Ely and Daniel Starch, *Salesmanship for Everybody* (New York: Gregg, 1936); T. J. Jackson Lears,

Fables of Abundance: Acultural History of Advertising in America (New York: Basic Books, 1994): 225–26.

(99) 以下を参照。

Kathy Newman, *Radio Active: Advertising Consumer Activism, 1935–1947* (Berkeley: University of California Press, 2004): chs. 1 and 2; Bruce Lenthall, *Radio's America: The Great Depression and the Rise of Modern Mass Culture* (Chicago: University of Chicago Press, 2007): ch. 1.

(100) Paul Lazarsfeld, "Remarks on Administrative and Critical Communications Research," *Studies in Philosophy and Social Science* 9 (1941): 9.

(101) Cantril and Allport, *The Psychology of Radio*: 59–64.

(102) Craig, *Fireside Politics*: xvii.

役割を受け入れたファンたちという観点については、以下を参照。

Elena Razlogova, *The Listener's Voice: Early Radio and the American Public* (Philadelphia: University of Pennsylvania Press, 2011).

(103) Barnouw, *The Golden Web*: 62.

(104) Lenox R. Lohr, *Some Social and Political Aspects of Broadcasting* (Washington, DC: United States Chamber of Commerce, 1938): 9.

(105) Neville Miller, *The Code Preserves Free Speech* (Washington, DC: National Association of Broadcasters, 1939): 3.

(106) *New York Times*, January 23, 1938: 12.

(107) ローランド・マーチャンドは、こうした親密な呼びかけとラジオ的な歌唱スタイルであるクルーナー唱法を類比的に捉えている。以下を参照。

Roland Marchand, *Advertising the American Dream: Making Way for Modernity, 1920–1940* (Berkeley: University of California Press, 1985): 108–10.

(108) "Radio is arguably the most intimate medium": Charles Warner, *Media Selling: Broadcast, Cable, Print and Interactive* (Oxford: Blackwell, 2003): 389.

(109) Herman S. Hettinger, "The Future of Radio as an Advertising Medium," *Journal of Business of the University of Chicago* 7, no. 4 (October 1934): 286, 290.

(110) WXYZ advertisement, *Broadcasting* 12, no. 2(January 15, 1937): 34.

(111) ラジオの公的、私的な呼びかけに関しては、特に以下を参照。

Jason Loviglio, *Radio's Intimate Public: Network Broadcasting and Mass-Mediated Democracy* (Minneapolis: University of Minnesota Press, 2005).

(112) Otakar Matouse [professor at Prague University, director of Czechoslovak Broadcast Talks], "Wireless Listening Groups," preparatory document for Union Intenationale de Radiodiffusion, Geneve, Conference of Experts in Broadcast Talks, 1938, Radio Broadcasting Collection, Princeton University Library.

(113) Walter Lippmann, *Public Opinion* (New York: Harcourt, Brace, 1922): 248.

〔掛川トミ子訳『世論(下)』岩波書店、一九八七年、八三頁〕

(114) Brett Gary, *The Nervous Liberals: Propaganda Anxieties from World War I to the Cold War* (New York: Columbia University Press, 1999).

(115) Loviglio, *Radio's Intimate Public.*

(116) Mary Douglas, *Purity and Danger: An Analysis of Concept of Pollution and Taboo* (1966; reprint, London Routledge, 2002): 48.

(117) Elihu Katz and Paul Lazarsfeld, *Personal Influence; the Part Played by People in the Flow of Mass Communications* (Glencoe, IL: Free Press, 1955): 16.
〔竹内郁郎訳『パーソナル・インフルエンス―オピニオン・リーダーと人びとの意思決定』培風館、一九六五年、四頁〕

(118) 一九八〇年代から九〇年代前半にかけて発展したこの種の議論が持つ限界については以下を参照。
Meaghan Morris, "Banality in Cultural Studies," in Patricia Mellencamp (ed.), *Logics of Television* (Bloomington: Indiana University Press, 1990): 14–43; David Morley, "Active Audience Theory: Pendulums and Pitfalls," *Journal of Communication* 43, no. 4 (Autumn 1993): 13–20.

(119) "Introduction: Paradigm Shift," in Will Brooker and Deborah Jermyn (eds.), *The Audience Studies Reader* (London: Routledge, 2003): 5–6.

(120) Joshua Meyrowitz, "Media and Behavior: A Missing Link," in Denis McQuail (ed.), *McQuail's Reader in Mass Communication Theory* (London: Sage, 2002): 100.

(121) ただし、以下も参照のこと。
Jeffrey Bineham, "A Historical Account of the Hypodermic Model," *Mass Communication* 55, no. 3 (September 1988): 230–47.

(122) Steven H. Chaffe, "Differentiating the Hypodermic Model from Empirical Research: A Comment on Bineham's Commentaries," *Communication Monographs* 55, no. 3 (September 1988): 247–50.
これとよく似た議論としては以下。
Ellen Wartella, "The History Reconsidered," in Everette E. Dennis and Ellen Wartella, *American Communication Research: The Remembered History* (Mahwah, NJ: Lawrence Erlbaum, 1996): 172.
たとえば、チャフィーとホッホハイマーの議論によれば、ラスフェルは一度もこうした言葉を使わなかったという。
S. H. Chaffee and J. L. Hochheimer, "The Beginnings of Political Communication Research in the United States: Origins of the 'Limited Effects' Model," *Mass Communication Review Yearbook* 5 (1985): 75–104.

(123) Robert K. Merton, *Mass Persuasion: The Social Psychology of a War Bond Drive* (New York: Harper and Brothers, 1946): 1.

(124) Peter Simonson and Gabriel Weiman, "Critical Research at Columbia: Lazarsfeld's and Merton's 'Mass Communication, Popular Taste, and Organized Social Action,'" in Elihu Katz, John Durham Peters, Tamar Liebes,

and Avril Orloff (eds.), *Canonic Texts in Media Research: Are There Any? Should There Be? How about These?* (Cambridge: Polity, 2003): 12–38.

(125) この点に関しては常に批判者から言及されるわけではない。以下を参照。

Todd Gitlin, "Media Sociology: The Dominant Paradigm," *Theory and Society* 6, no. 2 (1978): 205–53; Robert McChesney, *Rich Media, Poor Democracy: Communication Politics in Dubious Times, The History of Communication* (Urbana: University of Illinois Press, 1999).

彼らはメディア研究の枠組みがもたらす政治的帰結について議論を発展させてきた。

また、ギトリンによれば、「メディアは限定的な影響しか持たない」という一九四〇年代、五〇年代のコミュニケーション研究者が下した結論は、放送事業者たちの関心とおそらく相性が良かった。それによって、規制の必要性が低く見られる可能性があったからだ。同様にして、マクチェズニーも今日の「能動的オーディエンス」論とメディア産業側の共犯関係を指摘している。メディア産業側はこうした論によって、自分たちの社会的、経済的権力を隠蔽することができるからである。

(126) Paul F. Lazarsfeld and Robert K. Merton (ed.), *The Communication of Ideas* (New York: Harper and Brothers, 1948): 113–16.

(127) Gary, *The Nervous Liberals*: 3, 11.

(128) John Durham Peters, "The Uncanniness of Mass Communication in Interwar Social Thought," *Journal of Communications* 46, no. 3 (Summer 1996): 111–12.

(129) Peters, "The Uncanniness of Mass Communication": 109–13.

(130) John Durham Peters, *Speaking into the Air: A History of the Idea of Communication* (Chicago: University of Chicago Press, 1999): 211.

(131) Peters, *Speaking into the Air*: 216.

(132) Susan J. Douglas, "Notes toward a History of Media Audiences," *Radical History Review* 54 (Fall 1992): 127.

(133) Chris Baker, *Cultural Studies: Theory and Practice* (London: Sage, 2003): 329.

ジョン・フィスクによるテレビ研究はこれの影響力あるバージョンの一つである。

John Fiske, "TV: Re-situating the Popular in the People," *Continuum* 1, no. 2(1987); John Fiske, *Television Culture* (London: Methuen, 1987).〔伊藤守ほか訳『テレビジョンカルチャー――ポピュラー文化の政治学』梓出版社、一九九六年〕

(134) オーディエンスに関するメディア研究が今日抱えているジレンマについては、以下を参照。

Susan J. Douglas, "Mass Media: From 1945 to the Present," in Jean Christophe Agnew and Roy Rosenzweig (eds.), *A Companion to Post-1945 America* (Oxford: Blackwell, 2002): 89–90.

(135) リスナーからの手紙に関する最も精緻な研究は以下。

Razlogova, *The Listener's Voice*.

(136) 炉辺談話については以下を参照。

Loviglio, *Radio's Intimate Public*, ch. 1; Lawrence W. Levine and Cornelia R. Levine, *The People and the President: America's Conversation with FDR* (Boston: Beacon Press, 2002); Edward D. Miller, *Emergency Broadcasting and 1930s American Radio* (Philadelphia: Temple University Press, 2003).

(137) Louis E. Kirstein, "Radio and Social Welfare," *Annals of the American Academy of Political and Social Science* 177 (January 1935): 130.

(138) John M. Carlisle, "Priest of a Parish of the Air Waves," *New York Times*, October 29, 1933: SM8; "American Messiahs," *Washington Post*, May 21, 1935: 1; "War of Words," *New York Times*, March 10, 1935: E1; Donald Warren, *Radio Priest: Charles Coughlin the Father of Hate Radio* (New York: Free Press, 1996).

(139) Frank Russell to R. C. Patterson, February 14, 1935, folder 40, box 91, NBC records, WHS.

(140) Typescript "Broadcast Policies," January 27, 1939, folder 336, NBC history files, LOC.

(141) William Hard, "Radio and Public Opinion," *Annals of the American Academy of Political and Social Science* 177 (January 1935): 106.

(142) Newman, *Radio Active*: 27–30.

(143) Paul F. Lazarsfeld and Harry Hubert Field, *The People Look at Radio: Report on a Survey* (Chapel Hill: University of North Carolina Press, 1946): 54, 58.

(144) Loviglio, *Radio's Intimate Public*: 7.

(145) *New York Times*, April 1, 1937: 25.

(146) Mildred Adams Washington, "We the People Speak," *New York Times*, June 30, 1935: SM 9.

(147) Elena Razlogova, "True Crime Radio and Listener Disenchantment with Network Broadcasting, 1935–1946," *American Quartely* 58, no. 1 (2006): 137–58.

(148) "British and US Broadcasting," *Times*, May 25, 1931: 9.

(149) Thomas Streeter, *Selling the Air: A Critique of the Policy of Commercial Broadcasting in the United States* (Chicago: University of Chicago Press, 1996): xii.

(150) アメリカの放送を形成していく際に国家が果たした歴史的役割について、多くの学者は注意を向けてこなかった。例外としては以下を参照。
Hugh Slotten, *Radio and Television Regulation: Broadcast Technology in the United States, 1920–1960* (Baltimore: Johns Hopkins University Press, 2000).

(151) FCC *News*, April 15, 1999.

(152) http://wireless.fcc.gov/auctions/default.htm?job=about_auctions(二〇〇七年九月一日に閲覧)

(153) Krystilyn Corbett, "The Rise of Private Property Rights in the Broadcast Spectrum," *Duke Law Journal* 46, no. 3(December 1996): 611–50.

(154) この言葉は一九二七年成立の「放送法(Radio Act)」から一九三四年の「通信法(Communications Act)」へと引き継がれた。

(155) たとえば以下を参照。

Thomas W. Hazlett, "Assigning Property Rights to Radio Spectrum Users: Why Did FCC License Auctions Take 67 Years?" *Journal of Law and Economics* 41, no. 2 (October 1998): 529–75; Peter Cramton, "The Efficiency of the FCC Spectrum Auctions," *Journal of Law and Economics* 41, no. 2 (October 1998): 727–36.

(156) たとえば以下を参照。
Glen O. Robinson, "The Federal Communications Act: An Essay on Origins and Regulatory Purpose," in Max D. Paglin (ed.), *A Legislative History of the Communications Act of 1934* (New York: Oxford University Press, 1989): 11.

(157) Thomas W. Hazlett, "The Rationality of U.S. Regulation of the Broadcast Spectrum," *Journal of Law and Economics* 33, no. 1 (April 1990): 133–75.

(158) Streeter, *Selling the Air*, ch. 6.

(159) "Wave Lengths as Property," *Chicago Tribune*, May 25, 1938: 10.

(160) *Third Annual Report of the Federal Radio Commission* (Washington DC: United States Government Printing Office, 1929): 32–34.

(161) Craig, *Fireside Politics*: 71–75; Streeter, *Selling the Air*: 94; Vaillant, *Sound of Reform*: 262–69.

(162) "In Re Docket 4758," *Federal Communications Commission Reports* 6 (Washington DC: U.S. Government Printing Office, 1940): 372.

(163) Mayflower Broadcasting Corp., Proposed Finding of Fact and Conclusions of the Commission, 8 FCC 333: 340.

(164) Federal Communications Commission, *Editorializing by Broadcast Licensees*, 13 FCC 1246 (1949) cited in FCC, *Fifteenth Annual Report* (Washington DC: U.S. Government Printing Office, 1950): 33.

(165) メイフラワー号による入植からフェアネス・ドクトリンにいたるまでの政策の軌跡については、以下を参照。
Amy Toro, "Standing Up for Listeners' Rights: A History of Public Participation at the Federal Communications Commission" (PhD diss., University of California-Berkeley, 2000): 81–102.

(166) Barnouw, *The Golden Web*: 33.

(167) C. B. Rose, *National Policy for Radio Broadcasting* (New York: Harper and Brothers, 1940): 268.

(168) 以下の文献の議論を参照。
Craig, *Fireside Politics*: ch. 2.

(169) Herman S. Hettinger, "Broadcasting in the United States," *Annals of the American Academy of Political and Social Science* 177 (January 1935): 2; Paul F. Peter, "The American Listener in 1940," *Annals of the American Academy of Political and Social Science* 213 (January 1941): 5.

(170) 以下の文献に掲載された表を参照。
Christopher H. Sterling and John M. Kittross, *Stay Tuned: A Concise History of American Broadcasting* (Belmont, CA: Wadsworth, 1978): 516, 512.

(171) Federal Communications Commission, *Report on*

Chain Broadcasting (Washington DC: U.S. Govt. Printing Office, 1941): 77.

(172) Clifford Doerksen, *American Babel: Rogue Radio Broadcasters of the Jazz Age* (Philadelphia: University of Pennsylvania Press, 2005): viii.

(173) Socolow, "To Network a Nation": 88–112. また、以下も参照。Bill Kirkpatrick, "Localism in American Media 1920–1934" (PhD diss., University of Wisconsin–Madison, 2006); Alexander Russo, *Points on the Dial: Golden Age Radio beyond the Networks* (Durham, NC: Duke University Press, 2010).

(174) "In the Matter of the Okmulgee Broadcasting Corporation," *Federal Communications Commission Reports* 4 (Washington: Government Printing Office, 1938): 302.

(175) 一九三七年に委員会はペンシルヴァニア州ポッツヴィルのローカル局設立申請を却下している。その理由を委員会は次のように述べている。申請者は「放送を始めようとする地域のことを少しも分かっておらず、当該地域におけるリスナーのニーズにも精通していない。」Docket 4071 "In the Matter of The Pottsville Broadcasting Company," *Federal Communications Commission Reports* 4 (Washington, DC: U.S. Government Printing Office, 1938): 319. コロンビア特別区はＦＣＣが「決まった認可の方針を持っていない」として一九三九年の決定を法廷に上訴している。*Pottsville Broadcasting Company v. FCC*, 70 App. D.C., 157.

(176) "Aims of the FCC," *New York Times*, July 12, 1936: XX14.

(177) インディアナ州での申請に失敗した事例で最も目を引く記述としては「申請者は該当地域のコミュニティにとって、完全な異邦人である」というものが挙げられる。"In the Matter of L. M. Kennett, Docket no. 2613," *Federal Communications Commission Reports* 2 (Washington DC: U.S. Government Printing Office, 1937): 275. 一九四一年、ある法学者はこのローカル局の申請をＦＣＣの「一貫した方針」を示している事例であると述べている。Giles H. Penstone, "Meaning of the Term 'Public Interest, Convenience or Necessity' under the Communications Act of 1934," *George Washington Law Review* 9, no. 8 (June 1941): 894.

(178) "In the Matter of J. B. Roberts, Docket no. 4215," *Federal Communications Commission Reports* 4 (Washington DC: U.S. Government Printing Office, 1938): 565.

(179) In re Great Lakes Broadcasting Co., FRC Docket no. 4900, quoted in Federal Communications Commission, *Public Service Responsibilities of Broadcast Licensees* (Washington DC: FCC, 1946): 12.

(180) FCC Hearings, docket 5060, box 1400, RG 173.5, NACP: 511. 彼はまた、ＦＣＣに対してＮＢＣの方針としては「一切のアドリブがないようにしている」と保証している。台本があるナマの番組は品位と標準を維持するための手段として理解されていた。
Ibid.: 542.

(181) Official Report of the Proceedings before the FCC at Washington DC, June 7, 1937, in the Matter of Monongahela Valley Broadcasting Co. Fairmont, West Virginia, Docket no. 4184, RG 173.5, NACP.

(182) Official Report of the Proceedings before the FCC at Washington DC, March 16, 1937, in the Matter of Troy Broadcasting Co., Docket no. 4306, RG 173.5, NACP.

(183) "In the Matter of Black Hills Broadcast Company, Docket no. 3066," *Federal Communications Commission Reports* 3 (Washington DC: U.S. Government Printing Office, 1937): 114.

(184) "In the Matter of Christina M. Jacobson, Docket no. 3827," *Federal Communications Commission Reports* 3 (Washington DC: U.S. Government Printing Office, 1937): 331–32.

(185) "In the Matter of H. Wimpy, Docket no. 3995," *Federal Communications Commission Reports* 4 (Washington DC: U.S. Government Printing Office, 1937): 180.

(186) Bill Kirkpatrick, "Localism in American Media 1920–1934" (PhD diss., University of Wisconsin–Madison, 2006): 209.

(187) "In the Matter of Evanston Broadcasting Company, Docket no. 4609," *Federal Communications Commission Reports* 5 (Washington DC: U.S. Government Printing Office, 1937): 485.
WDZによる革新的なローカル番組戦略についてのより詳しい説明や、彼らのヒルビリーへのコミットについては以下を参照。
Stephen D. Perry, "Securing Programming on Live Local Radio: WDZ Reaches Rural Illinois 1929–1939," *Journal of Radio Studies* 8 (2001): 347–71.

(188) In Re the Application of the Times Printing Company, Chattanooga, FCC Docket File no. 4759, RG 173.5, NACP.

(189) Charles K. Wolfe, *In Close Harmony: The Story of the Louvin Brothers* (Jackson: University Press of Mississippi, 1996): 27–28.

(190) Lazarsfeld, *Radio and the Printed Page*: 22.

(191) *Federal Communications Commission Reports* 40 (1938): 376.

(192) Camporesi, *Mass Culture and National Traditions*: 98.

(193) Orrin Dunlap, "Tribunal of the Air," *New York Times*, September 27, 1936: X10.

(194) Jason Loviglio, "Vox Pop: Network Radio and the Voice of the People," on Michele Hilmes and Jason Loviglio (eds.), *The Radio Reader: Essays in the Cultural History of Radio* (New York: Routledge, 2002): 89–112.

(195) NBC Statistical Department, "Comments from Anderson, Nichols Survey in Worcester, Newark, Cleveland, South Bend and Kansas City August 1935," folder 12, box 34, NBC records, WHS.

(196) Bill Kirkpatrick, "Localism in American Media Policy,

1920–34: Reconsidering a 'Bedrock Concept,'' *The Radio Journal: International Studies in Broadcast and Audio Media* 4, nos. 1, 2, 3: 90, 99–100, 105.

(197) Federal Communications Commission, *Public Service Responsibilities of Broadcast Licensees* (Washington DC: FCC, 1946): 3-4.

(198) Federal Communications Commission, *Public Service Responsibilities of Broadcast Licensees*: 39.

(199) 歴史家は概してバーナウの説を支持し、この報告書が、その中で嘆いているような状況を変える効果を持たなかったとみなしている。バーナウによれば、放送事業者たちは「まるでそんなものは存在しなかったかのように、ことを進めていった」という。Barnouw, *The Golden Web*: 227–36.

第三章　クラシック音楽放送という約束

プロローグ：戦後のクラシック音楽放送

一九八〇年代半ばに大学院生として学ぶために渡米したとき、私はアメリカのラジオに当惑し、苛立ちすら覚えた。シカゴにはクラシック音楽の放送局が二つあったが、どちらも商業放送だった。ゴールデンタイムになると、それらの局は楽曲の短い断片を流す。広告を入れるために交響曲全体ではなく、一楽章だけをかけるのだ。オーストラリアから到着したばかりの私にとって、それは違和感を抱かせるものだった。私の考えるクラシック音楽放送のあるべき姿と感覚的に折り合わなかったのである。クラシック音楽と商業主義の融合は、慣習に逆らう、ある種の文化的な過ちであるように見えた。(1) しかし、アメリカ人の友人は逆に私の驚きに対して驚愕の念を示した。彼らは私が聴いたようなクラシック音楽と高級市場の消費主義のつながりに慣れ親しんで育ったからだ。

シカゴの商業クラシック放送局ＷＦＭＴは形式ばった上品な広告を好んで放送していた。広告を読み上げるのは局のアナウンサーに限られていて、彼らは申し分のない発音で話した。広告を読み上げるその明確な口調からは、クラシック音楽をエリートの差異化された消費と結びつけるべく洗練され、よく訓練された戦略がうかがいしれた。一九八五年の『*Wall Street Journal*』によれば、ＷＦＭＴのマネージャー、レイ・ノードストランドは「クラシック音楽のリスナーの方が普通の成人よりも、毛皮のコートやＢＭＷのようなしゃれた商品を買う可能性がはるかに高い」ことに気づいていたという。その結果、ＷＦＭＴは「普通の広告よりも少ないその種の広告に対して倍の金額を請求できるようになった」のである(2)。第二次大戦後、クラシック音楽放送局は消費におけるこうした富と嗜好のつながりを首尾よく構築することに成功した。「良い音楽」が、宝石商や航空会社、高級衣料品店の広告とともに国中に拡散していったのである。そうした図式は弱まってはいるものの、現在まで続いている。実際、二〇〇五年には、一九三一年から続くメトロポリタン・オペラのラジオ放送が今後、「国を代表する建築家と高級住宅」をうたい文句にするトル・ブラザーズの提供によって放送されるという告知がなされた。ロバート・トルを引き合いに出した記事には次のように書いてある。

ブランディングにとって、メトロポリタン・オペラと結ばれる以上に完璧なことなどあるだろうか？　トル・ブラザーズの商品は考えうる限り最高に権威あるものとなった(3)。

クラシック音楽とエリートによる消費のこうした融合には歴史がある。シカゴの商業クラシック放送局は戦後に作られた。ＷＦＭＴは一九五一年、ＷＮＩＢは一九五五年にそれぞれ開局している。これらは、テレビ時代においてラジオリスナーがニッチな分野に細分化したことによって生まれてきた。クラシック専門局は、クラシック音楽がメインストリームのラジオ放送から姿を消そうとするまさにその頃、設立されたのである。上層階級と下層階級に人々が急速に分極化していくテレビ時代にあって、ラジオは文化的な岐路に立っていた。多くのラジオ局がポピュラー音楽番組やトーク番組に特化することで、より多くの聴取者を集めようとしていたちょうどその頃、新しいクラシック商業放送局は少数者が持つ嗜好のための避難所として開局したのだ。これら戦後にできた放送局は、少数の裕福な聴取者を求めて、クラシック音楽と富や趣味の良さ、成功といったものの間に新たな、はっきりと分かるつながりを構築したのである。そのため、戦前のクラシック放送局が抱き、成功もしていた全く異なる野望の記憶はほとんど失われてしまった。

クラシック音楽放送の文化的意味は二〇世紀後半に非常に大きな変化をきたした。本章では、一九三〇年代と四〇年代のアメリカのラジオにおいてクラシック音楽が持っていた特殊な文脈や意味を探る。当時、クラシック音楽はラジオの正統性と公的なあり方の中心に位置していた。それは、クラシックがアメリカの放送の中心から高級な外見をまとった文化へと変化する以前の話である。戦前のアメリカのラジオにとってクラシック音楽がいかに重要であったかを記述した歴史は一般のものであれ、アカデミックなものであれ、驚くほど少ない。クラシック音楽は市民的パラダイムの期待を背負っていた。それゆえに、アメリカのラジオを取り巻く特徴的でかつ生産的な緊張関係を明らかにする上で格好の素材となるだろう(4)。

戦前のラジオにおけるクラシック音楽

一九三四年の合意で勝利をおさめた後でさえ、アメリカの商業ラジオ放送が、多くの時間と資源をクラシック音楽放送に費やしたという事実は、ラジオの市民的パラダイムが存在したことの最も分かりやすい証拠の一つである。第二次大戦以前、クラシック音楽はアメリカのラジオ局の放送スケジュールの中で、重要な位置を占めていた。当時、多くの局が包括的で誰にとってもタメになる放送スケジュールを作ることを目標とし、規制システムもそれを奨励し、見返りを与えていた。そんな中で、クラシック音楽はその重要な要素となっていたのである。クラシック音楽を放送に組み込み、聴取者たちに鑑賞の習慣を作って能動的に関わらせるためにどれだけの努力を必要としたことか。本章では、その過程を探っていくことにする。

クラシック音楽を人気のあるコンテンツに引き上げるラジオの能力は、その説得力を測る尺度であると広く信じられていた。下院の州間および国際通商委員会に属するある人物は次のように発言している。

もし、この国の人々をクラシック好きにすることができるなら、あなた方の考えを彼らに四六時中たたきこむこともできないはずはありませんね?(5)

クラシック音楽は文句なしにハイブラウで、神聖化され、高い地位を占めていたし、公共の利益にかなうことも明白だった。そのため、放送事業者はクラシック音楽を放送することを望み、必要としてもいた。クラシック音楽は市民的パラダイムとその目標にとって、核心的な部分を担っていた。その目標とは、情報を吸収する能力、文化を超えて他者に共感する能力、感情を制御する能力、そして理性的な意見にたどり着く能力に長けた近代的市民を生み出すことにあった。

アメリカのラジオは、その不朽の伝統と普遍的な価値を認めつつも、クラシック音楽を変化させた。彼らは文化的に高い階層のものと低い階層のものを並置し、クラシックの演奏者をスターに仕立て上げる。さらに、一時はクラシックを新たな大衆音楽にするという目標を掲げ、その動きを推し進めることさえした。その証拠に、一九三〇年代、四〇年代にラジオとともに育った世代は、後の世代には見られないほど、クラシックに対する愛情を深め、それを維持し続けている。その世代にとってみれば、生活の中でほとんど常態的にあらゆる種類の音楽を聴けるということは、驚くべきことであり、人生を変えるような経験だった。ちょうど、音楽教師がかなわぬ夢として思い描いているような事態が、そこでは起こっていたのである。

クラシックはそのほとんどが生放送で、一九三〇年代の主な商業ラジオでは驚くべきことに、後にスタンダードとなるあらゆる曲を聴くことができた。ネットワークは非常に早い段階でクラシック音楽放送に熱心に取り組み始めた。彼らは個々のラジオ局にできることの範囲を大きく拡大したのである。ハイスタッドがサマーズによる調査結果を再分析したところによると、ネットワークが流すコンサート番組は、一九二八年から増加し、一九三八年にピークを迎える。その後、一九三九年と四〇年に急激に減少し、第二次大戦中には再び急増。戦後になってからは減少を続けたという。(6) クラシック音楽番組のヘッドライナーは、室内楽やソロリサイタルよりも壮大なオーケストラやオペラ調の演奏の方がはるかに多かったし、ネットワークが大々的に宣伝したのもこうした大規模な演奏だった。テオドール・アドルノは、ラジオ放送には室内楽が構造的に最も適しているにもかかわらず、「社会心理学的な理由」により、室内楽が電波にのることはほとんどなかったと批判的に論じている[7]。

大きなオーケストラの方も放送には熱心で、全国のオーディエンスや評判、そしてそれに伴う音源の売り上げをめぐって競い合った。ニューヨーク・フィルは一九二二年に、ボストン・シンフォニーは一九二六年に、フィラデルフィア・オーケストラは一九二九年にそれぞれ放送を開始している。NBCは一九三〇年代のほとんどの時期、ボストン、クリーヴランド、ロチェスターのオーケストラやメトロポリタン・オペラ、シカゴ・オペラのコンサートを放送していた[8]。一方、ニューヨーク・フィルやシンシナティ・シンフォニー、フィラデルフィア・シンフォニーはCBSの常連だった[9]。

ネットワークは、オーケストラの放送にどの程度コストと手間がかかるのかを明らかにするために、細かく統計をとっている。それによれば、NBCが一九三六年にアメリカのオーケストラのコンサートを放送した回数は三四六回、ヨーロッパのオーケストラは二八回だった[10]。また、一九三八年の初めから一一月までにNBCは三二のアメリカのオーケストラによる放送を総計三二四回行なっており、ヨーロッパに関しては一八のオーケストラによるコンサートを合計二四回放送している。この状況について、ネットワークの広報は「実質一日一回はオーケストラの演奏を放送している」と述べている[11]。さらに、一九三七年の一月だけでNBCはクラシック音楽を五六時間流し、オペラも一八時間放送していた[12]。CBSでは、一九三三年に三八六時間だったクラシック音楽放送が、一九三七年には六一三時間に増加している[13]。これらのほとんどが生放送で、それもしばしばオーケストラによるものであったと考えれば、とんでもない数字である。それよりもう少し小さなネットワーク会社であるミューチュアル・ネットワークもまた、クラシック音楽放送には積極的だった。一九三三年からは商業的なスポンサーがついていたアルフレッド・ウォーレンスタインの小交響楽団による演奏を放送している。WORの音楽ディレクターとして、ウォーレンスタインはモーツァルトの二六のピアノ協奏曲や七つのオペラ、アメリカン・オペラフェスティバルといった野心的な番組を手掛けた[14]。ネットワーク各社が、商業放送ではあるが公共サービスでもあるという自画像を提示する上で、このように注目を浴びるオーケストラやオペラの放送は、絶対的に重要だった。全国の新聞のラジオコラムニストたちが今週の注目番組を選ぶ際にも、ネットワークの広報はクラシック音楽番組を大々的に売り込み、呼び物にしていたのである。

ネットワークの主要な関心は常にバッハやベートーヴェン、ワーグナーなど、名曲を残した巨匠による、誰もが聞き覚えのある作品にあった。しかし、クラシック音楽が非常に多く放送されていたこともあって、番組制作者はどうしてもそれほど有名ではない曲もたくさん扱わなければならなかった。ラジオ向けに作られた新たな曲のレパートリーを見いだそうと、彼らは見かけ以上に努力していた。ネットワークは新曲を見つけ出し、放送することに驚くほど熱心だった。NBC音楽協会は一九三四年から室内楽の演奏をレギュラーで放送し、ラジオ向けに書かれた室内楽に対する賞も授与している。CBSはアメリカの作曲家に新曲を依頼するとともに、存命の作曲家に自分の書いた曲をラジオで演奏するよう求めた。一九三七年には、「カドマン、ブリッツスタイン、トッホ、プロコフィエフ、タンスマン、チェイバー、グルーエンバーグ、ピストン、ヒンデミット、エネスコ、ガンツ、ストラヴィンスキー」がその中に含まれていた。また同じ年、CBSはヴィットリオ・ジャンニーニに二九分のラジオオペラの作曲を依頼している(15)。日曜午後にCBSが放送していた『*Music for Everybody*』という番組は、一九三七年から三八年までの間にアメリカ人の作曲家による新曲を一二曲も発注していた。さらにまた、同時期にCBSはアメリカの現代室内楽の番組を八つも持っていたし、グリンカからショスターコヴィチにいたるまでのロシアのピアノ音楽を探訪する番組を一〇回も放送していた(16)。一九四〇年までにウォーレンスタインはミューチュアル・ネットワークで三〇〇曲もの新曲を初演している(17)。当時のアメリカの作曲家を満足させるにはこれでもなお十分ではなかった。それでもネットワークは、現在から見れば途方もない資金と創造的なエネルギーを新たな芸術音楽を提示するために注いでいたのである(18)。

クラシック音楽はネットワークの自主制作番組とし

ても放送されたが、重要なのは商業番組としても放送されていたことだ。スポンサーたちは、クラシック音楽がモノの広告というよりは組織の広告に適合的であると見ていた。一九二七年から三七年までNBCで放送されたゼネラル・モーターズ〔GM〕によるコンサート番組は、ゼネラル・モーターズ・シンフォニー・オーケストラによって演奏されていた。この場合、名前自体が十分な宣伝の形態として成り立っている。巨大企業が自分たちを権威ある公的な組織であるということを世間に誇示しようとする試みの一環だったのである。[19] GMはまた、一九三三年から「キャデラック・コンサート」も主催しており、広報ではこのコンサートのことを「ラジオのために選抜されたシンフォニー・オーケストラによって演奏される世界で最良の比類ない音楽」であり、「キャデラックがアメリカの皆様にお伝えしたいメッセージにふさわしい背景」を創りだすために放送される番組であると説明している。[20] 巨大企業のスポンサーはクラシック放送のお手本を見せるための存在であると目されていた。『*Texaco Metropolitan Opera*』、『*General Motors Symphony*』、『*Cadillac Symphony Orchestra*』(一九三三―一九三五)、『*Ford Symphony Orchestra from Detroit*』といった番組が作られ、「有名な音楽が威厳ある形式で」日曜の夜に放送された。[21] 企業スポンサーは、オーケストラのコンサートがラジオ番組の中で最も権威があり、望ましいものであると認めていた。そのため、当時はクラシック音楽を含み、スポンサー向けの名前を冠したオムニバス形式の商業番組も存在した。メトロポリタン・オペラのスターを中心にすえた『*The Atwater Kent Hour*』(一九二六―一九三四)をはじめ、『*Cities Service Concerts*』(一九二七―一九五六)、『*The Carborundum Hour*』(一九二九―一九三八)、『*The Voice of Firestone*』(一九二八―一九四九)、『*The Bell Telephone Hour*』(一九四〇―一九五八)、『*The Magic Key of RCA*』(一九三五―一九三九)などがそれである。

クラシック音楽は本質的に価値のあるものとして権威を持っていたが、それにもかかわらず、戦前のクラシック音楽放送は常に排他的、あるいはエリート主義的なものとして売り込まれていたわけではない。むしろクラシック番組は、将来的に万人向けとなるように力を注がれていたし、そのスポンサーにはRCAやGM、フォードだけでなく、ラッキー・ストライクやチェスター・フィールドといったタバコ会社も名を連ねている。メトロポリタン・オペラの放送のスポンサーと最初に結びついていた商品は、ラッキー・ストライクのタバコやリステリンといったごく普通の消費財だった。[22]ラジオで放送されるクラシック音楽は、いずれは全ての人が楽しむようになることが予測されるものとして執拗に売り込まれた。一九三五年のゼネラル・モーターズ・コンサートの時期に、GM社長のアルフレッド・スローンは、その番組が射程としていた広範囲の中間層について明確に語っている。

コンサートは、過去から現在にいたるまでの巨匠の作品から厳選してお送りするものとなるでしょう。しかし、この番組はある特定の集団や特定の嗜好を持った人のためというよりはむしろ、アメリカの音楽愛好者の大多数に楽しんでいただけるように作られ、デザインされています。

その時のゲスト指揮者には、トスカニーニやヴィーチャム、ストラヴィンスキーやブルーノ・ウォルターが含まれていた。そしてそこには、大企業の気前の良さのおかげで最上の演奏を普通の人が聞けるのだというメッセージが常に込められていたのである。[23]それまでクラシックに馴染みのなかった人々に番組内容に対する興味を持たせ、理解させるために払われた努力は特筆すべきものだった。たとえばメトロポリタン・オペラの放送では、ステージ上で移動がある間、ディームズ・タイラーのナレーションが状況を説明し、ストーリーを伝え、簡単な「言葉による絵柄」を挿入する。それらは全て、一般の公衆がオペラに触れやすいようにデザインされていた。[24]

アメリカの放送事業者は「大衆との関係の中で揺るぎない地位を打ち立てる上で、シリアス・ミュージックは金をかけるだけの価値がある」ということに気づいたのだ。一九三八年、『*Fortune*』誌はそのように報じている。[25]NBCのシリアス・ミュージック部門のディレクター、サミュエル・ショツィノフも、楽観的な見方をしていた。

全国の広告主がシリアス・ミュージックのスポンサーを喜んで務めるようになっている。それはシリアス・ミュージックがアメリカ公衆にとっての必需品となったということに他ならない[26]。

クラシック音楽に対する企業の情熱は、アメリカン・システムのカギとなる象徴的な主張を生み出した。それは、合衆国が人々の欲求にこたえると同時に、人々の嗜好のレベルを急速に引き上げるような、すなわち、権威主義的な言葉による介入なしに文化レベルを引き上げられる商業放送を持つことができるという一つの証明になったのである。もちろん、いくら説得力や影響力があったとしても、それはフィクションにすぎない。クラシック音楽の流行は結局、規制システムの産物であったし、聴衆の数は目立って増加したものの、クラシック音楽が新たな大衆音楽になったなどということは、実際にはありえそうもない。しかし、クラシック音楽がアメリカ社会を変えつつあるという考えはアメリカのラジオにとって非常に重要な正当化の物語だったのである。アメリカの放送事業者はクラシック音楽を、それまではそこから最も隔たっており、音楽的に貧しかったアメリカの家庭に送り込んだ。そのことは、商業放送で電波を独占することに重要な正当性を付与したのである。

ラジオが一九三四年に連邦政府と交わしたファウスト的契約の一環として、クラシック音楽は戦略的かつ大々的に展開されていった。自分たちの利益を求めて公共の電波を占有することを正当化するために、ラジオは常に証拠を求められた。一九三四年のFCCによる調査に際して、NBC側が準備を行なった時の広報係、ウィリアム・ハードはNBCの幹部に次のように書き送っている。

私はローヤル氏と彼の音楽分野のマネージャーからデータを頂くことに特に関心を持っています。第三者の音楽批評家からの賛辞やNBCの音楽放送に占める「文化的」というカテゴリーのパーセンテージがそこには含まれているはずです。私が思うに、これは我々の局にとって、生命線になるものです[27]。

NBCは自分たちの音楽番組の国家的重要性について証言してもらうため、一〇人の証人を呼びつけたという。一九三四年以降もネットワークは、自分たちの公共サービスとしての社会貢献について説明を求められた場合には、クラシック、あるいは「シリアス」・ミュージックを第一に挙げた。BBCのフェリックス・グリーンは、アメリカのネットワークは「いくつかの良いシンフォニーのコンサート番組」を持っており、「自分たちの番組の質が問われたときにはいつも決ってそれらを何度も持ち出す」と苦々しく書き記している。(28) 戦前のアメリカのラジオでは、多くのクラシック音楽が流れていた。そしてそこには、ある種の非常に戦略的な理由が存在したのである。

クラシック音楽放送の意味

クラシック音楽放送が急速に拡大した実利的な理由があることを理解したからといって、放送事業者たちの示した熱意を割り引いて考えるべきではない。文化の歴史は「あれかこれか」という二項対立で捉えるべきではなく、「あれもこれもあった」という複雑さの中で捉えなければならない。ネットワークのクラシック音楽への取り組みは、常に戦略的、政治的な意図を持って行なわれた。しかし、クラシック音楽放送の可能性を実現するべく動いていた社員たちを支え、活力を与えていたのは、多くの場合、彼ら自身の気高い熱意に他ならなかった。クラシック音楽放送の歴史は、放送事業者の下した選択の組織的、政治的文脈を記述するだけでなく、かつてクラシックを取り巻いていたほとんどユートピア的ともいえる期待を理解し、その文脈の中に位置づけることにも努めなければならない。

このことは、当時放送されていたクラシック音楽番組の量や聴いていた人の数といった量的な側面を越えて、初期の段階でクラシックがなぜあれほど重要視されたのかということについての質的な考察を行なうことを意味する。信じ難いことに、かつてクラシック音楽放送には高い期待が寄せられていた。歴史は、クラシック音楽がもたらすことを期待されていた社会的、文化的変革を理解したうえで書かれねばならないのだ。

こうした大きな期待を支えていたいくつかの大胆な

前提があった。第一の前提は一九三〇年代のCBSが日曜の午後に放送していた番組のタイトルに表れているが、クラシック音楽は少なくとも潜在的に「あらゆる人のための音楽(*Music for Everybody*)」であるという揺るぎない信念であった。クラシックは単なるニッチな少数派の嗜好ではなく、全ての人に愛され、理解されうる真の大衆音楽であるというのだ。そのため、当時、クラシック音楽の「普遍的」価値や魅力が繰り返し主張された。スター指揮者であったレオポルド・ストコフスキーは、一九四三年に出版した自著『*Music for All of Us*』の冒頭を次のような言葉で飾っている。

> 音楽は普遍的言語である。それは全ての人に語りかけてくる。それは我々が生まれながら持っている権利に等しい。(29)

人類学的に見ても、社会科学的に見ても馬鹿げているが、にもかかわらず、こうした考えはクラシック音楽放送の歴史にとって非常に重要なのである。

大衆性や普遍性といった考えは、クラシック音楽放送の初期に叫ばれた中身のないスローガンではある。そのため、我々はそれに我慢できず、無視して通り過ぎたいという誘惑にかられることも多い。別のもっと独創的で核心をつく事柄を探したくなってしまうのだ。しかし、多くのアメリカ人がこの決まり文句となった主張を真剣に信じていたことを、歴史記述は見逃してはならない。クラシック音楽は普遍的価値を代表している。したがって少なくとも潜在的にはあらゆる人に語りかけてくる。そんな理念を信じていた人々にとってみれば、クラシック音楽放送時代の到来は、大規模な社会的、文化的変化の訪れを期待させるに十分なものだった。

「普遍性」の主張は、部分的には「文明化」に関する議論に依っていた。クラシック音楽は文明の先端の一角を代表しているということが自信を持って主張されたし、それは明確に認識できる本質であると理解されていた。

当時、NBCの「シリアス・ミュージック」部門のディレクターであったサミュエル・ショツィノフは次のように思いをめぐらしていた。

ベートーヴェンは自分の交響曲が地球上の文明化されたあらゆる街角で何百人という人に同時に聴取されていることを知ったら、どれだけ驚くだろうか？

この言葉は、ベートーヴェンを聴くこと自体が彼にとって文明化の証であったということを意味している(30)。一九三〇年代後半、ヨーロッパにおける戦争の懸念が高まる中で、こうした語りは頻出するようになっていく。文明(時には「西洋文明」と修正されることもあるが)は合衆国において救済されるべきであり、音楽的伝統の鑑賞を広く普及させることは、そうした救済と防衛にとって重要な要素であるということは、多くの人にとって明らかだった。ヘンドリック・ヴァン・ルーンは一九三八年にニューヨーク交響楽団連盟の昼食会で、「文明が保護されるべきものであるとすれば、アメリカこそはそれを成し遂げるべきだ」と発言している(31)。「文明に対する責務」という感覚によって、一九三〇年代のアメリカでは、シリアス・ミュージック普及の問題は緊急性や重要性が大いに高まっていたのである。

クラシックに関するさらに広く共有されていた野心的な希望は、クラシック音楽が市民の能力を高め、彼らの自己陶冶や自己認識を助ける働きをするだろうということだ。クラシック音楽放送がもたらす利益は、個人の変化や成長の総和として理解されていた。クラシック音楽が涵養するとされた個人の資質は、国際感覚、感情のコントロール、個人の意見を言葉にする能力などであったが、それらはアメリカのラジオにおいて支配的だった市民的パラダイムとよく合致していた。クラシックが持つ、個人を変容させる力への期待は異常なほど高まっていた。指揮者兼作曲家のハワード・ハンソンは、当時次のように宣言している。

クラシック音楽は一種の宗教である。クラシックの美は人々に染み込み、その人生に奇妙で、しかし素晴らしい影響を与える(32)。

ボストン・シンフォニーの指揮者、セルジュ・クーセ

ラジオはアメリカ国民の聴覚世界を一変させた
音楽が持つ普遍的かつ人間的な力を信奉する人々は新たな可能性に熱狂した．ネットワークも「シリアス・ミュージック」を何百万もの人に広めるという自らの役割に対して常に注意が向けられるよう仕向けていた．そこでは，音楽を届ける対象はリスナーであるのみならず，演奏者でもあると理解されていた．

ヴィッキーも、一九三九年に次のように書き残している。

音楽は新しい世界の知識や感覚を人間に示すとともに、快楽を伴った高揚感をもたらし、高潔な行動や理想への英雄的な情熱をかき立てる。そのとき、音楽は人間精神の真の内面的な深みを何よりも雄弁に語っている。(33)

こうした効果が一般的にクラシックの聴取体験から得られるとすれば、多くの新しい聴衆たちにクラシック音楽を放送することは世界史的な重要性を帯びることになるに違いない。レオポルド・ストコフスキーは、音楽を放送できるラジオは「知性と精神を進歩させる最も偉大な装置の一つである」と考えていた(34)。アメリカのクラシック擁護論者たちは、ラジオの個人を変革する能力や、民主主義にとっての有用性をくどいほど繰り返した。こうした信念を持った人々が、クラシック音楽を放送する企業に無関心でいられるはずはなかった。そうした企業は明らかに新時代の歴史的発展を象徴していたのだから。

コスモポリタニズム・平和・クラシック音楽

フランスのピエール・ブルデューは一九六〇年代に「趣味に関する判断力」の社会学を研究した。その中で彼は、社会学的に見て音楽は「ずば抜けて優秀な純粋芸術であり、それは何も語らないし、語るべきものも持たない」と述べている(35)。しかし、一九三〇年代の合衆国においては、これと全く異なる理解がなされていた。当時のアメリカでは、クラシック音楽は価値観を伝え、改革主義者によるアメリカ人の生き方への働きかけを代弁するものであった。クラシックは個人を良い方向に変容させ、特別な方法で考え方や感情に影響を与えるだろうという根強い期待があったのだ。

クラシックや「シリアス」・ミュージックであるとされている音楽はヨーロッパのいくつかの国の国家的伝統に由来しており、愛国主義的な文脈で受け取られることも少なくない。しかしアメリカでは、クラシックの作品は偉大な音楽という国境のない一つの伝統へと簡単に吸収されていった。それはあらゆる人に語りかけ、国民などという狭いものではなく、普遍的な感情を表現すると主張されたのである。国家間の対立を超えて全ての人類に訴えかけ、それゆえに世界市民的な理想を体現し、唱導すること。これは、アメリカにいる多くのクラシック音楽放送推進派にとって、最も重要なクラシックの特質だった。また、クラシックを放送することで得るものが大きいはずだと期待感を抱いていた人間は、人々の間の共感や平和を望んでいた。

文明化されたあらゆる場所で様々な国の、そして様々な時代の音楽を聴けるようにすることで、ラジオはほとんど全ての人間の文化的生活を豊かなものにしてきた。

とレオポルド・ストコフスキーは意気揚々と語っている。高名なフィラデルフィア・オーケストラの指揮者であったストコフスキーは、音楽を鑑賞するにあたって、「歴史的、国民的」見地ではなく、普遍的な立場に立つよう、呼びかけたのだ。さらに彼は力を込めて言う。ひとたび普遍的立場に立てたならば、そのリスナーは「家にいながらにしてあらゆる時代、あらゆる国の、あらゆる音楽を聴く、(中略)世界市民となるであろう」と。(36)

重要なのは、こうした音楽が導くコスモポリタニズムという発想は、合理的であると同時に感情的でもあったということだ。ウィスコンシン大学の学長であったグレン・フランクは一九三三年に、音楽は「感受性をはぐくむ手助けになる」と主張している。音楽は情操教育となりうるものであり、それによって「人類全体に対して親類のような感情を抱き、(中略)中国における飢餓との戦いを、自分の甥が飢えに苦しんでいるのを感じるのと同じくらい痛ましいものであると感じるようになる」というのだ。(37) クラシック音楽放送がリスナーを感受性にあふれた世界市民へと変容させ、全人類の苦悩を鋭く感じ取るようになることを促すだろうという希望はたしかに存在した。それは絶頂期のクラシック放送が喚起した、感動的だが現在ではほとんど思い返されることのない高い期待の発露であった。

もちろん、クラシック音楽の組織が発したコスモポリタン的なメッセージが全ての人に受け入れられたわけではない。おそらく一九三〇年代は特にそうだが、いつの時代も音楽は主に国民的、あるいは愛国主義的な感情をもって聴かれる可能性を持っている。アメリカで音楽によるコスモポリタニズムを唱導する者たちは、こうした聴き方を厳しく批判した。『*Washington Post*』の評論家、レイ・C・B・ブラウンは、音楽に対するナショナリスティックなこだわりを批判する文章をしばしば書いている。彼は次のように主張した。

現代の音楽は完全に国際化しているため、どの曲がどの国のものかを解明しようとしても見込みがない。(38)

音楽は「世界にある多くの国、そして究極的には全ての国を一つにする力がある」とまで彼は言う。どこかに対立する二つの国があったとしても、共有する音楽があれば「今まさに戦争しようとしている両国の市民に、もっと重要な情熱を共有していることを納得させるのには十分なはずだ」と。いまだ世界平和が達成されたことがないのは、ひとえに「音楽に最も敏感な人々が支配権を有していないから」であると彼は主張したのだった。(39)

こんな風に言うと、これらの考えは、常識外れでナイーヴな楽観的視点に見えるかもしれない。しかし、ブラウンはこうした発言によって、一九三〇年代のある種の人々の考えを抽出してみせているのである。彼らは、クラシック音楽放送が強力な変革の力を持っていると信じ、もしかしたら、多くの人が言っているように世界に平和をもたらす何かを秘めているかもしれないと考えていた人々である。ナチス・ドイツからアメリカに移住したばかりだった指揮者のブルーノ・ヴァルターは一九三九年、『*New York Times*』で「このラジオという機械は新たなコミュニティを生み出しつつあります」と語った。さらに彼は次のような言葉でアメリカ人に確信をもたらした。

人々は聴くという行為によってベートーヴェンやブラームスの精神と結ばれています。新たな調和が世界にもたらされるのです。(40)

この際立って楽観主義的な見方は合衆国に強い影響力

を持っていたのである。

このようなユートピア的視点を持っていたのは音楽の専門家だけではなかった。そうした専門家集団の完全な外側にいたリスナーたちも同様の大胆な意見を述べている。苦難の中にある現在の世界に平和をもたらす可能性のある、贖罪の意味を帯びた世界市民的な魅力を、クラシック音楽放送が運んできてくれると考えていたのだ。戦時中という文脈の中で、平和をもたらすクラシック音楽放送の影響について、ハンナ・D・マイリックは一九四一年に、『*Christian Century*』誌で次のような詩を発表している。

指をすっと動かして
ダイヤルをひねる
音楽が流れだす
奇妙な
なにもない空間から
モーツァルトのシンフォニー、
ベートーヴェンにブラームスが
地球上の全てを
軽やかな空気でつつむ
どうすればいいのだろう
この儚いもの、
この美しく輝く聖なる息吹が
人間同士の不和という
ノイズを刺し貫くためには(41)

この詩は答えのない問いかけで終わっているが、こうした祈りこそは、クラシックによる平和という期待が存在した強力な証拠である。戦間期にはぐくまれた、クラシック音楽の大衆普及に関する楽観主義を受け入れていたアメリカ人たちにとって、こうした問いかけは腑に落ちるものだったのだ。連邦作家プロジェクト〔ニューディール政策の一環として、失業した作家を救済するために為された事業〕の一環としてインタビューを受けた郵便局員は次のように語っている。

「ラジオ番組が好きなのはどのような点ですか」
「主に良いニュースコメンテーターと音楽番組が好きですね。今、私が好きなコメンテーターはカルテンボーンです。音楽に関して言うと、良いコンサートを聴くことで、私は本当に素晴らしい音楽教育をうけてきたと思っています。今も私はウォルター・ダムロッシュの音楽鑑賞番組を聴いていますよ。だから彼が演奏する音楽の多くはちゃんと何の曲か判別できます。WORにはアルフレッド・ウォーレンスタインと彼のコンサート番組がありますが、やはり日曜午後の交響楽のコンサート番組が私にとってなによりの楽しみですよ。」

「芸術の中では音楽があなたのお気に入りなわけですね？」

「おそらく、はい、そうだと思います。純粋な楽しみとして音楽を聴いていることはさておき、私は音楽が社会に与える示唆に非常に興味があります。ナショナリズムや検閲の時代であるにもかかわらず、そうした音楽によるメッセージは今も自由を許されています。私には、音楽は言葉よりもはるかに革命的に思えるのです。[42]」

戦間期において非常に多くの場合、音楽放送は、ナショナリズムに対抗し、世界市民的な強い感情を伝える力があると受けとめられていた。それはちょうどH・V・カルテンボーンの番組形式にも表れていた。詳しくは次章で論じるが、国際的な出来事に対する彼の解説によって、リスナーは自分たちを、国民的な希望や関心についてのコスモポリタン的な英知の持ち主として位置づけることが可能になったのだ。クラシック音楽放送はあらゆる人に語りかけ、普遍的な価値という立場から、この難局にある世界に平和をもたらす。クラシック放送の唱導者たちはそう考えていた。この思想こそは、クラシック音楽放送の神聖かつ超俗的な地位の一翼を担っていたのである。

神聖化と伝道プロジェクト

近年のアメリカにおけるクラシック音楽の文化史研究は、一九世紀後半に起こった芸術音楽の「神聖化」に関する論争に焦点を当ててきた。それは、偉大な作品を演奏する偉大な音楽家の前にうやうやしく沈黙して座っていられるように、コンサートの聴衆たちを飼いならし、訓練していった過程に焦点を当てることでもある。しかし、神聖化の過程にばかり注意が向けられるあまり、その後に続く放送と機械による再生の時代になされた、神聖化を維持するための複雑な過程について調べた研究は驚くほど少ない。この時、歴史上初めてクラシックはあらゆる人が聴ける音楽となったのであり、それゆえ、聴衆たちは家庭の俗事に囲まれた中で、権威あるクラシック音楽を聴けるようになったにもかかわらず、である。クラシック音楽の放送は重要かつ独特な期待と不安を引き起こした。しかし、私たちはたとえばジャズやロックなどと比べて、クラシックの初期の受容のされ方についてははるかに無知である。

高級文化一般についてもそうだが、とりわけクラシックに関して、合衆国における神聖化の過程は非常に劇的な形をとったと主張してきた歴史家もいる[43]。ジョセフ・ホロウィッツによれば、「アメリカ人はヨーロッパ人よりはるかに強く、音楽の傑作に対して崇拝の念を抱いてきたし、その伝道者に対して排撃も加えてきた」という[44]。ローレンス・レヴィーンは、彼の非常に影響力のある著作『ハイブラウ／ロウブラウ―アメリカにおける文化ヒエラルキーの出現』(常山菜穂子訳、慶應義塾大学出版会)で次のように主張している。一九世紀には、高級文化と大衆文化の境界がさほど明確ではなかったが、二〇世紀に入るまでに、高級文化を神聖化し、聴衆を飼いならして、専門家の見解や訓練された芸術家の判断に従うように導く動きが著しい成功をおさめた。そうした動きは大衆文化と一線を画すエリート文化を生み出したのである、と[45]。交響楽に関して言えば、一九世紀半ばにおいて、これはより「真面目な」演目という形をとった。社会階層が混じり合った聴衆のための大衆的クラシックはここには含まれなかったのである。レヴィーンによれば、「高度に訓練された専門家だけが、この神聖な芸術の作り手の意図を理解し、それを実現するための知識や技術、そして意志を持つことができるという主張」が徐々に増えていったという[46]。シリアス・ミュージックの鑑賞は、真面目で責任感ある人間の証として、そして階層を示す指標として認識されるようになったのだ。

レヴィーンの本は一九世紀から二〇世紀初頭までに焦点を当てており、放送の時代は分析の射程に入っていない。その理由の一端は彼が文化の伝道者たちについては語るべき重要性をほとんど認めていなかったことにある。文化の伝道者たちとは、シリアス・ミュージックを、大衆を啓蒙し、文明化する手段として捉え、その聴取者を拡大しようと企図した人々のことだ。一方でレヴィーンを批判しようとする論者たちは時として、クラシック音楽の聴衆を拡大しようとする意図が存在したこと自体が、クラシックの神聖化という命題に反する現象であると考えていた。たとえば、マーカスは「ラジオの発達に目を向ければ、文化的階層性や「神聖化」という認識を維持することは難しくなる」と主張している(47)。しかしもちろん、神聖化と民主化への欲望は論理的にも歴史的にも両立しないわけではない。クラシック音楽が贖罪と教化の力を持っているという信念が強ければ強いほど、より多くの人にクラシックを共有させたいという欲望も強くなったからだ。レヴィーンにせよ、彼を批判する論者たちにせよ、その議論はラジオについて考える上で最も重要なポイントにほとんど触れていない。そのポイントとは、神聖化されたクラシック音楽と、その大衆普及を可能にする技術、およびその人生を変えるほどの価値を大衆に伝えたいという伝道者たちの欲望とが交差する地点にある。

クラシックの伝道活動は実際、神聖化に対する論理的な帰結だったし、放送は人々にクラシック音楽の恩寵を与える手段となりうるものであった。オーリン・ダンラップは一九三七年の『*New York Times*』で次のように書いている。

ラジオは翼を持った伝道者であり、価値ある音楽という福音を広め、音楽鑑賞というものを大衆に教える役割を担ってきた(48)。

文化的階層性について確固たる感覚を持っていた人々にとって、ネットワーク・ラジオはほとんど完璧な媒体だった。それは全ての人に同時に、最上の音楽と演奏を伝えることができたからだ。クラシック音楽を聴ける人が増えれば、アメリカ社会は良くなるし、個々のアメリカ人も良い方向に変容していくだろう。合衆国における音楽の福音主義者たちは、真剣にそう信じていたのである。
クラシック音楽の伝道者たちはラジオの助けを借りて、おそらく空前絶後の変革を戦間期にもたらした。七〇代のアイルランド系アメリカ人のコック、メアリー・アン・ミーハンもそうした変革を味わった一人だ。彼女は一九三七年に行なわれた連邦作家プロジェクトのインタビューに答えて次のように言う。

「今の子どもたちは私たちの頃よりずっと賢いわ。」「今の子どもたちが何を持っているか見てみるといいわ。あの子たちはラジオを持っているわよね。それで今、私たちが今聴いているものを考えてみなさいな。(中略)そう、高級な音楽しか耳に入らないわね。私たちが子どもの頃は教会で酸っぱいスープみたいなソプラノを聴いたり、子どもが吹くハーモニカや口琴を聴いたりしていたと思うわ。私たちがこれまで高級な音楽を聴いていたことがあったかしら。ないわよね。」(49)

音楽にアクセスするこの歴史的に新しい手段が次の世代にもたらす影響について、多くのアメリカ人はミーハンと同じように、非常に好感を持って捉えていた。彼らはクラシック音楽の大衆普及の初期に抱かれていた大きな希望を受け入れていたし、その結果として世の中が良い方向に変わっていくはずだということを喜んで信じようとしたのである。

放送の時代の初期において、音楽は娯楽というカテゴリーを大きく超えた文化的な力があると認められていた。音楽は人々を感動させ、変化させるとともに情動を呼び起こし、それを適切な形に変えてくれる。さらに、それは強い感情を昇華させて伝えてくれる。音楽はこのように理解されていたのだ。音楽史家のゲイリー・トムリンソンは「音楽と魔術の親和性やつながりは我々の文化の中に残っている」と論じている。放送時代の初期はそうした「魔術」を初めて一般に普及できる可能性をはらんだ当時の盛り上がりを見て取ることができるからこそ、魅力的な瞬間なのだ、と。(50)

能動的聴取者

人々が自分の楽器を演奏し、自分たちの音楽というものをよく知っていた時代が、かつてはあった。

シンクレア・ルイスは一九三八年にこのように語っている。「ラジオを通した受動的な聴取は音楽の否定である」と。[51] ルイスはここで、音楽放送について何度も繰り返されることになる懸念を表明している。トスカニーニの放送が地域の交響楽団から聴衆を奪ったらどうなるだろうか？　あるいは、それが家庭のピアノにホコリを被らせることになったら？　全ての人が最上の音楽を聴けるようになることの結果として、アメリカ人が自身のアマチュア音楽活動や、地域の職業音楽家に対する支援をやめてしまうとしたら、そしていくつかの巨大な世界の中枢から放送されてくる偉大な演奏の単なる受動的な消費者になってしまうとしたら、クラシック放送を流すという公共サービスはネガティブな価値を帯びてしまうかもしれない。一九三七年後半に『*NBC Symphony Orchestra*』という番組でトスカニーニを放送することになったとき、土曜の夜という放送時間が批判の的になったことがある。非難したのは、自分たちのパトロンを失うことを恐れた他の交響楽団や、日頃の社交イベントとこの素晴らしい放送との間でどちらをとるか選択を迫られた人々であった。[52] 当時、WPAの音楽プロジェクトのディレクターであったニコライ・ソコロフは次のように警鐘を鳴らしている。

自分で何かを生み出すことの文化的利益にコミュニティの関心を向けさせることをせず、いくつかの偉大な音楽放送への過度な集中化を引き起こしてしまうならば、この国の音楽生活は貧しいものになってしまうだろう。[53]

一九三〇年代のクラシック音楽放送に関して歴史的に重要なことの一つは、その担い手たちがこうした聴衆の受動性という可能性に意図的に抵抗するような動きを見せ始めた点にある。『*Chicago Tribune*』の評論家、エドワード・バリーは、多くの人々が才能あるほんの一握りの人間のオーディエンスという地位に後退してしまっているのは「科学とコミュニケーションの急速な発達がもたらした一時的な結果」にすぎないという希望を表明した。彼は「人民自身」の音楽活動を生き生きとしたものに保つためになんらかの方策を進めなければならないと主張している(54)。また、音楽教育者たちは、ラジオを家庭での音楽活動を刺激するために使うよう勧告した。たとえば、ピーター・ダイクマは、ラジオに合わせて子どもたちに楽器を弾かせたり、歌わせたり、踊らせたりすることを勧めている(55)。最も重要なのは、ラジオが音楽に対する態度を含む受動性をリスナーたちにもたらしてしまうというこうした根強い懸念に共感を示す必要を放送事業者たちが常に感じていたということだ。

一九三〇年代におけるクラシック放送の担い手たちは、音楽放送それ自体が真面目で積極的なリスナーを生み出すなどという単純な考えを抱いてはおらず、教育的、制度的な支援のためのあらゆる組織を周辺に配置し、放送を強化しようとしていた。ラジオが聴衆を受動的にさせてしまうのではないか。スポーツや市民活動、音楽、宗教、政治に関わる活動などを含む能動的な取り組みが、ラジオの前に座り込むという行為に取って代わられてしまうのではないか。ラジオに対する懐疑論者たちがそうした懸念を抱いていた頃、放送事業者や音楽家たちは、ラジオと能動的な音楽文化との結びつきを主張する試みを熱心に行なっていた。こうした結びつきは、クラシック音楽をラジオの市民的パラダイムの非常に重要なパーツとして位置づけるものだった。ネットワークは録音ではない生放送を流すことによってこの課題に取り組んだ。技術的な問題があった際にはそのためだけに待機状態にさせていたミュージシャンに演奏させた音楽を放送したことさえあった。ローカル局はネットワークよりも録音音楽を多く流さざるをえなかったが、それでも、「缶詰にされた音楽」という手段は極力少なくすることで、FCCに自分たちが生放送で地域の音楽を扱うことに熱心に取り組んでいることを示さねばならなかった。

こうした規制の空気感の中で、音楽活動を阻害しているとか、地域の人材を国民的、あるいは国際的演者に取り換えてしまうなどといった非難を浴びる可能性に、ネットワークがおびえ続けていたことは驚くにあたらない。

ラジオが家庭における活発な作曲活動の伝統を破壊したという責を負わされないためには、能動的聴取や鑑賞だけでなく、音楽活動への参加も促進する必要があることをネットワークはよく分かっていた。そのため、ラジオのクラシック音楽番組は二つの目的に従って構成されていた。第一の目的は、スターを生み出し、有名な音楽家を雇うことに力を入れることで、聴衆に偉大な演奏者を紹介すること、第二の目的は、リスナーの音楽演奏を指導したり、補助したり、奨励したりすることで、聴衆の音楽活動を刺激する番組を制作することだった。

NBCはおそらくこの二つ目の目的に関して最も力を注いだ局である。一九三六年に放送開始した『NBC *Home Symphony*』という番組は、放送に合わせて演奏することで「楽器を弾くリスナーが参加できるような交響曲を流し、個人の音楽活動を促進するように作られ」ていた(56)。MENC(全米音楽教育者会議)と協議する中で策定されたこの番組の目的の一つは、大人たちに学校で習った音楽技術を練習し続ける機会を与えることであった。たとえば一九三八年の二月には、ハイドンの軍隊交響曲の第二楽章と、グリーグのペール・ギュント組曲の二曲のオーケストラ演奏に参加するようリスナーに招待を送っている(57)。「ホーム・シンフォニー」の指揮者、アーネスト・ラ・プラードの報告によれば、多くの熱心なアマチュア音楽家たちが、この番組だけではなく他のオーケストラ番組にも合わせて演奏しているということをファンレターから読み取ることができるという。彼は言う。

自分たちのオーケストラにどれだけ多くの非公式なメンバーが参加しているかを知れば、トスカニーニや彼の仲間たちは、きっと驚くことだろう(58)。

さらに、ラ・プラードは将来可能になるかもしれない家庭での音楽活動についても語っている。

一万人のアマチュア音楽家たちが大陸中に散らばっ

ている。彼らはお互いのことは目に見えないが、モーツァルトの交響曲を同時に演奏することで、活動をともにしているのだ。(59)

彼は気まぐれに次のような想像をめぐらせていた。

三〇〇〇マイルも離れた人々が一つの聴衆を形成する。ファーゴのフィドル奏者もカムデンのクラリネット奏者もタコマのトロンボーン奏者もみな、一万のスピーカーから同時に流れてくるハイドンの交響曲をともに演奏しているのだ。(60)

このように、能動的聴衆というビジョンを喚起することこそが、ネットワークにとっては重要だった。卓越した音楽を流すことによって、リスナーは受動的になってしまうかもしれない。それに対する批判が起こってきたとき、反論するためにはこうしたイメージが必要だったのだ。これらのアマチュア音楽家たちは互いのことを見聞きできない。しかし、同じ時間にラジオを聴き、演奏している。そのことによって、彼らは決して集まることのないパラドキシカルな集団を形成する。これこそ、新たな種類のラジオコミュニティであった。ポール・ラザースフェルドはこれに対していくつかの留保を付け加えている。

もしある人が目に見えないオーケストラと家庭で共演したり、ラジオ講座の指導に従って、木彫りを行なったりしているとすれば、他者とともに組織的な生活を送ることからその人物を余計に遠ざけてしまう、まがい物の共同生活へと彼を誘っているとはいえないだろうか?(61)

しかし、そうした巧みに作られた聴取者参加番組は、市民的パラダイムが機能していた証拠でもあった。話すことであれ、書くことであれ、音楽活動であれ、また、ラジオリスナーに聴かれるものであっても、そうでなくても、とにかく最後には地域的な活動へとつながるようなラジオ聴取を推進すること。そんな政治的要求が当時の放送事業者に課せられていたことが見て取れる。

多くの音楽活動に関する番組が存在し、中には聴取者を招いて演奏に参加させるものもあれば、アマチュアの演奏やそうした演奏に関する話を聴かせる番組もあった。ＮＢＣの『*Fun in Music*』という番組では、バンドで演奏する意欲的な人々のために、ミシガン大学のジョセフ・マディ博士による講義が行なわれていた。この番組は、一九三一年にデトロイトのＷＪＲからカーネギー財団の支援のもと、放送されたのが始まりである。マディ自身の主張によれば、一九三三年までに彼はラジオを通して二万人の子どもたちを指導し、「地方の高校や小学校で何百ものオーケストラやバンド」を結成できる状況を作り出したという(62)。さらに、マディは折に触れて、弦楽器や歌唱、讃美歌を流すミシガン州のラジオ番組も手掛けていた。

当時、ＮＢＣでもアマチュア音楽家たちが自分たちの演奏について語り合う『*Music Is My Hobby*』(一九三五―一九三九)が放送されている。また、ＭＥＮＣがスポンサーについたＮＢＣの『*Music and American Youth*』は、国中の児童、学生による演奏や代表的な音楽教育者たちの会話を中心にすえていた。また、ＮＢＣの『*Metropolitan Opera Auditions of the Air*』は、「スターにのし上がらんとする熱意に満ちた」歌手たちが互いに競い合う様を聴けるチャンスだと宣伝された。ＮＢＣからは他にも、デトロイト・コロシアムで一七五人のピアニストが同時に演奏する、ミシガン・グランドピアノフェスティバルの模様が放送されている(63)。『*Chicago Tribune*』によるシカゴランド・ミュージックフェスティバルは一九三〇年からＷＧＮとミューチュアル・ネットワークから放送され、最盛期にはシカゴのソルジャー・フィールドで六〇〇〇人から八〇〇〇人のミュージシャンや歌手が一〇万人に及ぶオーディエンスをリードして行なった地域の大合唱を放送した。このフェスティバルは一九三五年に、五〇〇〇人の奏者からなるビッグ・バンドと一〇〇〇人の「黒人コーラス隊」による演奏を行なうまでになった(64)。タクソンでは、一二〇〇人のラジオを聴く子どもたちが「毎週、全国放送の音楽に合わせて踊り、合唱グループに一斉に参加した。そうした合唱団同士は何マイルも離れているにもかかわらずだ」と報告されている(65)。

これら全ての取り組みの中には、次のような感覚が生きていた。ラジオは単純に最上の演奏を流すことによってアマチュアの音楽を殺してはならない。ラジオは音楽活動の幅広い文化を反映し、促進するべきだ、と。これらの番組の中には、リスナーのスキルや積極的な参加がある程度のレベルに達していることを前提としたものもあれば、熱心なアマチュアによる音楽を聴き、その技術を鑑賞する側の活動を推進しようとするものもあった。ローカル番組もネットワーク番組も、遠方で奏でられる優れた演奏だけでなく、地域の音楽活動を育てるように意図的に構成されていたのだ。さらに、こうした能動的聴取は、別種の番組によっても教授されていた。それが音楽鑑賞についてのレッスン番組である。

ラジオにおける音楽鑑賞

ラジオによる音楽教育の一つの分野は音楽活動に関するものだが、他方、聴くことに焦点を当てた教育もあった。クラシック音楽のリスナーや鑑賞者は見つけ出されるものであると同時に、生み出されるものでもある。戦前におけるアメリカの放送事業者たちは、そう理解していた。クラシック音楽放送はそれ自体が、聴取者たちに音楽の聴き方や理解の仕方、そして楽しみ方を教える一つの教育方法であった。おそらく音楽教育者たちは、クラシック音楽放送の可能性に最も関心を持ち、興奮を持って受けとめていた集団である。学校で音楽鑑賞を教えていた人々にとって、ラジオの登場は自分たちの職業人生における一つの転換点だった。しかし、それは多くの根本的な反論も引き起こしたのである。

現代における音楽教師の役割は、生徒たちに彼らが聴いたことのない音楽を紹介することよりも、手軽に聴ける音楽の聴き方を教えることにある場合が多い。つまり、以下のような問いは放棄されてしまっているのである。個人に対するクラシック音楽の文化的な利益は、聴くことによって自然にもたらされるのか、それとも特殊な聴き方を必要とするのか？　音楽に対する自然発生的な反応こそが最も重要なのか、それとも鑑賞は学習や育成のプロセスの始まりにすぎないのだろうか？　優れた音楽を放送することそのものが最上の音楽鑑賞教育なのだろうか、それとも特定の文化から生まれた作品により焦点化して聴かせることで、音楽を聴くことが革命的に容易になったことを実感させることが重要なのだろうか。

　こうした問題に関するアメリカの議論には、民主的、進歩的なデューイ派の論調が多く見られる。その手の議論は大抵、慣習的な音楽評価を学ぶのではなく、真に個人的な音楽体験や音楽に対する意見の発達が重要だという結論で締めくくられた。進歩的教育観は、伝統的な知識や広く認められていた批評的意見の欠点をあげつらい、直接的な音楽体験を妨げ、損なってしまうと馬鹿にしたのである。一九一六年にデューイが発表した『*Democracy and Education*』〔松野安男訳『民主主義と教育』岩波書店〕で、彼は次のように述べている。

> 音楽においてある特定の性質が伝統的に評価されているということを、ある人は学ぶかもしれない。その人はクラシック音楽に関して、正しいとされている考え方と出会うだろう。そしてこうした性質が彼自身の音楽に対する基準であると心から信じるようになるかもしれない。

しかし、それが「その人自身の過去の体験や慣れ親しんだもの」に支えられていなければ、ほとんど何の意味もないと彼は言う[66]。デューイにとって鑑賞という営みは、芸術作品に対峙した時の真正な体験を、「揺るぎない称賛」という因習や伝統から救い出すことだった。彼に言わせれば、鑑賞とは「経験が洗練され、強められることで生まれた芸術作品という形式と、一般に経験を形成すると考えられている日常の出来事や行為、苦しみとの間のつながりを回復する」ためのものだったのである[67]。

　このような考えは、進歩的音楽鑑賞という試みを正確かつ広範に表している。こうした方法論は一九三〇年代から四〇年代にかけて影響力を持ち続けたし、定説ともいえるものになっていった[68]。その中核は、個人的な経験に基づく音楽知識や評価を発達させた人物を至上のリスナー像とすることにあった。民主的な市民を生み出すという課題にとって、こうした自己陶冶の様式は非常に重要だと考えられていたのである。[69] 一九四一年、カーネギーホールの五〇周年を祝うために音楽家や批評家のグループが共同で講義を計画した際、彼らは「自分で課してしまっている足枷や抑圧、恐怖、そしてその結果生じてしまう公式な音楽鑑賞における不誠実さや不正直さ」から音楽の楽しみを救い出すことを決断した、と宣言している。「アメリカの聴衆を解放し、抑圧から自由にする」仕事に自分たちはとりかかったというのである。[70] ラジオはこの種の、個人的で何者にも干渉されない聴取ができる物質的条件を提供し、ダイヤルに伸ばした指で最良の決断を下す個人からなる国家を生み出す可能性を与えてくれるはずだった。

音楽鑑賞についてそれほど進歩的でない陣営は、「正しい聴取」に焦点を当てた。多くの音楽教育者たちは、音楽鑑賞における本当の進歩には、音楽放送を聴く以上の何かが必要なはずだという考えに固執したのだ。音楽教育を通じてのみ、クラシックを聴くオーディエンスを大量に生み出すことができると彼らは主張した。そうしなければ、放送におけるあらゆる努力は既存の文化エリートにしか利益をもたらさないだろう、と。したがって、音楽教育者たちは「ラジオ利用の一般化」がある種の格差を増大させると考えていた。ただし彼らは、放っておいても「格差の拡大自体は間違いなくゆっくりと進行する」という考えを有してもいたのである。[71]

アメリカ人には聴き方の指導が必要であるという信念は、音楽鑑賞運動の中にその組織的な表現を見いだしていった。そこでは「音楽家のようなリスナーは、生まれるのではなく、作られるものだ」という信念が前提とされていたのである。[72] クラシック音楽に文化を変容させる力を与えるためには、それを単に放送することに加えて何がなされるべきか、という大規模な議論が巻き起こった。自動演奏機付きのピアノやフォノグラフによる録音、校内放送システム、そしてラジオ。こうした打ち続く技術革新によって、音楽鑑賞教育の可能性は大きく広がりつつあった。一九二〇年代までに、音楽鑑賞は全国の公立学校で教えられるようになった。孤立した田舎においてさえ、伝統の音楽的豊かさを享受できるようになるラジオ利用の可能性は、専門家の雑誌でも興奮を持って迎えられ、多くの関心が向けられていたのである。

はじめ、音楽鑑賞の放送は短いコンサートを主体としており、それに説明やトーク、活字かあるいは補助的な視覚教材、授業内における討論のための質問などを加えたものだった。一九三〇年代の初めごろ、ロチェスターやニューヨークにある全ての学校は、ロチェスター・オーケストラが放送される際、前もって活字化されたアナウンスの内容や教室内で見るためのスライドを受け取っていた。[73] 北カリフォルニアのフンボルト郡では、ローカル局のKIEMが毎日午後一時半から音楽教育番組を放送し、郡の音楽指導主事によって定められた音楽教育指導要領に全ての学校がついていけるように補助する役割を担っていた。[74] 一九三〇年代には、他の多くの地域の教育委員会や州立大学も地域ごとに音楽鑑賞番組を放送している。

より洗練された全国放送の音楽鑑賞番組には、ネットワーク規模の放送資源が必要とされた。CBSによる『*American School of the Air*』は、一九三〇年の開始時から音楽鑑賞の授業を行なっている。低い学年向けの番組には、手をたたいたり、歌ったり、ゲームをしたりといった多くの活動が含まれていた。高い学年向けの放送は、そのほとんどが聴くことに関係するものだったが、毎回一度は歌う機会が与えられていた。一九三九年の民謡シリーズでは、アラン・ローマックスを含むチームがその準備に当たっている。[75]

西海岸では、カリフォルニアのスタンダード石油がサンフランシスコ・シンフォニーに運転資金を供与するようになって以降、一九二六年に『*Standard School Broadcast*』が放送されている。『*Standard Symphony Hour*』が水曜の夜に放送され、学校向けの音楽鑑賞番組はその後、木曜の朝に放送されていた。[76] 他にも一九三七年に資金の一部をロックフェラー財団によって提供された、ミューチュアル・ネットワークの『*Music and You*』が夜の音楽鑑賞番組としてスタートしたし、WLWの『*Nation's School of the Air*』も一九三八年から放送されている。[77]

NBCの『*Music Appreciation Hour*』が最初に放送されたのは一九二八年のことだ。[78] 初めの司会者はニューヨーク・シンフォニーの指揮者、ウォルター・ダムロッシュだった。彼はこの後、全国的に最も有名な音楽の伝道者にして、ラジオにおける音楽鑑賞で主導的役割を演じるようになっていく。ラジオは良い音楽へのアクセスを民主化する上で、非常に有益な働きをするとダムロッシュは考えていた。NBCの音楽顧問に任命されていた頃の一九三一年に、彼はジョン・ローヤルにあてて不満を書き綴っている。ネットワークで放送されている音楽はそのほとんどが「圧倒的な量のジャズやダンス音楽、クルーナー唱法であり、そんなものはゴミ」であると。同時に、「内容が良くて面白い音楽番組」の自主制作をもっと増やすことも要求している。[79] 彼は自分の啓蒙的な音楽鑑賞番組が多くの人に届いていることを誇りにしていた。アメリカにおいては「教養ある上流階級が高級音楽を支えてきた」が、それは「完全に誤っていた」と彼は言う。「いわゆる普通の人々がクラシックを自分たちの共有財産であると心から考えるようになった」ときにのみ、アメリカは真に音楽的な国になるだろう、と。[80] NBCは、音楽鑑賞への取り組みが頂点に達した一九三〇年代終わりに、クラシック音楽関連の新たな連続番組も放送している。たとえば、一九三八年から放送された『*Music for Young Children*』はさらに幼い子どもたちのための音楽鑑賞番組だった。[81]

『*Music Appreciation Hour*』は一九二八年から一九四二年まで放送された。この番組が終わったのは、NBCのレッド・ネットワークとブルー・ネットワークが分割された後のことだ。この番組は学校教育における最初のステップとなることを目指しており、異なる年齢集団に向けた四週間の連続もので構成されていた。この番組は、大きな反響を呼んだ。一九二九年から三〇年にかけてのシリーズを放送している間に、一万六九二九通もの手紙を受け取り、四万七九九九冊のマニュアルを各学校に配ったとNBCは報告している。[82]『*Music Appreciation Hour*』はNBCの公共サービスとしてのイメージの非常に重要な部分を担っており、ネットワークの広報でも大々的に取り上げられた。一九三四年にNBCは、公共の利益に対する自分たちの取り組みを示す根拠として、指導者用のマニュアルや生徒用のノートのコピーを国会議員に送りつけている。[83] NBCの見積もりによれば、ダムロッシュの番組を聴いている子どもの数は一九三〇年代半ばまでに七〇〇万人を超えており、加えて「莫大な数」の大人の聴取者もいたという。この番組は「アメリカの人々に文化的な革命を直接的な形でもたらす」かもしれないとダムロッシュは考えていた(84)。

しかし、これは受動的な聴取に基づく趣味・嗜好の革命にすぎないのだろうか？　あるいは音楽活動にまで結びつくものなのだろうか？　かつてダムロッシュは軽率にも、リビングルームにピアノがあった時代へのノスタルジアを誤ったものとして撥ね付けていた。彼に言わせれば、リビングにあったピアノなどは多くの場合、「感傷的なゴミ音楽を奏でるためにフタを開けられるばかり」だった。それとは逆にラジオから流れる良い音楽は「ほんの数年前まで深刻な危機に陥っていた家庭生活に、新しい命を吹き込むために多くのことをしてくれる」と考えていたのである(85)。しかし、一般にダムロッシュは公の路線の信奉者として記憶されている。すなわち、音楽放送は地域の音楽制作への情熱を削いでしまうわけではなく、むしろ刺激するという見解も彼は示していたのである。『*Music Appreciation Hour*』は「合衆国中でアマチュアによる町内のバンドやオーケストラが形成されるように導き」、増加した余暇の時間をどうすべきか、という大恐慌の問題を解決してくれると彼は主張していた(86)。

『*Music Appreciation Hour*』が民主主義に関わる目標として置いていたのは、音楽活動を刺激することや聴き方を学ぶことだけではなかった。この番組はクラシックについての語り方を教えもしたのである。音楽に関する議論によってこの番組が施した指導は、強力かつ広範囲にわたっていた。それは権威あるヨーロッパの作曲家の名前の発音の指導から始まり、その作曲家の「人として生きた時代、場所、地位、友人、習慣、気質、嗜好」などを学ばせ、学生たちが様々な側面からその曲の「魅力」を聞き取り、議論できるように補助することにまで及んでいたのである(87)。たとえば、学生たちは、自分が持っている教材の次のような一文を完成させるように求められた。

ドビュッシーは〇〇な人生を送る傾向があった。

あるいは次のような選択式も見られる。メンデルスゾーンについて、

彼の音楽は概して彼の人生の〔幸せな／無気力な／悲劇的な〕状況を反映している。(88)

これらは音楽史や美学の機械的な研究に含まれる要素というよりは、音楽に関する様式化された教養的な会話の構成要素であった。

こうした要素はテオドール・アドルノの逆鱗に触れた。彼は名前の発音が強調されていることに言及している。彼は怒りを込めて主張した。「サン・ソウンス、バーハ、ビーゼイ〔アドルノが当時の音楽教育やその発音練習を嘲るためにわざとスペルを変えて表記している〕」、これらは「応接間で音楽について生徒たちが議論できるようにするために意図的に用いられている」と。(89)

これら全てのことの根底には、音楽的財産の地位に対する揺るぎない信念と、個人的聴取と指導を併用することでそうした音楽にたどり着くことができるという信頼感が横たわっている。クラシックが少数派の地位に追い込まれているのは、相対的に劣った大衆音楽を聴くという大衆の嗜好ではなく、むしろ、そもそもクラシック音楽自体を供給されていないという状況の方により大きな原因がある。彼らは意識もしていないし、情報も与えられていないのだ。そう教育者たちは信じ込んでいた。したがって、音楽鑑賞の目的は、多くの人々が最良の音楽を分かち合える状況を生み出すという民主的なものとして理解されていた。アメリカ文化の中で強い影響力を持っていたのは、その種の民主主義的な動機づけだったのである。

そこに最良のものがあるのならば、あらゆる人がそれを利用できる状態にしない理由があるだろうか。クラシック音楽放送は、これまでそうした鑑賞を発展させる機会のなかった人々の間に、真面目で価値ある音楽への関心を呼び起こすだろう。そして世界中の偉大な音楽を聴く手段をあらゆる人に与えるにあたって、距離や教育水準、財力、健康上の問題がもたらす不利をラジオは克服するだろう。こうした考え方は、より平等で参加に開かれており、文化的に均質ではあって

も豊かな世界を構想するものだった。それは、あらゆる人の視線を、クラシックという一つのものに集めようとすることではあったが、彼らは文化的な審美眼や知識の向上を支援しようとする熱意に満ちていた。それに付随して、全国ネット規模の美的感覚を持ったクラシック音楽演奏のオーディエンスという可能性も生まれてきたのである。

ラジオの音楽鑑賞は大抵、偉大な作曲家を人間として捉えさせ、その音楽と人格を関連づけようとした。それによって、共感的、感性的に音楽を聴くリスナーという可能性を切り開こうとしたのである。ＮＢＣの『*Music Appreciation Hour*』の学生向け教材は、学生たちが放送された音楽に対して、与えられた質問に答えることを超えて、個人として反応するよう仕向けられていた。さらに、学生たちがそのコンサートについて覚えておきたいことを書き留めたり、「その音楽に合っていると自分が感じている絵や詩」を貼り付けたりするための真っ白なページも用意されていた。そこには、「さらに良いのは自分で絵を描いたり、詩を綴ったり」することだと書かれていたのである。(90) 感情的な反応を強制的に表現させようとするこうした指示は、ラジオにおける音楽鑑賞教育に共通するやり口だった。ドヴォルザークの『新世界より』の第二楽章を聴いた後、ロチェスターやニューヨークの学生たちは次のように問われたのだ。

もしあなたが、家や家族、友達と離れて外国で暮らしていたとしたら、どのように感じるかを想像できますか？　もしそれができるなら、移民たちがアメリカにやって来るとき、どう感じるかを理解できるはずです。(91)

もし、音楽鑑賞が本当に目に見える形の民主的帰結をもたらすとしたら、その結果は単に個人的な満足に終わるのではなく、公的な対話の中に表れてこなければならない。鑑賞の要点は静かな夢想や純粋に私的で個人的な喜びにあるのではなかった。それに続く議論や自己表現を含んだ共感的な反応、審美眼の向上、意見の形成といったものこそ、鑑賞の狙いだったのである。こうした捉えどころのない能力を強調することは、しかし、個人主義や個人の意見を発展させようとする市民的パラダイムの目的と合致していた。著名な音楽教育者、ジェームズ・マーセルは、あらゆる音楽教育は「自己表現と感情の解放、そして創造的な衝動」にまつわるものであるべきだと主張している。個人的な音楽鑑賞は進歩的な番組の中核をなしており、音楽教育者たちもその必要性を強く支持するようになっていった。マーセルは言う。

音楽教育は鑑賞という基礎の上に構築されねばならず、その到達点もまた、単純により良く、深く鑑賞することにあるといえるかもしれない[92]。

何度も繰り返し言及されるこうした原則は、進歩的音楽教育の言説を貫く個人主義への要請が決して譲ることのできないものであることを示している。マーセルはニューヨーク音楽教育者協会に対して次のように述べた。

人が〔音楽の受け手として〕自分の好き嫌いを知ることは、〔音楽の送り手として〕習いごとをするより重要です[93]。

聴くという行為は自発的かつ個人的であるべきであって、その到達点は、他者との討議を行なうことにあるという論法によって、ラジオの市民的パラダイムと進歩的音楽教育の目的は固く結びついていたのだ。

個人的意見に対する要求が強くなるにつれて、クラシック音楽放送にたずさわる機関は、元来の啓蒙的な色合いに加えて、より説教臭くなっていった。クラシック音楽番組の中には多くの場合、個性を発揮し、自分の意見や鑑識眼を発達させるように勧める熱心なお説教が含まれていた。こうしたものは時に、解放として描かれることもあった。音楽評論家のオーリン・ダウンズは「あらゆる人が名作に親しみ、私的な楽しみのために、自分の好みを選択できる」可能性を言祝いでいる[94]。

意見や好みを発展させ、批評的で審美的な議論に加わることは、市民の義務としても理解されていた。個性や個人的な嗜好の成長を促すとともに、そうしたものを表現させようとする欲望。それは、「音楽聴取に反応を示す中で自身の独自性を生み出し、洗練する能力を、それも他者と差異化して示せ」という命令や要求になっていった。したがって、市民的パラダイムは孤独な自己陶冶だけでなく、公的な状況において自己を鍛錬する枠組みでもあったのだ。

　クラシック音楽放送における最大のスターの一人は、個人的意見形成に関する最大の唱導者の一人でもあった。CBSからレギュラーで放送されていたフィラデルフィア・オーケストラの主、レオポルド・ストコフスキーは、彼の民主主義マニュアルともいえる著作、『*Music for All of Us*』で「私たち皆が、音楽に対して自分なりの反応を示すことこそ、最も重要である」と熱心に書き綴っている。「我々は自分を惹きつける音楽を楽しむために自由であらねばならない」というように、彼もまた、命令的な口調になっていった[95]。ストコフスキーは、自分が受け取ったフィラデルフィア・オーケストラの放送に対する手紙を常に読んでいるとプレスの取材で答えている。

> 様々な作曲家や音楽のタイプに対する好みが気候や地理的要素、あるいは特定の環境の影響を反映しているか否か、ということに関心があるのです。

と彼は述べた。そしていくらかの満足を込めて、こうした環境説を支持する根拠はないと報告している。彼の言によれば、こうした手紙が本当に示しているのは、「全国のリスナーたちが、環境に関係なく、非常に個性的な嗜好や音楽的好みを持っている」ということ、そして「これこそ、あるべき姿」だということだ。音楽は「何よりも個人的、感情的で、そして神秘的な表現や体験」であり続けていると彼は主張したのだった[96]。

　一九三五年、ラジオ聴覚芸術協会(Radio Institute of Audible Arts)で講義を行なった際、ライマン・ブライソンは次のように強調した。「万人に対する音楽教育」を通じてラジオは、文化的進歩をもたらしているが、これが本当に開花するのは、ラジオで音楽を聴くリスナーたちが「自分の好き嫌い」を他者と議論し始めたときである、と[97]。個人の嗜好を確立することと、意見を共有し、比較する多元主義的な世界に入っていくこと。これらは音楽鑑賞において絶対に譲れない要素だったのである。こうした個人的で批評的な言説の促進を助けるために、一九三二年、NBCは全国音楽鑑定コンテスト(National Music Discrimination Contest)の最初のスポンサーとなり、放送を行なっている。出場者たちは一般に定義されている音楽様式や形式、時代を当てる能力をためされた。たとえば、ロマン派と現代音楽を区別したり、オペラの領域と民俗音楽を区別したりといった問題である。さらに、権威ある作曲家を識別する能力もテストされた。彼らはモーツァルトとハイドンを混同したとしても、高い成績をもらうことができたが、たとえば、ある曲について古典主義時代を選びながら、作曲家をチャイコフスキーと答えた場合には、「きちんと違いを認識するような聴き方をした経験がないことを明白に示している」とされた(98)。このように、多くのコンテストは慣例的なカテゴライズを再現したり、聴き覚えのある曲や様式を識別したりする能力を示すための大会だった。しかし、重要なのは、そこに個人の違いを許す余地もあったということだ。「個人による自己表現の機会を与えるために、あまり知られていない曲を流し、学生たちが自分なりの反応を記述することを認める」というのである(99)。音楽鑑賞が広まれば広まるほど、こうした「許可」は「義務」に近いものになっていった。既に受け入れられた判断を再現しつつ、しかし同時に、新鮮で個性的な反応と個人的な意見を持っているという根拠を示すこと。音楽鑑賞における理想的な主体は、常にこの二つの課題に直面し続けたのである。

明確に表明できる個人的な意見が必要だとする主張は、各楽曲の偉大さに対する判断を標準化しようとする動きと幾分食い違ってしまう。そうした動きをラジオも後押ししていた。クラシック音楽放送は、ベートーヴェンやトスカニーニが偉大であるということを学ぶにあたっては、あらゆる人の助けとなった。しかし同時にその人々が自分なりの意見や判断を形成していくことも良しとされ、勧められたし、求められてすらいたのである。教育は個人の感受性の発達や、意見形成の能力に関わるものだ。しかし同時に、個人の独自性や多様で新鮮な反応をある程度認めるにせよ、それは多かれ少なかれ既存の階層を再生産してしまう。それなりの地位を占めるためには、知識を獲得するだけでなく、まず最初に美的な嗜好や判断も学ばねばならない。そしてそれは、長い時間をかけて培われる、ほとんど習慣や直感のようなものなのだ。

もちろん、文化資本が高く、個人での学びに長けた人々はしばしば、ラジオが支持する西洋の芸術音楽の序列とは全く違う文化的、音楽的価値観を持っていた。しかし、ちょうど大衆音楽がしつこく売り込まれるのと同じように、クラシック音楽における名作の基準や、そうした音楽的傑作に関する一連の物語や事実も執拗に宣伝された。シリアス・ミュージックについて議論する能力を広めるために、それらは非常に重要だったからである。それまではある程度の富や教育を持った人だけが触れることのできた知識は、今や大衆に向けて放送されるようになっていた。

あらゆる人の嗜好を引き上げようとするこうした試みは、まもなく文化エリートを自認する人々の逆鱗に触れることになる。彼らは自分たちが受け継いできた嗜好性や優れた判断能力と、最近になって教育されただけの大衆のそれを区別することを求めていた。音楽愛好家からは、ラジオによる音楽解説の陳腐さに対する不満が数多く寄せられた。ある侮蔑的な批判者はアナウンサーについて次のように書いて送っている。

彼が言うには「ダダダダーン」は運命がドアをノックする音らしい。バッハには数えきれない子どもがいたとか、(中略)サン・サーンスはその慌ただしい人生の中でどこを旅したとかそんなことを伝えてくる。そして最後には決まって次のようなフレーズが待っているのだ。「偉大なるドイツの巨匠」、「……を昇華した」、「偉大なるフィンランドの巨匠」、「類いまれなる天才」……。(100)

このように、クラシック音楽に関する型通りの会話に入っていく方法を指導することが行き過ぎると、個人の意見形成というもう一つの目標に向かっての進歩を妨げることになりかねなかった。

クラシックに対して個人が意見を形成すべしという要求は、クラシック音楽放送と市民的パラダイムにまつわる制度の間を取り持つ重要な結節点の一つだった。

他の領域と同様にクラシック音楽番組においても、戦前のアメリカの放送事業者たちは、高度な内容を放送するだけで事足れりとは考えていなかったのである。音楽鑑賞に関する公式の指導、および音楽実践や地域での演奏の促進を含んだ補足的な指標を加えることで、能動的聴取者を生み出し、意見を個性化することに対する参与度を全体として示すことができる。近代的市民であるということは、自身の聴取に対する責任、そして効果的かつ批判的な聴き方について学習するという責任を伴っていたのだ。

放送におけるクラシックと民主主義

クラシック音楽放送には常に、エリート主義ではないかという疑いがつきまとっていた。レオン・ボットスタインは、クラシック音楽は「民主主義文化の中でいまだかつて据わりのいい場所を得たことがない」とさえ主張している[101]。しかし、一九三〇年代のラジオにおいて、クラシックは我々が考えているよりもずっと、民主的な文脈や体裁に近い場所まで来ていた。ロバート・ヒューロット＝ケンターは近年、次のような状況に触れている。

初期の、非常に階級を意識していた時代のアメリカのラジオにおいて(中略)ヨーロッパの芸術音楽を放送することは、ありうべき民主化の一つのモデルであった[102]。

ネットワークはクラシック音楽への熱心な取り組みを維持していた。クラシックが商業的に計算できる事業になるために十分な程度には、聴衆が成熟してくれるだろうという希望を少なくともいくらかは抱いていたからだ[103]。

ジャズやスウィングは侵略的で中毒性のあるものだと理解されていた。伝統的な音楽の支持者が用心していなければそれはあらゆる音楽生活を乗っ取ってしまうと考えられていたのだ。既存のクラシック聴取者たちが大衆文化の潮流に対抗し、良いものと悪いものを見分ける能力を維持し続けているという認識は、市民的パラダイムの支持者たちにとって非常に重要だったのである。

一九三〇年代にアメリカのラジオネットワークが直面した大きな課題の一つは、明確で市場性のあるクラシック音楽の高級な位置づけを民主的なアメリカ文化の文脈と結合する方法を見つけ出すことだった。クラシック音楽放送が、単に既存の特権的少数者のための娯楽形態を維持するものではなく、人々を向上させる民主的番組となり、評価の高い文化にあらゆる人がより平等に触れることのできる条件となること。これはネットワークの商業的、および政治的論理に不可欠なものだった。大学生に対しては特に注意が向けられていた。もし市民的パラダイムがうまく浸透していれば、クラシック音楽への関心が高まるはずだと考えられていたからである。一九三四年のコーネル大学における調査では、大衆音楽を好む学生よりもクラシック音楽を好む学生が三倍も多いという結果が誇らしげに報告されている。その調査で人気のあった五大作曲家は、ワーグナー、ベートーヴェン、ヴィクター・ハーバート、アーヴィング・バーリン、ジョージ・ガーシュウィンであった。[104] 一九三七年のホバート大学における調査では、入学者の中で音楽鑑賞をする学生の数は二〇〇パーセント増加し、四四人がグリークラブに所属していた。その理由の一つには、地方局のWMBOの放送によってクラシック音楽の注目度が上がっていたからだともいわれている。[105] そこには、単純にラジオがクラシックを放送するだけでその人気を引き上げることができるという非常に希望に満ちた兆候が表れているように見えた。一九三八年に『*Fortune*』誌が行なった調査によれば、調査対象者の六二・五パーセントがラジオでクラシックを聴くことを好むと答えている。[106] 土曜午後のメトロポリタン・オペラの聴取者は、一九三〇年代後半において一二〇〇万人に上ると見積もられていた。[107] 音楽出版を手掛けていたハンス・ハインスハイマーは一九三八年に、合衆国におけるクラシックの聴取者はヨーロッパ全体のそれよりも多く、その一つの要因としてラジオがあると述べている。[108] アメリカのクラシック聴取者が増加していることを示すのは容易だったし、その様子を見ていた多くの人々にとって、ラジオがその変化の説明要因であることは明白だった。一九三七年に指揮者のフリッツ・ライナーは記者に対して次のように問うている。

戦時下にクラシックを聴く兵士たち
1942年10月，カリフォルニア州インディオにできたばかりの新兵基地で，兵士たちはレオポルド・ストコフスキー率いるロサンゼルス・シンフォニーの演奏に聴き入っていた(photo by Peter Stackpole/Time Life Picture/Getty Images)．曲目はショスターコヴィチの交響曲第七番「レニングラード」である．エド・アインスワースはこの光景について，『*Los Angeles Times*』で次のように語っている．「これこそ普遍的な戦争音楽である．兵士たちの言葉は人種や言語，国境を越える．(中略)光はそこに立っていた満員の聴衆を照らし出した．彼らは前線で戦うよう招集がかかればすぐにそれに応じるだろう．」Ed Ainsworth, "Soldiers Hear Shostakovich," *Los Angeles Times*, Oct. 12, 1942: 1.

ラジオの登場以前であれば、二万もの人々がワーグナーのコンサートに集まることなど想像できたでしょうか？ しかし、それが今、ハリウッドボウル〔ハリウッドにある野外音楽堂〕で起こっていることなのです。(109)

一九三〇年代に育った若者たちはラジオでクラシックのメインストリームに触れていた。その結果として、第二次大戦中、米軍は自分たちが、クラシック音楽好きの若者たちを雇用、および徴兵していることに気がついた。入隊者に対する一九四二年の調査は、三二パーセントがクラシック音楽聴取を楽しんでいることを明らかにした上で、少数とはいえ、無視できない数であるとしている。(110) USO（米軍慰問団）は米軍キャンプにクラシックコンサートを提供する部署を別に作った。彼らの企画によって、メニューイン、ハイフェッツ、シゲティなどの演奏者が四〇〇〇人に達する聴衆を集めたという。(111) 一九四三年には、パナマシティとフロリダの兵士や造船所労働者たちがUSOにクラシックコンサートを要求した。地域のUSOのディレクターは、「彼らはジャイヴやジルバを望んでいない」と報告している。「我々の多くはクラシックのプログラムを求めている」というのだ。(112) ある従軍記者の報告によれば、北アフリカの米軍ラジオは多くのリクエスト番組を放送しており、「兵士からあまりに多くのクラシック音楽のリクエストが届くので、毎日午後に、高級音楽を放送するまとまった時間が設けられて」いたという。(113)

ラジオが劇的かつ急速にクラシック音楽聴取者を拡大させていたことは明白である。ネットワークはそのことを広報で声高に宣伝した。当時のNBCの広報パンフレットには、次のようなことが誇らしげに書かれていた。

今日では、音楽の中心から離れて暮らしている、メイン州の漁師も、テキサスの牧場労働者も、モンタナの鉱夫も、ルイジアナで綿花を摘んでいる人やその他の農業従事者も、そして都会人も田舎者もみな、交響楽を楽しむことができるし、実際にそうしている。音楽に対して非常に熱心なパトロンたちがニュ

ーヨークやベルリン、パリ、ロンドン、ローマなどのコンサートホールで聴くのと同じように、である。(114)

国中が「偉大な音の傑作をますます求めるように」なりつつあるというのだ。

放送事業者たちはまた、クラシックの聴取者層の規模の拡大だけではなく、彼らの批判的能力を向上させたという自らの功績についても、あらゆる機会を捉えて主張した。NBCは一九三七年に『*The ABC of NBC*』という、リスナーにネットワーク内の様々な部署を見せて回るという趣旨のシリーズを放送している。その第九話は、ある「少女」が音楽部門を訪れ、常勤の指揮者であるフランク・ブラックと話すという筋立てになっている。そこでは次のような会話が展開された。

少女：ブラックさん、あなたはクラシックがラジオという媒体を通して、よりポピュラーになっていくと考えていますか?

ブラック：ああ、もちろんさ!　ラジオを通してオペラや交響曲のようなクラシックや、ありとあらゆる偉大な作曲家の作品が全ての人の家に届けられてきたんだ。そのことを通して、より多くの人がクラシックをよく知るようになってきているし、今現在、楽しんでもいるんだよ。

少女：そうですよね。こんな風にクラシックを聴く人が増えていくと、どんな影響があるんでしょうか?

ブラック：まず演奏自体が向上するよね。それによって、聴衆の耳も肥えていくと思うよ。(中略)ラジオを通してみんな良い演奏を知るようになるからね。そうすると、必然的に全ての演奏者に高い水準が要求されるようになるよね。それは交響曲やオペラだけでなくて、付随的にではあるけれど、現代の大衆的なタイプの音楽にも影響するんじゃないかな。(115)

これは、クラシック音楽放送を正統化する主張のカギとなる部分である。ラジオは既存の特権階級の文化エリートに対して娯楽を提供するだけではなく、良い音楽を聴く大勢のオーディエンスを作り出し、音楽聴取の中で審美眼の鍛錬を助け、さらに良い音楽への欲求を育てるというのだ。NBCの広報冊子は「ほんの短い経験の中で、弊社は少数の音楽的嗜好が多数のものになるのを見届けてきた」と総括している。(116)

クラシック音楽についての楽観主義者たちは、階級による文化的断絶のない未来がもうそこまで迫っていると想像していた。そうした未来においては、人々を成長させ、文明化するクラシックの伝統が持つ利益は全ての人に享受されると考えられていたのである。

しかし、民主的な高級文化には、幾分、逆説的な展望が含まれている。一方で少数者ではなく、多数者の側の知性や審美眼を認めつつ、もう一方で全ての人のそれを改善し、向上させようとするのだから。こうした大規模な伝道活動は、社会学的に見て、多くの点でナイーヴなものだ。クラシック音楽が占める文化的に高い地位は、まさに少数の人々が持つ高い地位や、クラシック音楽鑑賞がしばしば富や教育、余暇と結びついてしまうという避けがたい事実に由来していると指摘する人もいるだろう。音楽鑑賞はそれまで、エリートの特殊技能であったし、クラシック音楽の顕示的消費が「正しい」教育やしつけを受けた人々とそれ以外の人を効率的に分けるものになっていたのだから。

あらゆる人がクラシック音楽鑑賞のスキルを身につけるという真に民主的な文化を夢想する人々はたしかにいた。彼らは、珍しくて贅沢な娯楽商品を顕示的に消費するという社会的な快楽から、音楽の真正な楽しみを区別しようと果敢に努力した。しかし、全ての人がワーグナーの曲を口笛で吹けるような世界で、オペラ鑑賞がその地位を維持することができるだろうか？経済版のアメリカン・ドリームが、勝ち組だけの社会というありえない可能性を提示したのとちょうど同じように、ラジオにおける音楽の伝道者たちに支持された民主的文化の物語は、高尚な文化資本があらゆる人に行き渡る世界を想起させた。そこでは、あたかも既存の審美的価値観の定説を全ての人に教え込むだけで、社会的格差の兆候を消し去ることができるかのように考えられていたのである。しかし、民主化の課題を成功させるためには、音楽の価値判断における流儀が内面化され、自分自身の判断として個々人に採り入れられる必要があった。それはあくまで、クラシックの伝統が持つ高い価値と普遍的地位を確固たるものにするような価値判断ではあったが、そこには個々人の反応が必要とされたのである。当時、指導的な位置にいた音楽教育者のフランシス・クラークは次のように主張している。

文化は内側からやってくる。国民の大部分が多くの音楽に対する鑑賞や理解をどれほど成長させているか。また、より多くの、より良い音楽に対する国民意識がどの程度発展しているか。我が国の音楽文化を評価するにあたっては、これらのことが唯一の試金石である。(117)

クラシック音楽放送は個人の鑑賞に狙いが定められており、安定して増え続けるクラシック需要を取り巻く楽観的な民主主義の物語の中に埋め込まれていた。これを実現するためにとられた戦略が、より大衆的な番組の中にクラシックをほんの少し混ぜ込むか、あるいはクラシックの曲をジャズに編曲し直すことだったのである。

クラシックを混ぜ込んだ商業番組

初期のラジオは、大衆音楽に比較した場合にクラシックが持つ長所についての議論を巻き起こした。一九三〇年代後半まで、議論の内容は音楽形式の混合に関するものだった。そうした議論が可能になったのは、ひとえにラジオがクラシックをメインストリームに引き上げ、それまでは音楽を聴いたことがなかった家庭にクラシック音楽を知らしめたからだ。

ニュージャージーのバッハ協会会長を務めていたある株式仲買人は一九三八年に、スウィング・バージョンのクラシックを放送するのをやめさせるよう、FCCに嘆願している。彼は最初の違反に対しては放送ライセンスの停止を、二度目の違反に対しては取り消しを行なうことを提案したのだ。(118) FCCは他の状況でも常にそうしていたように、一九三四年の通信法で検閲行為は明確に禁止されていると声明を出した。しかし、バッハ協会からの批判はいくつかの公的な議論の引き金となった。そうした議論は、国からの規制がクラシックの伝統を守るために適切な手段であるか否かということだけでなく、広くは神聖化されたクラシックの地位自体にも及んだ。ラジオによる見境のない音楽形式の混合から神聖な伝統を守るために国の干渉を求めた人はほんの一握りだった。しかし、クラシックをスウィング化してしまう行為は間違っており、失望を招くと感じている人はそれよりはるかに多くいたのである。バーナード大学が行なった女性への調査によれば、彼女たちは概してクラシックをスウィング化することには反対していた。「最高の芸術の一つであるクラシックの権威を引き下げてしまう」、あるいは「冒瀆的である」というのだ(119)。

バッハの純粋性を守るために国が干渉するなどということには、多くのアメリカ人は異論を持っていただろう。しかしその一方、認可制度を通して間接的にある程度干渉することで、多くのクラシック音楽が放送されている現状に対して政府が責任を負うべきだと主張する人々も少数ではあるがおそらく存在した。アメリカのラジオは商業的でありながら、公的に認可を与えられ、社会的責務を負うという特徴的なシステムで成り立っていた。それゆえに、興味深くはあるが、どこか落ち着きの悪い方法で、クラシックと大衆音楽を並置していたのである。

クラシック音楽に対するラジオの機能には二つの側面がある。一方では違った音楽を組み合わせることで、それまでは神聖化され、低俗な文化と高尚な文化がはっきり分かれていた状況から、古い伝統を効果的に救出した。しかし同時に、クラシック音楽の伝統やその偉大な演奏が持つオーラでもって、自分たちを包み、それを誇示しようともした。商業的でありながら、公的責任も担っていたラジオの公共圏は、高級文化と低俗文化、クラシックと大衆文化をしばしば自覚的に並置しようとする意図で満たされていたのである。

結果として、クラシックを新しい大衆音楽にしようとした、野心的な民主主義文化の試みは失敗を余儀なくされる。しかし、それは別の予期せぬ成功を招くことになった。クラシック音楽は、使いどころを固定されない大衆文化となったのである。アメリカのラジオにおけるクラシックはバラエティ形式の番組に組み入れられ、様々な内容の中の単なる一要素となった。さらに、音楽には普遍的な意味や世界的な重要性があるという、クラシック音楽家や批評家の気高い主張は物笑いの種になっていった。

アメリカのラジオは中間文化の生みの親として論じられてきた。ラジオの交響曲は月例図書推薦会と同じようなものだというのである。[120]アメリカ文化の中で、中間層は上下両方の階層から批判され、ジェームズ・ギルバートの弁を借りれば、「これみよがしで、必要以上に民主的」と受けとめられることに苦しんでいた。[121]そしてアメリカのラジオにおけるクラシック音楽も、ある程度彼らと運命をともにしたのである。

当時のネットワークは大衆的な聴き手をつなぎとめる努力をしつつ、クラシック音楽を放送し、守り、競い合うことを決断した。このことは、中間層の上品ぶった態度を生み出したというだけにとどまらず、別の革新的な要素もはらんでいた。全体的に見て、一九三〇年代のクラシック音楽放送で最も目につくのは、中間的な質のブランドを形成したということではなく、むしろ、高級文化と低俗文化の混合がもたらす持続的な祝祭性である。一九四〇年に全国ピアノ製造者協会の会長は、スウィングやジャズの音楽家たちでさえ、クラシック音楽の支配下にあったことを報告している。彼が見て取ったのは、交響楽がジャズやスウィングを借りてきたのとちょうど同じように、「我らが大衆音楽の巨匠たちの多くが(中略)交響曲の作品からヒントを得ていた」ということだった。[122]

クラシック音楽は娯楽との融合の一環として、バラエティ番組に自らの位置を見いだした。クラシックは、高い階層向けの番組や低い階層向けの番組、あるいはそうした放送局によって分け隔てされることがなかった。ただし、さほど神聖化されていなかったからこそ、より大衆的な娯楽形態との距離を保つ必要はあったのだが。

こうした混合の例はあちこちに見られる。一九三八年一一月二七日の『*The Magic Key of RCA*』には高級文化と低俗文化、大衆音楽とクラシックの混合の典型的な例が含まれている。その番組には、四〇人編成のオーケストラやメトロポリタン・オペラのテナーとともに、ミンストレル・ショーの黒塗りの俳優やガートルード・ローレンスが出演している。楽曲にはドヴォルザーク、エネスコ、ウォルフやラロが含まれていた。[123] クラシック音楽やミュージシャンは、他にも驚くべき番組に出演している。『*The National Barn Dance*』はカントリーを放送した番組として記憶されているが、その番組でクラシック音楽家が特集されていたのだ。たとえば、一九三八年の一一月にはウィーン少年合唱団がシューベルトとハイドンを歌っている。[124] 音楽系のバラエティ番組は常にクラシック演奏家を出演させていた。非常に有名なビング・クロスビーの『*Kraft Music Hall*』は、スポンサーがもっとクラシック音楽家を出演させるように主張したため、音楽ディレクターのジミー・ドーシーをジョン・スコット・トロッターに変更している。[125] 一九三八年に放送されたある放送回には、ジャズ・ドラマーのジーン・クルーパとソプラノのスター、マファルダ・ファヴェーロが同時に出演していたが、このような回は決して珍しいものではなかった。それはちょうど彼女が、『*La Boheme*』でメトロポリタン・オペラにおけるデビューを飾らんとしていた頃である。[126]

こうした混合形態は、スタジオにいるミュージシャンたちに過大な要求を突きつけるものだった。ＮＢＣの中央局の音楽ディレクターは、自身のレヴュー番組のミュージシャンには優れた才能が要求されると指摘している。

今回の番組では、バンドのメンバーは六つのカテゴリーにまたがる音楽に取り組まねばなりません。ロジャース＆ハートによる直近の管楽器作品は、フィレンツェの作曲家たちがチェンバロの演奏用に作った不安定な音を忠実になぞっており、まるでヴェルディの「アイーダ」のような作品なのです。[127]

彼の見立てでは、これらのミュージシャンたちにとって、「シンフォニーをスウィングに」変えることなどなんでもなかったというのだが。

ネットワークは、音楽的伝統や天才的な演奏者によるその解釈に対して厳かな敬意を払うと同時に、顕著な娯楽的雰囲気を番組に入れ込んでいった。一九四三年、『*Billboard*』誌は次のような熱を帯びたコメントを掲載している。

これまで長髪の巨匠たちは娯楽を与えるための才能を磨いてきた。大きな評判を得てブレイクすることを彼らは渇望している。[128]

音楽教育者のフロイド・ハートは、ラジオや映画が、芸術の偶像化に対する抵抗の契機になったと考えており、その根拠を次のように主張している。

ユーディ・メニューインやラウリッツ・メルヒオールがサタデーナイト・スウィング・クラブに出演した。ジョバンニ・マルティネッリなどはエディ・カンターの番組に出ただけでなく、カンターの持ち歌である「ダイナ」[ジャズのスタンダード]まで歌った。その他のメトロポリタン・オペラのアーティストたちも進んで映画の中で演奏している。(中略)こんな時代に他にどんな結論が導き出せようか?[129]

一九三九年に著名なヴァイオリニスト、ユーディ・メニューインがゲストとして登場して以来、ボブ・ホープのラジオ番組で非常に長い間使われたネタは、コメディアンのジェリー・コロナが「ユーディって誰?」と繰り返し問うというものだった。NBCの記録によれば、この問いに対する真面目な答えから、馬鹿げたものまで毎日、何百通もの手紙が送られてきたという。[130] このギャグは米軍で用いられるスラングになった。スラングの意味は「そこにいなかった男」。すなわち、新しく出てきた問題の原因として生贄にされる人間を指す言葉として用いられたのだ。ここにいたって、「ユーディって誰?」という質問は、より広い意味を込めて使われるようになったのである。この言葉は一九四〇年にキャブ・キャロウェイやレーン・トゥルーズデイルとカイ・カイザーバンドによって録音された『Who's Yehudi?』という曲で取り上げられた。[131] ユーディ・メニューインが十分に有名だったからこそ、彼を知らないという愚かさが、当時の最も有名なジョークになったのである。

こうした娯楽とクラシックのぶつかり合いや混合は、ニュージャージー・バッハ協会のようなクラシックの神聖化の維持にこだわる純粋芸術主義者たちを大いに怒らせた。たとえば、『*The Magic Key of RCA*』は「はしゃぎ過ぎ」であるとして、一九三八年、ある批評家から苦言を呈されている。その人物はフラグスタート姉妹による格調高い歌唱とジャズ・ソングが並置されていることに不満を持っていた。彼は「何か別の内容を間にはさむべきだ」と主張したのである。[132]また、シラキュースに住むある男性は、『*New York Times*』誌に対して次のように書き送っている。いわく、自分も妻も、クラシックとジャズを混ぜ合わせることは「許しがたい行為で悪趣味」だと感じている、と。[133]

元メトロポリタン・オペラのソプラノであったマリオン・タリーは、一九三六年から一九三八年までNBCで自身の番組を持っていた。その番組はライ＝クリスプ社がスポンサーについており、彼女は「全国のアメリカ人が聴きたいと思うような曲」を歌っていたという。そんな彼女も「両極端にある音楽を混ぜ合わせる傾向が強まりつつあること」を批判している。

スウィングとお決まりの喜劇をクラシックと混ぜるようなバラエティ番組に出演することは、オペラやコンサートのスターたち自身にとってもあまり良くありません。それにリスナーのみなさんだって、こうしたごちゃ混ぜの状態に嫌気がさしてきていると思いますよ。[134]

こうした混合番組は、当然のことながら純粋主義者たちにとって、「悪」そのものだったが、さらに重要な問題は、その結果として生じてくることへの恐れだった。それは、大衆的なスタイルがクラシックの演奏を呑み込んでしまうことに対する恐怖である。『*General Motors Symphony Concert*』の放送で、ある音楽批評家は指摘した。あの指揮者は「片足をラジオシティ・ミュージックホールにおき、もう片方の足をカーネギーホールに突っ込んでいる」と。[135]

一九三〇年代を通して、コメディ番組は一貫して最も人気のあるラジオ番組の地位にあり、バラエティ番組よりも人気は高かった。放送スケジュールの中で高級文化と大衆文化が渾然一体となってひしめいていたことの帰結として、アメリカのラジオコメディアンたちは高級文化の真似事をしてそれを茶化すことに没頭し、熟練していく。ミシェル・ヒルメスらによれば、高級文化と低俗文化の間にある違いは、ラジオコメディに格好のネタを提供していたという[136]。特にクラシック音楽はラジオにとって明確な準拠点となっていただけでなく、注目を集めるお笑いのテーマにもなっていた。ジャック・ベニーのヴァイオリン演奏はその顕著な例である。クラシック音楽の物真似は、この全米で最も人気のあったコメディアンの重要な、愛嬌ある特徴の一つだった。ベニーの番組で使われた幕間の音楽には、軽快なスウィングやクルーナー唱法によるテナー歌手の歌が用いられており、その中でジャック・ベニーは、情熱的なヴァイオリニストを演じていた。ベニー扮するキャラクターは、自分の才能を妄信しており、芸術音楽の真面目さに対して、誤った情熱を抱いているという設定だった。聴衆たちはそのキャラクターの努力をわけ知り顔で笑いものにし、自分たちは本当のクラシックの真面目さと喜劇の中に登場する風刺の間の違いを分かっていると意識していた。たとえば一九三八年のNBCによる告知で、ベニーが「一七三三年夏のヴェニスの暗い部屋で」作曲されたフィンケルバーグの「チェロとフィドルによる合奏曲」を演奏する、などという表現がなされていることからも、聴衆がそうしたギャップを意識していたことが分かる[137]。

一九三六年に初めて放送されたNBCの『*Bughouse Rhythm*』はクラシックを風刺したスウィングの番組だった。一九三八年のある回では、リストやシューベルトのスウィング・バージョンが放送されるとともに、マーサ・マーガトロイドによる「簡潔だが抜け目なく各時代を通観する近代音楽に関する議論」も流された[138]。この番組は、一九四〇年にNBCが『*Chamber Music Society of Lower Basin Street*』を制作する契機となる。こちらの番組も、クラシックの風刺とスウィングの演奏の混合形態であり、週に一度放送されていた。真面目くさったふりをして、出演者を常に「ドクター」とか「プロフェッサー」などと紹介するその番組のアナウンサーはミルトン・クロス。彼はメトロポリタン・オペラ放送のレギュラー・アナウンサーでもあった[139]。ベニーの寸劇と同様に、この番組でもそのユーモアは、ラジオのリスナーたちがクラシック音楽の鑑賞や演奏の用語にある程度親しんでいたからこそ機能していた。多くのラジオ喜劇は、意識の高いリスナーたちが獲得してきた共通の知識をうまく参照している。特にそうした知識のうち、クラシックの見かけ上の象徴と関連する部分は、コメディアンたちにとって利用価値のあるものだった。

流行のクラシック音楽スターたちに関する知識の普及を担っていたのもまた喜劇だった。中西部の田舎町を舞台にした喜劇『*Fibber McGee and Molly*』もそうした役割を担っていた。たとえば一九三八年のある放送回では、「水曜夜にシェイクスピアを読む女性の会」、および「文学と演劇の会」の会長を務めるアピントン氏なる人物が「ウィストフル・ヴィスタ・シルバーコルネット・ビジネスマンバンド」のコンサートに出席するという内容が放送された。その中でフィバーは彼女に言う。

なるほど、分かりました。アピントンさん、このバンドが真に必要としているのは彼らを率いる強力な人物ですね。ニューヨークのトスカニーニ、ガルボの……あ、いや、フィラデルフィアのストコフスキー、ピオリアのマギーといったように。

トスカニーニやストコフスキーは言わずと知れたネットワークのスターで、一九三八年当時、女優のグレタ・ガルボとストコフスキーの関係はゴシップ記者たちの話題の的だった。エピソード中でアピントン氏はフィバーがバンドを指揮することに同意するのだが、その際、彼は自分の音楽に対する専門知識を彼女に示そうとする。

ベートーヴェンが晩年の作品で示したように、私に言わせれば、この二つの音を奏でるとらぬペットを満たす半分だだ漏れの感覚に気づかない限り、黄金のケイレンが空間を揺り動かすことはまずないでしょう。[140]」[ナンセンスな言い方で音楽批評をパロディ化している。]

聴衆は彼が高級文化に精通した人物になりすまそうとするぎくしゃくした様に笑い転げた。しかし、当然のことながら、このユーモアは高級文化の文章や用語に関する一定の知識を前提としている。それがあったからこそ、彼らがそこから風刺の意図を聞き取ることができたのである。一九三八年の『*Fibber McGee and Molly*』の内容をもう一つ紹介しておこう。ある百貨店の従業員が中国人（グーイ・フーイという名前で、台本には「チンク（中国人の蔑称）」と書いてある）の客に声をかけるというエピソードがある。その客が、ここはシャツ・カウンターかと尋ねるシーンで店員は次のように答える。

> はい。その通りでございます、お客さま。ここに私どもの最新作がございますよ。私どもはこれをシャツ・コンチェルトと名づけました。シンフォニックな色の組み合わせ。お分かりですよね。[141]

ここで展開されている人種差別的なユーモアもまた、コンチェルトが何たるかを理解し、中国人客の嗜好やそうしたことに鈍感な店員を笑う準備のできた聴衆が前提とされていることが分かる。

　ラジオ喜劇はある面で、常にラジオ自体をネタにしていたため、そこにあった独特の緊張感を見事に反映している。高級文化と、その尊大で不毛なパトロンたちの気取った様子を弄びながら、コメディアンたちはエリートに反抗する人の側についた。一般的なアメリカ人のものになりうるし、またそうあるべき音楽をエリートたちが不当に占有していることを彼らは繰り返し示した。しかしそのことによって、コメディアンたちは、ネットワークの提案する「あらゆる人が触れられる高級文化」というユートピア的展望を含んだ戦略に加担してもいたのである。[142] アメリカで最も人気のあったいくつものラジオ喜劇は文化的階層性を最大のネタにしていた。このことは、独特なアメリカン・システムのもう一つの所産であると考えなければならない。アメリカン・システムは常に不安を覚えながらも、公共サービスと、見るからに不遜な商業的大衆娯楽を並置していたのである。

トスカニーニ：音楽の神にしてラジオスター

　高級文化と低俗文化をラジオが混合したことの最も重要な結果の一つは、全く新しい次元のクラシック音楽のスターを生み出したことだ。NBCは一九三七年に、イタリア人のスター指揮者、トスカニーニのためにNBCシンフォニーを結成させた。これはネットワークがクラシックの神聖化された地位に依拠しつつ、それを根本的に変革していった方法の典型である。トスカニーニはCBSでレギュラー放送されていたニューヨーク・フィルハーモニック・オーケストラの指揮者としてアメリカではよく知られていた。RCAのデヴィッド・サーノフの発案により、一九三七年にNBCは彼を合衆国に呼び戻し、彼のためにNBCオーケストラを結成させる。

どうせ偉大で有名な指揮者を呼ぶなら、世界一偉大で、世界一有名な指揮者がいいと思いませんか?(143)

NBCのプレス・リリースでサーノフはこのように問いかけている。それは、つい最近アメリカから去ったトスカニーニにとって、合衆国での新たなスタートになるはずだった。NBCの広報や、それに続く報道内容にはトスカニーニに対する賛辞が書きたてられた。サーノフはトスカニーニを「世界一の指揮者」と名づけたし、サミュエル・ショツィノフも彼を「現代における、そしておそらくあらゆる時代における最高の音楽解釈者」と呼んだ(144)。当時の新聞では、七〇歳になるトスカニーニを引退状態から外に誘い出したのはラジオであるということが明言されている。

トスカニーニ氏が申し出を受け入れる原動力となったのは、ラジオなら一回の放送で、広範囲にわたるコンサート・ツアーよりもはるかに多くの聴衆に彼の音楽を届けることができるからだ(145)。

ラジオオーケストラはアメリカの商業ラジオが公共の利益に対して為しうることを最上の形で示しているということをこの発言は強調している。一九三六年までトスカニーニはCBSでニューヨーク・フィルハーモニック・オーケストラとともに放送されていたにもかかわらず、これまでにそうした試みがなかったかのように言う過熱した広報活動の中で、NBCオーケストラは結成された。NBCオーケストラは事前に確立した評判の上に打ち立てられ、公的な露出や名声の度合いにおいて全く新しい水準に到達したのである。

これ以後、一部の批評家にとって、NBCオーケストラがトスカニーニのために制作する番組はクラシック音楽的伝統の究極の商品化を代表するものとなっていく。音楽史家、ジョセフ・ホロウィッツによれば、指揮者を司祭であるにとどまらず、神にまで祭り上げるアメリカ人の傾向が極まった状態を、トスカニーニは具現化しているという[146]。ホロウィッツはトスカニーニの名声の影響を嘆く。なぜならトスカニーニの限定されたヨーロッパ的レパートリーは、ベートーヴェンやブラームス、ワーグナーを主体としており、彼自身、現代音楽やアメリカの作品には興味を示さなかったからだ[147]。しかし、トスカニーニ自体は伝統やヨーロッパ、神聖化され太鼓判を押された作品に立脚し、それらを独特の権威をもって解釈したにすぎない。正確に言えば、ホロウィッツが残念に思っていたのは、NBCがトスカニーニに価値を見いだした理由である。ネットワークが求めていたのは疑いの余地のない地位を獲得し、既に崇拝されている指揮者だった。そしてトスカニーニこそはそのような条件を備えた出来合いの人物だったのである。

クラシックの神聖化に関する議論には比喩が用いられたが、そうした比喩はその後も根強く残っていったし、影響力もあるものだった。『*Modern Music*』誌のゴダード・リーバーソンは洒落っ気を交えて次のようにコメントしている。

唯一の真の神は音楽であり、トスカニーニがその預言者であるということを証明することに、全国的な放送会社が着手した[148]。

『*Los Angeles Times*』のある医療系コラムニストも、トスカニーニは「アメリカの音楽愛好家たちにとってほとんど崇拝の対象」になったと述べている[149]。トスカニーニ自身も神聖化のメタファーを弄びはしたが、記者に対してトスカニーニの第五番とか、第九などというのではなく、それらを自分が解釈したものであると言及するよう注意を促している。

> 私は哀れな人間たちの名前と神々の名が同じレベルで並べられているのを見たくない[150]。

トスカニーニは「個人としての名声や芸能人的なあり方を嫌う」指揮者として描かれた[151]。しかし、ニューヨークに着いたときの次のような発言からは、彼が自分の受けた過剰なまでの歓待を喜んでいたことも見て取れる。

> サーノフ社長（彼は非常に優れた人物である）や理事会からドアマンにいたるまで、ＮＢＣの全社員が私に夢中で、まるで神のように扱ってくれた[152]。

ＮＢＣは、トスカニーニとＮＢＣオーケストラによる最初の番組を一九三七年のクリスマスに設定した。彼にまとわせた神聖性のオーラを強化しようとしたのである。彼が潔癖にショー番組を拒絶したことはそれ自体が呼び物となった。幾分遠慮がちにではあるが、トスカニーニも、自身の周りを渦巻いている、神聖な音楽や彼自身の神性についての語りの存在には気づいていたのである。

　トスカニーニや彼の指揮する音楽の神聖化によって、彼は広報や政治的正統性のための投資の対象になった。一九三八年にＮＢＣは次のように豪語している。

> 偉大な演奏、偉大な音楽、目を見張るような特別番組、これらは今ではＮＢＣをいつも聴いてくださっている何百万もの人々にとって、ほとんど毎日の娯楽となっています。アルトゥーロ・トスカニーニのような素晴らしいアーティストがＮＢＣの番組に天性の才能を上乗せしてくれているのです。

このプレス・リリースに付属する文章には「アルトゥーロ・トスカニーニとＮＢＣシンフォニー・オーケストラ―素晴らしいシンフォニー・オーケストラによって奏でられる世界一の音楽」という言葉がＮＢＣの業績の最初にリストアップされている。

　トスカニーニへの投資は広報において満足できる結果をもたらした。一九三九年六月に全国女性記者連盟（ＮＦＰＷ）が一九三九年から四〇年にかけてのラジオ番組に関する全国調査の結果を発表した。その中では、「ラジオリスナーは子どものような水準の知性しか持っていないとする、よくある迷信を振り切って」トスカニーニを起用したという賛辞がデヴィッド・サーノフに送られている。[153] NBCはラジオコラムニストに対して「交響楽の聴衆はラジオにおける最も知的な要素の一つである」と表明した。[154] 一九三〇年代後半までに、ラジオの聴衆たちの知性は全国的な関心事になっていた。聴衆の知性を再確認し、それを強化するラジオ番組は、自分たちが国内で最も重要な公共サービス事業を行なっているというネットワークの主張を下支えしていたのである。

クラシック音楽を取り入れるにあたって、ネットワークはその形を変化させた。音楽的伝統や、天才的演奏者の音楽解釈に対する厳粛な敬意の中に、娯楽的要素を巧みに注入したのである。NBCはトスカニーニの周囲に、この気難しいが卓越した「巨匠」を熱狂的に信奉する集団を生み出した。ジョン・ローヤルは後年、トスカニーニについて、敬愛を込めて次のように回顧している。

(トスカニーニは)素晴らしい音楽家にして偉大な人物であるのみならず、おそらく私が知る限りで最も優れた役者でもあった。ここで言う「役者」とは、私が他者に与えうる最上の賛辞である。[155]

NBCにとってのトスカニーニの有益性にローヤルが目をつけることができたのは、一面では、若い頃からラジオ資本を築き上げてきた彼自身の職業経験に起因している。ローヤルは常々、ヴォードヴィルを、ラジオ向け人材の天然の貯蔵庫だと考えていた。彼はエド・サリヴァンの新聞コラムに寄稿した際、ヴォードヴィリアンについて次のように記述している。

(ヴォードヴィリアンたちは)偉大なパフォーマーにして(中略)役者である。彼らはショー・ビジネスのあらゆる側面を熟知しており、その才能がこれまで、ラジオ、映画、舞台上のショーを支えてきたのだ。[156]

熟練した舞台芸人が有名なラジオスターになることが

NBCのオーケストラを指揮するトスカニーニ
アルトゥーロ・トスカニーニが指揮するNBCシンフォニック・オーケストラの演奏が初めて放送された際のコンサートの模様(1937年クリスマスの夜，studio 8Hより)．

多かったように、トスカニーニもまた、こうした性質にあてはまっていたのである。

クラシック音楽のスターたちに関する広報は、彼らが驚くほど庶民的であることを強調した。『*Radio Star*』誌のある記事は、NBCの音楽ディレクター兼指揮者だったフランク・ブラックを「スポーツ・ファンの普通の男」であり、「指揮者の一般的なイメージとは全く違う」人物として描き出している[157]。アルトゥーロ・トスカニーニに関する宣伝も同様に、彼の天賦の才への崇拝を維持しつつ、仕事から離れた巨匠の、普通の人間としての物語や彼をアメリカ的に見せるストーリーによって、そうした熱狂的な崇拝の念を補完し、強化するように機能した。また、彼がラジオスターであるだけでなく、ラジオファンでもあるという事実を宣伝することも重要だった。NBCのジョン・ローヤルは一九三八年にパレスチナにいたトスカニーニを訪問した際、巨匠が「一日に何時間もラジオを聴いており、クラシックだけでなく、ポピュラー音楽も楽しんでいる」という自身の発見を報道機関に嬉々として語っている[158]。トスカニーニはジャック・ベニー級のラジオ・「スター」だったため、彼に関するあらゆることが、雑誌読者たちの関心を引いたのだ。一九四〇年四月に『*Ladies Home Journal*』誌には、「トスカニーニ夫妻」という記事が掲載されており、そこには「世界一有名な指揮者のこれまで見たことがない一面。彼が指揮棒を置き、家庭にいる時間」に迫るという能書きが為されている。その記事は巨匠の食生活に注意を向け、それが平凡であることを微笑ましい調子で明かしている。

ある友人が、彼を持ち寄り式の食事会に招いたことがある。突然アルトゥーロ・トスカニーニをもてなす役を命じられた者の混乱ぶりを、主婦諸君は理解できるだろう。何か洗練されたものを用意するには遅すぎた。そこには、既に世界一の指揮者が夕食を待っていたのだから。祈りの言葉を口にしながら、彼女は最初の料理としてトマトスープの缶を開けた。しかしトスカニーニ氏は喜んでそれを食べ、おかわりまで頼み、それ以上は何も求めなかったのである。(159)

この記事やその他のトスカニーニに関する宣伝は、彼のイタリア人ぽさを、奇妙で恐ろしい異国流儀ではなく、愛すべき奇抜さや子どもっぽい素朴さとして認識させ、彼の高級文化的なオーラを、多くの雑誌読者が親しんでいる消費者的な大衆文化の日常世界の中に回収していく機能を果たした。ホロウィッツは、このことをメディアによる「「もう一人」のトスカニーニ」、「アメリカ人の自画像たる並外れて温かい人物像」の創造と評している。(160)

同様の戦略はトスカニーニのコンサートの解説にも見られる。一九三九年九月、NBCはサミュエル・ショツィノフを「シリアス・ミュージック」部門のディレクターに任命した。ショツィノフはもともと、トスカニーニをNBCと契約させることに関わっていた。彼はトスカニーニの放送の第二シリーズ(一九三八—一九三九)からしばらく間隔が空く時期に解説をしており、そこでは、「偉大な作曲家たちの人生を人間的に見せる」試みを行なっている。ショツィノフの実践は、「音楽の天才たちを普通の人と緊密に結びついた一人の人間として表出させるために役立つよう、一般人と共通する特徴を探しだすこと」に焦点化されていた。彼は「作曲家たちの日々の生活のこと、彼らが実存的な苦しみという試練や辛苦にどう対応したか、彼らの友人には誰がいたか、彼らがコミュニティや国家の中でどのような役割を演じていたかといったことを明らかにしようとした」のである。[161] 全く同様のアイデアは、一九三六年にニューヨーク・フィルハーモニック・オーケストラの幕間のトークでディームス・テイラーが既に使い始めていた。テイラーが作曲家たちについて「まるで人間的な弱さを持った現代人であるかのように」語っているとして、ある批評家は賛辞を送っている。[162]

神がかり的な指揮者だけでなく、天才的な作曲家たちをも人間化しようとするこうした宣伝努力は、クラシック音楽の大衆的なオーディエンスを形成するという目的を持っていた。そのため、シリアス・ミュージックの愛好家たちが巨匠の伝記や大衆宣伝に怒りを覚えることも多かった。[163]『*New York Times*』誌の批評家、オーリン・ダウンズに対して、ある人は次のように書き送っている。

音楽愛好家として、現在の状況を嘆かわしく思っています。トスカニーニについてのすさまじい売りこみは、他のあらゆる指揮者やオーケストラを犠牲にすることで成立しています。その帰結として、交響楽に対する計算できないほどの損失がもたらされると私は確信しています。他にも聴くに値するオーケストラや指揮者がいるという事実に、音楽愛好家たちは気づき始めています。それはやがて、音楽における最大のスキャンダルになるでしょう。数年前、野球でホワイトソックスが安い値段で買いたたかれたのと同じくらいにです。[164]

しかし、トスカニーニ現象は、クラシック音楽放送の宣伝全体を押し上げるように作用してもいた。NBCによるトスカニーニの放送の第一期が終わったあと、ニューヨーク・フィルは、広報会社のアイヴィー・リーとT・J・ロスに対して、新指揮者のジョン・バルビローリの人物評を持ち上げる方法を提案するよう依頼している。たとえばそこで提案されているのは、彼をCBSの番組に出演させ、「バルビローリ氏が何か空想的で壮観なことを行なう。また、彼のコンサートの一つをたとえば「平和の賛美」をテーマにしたものにする。あるいは彼の作品の一つを真っ暗な中で流すようにアナウンスする」といったものだった。[165] CBS

にあるウィリアム・ペイリーの事務所で開かれた会議では、バルビローリを「彼の名前や人格が全国的に知られ、愛されるような地位まで宣伝で押し上げる」という方針が確認された。[166] しかし、結局彼らは既に確立されたトスカニーニのオーラに対抗することはできなかったのである。

トスカニーニ現象の創造は、放送のアメリカン・システムがはらんでいた独特の緊張感や矛盾をよく表している。放送事業者たちは、第一に高級文化の普及や商業放送の正統性を喧伝しながら、高級文化的な公共サービス放送とは違う、より大衆的な娯楽の要素を押し出していったのである。

商業的な緊張

交響楽は金がかかる。水面下で金銭的な議論が交わされることは避けられないことだ。NBC内部には、一方に高い番組コストを請け負ってくれる商業的な、あるいは慈善的なスポンサーを見つけようとする動きがあり、もう一方で、ネットワークが公共の利益に資する公共サービスであるという体裁を維持することも求められていた。NBCの内部では常にこの両者が緊張関係にあったのだ。NBCは一九三二年にウォルター・ダムロッシュへの報酬を引き下げ、一九三五年にはさらに減額したいと考えていた。[167] 一九三四年には『*Music Appreciation Hour*』の商業的なスポンサー探しについて議論が交わされたが、この番組の歴史の中では他の時期にもそうした議論が折に触れて起こっていた。NBCはこの番組が始まった当初から、流す曲や雇われているミュージシャンへの報酬のことで、ダムロッシュと長らく軋轢を抱えていた。[168] 一九三七年、NBCアーティスト・サービスは、ダムロッシュを「著名人の朝食」の宣伝に関わらせようとしている。「朝食時のダムロッシュの写真をいくつかの雑誌や新聞に」のせようというキャンペーンである。これをダムロッシュはきっぱりと断っている。彼が言うには、自分は商業的な作品を宣伝するために名を売ろうとする著名人を常々「嘲笑い、ときには軽蔑して」きた。「こうしたことがずっと行なわれてきたことは私もよく知っているが、晩年のこの時期にきて、自分がそれに加担することはできない」というのだ。[169] 自分が手掛けてきた音楽教育は、それを支える商業的な活動とは分けて、汚染されないようにする必要があるとウォルター・ダムロッシュは固く信じていた。NBCシンフォニーとトスカニーニはNBCにとって、金のかかる番組だった。

> 我々は首席奏者たちに法外な給料を支払うよう要求され、それを受け入れていた。[170]

とサミュエル・ショツィノフは回顧している。しかし、少なくとも出費の一部は、音楽家たちを週五日制で新規雇用するという合意によって、NBCに課されていたものであるとホロウィッツは指摘する。一九三七年から三八年までの間、NBCはトスカニーニに一〇回の演奏分として四万ドルを支払い、この期間には、アメリカ国内で他に一切の演奏をしないという合意をとりつけていた。一九三八年の二月からは新たに三年の契約を結び、一二回のラジオコンサート・シーズンの見返りとして、トスカニーニに四万八〇〇〇ドルと毎年のヨーロッパへの旅費を支払っている。[171] これはNBCの他のスタッフやゲスト指揮者に支払うどんな金額よりもはるかに高いものであった。一九三八年にトスカニーニが受け取っていた金額は、ボールトやモントゥー、ミトロプーロスといった他のNBCのゲスト指揮者に支払われていた額の五倍にあたる。[172]

NBCは、放送のアメリカン・システムが生き残るための投資としてのこうした出費にうんざりしていた。ショツィノフはNBCシンフォニーの維持費を年に八万二二六〇ドルと見積もっている。NBC社長にあてた報告書で彼は次のように結論づけている。

> その名声や文化的価値、FCCに与える影響は、年に八万二二六〇ドルの出費を正当化して余りあるものだと私には思えます。[173]

この文脈で重要なのは、まず、これがNBCのオーケストラのための出費であったこと、そしてネットワークがそのための商業スポンサーを求めなかったということだ。オーリン・ダウンズは、早くも一九三七年の段階で『*New York Times*』に次のように書いている。

コンサートは「広告的関心から解放され、電波における公共の利益のために」聴かれ、「純粋に芸術的な基盤に立って」放送されるだろう、と。[174] 同年後半には、ラジオは「それ自体が交響楽の主役」になったともダウンズは記述している。[175]

商業ラジオにおいて、時間は金そのものである。ラジオとシリアス・ミュージックに関してよく指摘されていた問題の一つは、ネットワークが時間の厳守にこだわっていたことだ。そのこだわりゆえに、ネットワークは演奏時間を適した長さに合わせることになる。

　今では、私たちは何でも速く演奏する。そうしなければならないのだ。

フィルコ・ラジオオーケストラの指揮者は言う。

　それは全く新しい表現方法である。速いテンポは音楽を歪めたりしない。その速さがちょうど良いように聞こえるのだ。原譜に対する最近の解釈がはらむ緊張感は、原曲に新しい活力を吹き込んでいる。[176]

しかし、トスカニーニはこうした産業的な時間のプレッシャーから守られねばならなかった。NBCは彼の超俗的で、神聖な地位を示すため、彼の放送の間はコマーシャルを入れず、スタジオの時計に覆いをかけて、時間の売買や厳守といった通常の商業的文脈を放送から取り除くことを発表している。

　巨匠が他の指揮者のように、支持を仰ぐためにコントロール・ルームをのぞくのを見たことがない。制作側の人間にも、彼に対して番組をカットしたり、急いだりするよう指示を出しに走る者はいない。[177]

他方、CBSのバルビローリの日曜コンサートは時間を厳しく守らねばならなかった。彼は四時二七分には電波から退場し、四時三〇分からの商業番組に道を譲らねばならなかったのである。一九四〇年には、ラジオコンサートにバルビローリがゆっくり入場してくることをめぐって言い争いも起きている。あるCBS職員は、彼が「ここは工場かね？」と尋ね、もし放送時間を超過したら自分が責を負うと言っているのを耳にしたことがあるという(178)。

一九三八年にFCCが独占禁止に関する調査にやって来た際、NBCのロイ・ウィトマーは、次のように説明した。NBCは「聴衆に奉仕したいという気持ちでこれを放送していると考えて」おり、ゆえにトスカニーニの放送は商品ではない、と。FCCの委員であるポール・ウォーカーは助け舟を出すように言葉をはさんだ。

「あなた方はこの素晴らしい番組を公衆に届けることで奉仕したいという感情を持っているのですね？」

ウィトマーは答えた。

「はい。我々は人間として、自分たちの名において、有益なことを為したい。そう言っても差し支えないと思います(179)。」

しかし、ネットワークが持つ公共サービスと商業という二つの機能の間にある緊張関係が表面化していた時期はそう長くない。一九三九年の初めまでに、ジョン・ローヤルはトスカニーニの報酬を減額することを示唆し、NBCがシリアス・ミュージックに投資し過ぎていると公言した。

来年、シンフォニー・オーケストラを廃止すれば、二〇万ドルの支出を節約し、番組構成を三〇パーセント拡張することができます。

彼はNBC社長のレノックス・ローアにあてて、そう書き送っている。CBSが「大衆的な番組によってその魅力を大きく進歩させている」のに対して、NBCが「高級」音楽に焦点を当て過ぎていることに、ローヤルは懸念を抱いていた。彼の報告によれば、NBCのローカル局は「我々〔ネットワーク本社〕が「芸術家を気取っている」という感情を明らかに持ってしまっている」という(180)。その二ヶ月後にもローヤルは、トスカニーニに対して懸念を抱き続けていた。

あの番組は四・八パーセントの聴取率のために金を

かけ過ぎています。

彼は再びローアにこのように書き送っている[181]。

こうした文脈の中で、商業スポンサーの問題が浮上することは避けられなかった。一九三九年、NBCの幹部たちはその可能性について激しい議論を交わしていた。トスカニーニは最初、これに抵抗を示した。一九四〇年の九月、彼はこうした考えには「絶対に反対だ」と発言している[182]。しかし、最終的に一九四三年から四四年のシーズンはゼネラル・モーターズに販売されることになった。それに伴って、番組名を『NBC Symphony of the Air』から『General Motors Symphony of the Air』に変更するという提案も持ち上がった。これに対してサミュエル・ショツィノフは怒りを露わにしている。

ゼネラル・モーターズはこれ幸いにと、トスカニーニ氏の名前を「ゼネラル・モーターズ氏」に変えてしまいかねない[183]。

しかし、彼の怒りにもかかわらず、番組名は『General Motors Symphony of the Air』へと改められ、幕間にはゼネラル・モーターズの副社長、チャールズ・F・ケタリングによる、科学と発明に関する談話が入ることになった[184]。

NBCは戦時中を通して、トスカニーニとの契約を延長していった。彼はテレビ時代に突入する一九五四年までNBCオーケストラを指揮し続けることになったのである。彼は戦前から特に戦時下にかけて反ファシズムのヒーローとして広く宣伝された。それによって、彼の象徴的な価値がネットワークに付与されることになったのである。

トスカニーニはナチスのユダヤ人音楽家に対する扱いを批判して、ファシストのギャングに襲われ、殴りつけられたことがあり、一九三三年からバイロイトで指揮することを拒否していた。また、一九三六年にはザルツブルク音楽祭での自身の演奏をドイツで放送することを拒否しているし、ナチスがユダヤ人作曲家の曲を禁止していることに反発し、メンデルスゾーンの曲を頻繁に演奏するようにもなっていく。さらに、トスカニーニは反ファシズムの人々に共鳴し、元の楽曲とは別の音楽を採用することもあった。たとえば、一九四三年に、それまであまり知られていなかったヴェルディの『諸国民の賛歌(*Hymn of the Nations*)』を放送した際、彼は『星条旗(*The Star Spangled Banner*)』と『インターナショナル(*Internationale*)』を挿入したのである。(185)

NBCの国際コメンテーター、ドロシー・トンプソンは一九四三年に『*Arturo Toscanini: A Photobiography*』を出版した。この本はトスカニーニが根っからの反ファシストであると主張しているとして、プレス・リリースで次のように引用された。

トンプソン氏は続けて言う。「トスカニーニは指揮者としては独裁者であると言われてきた。それは全く真実とはかけ離れている。独裁者とは気まぐれで、専制的に統治を行なう。専制的な気まぐれの結果として、押し付けの規律を生み出す。それはムッソリーニのような人物である。(186)」

しかし、ヨーロッパにおけるファシズムの勃興は、クラシック音楽放送を超越的かつ普遍的な地位へと押し上げよという要求を衰退させる一因となったのである。

民族の音楽

一九三〇年代におけるクラシック音楽は、潜在的には常に国家と結びついたものであり、国家主義的な色彩を帯びていた。実際、アメリカ人から見たポピュラー音楽の美点の一つは、その起源や形式が多くの場合、紛れもなくアメリカ的なものであることだった。当時、クラシック音楽の起源として最も名高い国々が、全体主義体制に呑み込まれていった。クラシックに関するある種の主張が、この事実によって影響をこうむることは、一九三〇年代後半にあっては避けられないことだった。その主張とは、クラシックには普遍的な地位が付与されており、平和をもたらす力や世界市民を形成する効用があるとするものだ。

クラシック音楽に関する権威の序列は、地理的にも民族的にもランダムではなかった。それは、西ヨーロッパと北ヨーロッパ、とりわけドイツやオーストリアの文化的な産物を他の場所で生まれたそれよりも高い位置へと組織的に押し上げるものだったのである(187)。ミユラーとヘインズは、一八七五年から一九四一年までの間にアメリカの八つの主要なオーケストラで演奏された作品を作曲家ごとに数えあげ、次のような事実を見いだした。第一次大戦中、ドイツの作品の演奏が劇的に減少したにもかかわらず、戦間期において、ドイツ、およびオーストリアの作品は、他を圧倒して最も多く演奏されていたのである。イギリス、フランス、ロシア、イタリア、そしてスカンジナヴィアの作品がそれに続くが、数としてははるかに少なかった(188)。クラシック音楽は、コスモポリタン的なものであるという名声を得ていたにもかかわらず、当時の民族に対する理解の枠組みの中に不可避的に、そして必然的に埋め込まれていたのである。

アメリカ国内では、民族ごとの相対的な音楽の能力に関する疑問が問題として浮上していた。黒人は音楽的に異常な人種であるという一般の文化的な感覚を、社会科学は実証的調査の対象にしようと試みていたのだ。多くの調査が、白人は実際により音楽的であるということを証明したと主張している。ある研究は次のように言う。

白人によって書かれた楽譜は、彼らが旋律や和音の感覚において黒人よりも優れていることを示している(189)。

クラシックと民族の関連づけに対する懸念は、一九三〇年代を通して様々な形で顕在化するようになった。そうした懸念の一つは、ドイツやイタリアの伝統を、現在の全体主義と完全に切り離すのは難しいという点にあった。クラシック音楽の唱導者たちによる民主主義的な番組は、一九三〇年代の合衆国において、ほとんど不可避的に全体主義と対決することを余儀なくされた。ドイツの音楽、およびそれに次いでイタリアの音楽がクラシックの聖典において非常に重要な位置を占めていたからだ。クラシック音楽の本家としてのドイツ、そして全体主義国家としてのドイツ。この両者が多くのアメリカ人たちに認知的不協和を引き起こしていた。ある歴史家は第二次大戦の兵役経験者たちに対して自らが試みたインタビューについて次のように報告している。

（彼らは）ドイツを憎んでいた。それは、ドイツが自分たちを戦争に引き出し、故郷を離れて戦うことを強いたからでもあったが、なによりも彼らのユダヤ人に対する扱いに憤っていたのだ。しかし、彼らはしばしば、少しの間をおいてから次のようにも言う。「しかし、ご存知の通り、ドイツ人は我々にベートーヴェンを与えてくれもしました」と。(190)

ドイツやオーストリアの古典的、およびロマン主義的な伝統は、多くのアメリカ人たちにとって、クラシック音楽の典型だった。ラジオもまた、このパターンをなぞっていた。一九三六年から四一年までの間にアメリカの主要七局で最もよく放送された作曲家は、頻度順にベートーヴェン、ブラームス、モーツァルト、ワーグナーとなっていたのである。(191)

ドイツ、オーストリア、イタリアの音楽をヨーロッパから放送することは、ラジオネットワークにとって非常に重要だった。NBCが最初にヨーロッパからの音楽を放送したのは、一九二九年のクリスマスのことだ。一九三一年までには相当な数の高名な放送が日程に組み込まれるようになる。交響楽、合唱、室内楽のコンサートはヨーロッパ中の多くの場所から、オペラはコヴェントガーデンやザルツブルクから放送された。一九三六年に、NBCはヨーロッパの交響楽のコンサートを三五回も放送している。ネットワーク同士が、自分たちがどれだけヨーロッパのクラシック音楽の祭典や演奏者たちと緊密に結びついているかについて、宣伝合戦を繰り広げ、それが激化していたからだ。ヨーロッパにおける音楽や演奏の伝統が全体主義と戦争によって脅かされていた頃、ヨーロッパの聴覚文化が有している財産にアクセスする能力という点において、ネットワークは他社より有利な位置に立ちたいと考えていたのである。NBCの副社長、ジョン・ローヤルは夏のほとんどをヨーロッパへの旅に費やしていた。一九三七年四月、ローヤルはNBC社長のレノックス・ローアに次のような手紙を送り、RCA社長のデヴィッド・サーノフがこの夏、ヨーロッパに行くか否かを尋ねている。

(CBS社長の)ペイリー氏は六月にヨーロッパに行くとあなたに言ったそうですね。彼はザルツブルクに行くと思います。彼はいつもそうしていますから。サーノフ氏の予定はいかがでしょうか?[192]

NBCは一九二九年にドイツの国営放送と提携を結んでいた。典型的なアメリカの番組とドイツのそれを交換するためである。[193] NBCはこの独占的な関係をナチスの時代にいたるまで、注意深く守り続けた。この関係は、ドイツで作られた番組に対する「第一優先権」だったからだ。[194] これは、一九三五年時点でNBCが他国の放送事業者と取り結んでいた唯一の契約だった。[195] 一九三五年八月、ジョン・ローヤルはドイツに赴き、帝国放送協会(Reichsrundfunk)の重役たちによる歓迎会の席で次のように述べている。

ラジオにおける帝国との協力関係を、将来的により親密なものにしたいとNBCは考えております。[196]

一九三七年の九月には、ローヤルは帝国放送協会のカート・フォン・ボックマンに手紙を書き送り、「楽しい」歓待への謝意とともに、帝国放送協会が「世界で最も偉大な事業を行なっている短波放送局である」という考えを示している。[197]

一九四一年の三月、ラジオコメンテーターのマリオン・ハーサ・クラークは女性活動家の聴衆たちに対して、「ある放送局」がドイツ政府に一日一〇〇〇ドルを支払い、「ヒトラーに支配された国の放送をあなた方に届けている」と発言した。しかし、クラークはこの支出を市民的パラダイムの用語を用いて正当化もしている。

私たちはたしかにヒトラーに対して一日に一〇〇〇ドルを支払っています。しかし、それは何も彼にお金を払いたくてそうしているわけではありません。この世界には途方もなく多くの外国人が暮らしており、ラジオは問題のあらゆる側面をあなた方に伝えなければなりません。それゆえに、行なっていることとなのです。[198]

国家の統制下にある放送との関係と、その政府との関係を分離することは難しかった。ジョン・ローヤルが一九三五年にドイツを訪れていたちょうどその頃、『*New York Times*』は帝国放送協会の営業部長の発言を報じている。その中で彼は、ドイツにおけるラジオは「主にナチスの視点や政策を伝えるのを補助するために存在している」と発言しているのだ。[199] アメリカのラジオはそれとは逆に、人々を個人主義へと駆り立てるよう機能することが建前だった。しかし、そのためにはクラシック音楽と、全体主義政権下にある放送事業者の厚意が必要だったのである。NBCが一九三九年の直前までドイツの放送事業者との独占的な関係を維持しようと動いていたという事実からは、ネットワークがヨーロッパとの音楽的つながりをどれだけ重視していたかをうかがい知ることができる。[200] NBCのヨーロッパにおける代理人、マックス・ジョーダンはNBCが帝国放送協会との良好な関係を育てていくよう強く主張した。それは、CBS(ヨーロッパにおける代表はエドワード・R・マロー)やミューチュアル・ネットワークが優位に立つのを防ぐためでもあった。ジョーダンの報告によれば、CBSのマローはゲッベルスと個人的に会おうと試みているが、ジョーダンが自身の影響力を駆使してそれを食い止めていたという。

マローは今までのところゲッベルスに会えていませんし、おそらくこれからも彼がゲッベルスに会うことはありません！　それを確かなものにするためにあらゆる手を尽くしました。完璧にして正当な手段を講じております。[201]

ジョーダンは、帝国放送協会のゼネラル・マネージャー、ハインリヒ・グラスマイアー博士がアメリカにいるときに、彼をNBC側の費用負担でニューヨークのNBCに招くことを進言した。

マローは裏で活発に動いています。だからこそ迅速な行動が要求されるのです。[202]

NBC社長のレノックス・ローアはこの求めに応じてグラスマイアーに電報を送っている。

あなたにお会いできることへの期待で胸を躍らせています。私はニューヨークにおられる間、あなたがNBCの客人になってくださることを望んでおります。[203]

これに対してグラスマイアーは、その時期が「オーストリアがドイツ帝国に戻ってくるという歴史的に記憶すべき日」にあたっており、その間は多忙なため、おそらく訪問することができないだろうと返答している。[204]

アメリカのラジオ史においてエドワード・R・マローが果たした中心的な役割は、当時のラジオにとってクラシック音楽が持っていた重要性をやや分かりづらくしてしまっている。たとえば、スタンリー・クラウドとリン・オルソンの著作『*The Murrow Boys*』の中で、クラシック音楽は馬鹿げた邪魔ものとして登場する。クラシックはマローやウィリアム・L・シャイラーの仕事に対するCBSの構想に決定的な影響を及ぼしてしまったからだ。この著作の主人公である「少年」たちは真のジャーナリズムの世界に入っていきたくてうずうずしていた。しかし、CBSは一九三八年にシャイラーをウィーンに送り込み、ニュースを取材させるのではなく、ヨーロッパの少年合唱団の放送にあたらせることを決定する。[205] しかし実際のところ、ヨーロッパにおけるクラシック音楽の一流どころを起用するためには大金がかかってしまうという難点があった。やがて、ネットワークはヨーロッパのニュースが、音楽よりもずっと人気のある商品になろうとしていることを遅ればせながら理解していったというのである。

CBSとミューチュアル・ネットワークは、NBCの有する帝国放送協会との独占的な関係を断固として打破すべく働きかけた。そしてそれを排除するのが、マックス・ジョーダンの仕事となったのである。CBS(とミューチュアル・ネットワーク)の目標は、ドイツのニュースや政治的な放送だけでなく、上質な音楽放送にもアクセスできるようになることであり、その努力は一九三〇年代後半を通して続けられた。たとえば、一九三七年にNBCのリスナーたちはベルリン・

フィルによるベイルートで行なわれた『ローエングリン(*Lohengrin*)』のライブ演奏を聴くことができたし、その他、ベルリンから放送される軍楽隊のコンサートや、「国際貿易を通じた世界平和」の標語で有名なICC(国際商業会議所)のベルリン大会における討論も聴取していた。[206] 一九三八年二月には、ドレスデン・フィルがベートーヴェンやヴェーバー、それに『ワルキューレ(*Valkyrie*)』の抜粋をリスナーたちは耳にしていたのである。[207]

マックス・ジョーダンはナチスの放送局と親密な関係にあると思われていたし、NBCがその関係を壊さないよう、常に努力してもいた。そのため、彼自身がナチスのシンパであるという攻撃を受けることも多かった。帝国放送協会のアメリカ代表だったカート・セルは、オーストリア併合に関するジョーダンの「素晴らしく客観的な」報道を賞賛するために尽力していた。セルはGNB(ドイツ報道事務局)に長い電報を送り、「ドイツの兵士たちはウィーンの人々に温かく迎えられ、贈り物を与えられた」という報告をするためにジョーダンが払った努力を声高に主張している。[208]

ジョーダンはウィーンからの報告でCBSに先んじてこのスクープを手にしていた。NBCはオーストリアの放送局、ラヴァグ(Ravag)と、CBSを除け者にする合意を最初に結んでいたからだ。しかし、ウィリアム・ペイリーがレノックス・ローアに対して個人的に抗議したため、CBSが一週間だけ現地に入ることにNBCは合意した。ウィーンに到着したマローは怒りを覚えていた。合衆国の自由主義者や急進主義者たちは「NBCの番組部門に対するファシストからの影響」に対して異議を唱えてきたと彼は発言した。[209]『*Scribner's Magazine*』に掲載されたロバート・ランドリーの記事で、なぜジョーダンではなくマローがオーストリア併合の報道に対する賞を授与されたのかが明らかにされて以降、NBC幹部たちは一様に懸念を抱くようになっていた。オーストリアの放送局、ラヴァグとの関係によって、NBCはスクープを手にいれることができたが、アトランティック・シティのヘッドライナーズ・クラブの表彰を受けたのはマローだったのである。ランドリーの記事によれば、それは「反ナチスの委員がジョーダンへの表彰を却下した」からだという[210]。当時、ジョン・ローヤルはこうした発言は「ジョーダンがナチス党員であることをほのめかしており、（中略）彼を調査する必要がある」と考えていた[211]。そのことを伝えるために彼はマイアミから電話をかけている。ナチスの放送局と親密な関係にあることが急速に不利益な要素になりつつあることは、ドイツとのつながりを重視するＮＢＣの人間にとってさえ、明白だった。

　一九三〇年代半ばまでに、ナチス体制によって、ＮＢＣが関係を継続することは道徳的にも現実的にも困難なものになっていった。一九三五年にジョーダンは本国に次のような報告を送っている。ブダペストで行なわれるブルーノ・ウォルターのコンサートを、ドイツの短波放送局を通じてアメリカに放送する認可を放送系の官庁が拒絶した場合には、ドイツ郵政公社を通じた別のルートを準備する必要がある、と。彼によれば、「ユダヤ人指揮者による音楽演奏をアメリカで流すことは、たとえそれがドイツで再放送されることはないにしても、あまりにも危険である」とドイツの上層部は感じていたという[212]。また、同じく一九三五年にジョーダンはＮＢＣのニューヨーク本社に対して、ドイツの放送事業者がなぜ、ジャズの放送を受け付けなくなったのかを説明せねばならなかった。その内容は次のようなものだ。

> ジャズは（中略）「道徳心を堕落させるダンス・ミュージックの粗野な形式であり、（中略）野蛮人の文化の発露であって、芸術協会ではなく、民族の歴史博物館に入れられるようなものである」と説明されているのです[213]。

一九三八年にジョーダンは、ドイツの放送事業者がＮＢＣとの独占的なつながりを維持していることをジョン・ローヤルに対して次のように断言している。

> ＮＢＣだけに向けて編成された特別番組のために、帝国放送協会は今年、一万八〇〇〇マルクを費やして、出演者やアナウンサーやケーブルを整備してくれています[214]。

同年一月には、帝国放送協会から送られた隔週の音楽番組が放送されている。最初の放送はベルリン・ステイト・オーケストラが出演し、ワーグナーの楽曲を二曲含む番組となった(215)。

それと同時期にジョーダンはニューヨークにいるNBC幹部たちと多くの手紙をやりとりしている。それはドイツを離れねばならない音楽家やラジオ職員たちのためにアメリカ国内、あるいはNBC内部での仕事を見つけてやるためだった。一九三九年までには、ジョーダン自身でさえも居心地の悪さを感じ始めていたのである。彼はローヤルに次のように書き送っている。

先日、ドイツの放送のトップであるグラスマイアー博士と長時間にわたってお話ししました。ドイツ中の様々な場所で収録されたシリーズものの放送を行なうことを、彼は私に同意させようとしてきました。これは新体制の活動を示すために作られた番組です。これは、現在の状況がいかにデリケートであるかを示しています(216)。

しかし、一九三九年になってもNBCはまだ、ローマやベルリンやザルツブルク、ウィーンからの放送を取り上げていた。結局、こうした音楽放送が終了したのは、九月になってヨーロッパで戦争が勃発してからのことだった。

NBCの側は月に二つか三つの番組を常にドイツに向けて放送していた。一九三八年からは、これらの番組は帝国放送協会の米国駐在員であるカート・セルの手掛ける年に一度のシリーズものに含みこまれることになる。彼はアメリカの出来事に関する解説をドイツに向けて常時放送していた。しかし、ナチスの美的要求は日に日に厳しくなり、一九三〇年代後半までには、それを満足させるような音楽番組を見つけ出すことにNBCは苦慮するようになっていく。その要求とは、商業的なショー番組の禁止、ジャズの禁止、ブロードウェイで用いられているメロディの禁止、そしてユダヤ人による音楽の禁止といったものだった。

一九三八年一〇月、マックス・ジョーダンはNBCに対して、ドイツの放送事業者との「番組交換を促進することに積極的な興味があることを示す」よう、強く要請した[21]。同月後半には帝国放送協会がＮＢＣに対していくつかの音楽番組の放送を要求している。ドイツの放送事業者は、アメリカの地域的、民族的な音楽を求めていた。それには、「アラスカの典型的な民族音楽」、ハワイアンの曲（「もちろん、土着的な音楽のみであることが望ましい」）、典型的なカウボーイ・ミュージック、典型的なアメリカのインディアン・ミュージック（「ドイツのリスナーたちはこの種の珍しいタイプの音楽番組を求めている」）、「五大湖の漁師たちの民族音楽や踊り」といったものが含まれていた[218]。ＮＢＣの幹部たちは、こうしたドイツの民族的な美的感覚に当惑したものの、その要求を満たすべくベストを尽くした。しかし彼らはネイティブ・アメリカンの音楽について全く知らなかった。当時のＮＢＣの誰かが残した殴り書きにはこうある。

畜生！　消えつつある人種のものをどこで見つけるってんだ！　さっぱり分からん。

全国規模の放送会社は、アラスカ人の音楽も五大湖の漁師たちの音楽も持ってなどいなかった。フィル・スピタルニーと彼の指揮する女性オーケストラの特番を提案する者もいたが、別の者がそれを思いとどまらせた。

彼は曲名を完璧なユダヤ人的アクセントで発音してしまう。だからこの案はダメだ[219]。

ＮＢＣは一九三八年後半にいたってもまだ、ナチスの放送事業者の歓心を買うために、進んで多大な努力を払っていたのである。クラシック音楽が普遍的かつ超越的であるという主張は、音楽が再び急速に民族や国家と結びついていく中で、維持するのが難しくなっていく。まず第一に、ファシズムの台頭、および戦争が、クラシックの普遍的かつ平和的であるという位置づけを大きく損なった。国家主義的で、軍国主義的な文脈が強くなればなるほど、クラシックはその超越的な価値を失っていったのである。そんな中、日の当たらないところで、クラシックの価値を熱心に守ろうとしたある人物がいた。彼は偉大な音楽を大衆に届けるラジオの能力に対して、洗練された批判を展開していったのである。

アメリカのラジオとクラシック音楽に対するアドルノの批判

一九四〇年、ＮＢＣはアメリカに存在する五〇〇〇万台のラジオ受信機に言及した全面広告を新聞に掲載している。

ＮＢＣはこれらのリスナーにシリアス・ミュージックやポピュラー・ミュージック、ニュースや情報、ドラマに教育、公的な議論、そして宗教に関する番組を提供しています。

放送のアメリカン・システムを念頭に、その広告は次のように解説する。

世界で最も良質かつ、多様性に富んだ番組を無料でリスナーにお届けしています。貧しい者がラジオから無料で得ているものは、富めるものが金で買うことが決してできないものなのです。[220]

この言葉は、ある種の自己正当化になるはずだったが、一九三八年にアメリカにやって来た社会理論家、テオドール・アドルノを大いに立腹させることになった。彼はラジオ音楽を「世俗的な社会的現実を批判的に分析するリスナーたちの能力を眠らせたままにしておく」ことに寄与しているものの一つであるとみなしていた。彼の記述によれば、ラジオは次のような幸福な幻想を育て上げてしまうという。

町中にいる人間が満足できるものこそ最良のものである。

「破産した」農民はラジオによって植えつけられた信仰によって慰めを得ている。トスカニーニは自分一人のために演奏してくれている。現在の体制秩序は農産物が安くしか売れないかわりに、自分がトスカニーニを聴ける状態を生み出してくれている。あるいは、綿花の下で農作業している時でさえ、ラジオは自分に文化をもたらしてくれている。そんな信仰である[221]。

アドルノが現実のアメリカの農民と触れ合ったことはほとんどなかった。しかし、ここで彼は、アメリカの放送事業者たちが自らの正統性を主張する際のカギとなる要素の一つを敏感に認識していたのである。

アドルノは一九三八年一月にニューヨークにやって来た。彼はプリンストン・ラジオ研究プロジェクトと、アメリカに移転したフランクフルト社会研究所で半日労働の職をえている。一九三〇年代後半のアメリカにおける彼のラジオに関する著作は、意識的に異端な意見を述べたものだった。音楽、とりわけジャズに関するアドルノの著作をめぐっては、多くの文化批判が発展してきた。しかし、一九三〇年代後半のアメリカにおけるクラシック音楽放送を正統化する言説と彼の主張とを対置させ、彼が自説に期待した社会的影響について論じているものはほとんどない。クラシック音楽を大衆に届けようとするアメリカのラジオについて論じたアドルノの著作は鮮烈で、しばしばあまのじゃくなものだった。しかし、これらは長らくその一部が秘匿されたままになっていた。多くの作品がこれまで発表されていなかったからである。近年になって発表されてから、この魅力的な資料はその価値に見合うだけの注目を浴びることになったが、放送のアメリカン・システムの奇妙さやそれがはらんでいた緊張感の中にアドルノのラジオ研究を位置づけようとする試みは非常に少ない[222]。この作業は非常に重要なものである。なぜなら、辛辣なアドルノの攻撃は、あらゆる人がクラシックに触れられるようになるという、アメリカン・システムの正統性のカギとなる主張へと正確に狙いを定めていたからだ。

アドルノが実際にどの程度ジャズを知り、理解していたのかという点に関して、評論家の間で議論はある。しかし、彼がラジオの市民的パラダイムの中心的要素を明確に理解していたことは疑いの余地がない。彼の鋭い批判の矛先は、アメリカの放送システムによる自己正統化の中心、すなわち、能動的で自分の意見を持った個人リスナーを作り出すという試みへと正確に向けられていたのである。そして彼は、クラシック音楽がこの正統化において果たした中心的な役割についても鮮明に理解していた。

NBCの番組『*Music Is My Hobby*』は、宣伝でその目的をこう述べている。

音楽に関して自己表現をする喜びを発見することに貢献します。

この宣伝文の理念をアドルノは嘲笑する。素人が自己表現できるとしたら、それは「どこかから仕入れた序列の概念に従っているときだけ」だというのだ。彼はこの番組に埋め込まれた大きな矛盾を見て取っていた。

放送機関の意図に従属していればいるほど、リスナーたちは自己表現をしていると自分自身に信じ込ませようとする。ラジオのスイッチを入れるとき、あるいはマイクの前で演奏する機会を得たときでさえ、そうなのだ。

クラシック音楽は「人が思っているほど格式ばったものではなく、あらゆる人が享受できる娯楽の一つである」と人々に思い込ませようとする番組の試みに対して、アドルノは独特の手法で怒りの感情をあらわしているのだ(223)。

プリンストン・ラジオ研究プロジェクトにおけるアドルノの著作、およびプロジェクトの監督者は、ポール・ラザースフェルドだった。アドルノとラザースフェルドとの間に起こった信念をめぐる感情的な衝突は、アメリカのコミュニケーション研究の分野における伝説と伝統の一部となっている(224)。アドルノは、社会研究所における自分の理論研究と、プリンストンにおけるラジオ研究との間には密接なつながりがあると主張していた。

研究所に寄せた理論的な文章の中で、私はラジオプロジェクトに用いたいと考えていた観点や体験を定式化している(225)。

ラザースフェルドがアドルノを招いた意図は明確で、プリンストンのプロジェクトにおいて、ラジオに対して他の研究班が採用する見方よりも、悲観的な立場を担わせるためだった。彼は一九三七年、アドルノにあてて次のように書き送っている。

私は音楽班を「ヨーロッパ的アプローチ」の領域にしようと考えています。ここで言う「ヨーロッパ的アプローチ」とは、次の二つのことを意味していきます。研究課題に対する、より理論的な態度、技術の進歩によって生まれてくる機器に対する、より悲観的な態度です。

アドルノはこの二つの課題に対して、ある程度の意欲を持って取り組んだ。アドルノが示した最も現実と直結する悲観主義は、個人主義の生き残りに関することだった。彼は「個人が画一化の影響に完全に服従してしまい、互いにどんどん似た存在に見えるようになっていく時代」に自分たちは生きていると考えていたのである。[226]

ラザースフェルドはもう一つの要求として、彼に「実証的な研究課題」や「フィールドワークの実際上の遂行」に向けた研究を求めていたが、アドルノはこちらの要求にどうこたえたらよいか、明らかに確信を持てないでいた。[227]

一九三九年にラザースフェルドは、ロックフェラー財団に対して出資の継続更新を申請した。その中で、彼は自分がなぜ、音楽を特別な研究領域に選んだのか、また、なぜアドルノの批判的視点を必要としてきたのかを説明している。

民主主義の中で個人所有の媒体によってなされるコミュニケーションを研究するにあたって、一般にラジオ放送や聴取に対して個人がどのような振る舞いをしているかという要素を省いてしまうことは望ましくありません。

とラザースフェルドは記述している。そして「これはデリケートな問題である」ため、「放送の中で最も刺激が少なく、議論が激化しにくい領域として」音楽を選んだと説明している。[228] 音楽放送の研究は、民主主義と商業放送の適合性を問う研究の代用品としての役割を果たしていたのである。ラザースフェルドが正しく見抜いていたように、これは一九三〇年代のアメリカにおいて議論が激化しやすいトピックであり、ラジオ研究者たちにとっては危険なものでもあった。彼らはいくつかの点で、研究資金やその権限を与えてくれる企業側の厚意に依存していることが多かったからだ。アドルノもまた、音楽研究プロジェクトを取り巻くより大きな文脈としてこのことを常に主張していた。

> 我々は商品の社会に生きている。(中略)商品社会とは、人間の欲求や必要性を満たすためではなく、経済的利益のためにモノの生産が行なわれる社会である。

そうした社会は、画一的な商品の独占的な大量生産へと向かう流れに乗ってしまいやすい。そのような社会においては、音楽も商品になってしまうというのである。[229]

　アドルノは自分とラザースフェルドの衝突やラジオプロジェクトとの不調和に、多くの重要な問題がからんでいると感じていた。彼は音楽体験の本質を描き出し、ラジオが干渉することによって、いかにその本質が歪められているかを分析したいと思っていた。しかし、彼がラジオプロジェクトで見たものは、リスナーの意見に対する細々とした調査だけだったのである。その原因の一端は、プリンストン・ラジオプロジェクトが元来、心理学者たちを担い手としていたことにある。ハドリー・キャントリル(そもそもこのプロジェクト自体、最初は彼の発案だった)や彼の同僚でプロジェクトの指導者であったフランク・スタントン、ポール・ラザースフェルドらは心理学の博士号を持っており、彼らは何よりもラジオリスナーたちの主観に興味を示していたのだ。リスナーたちの認知や意見に力点をおく、こうした姿勢にアドルノは徐々に失望していった。彼は自分の分析が単なる「専門家の意見」にカテゴライズされていることに気づいたのである。

> 知的な事柄の客観性という考えを理解することは、アメリカでは非常に難しいようだ。知性はそれを生み出す主体と無条件に同一視されてしまうのである。[230]

ここにおいて、アドルノは市民的パラダイムの核心的な教養と直接的に対峙している。個人としてのリスナーと、論争に堪えうるだけの意見を生み出すことはラジオ放送の重要な目的の一つだった。しかし、アドルノにしてみれば、意見とそれに対する反対意見の存在をうたうアメリカのラジオ界の多元主義は、商業的なものへと堕落しており、それはなんとしてもシリアス・ミュージックの世界から引き離しておかねばならないものだったのである。

アドルノのラジオに関する初期の仕事に「ラジオ音楽に関する社会的批評(On a Social Critique of Radio Music)」という論文がある。これは一九三九年一〇月二六日付でプリンストン・ラジオプロジェクトに提出されたものだ。その中で彼はラジオ音楽に対する批判的アプローチがどのようなものか、説明を試みた。彼は行政的調査のアプローチ(彼はラザースフェルドの実証的な聴取者に焦点を当てた社会学をその典型だとしている)を「巧妙な大衆操作の理念に沿って作られたもの」であるとして退けている。[231] 行政的調査は、良い音楽をいかにして大衆に届けるかという調査課題自体は疑わない。他方、批判的アプローチとは、そもそも良い音楽とは何か、大衆は現実に放送された音楽をどのようにして聴いているのかといったことに疑問を投げかける。ラジオリスナーたちはベートーヴェンの交響曲をどのように聴いているのか、と問うのである。

彼らがベートーヴェンの交響曲をチャイコフスキーのそれを聴くのと同じように聴いている可能性は高いといえるだろうか? 換言すれば、単に整った音楽として聴いているのか、それとも素晴らしく刺激的なハーモニーとして聴いているのか。あるいは彼らはジャズを聴くのと同じようにそれを聴いているのか。こうした聴取態度は、良い音楽を多くの人に届けるという高邁な文化的理想を全て幻想にしてしまうとはいえないだろうか?[232]

アメリカの民主的な音楽鑑賞番組は美学的見地から言ってナイーヴであり、ラジオの商業的構造に侵食されてしまっていると主張したのである。真の音楽鑑賞をラジオによって学ぶことができるという考えにアドルノは疑いを抱いており、そのことを証明するべく、精緻かつ独創性に富んだ一連の議論を組み上げていった。ＮＢＣの『*Music Appreciation Hour*』に対する彼の広範かつ過度ともいえる批判は、「音楽に対する真の理解」と「音楽情報の単なる拡散」を厳しく対置している。アドルノの主張によれば、この番組は野蛮で感傷的かつ物神崇拝的な「疑似インテリ文化」を涵養し、「音楽そのものではなく、自分は音楽を知っているという意識からくる」快楽を賞賛するものだった[233]。彼はさらに不満を書き連ねる。この番組は「音楽に対する俗物根性」を育ててしまう。ここにおいては、「ラジオがその「善意」を最も発揮している純粋に教育的な性質を持った全国ネットの自主制作番組は、その目的に到達することができない。ここで言う目的とはすなわち、音楽と真に関わっていく生活へと人々を導くことである」、と[234]。ダムロッシュの番組は楽器演奏や音楽を模倣する能力で有名な「芸能人」、あるいは作曲家の人生を通して、子どもたちに音楽への興味を持たせようと試みるものだった。これに対してアドルノは不遜にも、次のような見解を述べている。

> 現実に音楽と関わりながら人生を送っている人は、音楽が好きではない。その理由はこうだ。子どもの頃、人はフルートを見ること自体が好きだ。やがて、その人は音楽がまるで嵐のようなものに聴こえるようになる。そして最終的には、音楽を音楽として聴くことを学ばせられるのだから[235]。

問題は音楽の「本質的な構造」であって、表面的な色彩や効果、特定の楽器が持つ音色ではない。アドルノはこのような近代主義的主張を有していたのである。特定の楽器の音や個々の主題に注意を集中することは、妄信に属することであり、「アル中の錯乱」のような症状であって、その結果として音楽が商品化されてしまう[236]。彼はそう考えていた。実際、アドルノにとってみれば、ラジオによる音楽教育の目的の一つは、子どもたちに対して、大衆音楽が構造的にいかに貧弱なものかを説明し、「現代の商業音楽がシリアス・ミュージックとは異なり、どのような点で原始的かつ未発達

であるかということを着実に」示していくものであるべきだった。(237)

『*Music Appreciation Hour*』の練習帳は「狡猾な宣伝目的を有しており、番組のスポンサーたちは公衆に対して、自分たちが実際に行なっている仕事そのものというよりも、自分たちの行なっている事業の素晴らしさを伝えることに、より強い興味を示している」とアドルノは主張する。(238)こうした悲観的な批判は、同じ研究所にいる別の研究者、エドワード・サッチマンによって実証的な形で発展させられた。彼の一九四一年の論文によれば、ラジオによってクラシック音楽を知ったリスナーたちは、「音楽を理解するにあたっての真剣な姿勢が相対的に欠けている」という。その種のリスナーたちは、「ロマンティックで感情的な」傾向があり、単に「夢の中にたゆたい、現実を忘れるために」音楽を用いがちである、と。(239)つまり、ラジオによってクラシック音楽を知った人々は、それ自体の構造や表現に反応するのではなく、音楽を自分の人生や感情に重ねようとするというのだ。こうした議論は、自らの正統性のためにクラシック音楽を用いるとともに、クラシックを大衆的な娯楽形態にしようと試みたラジオの意図の核心を見事についたものであった。

クラシック音楽に対するアドルノの見方はポピュラー音楽に関する彼の理論を補完するものだった。逆に彼はポピュラー音楽をラジオと完全に適合的なものであるとみなしていたのだ。ラジオのリスナーたちはベートーヴェンとジャズを同じ聴き方で聴いているというアドルノの批判的議論の説得力は、ラジオとポピュラー音楽の親和性という主張に依拠している。ポピュラー音楽の基本的な特質はその画一性にある。あらゆるポピュラー音楽の構造は「既存の既に受け入れられたもの」であり、そのため、リスナーたちは構造ではなく細部に集中することができる。(240)しかし、画一化の程度はリスナーに対して隠蔽されなければならない。そうしなければ、たちまち彼らは抵抗を始めてしまうからだ。「疑似的な個性化」の過程は、リスナーたちに自分たちは自由な選択を行なっているという気持ちを抱かせ、そうした音楽が分かりやすく噛み砕かれたものであることを忘れさせる。したがって、ある曲がヒットするためには、他のヒットソングと同タイプとして認識できる程度に似たものであると同時に、他と区別できる目立った特徴も有していなければならない[241]。加えてラジオで特定の曲を繰り返し流す「プラッギング(Plugging)」がその曲に対する欲望を喚起し、「リスナーたちを不可避的に恍惚状態へと導く」のである[242]。

プラッギングの研究は、ポピュラー音楽がラジオにおいて果たしている役割に関するアドルノの理解の中核をなしていた。ラジオで流される曲はあまりに画一的かつ、工業的に生産されているため、放送で「絶え間なく繰り返され」なければ、それらが区別もつかず、覚えることとさえできないものであることに、リスナーたちは気づいてしまう。すなわち、メディアとしてのラジオの力は、ごく平凡なものに対する激しい欲望を生み出すことだ。これこそ、アドルノの主張だったのである。さらに、音楽自体の質とそうした欲望には何の関係もないとアドルノは言う。

ある最小限の要件を満たしているならば、どんな曲でも繰り返し放送され、成功をおさめる可能性がある[243]。

プリンストン・ラジオ研究プロジェクトの記録には、このプラッギング仮説を証明することを意図した精緻な研究に関する議論も残されている。一九三八年にラザースフェルドとアドルノ、G・B・ウィーブによる会議の記録には、楽曲の質とその成功度合いとの関係をテストする様々な研究の詳細な計画が含まれていた。たとえば、リスナーの回答者たちに繰り返し聴かせた「質の悪い」音楽と、そうしたことをしていない「質の良い」音楽を評価させたり、その結果を商業的な専門家に予測させたりといった研究である。

もし誰もが良くない音楽だとみなしたものが人気をえて、一方、プラッギングをしなかった高評価の音楽が人気をえなかったという事実が明らかになれば、プラッギングの効果がうまく働いたと考えられる[244]。

この議論からは、ラザースフェルドが持っていた、リスナーの心理や彼らの好き嫌いに関する実証的な興味に対して、アドルノが真っ向から異を唱えていることが読み取れる。つまり、「これは再認や想起の問題であって、好き嫌いの問題ではない」というわけである。アドルノはそこに、個人の好みを理解しようとする社会心理学的な試みの信頼性を損ないかねない論理の循環を見いだしていた。

問題は音楽を商業的に成功させるのは何か、ということだ。我々の目的からすれば、ある楽曲のヒットは、大衆が逃れようもなくその曲に惹かれてしまうことで起こることとして定義されねばならない(245)。

アドルノの主張によれば、楽曲がヒットするという現象には、常に美的な要素(好き嫌い)と広告的な要素(再認と想起)があるという。

広告やプロパガンダの新たな効果の一つは、人間を自分よりもはるかに強いものに服従させることだ。しかもその服従は、対象への愛ゆえにではなく、逃れられないがゆえに起こるのである(246)。

こうした主張は物神崇拝と商品化の理論に端を発している。繰り返し流される楽曲がひとたび聴き馴染みのあるものになれば、その親しみの感情は、聴衆にとって所有の感覚へと変化していく。

その背景にある根本原理は、人に何かを受け入れさせるためには、それを再認できるまでひたすら繰り返す必要があるということだ(247)。

したがって、そこにある快感は再認と所有の感覚に由来しているという。

リスナーたちは自分自身が何かを所有しているという満足を音楽に託せ、という命令を遂行しているにすぎない(248)。

ラジオでの音楽聴取に元来備わっている物神崇拝が意味しているのは、ラジオにおいて、リスナーと音楽の間には直接的な関係が結ばれないということだ。そこにあるのは、「音楽や演奏者に対して割り当てられて

きたある種の社会的、経済的な価値との関係だけ」なのである。(249)

ラジオで流される画一化された音楽商品を満足のいく娯楽として捉えることが最も多い人々こそ、「大衆」である。明らかにアドルノはそう考えていた。安手の商業主義的な娯楽の雰囲気に惹きつけられるのは、機械的な労働から逃れることを欲する人々だけである。そしてまさにその画一化や機械化は、「平凡な日常世界に飼いならされた心理的な態度によって形作られており、大衆にとって、ポピュラー音楽は絶え間なく続く、名ばかりの「休息」である」、と。

アドルノによれば、ポピュラー音楽は「社会的な凝固剤」となり、二種類の従属性を人々に植えつける誘因となる。

その第一のものは「リズムへの服従」である。ここでアドルノは、ダンス・ミュージックの画一化されたビートと軍隊行進曲との間にある類似性を指摘している。いずれも「機械的な集合性を持った組織的な大群」をイメージさせるからだ。実際、アドルノはラジオ番組と軍のつながりを常に疑っていた。彼はイギリスにおいて、しばしば退役軍人が番組制作の担い手となっていたことを指摘して言う。

この事実は明確にそうしたあり方を示している。この国においても、それとよく似た傾向が見られるか否か。その点は非常に興味深い。

アドルノが見いだした第二の従属のあり方は、感情の解放である。彼はこれを、女性が「感情的でエロティックな音楽から得る喜び」と明確に結びつけていた。アドルノの主張によれば、こうした感情の解放は大衆に快楽を与え、リスナーたちを社会秩序に甘んじさせるための手段である。

リスナーたちに自らの不幸を吐露することを許す音楽は、「解放」という手段によって、彼らを社会への依存状態に甘んじさせるのだ。(250)

聴衆がラジオでポピュラー音楽を聴くことに対するこうした悲観的な叙述は、ラジオがクラシック音楽に何をしたかに関するアドルノの主張の一角をなしている。

クラシック音楽放送に関して生まれつつあった彼の考えは、アドルノによるラジオ研究の萌芽であり、その内容は一九三八年にプリンストン・ラジオ研究プロジェクトへ提出された一六〇ページにわたる覚書に大枠が示されている。アドルノの研究を学んだ別のプロジェクトの指導者たちや、彼に会ったり、インタビューを受けたりした放送業界の人々から批判が寄せられるようになったため、ラザースフェルドはアドルノに「自分の考えをまとめ」て、そうした覚書を作成するよう依頼したのだ。[251] この文書の初めに、アドルノはこう述べている。この研究は現在も進歩を続けており、アメリカの状況を知れば知るほど、自分の理論的方法を再定式化するよう促される、と。その一方で、理論的研究と実証的研究の間に分断があることは受け入れがたいとも彼は主張している。[252] この覚書は、誠意の込もったものではあったが、アドルノとラザースフェルドの争いの幕開けにもなった。[253]

アドルノはアメリカのラジオ放送における資本主義的構造の影響に興味を持っていた。彼は「全ての近代社会に見られるあらゆる問題や対立、緊張関係、傾向のある種のパターンや縮図」をラジオに見いだしていたのである。[254] アドルノの見立てによれば、このテーマに関して、「企業は商業的利益に依存するものであり、それが「教育的な傾向」とは相反するものであるという事実を指摘する一般論を大きく超えた」説明は、当時ほとんど為されていなかった。彼はそれよりもはるかに社会化された視点でこうした問題を捉えていた。自分の示したいことは、「経済的なメカニズムがラジオには浸透しており、直近の分析によれば、それはリスナーたちも同様であるということだ」とアドルノは言う。[255] これは、ラザースフェルドが取り組んでいた問題の一つであった。

社会の中の個々人が互いに疎遠になりながらも、似通っていく現象と同様に、ラジオがいかに「全体としての社会構造の中にある矛盾を真に反映した対立的傾向に満ちているか」とアドルノは記述しているが、そのページの余白にはラザースフェルドによって次のような書き込みが為されている。

！！？？[256]

こうした非常に悲観的な社会予測は、ラジオ研究かくあるべしというラザースフェルドの考えと全く異なっていた。それだけではない。アメリカのラジオが信奉していた市民的パラダイムの核心である個人主義化。それに対立する大衆文化批判に自分自身がくみすることは、ラザースフェルドにとって愚かしいことに思えたのだ。

アドルノの覚書に大枠が示された研究計画は、野心的なものだった。それはまさに「ラジオ音楽のための社会理論」とでも呼ぶべきものだ。なにより重要なのは、たとえば誰がラジオを聴いているのかを明らかにする、といったことばかりに注力する実証社会学と、自分自身の関心とをアドルノが区別したことだ。

重要なのは、ラジオコンテンツの受容者である、孤立し、アトム化した個人と、彼らが無意識のうちに操られている中央集権的なある本質との間にどの程度結びつきが維持されているかということだ。[257]

「中央集権的なある本質」に対するこうした追求は、まもなく、アドルノのラジオに関する研究の中で、最もつかみどころがなく、かつ最もクリエイティブなものになっていった。しかし同時に、ラザースフェルドが作った研究機関の中で、アドルノが理解しがたい変人として位置づけられてしまう大きな要因にもなったのである。たとえばアドルノは、リスナーの意識は解釈されねばならず、ラジオ調査の目的そのものであってはならないと主張している。

我々が研究全体で手に入れたいと思っている知見を得るためには、リスナーを調査しさえすればよいというナイーヴな仮定をおくべきではない。

リスナーの回答を「自発性や自由や独立心」のようなものによって特徴づけられると理解するべきではないというのである。個々のリスナーは「社会的メカニズムの産物」として理解されるべきであり、社会的要素に「影響されている」独立した個人などという捉え方では生やさしい、と。[258] しばらく後に、アドルノは「リスナーの反応は到達すべき、物事の根源ではありえない」と再び覚書で述べているが、ラザースフェルドは自分の持っているコピーの余白に「なぜ(for what?)」と書き込んでいる。[259] この問いは、彼らの出会いが相互の無理解に終わったことを見事に示している。リスナーの反応が何か別の事柄を示す一表現にすぎないとすれば、その「別の事柄」とは何なのか。ラザースフェルドは説明を求めた。彼はそのようなものの存在に懐疑的であったように見える。

振り返ってみれば、アドルノはこうした根本的な理論的傾向の相違に繰り返し言及している。

> 社会調査一般に広まっているルールによって自明とされていること、すなわち、対象の反応をあたかも社会学的知識の根源的な一次資料であるかのように扱い、それを起点とするやり方は、全く皮相的で誤解を生む方法であると、私には思える。

「個々人の意見や反応から社会構造や社会の本質を本当に導き出すことができる」ということは、いまだ証明されていないとアドルノは感じていたのである。[260] アドルノにとってみれば、こうした実証研究者たちの誤った考えや具体化の方法論は、ラジオ番組に対するリスナーの反応を測定するラザースフェルド・スタントン番組分析装置(ラザースフェルドらが開発したリアルタイムでリスナーの番組に対する評価を測定する装置。リスナーの感情の動きをグラフ化して抽出できる)という「機械」に具現化されていた。[261] しかし、企業や基金による財政的支援に依存していたラザースフェルドは、支配的な市民的パラダイムに則って、リスナーの意見は至上のものではないにせよ、放送産業の基礎をなすものであるということを信じなければならなかった。

ラジオは建前上、自説を表明し、それを簡単には曲げないリスナーを生み出す助けになるはずだった。人々が放送に反応する中で意見を形成していく過程は、広告主たちにとって死活問題となる商業的関心の的だったし、マス・メディアに媒介される民主主義の可能性に興味を示す人々にとっては決定的に重要な公的関心事だったのである。ラザースフェルドはラジオ研究における重要トピックとして人々の意見やその形成過程を扱わねばならなかったが、アドルノにとって、その種の意見は単なる付随的現象にすぎず、したがってほとんど興味の対象ではなかったのである。

この対立は、とりわけ音楽との関係で表面化した。ここまで見てきたように、ラジオでの音楽鑑賞の多くは意見形成に関わるものだった。そしてそれゆえにこそ、アドルノはラジオにおける音楽鑑賞を悪しざまに罵った。彼の主張によれば、音楽は実際にはなんの「内容」も含んでいない。なぜなら、放送が行なわれる際に音楽が白日のもとにさらすのは、ラジオの「社会的、技術的メカニズム」だからである[262]。音楽が含む唯一の内容とは、その構造であり、放送された音楽の理想的な聴き方は、そこに展開される構造を追うことによって成立するはずだ。アドルノはそう論じている。この近代主義的な主張をもとに、彼は非常に規範的性質を持った研究計画を提案することになる。しかしこの計画は、アメリカのラジオで主流だったクラシック音楽の扱い方の文脈においては破壊的なものでもあった。たとえば彼が思い描いたある研究は、放送された交響楽に対するリスナーの反応を、インタビュアーが追跡していくというものだ。インタビュアーは、「彼らがどの程度長く十分な集中力を保てているか、いつ彼らに飽きが来るのか、いつ音楽の流れを追うかわりに漠然とした連想にふけり始めるのか、いつ感情的な反応を示すのか、そしてこうした感情的反応が音楽の構造そのものと強く関連し、その枠内にあるのはどのような時なのか、といったことを判断するよう試みる」というのである[263]。

アドルノの覚書には、ラジオ音楽の文化的使命に対する彼の悲観的な考えがよく表れている。彼の主張はこうだ。たしかに、ラジオは音楽を聴く人の数を増加させてきた。しかし、それはまた、「音楽趣味の質的低下」も引き起こした。ラジオは「「幼稚」でスポーツのような、単に感覚的なだけの疎外された」聴き方をされる「堕落した音楽」を生み出した[264]。アドルノはさらに主張する。ラジオは芸術作品としての音楽がまとっていたオーラを「完全に破壊してしまって」おり、それはフォノグラフによって完成をみた。そのため、ラジオから流れる音楽は、音楽それ自体としてではなく、「音楽に関する情報」として聞こえてくる。[265]ラジオから偉大な作品を繰り返し流すこともまた、退廃的な効果を持っている。多くの場合「利益を生み出すために」いくつかの特定の作品が繰り返し録音され、放送されるため、「そうした作品が本来持っている意味は完全に失われてしまう」というのである。[266]

ラジオによって人々は、音楽を家庭の俗事に囲まれた状態で、おそらく「取るに足らない自らの人生を慰めてくれる背景として」聴けるようになった。この事実がオーラの喪失をさらに加速させるという。[267]

また、アドルノはラジオにおける音楽聴取と食物の消化の間にある関係には、「注意を向ける価値がある」と考え、次のように記述している。

> 彼らは食事の前に音楽を聴くのか、食事中に聴くのか、あるいは食後に聴くのか。
>
> もし彼らが食後に聴いているとすれば、「今日の音楽が成し遂げている緊張の緩和と気晴らしの効果を証明できるだろう」という考えには、ラザースフェルドでさえも、思わず「なるほど(good)」と書き込んでいる。[268]

現代のアメリカにおいて、「リスナーたちは髭を剃ったり、うたた寝をしたりしながらベートーヴェンの交響曲を聴くことができ」[269]る。偉大な音楽が家庭内で飼いならされ、コンサートホールにおいて発揮されるオーラを喪失してしまうことは、アドルノにとって深刻な問題だった。スタンダードの楽曲をラジオが繰り返し放送し、どこでも聴ける状態にあることをアドルノは批判する。音楽作品は「もはや聴衆との距離感を喪失し」、「日常生活と入り交じるようになる。なぜなら、音楽作品は現実にあらゆる瞬間に聴けるようになったし、リスナーは歯を磨きながらでも交響曲第七番のアレグレットを聴くことができるから」だ、と。[270]

アドルノはラジオをガスや水道、電気といった公的なインフラにたとえている。消費者は与えられるものをほとんどコントロールできず、せいぜい、スイッチを切る程度の力しか持たないという点で似ているというのだ。それゆえ、「個々人は、ごく私的な空間の中にいても社会に翻弄されてしまい、こうした依存によって、主観的には内面に絶え間ない恐慌状態を引き起こしてしまう」のである[271]。ラジオの音楽によって孤立した音楽聴取へと動機づけられることで、こうした孤独と恐怖はより増幅される。ナマの音楽は人間同士のつながりを生み出すが、「ラジオを通すことで、共同体を形成するための力は完全に失われてしまう」のである。ラジオリスナーたちは、ある同一の時間にそこに参加してはいても、同じ空間にいるわけではない。

> 同胞と顔を合わせることがなければ、もはや第九の歓喜は、歓喜ではありえないのである[272]。

アドルノはまた、ラジオが音楽放送に影響を与える点について、一連の技術的な見方も提示している。彼の主張によれば、ラジオはシリアス・ミュージックにさえ、(「基本的に機械的な」)ジャズの音質を染みつかせた。この新たな音質はラジオ音楽やジャズに共通して見られるもので、アドルノが「聴取の退行」と呼んでいる現象の原因となっているという[273]。ラジオと自然な音との関係はちょうど、缶詰の食品と新鮮な食品との関係と同じであるとアドルノは主張する。「人々はジャズに対してもラジオ音楽に対してもほとんど同じ反応を示す」というのだ[274]。彼は別の論考で次のように述べている。

> ラジオに関する驚くべき事実は、ごく微細なこうした基本的な性質が、技術的装置それ自体の現象学的な特徴として表れており、それが経済的利益を生み出す過程とは元来、何のつながりもないということだ[275]。

アドルノにとって、ジャズとラジオの間には「深い親和性」が存在していたのである。ラジオでジャズを聴くことを好むが、クラシック放送を聴くことは好きではない人々がいることに気がついた彼は、次のように述べている。

> ラジオ受信機の持つ不完全性は、ジャズのより機械的な性質をいわば補うように機能している[276]。

また、アドルノはジャズに対する自身の批判とナチスによる批判を注意深く差異化していた。

こうした批判的議論は、ジャズの不協和音や騒々しさ、あるいは野蛮さや「黒人音楽」であることに向けられているわけではない。退行的で退屈かつ時代遅れで商品的であるということそのものを批判しているにすぎないのだ(277)。

最もラザースフェルドの怒りを買ったのは、「受容」について論じた、覚書の第三章であった。アドルノがそこで、自分の理論を研究計画に反映させようとしたからだ。さらに、問題を引き起こした原因の一端は、アドルノがリスナーの反応を病の症状として読み取り、それがラジオ自体の構造と関係していて、その背景には社会構造があると断定していたことにあった。彼は次のように書いている。

> 我々の視点は、ラジオ番組の受け手の態度を追うことを第一の目的としている。これは、彼らが従属している現実のラジオのメカニズムにまで遡るものだ(278)。

アドルノは「人々が音楽について述べていることの虚偽性」を確信していると何度も主張しているにもかかわらず、インタビューを行なうことについて多く言及している(ラザースフェルドはその余白に「何について!(About what!)」と殴り書きしている)。彼は「回答者の多くが自分の好き嫌いの理由について十分に語れない可能性が非常に高い」と論じているのだ(279)。

覚書の第四章で、アドルノは「ラジオ改革の不十分さ」について率直な議論を展開することで、「より悲観的な立場」を最も鮮明にしている。それはラザースフェルドが彼を招聘するにあたって、発展させてほしいと考えていたものだった。ラジオの機械的な性質を変えようとするあらゆる試みは、「ラジオそれ自体と相対立することになるだろう」とアドルノは言う。

> たとえばラジオのような機械的な道具が人間の感じる臨場感や、自発性の支配下にあると信じることは欺瞞である。

しかし、これがラジオ改革論者の基礎的前提であり、それゆえに改革は「偽りの活動」になってしまうとアドルノは記述している。

アドルノに言わせれば、放送会社を経営するビジネスマンを批判するのは愚かしいことだ。なぜなら、ラジオを改良することを妨げているのは、彼らの欠陥ではなく、「我々の社会そのものの特質」だからである。改革は不可能なのである。ヨーロッパのように、放送を政府がコントロールすることも助けにはならないだろう。それは「現在もアメリカのラジオにわずかばかり見られる生産的な独創性を圧迫するだけの結果に終わる可能性が極めて高い」とアドルノは言う。

こうした暗い見通しは、市民的パラダイムの楽観性やロックフェラー財団のような資金提供者の希望と鋭く対立するものだった。こうした財団はラジオの市民的役割を実際に強化し、発展させることができると考えていたからだ。それればかりか、こうした見通しはアドルノ自身の実践とも矛盾する。というのも、実際には実現しなかったものの、この後、一九四〇年に彼は、日曜午後にニューヨークの地方局、WNYCから二〇世紀の楽曲を解説付きで流す音楽鑑賞番組を放送するよう熱心に働きかけることになるからだ[280]。

アドルノが行なった唯一の前向きな提案は、ラジオを改革論者たちが推し進めようとしている流れから、完全に引きはがしてしまうことだった。ラジオを原音の模倣から解放するよう、彼は提案したのである[281]。コンサートでの音楽演奏ではなく、練習を放送することで、作品の構造がよりよく見えることになり、「リスナーたちは洗練された完成形の演奏を聴くことを避けられる」というのだ[282]。あるいは電子的に作られた新種の音楽がおそらくラジオにおける原音再生の問題を解決するかもしれない。そうなれば、音楽はもはや放送されるというよりは、むしろ「人がヴァイオリンを演奏するというのと同じ意味で」ラジオで演奏されるということになるだろう。これは、原音や元の作品に対する物神崇拝的なこだわりに終焉をもたらすに違いない[283]。アドルノは実際、リスナーたちが新たな音を探してダイヤルをひねることで、既にラジオを演奏し始めていると考えていた。また、ベルリンのラジオが一九三〇年代初頭にやっていたように、生演奏ではなく、専ら録音だけを放送局に流させることも、こうした流れの助けになる、と。こうした抽象芸術としての聴取への関心は、地域コミュニティに根ざした生演奏を求める、アメリカのラジオにおける市民的パラダイムの根本的な信条と完全に相反するものだった。

これらの例が示すように、アドルノは教育者たちの熱心な改革論を否定する一方で、ラジオ音楽からその商品化や物象化といった性質を取り除くことを企図した、ほとんど改革のパロディともいえるような一連のアイデアを持っていた。彼は『彼らでもできる（*They Can Do It As Well*）』という名前の番組を構想していた。その番組は相対的に無名な演奏家たちを主役にし、有名なアーティストと同等の演奏ができることを示すというものだ。また、彼が考えていた別の番組は、「現在、実際に演奏されている傑作がいかに少ないか」ということや「偉大なアーティストでさえも、作品のパターンは限られており、本当に意義のある業績を成し遂げることは非常に少ない」ということを明らかにする目的を有していたと考えられる。[284] さらに別の番組は『全部ガラクタだ（*It's All Rubbish*）』と呼ばれたもので、「あらゆる「作られた」娯楽音楽やエセ民族音楽、ジャズは完全に画一化され、機械化されているため、馬鹿げたものだ」ということをリスナーたちに示すのを狙いとしていた。この目標は、リスナーたちに、ジャズを聴くことが恥ずかしいと思わせるべく、設定されたものだろう。重要なのは、人々にジャズは無害なものではないことを明示し、「ジャズの真理とポグロム〔ロシアによるユダヤ人の大虐殺〕の真理をつなぐはっきりとした線」を引くこと、同様に、エセ民族音楽と国家主義的な思想、あるいは「作られた」音楽と「個人の悪しき内面の形成」との間にある親和性を明確にすることだった。[285] この種のラジオエンターテイメントを人々から奪い去ることで、人々は明らかに不幸になってしまうかもしれない。しかし、実際には、「いつの日か人々が自分の弱さに向き合うだけの強さを獲得したときに、到達するであろう真の喜びの代用品を奪うにすぎない。誰もが心配のタネを抱えている世界の中で、恐怖に対抗する勇気をもち、娯楽によって覆い隠してしまうのではなく、それにしっかりと向き合うことが、より現実に即したあり方だ」と言うのである。[286]

先の説明で、ラザースフェルドとアドルノの出会いを批判理論と実証主義の遭遇として描き、その対照的な人物像を強調した。[287]しかし、それと同じぐらい重要なのは、アドルノの考えが市民的パラダイムとほとんど真逆のものであり、一九三〇年代のアメリカのラジオにおいて支配的な考え方を、広範にして洗練されたあまのじゃくなやり方で、一つ一つ彼が否定していったということだ。アドルノは、ラジオが人々の意見形成を発達させる助けとなり、個人主義化を加速させる技術になる可能性を侮蔑し、クラシック音楽の聴取体験をオーディエンスに与えようとする試みを嘲笑った。彼がそうすればするほど、アメリカのラジオが属していた社会的、政治的な領域の外側に身を置くことになっていったのである。

一九三八年の四月二七日にラザースフェルドは同僚のプロジェクト・リーダーであるハドリー・キャントリルとフランク・スタントンにメモを送っている。その中で彼はアドルノを「可能な限り長く」雇用し続けたいという要望を出し、「なんらかの最終討議」を行なって、アドルノの問題意識の「心理学的な扱い方」を「確保しておきたい」と述べている。[288]ラザースフェルドはアドルノにも五ページにわたる手紙を書き、彼の仕事に対して満足できない理由を大まかに説明した。その一方で、彼はアドルノの考えに対して「変わらぬ敬意」を抱いている旨も書き添えている。ラザースフェルドが書き残しているところによれば、この手紙を書くのに「二日間のまとまった作業時間」を費やしたという。最初、アドルノによる「ラジオ音楽に関する覚書」の重大な欠陥はその「取っつきにくさ」にあるとラザースフェルドは考えていた。しかし、彼は次第にアドルノからある種の知識人の傲慢さを感じ取るようになっていったという。ラザースフェルドは手紙に次のように書いている。

あなたは、基本的に自分の言い分に正しい部分があれば、どこにでもそれが通用すると思っています。

ラザースフェルドは例の音楽に関する覚書は「アカデミックな世界で要求される知的な明快さや自制心、

説明責任の水準を著しく下回っています」と述べている。彼は特に「通常の」実験的方法という言及を不快に感じていた。実験は、様々な心理学者や社会学者によって用いられており、その方法は非常に多様であるから、「「通常」などという言葉は到底意味をなさないのです」と彼は書き送っている。ラザースフェルドにとって、アドルノの言葉は、自分に向けられた侮辱のように感じられた。彼は自分自身を、当時まだ方法論も確立されていない比較的未開拓の領域における先駆者だと考えていたからだ。

ラザースフェルドは、アドルノが「他に問題がある可能性を考えることなしに」簡単に侮蔑的な主張を行なって事足れりとしている点を非難した。

> 番組を決定する放送関係者たちが低レベルな番組を選択しているのは、彼らの趣味が市場と同程度に俗悪だからだとあなたは主張していますね。しかし、彼らが愚か者ではなく、大衆により多くの知識を与えようとする試みを台無しにしようとしている悪人である可能性もないとは言い切れません。（実際、どのくらいのラジオ関係者が私生活で自分たちの番組を聴いているのでしょう?）

しかし、ラザースフェルドが最も厳しく指摘したのは、アドルノが明らかに、自身の仮定を確かめる実証的な手続きを何ら提示していないことだった。覚書の中で彼は自身の説を「確かめられるべき」ものとして述べてはいても、「確かめられるか、あるいは否定されるか」両方の可能性を含むモノとして述べているわけではない。そのことによって、「仮説的前提に対する実証的な試験がどのように為されるべきかということすら、あなたは分かっていないのではないかという疑念を抱かせます」とラザースフェルドは綴っている。どのように行なうかという方法に言及せずに研究を提案しても、それは不十分であり、「誰かが「他の惑星に人間が住んでいるかどうかを調べよう」と言えば、それは実証的な研究であると考えている」ようなものであるというのだ。最後にラザースフェルドはアドルノへの「揺るがぬ尊敬と友情、そして忠誠」を示してこの手紙を締めくくっている。[289]

一九四〇年の一月、ロックフェラー財団のジョン・マーシャルは会議の席上で、アドルノの音楽研究にこれ以上資金提供を行なわないよう提案した。ラザースフェルドがこれを批判したため、マーシャルは一度は再考しているが、結局、自身の結論を堅持した。彼が言うには、アドルノの研究の独創性は認識しているが、現実の問題は実用性にある。アドルノの批判は「彼が放送音楽に対して何をできると考えているか、という積極的な言及」によって支えられる必要があるというのだ。しかし、それまでのアドルノの研究傾向は、彼がそうした積極的な言及を行なったり、それができる誰かと協力したりすることが可能かどうか、疑問を抱かせるものだった。

彼は現在、音楽放送に対して、その欠陥を見つけることにばかり注力しているように見えます。解決策を見つける気がないのではないかという疑問を抱かせるほどに、そうした取り組みに熱中しているのです。(290)

一九四〇年の夏、アドルノはラジオプロジェクトを離れ、一九四一年にはロサンゼルスに移り住んでいる。彼はそこで四年間を費やして、マックス・ホルクハイマーと協力し、後に『啓蒙の弁証法』として完成する研究に取り組んだ。ラジオ研究プロジェクトにおけるアドルノの凋落は、当時、市民的パラダイムへの異議を公然と唱えることがいかに難しかったかを示す証左である。あらゆる放送機関は市民的パラダイムという信条の真正性を前提としており、クラシック音楽放送は社会的に超越した価値を持ち、個人主義化を推し進め、道徳的な向上をもたらす卓越した存在であると考えられていたからだ。こうした個々の前提に対する、アドルノの明晰かつ頑強な抵抗は、後の世代の目からはその大部分が覆い隠されてしまうことになった。クラシック音楽放送の社会的、文化的影響に関するアメリカの公的議論に干渉しようとした彼の試みは、険悪な雰囲気と敵意にとり囲まれていた。それは、アメリカにおいて商業的かつ公的なサービスとして存在していた、あらゆる放送組織がはらむ脆さを示す症候だったのである。

結局はエリートの音楽だった

アメリカのラジオに占めるポピュラー音楽の割合は一九三三年から「極めて順調に」増加していった。一九三二年のＮＢＣにおけるポピュラー音楽の割合は、音楽放送全体の六〇パーセントを占めていたが、一九四一年までに、その割合は約七五パーセントにまで上昇した(291)。

放送は大衆的な嗜好にこたえると同時に、それを創りだしもする。ロバート・リンドとヘレン・リンド夫妻は、一九三〇年代半ばにインディアナ州のマンシーに戻ったとき、そこの住民の圧倒的多数がラジオから流れるポピュラー音楽を好んでいることに気がついた(292)。一九三二年までにクラシック音楽のレコードセールスや著作権登録は不振に陥っていた。作曲家で出版業も行なっていたウィリアム・アームズ・フィッシャーはこの低落を不況とラジオのせいだと主張している(293)。放送に占めるポピュラー音楽の割合は増加の一途をたどり、一九三八年のＦＣＣによる独占についての調査では、全国的に放送時間の約四〇パーセントがポピュラー音楽放送にあてられていることが明らかになった。クラシック音楽が単なるニッチなオーディエンス向けの商品へと後退していく傾向は、明らかに一九三〇年代後半までに始まっていた。

クラシック音楽がメインストリームにあった黄金期にも、低迷の兆候は既に表れていた。当時、多くのリスナーはいたものの、結局クラシック音楽放送は市場で勝負できるほどにはならなかったのである。クラシック音楽の特権的な地位が規制の産物であったことは明白であり、それゆえにその地位は脆弱なままだったのだ。さらに悪いことに、クラシックの聴取者層の大部分が、既存の特権階級に見いだされるという状況は、揺らぐことがなかった。クラシック音楽のオーディエンスが平均よりも有意に裕福で、よく教育された人々であったことは、こうした問題を調査した全ての人々にとって、明白な事実であり続けたのである。クラシック音楽は、裕福でラジオにきちんと耳を傾ける聴衆を広告主にもたらすからこそ、放送局のスケジュールで一定の場所を占める価値があるという議論に明白に表れているように、クラシック音楽放送の唱導者たちが抱いていた高邁な野望が敗北することは必定だった。

番組を最初から最後まで聴いているのは高度な音楽に没頭するような階級のリスナーたちである。(294)

とウォルター・ダムロッシュは言う。ネットワークが、音楽の伝道者たちの市民的かつ民主的な言葉を用いて話したのに対して、個々の放送局は、広告主を募る際、クラシック音楽の聴衆のエリート的な社会的属性を強調することが多かった。『*Variety*』誌はより率直にこう述べている。一九三四年にクラシック音楽番組が増加したのは、「明らかにラジオへの興味を失いつつあった富裕層のリスナーから聴衆を獲得する」試みの一環であった、と。(295) 一九三六年にロサンゼルスの放送局、KECAも、クラシック音楽は「良いものを扱い、威厳があって知性的な放送を心から好む」であろう、「コミュニティの中の最も良識的で信頼に足る一部の」聴衆を惹きつけるものだと発言している。(296)

戦後支配的になった、クラシック音楽ラジオと富と「良いもの」に対する愛着との間にあるつながりのタネは既にまかれていたのである。クラシック音楽放送が、楽観主義者たちの望んでいたほど多くの大衆には届かなかったという事実も、それを示す根拠となっている。

NBCの副社長であったジョン・ローヤルは一九三八年のFCCによる独占についての調査で次のように請け合っている。

音楽の聴取傾向は経済的収入や知的能力に根ざしているわけではありません。(297)

しかし、同ネットワークの独自調査では、クラシック音楽放送を熱心に勧める人々の民主的かつ文化的な願いが合衆国において実現されることはないだろうと述べられている。クラシック音楽放送が歴史的な規模で社会的、文化的な変容をもたらす手段となるだろうという見通しを維持することは、ますます困難になっていった。クラシック音楽鑑賞の中心地は、裕福で教育の行き届いた家庭の中にとどまっていたのである。

続く調査では、アメリカ人に好みを聞いた場合、クラシックが最も不人気なカテゴリーであること、そしてポピュラー音楽が順調に人気を獲得しつつあることがより明確になった。一九三九年にポール・ラザースフェルドが数字で示したところによると、人々の経済的地位を三つに分けた場合、クラシック音楽放送への興味は、それが一段下がるたびに有意に低下していくことが明らかになった(298)。NORC（国立世論調査センター）による一九四五年の大規模調査では、人口一〇万人以上の都市に住み、高等教育を受けた人の六二パーセントがラジオでクラシックを聴くことを好んでいるのに対して、田舎に住んでいる人、および高等教育より低い水準の教育しか受けていない人の中でクラシックの聴取を好む人は一二パーセントにとどまっている(299)。一九三九年の『*Fortune*』誌による非常に肯定的な調査でさえ、クラシック音楽の聴取者は、海岸沿いや一〇〇万人以上の都市、および富裕層に固まっていることが明らかにされている(300)。同年にNBCの調査責任者であるヒュー・ベヴィルが発表した文書は、ラザースフェルドがまとめた「良い音楽は高収入の階級の専有物である」という知見を事実として確認するものとなった(301)。

さらに陰鬱な調査結果もある。NBCの調査によれば、国際的に見て、国内でクラシック音楽放送が多ければ多いほど、わざわざラジオセットを手に入れようとする人の数は減少するというのだ。また、ベヴィルは一九三八年のFCCによる独占調査向けにいくつかの図表を作成している。それは、ダンス・ミュージックとシリアス・ミュージック、それぞれの聴取に費やす時間の割合とラジオの所有率の関係をヨーロッパ六カ国とアメリカについて表したものだった。彼はそこに「非常に強い相関」を見いだしたと説明する。彼の言によれば、「ラジオの所有率が減少すればするほど、ダンス・ミュージックの割合も減少」し、逆に「シリアス・ミュージックの割合の増加とラジオの所有率の減少との間には一貫した関係」が見られるというのだ。こうした事実を知りながら、ネットワークがクラシックにあれほど多くの投資を行なっていたことは、彼らがクラシックに自分たちを正統化する魔力があると考えていた証であるともいえよう(302)。

後奏

クラシック音楽放送と富裕層の消費を結びつける戦後の常套手段をもってしても、合衆国におけるクラシック放送の商業的成功は容易には成し遂げられなかった。ある研究は、クラシック音楽放送の急激な減少の始まりを一九四二年であるとしている。それ以降、クラシック番組の総数は落ち込み、商業的なスポンサーのつく割合も低下していったという[303]。一九五一年にニューヨークの自治体の放送局、WNYCのデヴィッド・ランドルフはアメリカのラジオにおけるシリアス・ミュージックの減少を「我々は坂を転げ落ちるように堕落している」と嘆いた。

みなさんはCBSシンフォニー・オーケストラを覚えているでしょうか。あるいはかつて水曜の晩にCBSが放送していた『音楽への招待』というシリーズ番組を思い出せるでしょうか。NBCが木曜の夜に持っていた交響楽の番組はどうでしょう。土曜の午後のABCシンフォニー・オーケストラの番組やかがでしょうか。(中略)火曜夜のボストン・シンフォニーの放送はいかがでしょうか。そう、みなさんがおそらく考えておられるように、私はそれらに対して敬意を示し、黙禱を捧げるよう提案したいのです。あなた方がもはや亡霊であると考えているものにです。もはやそれらのうち残っているものは何一つありません。

ランドルフはラジオがリスナーに対して「現実にはヒルビリーしか」提供しなくなったことを批判している。彼はこうしたラジオの堕落をクラシック音楽の聴衆の少なさやコストの高さが招いた不可避かつ、不可逆的な反応であると考えていた[304]。一九五〇年代の初めまでには既に、アメリカの商業ラジオネットワークにおけるクラシック音楽の大がかりな放送は暗礁に乗り上げているように見えた。商売に関して抜け目がなく、市場に対して鋭敏な放送事業者たちが、これほど明確に少数者向けの娯楽形態に、多くの放送時間を配分したり、前面に押し出したりすることがありえるだろうか。ラジオの市民的パラダイムが強かった時代はもはや色あせつつある記憶にすぎなかった。

一九七〇年のNPR(ナショナル・パブリック・ラジオ)の創設も、商業ラジオ局でクラシックが流れる可能性をさらに低下させる要因の一つとなった。二〇世紀末までにはクラシックを聴取するラジオリスナーは全体の一・五パーセントに過ぎないと推計されるまでになった[305]。アメリカ国内におけるクラシック専門の商業放送局の数も緩やかに減少している。一九九〇年にはまだ五〇あった放送局は二〇〇三年には三二局となっている[306]。その後、こうした放送局も消え去ろうとしている。彼らは扱う音楽を変えるか、あるいは商業放送という地位を捨てようとしているのだ。「クラシック一〇四・一」と呼ばれたワシントンDCのWGMSは二〇〇七年に姿を消し、同年にはロサンゼルスの商業クラシック放送局、K-Mozartも扱う音楽を変え、「Go Country 105」に生まれ変わった。ニューヨークのWQXRも二〇〇九年に自治体のWNYCに吸収された。現存するいくつかの局はリスナーに支援されるが、公共放送モデルに切り替えることで生き残っているが、一九九〇年代までにこうした公共放送ラジオにおいてすら、クラシック番組は減少の一途をたどった。局の収入に気を配りながら、同時に国内外で危機が頻発する時代における市民的役割も意識して、公共ラジオ放送はローカルなクラシック番組を犠牲にするかわりに、放送時間をNPR制作の大衆的なトーク番組やニュース番組に振り向けるようになったのだ。クラシック音楽放送の聴衆たちは高齢化し、数も減少していることが明らかになり、NPRは新しい世代のリスナーを惹きつけたいと考えたのである。

ひとたびクラシック音楽が特定の層と結びついた少数者の娯楽として考えられるようになると、放送に占める割合を低下させようとする論理に歯止めが掛からなくなった。成功をおさめたシアトルのクラシック局のオーナーは一九九六年、次のように警鐘を鳴らしている。

> クラシック放送局のオーナーは、既存の市場の中で、この音楽形態がいくらの価値を持っているのかを考えねばならない[307]。

商業ラジオにおけるクラシック音楽は、今やごく小さく、ニッチな市場を代表するものとなった。アメリカの都市の中でも文化的多様性の高い、いくつかの場所でのみ、生存可能なものになってしまったのである。クラシックの聴衆は高齢かつ裕福な白人であり、若者の間でリスナーが増える可能性は非常に低いと考えられた。多くの若者にとってクラシックは聴くのが苦痛なものになったと考えられたため、近年では世界中のいくつかの都市で、若者が公園や鉄道の駅をぶらつくのを防ぐためにクラシックが用いられるようになっている[308]。ドラッグの流通で悪名高いウェストパームビーチで、二〇〇五年に警察が屋根からクラシックを轟音で流し始めたところ、次のような変化が起こったという。

警察官たちは、夜一〇時の街角に全く人影がないことに驚いた。人々に話を聞いたところ、「こんな音楽は大嫌いだ」という言葉が返ってきた[309]。

クラシックが高齢で裕福な白人のものであって、それ以外の人々にとって不愉快なものである、という一般的な感覚が強くなったのは、近年に入ってからのことだ。このことを理解しておくことは重要である。そうした事実は、近年におけるクラシックの歴史がかつてのそれと驚くほど分断されていることを思い出させてくれる。

「クラシック音楽(Classical music)」と「社会階層(demographic)」という両方の言葉を用いた新聞記事を検索してみると、一九七〇年代より前は一件もヒットしない。しかし、それより後になると、クラシックは古くて特権的な文化的地位にある音楽だと考えられるようになりつつあるという陰鬱な評論が増加していく。終戦から一〇年の間に、クラシックは階級やセンスをますます明確に示すものになっていった。クラシックは、一九八〇年代にアラン・ブルームが述べた「アメリカにおける教育された人々とそうでない人々との間に一般的に見られる階級差」を表すものになってしまったのである[310]。

二〇世紀末までには、明確で安定的なこうした対応関係さえも壊れ始めた。社会学者たちは、文化的価値観のあり方が、世代間で大きく変化したと指摘している。社会学者のリチャード・A・ピーターソンによれば、「世界恐慌期や第二次大戦中に生まれた世代は芸術に対して常に情熱を傾けてきた」が、それより若い世代は、閉鎖的な高級文化愛好家よりも、文化的雑食性を備えた人間の方を評価するようになったという[311]。古い世代における高級文化一般に対する姿勢と特にクラシックに対するそれとの間に違いが生まれた原因の一端はラジオにある。かつてクラシック放送の社会的役割は、良質な文化やある種の文化資本の継承としても捉えられていたが、そうした観念も衰退していった。

クラシックに割かれる放送時間の全体的な減少は、現代のアメリカにおいて、クラシック音楽関係の組織や聴衆の衰退が強く感じられる一因となっている。こうした感覚は『アメリカにおけるクラシック音楽—その隆盛と衰退(*Classical Music in America: A History of Its Rise and Fall*)』とか『ヴィヴァルディのいないガレージ—北米におけるクラシックへの鎮魂歌(*No Vivaldi in the Garage: A Requiem for Classical Music in North America*)』といった書名にも反映されている[312]。こうした嘆きを含んだ著作においては、クラシック音楽聴取者の減少は一九五〇年代後半から六〇年代前半に始まったとされることが最も多い[313]。この時期から減少が始まった根拠となっている事象は印象的なものだ。クラシックのレコード売り上げは下落し、コンサートの聴衆は高齢化。ラジオでクラシックが流れる枠も縮小していったのである。ボットスタインは歴史的な逆説を次のようにうまく要約している。

二〇世紀を通して、電気的な手段による音楽の伝達は大きく進歩し、それによって音楽に触れる経路が確保されたにもかかわらず、クラシック音楽は文化的、政治的周縁へと追いやられていった[314]。

世界平和や、寛容性と理解の促進が、クラシック音楽を鑑賞する人口の増加によってもたらされると信じているアメリカ人は、今やほとんどいないのである。

クラシック音楽放送を包んでいたオーラの喪失を示す一つの象徴的事実は、その売り込み方にある。クラシックは主役となる音楽としてではなく、BGMとして、つまり他のことをしながら聴くムード音楽として売られているのだ。しかし、こうした聴き方こそ、一九三〇年代、クラシックを放送することに熱心だった人々やアドルノが最も忌み嫌ったものだったはずである。わずかに残った合衆国のクラシック商業放送局は今日では、時としてライフスタイルに焦点をあて、自分たちが流す音楽を他の重要な活動の助けとするような、あるいは安らぎとするような聴き方を勧めている。ワシントンDCのWGMSは二〇〇七年に閉鎖するまで、「あなたの一日をより良きものにする素晴らしい音楽」をかけるというふれこみで放送を行なっていた。サンフランシスコのクラシック一〇二・一（カジュアル・快適・クラシック）も、「KDFCは完璧な伴走者です」というように、忙しい生活の中で、ムードにあったサウンド・トラックを届けるという趣旨の売り込みをかけていた。また、「運転で身動きできないときにも、音楽であなたに感動を」というように、運転中の音楽の役割は、気分をやわらげ、気を紛らわせることだった。多くのクラシック音楽純血主義の人々は、自分たちがシリアス・ミュージックとみなしているものをムード作りのために使う、こうした番組戦略に反対した。ダニエル・バレンボイムは不満をこぼす。音楽がどこにでもあるならば、「音楽に無関心な状態を作り出してしまう。もし空港や商店でベートーヴェンのシンフォニーに気づかないようなら、コンサートホールに行ってもやはり無関心なままだろう」、と。[315] こうした批判には長い伝統がある。ラジオ放送は、別のことをしながら、あるいは敬意を持たずに音楽聴取をする可能性をも開いた。ミューザック（Muzak）〔公共の場でBGMを流すことを始めた会社、あるいはそうしたBGMの総称〕が一日の時間ごとに見合ったムードを作り出すため、その画一化した形式の音楽を流し始めたのは一九三六年のことだ。[316] これによってついに、偉大な音楽による喜びを誰もが享受できるようになった。しかしそれは、アドルノの言ったような、聴取プロセスの劣化に対する恐怖と常に渾然一体となってやってきたのである。

ラジオの市民的パラダイムはクラシック音楽放送ほどには、はっきりと見えるものではなかった。それにしても、戦前において放送を「公共の利益の名において」定義づけようとしたほとんど全ての試みに、クラシックに関する議論が内在していた理由を我々はほとんど忘れかけている。クラシック放送が始まった頃、それを取り巻いていた民主的かつコスモポリタン的な高い理想は、今日ほとんど想起されることがない。そして、国家による規制としばしば非常に刺激的な当時のクラシック放送の営みとの関係性もまた、忘却されつつあるのだ。

(1) ABC(一九三二―一九八三年：オーストラリア放送委員会、一九八三年―：オーストラリア放送会社)という公的に設立された放送の受益者として、私はクラシックと高級文化の結びつきを当然だと考えていたし、それが商業主義より幾分良いものであるとか、あるいは商業主義と対立するものであるといったことも自明視していた。しかし、オーストラリアの商業ラジオにおけるクラシック音楽の初期の歴史について私はひどく無知だった。一九三二年にABCが設立されて以後の二〇年間に、オーストラリアの商業放送は非常に多くのクラシック音楽を流している。このことについては以下を参照。Colin Jones, *Something in the Air: A History of Radio in Australia* (Kenthurst, NSW: Kangaroo Press, 1995): 47; Bridget Griffen-Foley, *Changing Stations: The Story of Australian Commercial Radio* (Sydney: University of New South Wales Press, 2009): 247–48.

(2) Meg Cox, "Chicago Radio Outlet Gets a Lot of Static," *Wall Street Journal*, September 17, 1985: 1.

(3) "New Angel to Keep Met Opera on the Air," *New York Times*, September 8, 2005: B1.

(4) 明らかに問題を含んでいるにもかかわらず、私が「クラシック音楽」という言葉を用いているのは、この言葉が当時の放送業界や公衆の間で最も広く用いられていたカテゴリーだからである。当時も今も、この分類は非常に明確な、一般に共有された意味を帯びている。しかし、現在と同様に当時も、クラシック音楽にとりわけ詳しい人々はこの言葉をこころよく思わないことが多かった。なぜなら「クラシック」という言葉は全ての西洋音楽、あるいはその時代を指す非常に粗雑な用語だったからだ。一九三〇年代に、一部のクラシック音楽の唱導者たちは「シリアス・ミュージック(serious music)」という言葉を使った方が良いと主張した。たとえばNBCはサミュエル・ショツィノフを「シリアス・ミュージック」部門のディレクターに任命している。しかし、大衆化こそが至上命題であると考えられるようになってからは、「シリアス」という言葉が、非常にとっつきにくい放送という意味を帯びてしまった。そのため、ヨーロッパの芸術音楽の傑作について言及する際に用いる言葉として、圧倒的多数の公衆に理解されている「クラシック」というカテゴリーが残ったのである。

(5) *Hearing Before the Committee on Interstate and Foreign Commerce, House of Representatives, 73rd Congress, 2nd session on HR 8301*: 357.

(6) Heistad, "Radio without Sponsors": 167.

(7) T. W. Adorno, "The Radio Symphony: An Experiment in Theory," in Paul F. Lazarsfeld and Frank N. Stanton (eds.), *Radio Research 1941* (New York: Duell, Sloan and Pearce, 1941): 111.

(8) John Royal to Lenox Lohr, October 10, 1936, folder 4, box 108, NBC records, WHS.

(9) Columbia Broadcasting System, *Serious Music for the Fall and Winter* (New York: CBS, 1936)参照。

(10) "Some NBC Firsts," folder 207, NBC history files, LOC.

(11) "Broadcast Policies," January 27, 1939, folder 336, NBC history files, LOC.

(12) H. M. Beville to C. W. Fitch, March 29, 1937, folder 62, box 92, NBC records, WHS.

(13) Ray C. B. Brown, "Musical Audience Grows at an Astounding Rate," *Washington Post*, December 4, 1938: T55参照。

(14) Michael Meckna, "Alfred Wallenstein: An American Composer at 100," *Sonneck Society for American Music Bulletin* 24, no. 3(Fall 1998). 以下で閲覧可能。 http://www.american-music.org/publications/bullarchive/Meckna.html (二〇〇七年一月二七日時点)

(15) *New York Times*, October 24, 1937: 176.

(16) Columbia Broadcating System, *A Resume of CBS Broadcasting Activities during 1937* (New York: CBS, 1938): 26–28; Davidson Taylor, "Long Range Policy for Radio," *Modern Music* 16, no. 2 (January/February 1939): 94–98.

(17) "Last of Wallensteins," *Time*, May 13, 1940.

(18) たとえば、以下を参照。 Goddard Lieberson, "Over the Air," *Modern Music* 16, no. 2 (1939): 133–34.

(19) この点に関しては以下を参照。 Roland Marchand, *Creating the Corporate Soul: The Rise of Public Relations and Corporate Imagery in American Big Business* (Berkeley: University of California Press, 1998): 193.

(20) *Radio Enhances Two Distinguished Names*(New York: NBC, 1934): 3.

(21) 『*Ford Hour*』に関しては以下を参照。 David L. Lewis, *The Public Image of Henry Ford* (Detroit: Wayne State University Press, 1976): 315–18.

(22) Deborah S. Petersen-Perlman, "Opera for the People: The Metropolitan Opera Goes on the Air," *Journal of Radio Studies* 2, no. 1 (1993): 195.

(23) "General Motors Concerts Return to Air," *New York Times*, October 5, 1935: 9.

(24) "Deems Taylor See for Listener in Broadcasts from Metropolitan," *Wisconsin State Journal*, February 9, 1932: 5.

(25) "Toscanini on the Air," *Fortune* 17, no. 1 (January 1938): 68.

(26) Samuel Chotzinoff, "Music in Radio" in Gilbert Chase (ed.), *Music in Broadcasting* (New York: McGraw-Hill, 1947): 16.

(27) William Hard to Henry Norton, September 2, 1934,

folder 28, box 26, NBC records, WHS.

(28) Felix Greene, Confidential Report "USA," January 22, 1936, BBC Written Archives Centre File E1/113/2.

(29) Leopold Stokowski, *Music for All of Us* (New York: Simon and Schuster, 1943): 1.

(30) Chotzinoff, "Music in Radio": 5.

(31) "Support for Music Urged by Speakers," *New York Times*, April 28, 1938: 26.

(32) Howard Hanson, "The Democratization of Music," *Music Educators Journal* 27, no. 5 (March/April 1941): 14.

(33) Serge Koussevitzky, "Soaring Music," *New York Times*, March 5, 1939: AS29.

(34) Stokowski, *Music for All of Us*: 235.

(35) Pierre Bourdieu, *Distinction: A Social Critique of the Judgment of Taste* (London: Routledge, 1998): 19.〔石井洋二郎訳『ディスタンクシオンI――社会的判断力批判』藤原書店、一九九〇年、三二頁〕

(36) Stokowski, *Music for All of Us*: 2–5.

(37) Glenn Frank, "The Role of Music in the Life of the Time," *Music Supervisors Journal* 20, no. 1 (October 1933): 7.

(38) Ray C. B. Brown, "European War Excludes Nationalism in Music," *Washington Post*, December 3, 1939: A4.

(39) Ray C. B. Brown, "Music Explicable Only in Terms of Powers and Effects," *Washington Post*, January 17, 1937: E3.

(40) Bruno Walter, "Seen from a Podium," *New York Times*, March 26, 1939: 144.

(41) Hannah D. Myrick, "The Miracle," *Christian Century*, October 29, 1941: 1330.
ハンナ・マイリックの「The Miracle」は許可を受けてこの雑誌から転載している。『*Christian Century*』の詳細に関しては以下のページで閲覧できる。http://christiancentury.org

(42) Interview with Charles Monroe, New Marlborough, Massachusetts, February 15, 1939. 以下のサイトで閲覧可能。http://memory.loc.gov/cgi-bin/qyery/r?ammem/wpa:@field%28DOCID±@lit%28wpa115050121%29%29)（二〇一〇年一月二一日時点）

(43) R. Allen Lott, *From Paris to Peoria: How European Piano Virtuosos Brought Classical Music to the American Heartland* (New York: Oxford University Press, 2003); Joseph Horowitz, *Understanding Toscanini: How He Became an American Culture-God and Helped Create a New Audience for Old Music* (New York: A. A. Knopf, 1987).

(44) Joseph Horowitz, *Classical Music in America: A History of Its Rise and Fall* (New York: W. W. Norton, 2005): 26.

(45) Lawrence W. Levine, *Highbrow/Lowbrow: The Emergence of Cultural Hierarchy in America* (Cambridge, MA: Harvard University Press, 1988).〔常山菜穂子訳『ハイブラウ／ロウブラウ――アメリカにおける文化ヒエラルキーの出現』慶應義塾大学出版会、二〇〇五年〕

(46) Levine, *Highbrow/Lowbrow*: 85–146, 139.

(47) Kenneth H. Marcus, *Musical Metropolis: Los Angeles and the Creation of a Music Culture 1880–1940* (New York: Palgrave Macmillan, 2004): 163.

(48) Orrin E. Dunlap Jr., "Music in the Air," *New York Times*, March 7, 1937: 174.

(49) Interview with Mary Anne Meehan, January 20, 1939. 以下のサイトで閲覧可能。http://memory.loc.gov/cgi-bin/qyery/r?ammem/wpa:@field(DOCID±@lit(wpa114021213))(二〇一〇年一月二一日時点)

(50) Gary Tomlinson, *Music in Renaissance Magic: Toward a Historiography of Others* (Chicago: University of Chicago Press, 1993): 1.

(51) Jane Voiles, "The Book Mark," *Placerville Mountain Democrat*, February 17, 1938: 2.
ただし、ルイスはこのとき「現在、私の妻はラジオで話す仕事をしているので、あまり人のことは言えないのだが」と前置きしている。シンクレア・ルイスの妻は、世界情勢に関するラジオ解説者だったドロシー・トンプソンであった。

(52) Larry Wolters, "Saturday Spot for Toscanini Evokes Protest," *Chicago Tribune*, October 23, 1937: 16.

(53) "Radio Is Deplored, Protested and Praised," *Washington Post*, December 12, 1936: X17.

(54) Edward Barry, "Chicagoland Festival Features Public Music Making," *Chicago Tribune*, August 2, 1936: E3.

(55) Peter W. Dykema, *Radio Music for Boys and Girls* (New York: Radio Institute for Audible Arts, 1935).

(56) John Royal to Lenox Lohr, October 7, 1936, folder 20, box 45, NBC records, WHS.

(57) NBC press release, February 16, 1938.

(58) "Home Music Is Preferred," *Washington Post*, December 29, 1938: XI.

(59) "Litener Play with Toscanini," *New York Times*, January 1, 1939: 106.

(60) Ernest La Prade, "Audience Participation in Radio Programs," in *Proceedings of the Music Teachers National Association 1938*, quoted in Constance Sanders, "A History of Radio in Music Education in the United States" (PhD diss., University of Cincinnati, 1990): 154.

(61) Institute for Education by Radio and Television, Ohio State University, *Education on the Air* 14 (Columbus, Ohio State University, 1938): 79.

(62) Marian Welles Hornberger, "Teaching Music by Radio," *Christian Science Monitor*, October 31, 1933: 6.

(63) "Sarnoff to Open Observance of Music Week," *Chicago Tribune*, May 1, 1938: N8.

(64) "Music Festival to Be Broadcast Next Saturday," *Chicago Tribune*, August 11, 1935: SW4; "Music Festival on Mutual Net Coast to Coast," *Chicago Tribune*, August 14, 1938: SW4.

(65) "What Goes On," *FREC Service Bulletin* 2, no. 2 (April 1940): 2.

(66) John Dewey, *Democracy and Education: An Introduction to the Philosophy of Education* (1916; reprint,

New York: Macmillan, 1929): 275.〔松野安男訳『民主主義と教育〈下〉』岩波書店、一九七五年、六五―六六頁〕

(67) John Dewey, *Art as Experience* (London: George Allen and Unwin, 1934): 3.〔栗田修訳『経験としての芸術』晃洋書房、二〇一〇年、一―二頁〕

(68) Thomas W. Miller, "The Influence of Progressivism on Music Education," *Journal of Research in Music Education* 14, no. 1 (Spring 1966): 3–16 参照。

(69) Ruth Gustafson, *Race and Curriculum: Music in Childhood Education* (New York: Palgrave Macmillan, 2009), ch. 5 参照。

(70) Robert E. Simon Jr., "Introduction," in Robert E. Simon Jr. (ed.), *Be Your Own Music Critic: The Carnegie Hall Anniversary Lectures* (New York: Doubleday, Doran, 1941): ix.

(71) Marion Flagg, "Music for the Forgotten Child," *Music Educators Journal* 23, no. 4 (February 1937): 25.

(72) Lillian Baldwin, "Music Appreciation," *Music Educators Journal* 25, no. 2 (October 1938): 30.

(73) Alice Keith, "Radio Programs: Their Educational Value," *Music Supervisors Journal* 17, no. 4 (March 1931): 60.

(74) Marie Clarke Ostrander, "Music Education by Radio," *Music Educators Journal* 25, no. 3 (December 1938): 28.

(75) Constance Sanders, "A History of Radio in Music Education in the United States" (PhD diss., University of Cincinnati, 1990): 83–87.

(76) Sanders, "A History of Radio in Music Education in the United States": 118–19.

(77) Sanders, "A History of Radio in Music Education in the United States": 144–45; Frank Ernest Hill, *Listen and Learn: Fifteen Years of Adult Education on Radio* (New York: American Association for Adult Education, 1937): 117–18.

(78) この番組の第1期はＲＣＡが提供していたため、『*RCA Educational Hour*』として放送されたが、その後、ＮＢＣに移り、『*NBC Music Appreciation Hour*』となった。

(79) Walter Damrosch to John Royal, November 12, 1931, folder 208, NBC history files, LOC.

(80) "Damrosch, 72, Finds City Is Musical," *New York Times*, January 30, 1934: 21.

(81) Sanders, "A History of Radio in Music Education in the United States": 125.

(82) "Report on the Music Appreciation Hour 1930 to Mr. Elwood," folder 208, NBC history files, LOC.

(83) "Report on the Music Appreciation Hour 1934," folder 208, NBC history files, LOC.

(84) "The First Fifty Years," *New York Times*, April 7, 1935: X11; Orrin E. Dunlap Jr., "Music in the Air," *New York Times*, March 7, 1937: 174.

(85) "Damrosch Gauges Our Musical Growth," *New York Times*, April 7, 1935: SM4.

(86) Orrin E. Dunlap Jr., "In the Days of Recovery," *New York Times*, April 29, 1934: X9.

(87) *Instructor's Manual—NBC Music Appreciation Hour, Eighth Season 1935/36.*

(88) *Student Notebook—NBC Music Appreciation Hour 1932–33, Series D*: 24, 14.

(89) Theodor Adorno, "Analytical Study of the NBC Music Appreciation Hour," in Robert Hullot-Kentor (ed.), *Theodor Adorno: Current of Music: Elements of a Radio Theory* (Cambridge: Polity, 2009): 210.

(90) *Student Notebook—NBC Music Appreciation Hour 1932–33, Series B*: 5.

(91) Rochester Civic Orchestra, *Music Notebook* 1935, Lesson 1, reproduced in Sanders, "A History of Radio in Music Education": 325.

(92) Mursell quoted in Frances Elliot Clark, "Music Appreciation and the New Day," *Music Supervisors Journal* 19, no. 3 (February 1933): 13–14.

(93) Mursell quoted in Ernest G. Hesser, "Music in the New Social Order," *Music Educators Journal* 22, no. 5 (March 1936): 21–22.

(94) Olin Downes, "Be Your Own Music Critic," in Simon (ed.), *Be Your Own Music Critic*: 7.

(95) Stokowski, *Music for All of Us*: 43.

(96) "New Interest in Classical Music Seen," *Syracuse Herald*, October 28, 1934: X.

(97) Lyman Bryson, "Listening Groups" 1935, box 20, Lyman Bryson Papers, LOC: 2–3.

(98) Mabelle Glenn, "National Music Discrimination Contest," *Music Supervisors Journal* 18, no. 5 (May 1932): 34.

(99) "National Music Discrimination Contest," *Music Supervisors Journal* 18, no. 3(February 1932): 3.

(100) Goddard Lieberson, "Over the air," *Modern Music* 15, no. 3 (March–April 1938): 190.

(101) Leon Botstein, "Music of a Century: Museum Culture and the Politics of Subsidy," in Nicholas Cook and Anthony Pople (eds.), *The Cambridge History of Twentieth-Century Music* (Cambridge: Cambridge University Press, 2004): 44.

(102) Robert Hullot-Kentor, "Second Salvage: Prolegomenon to a Reconstruction of 'Current of Music,'" *Cultural Critique* 60 (Spring 2005): 139.

(103) FCC survey cited in John Gray Peatman, "Radio and Popular Music," in Paul F. Lazarsfeld and Frank N. Stanton (eds.), *Radio Research 1942–1943* (New York: Duell, Sloan and Pearce, 1944): 335.

(104) "Taste for Jazz Nil at Cornell, Survey Shows," *Chicago Tribune*, February 18, 1934: 16.

(105) "Music Appreciation Growing at Hobart," *New York Times*, November 6, 1938: 58.

(106) "Toscanini on the Air," *Fortune* 27, no. 1 (January 1938): 62–64.

(107) Philip Kerby, "Radio's Music," *North American Review* 245, no. 2 (Summer 1938): 300.

(108) Hans Heinsheimer, "Challenge of the New Audience," *Modern Music* 16, no. 1 (1938): 31.

(109) "Radio's 'True Tempo,'" *New York Times*, August 1, 1937: 146.

(110) "Enlisted Men Prefer Music, News, Comedy," *Broadcasting* 23, no. 14 (October 5, 1942): 8.

(111) "The World of Music," *San Mateo Times and Daily News Leader*, September 15, 1942: 8.

(112) "Classical Music Asked for USO Sunday Program," *Panama City News-Herald*, April 6, 1943: 3.

(113) "Quentin Reynolds Talks," *Billboard*, October 30, 1943: 4.

(114) *The NBC Symphony Orchestra* (New York: National Broadcasting Company, 1938): 9–10.

(115) "The ABC of NBC," Episode 9 by James Costello: 8, broadcast May 8, 1937, folder 1, box 408, NBC records, WHS.

(116) *Broadcasting in the Public Interest* (New York: National Broadcasting Company, 1939): 68.

(117) Frances Clark, "The Development of Musical Culture in America" (1931), folder 1.2.7, box 2, Frances Clark papers, Music Educators National Conference Historical Center, University of Maryland, College Park.

(118) オーリン・ダウンズの学問的な議論においてもこうしたことは提案されている。以下を参照のこと。"'Swinging' Bach," *New York Times*, October 30, 1938: 167.

(119) "Query," *Barnard Bulletin*, November 11, 1938: 2.

(120) たとえば以下を参照。Joseph Horowitz, "'Sermons in Tones': Sacralization as a Theme in American Classical Music," *American Music* 16, no. 3 (Fall 1998): 328–29; Louis Carlat, "Sound Values: Radio Broadcasts of Symphonic Music and American Culture 1922–1939" (PhD diss., Johns Hopkins University, 1995): chs. 4 and 5; Philip Napoli, "Empire of the Middle: Radio and the Emergence of an Electronic Society" (PhD diss., Columbia University, 1998).

(121) James Gilbert, "Midcult, Middlebrow, Middle Class," *Reviews in American History* 20, no. 4 (December 1992): 343.

(122) "Swing Swinging to Symphony, Is Leaders Verdict," *Freeport Journal-Standard*, August 3, 1940: 3.

(123) NBC press release, November 22, 1938.

(124) NBC press release, November 14, 1938.

(125) John Dunning, *On the Air: An Encyclopedia of Old-Time Radio* (New York: Oxford University Press, 1998): 91.

(126) NBC press release, November 7, 1938.

(127) NBC press release, November 8, 1938.

(128) "Symphs Using Showmanship," *Billboard*, December 4, 1943: 13.

(129) Floyd T. Hart, "The Relation of Jazz Music to Art," *Music Educators Journal* 26, no. 1 (September 1939): 25.

(130) *Life*, September 23, 1940: 8.

(131) Arthur Frank Wertheim, *Radio Comedy* (New York: Oxford University Press, 1979): 297. この楽曲はビル・セ

クラーとマット・デニスによって書かれた。この曲をレーン・トゥルーズデイルが歌っている動画が以下にアップされている。http://www.youtube.com/watch?v=eu7KL710F70(二〇一〇年一月二七日時点)
〔なお、二〇一七年二月時点では以下のURLにあがっている。https://www.youtube.com/watch?v=jq_BbZvdo0o〕

(132) "Radio Swing Feast Promised," *Christian Science Monitor*, January 11, 1938: 12.

(133) Byron E. White, letter to editor, *New York Times*, November 14, 1937: 194.

(134) Carrol Nye, "Radio Variety Bills Shunned by Singer," *Los Angeles Times*, August 30, 1936: C8.

(135) Goddard Lieberson, "Over the Air," *Modern Music* 15, no. 2 (January/February 1938): 115.

(136) Hilmes, *Radio Voices*: 187.

(137) NBC press release, February 7, 1938.

(138) NBC press release, February 7, 1938.

(139) Dunning, *On the Air: An Encyclopedia of Old-Time Radio*: 147 参照。

(140) *Fibber McGee and Molly* script for October 11, 1938, WHS.

(141) *Fibber McGee and Molly* script for April 5, 1938, WHS.

(142) こうした流れの議論は、マーガレット・マクファーデンが二〇〇一年にAHAで発表した論考の中で大きく発展させられている。

(143) NBC press release, November 23, 1938, folder 1241, NBC history files, LOC.

(144) Horowitz, *Understanding Toscanini*: 165–67.

(145) Orrin E. Dunlap, "Music in the Air," *New York Times*, March 7, 1937: 174.

(146) Joseph Horowitz, "Sermons in Tones": 311–40.

(147) Horowitz, *Understanding Toscanini* 参照。

(148) Goddard Lieberson, "Over the Air," *Modern Music* 15, no. 2 (1938): 115.

(149) Ira S. Wile, MD, "Here's Why We 'Feel' Music," *Los Angeles Times*, February 20, 1938: J15.

(150) Arturo Toscanini to Ada Mainardi, November 17, 1937, in Harvey Sachs (ed.), *Letters of Arturo Toscanini* (New York: Alfred A. Knopf, 2002): 313.

(151) Orrin E. Dunlap Jr., "The Maestro's Magic," *New York Times*, January 9, 1938: X12.

(152) Arturo Toscanini to Ada Mainardi, December 23, 1937, in Sachs (ed.), *Letters of Arturo Toscanini*: 318.

(153) Press release, June 26, 1939, folder 1241, NBC history files, LOC.

(154) "Toscanini's 7000 Letters," *New York Times*, March 6, 1938: 160.

(155) John Royal interview (1964): 11, folder 3, box 3, William Hedges papers, WHS.

(156) Ed Sullivan, "Looking at Hollywood," *Chicago Tribune*, December 9, 1938: 27.

(157) "Black Is White," *Radio Stars*, October 1937: 32.

(158) Orrin Dunlap, "On a Holiday Overseas," *New York Times*, May 29, 1938: 120.
(159) Gama Gilbert, "Mr. and Mrs. Toscanini," *Ladies Home Journal* April, 1940: 14.
(160) Horowitz, *Understanding Toscanini*: 257.
(161) Press release, November 25, 1938, folder 1241, NBC history files, LOC.
(162) James A. Pegolotti, *Deems Taylor: A Biography* (Boston: Northeastern University Press, 2003): 220.
(163) 実際、ニューヨークに住む裕福なニューヨーク・フィルの熱心な愛好家たちは、テイラーの解説を耐え難いものであると感じていた。この点に関しては以下を参照。
Protest letters in folder 27, box 27, New York Philharmonic Archive.
(164) Letter to Olin Downes, April 11, 1938, folder 18, box 27, New York Philharmonic Archive.
(165) "Publicity suggestions from Ivy Lee and T. J. Ross," March 4, 1938, folder 18, box 27, New York Philharmonic Archive.
(166) Dorle Jarmel memo, March 10, 1938, folder 18, box 27, New York Philharmonic Archive.
(167) Heistad, "Radio without Sponsors": 258–60.
(168) Alfred Morton to R. C. Patterson Jr., January 19, 1935, folder 4, box 36, NBC records, WHS.
ダムロッシュとＮＢＣの間にあった財政に関する初期の論争については以下を参照。
Carlat, "Sound Values": chs. 4 and 5.
(169) George Engles to Walter Damrosch, July 20, 1937, and reply, folder 7, box 53, NBC records, WHS.
(170) Samuel Chotzinoff, *Toscanini: An Intimate Portrait* (New York: Alfred A. Knopf, 1956): 85.
(171) Folder 1242, NBC history files, LOC.
(172) この数字の根拠は以下。John Royal memo to Lenox Lohr, January 16, 1939, folder 207, NBC history files, LOC.
(173) Samuel Chotzinoff, Report to Lenox Lohr, December 7, 1938: 8, folder 207, NBC history files, LOC.
(174) Olin Downes, "Return of Toscanini," *New York Times*, February 14, 1937: 167.
(175) Olin Downes, "Toscanini's Return," *New York Times*, September 19, 1937: 181.
(176) B. H. Haggin, "The Music That Is Broadcast in America: A Study of the American Wireless Mind," *The Musical Times* 73, no. 1070 (April 1932): 306.
(177) "Toscanini's 7000 Letters," *New York Times*, March 6, 1938: 160.
(178) Douglas Coulter to Arthur Judson, December 10, 1940, folder 9, box 27, New York Philharmonic Archive.
(179) Docket 5060: 2408, box 1403, RG 173, NACP.
(180) John Royal to Lenox Lohr, January 16, 1939, folder 207, NBC history files, LOC.
(181) Royal to Lohr, March 13, 1939, folder 9, box 77, NBC records, WHS.
(182) Chotzinoff to Royal, September 27, 1940, folder 100, box 80, NBC records, WHS.

(183) Samuel Chotzinoff to Wynn Wright, August 27, 1943, folder 3, box 373, NBC records, WHS.

(184) Mortimer Frank, *Arturo Toscanini: The NBC Years* (Portland: Amadeus Press, 2002): 71.

(185) Press releases, folder 1241, NBC history files, LOC.

(186) Press release, folder 1241, NBC history files, LOC.

(187) Jessica C. E. Gienow-Hecht, "Trumpeting Down the Walls of Jericho: The Politics of Art, Music and Emotion in German-American Relations, 1870–1920," *Journal of Social History* 36, no. 3 (Spring 2003): 585–613.

(188) John H. Mueller and Kate Heynes, *Trends in Musical Taste* (Bloomington: Indiana University Press, 1941): 86.

(189) Mary Emma Allen, "A Comparative Study of Negro and White Children on Melodic and Harmonic Sensitivity," *Journal of Negro Education* 11, no. 2 (April 1942): 164.

(190) Gienow-Hecht, "Trumpeting Down the Walls of Jericho": 585.

(191) Mueller and Heynes, *Trends in Musical Taste*: 59.

(192) John Royal to Lenox Lohr, April 28, 1937, folder 10, box 108, NBC records, WHS.

(193) "German-American Air Programs Soon," *New York Times*, November 3, 1929: A5.

(194) "NBC Has an Option on Reich Programs," *New York Times*, November 23, 1938: 12.

(195) Max Jordan memo to A. L. Ashby, November 26, 1935, folder 44, box 91, NBC records, WHS.

(196) "Urges Radio Exchanges," *New York Times*, August 9, 1935: 10.

(197) John Royal to Kurt von Boeckmann, September 8, 1937, folder 14, box 108, NBC records, WHS.

(198) "Clubwomen Are Told Public at Fault for Poor Radio Programs," *Lowell Sun*, March 4, 1941: 4.

(199) "Urges Radio Exchanges," *New York Times*, August 9, 1935: 10.

(200) ＮＢＣは五年間の契約をドイツのラジオと結んでいたが、その有効期限は一九三四年に切れている。ただし、ドイツの番組に対する第一優先権はその後も維持された。

(201) Max Jordan to John Royal, February 15, 1938, folder 23, box 61, NBC records, WHS.

(202) Max Jordan to John Royal, folder 23, box 61, NBC records, WHS.

(203) Telegram, Lenox Lohr to Glasmeier, March 4, 1938, folder 23, box 61, NBC records, WHS.

(204) ("der geschichtlich denkwurdigen Tage der Heimkehr Oesterreichs in das Deutsche Reich"): Glasmeier to Lenox Lohr, May 30, folder 18, box 61, NBC records, WHS.

(205) Stanley Cloud and Lynne Olson, *The Murrow Boys: Pioneers on the Frontlines of Broadcast Journalism* (Boston: Houghton Mifflin, 1996): 32–33.

(206) 一九三七年にドイツから提供された番組や、逆にドイツに提供した番組の詳細なリストは以下に掲載されている。Folder 18, box 61, NBC records, WHS.

(207) NBC press release, February 2, 1938.

(208) Kurt Sell to John Royal, March 15, 1938, and Kurt Sell to German News Bureau, March 13, 1938, folder 19, box 61, NBC records, WHS.

(209) Max Jordan to John Royal, March 18, 1938, folder 74, box 59, NBC records, WHS.

(210) Robert J. Landry, "Edward R. Murrow," *Scribner's Magazine* 104, no. 6 (December 1938): 11.

(211) William Burke Miller to Lenox Lohr, December 1, 1938, folder 74, box 59, NBC records, WHS.

(212) Max Jordan Monthly Report for March 1935, folder 45, box 91, NBC records, WHS.

(213) Max Jordan Report for September, October, and November 1935, folder 45, box 91, NBC records, WHS.

(214) Max Jordan to John Royal, August 16, 1938, box 94, folder 39, NBC records, WHS.

(215) "New Series from Germany," NBC press release, January 7, 1938, NBC history files, LOC.

(216) Max Jordan to John Royal, May 2, 1939, folder 58, box 94, NBC records, WHS.

(217) Max Jordan to Phillips Carlin, October 4, 1938, folder 15, box 61, NBC records, WHS.

(218) Kurt Sell to John Royal, October 31, 1938, folder 1, box 69, NBC records, WHS.

(219) Folder 1, box 69, NBC records, WHS.

(220) RCA advertisement, "Radio Answers the Call of Total Defense," *Los Angeles Times*, December 30, 1940: 8.

(221) Theodor Adorno, "On a Social Critique of Radio Music," Bureau of Applied Social Research files, paper no. 0076, CRBM: 8.

(222) Robert Hullot-Kentor (ed.), *Theodor Adorno: Current of Music—Elements of a Radio Theory* (Cambridge: Polity, 2009).

(223) Theodor Adorno, "Some Remarks on a Propaganda Publication of NBC," in Robert Hullot-Kentor (ed.), *Theodor Adorno: Current of Music—Elements of a Radio Theory* (Cambridge: Polity, 2009): 470–72.

(224) 彼らの意見の衝突に関しては，以下を参照。
Rolf Wiggershaus, *The Frankfurt School: Its History, Theories and Political Significance* (Cambridge, MA: MIT Press, 1994): 236–46; David E. Morrison, "*Kultur* and Culture: The Case of Theodor W. Adorno and Paul F. Lazarsfeld," *Social Research* 45, no. 2 (Summer 1978): 331–55; David Jenemann, *Adorno in America* (Minneapolis: University of Minnesota Press, 2007): ch. 2.

(225) Theodor W. Adorno, "Scientific Experiences of a European Scholar in America," in Donald Fleming and Bernard Bailyn (eds.), *The Intellectual Migration: Europe and America, 1930–1960* (Cambridge, MA: Harvard University Press, 1969): 341.

(226) Theodor Adorno, "Radio Physiognomics," in Robert Hullot-Kentor (ed.), *Theodor Adorno: Current of Music*: 66.

(227) Lazarsfeld letter to Adorno, November 29, 1937. 引用

元は以下。
Thomas Y. Levin with Michael vonder Linn, "Elements of a Radio Theory: Adorno and the Princeton Radio Research Project," *Music Quartely* 78, no. 2 (Summer 1994): 320.

(228) "Proposal for Continuation of Radio Research Project for a Final Three Years at Columbia University," Paul Lazarsfeld papers, box 26, CRBM: 25.

(229) Theodor Adorno, "A Social Critique of Radio Music," in Robert Hullot-Kentor (ed.), *Theodor Adorno: Current of Music*: 135.

(230) Adorno, "Scientific Experiences of a European Scholar in America": 349–50.

(231) Adorno, "A Social Critique of Radio Music": 134.

(232) Adorno, "A Social Critique of Radio Music": 135.

(233) Theodor W. Adorno, "Analytical Study of the NBC Music Appreciation Hour," *Musical Quartely* 78, no. 2 (Summer 1994): 328, 358.

(234) Adorno, "Analytical Study of the NBC Music Appreciation Hour": 326–27.

(235) Adorno, "Analytical Study of the NBC Music Appreciation Hour": 328.

(236) Adorno, "Analytical Study of the NBC Music Appreciation Hour": 330–31.

(237) Adorno, "Analytical Study of the NBC Music Appreciation Hour": 342.

(238) Adorno, "Analytical Study of the NBC Music Appreciation Hour": 363.

(239) Edward A. Suchman, "Invitation to Music: A Study of the Creation of New Music Listeners by the Radio," in Paul F. Lazarsfeld and Frank N. Stanton (eds.), *Radio Research 1941* (New York: Duell, Sloan and Pearce, 1941): 176.

(240) T. W. Adorno with George Simpson, "On Popular Music," *Studies in Philosophy and Social Science* 9 (1941): 17–18.

(241) Adorno with Simpson, "On Popular Music": 24.

(242) Adorno with Simpson, "On Popular Music": 27.

(243) Adorno with Simpson, "On Popular Music": 27.

(244) "Results of a Meeting with T. W. A. and G. B. Wiebe," Bureau of Applied Social Research records, B0070 CRBM: 25.

(245) "Results of a Meeting with T. W. A. and G. B. Wiebe": 21.

(246) "Results of a Meeting with T. W. A. and G. B. Wiebe": 22.

(247) Adorno with Simpson, "On Popular Music": 32.

(248) Adorno with Simpson, "On Popular Music": 36.

(249) Theodore Wiesengrund-Adorno, "Memorandum: Music in Radio," microfilm copy in Paul Lazarsfeld papers, CRBM: 93.

(250) Adorno with Simpson, "On Popular Music": 38–41; Wiesengrund-Adorno, "Memorandum: Music in Radio": 108.

(251) Lazarsfeld, "An Episode in the History of Social Research: A Memoir": 323.
(252) Wiesengrund-Adorno, "Memorandum: Music in Radio": i.
(253) アドルノにしてもラザースフェルドにしても、ラジオそのものに主要な関心を持っていたわけではない。ラザースフェルドは、調査の方法論に対する自身の関心を発展させるために最も便利な対象としてラジオを見ていた。この点については以下を参照。David Morrison, "The Beginning of Mass Communication Research," *Archives Europeennes de Sociologie* 19, no. 2 (1978): 347.
(254) Wiesengrund-Adorno, "Memorandum: Music in Radio": 2.
(255) Wiesengrund-Adorno, "Memorandum: Music in Radio": 6–8.
(256) Wiesengrund-Adorno, "Memorandum: Music in Radio": 30.
(257) Wiesengrund-Adorno, "Memorandum: Music in Radio": 1.
(258) Wiesengrund-Adorno, "Memorandum: Music in Radio": 4.
(259) Wiesengrund-Adorno, "Memorandum: Music in Radio": 22.
(260) Adorno, "Scientific Experiences of a European Scholar in America": 343, 345.
(261) Adorno, "Scientific Experiences of a European Scholar in America": 347.
(262) Wiesengrund-Adorno, "Memorandum: Music in Radio": 3.
(263) Wiesengrund-Adorno, "Memorandum: Music in Radio": 6.
(264) Wiesengrund-Adorno, "Memorandum: Music in Radio": 12–13.
(265) Wiesengrund-Adorno, "Memorandum: Music in Radio": 35.
(266) Wiesengrund-Adorno, "Memorandum: Music in Radio": 47.
(267) Wiesengrund-Adorno, "Memorandum: Music in Radio": 127.
(268) Wiesengrund-Adorno, "Memorandum: Music in Radio": 132.
(269) Wiesengrund-Adorno, "Memorandum: Music in Radio": 52.
(270) Theodor Adorno, "Radio Physiognomies": 91.
(271) Wiesengrund-Adorno, "Memorandum: Music in Radio": 17.
(272) Wiesengrund-Adorno, "Memorandum: Music in Radio": 28.
(273) Wiesengrund-Adorno, "Memorandum: Music in Radio": 25–26.
(274) Wiesengrund-Adorno, "Memorandum: Music in Radio": 24.
(275) Adorno, "Social and Psychological Aspects of 'The

Radio Voice,'" file B0076, Bureau of Applied Social Research collection, CRBM: 2.

(276) Wiesengrund-Adorno, "Memorandum: Music in Radio": 85.

(277) Wiesengrund-Adorno, "Memorandum: Music in Radio": 148–49.

(278) Wiesengrund-Adorno, "Memorandum: Music in Radio": 99.

(279) Wiesengrund-Adorno, "Memorandum: Music in Radio": 101–103.

(280) こうしたラジオに関する仕事への言及は以下を参照。Christoph Godde and Henri Lonitz (eds.), *Theodor Adorno: Letters to His Parents* (Cambridge: Polity, 2006): 38, 43, 47, 51.

(281) Wiesengrund-Adorno, "Memorandum: Music in Radio": 135–36.

(282) Wiesengrund-Adorno, "Memorandum: Music in Radio": 142.

(283) Wiesengrund-Adorno, "Memorandum: Music in Radio": 151.

(284) Wiesengrund-Adorno, "Memorandum: Music in Radio": 144.

(285) Wiesengrund-Adorno, "Memorandum: Music in Radio": 145–46.

(286) Wiesengrund-Adorno, "Memorandum: Music in Radio": 148.

(287) Everett M. Rogers, *A History of Communication Study: A Biographical Approach* (New York: Free Press, 1994): 280–83; Morrison, "*Kultur* and Culture": 331–55.

(288) Memo Lazarsfeld to Cantril and Stanton, April 27, 1938, box 25, Lazarsfeld papers, CRBM.

(289) Letter from Lazarsfeld to Adorno, n.d., folder 19, box 25, Lazarsfeld papers, CRBM.

(290) "Discussion of the Columbia University Request," January 5, 1940, folder 3243, box 272, Series 200R Record Group 1.1. Rockefeller Foundation Archives, RAC.

(291) Peatman, "Radio and Popular Music": 337.

(292) Robert S. Lynd and Helen Merrell Lynd, *Middletown in Transition* (New York: Harcourt, Brace, 1937).

(293) "Denies Interest in Music Is Lagging," *New York Times*, June 8, 1932: 22.

(294) "Damrosch Defends Classics," *New York Times*, October 10, 1934: 23.

(295) Edgar A. Grunwald, "Program Production History 1923–1937," *Variety Radio Directory 1937–1938*: 24.

(296) KECA program 1, no. 9 (January 1936). 引用元は以下。

Marcus, *Musical Metropolis*: 153.

(297) FCC Chain Broadcasting inquiry, docket 5060: 477, box 1400, Series 120A, RG 173, NACP.

(298) Paul Lazarsfeld, "Interchangeability of Indices in the Measurement of Economic Influences," *Journal of Applied Psychology* 23, no. 1 (1939): 40.

(299) Lazarsfeld, *The People Look at Radio*: 47.

(300) “Toscanini on the Air,” *Fortune* 27, no. 1 (January 1938): 63.

(301) Paul Lazarsfeld, “Foreword,” in H. M. Beville, *Social Stratification of the Radio Audience* (Princeton: Office of Radio Research, 1939): v.

(302) FCC Chain Broadcasting inquiry, docket 5060: 380, box 1400, Series 120A, RG 173, NACP.

(303) Heistad, “Radio without Sponsors”: 180.

(304) David Randolph, “Lewisohn Intermission Talk,” *Music Educators Journal* 38, no. 2 (1951): 48.

(305) Leon Botstein, “Music of a Century: Museum Culture and the Politics of Subsidy,” in Nicholas Cook and Anthony Pople (eds.), *The Cambridge History of Twentieth Century Music* (Cambridge: Cambridge University Press, 2004): 41.

(306) Michael Markowitz, “The Slow Death of Classic Music,” *Media Life*, June 21, 2002. 以下で閲覧可能。http://www.medialifemagazine.com/news2002/jun02/jun17/5_fri/news3friday.html(二〇一〇年一月二七日時点); Daniel J. Wakin, “In shadow of Texas Oil Derricks, Fighting to Keep Brahms on the Air,” *New York Times*, June 26, 2006: A1; Pierre Ruhe, “Classical Stations Face the Music,” *Atlanta Journal-Constitution*, September 7, 2003: M1.

(307) Stacy Lu, “Roll Over, Pearl Jam, Classical Radio Lives,” *New York Times*, May 6, 1996: D7.

(308) “Roll Over Beethoven,” *Hartford Courant*, June 4, 2006: 1.

(309) Scott Timberg, “Classical Music as Crime Stopper,” *Free New Mexican*, February 16, 2005. 以下で閲覧可能。http://www.freenewmexican.com/artsfeatures/10701.html (二〇〇八年八月七日時点)

(310) Allan Bloom, *The Closing of the American Mind* (New York: Simon and Schuster, 1987): 69.

(311) Judith Miller, “As Patrons Age, Future of Arts Is Uncertain,” *New York Times*, February 12, 1996: A1.

(312) Horowitz, *Classical Music in America*; Sheldon Morgenstern, *No Vivaldi in the Garage: A Requiem for Classical Music in North America* (Boston: Northeastern University Press, 2001).

(313) Botstein, “Music of a Century”: 41.

(314) Botstein, “Music of a Century”: 40.

(315) “Stuart Wavell Talks to Daniel Barenboim,” *Sunday Times*, April 9, 2006. 以下で閲覧可能。http://www.timesonline.co.uk/tol/news/article703370.ece(二〇一〇年一月二七日時点)

(316) Joseph Lanza, *Elevator Music* (New York: St. Martins Press, 1994): 41–42.

第四章　民主的なラジオとは何か

放送が登場するまで、合衆国南部の人々は共和党の演説を聴いたことがなく、西部の田舎に住む人々は民主党の演説を聴いたことがなかったといわれている。特定の信仰を持っている人々が、別の信仰を持った説教師の話や宗教的信条を持たない人々の教えを聴くことはなかったのである。農園主は市場に関する日々の報告など受け取っていなかったし、都会人がそれ以外の場所の問題を小耳にはさむこともなかった。こうした情報の交換は、党派心や宗教的寛容性、利益をともにする共同体を生み出す助けになるのだろうか。それとも、その逆だろうか。

——アン・オヘア・マコーミック(1)

『*New York Times*』一九三二年四月三日

ジャーナリストのアン・オヘア・マコーミックは一九三二年、ラジオと市民生活に関して、このような見解と予言的な疑問を表明している。一九三〇年代、教育水準の高いアメリカ人たちがラジオと民主主義に関する懸念を表明する際には、こうした疑問が非常に頻繁に登場する。すなわち、ラジオを通して多様な意見に触れることは、寛容性を高めるのか、それとも単に既存の党派的な見方を強めるだけなのか、という疑問である。ラジオに関する多くの楽観論は市民的パラダイムの期待、すなわち、自身とは違う考えに新しく触れることで、理解や共感が強められるだろうという予測と強く結びついていた。多くのアメリカ人は立ち位置がはっきりした新聞を読んでいた(2)。ここまで見てきたように、アメリカにおけるラジオの規制は、ラジオが「対立する意見に関する自由で公平な議論を十分に流す」だろうという期待に基づいて作られていた[3]。こうした多元主義的で明るい見通しは、民主的路線のラジオ改革論者たちを最も熱狂させた要素の一つである。

今日ではインターネットによって、自分が賛同できない意見にほとんど触れることがなくなり、再び多くのアメリカ人が公的な事柄に「フィルター」をかける可能性が生み出されている。しかしサンスティーンは近年、多様性への接触に対する楽観的な見方を再び表明している。

> 人々は自分が前もって選択することのなかった考えに触れなければならない。

彼は一九三〇年代の市民的パラダイムの時代のような確信を込めて、そう主張する。

> 予期せぬ遭遇や、自分たちが特に求めていなかったり、時には腹立たしく思ったりするようなトピックや考え方に触れることは、民主主義、あるいは自由そのものにとってさえ、非常に重要なことだ[4]。

現代のメディアに対する新しい論考を発表したサンスティーンは、市民的パラダイムを支持していた一九三〇年代の改革論者たちのメッセージを不気味なほど正確に反復している。放送の送り手側はごく少数であり、一部の代表的な選ばれた人物の声だけが電波にのるため、個人が自分の賛同しない考え方に触れられる。このような状況によって、ラジオは大衆の社会化を促し、コスモポリタン的な寛容性を生み出す装置となる。そんな当時の考え方とサンスティーンの発言は相似的なのだ。

アメリカのラジオにおいて何度も繰り返し生じた特徴的な対立の一つは、「誰も不快にさせない」という商業的な原則と、人々を多様な考え方に触れさせることを強く主張する市民的パラダイムとの間に生じたものだった。コメディアンのベン・バーニーが一九三五年にリンカーンのゲティスバーグ演説のパロディを演じて多くのリスナーを怒らせたあと、『*Advertising Age*』誌は広告主や放送事業者に向けて次のように述べている。
番組内容は事前に収録しておくべきだ。そうすれば、聴衆の中にいる様々な集団が持つ、先入観や好みに反することはまず絶対になくなるだろう。(5)

一方、市民的パラダイムはそれとは真逆の方向に放送事業者を引っ張った。一部の聴衆にとっては、ほぼ確実に異質で賛同できないような多様な見方を積極的に求めよ、というのだ。しかしより根本的に言えば、そうした市民的パラダイムの精神は気詰まりで、他者にも自己にも批判的だったため、それ自体が一部のリスナーたちにとって不快なものになりえた。あるノースダコタのリスナーは、バーニーのパロディをユダヤ人によるラジオの支配を強く証拠立てるものであると考えたという。

この男を放送から締め出すべきだ。(中略)こんなことはユダヤ人以外の誰も言うはずがない。(6)

コスモポリタニズムや文化多元主義に不信を抱くアメリカ人たちは、みな一様に、自分たちにとって良くないことの説明要因をポピュリスト的な反ユダヤ主義に求めたのである。

合衆国で近代的な大衆民主主義の可能性に関する多くの議論が行なわれた一九二〇年代に、ラジオはそれと手をたずさえて登場した。マス・コミュニケーションは民主的な希望や夢を刺激した。新たな技術が、史上かつてない水準の市民意識や社会参加を喚起すると考えられたのだ。初期のラジオがほんの束の間抱きえたユートピア的な希望についてラジオ史は言及するが、そのあとすぐに黄金期のラジオが商業的娯楽に支配されていたという話題に移ってしまうのが常である。アメリカのラジオがその黄金期に抱いていた民主的な情熱や当時の番組に関する詳細な歴史を我々はほとんど知らない。

ラジオが民主主義に貢献すると考えられていたことの一つは、政治的無関心や不参加、そしてその結果生じる投票率の低下といった問題を解決することだった。(7)楽観主義者たちは、放送時代の政治がより合理的なものになるだろうと主張した。ナマで人前に出てくる場合のデマゴーグたちは群衆を惑わせることができるかもしれないが、家庭内にいるときの冷静なリスナーたちは感情的な説得からの影響を受けにくいだろうというのだ。

ごくごく平均的なアメリカ人でも、大人数の会合に参加していない時は、より批判的なリスナーとなる[8]。ウィスコンシン大学の学長、グレン・フランクはそう主張している。また、ACLUのアーサー・ガーフィールド・ハイも、ラジオのリスナーは「群衆として集まった場合に生じる悪影響を受けない」と断言していたのである[9]。

ルーズヴェルトの炉辺談話は、ラジオが可能にした新しい演説の形である。それは親密かつ静かな語りかけだった。しかしそれははたして、ラジオがより合理的な演説の形式を育てた証であるといえるだろうか。それとも、より巧妙な新しい説得形態、すなわち、ラジオの持つ親密性を狡猾に政治利用した慈愛にあふれるプロパガンダを生み出したことを示しているのだろうか。ロヴィグリオは、炉辺談話の聴取者たちが自意識の強い公衆であったとみている。彼らは「誰が、そして何が公的な事柄に含まれるのかという定義づけに加担することによって、新たな意味での公的な生き方に参入することを切望していた」というのだ[10]。レントールはもっと悲観的だ。彼の主張によれば、ラジオ談話は一方通行のコミュニケーションであるにもかかわらず、凡人たちに、自分たちが「共通のごく親密な雰囲気の政治的な共同体に参加している」という「妄想」を抱かせることができ、実際には政治参加を「より私的で受動的なもの」へと変質させてしまうという[11]。

これは重要な議論である。一九三〇年代には、ラジオを民主的に利用しようとした思慮深く、息の長い、広範な試みが存在したが、今日、その種の試みは、炉辺談話以外にはほとんど想起されることがない。しかし、炉辺談話だけを単独で論じることで、民主的な市民参加の涵養にラジオを役立てようとした一九三〇年代における活発な試みの多様性は見過ごされてしまう。

選挙で選ばれた指導者によるラジオ演説を流すこと

が、ラジオという媒体が持つ唯一の、あるいは最も重要な民主的役割である。そんな主張をする者は、一九三〇年代にラジオと民主主義について真剣に考えていた人々の中には皆無だった。一九三〇年代のラジオや民主主義にたずさわっていた活動家たちが、参加する公衆ではなく、公的な事柄に関する放送討論を聴きたがる単なる聴衆を生み出したことで満足し、そこに甘んじていた、などという批判は完全に的外れである。我々が想起すべきは、ラジオを用いて新たな公共圏に生きる「市民」を生み出そうとした、彼らの熱意あふれる試みである。彼らが生み出そうとした「市民」とは、批判的かつ合理的で、自分自身の考えを持ち、他者への寛容さをも兼ね備えた「市民」である。たしかに、黄金期のラジオが抱いた民主的な欲望が十分な形で実現したとは言い難い。しかし、そうした事実に沿って評価を急ぎ過ぎるならば、あるいは単純化し過ぎるならば、そこからまだ学べることがあるにもかかわらず、いくつかの事柄が見えにくくなってしまう。民主的ラジオ運動を主導していた人々による自己反省的な実践は、その後の一〇年間、単純に技術によって刺激された電子民主主義への希望を多くの点で修正する手段になっていくのである。

デューイ主義者たちの時代

一九三〇年代における民主的ラジオの唱導者たちは、同時代の進歩的教育観に影響を受けていた。デューイ主義者たちにとって、教育に関する活動と民主主義に関する活動との間に明確な境目はなかった。教育が担う機能の一つは民主主義の中で生活する準備を施すことであり、民主主義の中で公的生活に参加することはそれ自体が教育的であると理解されていたのだ。デューイ主義者たちの遺産ともいえるある特質は、人間関係のつながりを通して、ラジオや民主主義に関する活動家たちに受け継がれた。合衆国において、ラジオ改革論者たちはラジオと教育の旗のもとに団結していたし、ラジオの民主的役割を元来主に教育的なものであると考えていたから、彼らには個人的なつながりがあったのである。人々に多様な視点を提供し、自分の意見を持って他者と議論することを促進するという公開討論の教育的価値を彼らは強く信じていた。その信念は教育的努力の絶対的な中心におかれていたのである。ラジオは、公的な事柄に関する、理性的かつ寛容で多元主義的な議論の作法を、お手本を用いて教えてくれるというのだ。

ジョン・デューイとウォルター・リップマンによる近代の大衆民主主義の可能性についての討論は、現在では古典となっている。それは、一九三〇年代にラジオによって行なわれた民主主義に関わる実験的試みの底流をなしていた。リップマンは一九二二年に発表した『世論』で、現代社会を統治するために必要とされる知識や専門性のハードルを非常に高いものだと見積もっており、それゆえに大衆が十分な技術や能力を持つことはどうしても不可能であると結論づけている。

我々はみな、いくつかの側面を除いては、近代生活のほぼ全ての事柄に関して門外漢であり、ある特定の決断を下すための時間も認知能力も興味も知識も持ち合わせてはいないのだ。社会の日々の統治を担うべきなのは適切な環境に置かれた専門家たちである。(12)

彼の主張によれば、民主的な自治が生まれたのは、市民たちが互いに交換可能な程度に同じ能力を持った自己充足的な社会であった。しかし、そうした統治システムが、倫理的に多様で、かつマス・メディアによって媒介されている現代社会においてどの程度機能しうるかということに関しては大いに疑問であるとリップマンは言う。マス・メディアによって媒介されている社会においては「共通の利害が世論と完全に一致することはほとんどなく、それゆえに、そうした事柄を取り仕切ることができるのは、狭い領域を超えた関心を持つ、専門的な階級だけである」というのだ。(13)

問題の根源は、市民や彼らの能力に関する間違った考え方にある。一九二五年の『*The Phantom Public*』〔河崎吉紀訳『幻の公衆』柏書房〕においてリップマンは、そう主張している。公民の教科書は「市民が生計を立て、子育てをし、人生を楽しみながら、こうした入り乱れる多くの問題について常に知悉しておく」ための方法を何ら教えてはくれない。(14) リップマンはラジオ時代の初期の時点で既にラジオを、市民的無力感を増大させるものだと考えており、次のように記している。

もしもラジオの発達によって、万人があらゆる場所で起こっている全ての事柄について見聞きできるようになったら、すなわち、もし社会に関する広報が完璧なものになったとしたら、人は減債基金委員会や地理調査の内容を閲覧するのにどれだけの時間を費やすだろうか。おそらくイギリス皇太子の演説にチューニングを合わせるか、そうでなければ、考えあぐねた末にスイッチを切り、無知という静けさを求めるようになるだろう。

したがってリップマンの予測では、ラジオは単に既存の情報過多を助長するだけのものだった。人々は「情報の集中砲火を浴びせられながら生きるという責め苦を負わされ」、その精神は「演説と議論と断片的なエピソードによる喧噪の受け皿となって」しまう。そんな状況をラジオが生み出したというのである[15]。

ジョン・デューイは一九二七年に『*The Public and Its Problems*』〔阿部齊訳『公衆とその諸問題』筑摩書房〕で、参加型民主主義と討議型民主主義の可能性を再度主張し、リップマンの議論に対する反論を行なっている[16]。デューイは個々人の専門的能力が公衆の意見に取って代わるべきだとする考えに異を唱えた。なぜなら「実際のところ、知識とは人間同士のつながりとコミュニケーションが示す機能」だからだとデューイは言う[17]。これは彼の中心的かつ根底的な主張でもある。近代の民主的な生活において本質的に必要なのは「討議や議論や説得のための環境を整えることだ」というのである[18]。さらにデューイは、民主主義は「完全かつ、人の心を打つコミュニケーションをとる技術と社会的探究の自由が不可分に結びついたときに完成をみるだろう」とも述べている[19]。そのため、デューイはコミュニケーション・テクノロジーに対しては非常に楽観的な考えを表明していた。「コミュニケーションの物理的な装置」は「グレート・ソサエティ」を「グレート・コミュニティ」へと変換することを可能にすると主張したのである[20]。もちろん、その前途には困難も待ち受けていた。「巧妙かつ繊細にして生気にあふれ、感受性豊かなコミュニケーション技術が、伝達と流通をつかさどる機械を支配し、それに命を吹き込まねばならない」とデューイは論じている。[21] それが達成されたときにのみ、「遠く離れ、直接的な接触もない」組織が地域コミュニティを再び活性化することができるだろう、と。デューイの立場からすれば、地域社会での生活は地域ごとの特色を持ったものであるべきだったが、同時に、他から孤立してはならないものだった。彼の主張によれば、「地域的な事柄は究極的には普遍的であって、ほとんど絶対的なもの」である。そしてラジオはこうした望ましい均衡を達成するための一つの手段になりうるというのだ。[22]

『*The Public and Its Problems*』と比較して注目されることは少ないが、デューイは他の著作でもマス・メディアと公共圏について著作を残している。一九三〇年に発表された『個人主義の新旧（*Individualism Old and New*）』で、デューイは「ラジオや映画、自動車といったものを、人々の共通する集合的な精神生活に役立てる」方途を探っているのである。[23] 彼は、集団生活の新たな形態やマス・メディアやプロパガンダによって個人主義にもたらされた、規格化という脅威について詳細に論じた上で次のように述べる。

我々はこれまで人間が経験したこともないほど大きな思考の洪水にさらされながら生きている。[24]

多くの同時代人と同様、デューイもまた、プロパガンダによって民主主義が破壊されてしまうことに懸念を抱いていたのである。

個人が自分で物事を考え、他人に頼らずに判断を下し、批判的になり、狡猾なプロパガンダやその原因となっている動機づけを見抜く能力を持つようにならなければ、民主主義は茶番と化してしまうであろう。[25]

しかし、一九三〇年に出版されたこの著作でもやはり、メディアが招く服従の姿勢は浅くかつ一時的なものにすぎないということを再確認する答えを出している。

外的な手段や抑圧や脅し、計算されたプロパガンダや広報といったものによってえられた賛同は、それがいかに巧妙であったとしても、表面的なものにならざるを得ない。そして表面的なものは全て、絶え間なく流動してしまうのだ。

デューイは、「ラジオ的意識(radio-conscious)」とか「放送的思考(air-minded)」といった言葉に苛立ちを覚えていた。そしてこの苛立ちこそ、我々の精神を形作ったり、影響を与えたりする外的な方法や、それがもたらす結果が表面的で、矛盾含みであることに自らが半ば気づいている証拠であると考えていたのだ[26]。しかしはたして、ラジオはより根本的で新しく、強固な個人主義の形式を生み出す助けとなりえたのだろうか。

『*Individualism Old and New*』において、デューイは、現代の個人主義が連帯とコミュニケーションの産物であってその犠牲となるものではないと再度定義している。「人間社会を構成している特定の相互行為は、現在増加し、拡張し、深化しつつある参加や共同利用といったギブ・アンド・テイクの関係を含んでおり、そうした相互作用的な要素の潜在能力と重要性を示している」というのだ。それとは逆に「服従とは、生き生きとした相互作用の不在とコミュニケーションの停止や麻痺状態を指す言葉」であるとデューイは述べる[27]。この新しい個人主義は、「自然の物理的な力を従える科学技術という資源をうまく制御しながら用いることによってのみ達成される」だろう、と[28]。この発言は重要である。新しい個人主義は技術の助けによって「達成」されるというのだから。それは生み出されるものであって、自然に起きてくる現象ではないのである。デューイの説明によれば、ラジオはこの「現代の現実と調和する新しい個人主義」を生み出す手段の一つになりえる。しかしそれには聴衆一人一人の側の努力と行動を必要としていた[29]。

個々人が自分自身で選択するという行動を起こさない限り、ラジオは規格化と組織化のための道具になってしまう[30]。

デューイはそう主張する。その意味するところは明らかだ。放送された意見に対する自覚的な「選択行動」や、意見を持った自己の確立こそが、あらゆる論者に共有された市民の責務だったのである。

デューイは一九三四年に、ラジオのことを「世界がこれまで目にしたことがない、最強の社会教育装置」であり、「民主主義の成功に不可欠な、啓蒙され、公正さを持った輿論と世論の形成」に寄与する「知識や発想の交換手段」であると称揚している[31]。こうしたデューイ主義者特有のラジオ的公共圏への期待は、合衆国のラジオ改革論者や「教育的な」放送事業者たちの間で非常に強い影響力を持った。デューイは一九三〇年代を通じて、公的な議論こそが民主主義を実現すると主張し続けた。このことが、ラジオの市民的、教育的役割について考える役割を担っていた人々と彼の社会思想を結びつける一つの要素となったのである。「公的な議論やコミュニケーションにおける開かれた空気感」が「発想やアイデアが生まれるために不可欠な条件」であり、真の寛容は議論によってのみ生まれる。彼はそう繰り返し主張したのである[32]。デューイは『倫理学』の中で次のように主張している。

寛容は単なる陽気な無関心ではない。真実は疑問を抱き、議論することを通してより確固たるものになり、その一方で単に習慣によって認められてきただけの事柄は修正され、あるいは廃止されるかもしれない。寛容とは、このことを信じて熟考し、探究しようとする積極的な意志である[33]。

この積極的かつ批判精神に満ちた寛容の原理はデューイの信念という文脈の中で理解する必要がある。その信念とは次のようなものだ。近代世界は絶えず変転していく状況にあり、固定された超越的ないかなる価値観も存続することができない。また、「社会的、倫理的実在は物理的なそれと同様に、目立たない変化をこうむりながらも、連続性をもって存在して」いる。真の経験哲学とは「起こるべき変化の度合いに限定を設けようとはしない。物事を固定することで、安心や心の支えを得ようという、取るに足らない努力をするのではなく、現在起こっている変化の性質を見極め、自身に最も関係する出来事と関連づけながら、それについて判断するための合理的な尺度を与えるものである」とデューイは述べる(34)。したがって変転する世界の中で、必然的に個人は進化し続け、絶えず適応し続けることになる。それゆえ、一九三五年に出版された重要な著作『リベラリズムと社会行動』の中でデューイは、構築され、生み出されるものとしての個人主義という新たな理解が必要であると主張したのである。

これまでのリベラリズムの底流となっている哲学や心理学は、個性は最初からあるもの、初めから個人が所有しているものであるという思考に通じており、誰もがそれを発揮するために、法的な規制の除去だけが必要だという考えを生み出した。個性は動的なものであるとか、絶えざる成長によってのみ手に入れることができるものであるなどとは考えられていなかったのである(35)。

このような、個人とは流動的で、絶えず成長し、変化し、適応していくものであり、個人の違いを育てることこそ民主主義の基礎であるという考えに、アメリカの進歩的教育者たちは賛同していた。全米教育協会の教育政策委員会は次のような記述を残している。

健全な民主主義の成員とは(中略)個々の児童や大人が持つ、ユニークかつ価値ある特徴を認識し、発展させ、守ることに熱心な者である(36)。

また、同じ文章には、他者の意見が尊重されねばならない理由も書かれている。

社会的な問題に関する意見の相違は、知識の不足のみから生まれてくるわけではなく、(中略)むしろ、個々の児童が社会問題の学習に持ち込んでくる(中略)価値観の違いに起因する場合の方が多い(37)。

若者たちは「自分の意見を獲得し、合理的な範囲でそれを堅持すること、それと同時に、自分とは違う意見を誠実に獲得し、自分と同じようにそれを守っている他者が存在する権利を有しているという事実も受け入れることを教育される」べきであるというのだ(38)。

公的議論の重要性に対するデューイの信念は、ほぼ疑いなく、民主的なラジオを生み出そうとする人々に最も広く影響を与えた。この文脈を認識しておかなければ、一九三〇年代のラジオの市民的野望はほとんど意味をなさない。

哲学者のS・E・フロストは一九三七年、師範学校在籍中に『アメリカのラジオは民主的か？（*Is American Radio Democratic?*）』を書いた。彼を指導していたのはウィリアム・H・カークパトリック。デューイの信奉者であり、進歩的教育の第一人者でもあった。デューイ前に述べたように、フロストは民主的ラジオを極めてデューイ的な見方で定義していた。彼が言うには、ラジオの民主化度合いは「他者や自分の周囲の物理的環境、開放的な精神、思考や行動の柔軟性といったものに対する、幅広く、多様かつ豊かな接触を全てのリスナーに保証するように、規制され、制御、管理されている程度」によって決まるという。[39] そこで使われている形容詞は注意深く選びぬかれたものだった。民主的なラジオとは、広範(broad, wide)かつ開けて(open)おり、柔軟性(flexible)を持ち合わせているものであって、狭く(narrow)、限定的(local)かつ閉鎖的(closed)で、硬直した(fixed)ものとは対極にあると彼は表現している。こうした対立の構図は、アメリカのラジオが持つ民主的な可能性にまつわる議論の基礎をなしていた。少なくとも、上層階級向けの番組と下層階級向けの番組の断絶という非常に見えやすい要素と同程度には、そうした議論の中で意識されていた事柄なのである。

フロストは主張する。もしもリスナーが先入観と、「疑問や評価に開かれていない「原理」」に閉じ込められたまま生き続けることを許してしまったならば、ラジオは民主主義社会における「知的活動」を可能にするために貢献できていないということだ、と。実際、フロストは開かれた精神を持つ市民を生み出すことの必要性に関しては非常に教条主義的だった。個人に思想を吹き込んだり、あるいは「閉鎖的な精神」を作り出したりする放送に対しては、ごく単純に「悪」のレッテルを貼ったのである。[40]

フロストはあくまで民主的ラジオに関する理論家であったが、当時活動中だった多くの教育放送事業者たちは、こうしたデューイ的な考えを共有していた。たとえばジェームズ・ローランド・エンジェルは進歩派ではなかったが、デューイ的な思想に精通していた。彼はミシガン大学でデューイに師事していたし、その後、デューイに招かれてシカゴ大学で教鞭をとっている。この二人は機能主義者という点で共通しており、そのキャリアもいくつかの地点で交わっているのだ。

また、NBCのウォルター・プレストンも、全くラディカルな立場ではなかったが、一九四一年の手紙で、教育的ラジオについて語っている。教育的ラジオの定義は、「ラジオがなければ決して触れることのなかったであろう体験をリスナーたちにさせ、それによってある程度彼らの態度や、関心の範囲を変化させる力」と深く関連しているというのである。同じ文章の中で彼は言う。

あらゆる経験は、どのような種類のものであるにせよ、教育的であると私は信じている。(41)

もちろん、商業的な放送事業者たちも、自分たちが放送するほとんど全てのものを「教育的」だと定義することに関心を示してはいた。しかし、教育とは個人の変容であるとするプレストンの定義は、より広い意味で当時の考え方を代表していた。そこにあったのは、究極の真理に向けて成長していくことではなく、終わることのない、価値あるプロセスとしての変容というシンプルな教育観だった。

放送は大衆を自分とは異質なものに触れさせ、狭小な確信から救い出して、コスモポリタン的な流動性や変化へと導くための手段になりうる。ラジオや民主主義に関心を持つ多くの人々は、そうした考えを抱いていた。リップマンのような悲観主義者たちは、コミュニケーション・テクノロジーによって、市民の意見が、当時影響力を発揮し始めていたプロパガンディストたちの考えの単なる反映になってしまうと結論づけていたのに対して、彼らはその同じ技術に胸躍らせるような可能性を見いだしていたのである。こうしたリップマンとデューイの古典的な論争や、大衆民主主義に対する知識人の不安、あるいは失望に焦点を絞ってしまうことによって、歴史家はマス・メディアが民主主義にもたらした脅威に固執し、そうした脅威に対する創造的な対応策を見過ごしてきた。見落とされているのは、実践上の伝統である。ラジオはそれ自体が民主主義を生み出すわけではないが、人の手が加わることで、社会を変革する民主的な効果を発揮しうる、という信念がそこにはあった。ジョン・W・スチュードベーカーやチェスター・S・ウィリアムズ、ライマン・ブライソン、ジョージ・V・デニー・Jr.など、こうした伝統の中でカギとなった人物たちは、それぞれが民主主義の手法に関する実践的な理論家だったし、公的な議論という領域における勤勉な仕事人でもあった。彼らは個人の意見を大量に生み出す手段をラジオに見いだしていた。ラジオと民主主義の改革者たちの限界や失敗を記述、分析することや彼らの教育に関する教条主義的態度に注目することも大切だが、その一方で、彼らの抱いた野望を思い起こしておくこともまた重要である。

公開討論と民主主義

おそらく、民主的ラジオを自認するラジオにとって、最も重要なジャンルは公開討論番組であった。そうした番組はその構造自体によって、リスナーたちを多様な意見に触れさせることになるからだ。合衆国教育局長であったジョン・スチュードベーカーが一九三五年に「人間は重要な意見を聴く、不可侵の権利を持っている」と主張したとき、彼がその脳裏に思い浮かべていたものの典型は、ラジオ討論だった。

私は対立する考え方や哲学的立場の最も優秀な支持者同士が、世論を前にして、自由に議論している姿を見たいのだ。

そうスチュードベーカーは述べる。彼にとって、「民主主義の本質」は、多様な見方が存在することを知りつつ、意識的にその中から自分の立場を選び取るという「選択の自由」にあった(42)。もちろん、ラジオ討論は放送事業者にとって、いくつかの点で有用な安全弁としても機能していた。あらゆる意見がその逆の考えとバランス良く出会う安全な場所へと、物議を醸す放送内容を隔離することができたからだ。しかし実際には、ラジオ討論が完全に平和で議論を呼ばない形式であったことはほとんどなかったのだが……。

ラジオ討論というアイデアは、民主主義のスキルを育てる手段としての地域的な公開討論会に対する進歩主義的な関心から発展したものだ。そもそも進歩主義は、移民の国アメリカがはらんでいた混沌とした多様性から抜けだし、地域における公共的な生活を発達させ、新たなまとまりを生み出そうとするところに力点があった。こうした考えを持つ改革者たちがアメリカの都市に真のコミュニティを生み出そうとする（あるいは彼らはしばしば「再生」という言葉を用いた）試みにおいて、ソーシャル・センターやコミュニティ・センターなどはカギとなるものだった。だから放課後に学校の校舎を地域コミュニティの目的のために用いることは、進歩的改革論者たちから格別に人気のあるテーマだった。しかし、そうした計画を推進していたのは、中立的な公共空間を会議や討議に用いたいと考えるバラバラのグループだったのである[43]。公開討論を組織することを提唱し、支持する運動が合衆国で発展したのは、第一次大戦直前の時期である[44]。こうした公開討論は普通、知識のある講演者と、聴衆からの質問を組み合わせたものだった。公的な議論自体は、質問の時間というやや窮屈な形式に閉じ込められてはいたが、公開討論を開く人々の核となっていた考えは、あくまでその聴衆を真の公衆へと変化させることにあった。こうした公開討論の狙いについて、グレン・フランクは一九一九年に次のように説明している。

ある種の人々の政治的創造性にとって、聴衆としての習慣は死と同義である[45]。

進歩的改革論者たちの狙いの一つは、酒の力抜きで、活気のある討議を繰り返し行ない、サロンの特徴を代替する公的空間を生み出すことにあった[46]。マサチューセッツ会衆派教会の長であったレイモンド・カルキンスの鋭い指摘によれば、サロンのあらゆる代替物は、「自己表現への欲求と、自分が投げ込まれた集まりに対する個人的な感情を刺激する」力がもともとのサロンに匹敵するほど強いものでなければならない[47]。しかし、ソーシャル・センターは、改革への希望という重荷をあまりに多く背負い過ぎていた。当時のソーシャル・センターは期待という重圧に押し潰されてしまったのである。マットソンの主張によれば、ソーシャル・センターに関わる運動家たちが、合衆国の第一次大戦への参戦に対する公的な支持を得る活動と結託したことで、「民主的な制度も、考え方も、長期にわたる敗北」に陥り、公的議論という力強い進歩的伝統は一九二〇年代までに死滅してしまったという(48)。

しかし、一九三〇年代に入ると、世界恐慌の影響も手伝って、地域コミュニティにおける公開討論や討議グループが再びアメリカ全土で形成されていった。一九三八年に出版されたある本では次のように述べられている。

> とりわけここ一〇年の間に始まった討論運動の成長は、異例だというほかない(49)。

一九三七年の『*New York Times*』も「一世紀前のライシーアム運動〔一九世紀前半のアメリカで起こった、労働者階級への社会教育を推進する文化運動〕さえ小さく見える公開討論の華々しいブーム」と報じている(50)。

しかし運動の力点は、討議を通じて新たなまとまりを生み出そうとする進歩的な試みから、民主的な議論の「プロセス」を強調する多元主義的なものへ大きく変化していた。その新たな（そしてデューイ主義者たちが持っていた）目的は、開かれた思考を持った個人を生み出すことであった。そこで目指されていたのは、常に適応し、変化し続けることが現代生活においては不可避であると理解している人間であった。

合衆国教育局のジョン・スチュードベーカーのもとで働いていたチェスター・S・ウィリアムズは一九三〇年代の公開討論運動における重要な人物だった。彼は次のように主張している。

> 現代の現実世界において、今の体制は時代遅れである。（中略）我々の今後を決めるのは教育だ。それは、我々が望む新たな社会秩序を生み出す助けになるであろう(51)。

スチュードベーカーは、一九三〇年代の合衆国における公開討論の歴史の中で中心となる人物の一人である。彼は一九一七年に師範学校で修士号をとっている。彼はそこで、ウィリアム・H・カークパトリックに師事し、ジョン・デューイの影響を受けた。スチュードベーカーは教育哲学の世界では必ずしも進歩的だとはみなされていないが、進歩主義的な教育観に非常に精通していた人物なのである[52]。デモインの教育長を務めていた際には、成人教育に対する地域コミュニティからの要望にも非常に熱心にこたえた。

> 国民のための政府が機能するためには、市民教育が校門を出て、生徒たちの生活へと入っていかなければならない。このことは疑いない事実である[53]。

そう、彼は述べている。スチュードベーカーは公開討論番組を五年間放送するための資金をカーネギー財団から獲得し、一九三三年からデモインの公立学校システムを通して番組を運営したのである[54]。

カリフォルニア成人教育協会の演出家だったライマン・ブライソンとシカゴの政治学者キャロル・ウッディーがデモインの公開討論の指導者に任命された。この事実は、スチュードベーカーにデモインの公開討論番組というアイデアを与えたのがブライソンであることを示している[55]。ブライソンは一九二九年からカリフォルニア成人教育協会のディレクターとして既に類似の計画を運営した経験を持っていたからである。一九二九年から三〇年にかけて、ブライソンはサンディエゴで毎月第四日曜日、町の公開討論会と、七五〇人に上るそのオーディエンスに向けて、世界情勢を要約して話すという仕事を担っていた。彼はまた、サンディエゴ、ロングビーチ、パサディナ、ベーカーズフィールド、ロサンゼルスやその他の都市の公立学校で公開討論会を開催する計画の責任者も務めていた。ブライソンは様々な異なる意見の表明を促進する次のような方法を編み出した。

> 対立する意見をめぐる分極化が明確になった時点ですぐに、その集団をそこに存在する観点の数と同数のグループへと分割し、それぞれの考え方について、特に明瞭な意見を持っている人間に代弁させる。

そうすれば、それぞれの集団は、この「分割によるインターバル」のあとグループが再び合流するまでに、自分たちの意見を明確にし、表明するよう動機づけられるというわけである。[56] ブライソンはキャリアの早い段階から意見形成に関する技術を持っており、人が自分の意見を他人の意見と差異化し、表明するのを補助することに長けていた。

デモインの公開討論は公立学校システムの直接的な管理下におかれ、学校で放課後に催された。カーネギー財団からの援助金は、そこで話すのに適した論者(すなわち、「それぞれの分野の権威」)や公開討論を主導する人間に対して支払われることとなった。討論は州や地域の問題よりも全国的な、あるいは国際的な問題に焦点を当てて行なわれた。[57] 公開討論は話題提供者がまず前半部で話し、その後、「聴衆が討議に参加し、質問および、自身の個人的な意見を述べる」ことになっていた。[58] スチュードベーカーの説明によれば、登壇者は自分の意見を述べてもよいが、「他の意見もありえること、また、個々の聞き手は自分の考えを持つ権利があることを示唆」する。そうすればじきに、「聴衆たちは二つの対立する意見が立脚する事実をともに知りたいという欲求を抱くようになるだろう」というのだ。[59] 人口一四万四〇〇〇のデモインで、一九三四年までに公開討論に参加した成人の数は七万人に上ったと記録されている。[60] デモインの計画のこうした顕著な成功は全国的な注目を集めた。

コロンビア大学の師範学校に勤めるようになったライマン・ブライソンは、一九三四年に演説を行なっている。典型的なアメリカ国内のコミュニティに属する市民たちは「刺激的で議論を呼ぶような問題に関しては、あらゆる考え方の公平な説明に耳を傾けるだろうし、それによって自分の意見を冷静かつ論理的に表明することを学ぶ」だろう。ブライソンは聴衆たちにそう述べた。このことはデモインの事例が証明していると彼は言う。[61] それから二ヶ月後には、次のようなピッツバーグの記者の考えに同意を示している。公開討論は感情に対する安全弁であり、討議を通してのみ、現在の産業社会がはらむ「悲惨で破壊的な要素」に対処することは可能になる。彼はそう信じていたのである。[62]

しかし、デモインの事例を楽観的に評価していた人々が公開討議を好んだ理由は、ラディカリズムに対する防波堤とみなしていたということにとどまらない。それは、恒常的な議論と変化というデューイの考えが大衆化しうるということ、また、人々がより流動的で自由な進化した形の公的議論への導きを欲しているということを、少なくとも見かけ上は証明しているように見えたからである。

ジョン・スチュードベーカーは一九三四年に合衆国教育局長に任命されたとき、そうした公開討論のアイデアをたずさえてワシントンに赴いた。この国は「世論の理性的な発展に資する現在よりももっと優れた装置」を必要としていると彼は記者に対して語っている。[63]一九三五年にワシントンで彼が語ったのは、継続的な教育としての公開討論の重要性だった。

公的なものであれ、私的なものであれ、人間の影響下にあるあらゆるシステムの中で、公開討論ほど真の教育の導き手として優れたものは他にない。[64]

スチュードベーカーは連邦公開討論プロジェクトを開始する資金を勝ち取った。これは一九三六年から四一年にかけて実施されたもので、注目すべき計画であるにもかかわらず、ニューディールの中ではほとんど想起されることがない。六〇〇の地域コミュニティで総額一五〇万ドルをかけて行なわれた「モダン・アメリカ・タウンミーティング」には、二五〇万人を超える市民たちが参加している。[65] WPA(雇用対策局)の救済ワーカー(ニューディール政策における雇用対策の一環として雇われた労働者)たちが「芸術家、主任司書、会計士、速記者、特派員記者、配達人、タイピスト、広報職員」として何百人も雇われた。[66]ライマン・ブライソンとキャロル・ウッディーもこのプロジェクトで働くためにワシントンにやって来た。スチュードベーカーは自分の計画する公開討論が寛容を生み出し、誤解を減少させること、開放性と礼節だけでなく、「信頼と希望」を育てるだろうということを主張したのである。

一九三九年の調査によれば、五五七の公開討論会のうち、例会の広報のため、あるいは特別な討論会の内容を放送するためにラジオを用いたものは四四にとどまっているものの、公開討論プロジェクトのオーガナイザーたちはラジオに目を向け始めていた(67)。チャタヌーガでは、WDODやWAPOといった放送局が、毎週一五分間、夜の時間帯に公開討論会に関連したトーク番組を放送している。その番組では「数人の市民的な考えを持った地域住民や新聞記者、公開討論プロジェクトで働く職員やその他のスタッフ」たちによる会話が流された(68)。また、アトランタのWSBでは、新聞社のオーナー兼編集長であり、アトランタ公開討論会、およびジョージア州公開討論会の司会をしていたエミリー・ウッドワードが日曜ラジオ討論会を運営していた。公開討論会の司会者や企画者は放送を直接用いる技術を持っていたのである。

一九三〇年代に入ると、公開討論はその黎明期とは異なる目的を持つようになった。そこでのプロセスそのものがより重要になってきたのである。討議と意見形成と意見の変容は、現代の民主主義における生活の中で、恒久的に続く避けられない要素であると理解されるようになった。公開討論は大衆を自分の意見を表明し、それを反省する市民へと変化させる。また、常に暫定的な自分自身の意見を、責任を持って守る人間へと変容させる。こうした要素が、民主的な政府の存立を可能にするというのである。ライマン・ブライソンは一九三七年に次のように書き残している。

公開討論は有益である。それは自己満足を防ぎ、自分自身に対して常に疑念を持たせ続けるからだ。これこそ、長らく知恵の始まりとして認識されてきたことそのものである(69)。

放送を通じて聴衆へと伝達される公開討論の市民的な利益が、ほとんど想像もできないほど大きなものであると改革論者たちが考え始めたとき、ラジオはそうした思想や実践のただ中に、重要な新しい要素として台頭したのである。一九三〇年代の進歩主義的教育観に取り巻かれた環境の中に胚胎したラジオ討論は、市民的パラダイムを持ったラジオにおける番組の支柱となっていった。

ラジオ討論

ラジオが大衆による直接民主主義を促進するかもしれないと考えた人々も少数ではあるが一九三〇年代に存在した。そうした社会では、重要な問題を国民投票で決めるようになるかもしれない。そう彼らは考えていた。社会主義者のリーダーであったノーマン・トーマスは、ラジオ討論の信奉者であり、アメリカの民主主義をより直接的に民衆の意志にこたえるものにする力がラジオにあると信じていた。ルイス・ラドローによって提案された、議会が宣戦布告する際には国民投票を実施すべきであるとする憲法の修正条項が否決された翌年、一九三九年にトーマスは再び国民投票の案を取り上げている。ラジオによるタウン・ミーティングは、最も重要な国家的決断に関する全国的な議論や討議を即時的に行なうことを可能にするかもしれないというのだ。彼は次のような皮肉な発言をしている。

反リンチ法が非民主的である理由を南部の政治家が説明するよりも短い時間で、ラジオによるタウン・ミーティングは開催することができる。(70)

しかし、一九三〇年代の多くの民主的改革論者たちは、ラジオによる直接民主制を思い描いてはいなかった。彼らが想像していたのは、市民を活気づけ、積極性を持たせるとともに、彼らの市民的能力を鍛えるのに民主的な放送が一役買うということだった。民主主義を熱心に追い求めるリベラルな人々は、ラジオ時代におけるアメリカ人を単なる同時聴取をしている人々ではなく、連帯する市民へと変化させるには何が必要か、ということを考えていた。公開討議によって、全てのアメリカ人が公的に重要な問題に関して合理的な説得を受けることができるような、風通しの良い新たな民主主義を彼らは思い描いていたのである。政治的信条の影響力が強い時代にあっては、自分とは違う他者の視点を聞き、共感し、それを理解する能力が、社会的な性格の中で最も貴重なものになる。ラジオはそうした能力を持った個人を大量に生み出す展望を与えたのである。ライマン・ブライソンは公開討論の目的を「政治的、社会的過程をより合理的なものに変えていくという希望を持ちつつ、寛容な意見交換を促進することと」であると定義している[71]。ラジオ討論はラジオ時代の中で、最も目につきやすく、最も称えられると同時に、議論にもなった新たな試みの一つである。ルーズヴェルトは一九三六年、次のように述べている。

> ラジオは我が国民の文化生活に対して全面的に貢献しているが、放送のアメリカン・システムにおいて特に傑出しているのは、友好的な公開討論や公開ディベートを持続的に放送しているという点である[72]。

一九三〇年代にアメリカのラジオが持っていた民主的な情熱は、ニューディール時代のリベラルな想像力によって特徴づけられる。また、アメリカの民主主義にとって最大の脅威は人種や性別よりもむしろ階級による分断であるという、不況によってもたらされた感覚によって、そうした情熱はさらにかき立てられた。ラジオという技術は別々の側に分かれていたアメリカ人を共通の対話へと引き込む新たな手段であるように見えたのだった。

複数の視点を提示するラジオ討論の番組は、直接的には公開討論運動の影響やその派生形として成長した。進歩的な公開討論が地域的な事柄に重点を置いていたのに対して、一九三〇年代までに、討論の目的は、全国的、あるいは国際的な事柄に対する市民の理解を助けることに変わっていった。これによって、公開討議は特にネットワーク・ラジオに適合的になっていく。ジョン・スチュードベーカーは一九三五年に次のように主張している。

> 有権者は全国的、あるいは国際的な問題よりも地域的な問題の方が容易に理解できる。今日、そうした事情が彼らを当惑させている[73]。

同年五月に彼は、マイノリティ集団に公正な意見表明の場を与えることができる「公開討論を、電波にのせる手段としてのラジオの重要性」に言及している[74]。第一章で見たように、ラジオ業界は合衆国教育局におけるスチュードベーカーの活動をつぶさに観察していた。

当時、ジョン・ローヤルはNBCの別の幹部に対して次のように警告している。

この男は扱いを間違えると我々にとって非常に危険な存在になると認識している。彼がラジオにあまり深く接触してこないよう、気をつけねばならない(75)。

しかし同時に、ネットワークは政府が公開討論に関心を持っていることを好機としても捉えていた。公開討論運動の活動家たちは、政府による公開討論プロジェクトが誤っているという感覚を抱いていた。それゆえに、ラジオによって公開討論番組を数百万の人々に届けることの成果を、彼らはあまり楽観視していなかった。合衆国教育局のポール・シーツは「これの規模について、我々は幻想を抱くべきではない」と警鐘を鳴らしている。

七六〇〇万人の成人を教育し、市民的な事柄に取り組むことのできる必要最低限のレベルまで政治的、経済的なリテラシーを引き上げることだけでも、実際にそこにかかる労力は、圧倒的なものだ。それができると思っているのは折り紙付きの楽観主義者か究極の楽天家ぐらいであろう。

このような発言にもかかわらず、ラジオが問題に取り組むための技術的手段にはなり得ると彼は主張している。

賢い選択をするために必要な事実も、データも、リーダー的存在も持ち合わせていない家庭がラジオの前には存在している。そこに向けて、公的な事柄に関する議論を行なう、綿密に計画され、管理の行き届いた番組を放送することは、自治のプロセスへの個人の参加レベルの上昇に途方もない影響を与えるかもしれない。そのことは依然として事実である(76)。

シーツは市民的パラダイムを完璧に語り尽くした上で、マス・メディアは個人主義や自覚的な決断を生み出す装置になりうると確信していたのである。

ネットワークの公開討論：リスナーたちに多様な視点を

一九三〇年代半ばまでに、大手ラジオネットワークはそれぞれに自前の討論番組を持つようになった。『*University of Chicago Round Table*(以下、『ＵＣＲＴ』と略記)』は大学教員と公人が台本のない討論をスタジオで繰り広げる革新的かつ重要な番組だった。シカゴ大学学長のロバート・ハッチンスの記述によれば、「一つ一つの討論がその道の権威によってなされていた」という[77]。この番組は一九三一年にシカゴのラジオ局、ＷＭＡＱで開始され、一九三三年一〇月から一九五五年まではＮＢＣのネットワーク番組として放送された。『ＵＣＲＴ』は公的な事柄に関しての対話における意見表明やそうした意見を比較する作業の模範となるよう設計されていた。参加者の人数は三人になることが好まれた。多くの問題に関して二つ以上の立場がありうることを示すためである[78]。

シカゴ大学は教育放送との協力を支持する組織として早くから頭角を現しており、ＮＢＣ傘下のＷＭＡＱや、そこで文化・教育部長を務めていたジュディス・ウォーラーとも長らく協力関係を続けていた。ロバート・ハッチンスが一九三一年にウォーラーにあてて書き送った文書では、大学とＷＭＡＱとの九年にわたる協力によって、「教育的な内容のみを放送する専門局よりも、多様な番組を有する強力な放送局を用いた方が、多くの聴衆を得ることができるという当初の我々の判断は正しかったことが証明された」と述べられている[79]。後に大学とＮＢＣの間には、主に番組の時間変更をめぐって確執や不満が生じた時期も多くあるものの、シカゴ大学はＮＢＣを通して放送を続け、ネットワークの指導者との関係をはぐくんでいったのである。

一九三二年の大学によるラジオ番組に関するガイドでは、『ＵＣＲＴ』の背後にあった理念が説明されている。それによれば、公平性を担保する「おそらく唯一の方法」は「複数の偏った見方に触れながら公平な判断を下すリスナーの創造的な能力を信頼して、互いに相反する複数の視点を放送すること」であるという[80]。シカゴ大学放送協議会で産学連携に関するディレクターを務めていたアレン・ミラーは番組の目的を、次のような内容を明示することにあると述べている。

意見の違いを認識している知的な人々は友好的な討議に参加できるし、それを通してより詳細な理解に到達することができる。(81)

シカゴ大学の副学長のウィリアム・ベントンがそれ以前に、ベントン&ボールズ広告代理店でパートナーを組んでいたチェット・ボールズが、『UCRT』をもっと伝統的な討論番組に近づけてはどうかと提案してきたとき、ミラーは鋭い答えを返している。

『UCRT』の人間は現在の経済的、政治的、社会的状況を白黒はっきりさせた形で提示することを全く望んでいないのです。(82)

時としてそうした性質がコミュニケーションの障害になることもあった。番組では、そこで使われている言葉が誰にでも分かりやすくあるために、教授陣がアカデミックになり過ぎないよう常に注意を払っていた。一九三八年の番組ディレクターによる報告書には次のような記述がある。

番組で行なった事後分析では、ほとんど一般的なコメントしか出ない。教授たちは番組のあいだ中、そうしたコメントを出して時間を浪費し、屁理屈をこね回して真相に迫っていかない。(83)

番組は比較的固定化した論者の時、最もよく機能した。そうした論者たちは互いのことをよく知っており、分かりやすく、面白い方法で議論を行なうことができたのだ。だからジェームズ・ローランド・エンジェルは、既に互いによく知っているシカゴ学派ばかりで固めた場合に、最も番組がうまくいくと考えていた。(84) 番組によく出演していた教授陣は「他のアカデミック・グループよりも放送のテクニックに長けていた」とウィリアム・ベントンは指摘している。(85)

一九三〇年代のラジオ討論における争点は常に自然発生的な側面と計画された側面のバランスの上に成り立っていた。こうした公開討論番組が後の独断的なトーク番組と異なっている点の一つは、事前調査と計画という要素にある。ブライソンはカリフォルニアで、前述の「意見の分極化と表明」に関する自前のテクニックをラジオに利用した。「現実に意見を応酬することの生き生きした様子」を求めつつ、放送局向けの事前に用意された台本も必要だと考えたブライソンは三人の討論参加者を事前にランチに誘い、トピックに対する自由な会話の流れを把握しようと努めたのである。彼のかたわらには助監督が座っており、「最も印象的な発言や意見の違いのパターン」を記録した。その後、台本が作られる。台本では、「三人の論者がそれぞれの意見に割り振られており、自然発生的な発言は並べ替えられたり、編集されたりしながら、理路整然としていながらドラマチックな流れが形成された」という。(86)

『UCRT』もこれと同様に、台本はないものの、よく準備された番組だった。この番組の早い段階から、日曜日の放送に向けて、論者の意見を詳しく聞くための土曜のディナーが用意されていた。アレン・ミラーは後に、自分が行なった番組の準備方法について記述している。火曜の昼食時に、論者たちはディレクターと会い、「討論の順番を決め、その範囲を確定させた」という。しかし「もし論者たちが議論の中で衝突し始めたら、その論点の間、会合から連れ出すようにした。それは、番組の構造が出来上がるまでの間、自然発生的な議論を維持させるためだ」とミラーは回顧している。後に、番組が全国的により有名になって行くにつれて、その準備も洗練されていった。大学のラジオオフィスは討論会への参加者に対して、一週間前には調査メモを渡すようになった。そこには、討論で扱うトピックのバックグラウンドとなる調査や論文、そして、リスナーたちに、そのテーマについて既に知っていることを尋ねた質問紙に対する五〇人分の回答が含まれていた。(87) NBCは一九四一年にここからの流れの大筋を発表している。

八日前—調査部門が始動。討論参加者から彼らの意見を聴取。多くの出典から得られた事実関係の情報を彼らに提供。

六日前—調査スタッフが二ページの筋立てを作成し、討論者に送付。

五日前—シカゴにいる討論参加者同士の昼食をセッティング。この場で、議論の筋立てに変更を加える。この打ち合わせは普通、約三時間程度続く。

（中略）

前日—全ての参加者が土曜のディナーをともにして、筋立てやテーマについて全般的な議論を行なう。

当日—論者たちが大学内にあるミッチェル・タワー・スタジオに集合。非公式なリハーサルが「潤滑油」となる（これを録音して論者に聞かせることで、放送前に誤りをチェックできる）。緊張をほぐすため、リハーサルや放送の間、コーヒーやサンドイッチを提供するとよい。(88)

このように、『UCRT』は一九四一年までには高度に準備され、リハーサルも行なわれるようになっていたが、公式には「台本がない」とされていた。成功をおさめたこの番組がこれほど注意深く準備されていたという事実から、複数の意見による対話を放送するためには細かく監督することが必要だという当時の信念が読み取れる。シャーマン・ドライヤーはこの番組における自身の経験に基づいて、「自発的な議論は、十分な準備によってこそ、最もうまく成立する」と述べている。(89)

これだけの準備にもかかわらず、NBCはしばしばこの番組の「自発性」に対して不安を抱いていた。ジョン・ローヤルは一九三五年に次のように述べている。

多くの点であの番組は危険だ。台本無しに発言するのはラジオにおける言論の自由の究極ではあるのだが。(90)

一九三九年の五月、NBCの懸念は的中する。その月の『UCRT』が予定していた討論テーマは「黒人は抑圧されているか?」だった。論者としてはシカゴ大学教授のポール・ダグラスとルイス・ワース、そして全米黒人地位向上委員会（NAACP）会長のウォルター・ホワイトであった。シカゴのジュディス・ウォーラーはこの時、ジョン・ローヤルに懸念を示す電報を打っている。

片側の立場だけしか十分に代弁されていないため、このテーマが望ましいかどうか、私は疑問に感じます。もし賛同いただけるのであれば、「このテーマは南部ではあまりに議論を呼ぶものであるため、バランスのとれた議論を本質とする番組にはそぐわない」という旨の電報をシカゴ大学のシャーマン・ドライヤーに送ることを提案します。(91)

結局、提案された番組は中止となり、炭鉱のストライキに関する討論に差し替えられた。スケジュール変更の圧力が存在したのである。ジョン・ローヤルはNBC社長のトランメルにあてて、その番組は放送されるべきではなかったという旨の率直な手紙を送っている。

彼らは南部の人間にその番組を聴かせたいと考えていました。しかし、南部人としてのあなたが誰よりもご存知なように、黒人に関する問題については、議論にならないのです。(92)

ローヤルはおそらく、人種やそれに伴う権力の問題に関する世論の頑強さに直面した場合に、ニューディール時代の公開討論は十分な力を持たないということを直感的に理解していた。両方の意見を聞き、考えを変化させ、常に説得に開かれているということもまた、慣習化した白人優位主義の前では、アカデミックな世界の偏見にすぎないものだったのである。

その学者的な雰囲気にもかかわらず、『UCRT』は比較的人気のある番組となった。この番組は日曜朝に四二の局から放送されていたが、一九三八年には、より多くの聴衆を求めて、夜の時間帯に二四の局から放送される体制へと移った。ベントンは『UCRT』の「聴衆の多くが教会に通う人々である」と確信していたのだ。(93)おそらく彼は正しかった。一九三九年から四一年までの間にその聴衆は五五パーセントも増加する。一九四〇年までには、『UCRT』はネットワーク・ラジオにおいて最も人気のある討論番組になっていた。(94)合衆国が第二次大戦に突入していくという難局の中で、このようにオーディエンスが増加したことには、戦争問題に関連する番組内容が一役買っていた。『UCRT』自体は慎重に無党派性を貫いていたが、シカゴ大学は、学長のロバート・ハッチンス、および副学長のウィリアム・ベントンの立ち位置によって、世間では孤立主義と結びついていると考えられていた。一九四一年四月にハッチンスが行なった、戦争問題に関する全国放送の演説のあとで、彼が受け取った手紙を分析し、ベントンは「他国への介入に反対するものは言わぬ大衆が貧困層の中にも、要人の中にもいる」と結論づけている。[95]『UCRT』にとって、戦争に関する論争はアカデミックな関心と大衆のそれを結びつける力となったのである。

ウィリアム・ベントンは一九三七年にシカゴ大学の副学長に就任している。その理由の一端は、彼がラジオや映画の教育利用を促進することに興味を持っていたことにある。『UCRT』を文句なしの成功へと導くことを目指して、彼は積極的に番組に関する新しいアイデアを発展させていった。ベントンは広告および、娯楽ラジオという自分の研究背景を生かして、自身が「よき教育であると同時に、よき放送である」[96]と認識できるような番組を作ろうとしていたのである。一九三八年、彼はCBSに新しい別の討論番組を提案している。それは「America Votes(アメリカの投票)」と名づけられたもので、「民主主義の実験」と称して売り込まれた。そこでは、「極めて重要な公的な関心事」が「全国的に知られた、政治的信条の喧伝者たち」によって議論される。さらにそのあと、「その問題に関して論じるのに特に適した、権威ある大学教授」が争点を分析し、最終的に世論調査の結果が発表されるという構成になっていた。この番組は「多くの娯楽的要素と、偏りのない分析を行なおうとする努力、多くの人々が何を考えているのかを知ることができる毎週の機会」といった要素を兼ね備えていると熱心に語った。[97]

この番組は結局、実現しなかった。しかし、ラジオ討論の様々な要素を応用しようとしたベントンの試みは、市民的パラダイムの時代における創造性を明確に示している。それは、当時におけるアカデミックな専門性と世論と娯楽をいかにして組み合わせるかということに関する創造性であった。

ライマン・ブライソンの『*People's Platform*』は、『UCRT』をモデルにして、後に登場した変形版である。第二章で論じたように、それは典型的な市民的パラダイムの討論番組であった。この番組の初期のうたい文句では、リスナーが自分の意見を形成するという究極的な目標が強調されていた。この番組が成人教育における訓練であると明確に意識されるようになったのはそのためである。番組の計画段階において、そのタイトルは「What Do You Think?（あなたはどう思いますか?）」だった。

様々な人生を歩み、異なる意見を持った人が含まれるグループを作る。彼らは専門家に導かれながら実際のディナー・テーブルを囲み、国家的な問題に関して、私的で対話的な雰囲気の中、議論を行なう。そして毎回の放送は次のような質問で締めくくるのだ。「あなたはどう思いますか?」[98]

『*People's Platform*』の基礎的なアイデアは明らかにこの初期のシステムの中に存在している。それどころか、むしろ聴衆の意見形成に向けての道すじはこちらの方が強く主張されていたともいえる。

スタジオで行なわれるこれらの討論番組は革新的かつ重要なものだった。しかし、公開討論運動や討論番組が全国的に発展していくにつれて、一九三〇年代半ばまでにはより野心的な要求が生まれてきた。ナマのオーディエンスを前にして、その場で質問することもできるラジオ討論番組が求められ始めたのである。放送事業者にとってみれば、これは台本のないスタジオ討論よりもはるかに危険なものだった。しかし、にもかかわらず、二つのネットワークがこうしたナマの聴衆参加型討論を行なったのである。

『*American Forum of the Air*』はミューチュアル・ネットワークで一九三七年から四九年まで放送された。内容は開会の演説、パネル・ディスカッション、聴衆からの質問で構成されていた。番組はワシントンDCの様々なホテルや、内務省の講堂スタジオから放送された。司会は弁護士のセオドア・グラニクが務めた。一九四五年の記録によれば、彼は「議員や、上級・下級官吏、新聞記者、外交官、軍の高官など、ほとんどありとあらゆる人物の知己をえていた」という。[99] この番組の論者は主に国会議員や、ワシントンを拠点とする政府機関の広報官だった。グラニクが言うには、下院議員が「ゲスト・リストの多くの部分を占めている。選択されるトピックにとって、彼らの意見が非常に重要だからだ」という。この番組の記録は『連邦議会議事録』にも取り入れられるにいたっている。[100] このミューチュアル・ネットワークによる番組は、全国的に見ればNBCやCBSによる他の討論番組と比べて聴衆の数は少なかったが、その影響力は新聞のコラムを通して広がりを見せた。そうした新聞のコラムには、論者たちが簡単に自分と他の論者の間にある意見の違いを述べた内容や、読者に手紙で番組への投票を促す内容が含まれていた。ある意見に賛成か、もしくはそれとは逆の意見に賛成か、あるいは第三の選択肢か、自分の意見にあたるものにチェックをつけて送れというのだ。同コラムには、「私は自分の考えを書いた手紙も同封する」という記述も見られる。コラムは読者に対して呼びかけた。

あなた方アメリカの公衆は、この問題について、いや、あらゆる問題について最終的な決断を下さねばならないのです。[101]

『America's Town Meeting of the Air』

最も有名かつ資金力のあるラジオ討論会は『*America's Town Meeting of the Air*（以下、『ATMA』と略記）』だった。この番組は一九三五年からNBCで放送され、NBCがいくつかのネットワークに分かれた後は、一九四三年から一九五六年までABCで放送された。連邦公開討論プロジェクトが宣言されたあと、ラジオに対して、討論番組に関するアイデアが多く寄せられた。ジョン・ローヤルは一九三五年四月に、NBCには「様々な方面からタウンホールの提案が寄せられている」と書いている。自らの組織と協力関係を結ぶことに関して、ジョン・ローヤルの説得に成功したのは、政治教育連盟のジョージ・V・デニー・Jr.だった。市民的な観点で価値のある論争は同時に、面白いものでもあったため、放送事業者たちを強く惹きつけたのである。ジョン・ローヤルは『ATMA』を自分にとって「子飼いのプロジェクト」であると考えており、デニーが開始当初から番組に与えていた演劇的な雰囲気を高く評価していた。デニーは自身のことをある時は教育者であり、またある時はエンターテイナーであると述べているが、NBCの番組においては、常にそれらが魅力的な形でミックスされていた。しかし、彼は自分の受け持つラジオ討論が果たす役割という目的に関しては常に真剣だった。

民主主義社会における市民として今日一日を生きるというだけでも、簡単なことではないのです。

彼は一九三六年にそう述べている。「党派制を持たない政治的教育を世界中に広めることは喫緊の不可欠な事柄で」あるというのだ。(102)

政治教育連盟(LPE)は一八九四年、ニューヨークにおいて女性参政権を認める法律が否決されたことを契機に、ニューヨークの女性団体によって設立された。この敗北の主な原因は男性や女性の間に広がる政治的無関心にあると総括した上で、この新しい組織はその目的を女性の権利を目指す運動を間接的に進めることにあるとしている。それはたとえば次のような記述だ。

公的な事柄や市民的制度、および良き政府といったものを幅広く、システマティックに学習することによって、そうしたものに対する女性の現実的な関心を喚起する。(103)

同連盟は一九二一年、四三番街にタウンホールを開き、一九三五年には、NBCが費用を負担する、全国的なラジオ討論会の企画を引き受ける契約を結んだ。番組の司会者はデニー自身が引き受けた。(104)彼は番組のアイデアがいかに興奮をそそるものであったかを回顧している。

ここにラジオの革新がある。四人の論者によって各一〇分ずつの演説が行なわれるが、彼らはみな異なる幅広い見解を有している。そんな彼らが同じ時間に同じ番組枠で話し、その場にいる一五〇〇人の聴衆から質問を受けるのだ。(105)

『ATMA』によって政治教育連盟が担う市民的活動の幅は大きく広がり、まもなくこの番組は、彼らの最も注目される活動となっていった。その結果、一九三七年にジョージ・デニーが連盟の会長に就任した際、組織の名前を「タウンホール」に改めることに反対する者はほとんどいなかったという。

一九三〇年代半ばまでに、ワシントンやその他の地域において、公開討論番組が、ラジオの為しうる、あるいは為すべき市民的、教育的貢献の中で非常に高い地位を占めるにいたっていたことは明白である。一九三六年の短い期間ではあるが、非常に熱狂的に支持された時期、NBCのジョン・ローヤルは公開討論番組をさらに強く推し進めることに期待すらしていた。彼はフランク・ラッセルに次のように書き送っている。

公開討論を国中に広めることを望む、とした昨夜の大統領によるコメントをスチュードベーカーは褒めそやすでしょうし、非常に喜んでもいるでしょう。(中略)そこで、NBCがこのアイデアを拝借し、選挙のあとすぐに始まる我が局の『*Town Hall of the Air*』に取り入れて、ローカル局にこの番組を放送させるというのはいかがでしょう[106]。

実際に放送事業者たちは、自分たちの戦略的、防衛的論理に対するリスクが付随すると知りつつ、公開討論番組を受け入れていった。しかし、彼らはすぐに気がついた。複数の意見を並べる形式は、議論を呼ぶ内容を扱う方法として便利だということに。一九三九年、デトロイトのドロシー・トンプソンが行なった、ドイツ系アメリカ人協会(GAB)(アメリカ国内で結成された、親ナチのドイツ系アメリカ人の団体)やそれに類する団体への反対演説を放送すべきか否かという問題とNBCが格闘していたとき、ジョン・ローヤルはRCA社長のデヴィッド・サーノフに対して次のように書き送った。

この問題は我々があまり取り上げたくない内容だと考えています。というのも、コントロールしきれないかもしれないからです。

しかし、『ATMA』がこの問題を解決できるかもしれない、と彼は付け加えている。

我々はタウンホールの議論でこの手の話をできるだけ多く確保するよう努めています。三月二三日木曜日に予定されている番組では、アメリカがドイツ系アメリカ人協会やそれに類する組織をどう扱うべきかについて話し合われますが、内容に関しては、これまでジョージ・デニーと打ち合わせを行なってきました。もしも〔こうした番組を使わずに〕特定の都市における反GAB集会を取り上げれば、おそらく我々は全国のそうした集会を取り上げねばならなくなるでしょう。それは非常に扱いの難しいものになってしまいます。[107]

つまり、公開討論という形式は、議論のある素材を議論のあるものとして囲い込み、それによって、放送事業者自身がそこから距離をおくことを可能にしたのである。

『ATMA』の放送は毎回、町の触れ役に扮した人物がベルを鳴らし、「今夜はタウン・ミーティングだ！」と宣言して、その日のトピックを紹介することからスタートした。その後、論者たちが事前に準備してある原稿を読み上げることになっていた。他の重要な公開討論番組と同様、『ATMA』も非常に綿密な準備によって成り立っていた。論者たちは放送日の朝に会って、原稿を見直すために午後の時間を費やした。さらに、論者のスピーチだけでなく、質疑応答の内容まで含んだ毎回の放送の記録が、コロンビア大学出版局から『*Bulletin of America's Town Meeting of the Air*』として出版され、各号一〇セントで販売された。

毎回、番組の最後の二〇分には、そこに集った聴衆から論者に対して二五語以内の短い質問が投げかけられた。番組初期には、気まずい沈黙を避けるため、聴衆の中に前もって準備した質問をする人間を紛れ込ませていたが、多くの質問は仕込まれていない聴衆の中から発せられた。ただし、「個人的な」質問は一切受けつけられず、なんらかのアイデアにあたるものだけが議論された。デニーが司会者として、個人的すぎるとみなした質問を排除したのである。[108]

ナマのオーディエンスたちは不確定要素を持ち込むとともに、時として他のスタジオ討論番組に欠けている劇的な展開や緊迫感をこの番組に与えていた。デニーは一九三五年の『ATMA』初回放送の前まで、自分がいかに番組に対して不安を抱いていたかを回顧している。

聴衆のあらゆるイレギュラーな、あるいは予期せぬ発言を扱うことに対して私がいかに無防備だったか。それを知っているのは私だけであった。誰も発言をしてくれないかもしれない。何人かの人が同時にしゃべり出すかもしれない。また、共産主義者が集会を乗っ取ろうとするかもしれないし、話している人間が互いを名指しし始める可能性もあった[109]。

しかしまもなく、『ATMA』のオーディエンスのうるささは、番組の提供する娯楽的要素のカギとなり、番組の評判として常に話題に上るものになっていった。当時の『*Movie-Radio Guide*』誌はこうした聴衆たちを「観客のヤジ」と表現している[110]。ジョージ・デニーを賞賛するある雑誌によれば、彼は「ヤジを発明したわけではない。しかし、ヤジを組織化し、エンターテイメントの主役として売り込んだ最初の人物である」という[111]。放送の前には、聴衆のウォーミングアップのために、四五分間の前座的な議論が用意されていた。これは番組初期にアーサー・ベスターかライマン・ブライソンによって導入されたものだ。ブライソンの回想によれば、彼の役割は、「聴衆を刺激し、論題に対する興奮状態に」持っていくことだった。そうすることで、論者たちは「既に盛り上がっているドラマチックな状況の中に入っていく」ことになるというのだ。『ATMA』は「現存するラジオ討論の中で最も完璧な形式を備えている。ある程度の論理性とやりとりを備えつつ、これほどの興奮をえるのは、他の形式では不可能だと考えている」と当時ブライソンは自身の見解を述べている[112]。

一九四一年のある本では、『ATMA』の「ヤジはリスナーにとって最高に熱いエンターテイメントだった」と述べられている[113]。デニー自身はこの番組のことをスリルにあふれた「我々全員に関係する事柄についての劇的な闘い」であると評している。なぜなら、「そこでは何が起こるか分からない」からだ、と[114]。シカゴからやってきた一五歳の少年も論争の中にこそ娯楽があったということを認めている。

憲法や政治的状況に関する長ったらしくて退屈な説明よりも、激しい論争の方が常に歓迎されています。[115]

『ＡＴＭＡ』の「自由さやくだけた雰囲気」によって、『*New York Times*』の批評家たちは「一九三五年の人気ラジオイベントの一角としてアマチュアによる番組」が台頭したことを再認識させられた。[116]『ＡＴＭＡ』は一般人の声を届けることができるラジオの能力を利用して作られた番組の魅力を示す新しい例だったのである。[117]一九三九年には、商業ネットワークが放送する夜の番組のうち、一六・七パーセントが聴衆参加型になっている。さらに、一九四〇年までには、その割合は二〇・一パーセントまで上昇する。[118]その意味で『ＡＴＭＡ』は、聴衆の意見形成と寛容性の促進と娯楽を組み合わせようと試みた、市民的パラダイムに依拠する重要な番組であったといえよう。

ジョージ・デニーは「タウンホール」の会長として、また、『ＡＴＭＡ』の司会者として常に番組の指導的な人物であった。彼は一八九九年、ノースカロライナ州のワシントン郡で生まれ、六年間陸軍士官学校に在籍したのち、ノースカロライナ大学の商学部で学んだという経歴の持ち主である。彼は学生時代、「洋服の委託販売をしたり、同級生にダンスを教えたりして」自分で生計を立てていた。[119]大学で彼はカロライナ・プレイメーカーズで活動し、一九二四年から二六年まではその運営にあたっていた。当時、この大学には、演劇の教授としてフレデリック・Ｈ・コッホという人物がいた。彼は、地域の民俗誌的演劇の制作を自身の使命であると考えていた。民俗誌的演劇とは「我々ごく普通の人間の生活に深く根を下ろした」演劇であるという。デニーは疑いなく、このコッホの演劇制作の精神に影響を受けている。彼はこうした精神を吸収しつつ、それと同時に企業家的、経営者的なスキルも身につけていったのである。[120]彼はその後、短い期間、ニューヨークのステージに立ったり、コロンビア大学の公開講座を主導したりといった活動を行なったあと、一九三〇年に政治教育連盟の副会長に任命された。

デニーは自身が演劇の訓練を受けていたこともあり、教育的、市民的ラジオにも娯楽としての力が必要だと主張する人々の中心的存在となった。彼の記述によれば、『ＡＴＭＡ』を構成する三つの要素は、「教育的な整合性、娯楽的要素、そしてフェアプレイ」であったという。ただし、他の記述では戦いとスリルとフェアプレイが三要素として挙げられている[121]。たしかに、番組冒頭に登場する町の触れ役から、彼が質問者を扱う際の当意即妙のやりとりにいたるまで、『ＡＴＭＡ』の放送には、多くの芝居的な要素があった。ＮＢＣに対して最初に売り込みをかけたときから、彼は番組の討議時間に質問する人やヤジを飛ばす人々は「プロの役者」になる可能性がある、とほのめかしてすらいたのである[122]。

　アイオワ出身のジョン・スチュードベーカーやネブラスカ出身のライマン・ブライソンと同様に、ノースカロライナ出身者であるジョージ・デニーも合衆国の大都市圏の外から現れ、民主主義の復興に関するメッセージを運んできたのである。彼はハーヴァード大学で行なったスピーチで次のように述べている。

> 南部の人間がアメリカのタウン・ミーティング発祥の地にやってきて、その復興を主張するなどということは、一見、おこがましいことに思えるかもしれません[123]。

中西部の人間であるスチュードベーカーやブライソンはまず最初に公開討議の場としての公立学校に興味を引かれた。これに対して、南部人であるデニーにとっては、具体的な場所性を無化するラジオこそが最も民主的な可能性を有しているように見えたのである。煎じ詰めれば、放送とは同一の議論をあらゆる人に伝えることを可能にする手段であった。黒人と白人がオープンに公的議論を交わすことができない地域や、公立学校が共有の民主的な場として扱われていない地域であっても、ラジオは国内であればあらゆる場所にそうした議論を届けることができたのだから。

　多様な視点に触れることは市民としても、一個人としても得るところが大きい。そんな市民的パラダイムの中心的思想をデニーは休むことなく喧伝した。

民主党支持者は民主党支持者の意見しか聞かず、共和党支持者も共和党支持者の意見しか耳に入れず、また、孤立主義者もやはり、孤立主義者の意見しか聞かないとしたら、これを公正かつ賢明な政治教育システムなどと呼べるだろうか？　レッテル貼りさえすれば、その程度のことはバカでもできてしまう。[124]

『ＡＴＭＡ』の発案に関してデニーがいつも語っていたストーリーによれば、デニーはある夜、自宅に向かって歩いている途中で番組のアイデアをひらめいたという。その夜、彼は隣人の一人にでくわした。その人はデニーに向けて、「ラジオでルーズヴェルトの話を聴いているところを見られるぐらいなら撃たれた方がましだ」と述べたというのだ。デニーはそのとき、胸中で考えた。

ここに聴くこと自体を拒否する人間がいる。ラジオが自分の部屋にあり、自分とは違う立場の人の言い分を聴く機会も持っているにもかかわらず、意図的に心を閉ざしてしまっているのだ。我々と同じように新聞を読むにしても、彼が読むのは自分が同意できるものだけであって、逆の考えを持った新聞を読むことはない。友人の話に耳を傾けたとしても、その友人は彼自身とよく似た信念を持っている人に限られる。このことは民主主義にとって非常に危険である。真の危機がここにあるのだ！

彼の回顧によれば、「私はこの時、彼のような人が自分の側の意見を聞くためには逆の意見も聞かねばならなくなる、ラジオ番組を発展させることを決意したのだ」という。[125] 民主主義は「多様な視点を持った人々がともに考えをめぐらせる」場合にのみ、機能する。デニーはそう信じていた。[126] 彼に言わせれば、共感しながら聞くのが理想であるが、まず自分とは逆の意見を聞くことがその第一歩である。

我々が互いの問題点を理解していくためには、すすんで他者の意見を聞く必要がある。[127]

『ATMA』の初期のリスナーたちは番組が要求するところを理解しており、番組の送り手側とよく似た言葉遣いで温かい反応を返していた[128]。

様々な意見の権威ある代表者たちによる、知的かつ自由な討議を実際に聞けるなんて、かつては信じられませんでした[129]。

あるリスナーはこのような手紙を寄せている。『ATMA』のファンたちは、番組が果たす機能の社会的重要性や緊急性といった意義を理解し、支持してもいたのである。退役したある海軍将校は、番組に寄せた手紙の中で、アメリカの民衆を変化や近代性といったものに馴染ませるにあたって、この番組が重要である、という自身の感覚を詳しく述べている。

我々は、時間や空間や変化といったものに対する考えの制約を取り除かなくてはなりません。(中略)今日、航空時代の危険についてよく言及されていますが、我々自身もまた、航空時代の思考力を持たねばなりません。より高く飛び、先入観や地域的な狭い視点、無知や無関心を超えて行かねばならないのです[130]。

リスナーからの手紙に多く見られたもう一つのテーマは知的なリスナーの水準に合致したラジオ番組に対する感謝の表明だった。あるリスナーは次のように書き送っている。

私の考えでは、知性ある人間が民主主義を強化するために、手近に存在するありとあらゆる手段を用いることがこれほど重要になった時代は今までになかったでしょう[131]。

最も熱心かつ市民的精神を持っていた『ATMA』のリスナーたちは、番組の機能の社会的重要性や緊急性に関する番組の言い分を理解し、支持していたし、知的で公的な精神を持ったリスナーとして、番組からの質問にも熱心にこたえた。ロサンゼルスに住む医者は次のような手紙を書き送っている。「人間は自己中

『ATMA』の広告
『ATMA』はNBCにとって，公共サービス番組のフラッグシップだった．『ATMA』が市民的パラダイムの美徳を体現していたからである．その美徳とは，批判的な知性のみならず，自分と違う考え方に対する寛容と共感をも育てることであった．この広告のタイトルは「アメリカを両方の視点から見るには？」である．“How Can I Make America See Both Sides?” *Broadcasting* 17, no. 7 (Oct. 1, 1939): 29. ©2009, NBC Universal Inc., All Rights Reserved.

心性を乗り越えられないため、自己中心的で不寛容かつ無知な人間を想定して引きつけていかねばならない。政治は常にそうしたことを前提に置いている。」しかし、と彼は続ける。『ＡＴＭＡ』の分析的な議論を通して、「人は自分の考えに対するうぬぼれから解放され、考える人間へと変わっていく」というのだ[132]。これらの「知的なリスナー」を自認する人々は、『ＡＴＭＡ』の良心的なリスナーとして、自身が持つ思考の開放性に誇りを持っていた。新しい情報を理解することに長けており、論理的な説得に心を開いていると彼らは自認していたのだ。一九三六年一〇月にハドリー・キャントリルが『ＡＴＭＡ』のリスナー五〇〇人と、会場の出席者五〇〇人に対して調査を行なった結果は以下のようになっている。まずラジオ聴取者のうち、

七二パーセントが、自分が会場で話せないのをもどかしいと思っている。

会場の聴衆：

九六パーセントが放送を通すよりもナマの会場にいる方が興奮すると感じている。

七九パーセントが会場で聞く方がラジオよりも論者から影響を受ける。

両方の聴衆（合計一〇〇〇人）：

二八パーセントがいつも、放送後も議論を続ける。

五〇パーセントが多くの場合、放送後も議論を続ける。

九〇パーセントが多くの場合、関連するものを読むことで議論内容を追跡調査している。

三四パーセントが、自身の意見が変化したと思っている。

七七パーセントが電話を所有している。

七二パーセントが車を所有している。

五〇パーセントが論題の決定的な解決がないことを好む。

五九パーセントが論者の使う難解な言葉が気にならないとしている。

八二パーセントが商業的なスポンサーを好まない。

八四パーセントが商業的なスポンサーによって番組が偏向してしまうと信じている。

ジョージ・デニーはロックフェラー財団のジョン・マーシャルに対し、「ここに強力かつ重要な新事実があります。実に三四パーセントの人が意見を変えたというのです」と書き送っている[133]。これこそは、市民的パラダイムにおける、この番組の最も強い正当性となった。

その一方で、オハイオ州立大学のある研究によれば、学齢期の『ATMA』リスナーたちのうち、番組を見たあとで意見が変わった者はほとんどおらず、変化した者も、聴取前と同じ思想傾向(ラディカル・リベラル・反動など)の枠内にとどまっていたという[134]。また、コロンビア大学のラジオ調査局によれば、「この番組に届くファンレターの多くは社会経済的地位が高い人」や大都市からのものであり、したがって、この番組は「意図したグループの人々には届いていない」とされている[135]。こうした相対立する証拠はあるものの、これらを通して明らかになるのは、リスナーの意見変容こそがラジオ討論の成功の尺度であるという合意が、一九三〇年代当時、成立していたということである。

ラジオ討論に常につきまとっていた教育的観点からの疑念は、番組の利益がナマの聴衆の中にいる能動的聴取者には行き渡っても、家庭にいる受動的な聴取者には届かないのではないか、ということだった。つまり、会場には公衆がいるかもしれないが、ラジオ番組を聴いている家庭には聴衆しか存在しないというのである。こうした批判への対応策の一つは、放送のあとも議論を続けるために、『ATMA』の聴取者グループを組織することであった。にもかかわらず、ハーヴァードのカール・フリードリヒは一九四〇年にジェームズ・ローランド・エンジェルに向けて、好意的な批判を交えながら、次のような手紙を送っている。彼の主張によれば、『ATMA』がニューイングランドのタウン・ミーティングの復活を繰り返し主張したにもかかわらず、「共同体の市民による、重要な政治的問題に関する民主的議論」という形式を復興することは、現実には失敗したというのだ。そのかわりに、「権威ある人々が自分の見解を表明し、そんなことがなければ、受動的な聴衆だったはずの人々から質問を受けるようにはなりました。(中略)しかし、現前する問題の解決に、グループそれ自体が参加しているとは誰も感じていないのです」と彼は述べている。これに対する返答の中で、エンジェルはフリードリヒに商業的な拘束について考えるよう促した。放送にあたっているラジオ局は「放送に登場する著名人が明らかに公的な関心を引きつけるだろう」という保証を必要としているというのだ。

その影響で、本物のタウン・ミーティングのシチュエーションにするか、決められた演説をし、そのあと、論者が質問を受ける現在のような形式を選ぶか、という選択を迫られるのです[136]。

ラジオで福音主義の伝道者も務めていた、成人教育家のハリー・オーヴァストリートとボナロ・オーヴァストリートはこの種の批判に対する答えを用意していた。『ATMA』の伝記として定評のある本の中で、彼らは『ATMA』の質問時間が持つ、全国規模の教育的効果について次のように説明している。『ATMA』の質問時間によって、何百万という人々が「質問してもよいというムード」を共有するようになり、リスナーたちは「自分の感じている混乱と距離をあけて、それをほんの少し明確に見つめる機会」を得るという。さらに、家庭内にいるリスナーたちは少なくとも自分の中では質問を思い浮かべているし、「提示されたものの、答えられずに終わった質問があったとしても、それは尋ねられることすらなかった質問とは天と地ほども違う」とも彼らは指摘する[137]。リスナーの作業が自身の意見を育て、それを更新していくことだとするならば、ラジオ討論は少なくともその作業に価値ある刺激を与えているのだ。ナマの全国放送における質問時間は、能動的聴取者が公衆になっていく道すじのモデルを提示する。それによって、熱心なリスナーたちは自己反省や、新しいアイデアに対する開放的な思考へと強く誘われるのである。一九三六年のある放送では、聴衆の一人がライマン・ブライソンに対して次のように述べている。

私たちはみな、自分の考えを十分に表現する機会を得たいと思っています。(中略)ここにいる各個人が自分特有の考えを表明せねばならないのです。

ブライソンはこれに同意し、「我々はみな、ありのままの自分でいるための機会を求めて」おり、「自分の人格がこの世界においてなんらかの価値を持つよう、願っているのです」と返答している(138)。一九四〇年の六月、テンプル大学はデニーに名誉博士号を授与し、表彰状の中で、『ATMA』に対する見解を示した。そこでは、『ATMA』は「合衆国において民主主義が不可欠な、非常に力強い存在であるということ、そしてこの国において、人間は自分の考えを表明してもよいのだということの生ける証明である」と述べられている(139)。他のラジオ討論と同じく、『ATMA』は教育的役割を持つものであるとみなされていた。その役割とは、リスナーたちの意見形成という点に尽きる。ラジオ討論は譲れない自説を持ちながら、論理的でもある個人の間にある差異を量産する手段になるはずだった。

しかし、意見形成とその主張は、討論番組が担う使命のほんの一部にすぎなかった。別の重要な役割は他者の見解に対する共感を育てることにあった。収録会場の旗には「寛容、論理、公正」の文字が高らかに掲げられていたのである。いずれも重要なものではあったが、この順序が選択されていたことの意義は大きい。他者の視点に対して寛容になり、それを深く理解することは、デニーのラジオ民主主義において最も重要な徳目だった。彼は毎回の番組を「隣人のみなさん、こんばんは」という挨拶から始めている。彼にとっての理想的な公共圏とは、理性的な議論が交わされる場というだけでなく、共感とつながりの場でもなければならなかった。これはデューイ的な考え方で、議論と人間関係の維持のプロセスが特定の結論にいたることよりも重要だというのである。一九四〇年の全国女性ラジオ委員会の調査によればラジオ討論番組は特に女性リスナーに人気があったという(140)。

政治教育連盟は女性参政権運動から発展した。それゆえに元の運動が持っていた市民権の改革という究極的な目標の痕跡が番組にも残っていた。デニーはしばしば権力について発言している。アメリカの民主主義においては、市民的意識を持ち、教育を受けたマイノリティは、「知的な市民として責任を持つよう訓練された独立の投票者として」一定の権力を得ることができるはずだというのである。一九三七年にある新聞記者に対して、彼はこう述べている。

これは、婦人が参政権を与えられたとき、フェミニスト的な思想が成し遂げたはずのことだ。(141)

デニーが唱導したのは、後にハーバーマスが描き出し、影響力を持った公共圏の理論的、仮想的な形態ではあったが、当時にあって、それは意識的な寛容性、変化への開放性、公的な対話への個人の積極的な関与といったデューイ的な原理を具現化したものであった(142)。オーヴァストリート夫妻は『ATMA』が持つパースペクティヴィズムの精神を詳細に説明している。

人は時として、まるで正しい答えを知っているかのように行動する。(中略)しかし(中略)彼らの見方は実際には自分たちが触れてきた経験や観察から形成された意見であるにすぎない。

さらに、ナイーヴな確信は誤った慰めしかもたらさないと彼らは言う。

自分たちの考えが正しいか否かを確信することが決してできない不安定な状況のもとに、我々は社会問題に取り組まねばならない(143)。

『ATMA』の哲学として誰もが認めているこうした言葉の中に、番組の基底にあった緊張感が凝縮されている。社会的な知識とは、経験と関連づけられた意見にすぎない。このテーゼ自体は疑いの余地がない事実である。すなわち、我々はこの認識論的に「不安定な」状況を受け入れ「なければならず」、社会的知識は事実そのものではないということこそが「ありのままの事実」であるというのだ。したがって、この番組の目的は自分自身を作りかえることにあった。オーヴァストリート夫妻の言によれば、それは「より民主主義的な線に沿って」自分を改造することである。我々は「現在よりもナイーヴでなくなり、怒りにくくなり、教条的で不作法な態度をとらないようになるために、十分な落ち着きを身につけるまでは、もっと多くの種類の精神的、社会的状況に」我が身をさらす必要がある。我々は「自分の考えを変えることがまだまだ得意ではないのだ」とオーヴァストリート夫妻は締めくくっている。[144]ここでは、「不確かさや変化に対する確信」という特徴的な表現によって、『ATMA』のデューイ主義的な性格が突出した形で示されているのだ。

『ATMA』の主な目的の一つは、「人々に自分で思考するよう促し」、「事実は複雑であって、すぐには理解できないであろうということを彼らに納得させる」ことにあったとデニーは書き綴っている。[145]『ATMA』の放送が終了したあと、デニーは討論団体を運営している人々に対する指導に着手した。その際も、彼は次のように述べている。

こうした会合の中で論じられているテーマについて、即時的に結論にたどり着こうとすることはほとんど不可能ですし、しばしばあまり望ましくありません。(中略)そのテーマに対してより成熟した考えが現れるまで、多くの提案に対する判断は保留せねばならないのです。[146]

この番組は、理想的な公開討論の場を生み出そうと試みた。それは、論理的な議論から結論が導き出されるというよりも、むしろ金と権力とプラグマティックな交渉によって成り立っている現実政治の世界とは異なり、開放的で常に暫定的かつ推論的で、冷静な場になるはずだったのである。

デニーの考えでは、「高度に複雑化、産業化、都市化した文明が、村落社会では成功していた議論の共有や相互理解といったやり方で物事を運営」しうるか否かが民主主義の試金石であった。[147]それはまさにリップマンの問いと同じものであった。『ATMA』の実践において、デニーはデューイ主義者的な答えを出していた。しかし、彼はリップマン的な疑問を呈することをやめたわけではなかった。それこそは彼にとって、常に開かれた状態にある問いであり続けたのである。「我々は民主主義に対する準備ができているだろうか?」彼は一九三五年の演説でこう問いかけている。デニーはこの演説の中で、健全な民主主義のためには、

「自己統治という試練に向き合うだけの能力を持った市民が必要である」と主張した[148]。さらに、彼は一九三七年に次のように問うている。

我々は民主主義を、社会の中の最悪の要素ではなく、最上の意志に呼応するものにしていく方法を発見できるだろうか？

能力テストは可能か？ あるいは望ましいことなのか？ 普遍的な参政権についてはどうだろうか？ 我々はこれを捨て去るべきか？ あるいは捨て去ってしまっていいのだろうか[149]？

これらは、いくつかの点で非常にショッキングなものではあるが、アメリカにおける民主主義の唱導者たちが考えるべき問題であった。しかし他方では、アメリカのリベラルな民主的原理に対して左右両方から寄せられる、この種の根本的、あるいは派生的な問いをデニーが積極的に放送しようとしたことによって、『ATMA』の成功は支えられていたともいえる。ジョージア州で人種による参政権の制限を主張したがゆえに満場一致で当選を果たした下院議員、ユージン・コックスは、一九四二年に『ATMA』の人頭税に関する議論の中で次のように述べている。

万人に参政権を与えることが良い結果を招くとは私には信じられない。別の言い方をすれば、本人の資質とは無関係に、あらゆる人間が政権を担い、自分の見方を表現すべきだなどとは私は考えていないのだ[150]。

『ATMA』は、民主主義を育てることをその役割や目的として掲げていたにもかかわらず、民主主義の範囲や機能に対する、根本的かつそれを動揺させるような質問ですら、論者が問いかけることを許していたのである。

さらに、『ATMA』はリスナーが既存の社会的、政治的、経済的状況を自然なもの、あるいは不可避なものであると考えることを良しとせず、別の社会的、政治的、経済的システムの提唱者に一貫して席を与えるようにしていた。注目すべきことに、『ＡＴＭＡ』は自由市場経済による民主主義システムにも疑問の目を向けており、アメリカ社会のありうべき選択肢の一つにすぎないものとして扱った。また、一九三五年の番組初回には、共産主義者、社会主義者、ファシスト、そして民主主義者が登場している。一九三六年のある回では「資本主義の道すじ―競争か、協力か」という問いが投げかけられ、「競争資本主義」を主張する論者と「協力資本主義」を主張する論者がともに出演した[151]。一九三〇年代半ばの『ＡＴＭＡ』では、本質に触れるような社会的、政治的な疑問を提示することが許されていたし、真に多様な観点が示されてもいた。初期に扱われたトピックには、社会的安全、経済的協力、タウンセンド・プラン〔大恐慌時代にフランシス・タウンセンドによって提唱された老齢年金制度〕、組合、世界平和、失業、プロパガンダ、外交政策、民主主義が含まれていた。

しかし、リスナーの中にはこうした開放性に対して敵対的な反応を示す人々もいた。『ＡＴＭＡ』の熱心なファンたちは番組制作者側のリベラルな言辞を模倣し、番組の開放性や変化に対する敏感さを褒めたたえる傾向にあった。これに対してその批判者たちは、アメリカの現状に対して疑問を呈するという、この番組が可能性を開き、促進していた要素に、偽りのラディカリズムをしばしば見いだした。フィラデルフィアの広告機関のオーナーからＮＢＣにあてて書かれた抗議の手紙には、政治教育連盟は「明白に共産主義の産物であるように見える。議論の性質だけではなく、論者が自身の見地から下す判断や、聴衆が番組の反体制的な綱領に対して示す熱烈な支持によってそう見えるのだ」と書き綴られていた[152]。

この手紙が指摘しているように、会場の聴衆はしばしば、ラジオのオーディエンスと異なる反応を示した。放送のリスナーたちは会場の聴衆たちによる反応を気にかけており、自分たちがそれを聴いて考えたことについてのコメントを手紙で送りつけることもあった。

「タウンホール」の会員である洗練されたニューヨーカーたちは、『ＡＴＭＡ』に惹きつけられていた聴衆の多くとは全く異なるバックグラウンドを有していた。

一九四〇年に、共和党の大統領候補、ウェンデル・ウィルキーとアットーニ・ジェネラル・ジャクソンが交わした討論において、オーディエンスの反応が偏っていたことが物議を醸したことがある。その際のデニーの説明によれば、放送に参加するためのチケットは二〇〇〇人分あって、そのうち、一二〇〇が「タウンホール」のメンバーに配られており、彼らは「間違いなく保守的で、おそらくウィルキー氏の意見を好んでいた」という[153]。こうした「タウンホール」の会員たちは、この放送に惹きつけられていた聴衆たちとの異質性によって、しばしば責めたてられた。ある女性は、会場の聴衆たちを嫌うあまり、自分と四人の友人は今後一切この会合に参加しないことに決めた、と一九三五年に書き送っている。彼女は聴衆たちのことを次のように形容する。

こんなに色々な鳴き声で騒ぎ立てる生き物の集団は見たことがありません。彼らの多くは東海岸のユダヤ人です。あの人たちの質問は的外れですし、非常に無礼です[154]。

また、『ATMA』のラジオリスナーたちは、放送時の観衆による雑音から推測される、ニューヨーク会場の観衆像についてもコメントを寄せている。ある匿名のリスナーは、会場内にいる「ユダヤ人社会主義者」の聴衆に、異質で非民主的な特徴を見ていたという。

あなた方の番組の質問者のほとんどはユダヤ人であり、彼らによるブーイングのやり口は、自分と異なる意見を持つ論者に襲いかかる狼の群れのように見えます[155]。

『ATMA』の論者や会場の観衆が、外国人的であるという批判は番組開始時から一貫して存在した。一九三五年にニュージャージーのある男性からなされた指摘によれば、番組の「背景を流れる雑音」の中からは、放送のあいだ中、「ひっきりなしにイタリアなまり、イギリスなまり、ドイツなまり、そしてユダヤなまりのあやしげな英語が聞こえてきた」という。彼はさらに、ラジオで話す人間には、「少なくともアメリカの市民権をえて三世代以上経過していること」が求められるべきだと提案している。[156]

『ATMA』は番組の初期には、あらゆる視点に開かれていることを力強く宣言していた。最初の放送で提示された問いは、「アメリカはどの道を歩むべきか？　ファシズムか、共産主義か、社会主義か、それとも民主主義か？」だったし、アメリカ労働者党の議長を務めていた共産主義者のA・J・マスティも論者に含まれていた。一九三八年のインタビューにおいても、デニーは「共産主義者も観衆の中には多く含まれており、木曜夜の放送では、自分たちの考え方を伝えたり、疑問を提示したりしている」と誇らしげに語っている。[157] 番組内で論者として登場した共産主義者は他にもいる。一九三八年には『*Daily Worker*』誌の編集長であり、共産党中央委員会のメンバーでもあったクラレンス・ハサウェイが、一九三九年一月にはアール・ブラウダーがそれぞれ番組で演説を行なった。しかし、一九三九年八月に独ソ不可侵条約が締結され、マーティン・ディーズの非米活動委員会による調査の文脈に共産主義やファシズムが含まれるようになってからは、デニーや「タウンホール」は、『ATMA』のマイクの前に共産主義者を立たせてもよいとする考えを改めるようになった。一九三九年の一二月、「タウンホール」の幹部会は、今後アール・ブラウダーや、ドイツ系アメリカ人協会の指導者であるフリッツ・クーンを番組に呼ばないという方針を四対二で可決している。[158] デニーの名義で出された「タウンホール」の報道発表がディーズの委員会に送られたが、その内容は次のようなものだった。ブラウダーやクーンは外国に対する忠誠を示しているため、「公正と誠実を本質とする討論において、公平な議論を行なう資格がない」というのだ。[159] このように、一九三九年までには、『ATMA』に対してデニーが抱いていた理想は大きな妥協を強いられることになったのである。

ラジオがアメリカの民主主義に対して何ができるのかを実践的に提示して見せたことによって、『ATMA』は急速に批評家の称賛を得ていった。NBCは公的な評判を求めていた。マーガレット・カスバートは一九三五年、準備段階の議論の中で、『ATMA』は

「間違いなく」全国女性ラジオ委員会から表彰されるだろうと予測している[160]。番組は定期的に賞を受け続けた。一九三八年の『*Radio Guide*』誌によれば、「この番組は公正と自由と民主主義を最もよく具現化したものであり、そのため、同種の番組の中で最良の番組に何度も選ばれてきた」という[161]。また、アメリカ国外における番組受容もNBCにとっては重要だった。一九三六年にジョン・ローヤルは『ATMA』の番組報を国際放送連合の代表団や、NBCのイギリス代表、ヨーロッパ代表に配布するシステムを作っている[162]。

『ATMA』の象徴的、政治的重要性にもかかわらず、ビジネスとしてNBCは地方の加盟局で全国的に番組を流すことを保証できなかった。『ATMA』の初回放送は一四局で放送され、一九三九年までには、八八局あるブルー・ネットワークのうち七八局から放送されるようになったが、南部ではその内容に制限がかかっていた。真に全国的な聴衆を獲得するためには、ネットワーク放送だけではなく、ローカル局による番組の受け入れが必要となるのが常だった[163]。ブルー・セクションはNBCの中では小規模で人気のないネットワークであり、しかも一九三〇年代後半まで『ATMA』は木曜の夜という時間帯の厳しい競争にさらされていたのである。一九三九年には、NBCのレッド・ネットワークのマクスウェル・ハウスやビング・クロスビー、CBSで放送されていたメジャー・ボウズのアマチュア・アワーに対抗するため、『ATMA』が「他のあらゆるラジオ番組と最も鋭く対置される番組」となることをジョン・ローヤルは承認している[164]。

NBCは自主制作番組である『ATMA』のコストの高さに対して何度も不満を表明しており、スポンサーに番組を売るという話も出ていた。そのため、デニーは『ATMA』が自主制作で、広告が入らない状態を続けることに賛同する声を集めてこなければならなかった。一九三九年、彼はローヤルに次のように書き送っている。

現在の形を継続することがNBCと「タウンホール」とアメリカの民主主義に最も資することになるだろうと私にはいよいよ強く思えてきます。（中略）我々はこの国に対する途方もなく大きな責任を背負っているのです。[165]

『ATMA』やその他の討論番組をスポンサーに売却することに対しては、社会主義者のリーダーであるノーマン・トーマスのような公開討論の唱導者たちからの強い反対があった。その一方で、ラジオ討論に好意的な別の層は、スポンサーをつけることが、安定して良い時間帯を確保する唯一の方法かもしれないという結論を出していた。一九四一年、『ATMA』は西海岸で午後一〇時に放送時間を移した。『ATMA』の討論グループから、一一時という時間は、放送後の議論を始めるには単純に遅すぎるという批判があったのだ。こうした時間変更の背景に階級的な偏りを見て取る者もいた。労働者はそんな遅い時間まで起きていられないというのである。あるカリフォルニアのリスナーは、『ATMA』は「一〇時という無礼な時間帯になるまで放送されない。この時間は全ての労働者がベッドに入っている時間だ」と述べている。[166]「タウンホール」のバイロン・ウィリアムズも西海岸から報告を送っている。それによれば、「私が話したほとんど全ての人から、こうした考えを聞かされ」ており、時間を買っているスポンサーだけが「良い時間に番組を聴く権利をリスナーに保証してくれる」ということに、今では多くの人が気づいてしまっているというのだ。[167] NBCはネットワークが分裂するまで、『ATMA』を自主制作の地位にとめおいた。その後、〔分裂した一方の局である〕ABCは、一九四三年に『ATMA』を商業化し、一九四四年には『*Reader's Digest*』誌をスポンサーにすえたが、その後はいくつかのスポンサーによる「協同出資」番組として売りに出している。

放送を超えて：聴取・討論団体

この時代の民主的ラジオに関する革新は討論番組だけに限られているわけではない。放送は民主主義を育てるためのラジオ利用のプロセスのうち、ほんの一部分にすぎないというコンセンサスが、ラジオや民主主義に関わる活動家たちの間にはあった。彼らにとってみれば、放送の後になされることも同じくらい大切だったのだ。最も重要なのは、個人の意見形成だったからである。人はラジオで多様な意見を聴き、刺激を受け取るだけでなく、意見形成の能力を発揮し、自身の意見を表明せねばならないと彼らは考えていた。

デューイと同様、デニーにとっても、対話とは結論にいたるためのものではなかった。ここにおいて、彼は戦後にラザースフェルドらが行なったコミュニケーション二段階の流れモデルの議論を先取りしていた。個々の人間による会話が、メディアによるメッセージの緩衝材となり、プロパガンダの効果に対する重要な防壁になると理解していたのである。「人々が物事について話し合うとき、彼らは自分たちの考えを交換している。」デニーは一九四三年の『*New York Times*』でそう説明している。そこで彼はヒトラーの方法を引き合いに出し、多くの聴衆を集めて演説が行なわれると、言葉は「催眠的な効果をもって受けとめられ、人々の感情に根深く入り込み、あらゆる論理的な説明に対して無感覚にしてしまう」と述べている。[168]「タウンホール」は他の民主的ラジオ唱導者たちと同じく、多様な意見を含んだ番組の放送は全体のうち、半分の役割にすぎないと常に主張していた。人々は注意深く聴き、自分たちが聴いたことについて議論するよう、教育されねばならないというのだ。一九三九年に公開討論プロジェクトが発行した『公開討論企画ハンドブック(*Forum Planning Handbook*)』の中の質問の一つに、次のようなものがあった。

ラジオであらゆる種類の議論を聴くことができるのに、なぜ公開討論を企画するのですか?

これに対する答えでは、議論を聴くだけではなく、参加することの重要性が強調されている。

単に準備された解説を消費しているだけでは、我々は身につけるべき水準まで理解力や意見を成長させられないのです。(中略)そうした解説を意義あるものにするためには、我々はその内容を消化し、反論を試み、それについて集団で議論しなければなりません。(中略)ラジオは面と向かっての議論の必要性を減じさせるどころか、むしろ増大させるものなのです。[169]

デニーはハーヴァードで成人教育としてのタウン・ミーティングについて演説を行なったが、その中でも彼は「我々は現在、教育のうちほんの一部分、すなわち刺激するという機能を担っているにすぎません」と述べている。ライマン・ブライソンは、デニーへの手紙の中でこの演説についてコメントした。

私たちは二人とも、討議が刺激としては最も重要なものであると理解していますね。つまり、それは全体のプロセスの一部分であって、思慮深い研究や社会実験といった他の要素も同じくらい欠かせないということを分かっているということです。しかし、どうやらスチュードベーカーは、討議がそれだけで十分に機能すると考えているように見えます。(中略)彼は間違っていると私は思います。(170)

以前の同僚が抱いていた公開討論への情熱に対するこうした私的な侮蔑の言葉の中で、ブライソンは当時の正統派の教育者が持っていた常識を明確に述べている。それは、ナマであろうが放送であろうが、討議だけでは市民的、教育的効果を生み出せないという考え方である。集団聴取をする団体を組織したことは、こうした問題に対する答えの一つだったのだ。

ハーヴァードの演説で、デニーは「タウンホール」の社屋に五階建ての野心的な建物を増設するという計画に言及している。その建物には、全国の聴取者団体や他の「タウンホール」支部を支援する新しい部署を設置するというのである。(171) 彼はこの戦略を、『ATMA』の第二期がうまく進んでいる時期に、全国「タウンホール」運動のために考案した。そこには、「教育を通じて民主主義に資する団体の永続化」を確かなものにし、「勃興しつつある独裁の気運」をつみとるという狙いがあったという。その主な目的は聴取者団体の形成を促進し、サポートすることにあった。

共通の公的な問題について議論するためのこうしたコミュニティ・フォーラムにおいては、政治的に独立した市民による団体が常にその規模を拡大しながら発達していくでしょう。そこにいる市民たちは、公的な問題に関する二つの、あるいはそれ以上に多様な意見を考慮できるよう自身を鍛え、その結果として先入観や熱情ではなく、知性に自らをゆだねて政治的代表者を選択する必要性にこたえようという心構えを持った人々です[172]。

「タウンホール」は従来の事業やタウンホール・アドヴァイザリー・サービス(THAS)を支えるための寄付を求めていた。THASとは討論団体を支援し、国家青年局の労働者を雇うという形で公的助成を得る部署である(一九三八年には二八人を実際に雇用している[173])。全国のアドヴァイザリー・サービスを運営するために、当時高く評価されていたウィスコンシン大学の公開講座部局の元部長、チェスター・D・スネルが雇われた。スネルはかつてのウィスコンシンの同僚に、次のように書き送っている。

討議団体を組織するのは簡単なことです。というのも、彼らは自分たちで組織を作ってから、このサービスに依頼を送ってくるからです。その要求は単純に言って、驚異的なものです。数日で七〇〇〇通を超える手紙が送られてくるのですから[174]。

各団体に送られたものの中に含まれていたのは、オーヴァストリート夫妻による『討議司会の手引き(*Town Meeting Discussion Leader's Handbook*)』のコピー、団体に属する各個人に配布される『討議の方法—討議団体メンバーの心得(*How to Discuss—Suggestions to Group Members*)』という冊子、前の週の放送内容の記録と番組で扱われた問題をさらに深く知るための参考書が書かれている『ATMA』の番組報であった[175]。一九三九年、カンザス州の人口六〇〇の町、ランサムにあった聴衆団体のメンバーの一人が「タウンホール」に自身の団体の運営状況について次のように書き送っている。

私たちは会合を、あなた方の放送が始まる一時間前、午後七時半に開始します。私たちは番組と同じテーマについて議論するのです。普通は大体三人程度の論者を用意しています。番組が始まると全員で聴取し、その後、質問時間を設けています。(中略)毎回出席しているメンバーは高校の教師、医者、二人のパン屋、商売人、カトリックの神父、メソジスト派の牧師、高校生、郡検事、『*Ness County News*』の編集者、二人の元州議会議員に農業従事者や労働者(以下略)[176]。

『ＡＴＭＡ』の討議団体はＮＢＣの放送で聴いた国内外の問題に関して議論するために集まったが、ウィルクス＝バレからの報告によれば、「しばしばそうした議論は地域的な問題に関する意見の表明へと流れていったり、多くの場合、毎週一回の討議を常設するという話のきっかけになったりした」という[177]。このことは、世界の出来事について議論することが、ローカルな市民としての訓練の助けになるというデニーの国際主義的信念を裏づけるものとなった。

まず全国的、あるいは国際的な問題について実際に取り組んでみることで、地域の公的な問題を議論する技術が育っていくのだ[178]。

とデニーは述べている。

これと全く同じ論理で、ラジオ討論や聴取者団体の唱導者たちは、それらの組み合わせが、市民的資質という問題に対してなんらかの影響を及ぼす力を持つのではないかという希望を抱いていた。一九四〇年までに合衆国では三〇〇〇を超える『ＡＴＭＡ』の討議団体が組織され、その三分の一が「タウンホール」との提携のために資金を支払い、刊行物や支援を受け取っていたと推定される。デニーは一〇〇〇のタウンホール・センターの開設と全国で毎週木曜日に五万の討論団体による会合を目標として設定するよう提案した[179]。有益な地域の公開討論を構築するためには、訓練された討論の専門家によるリーダーシップが不可欠であることを、ラジオ討論の唱導者たちは信じて疑わなかった。ラジオは他の場所から出来事を運び、高いレベルの刺激を与えるだろう。そして討議団体は公開討論の潜在能力を地域に適用し、実際に発揮させるために必要である、と。『ＡＴＭＡ』に寄せられた手紙を読んだオーヴァストリート夫妻は「アメリカ中から届いたどの手紙もこのことについて語っており、ほとんど例

外なく、これらの分類におさまっている」と興奮気味に述べている。(180)

地域のタウン・ミーティング的なラジオ番組もまた、デニーの大きな計画の一環だった。一九三九年までにシカゴ、コロンバス、ボストン、バッファロー、ローレンス、アルバカーキ、エル・パソ、メンフィス、フィラデルフィア、その他いくつかの場所でそうした番組は登場していた。(181)

オハイオでは、『*Columbus Town Meeting of the Air*』が一九三九年三月にWCOLから放送を開始している。第一回のテーマは「「非アメリカ的」とは何を意味するか？」であった。コロンバスの討論会は地域的な問題についても扱った。たとえばそれは、「コロンバスの失業対策とは？」「コロンバスは人々の健康のために何をしているか？」「コロンバスは交通問題に取り組んでいるか？」「我々の学校は民主主義に備えられているか？」といったトピックであった。(182)これは、地域のラジオ討論は地域の問題にトピックを限定してほしいという、ニューヨークの「タウンホール」本部の要望に沿ったものである。デニーはコロンバスに向けて手紙を書き送っている。そこには、「タウンホール」が助けになれることを嬉しく思うという内容とともに、「そのかわり」に「原則として地域的な問題を扱ってくれる」ことを信じているという要望も添えられていた。(183)しかし、コロンバス女学校の校長で、コロンバス・タウン・ミーティング顧問委員会のメンバーでもあったサミュエル・シェルバーガー博士はこれに賛同しなかった。彼の考えでは、テーマの大きさは地域単位、州単位の問題から全国的、国際的な規模の問題へと広がっていかねばならなかった。なぜなら「政治家たちは、ごくごく小さな村落にいたるまで、様々なコミュニティの意見を知りたがっている」からだという。(184)毎回のタウン・ミーティングの結論として投票を行なうべきか否かについて、コロンバスでは議論もあったが、公開討議の企画者たちには次のような共通の感覚があり、投票行為は回避された。

投票という行為によって感情を結晶化させようとする試みは、タウン・ミーティングの原則と真っ向から対立する。その原則の核心は、最終的に多数派に

よる結論へと行きつくよう試みることなく、開かれた自由な討議を行なうことにある。(185)

また、委員会のメンバーであり、オハイオ州立大学の成人教育の教授でもあったハーシェル・W・ニソンガーは報告書で自分たちの立場を次のように説明している。

我々は問題を解決したり、答えを出したりすることを討議に期待しているわけではない。場合によっては、討議は単に争点を明確化するだけで終わるだろう。しかし、それを聞いている全ての人たちにとってみれば、意見がより多くの情報に基づくものとなり、思考が刺激され、集団的な感情による動揺に対抗する自由がより強化されることになるのだ。(186)

ライマン・ブライソンは、ラジオの欠点の一つを補う試みとして、ラジオの聴取者団体を捉えていた。その欠点とは、「聴取はもはや必ずしも社会的な機能を果たさなくなった」という事実にある。ブライソンの主張によれば、成熟した男女は「自分自身の考えと他者が提示する考えの違いを寛容な目で見比べることで、自らの精神生活に活力を与え、力を取り戻していくのだ」という。しかし、市民的意味での利点はより一層重要だった。「最高のラジオ演説者」を「真に生産的に」聴くということは、しばしば反発や不安を抱くことであるとブライソンは定義している。

あらゆることにおいて自分は正しいに違いないという自己満足的な確信を抱いている我々を、彼らは不安にさせるのだ。

明らかにブライソンにとって、討議団体とは「知的水準の高い人々、考えが揺れ動くこと自体を楽しむ人々、自分と意見が違っていても、論理的な他者がいる可能性があることを理解できるだけの哲学的気質を持っている人々のため」のものだった。(187)しかし、公開討論の理念における核心である、考えの揺れ動きや新たな視点への常態的な開放性を楽しむだけの「十分な哲学的気質」を全てのアメリカ人が有しているわけではないことをブライソンはよく理解していた。後章では、こうした見方の帰結を明らかにしてみたい。

（1） Anne O'Hare McCormick, "Radio's Audience: Huge, Unprecedented," *New York Times*, April 3, 1932: SM4.

（2） Michael Schudson, *Discovering the News: A Social History of American Newspapers* (New York: Basic Books, 1978).

（3） *Third Annual Report of the Federal Radio Commission* (Washington DC: United States Government Printing Office, 1929): 32–34; "In Re Docket 4758," *Federal Communications Commission Reports* 6 (Washington DC: U.S. Government Printing Office, 1940): 372.

（4） Cass Sunstein, "Democracy and Filtering," *Communications of the ACM* 47, no. 12 (December 2004): 57.

（5） "Don't Monkey with the Buzz-Saw," *Advertising Age* 6, no. 26 (July 1, 1935): 10.

（6） Letter to James G. Harbord, June 4, 1935, folder 35, box 34, NBC records, WHS.

（7） 市民的な無関心や投票率の低さに関する懸念については、以下を参照。Michael McGerr, *The Decline of Popular Politics: The American North 1865–1928* (New York: Oxford University Press, 1986).

（8） Glenn Frank, "Radio as an Educational Force," *Annals of the American Academy of Political snd Social Science* 177 (January 1935): 120.

（9） Arthur Garfield Hays, "Civic Discussion over the Air," *Annals of the American Academy of Political and Social Science* 213, no. 1 (January 1941): 39.

（10） Jason Loviglio, *Radio's Intimate Public: Network Broadcasting and Mass-Mediated Democracy* (Minneapolis: University of Minnesota Press, 2005): 27.

（11） Bruce Lenthall, *Radio's America: The Great Depression and the Rise of Modern Mass Culture* (Chicago: University of Chicago Press): 85–87.

（12） Walter Lippmann, *Public Opinion* (New York: Harcourt, Brace, 1922): 400.〔掛川トミ子訳『世論（下）』岩波書店、一九八七年、二六〇頁〕

（13） Lippmann, *Public Opinion*: 310.〔『世論（下）』、一五八頁〕

（14） Walter Lippmann, *The Phantom Public* (New York: Macmillan, 1927): 14.〔河崎吉紀訳『幻の公衆』柏書房、二〇〇七年、一七頁〕

（15） Lippmann, *The Phantom Public*: 33–34.〔『幻の公衆』、三一頁〕

（16） この著作において、デューイは特に「自身が最も親近感を抱く民主的現実主義者たち」に向けて呼びかけた。ウエストブルックはそう主張している。Robert B. Westbrook, *John Dewey and American Democracy* (Ithaca: Cornell University Press, 1991): 294.

（17） Dewey, *The Public and Its Problems*: 158.〔阿部齊訳

『公衆とその諸問題』筑摩書房、二〇一四年、一九七頁〕
(18) Dewey, *The Public and Its Problems*: 208.〔『公衆とその諸問題』、二五五頁〕
(19) Dewey, *The Public and Its Problems*: 184.〔『公衆とその諸問題』、二三七頁〕
(20) Dewey, *The Public and Its Problems*: 142.〔『公衆とその諸問題』、一七七頁〕
(21) Dewey, *The Public and Its Problems*: 184.〔『公衆とその諸問題』、二三七頁〕
(22) Dewey, *The Public and Its Problems*: 213–16.〔『公衆とその諸問題』、二六二―二六七頁〕
(23) John Dewey, "Individualism Old and New," in Jo Ann Boydston (ed.), *The Later Works of John Dewey 1925–1953* Volume 5, *Essays 1929–30* (Carbondale: Southern Illinois University Press, 1990): 61.
(24) Dewey, *Individualism Old and New*: 61.
(25) John Dewey, "American Education Past and Future," in Jo Ann Boydston (ed.), *The Later Works of John Dewey 1925–1953* Volume 6 (Carbondale: Southern Illinois University Press, 1990): 97–98.
(26) John Dewey, *Individualism Old and New*: 82.
(27) John Dewey, *Individualism Old and New*: 82.
(28) John Dewey, *Individualism Old and New*: 86.
(29) John Dewey, *Individualism Old and New*: 88.
(30) John Dewey, *Individualism Old and New*: 116.
(31) John Dewey, "Radio's Influence on the Mind" (1934), in Jo Ann Boydston (ed.), *The Later Works of John Dewey 1925–1953* Volume 9 (Carbondale: Southern Illinois University Press, 1990): 309.
(32) John Dewey, "Philosophies of Freedom," in Jo Ann Boydston (ed.), *The Later Works of John Dewey 1925–1953* Volume 3 (Carbondale: Southern Illinois University Press, 1990): 113.
(33) John Dewey, "re *Ethics*," in Jo Ann Boydston (ed.), *The Later Works of John Dewey 1925–1953* Volume 3 (Carbondale: Southern Illinois University Press, 1990): 231.
(34) John Dewey, "What I Believe," in Jo Ann Boydston (ed.), *The Later Works of John Dewey 1925–1953* Volume 5 (Carbondale: Southern Illinois University Press, 1990): 271.
(35) John Dewey, *Liberalism and Social Action* in Jo Ann Boydston (ed.), *The Later Works of John Dewey 1925–1953* Volume 11 (Carbondale: Southern Illinois University Press, 1990): 30.
(36) Educational Policies Commision, *The Purposes of Education in American Democracy* (Washington, DC: Educational Policies Commission, 1938): 21.
(37) Educational Policies Commision, *The Purposes of Education in American Democracy*: 111.
(38) Educational Policies Commision, *The Purposes of Education in American Democracy*: 112.
(39) Frost, *Is American Radio Democratic?*: viii.
(40) Frost, *Is American Radio Democratic?*: x.

(41) Walter G. Preston Jr. to William Benton, April 10, 1941, folder 11, box 18, University of Chicago, Office of the Vice President Records 1937–46, UCSC.

(42) John Studebaker, “Educational Broadcasting in a Democracy,” speech given May 15, 1935, folder 36, box 36, NBC records, WHS.

(43) Paul S. Boyer, *Urban Masses and Moral Order in America 1820–1920* (Cambridge: Harvard University Press, 1978); William J. Reese, *Power and the Promise of School Reform* (New York: Teachers College Press, 2002), ch. 7 参照。

(44) Kevin Mattson, *Creating a Democratic Public: The Struggle for Urban Participatory Democracy during the Progressive Era* (University Park, PA: Pennsylvania State University Press, 1998): 44.

(45) 以下から引用。 Mattson, *Creating a Democratic Public*: 45.

(46) 進歩的、民主的な改革論者たちについては以下を参照。 Mattson, *Creating a Democratic Public*; Allen Freeman Davis, *Spearheads for Reform* (New Brunswick: Rutgers University Press, 1984): 79–83.

(47) Raymond Calkins, *Substitutes for the Saloon* (Boston: Houghton Mifflin, 1901): 2, 8.

(48) Mattson, *Creating a Democratic Public*: 106, 112.

(49) Lyman Judson and Ellen Judson, *Modern Group Discussion, Public and Private* (New York: H. W. Wilson, 1938): 3.

(50) Catherine Mackenzie, “Forums Booming All Over Nation,” *New York Times*, January 3, 1937: N7.

(51) Chester S. Williams, draft of incomplete book, *The Crisis of Education* (1938): 64, folder 4, box 2, Chester S. Williams Papers, University of Oregon Library.

(52) Alfonso Narvaez, “John W. Studebaker Dies at 102,” *New York Times*, July 28, 1989; William M. Keith, *Democracy as Discussion: Civic Education and the American Forum Movement* (Lanham, MD: Lexington Books, 2007): 100; Paul C. Pickett, “Contributions of John Ward Studebaker to American Education” (PhD diss., State University of Iowa, 1967): 40.

(53) Frank Ernest Hill, “Back to ‘Town Meetings,’” *New York Times*, September 15, 1935: SM9.

(54) Robert Kunzman and David Tyack, “Educational Forums of the 1930s: An Experiment in Adult Civic Education,” *American Journal of Education* 111, no. 3 (May 2005): 320–40 参照。

(55) Pickett, “Contributions of John Ward Studebaker to American Education.”

(56) Lyman Bryson, *A State Plan for Adult Education* (New York: American Association for Adult Education, 1934): 20–23.

(57) Frank Ernest Hill, “Back to ‘Town Meetings,’” *New York Times*, September 15, 1935: SM9.

(58) Wayne Gard, “Adults Learn by Talking,” *New York Times*, March 26, 1933: XX5.

(59) Hill, "Back to 'Town Meetings,'": SM9.

(60) J. W. Studebaker, *Education for Democracy* (Washington DC: U.S. Office of Education, 1936): 18; Hill, "Back to 'Town Meetings,'": SM9.

(61) Lyman Bryson, "Community Forums," box 20, Lyman Bryson papers, Manuscript Division, LOC.

(62) "Columbia Professor to Air His Views to Local Groups," *Pittsburgh Post-Gazette*, October 8, 1934: 17.

(63) Webster Peterson, "A National Forum Plan," *New York Times*, September 30, 1934: XX5.

(64) Radio address by John W. Studebaker, "Democracy's Demands upon Education," folder 12, box 1, Chester S. Williams papers, Special Collections, University of Oregon Library. ウィリアムの書いた書類を集積したこの場所にあるという事実は、この演説がウィリアムによって書かれた可能性も示唆している。

(65) Memorandum to Dr. Studebaker, May 21, 1940, Entry 189, box 5, Office of Education records, RG12, NACP. ニューディール期の討論運動や連邦討論プロジェクトについては以下を参照。
David Goddman, "Democracy and Public Discussion in the Progressive and New Deal Eras: From Civic Competence to the Expression of Opinion," *Studies in American Political Development* 18, no. 2 (Fall 2004): 81–111, and Kunzman and Tyack, "Educational Forums of the 1930s": 320–340.

(66) J. W. Studebaker, "'Let There Be Light': Federal Emergency Funds Advance Education," *Work* 3 (1936).

(67) Office of Education, "Summary of a Survey on Public Forums under Various Sponsorships" (July 1939): 8.

(68) Chattanooga-Hamilton County Public Forum, *Final Report of the Chattanooga-Hamilton County Public Forum April 1936–June 30, 1937*: 126. Copy in Chattanooga-Hamilton County Bicentennial Library.

(69) Lyman Bryson, "The Limits of Discussion," April 1937, typescript, box 20, Lyman Bryson papers, LOC.

(70) *Town Meeting: Bulletin of America's Town Meeting of the Air* 4, no. 25 (May 1, 1939): 5.

(71) Lyman Bryson, "Public Forums,"[speech from October 1936], box 20, Lyman Bryson papers, LOC.

(72) FCC press release, November 10, 1936, box 399, RG 173, FCC, Office of the Executive Director, General Correspondence 1927–46, 44–3, NACP.

(73) Hill, "Back to 'Town Meetings,'": SM9.

(74) John Studebaker, "Educational Broadcasting in a Democracy," speech given May 15, 1935, folder 36, box 36, NBC records, WHS.

(75) John Royal to Richard Patterson, May 3, 1935, box 108, Royal correspondence, NBC records, WHS.

(76) Paul H. Sheats, *Forums on the Air* (Washington DC: FREC, 1939): 6.

(77) これについてはたとえば以下を参照。
Robert Hutchins to Niles Trammell, November 6, 1944, folder 11, box 175, University of Chicago, Office of the

President—Hutchins Administration files, UCSC.

(78) Hugh Slotten, "Commercial Radio, Public Affairs Discourse and the Manipulation of Sound Scholarship: Isolationism, Wartime Civil Rights and the Collapse of the Attractiveness of Communism in America, 1933–1945," *Historical Journal of Film, Radio and Television* 25, no. 3 (August 2005): 374–75.

(79) Robert Hutchins to Judith Waller, June 23, 1931, folder 38, box 26, NBC records, WHS.

(80) *The University of Chicago Radio Program*, Spring 1932: 2.

(81) Allen Miller to William Benton, February 22, 1938, folder 1, box 2, University of Chicago, Office of the Vice President Records 1937–46, UCSC.

(82) Allen Miller to William Benton, February 22, 1938, folder 1, box 2, University of Chicago, Office of the Vice President Records 1937–46, UCSC.

(83) Charles Newton to William Benton, April 18, 1938, folder 3, box 2, University of Chicago, Office of the Vice President Records 1937–46, UCSC.

(84) James Rowland Angell to William Benton, May 17, 1938, folder 1, box 1, University of Chicago, Office of Vice President Records 1937–46, UCSC.

(85) William Benton to James Rowland Angell, December 8, 1937, folder 1, box 1, University of Chicago, Office of Vice President Records 1937–46, UCSC.

(86) Lyman Bryson, *A State Plan for Adult Education* (New York: American Association for Adult Education, 1934): 50–52.

(87) Allen Miller to Charter Heslep, 15 July, 1963. Allen Miller Papers, WHS; Sherman Dryer, *Radio in Wartime* (New York: Greenberg, 1942): 184.

(88) *NBC Presents: Programs in the Public Interest* 3, no. 6 (February 1941): 4.

(89) Sherman Dryer, *Radio in Wartime*: 179.

(90) John Royal to Richard Patterson, March 22, 1935, folder 24, box 35, NBC records, WHS.

(91) Telegram Waller to Royal, May 12, 1939, folder 32, box 73, NBC records, WHS.

(92) John Royal to Niles Trammell, July 6, 1939, folder 32, box 73, NBC records, WHS.
このやりとりについては以下の研究でも議論されている。Barbara Dianne Savage, *Broadcasting Freedom: Radio, War and the Politics of Race 1938–1948* (Chapel Hill: University of North Carolina Press, 1999): 195–97; Slotten, "Commercial Radio, Public Affairs Discourse and the Manipulation of Sound Scholarship": 383–84.

(93) William Benton to James Rowland Angell, February 25, 1938, and May 16, 1938, folder 1, box 1, University of Chicago, Office of Vice President Records 1937–46, UCSC.

(94) 視聴率のデータに関しては、一九四〇年から四一年にかけてルーシー・ペリーとウィリアム・ベントンの間で行なわれた一連のやりとりの中に記述がある。書誌情報は以下。

Correspondence between Lucy Perry and William Benton through 1940 and 1941, folder 9, box 18, University of Chicago Office of the Vice President Records 1937–46, UCSC.

(95) この箇所に関しては以下の研究から引用している。James C. Schneider, *Should America Go to War? The Debate over Foreign Policy in Chicago, 1939–1941* (Chapel Hill, NC: University of North Carolina Press, 1989): 191.

(96) William Benton to James Rowland Angell, December 8, 1937, folder 18, box 1, University of Chicago, Office of the Vice President Records 1937–46, UCSC.

(97) Telegram William Benton to William Lewis, June 6, 1938, folder 1, box 1, University of Chicago, Office of Vice President Records 1937–46, UCSC.

(98) Stirling Fisher to William Benton, February 8, 1938, folder 1, box 1, University of Chicago, Office of Vice President Records 1937–46, UCSC.

(99) *St. Peterburg Times*, August 19, 1945: 37; David Goodman, "Programming in the Public Interest: America's Town Meeting of the Air," in Michele Hilmes (ed.), *NBC: America's Network* (Berkeley: University of California Press, 2007): 44–60.

(100) R. W. Stewart, "Where Free Speech Prevails," *New York Times*, September 15, 1940: 142.

(101) "The American Forum," *Capital Times*, October 20, 1940: 28.

(102) Richard Patterson to David Lawrence, 27 April, 1935, and John Royal to David Rosenblum, 23 April, 1935, folder 8, box 34, NBC records, WHS; Speech by Denny, April 3, 1936, at League for Political Education luncheon, box 24, Series 1, Denny papers, LOC.

(103) Helen Norton Stevens, *Memorial Biography of Adele M. Fielde, Humanitarian* (New York: Fielde Memorial Committee, 1918): 238–40.

(104) John Royal to David Lawrence, April 27, 1935; John Royal to David Rosenblum, April 23, 1935, folder 8, box 34, NBC records, WHS.

(105) George V. Denny Jr., "Radio Builds Democracy," *Journal of Educational Sociology* 14, no. 6 (February 1941): 373.

(106) John Royal to Frank Russell, September 24, 1936, folder 31, box 92, NBC records, WHS.

(107) John Royal to David Sarnoff, March 11, 1939, folder 4, box 73, NBC records, WHS.

(108) Harry A. Overstreet and Bonaro W. Overstreet, *Town Meeting Comes to Town* (New York: Harper and Brothers, 1938): 37–40.

(109) George V. Denny Jr., "The First 500 Hours," in *A Short Story of "America's Town Meeting of the Air"* (New York: Town Hall, 1948): 1.

(110) "America's Town Meeting of the Air," *Movie-Radio Guide*, December 13–19, 1941: 38.

(111) Frederick L. Collins, "He Makes Democracy Think!," *Liberty*, December 9, 1939: 44.

(112) "Reminiscences of Lyman Bryson," Columbia Oral

History Research Unit: 111–12, 156, in Lyman Bryson Papers, box 40, LOC.

(113) Robert West, *The Rape of Radio* (New York: Rodin, 1941): 436.

(114) George V. Denny Jr., *Town Meeting Discussion Leader's Handbook* (New York: Town Hall, 1940): 9–10.

(115) "Symposium of Listeners," C. S. Marsh (ed.), *Educational Broadcasting 1937—Proceedings of the Second National Conference on Educational Broadcasting* (Chicago: University of Chicago Press, 1938): 363.

(116) *New York Times*, June 30, 1935.

(117) こうした現象については以下を参照。
Jason Loviglio, "Vox Pop: Network Radio and the Voice of the People," Michele Hilmes and Jason Loviglio (eds.), *Radio Reader: Essays in the Cultural History of Radio* (New York: Routledge, 2002): 89–111; Wayne Munson, *All the Talk: The Talk Show in Media Culture* (Philadelphia: Temple University Press, 1993): 30–34.

(118) *Broadcasting* 18, no. 2 (January 15, 1940): 21; *Broadcasting* 20, no. 1 (January 13, 1941): 19.

(119) S. J. Woolf, "Umpire of the Town Meeting," *New York Times*, June 6, 1943: SM16.

(120) Frederick H. Koch, "Drama in the South," in Archibald Henderson (eds.), *Pioneering A People's Theatre* (Chapel Hill: University of North Carolina Press, 1945): 11.

(121) "Freedom of Discussion," *United Business Men's Review* (December 1943): 4; George V. Denny Jr., *A Handbook for Discussion Leaders* (New York: Town Hall, 1938): 9–10.

(122) Margaret Cuthbert to Richard Patterson, April 8, 1935, folder 8, box 34, NBC records, WHS.

(123) George V. Denny Jr., "Bring Back the Town Meeting!," in Warren C. Seyfert (ed.), *Capitalizing Intelligence: Eight Essays on Adult Education* (Cambridge: Graduate School of Education, Harvard University, 1937): 101.

(124) Speech by Denny April 3, 1936 at League for Political Education Luncheon, box 24, Series 1, Denny papers, LOC.

(125) Frederick L. Collins, "He Makes Democracy Think!," *Liberty*, December 9, 1939: 42.

(126) Overstreet and Overstreet, *Town Meeting Comes to Town*: 3–4.

(127) Denny, "Bring Back the Town Meeting!": 117.

(128) 一九三七年から一九三八年にかけて『ATMA』に寄せられたファンレターの研究としては以下を参照。
Jeanette Sayre, "Progress in Radio Fan-Mail Analysis," *Public Opinion Quarterly* 3, no. 2 (January 1939): 272–78.

(129) Overstreet and Overstreet, *Town Meeting Comes to Town*: 11.

(130) Memo for *America's Town Meeting of the Air* from retired Lt. Commander Stewart F. Bryant, U.S. Navy, n.d. California correspondence file for Frank Hill's study of radio listening groups, box 1, American Association for

Adult Education Collection, NYPL.

(131) Report of Advisory Service, in Annual Report of the Town Hall Inc. Season 1939–40, Town Hall Inc. papers, NYPL.

(132) Letter to Town Hall, November 12, 1937, in folder 61, box 51, NBC records, WHS.

(133) George Denny to John Marshall, October 30, 1936, folder 3233, box 271, Rockefeller Foundation Archives, RAC.

(134) Ronald R. Lowdermilk, *A Study of America's Town Meeting of the Air*, Bulletin no. 46, Evaluation of School Broadcasts (Columbus: Ohio State University, 1942).

(135) Jeanette Sayre, *The Audience of an Educational Program* (New York: Columbia University Office of Radio Research, 1940): xxxi, xli.

(136) C. J. Friedrich to James Angell, November 22, 1940; James Angell to C. J. Friedrich, November 29, 1940, folder 27, box 74, NBC records, WHS.

(137) Overstreet and Overstreet, *Town Meeting Comes to Town*: 49.

(138) "What Is America's Platform?," *Bulletin of America's Town Meeting of the Air*, February 13, 1936 (New York: American Book Company, 1936): 17.

(139) Box 30, Series 1, Denny papers, LOC.

(140) "Forum Programs Preferred by Women," *Broadcasting* 18, no. 11 (June 1, 1940): 66.
『ATMA』はかなりの数の女性を話し手として出演させているが、最初の八シーズンに関しては、男性話者五人から一四人に対して一人の割合である。

(141) *Birmingham News-Age-Herald*, March 21, 1937.

(142) Jürgen Habermas, *The Structural Transformation of the Public Sphere: An Inquiry into a Category of Bourgeois Society*, trans. Thomas Burger with Frederick Lawrence (Cambridge, MA: MIT Press, 1991).〔細谷貞雄・山田正行訳『公共性の構造転換―市民社会の一カテゴリーについての探究』未來社、一九九四年〕

(143) Overstreet and Overstreet, *Town Meeting Comes to Town*: 12.

(144) Overstreet and Overstreet, *Town Meeting Comes to Town*: 256–57.

(145) Denny, *Town Meeting Discussion Leader's Handbook*: 10–11.

(146) Denny, *Town Meeting Discussion Leader's Handbook*: 23–24.

(147) Overstreet and Overstreet, *Town Meeting Comes to Town*: 6.

(148) George V. Denny Jr., "Are We Ready for Democracy?," address before NY Federation of Women's Clubs, Syracuse, NY: 2, Box 3, Series 2, Denny papers, LOC.

(149) Denny, "Bring Back the Town Meeting!": 110.

(150) "Should the Poll Tax Be Abolished?," *Bulletin of America's Town Meeting of the Air* 8, no. 26 (October 26, 1942): 14.

(151) George Denny to John Royal, December 30, 1935,

folder 7, box 34, NBC records, WHS.

(152) Letter to M. H. Aylesworth, November 15, 1935, folder 2, box 34, NBC records, WHS.

(153) "Denny Recalls 100-Ticket Error," *New York Times*, October 25, 1940: 10.

(154) Letter to George Denny, December 17, 1935, box 77, Town Hall Inc. papers, NYPL.

(155) Anonymous letter, n.d., Radio Department Correspondence late 1930s, box 77, Town Hall Inc. papers, NYPL.

(156) Letter to Town Hall, November 23, 1935, box 77, Town Hall Inc. papers, NYPL.

(157) *Bulletin of America's Town Meeting of the Air* 3, no. 12 (January 24, 1938): 32.

(158) Minutes of Town Hall Executive Committee Meeting, December 18, 1939, Town Hall Inc. papers, NYPL.

(159) "Statement by George V. Denny, Jr., President, The Town Hall, Inc." n.d., box 20, series 1, Denny papers, LOC.

(160) Margaret Cuthbert to Alfred H. Morton, July 29, 1935, folder 6, box 34, NBC records, WHS.

(161) *Radio Guide*, November 12, 1938: 14.

(162) John Royal to Franklin Dunham, November 11, 1936, folder 31, box 92, NBC records, WHS.

(163) Marian S. Carter, "Town Hall—Radio Forum Division Report 1938–39": 22, folder 12, box 66, NBC records, WHS.

(164) John Royal to Lenox Lohr, May 2, 1939, folder 10, box 66, NBC records, WHS.

(165) George V. Denny to John Royal, October 18, 1939, folder 12, box 66, NBC records, WHS.

(166) Letter to Denny, November 9, 1941, box 18, Town Hall Inc. papers, NYPL.

(167) Bryson Williams to Chester Snell, February 26, 1941, box 14, Town Hall Inc. papers, NYPL.

(168) S. J. Woolf, "Umpire of the Town Meeting," *New York Times*, June 6, 1943: SM 16.

(169) J. W. Studebaker, *Forum Planning Handbook* (Washington, DC: U.S. Office of Education, 1939): 59.

(170) Lyman Bryson to Denny, August 6, 1937, box 24, series 1, Denny papers, LOC.

(171) Denny Jr., "Bring Back the Town Meeting!": 119–20.

(172) "Plan of the League for Political Education for Making Its Facilities Available to Cooperative Groups in All Sections of the Country," box 20, series 1, Denny papers, LOC.

(173) Chester Snell, "Town Hall Advisory Service Report": 27, folder 12, box 66, NBC records, WHS.

(174) Chester Snell to Prof. R. J. Gilbert, Madison, Wisconsin, January 14, 1938, box 13, Town Hall Inc. papers, NYPL.

(175) Hill and Williams, *Radio's Listening Groups*: 45, 88.

(176) Letter, January 13, 1939, box 13, Town Hall Inc. papers, NYPL.

(177) "Radio Club to Meet at 'Y.M.' on Thursdays," *Wilkes-Barre Times*, November 10, 1937.

(178) Denny, *Town Meeting Discussion Leader's Handbook*: 18.

(179) "Town Hall President's Report 1940," in Volume of Minutes of Meetings of Executive Committee May 1939–April 1941, Town Hall Inc. papers, NYPL; "Appraisal of the Plan for Town Hall's Proposed Relationships with Affiliated Town Halls and Discussion Groups," October 1947, in box 20, Series 1, Denny papers, LOC.
ただし、この支援サービスは三年半で資金が底をつき、閉鎖に追い込まれている。

(180) Overstreet and Overstreet, *Town Meeting Comes to Town*: 57.

(181) Marian S. Carter, "Town Hall—Radio Forum Division Report 1938–39": 23, folder 12, box 66, NBC records, WHS.

(182) Folder 7, box 1, Columbus Town Meeting Association Records, MSS 522, OHS.

(183) Letter from George Denny to Ed Bronson, Program Director, WCOL, February 13, 1939, folder 7, box 1, Columbus Town Meeting Association Records, MSS 522, OHS.

(184) Minutes of Meeting of Advisory Committee, April 4, 1939, folder 4, box 1, Columbus Town Meeting Association Records, MSS 522, OHS.

(185) Minutes of Annual Meeting, April 1, 1940, folder 4, box 1, Columbus Town Meeting Association Records, MSS 522, OHS.

(186) Typed sheet: Herschel W. Nisonger, "The Columbus Town Meeting: A Community Radio Forum," October 1940, folder 5, box 1, Columbus Town Meeting Association Records, MSS 522, OHS.

(187) Lyman Bryson, "Listening Groups," box 20, Lyman Bryson papers, LOC.（一九三五年八月の、Radio Institute of Audible Arts に関する言及）

II

分断

第五章　階級・コスモポリタニズム・分断

一九三〇年代のラジオリスナーを分断する対立軸の中で最も議論が紛糾していたのは、多くの歴史家が注目するハイブラウとロウブラウという軸ではなかった。むしろ当時議論の的となったのは開放性と閉鎖性、変化と安定という対立軸だったのである。コスモポリタニズムや多元主義の色彩を帯びた市民的価値観がラジオを支配したこととの直接的な帰結として、ラジオは階級的に分断された聴衆を持つことになってしまった。本章で私が主張したいのはこの点である。市民的パラダイムは多元主義と寛容に立脚し、多様性や受容性を旨とする番組に影響を与えた。この種の放送が統合と同じ程度に分断ももたらしたという事実は、一九三〇年代後半の放送について徐々に見えてきた、ほとんど悲劇的ともいえる発見の一つである。

一九三〇年代後半に討議の場に出席し、自分でもラジオを聴いていたエリート的なリスナーたちは、市民的パラダイムの考えを共有していた。ここで言う市民的パラダイムの考えとは、アイデンティティが社会的に構成されたものであって、絶えずその性質を変化させるものであるという感覚や、自分にとっての「普通」が、他人にとって奇妙なものであり、自分が他者にとってどう見えているかを経験することは良いことであるという文化多元主義的な見方を意味している。

ラジオやそれが提供する可能性のある教育に対して熱烈な希望を抱き、こうした違いに触れることでより良い社会や世界が到来するという希望を抱いていたリスナーたちはたしかにいた。その一方で、こうした考えを認識した上でそれを拒絶するリスナーたちもいたのである。

　市民的パラダイムの影響下にあったラジオは、リスナーたちをより優秀で、積極的かつ柔軟にして自省的な市民へと変化させることを期待された。ラジオの最も重要な教育的機能は「ラジオの聴衆に自立と批判的内省の力を身につけさせる訓練を施すことだ」と哲学者のシドニー・フックは一九三八年に述べている。彼の主張によれば、情報や娯楽以上に重要なのは「考えの移り変わりや主張のぶつかり合い、真実の探求といったものに楽しみを見いだすところまでリスナーの知性を高めること」である、と。(1) フックはラジオの民主的改革論者たちの変革への希望を明確な形にまとめ、その他のラジオリスナーたちが認識しつつ、拒絶していた要素をそこから切り離した。すなわち、固定的で生得的なアイデンティティの中で生きることよりも「考えの揺れ動き」を尊重したのである。

　これまで見てきたように、アメリカン・システムの擁護者たちはヨーロッパのラジオを、時の政府の見解を伝えるだけのものとして説明し、アメリカのラジオをあらゆる視点を開示しようとするものとして描き出していた。ウィリアム・ハードが一九三五年に、アメリカの放送の「最も高潔な義務」は「あらゆる派閥の考え方をスタジオに招き入れることである」と述べたとき、彼は次のように言葉を付け足している。

　全てのラジオ局がそれぞれに、聴衆の間にある全ての社会的論争を論理的に完全な形で要約したものになるように要求していくことが重要だ。(2)

ハード自身は共和党支持者だった。そのため、これまでに議論してきたように、多様性の典型を放送しようとする取り組みは、一九三〇年代の放送事業者がとりうる非常に保守的な選択肢でもあった。しかし、だからといって、市民が「あらゆる社会的論争」に触れるべきだという考えが持つ、不安定かつ自由主義的、進歩的な性質を見逃すわけにはいかない。価値多元主義や多角的な視点への傾倒が、意見を超えた真実がそこにあると考えるアメリカ人たちを攻撃することになってしまったように、こうした思想は一九三〇年代において社会的分断を引き起こすものに見えた。アメリカ人は自分と同質的なコミュニティを離れ、異質な他者にさらされているはずであり、また、そうでなくてはならないという倫理的、規範的な見方を市民的パラダイムは含んでいたのである。

ハンス・カルテンボーンの「二つの聴衆」

ミュンヘン会談をもって終結した一九三八年九月のズデーテン危機は、アメリカの多くのラジオリスナーたちにとって決定的な出来事だった。この事件に関するラジオ報道は、アメリカのラジオが国際的なニュースを即時的に提供するメディアとして「完成した」一つの瞬間として認識されたし、これまでの歴史家もそう論じてきた。急速に変化する状況に対応して常に新たな情報を提供するラジオの能力に新聞は全く及ばなかった。ラジオによってリスナーたちは、現地の記者の解説付きで、ヨーロッパの指導者たちの演説を生放送で聴くことができた。ＢＢＣのフェリックス・グリーンはこれに強い印象を抱き、関心を示している。ロンドンに向けて書かれた彼の報告には、カナダでアメリカのラジオを聴いた体験が次のように綴られていた。

ヨーロッパの首都から刻一刻と送られてくるアメリカの素晴らしいニュース報告は、ＢＢＣとは比べものになりません(3)。

ズデーテン危機の間、アメリカのラジオは、社会的、政治的問題を家庭に向けて放送しようと試みたのと同じ方法で、国際的な危機に反応する自分たちの能力を意識的に見せつけようとした。つまり、全ての側の主張をリスナーに聴かせ、彼らに自分の意見を形成するよう促そうとしたのである。ＮＢＣはズデーテン危機に関する報道について、「公共の利益に奉仕し、現状のあらゆる側面、またそれに対するあらゆる視点を完全に中立に報道する」自分たちの取り組みを示すものとして宣伝した(4)。市民的パラダイムの構想からすると、このことは、最も深刻かつ重大なレベルの紛争を扱うにあたって、ラジオが示しうる際立った特徴を見せつけるチャンスだった。ジョン・スチュードベーカーは同年一〇月、国際的な危機に関するラジオ報道の持つ教育的機能について熱烈に主張している。

今日起こっていることは、心理学、社会学、公民、歴史の教員たちにとって価値あるものです。これに匹敵する素材は教科書にもないのですから。(5)

CBSでは、一九二六年から放送にたずさわり、当時五八歳になっていた熟練のラジオコメンテーター、H・V・カルテンボーンが不眠不休の放送を行なっていた。彼は「九月一二日のヒトラーによるニュルンベルク演説から二九日のミュンヘン会談における四ヶ国合意の翌日までマイクの前で昼夜を問わず、寝ずの番をして」いた。彼はスタジオに簡易ベッドを運び込み、ほんの少し仮眠をとるだけで、これをやり通したのである。この間、カルテンボーンは八五回の放送を行なっており、毎回台本なしに「流れに任せて、ニュースの分析を行なった」という。(6)もし重要な新情報が電信で届けば、彼はデスクの上にある白いボタンを押してネットワークの番組に割り込み、ニュース速報を入れてよいことになっていた。

即座に放送中の全ての番組が中断され、全放送局が私のマイクに接続されます。(7)

とカルテンボーンは説明している。

一九三八年一〇月の終わりに『*I Broadcast the Crisis*』を出版した際、彼は戦争が回避されたと確信していた。

平和を求める世界の世論が放送で広まることによって我々は戦争を免れたと私は確信しています。

カルテンボーンはそう述べている。このことはラジオによって引き起こされたと彼はいう。「人々は自国の指導者だけでなく、危機に関わるあらゆる国の指導者の声を聴き」、それに対する反響として「人々が、あらゆる動きに対する反響を指導者に返し(中略)、最も冷酷な独裁者も、その平和への要求に従うほかなくなったのです」と述べているのだ。これからは「戦争か平和かという究極の問題に関しては放送という巨大な討議の場で人類全体によって決断が下されるべき」だと彼は主張する。カルテンボーンは当時、ラジオが世界的な討議型民主主義の新時代を拓くと信じていたのである。もちろん、彼はCBSの忠実な社員として、こう付け加えることを忘れなかった。「今日の世界で唯一の自由なラジオシステムを持つアメリカがこの道を切り開いたのです」と。(8)

戦争の危機を報じた放送へのファンレターは、カルテンボーンの努力への賛辞で満たされていた。リスナーたちは危機の間、自分たちの日常生活の手を止めてどれだけラジオに聴き入っていたかを述べたてた。あるニューヨークのリスナーは次のように書き送っている。

私や私の友人、家族はみな、暇さえあれば常にラジオ、つまりあなたの解説やあなたの同僚の仕事に耳をそばだてていました。(9)

また、コニーアイランドのある薬剤師の手紙には、

あなたは本当に素晴らしい。私はあなたが全て話し終えるまで、自分の薬局で接客を断っていました。(10)

と書き綴られていた。さらに、ニューヨークのある男性は、

ここ数日間、私たちは寝ている時間以外は、ずっとラジオをつけっぱなしにしていました。そのおかげで、あなたの解説だけでなく、速報もほとんど聞き逃さずに済みました。(11)

という便りを寄せた。サンタモニカの別の男性も次のように告白している。

私は全く仕事が手につきませんでした。朝から晩までニュースを待ちながら、ここにあるラジオの前に座っていたのです。(12)

勤務体制に柔軟性のある人々は、その数日間、危機の報道に生活のほとんどを乗っ取られていた。あるコネチカットの医師の手紙にはこう書かれていた。

> ほんの一つのコメントも聞き逃したくないという欲望があまりにも強かったので、新しいニュースがあるたびに起きている人間が他の人をたたき起こせるよう、私たちは交代で睡眠をとるようになりました。今回の危機は、仕事も含めた私の生活において、最も重要な問題となったのです(13)。

これは、一九三八年のズデーテン危機にまつわるよく知られたストーリーである。その時、ネットワークは一日中、ヨーロッパにおける前代未聞の出来事を報じ、あらゆるアメリカ人がラジオのそばに待機し続けていたのだ。カルテンボーンはその数週間で五八歳にして、有名なラジオスター兼、国際問題の権威ある解説者となった。一九三九年九月には、テオドール・アドルノのような非常に懐疑的なリスナーですら、両親に対して、NBCよりCBSの方が「良い解説者（カルテンボーンのこと）」を有していると書き送っている(14)。

とはいえ、あまり分析されていないのが、ニュースに対する分裂した反応である。カルテンボーンが、自分の狙いは訓練を受けた批判的な技術を用いて、様々な対立するプロパガンダやそれに関する説明から客観的な事実を組み上げることだと述べたとき、ある階級のリスナーたちはそれを文字通りに受けとめた。

> 私の「意見の表明」と呼ばれているものに、みなさんの多くが感謝してくださっていることを私は知っています。しかし現在、私は自分の意見をあまり表明しないでおきたいと考えています。この種の危機の最中においては、一個人の考えや信念は全く重要ではないのです(15)。

多くのリスナーたちはこのカルテンボーンの考えにこたえ、客観的な事実を構築することが困難で非常な努力を要するものであることに同意した。ある女性は次のように「感嘆」の意を表明している。

> 極端に困難な状況の中にあってあなたが見せている抑制的で公正かつ客観的な態度には驚嘆します。このような状況を冷静に評価し、人間としてできる限

界まで偏見を排除して両方の考えを聞き、手に入る全ての事実を公衆に伝えること（中略）は深い思慮と途切れることのない繊細な配慮、そして非常に広い視野を必要とする仕事です[16]。

カルテンボーンの放送にまつわる仕事を認識し、賞賛していたリスナーの中には、自分自身も専門的な知識の生産に従事している人もいた。アクロンのある医師は、カルテンボーンの放送が「非常に明快で意見も簡潔で偏りがない」と考えていた。

あなたが直面している大変な重圧や試練を、一人の専門職としての私はよく理解できます[17]。

と彼は書き送っている。また、あるニューヨークの男性は次のように自身の考えを表明している。

海外の危機に対するあなたの分析を聴いている何千という人々の中で、あなたが頻繁に行なう解説を彩る、優れたバランス感覚や意見の巧みな処理といったことに気づいている人はほとんどいません[18]。

こうしたリスナーたちはカルテンボーンの技術を認識していたし、評価してもいた。彼らはカルテンボーンの放送を技芸の一種として見ており、論理性、寛容性、批判的分析といった市民的パラダイムにおける美徳の伝道者として彼を褒めたたえたのである。彼らはそうした価値観や美徳が普遍的な魅力を持つと確信し、カルテンボーンの放送が既に世界に及ぼしていると感じられる影響について饒舌に語った。ニューヨークのニューバーグに住むある女性は次のように書いている。

夫と私はあなたに対して強い感謝の念を抱いています。また、あなたの公平性や明快さ、そして昨今の重大なニュースに対する知性的な解釈に深く感嘆しております。（中略）もしも、ああ、もしもですが、ドイツにいる全ての人々があなたの放送を聴いてくれさえすれば[19]！

度重なる混沌と不条理に直面する中で、冷静さと論理性を備えた放送を聴くことに心の底から喜びを感じる人々もいた。

つい今朝がた、ある女性が私に、ヒトラーの大演説をあなたがどのように翻訳されたか話してくれました。独裁者のヒステリックな叫びと叫びの間に、あなたの冷静で、教養ある声が厳粛かつ淀みなく聞こえてきたといいます。「とても素晴らしかった」し、「ゾクゾクした」と彼女は語っていました。[20]

また、リスナーたちはカルテンボーンの話し方にも賛辞を送った。

あなたの明快な口調には、他のコメンテーターに欠けている要素を海外ニュースに加えてくれる「何か」があります。

フロリダの女性はそう述べている。また、別の女性は次のように書き送っている。

事態の進展をこれほど明快かつ正確に、そして子どもでも理解できるほど簡単な言葉で説明する能力は、まさに神から与えられた才能です。[21]

そうしたリスナーたちは、ヨーロッパから流入する情報を正しく解釈する能力が自分たちに欠けていることを認めていた。ハリウッドに住むある男性は次のように書いている。

私たちは自分なりのやり方で情報を分析します。しかし、あなたの放送を聴くと、あなたの助けなしには、自分たちがそうした情報が持つ本当の意義について いかに少ないことしか知りえないかがよく分かるのです。[22]

カルテンボーンはラジオが、そしてとりわけ知的に洗練された自身の解説が平和をもたらすかもしれないという希望を持っていたし、これらのリスナーたちもまた、その願いに同調していた。カルテンボーンの放送に世界の運命がどれほど左右されるかということを、リスナーたちは彼に伝えたいと考えていた。

あなたのお考えのような固い信念に裏打ちされた思考が、私の中にある情熱を刺激できるなら、他の人にも同じように働きかけている可能性があり、それは素晴らしいことです。だとすれば、世界的な問題に対する公平な解決法も、もはや考えられないことではないでしょう。

ニューヨークの五番街のある住人はそう書き送っている。さらにその人物は言う。

狂信者たちの没落の日は目前に迫っているでしょう。私たちの生活は危うい均衡の上に成り立っており、それゆえにあなたに対する私からの賞賛は、完全に私心のないものであるとはいえません。少なくとも現在のアメリカの平和は、あなたのような人が持つ安定した健全さにかかっているのです。(23)

また、あるニューヨーク州の女性はカルテンボーンに対して、人々を指導するよう強く求めている。

国家の問題を解決するための方法は、大量殺戮以外にも存在するはずです。今はそのためにあなたのリスナーたちを訓練するチャンスだと思うのです。(24)

さらに、ニューヨーク州のトロイに住む男性は感動のあまり、次のような電報を打ってよこした。

思想の自由や報道の品位、そして人々を故意に誤った方向へと導こうとするプロパガンダの脅威からの輿論の救済のために、あなたのような人は不可欠です。(25)

国際平和にカルテンボーンが貢献しているという認識からほんの一歩進めれば、彼を将来の国家の指導者とみなすことになる。あるロサンゼルスの男性は「いつかそう遠くない未来にあなたが国の運命を左右するような地位を占めていること」を望むと書き送っている。(26)

多くのリスナーたちにとって、世界的な対立を解決するのは、カルテンボーンの論理性だった。あるニューヨークの男性は言う。

感情や情動が高揚している時に合衆国市民の冷静さや合理的な思考を保つことは途方もなく大変な仕事です。しかし、あなたのたゆみない努力は、そうした目的のために多くのことを成し遂げてきました。(27)

ペンシルヴァニアのリスナーからも次のような手紙が届いた。

今朝の一一時二〇分のあなたの分析に敬意を表します。私が思うに、もしドイツの人民があれを聴く機会があったなら、あらゆる外交交渉よりもはるかに大きな効果を上げたことでしょう。(28)

次の手紙はミネソタからのものだ。

我々はあなたの素晴らしい報道に感謝しています。あえて言わせていただければ、あなたはご自身の力で世界の平和と発展に貢献しておられるのです。(29)

ラジオは国際紛争を解決するための新しい議論の場を提供できるのではないかという希望が当時、明確に存在していた。あるフロリダの男性は国際的な平和と理解の新しい時代がやってくるという期待に胸を膨らませている。

戦争を防ぐべく、調停のための機関や同盟、連合の創設がこれまで多く計画されましたが、それら全てが過ぎ去った後、我々は気づいたのです。ラジオ放送によって媒介された世界こそ、歴史上最も優れた戦争の防止手段を発展させつつあるということに。強大な力を持った国の間に起こる第一級の戦争が再び勃発することはまずないだろうと私は考えています。(30)

スポーケンに住むあるリスナーはこうも書いている。

次の世界大戦はあなたのように私心を捨てた人間に

よってラジオの上で争われることを望んでいます。そうなれば、自己利益の追求や嫉妬、不寛容といったことは戦場ではなく、ラジオ上での対話によって完全に解決されるでしょう。(31)

また、あるハリウッドの男性は世界中の市民を隣人にしてしまうことをラジオに期待していた。

それは、政策を議論し、決定するテーブルに全世界が席を持つことを意味します。何人も、こうした力が蓄えられつつあることを感じないよう、「輿論」から隔離されることはないでしょう。この力は常に正義と知性と寛容と隣人愛の側に立つものです。(32)

これらの市民的パラダイムの熱心な信奉者たちにとってみれば、ファシズムが台頭した原因として考えられるのは知性の欠如だけだった。あるペンシルヴァニアの女性はヒトラーの支持者たちを見て「破滅に向かっているにもかかわらず先導者に付き従っていく羊の群れを思い出し」たと述べており、「彼らは論理的な思考ができるのでしょうか。あるいは動物的な生活にまで後退してしまうほど衰えてしまっているのでしょうか」と疑問を呈している。(33)

しかし、全てのリスナーがこのように自信に満ちた楽観的な考えを共有していたわけではない。現代の状況に対する偏りのない解説を行なうというカルテンボーンの主張など相手にしないリスナーもいた。彼らは「客観性」という言葉を、話者の真のアイデンティティや放送の本当の意図を口にせずに済ませるための戦略であるとみなしていたのである。彼らの手紙(それはハガキであることが多かった)は乱暴で無礼なものだった。彼らはカルテンボーンに対して非常に直接的に、自分たちは彼が何者かを知っており、そんなに愚かではないと語っている。

問題を起こし、物事をかき回すのはおまえのようなヤツだ。俺たちはおまえに状況を良くしてもらいたいなんて思っちゃいない。仲間はみんなそう言ってる。もしかしておまえは、チェコ人かユダヤ人なのか？(34)

デトロイトからは次のような手紙が届いた。

おまえはラジオで話すべきじゃない。おまえやコロンビアのヨーロッパ解説者はユダ公だ。おまえは本当のことを話さない。（中略）みんなコロンビアの放送局を批判するべきだ。おまえはユダ公のプロパガンダしか聞いていないんだからな。(35)

さらにシカゴからの手紙は次のようなものだった。

親愛なるユダ公へ。おまえの汚い仕事をものともせず、真実と正義と健全さが、国境を越えたユダヤ人ギャングや悪徳銀行家の邪悪な権力との戦いに勝利したぞ。(36)

カルテンボーンのコスモポリタンとしての評判や海外にも響き渡る名声によって、明らかに彼はこれらのリスナーからユダヤ人として見られる立場に立ってしまったのだ。こうした敵対的なポピュリストのリスナーたちの中には、カルテンボーンの解説を、アメリカの軍隊によるヨーロッパへの介入に対する巧妙に隠蔽された支持の表明であると理解し、主戦論者に雇われているに違いないと結論づける者たちもいた。

報酬のために話すのは簡単だが、死ぬのはたやすくない。

デトロイトのある男性は続けて言う。

どうか我々に、我が国の戦争資本家たちに抵抗する断固たる勇気を与えたまえ。次の戦争は我が国の中で行なわれるだろうという私の考えを信じた方がいい。今回、あなたの言葉は民衆を羊のような従順さへと導けはしないだろう。私の言論がそれに抵抗するからだ。(37)

そうしたリスナーたちは巨大な陰謀がメディアを操っていると考えていた。あるニューヨークの女性は次のように書き送っている。

もしあなたがユダヤ人的共産主義のプロパガンダを反映していない意見を表明していたなら、（中略）おそらくその公的なポジションを維持できなかったでしょう。そのことを私はよく分かっています。[38]

別のリスナーはこうも書いている。

アメリカ人はラジオの支配権をユダヤ人から奪い、純粋なアメリカ人の手中におさめることを考え始めるべきだ。[39]

また、オークパークの女性の手紙にはこうある。

何ヶ月もの間、あなたの放送は私たちの家庭に入り込んできた。あなたの解説を聴くたびに常に私の頭に浮かんでいた考えがある。それは、あなたが真のアメリカ人というよりは、圧倒的に国際人であるということだ。しかし、今回の危機によって、私はあなたの正しい思想的位置づけを知ることができた。あなたは一〇〇パーセントの共産主義者であり、十中八九モスクワのまわしものだ。[40]

これらのどれを見ても、そうした批判的なリスナーたちが放送の内容自体にはほとんど何も言っていないということは驚くべきことである。カルバートはカルテンボーンの解説について「彼の即興のニュース報道には、中身のある内容が非常に少なかったため、真面目な解説とみなされることは少なかった」と述べている。[41]

敵意をむき出しにした手紙は、ほとんどが裕福ではない層から送られたものだった。その種の手紙の多くは、ペンではなく、鉛筆でハガキに殴り書きされたものので、レターヘッドのあるものは圧倒的に少なかった。そうしたリスナーたちにとって、カルテンボーンの解釈が入った解説は問題でこそあれ、賞賛されるべきものでは決してなかったのだ。サンディエゴからは次のような手紙が送られている。

ヨーロッパで行なわれた演説に対する解説をやめて

いただきたい。ほぼ全てのアメリカ人は英語が理解できますし、あなたよりずっとよく内容を分かっているように思えます。あなたの解説は主戦論者としか思えないようなやり方で演説者の言葉を捻じ曲げたり、拡大解釈したりしているのですから(42)。

これらのリスナーたちはカルテンボーン解説を一部分だけ切り取って聴き、そこから一足飛びに彼の全体的な真意を決めつけた。

少なくともスロヴァキア問題(Slovak question)〔チェコスロヴァキア国内において、スロヴァキア語話者やスロヴァキア・ネイションをどう扱うべきか、という政治的な問題〕に対するあなたの立場に基づいて考えれば、ヒトラーはあらゆる国のドイツ語話者が七〇パーセントを超える地域に対して全ての権利を有しているとあなたは言うのですね。つまり、あなたはドイツ語話者が七〇パーセント存在するという理由でホーボーケンもヒトラーに割譲されるべきだと主張したいのだと私は受けとめています(43)。

自分たちがたどり着いた乱暴で相矛盾する結論のもと、彼らはそれぞれの方法で自分たちがカルテンボーンの振る舞いを通して正体を見抜いたと考えていた。策略の網の目を断ち切り、放送で自分たちに呼びかけてくる人々の正体を暴くことができる優れたリスナーであると彼らは自認していたのである。そうした営みこそ、自分たちの果たす解釈的機能であり、共感と寛容、そして変化に対する開放性といった市民的パラダイムの価値観に対する反抗を明言することだと考えていたのである。逆に、これらのリスナーたちは、アイデンティティに対して、固定された本質主義的な理解をしており、人間はあくまで生来の本質を変えない存在であって、意見もそのアイデンティティと常に合致していると考えていたのである。

階級・コスモポリタニズム・分断の研究

ラジオが文化的分断を助長してしまったということは、あまり想起されることがない。有名な歴史家や古き良き時代のラジオを賞賛する人々によって引き合いに出される支配的な語りは、ラジオが文化的な平準化機能を有していたということだ。すなわち、ラジオは大いなる統合と均質化の装置であったというのである。ネットワーク・ラジオの勃興を言祝ぐ言説は主張する。ラジオは『*Amos'n Andy*』や『炉辺談話(*Fireside chat*)』といった共通の文化的参照点を同時的に放送することで、国家の一体感という新たな感覚を生み出した、と。こうした言説はネットワーク時代初期に性急な情熱とともにしばしば掲げられた考えそのものを単純になぞったものだ。ウィスコンシン大学の学長、グレン・フランクは一九三五年に次のように記している。

ラジオは国家統一のための仲介者である。我々はその発展と自由を注意深く守り抜いていかねばならない。(44)

キャントリルとオールポートも「人々が同じように考えたり感じたりするよう促すことこそ、ラジオの特徴」であると述べている。(45) こうした主張の繰り返しは、現在にいたるまで、一般的なラジオ史の主要な構成要素であり続けてきた。「国民同士の距離を全体的に近づけ、より均質にするためにラジオは大きな役割を果たした」とロバート・J・ブラウンは主張する。ラジオは「多かれ少なかれ統一された傾向を持ったマス・オーディエンスを生み出した」というのだ。(46) レオナルド・マルティンは『*Amos'n Andy*』の成功について次のように書いている。

我が国においてこれは新しいものだった。毎晩リビングルームに、共有された同じ体験が入り込んでくるのだから。(47)

こうした一般に受け入れられている歴史は、黄金期のラジオが全国的な受容やその重要性が最も高まった時期を第二次大戦期であるとみなしている。イギリス航空戦のさなか、BBCの屋根の上から放送したエドワード・R・マローの英雄的イメージは、アメリカのラジオ史において支配的なこうした語りを寄せ集めた一つのモチーフとなっている。このような物語によって、ネットワーク放送が人々のイメージの中で、国家そのものと緊密に結びつけられた。それに伴って、アメリカの放送の商業的基盤やリスナー間の分断、および対立といった事柄も徐々に忘れ去られていったのである。ローレンス・バーグリーンはネットワーク放送の歴史記述の中で、「マローは国家の目と耳として機能した」と述べている(48)。

しかし、ラジオは重要な文化闘争の場でもあった。スーザン・ダグラスは「文化を全国的に広めるというネットワーク・ラジオの役割をめぐっては非常に強い緊張関係」があったことを認めている(49)。多くの人々が同一の聴覚体験にさらされたことで、人々が同じ事柄に対して全く違った反応を示すことをラジオは逆説的に気づかせたのだ。ロジャー・シャルティエの主張によれば、文化史の重要な役割の一つは、「同じ文章がどれほど多様に受容され、扱われ、そして理解されるか」を明らかにすることだという(50)。ネットワークで結ばれたラジオは、国中の多くの場所にいる多くの人々に同じ音を届けた。しかし、それらは非常に多様に聴かれ、理解されたのである。巨大な全国のオーディエンスに語りかける中で、ラジオは信念や嗜好、そして聴き方における違いに、強く注意を引きつけてしまったのだ。

市民的パラダイムの枠組みにおいて、それは良いことのはずだった。そのため、違いにさらされることにこそ利益があると考えるアメリカ人がいかに少ないか、という点ばかりに懸念が向けられることになった。公的な事柄に関するラジオの討論番組は上品な聴衆を有していた。全国で数百万の、しかし、収入の高い集団に偏ったオーディエンスを有していたのである。これらのオーディエンスは、当時最も人気のあったコメディやバラエティ番組を聴いていた何千万もの聴衆に比べればずっと小さく見えてしまう。教育放送にたずさわっていたパーカー・ウィートリーは一九四一年に、幾分寂しそうに、次のような問いを発している。

アメリカ人にとっては、自分に深く関係する問題についての議論よりもラジオのジョークの方が重要なのだろうか。

低所得層の有権者のほとんどが、多くの考え方がバランス良く登場する議論ではなく、単純にもともと自分が持っていた考えを補強してくれるような「直接的で議論の余地がないプロパガンダ」を聴いていることに、彼は懸念を抱いていたのである。[51]

ラジオにおける基本的な階層の問題の一つは、世界やその多様性に対しての開放的な姿勢と深く関連していた。エリートにとってみれば、ラジオが持つ最も優れた性質の一つは、リスナーを多様な考え方や感じ方に触れさせることができる能力だった。ジャーナリストのアン・オヘア・マコーミックは早い段階でこのことを直観し、称賛していた。彼女は一九三二年に、放送がコスモポリタニズムの土壌を生み出し、国家や国境の意義を小さくしていくだろうと述べている。

これまで私たちは大陸の間を隔てる空間や家の間を仕切る壁によって分断された地上で暮らしてきた。しかし、今や一つの部屋、あるいは電波の風が吹き込む開放的なテラスに暮らしている。(中略)そこには沈黙も秘密もなく、完全に隔離された場所に住む人、あるいは未開人といった人も存在しない。[52]

マコーミックは長い間海外特派員を務めていたため、国をまたいだ発展を念頭においていたことは疑いない。しかし、アメリカ国内でもラジオのコスモポリタン的な可能性に対する理解やそれを発展させようとする動きが高まりつつあった。短波放送に足を踏み入れていた人々だけでなく、ネットワーク・ラジオのリスナーたちも世界中の番組を聴取することを期待できるようになっていたからだ。「ラジオはあなたの暖炉のそばに世界を運んでくる」というわけである。[53] 地方の電化が進んだことによって、それまでは最も地域的に限定された人生しか歩んでいなかったようなアメリカ人にまでコスモポリタン的な体験が広がっていった。ピクア・オハイオ地方電気局は一九三九年に地方の電化がもたらす利益について記述しており、それがもたらした新たな快適さや世界に対する新しい開放性を賛美している。

農家の主婦が家を電化している。電気オーブンが料理を作り、電気式冷蔵庫がそれを保存するのだ。電気で温められた大量の湯は洗濯を楽にしてくれる。洗濯機は重いつなぎを清潔に保つことすら、やすやすとやってのける。退屈な重労働は家や納屋から姿を消し、夜には明るい光に照らされたリビングに家族が集まるようになった。そんな家庭にラジオは世界の出来事や娯楽を運んでくるのである(54)。

ラジオの聴衆の中には、アメリカの家庭に入って来つつあったコスモポリタン的な世界への期待に心躍らせ、ラジオは社会変革の技術であるという考えを共有する人々がいた。しかし他方で、そうした考えとは違った理解を示し、不安を煽る新しい見方を提供するよりも、むしろごく身近な世界の事柄を反映し、事実だけを述べてくれるよう、ラジオに求める人々もいた。ラジオ研究者であるポール・ラザースフェルドは一九四〇年に次のような見解を示している。「真面目で知的なラジオ番組」の弱点を生み出している中心的な原因の一つは、「前もって賛同している事柄しか聴かないという人々の傾向」にある、というのだ。このことは「真面目な放送の主要な目的」にとって障害になると彼は警告を発した。彼の言う目的とは、「既存の思考や行動の傾向を強めるというよりも、むしろそれを変化させる」ことだった(55)。こうしたことが幾分尊大な、当然視した言い方で語られていたのである。マコーミックの熱烈な期待とラザースフェルドの失望との間で、あるいはラジオによってアメリカ人に変化をもたらそうという試みとそれに対する多くの人間の抵抗との間で、アメリカにおけるラジオの黄金時代の歴史は展開されていたのである。

ラジオ聴取者内部の階級的分断が歴史家によって調査され始めたのはつい最近のことだ。全国化しようとしていたネットワーク・ラジオの欲望を、ローカルな地域ごとの競合者たちへの対抗として位置づける新たな研究の流れが現れてきたのである。

こうした研究の出発点は次のようなあり方を指摘することにあった。すなわち、全国規模のラジオが有していた高級文化やコスモポリタニズムが、一九三〇年代前半までにラジオが含む他の要素に既に慣れ親しんでいたリスナーたちを排除し、ドークセンの言うところの「隔離された聴衆」を生み出したというのである。そうした聴衆たちが慣れ親しんでいたものこそ、ローカルで頑迷な狭い地域に限定されたラジオがもたらす放送内容であった(56)。

カークパトリックの一九二〇年代についての見解によれば、「コスモポリタン的なラジオに対する最も熱烈な支持者たちですら、コスモポリタン的ではない聴衆たちが不思議なほど頑強に自分たちの文化的な趣味嗜好にこだわっていることを認識しないわけにはいかなかった」という(57)。しかし、こうした新たな研究のほとんどは、一九二〇年代や三〇年代前半に焦点を当てたものだ(58)。本章ではアメリカのラジオに託された多元主義やコスモポリタニズムといった市民的野望が一九三〇年代全体を通してリスナーからの抵抗にさらされていたことを論じてみたい。

当時のラジオは恒常的な文化闘争の場になってしまい、「中立の帝国」というブランドを生み出すにはほど遠い状態にあった。それはコスモポリタンたちの市民的パラダイムへの情熱とポピュリストたちの主張のぶつかり合いである。ポピュリストたちは、たとえアメリカ人の間に、人種的、宗教的分断をもたらしてしまうとしても、ラジオは現実の今を生きるアメリカ人に向けて語りかけるべきだと主張したのである(59)。

階級と市民的パラダイムの研究者たち

我々はこうした文化闘争についてある程度知っている。その理由の一端は、一九三〇年代のラジオ研究者たちが、当時勃興しつつあったコミュニケーション研究の手法の中心をラジオ番組ではなく、リスナーたちにすえていたことにある。これらの社会科学者たちは、しばしば基金を立ち上げたりしながら、ラジオの社会的、文化的影響についてそのありのままの実態を調査していたのだ。

初期のラジオ研究は市民的パラダイムの側から投げかけられた一連の疑問に焦点を当てていた。そうした疑問の中には、ラジオの市民的な潜在能力と階級がどのように関係しているのか、つまりラジオは既存の文化的分断を解決することができるのか、あるいは単にそうした分断を反映するだけのものになってしまう運命なのかという問いも含まれていた。合衆国におけるラジオ研究の学問的、制度的な歴史については既に語ってきたが、ここで、その一部をもう一度簡単に語り直しておかねばならない。どのようにして階級と市民的パラダイムの関係性が重要な問いかけとして台頭してきたのかを明らかにしておくためである(60)。

制度的に言えば、ラジオ研究は一九三四年の合意を端緒として成長していった。この合意において、FRECはラジオの市民的、教育的役割の研究を主導する責任を負うことになる。それに伴って、FRECは九つの研究課題を提唱した。そのうち四つの課題は放送産業側から、残りは財団などからそれぞれ財政的裏づけを得ることになった(61)。

ハドリー・キャントリルの初期のラジオ研究をよく知っていたロックフェラー財団のジョン・マーシャルは、彼に指導を求めた。社会心理学は一九三〇年代のラジオ研究特有の問題関心に多大な貢献をした(62)。一九三六年五月、キャントリルはラジオリスナーと教育に主眼を置いた調査の許可申請を提出し、子どもを対象とした実験を提案している。それは番組が態度に与える影響、空想やイメージの役割、男児と女児の間に見られる番組嗜好の違いといったトピックを調査するためであった。この計画は当初、教育番組の作り方を考えるという目的を有していたが、マーシャルと議論を重ねた後、キャントリルはこうした色彩を弱め、ラジオのあらゆる社会的、市民的な効果に関する問題へと焦点を移した。これは市民的パラダイムから生じてくる問題意識だった。それによって、研究の主な目的は、聴取によって人がどの程度自分の意見や信念を変えるかを明らかにすることとなっていったのである(63)。この調査は、人間を変革し、進歩させたり、考えや意見を変えさせたりするラジオの能力に力点をおいていた。

一九三七年五月、ロックフェラー財団は「リスナーにとってのラジオの価値」に関する研究に二年間で六万七〇〇〇ドルを提供することに同意した。その頃までにプリンストン大学に移っていたキャントリルは、自分が一人でプロジェクト全体を主導できるかどうか疑わしいと考え始めていた。そこで、彼は計画全体の指揮をとってくれるよう、フランク・スタントンを説得しようと試みた。スタントンはオハイオ州立大学で心理学の博士号をとり、CBSの調査部門に入った人物だったからだ。しかしスタントンはマーシャルに、自分が「当分のあいだ」CBSにいることに決めたという旨を書き送ってきた。ただし、そこには「私がこれからもプロジェクトに協力し続けていくということは心にとめておいてください」と書き添えられていた。[64]

キャントリルは次に、オーストリアから亡命してきたポール・ラザースフェルドにそのポストを任せようと考え始めた。ラザースフェルドは一九三三年の九月にロックフェラー財団の特別研究員として合衆国にやってきて、一九三五年の秋までには、アメリカにとどまり続けることを決意していた。同年に彼はコロンビアの社会学者、ロバート・リンドの助力を得て、ニューアーク大学の「国立青年団(NYA)〔ニューディール政策の一環として、一六歳から二五歳までの若者に仕事や教育機会を与えることを目的とした組織〕」の学生救済ワーカーを指導する立場を得る。一九三六年の時点で、彼はニューアークの研究センターの長になっていた。彼はそこでの給料の半分を研究契約によって得ていた。マックス・ホルクハイマー率いるフランクフルト学派の社会研究所の一部がニューアーク・センターにあったためである。[65]

キャントリルは一九三七年の八月、マーシャルにあてて、ラザースフェルドがプリンストン・ラジオプロジェクトの主任を引き受けてくれたと書き送っている。

彼は私の古い友人で、この分野においてはスタントンの次に適任です。[66]

このとき、キャントリルとスタントンも計画の副主任に任命されている。

記録によれば、当時ラザースフェルドがユダヤ人であるということがプリンストンで問題になっていた。[67]一九三九年の三月、ラジオプロジェクトをプリンストンからニューヨークに移すべきか否かという議論の文脈で、キャントリルはジョン・マーシャルに次のように述べている。

ラザースフェルドはプリンストンで研究を続けることが彼自身にとって、あるいはプロジェクトにとって有益かどうかに疑問を抱いています。それはとりわけ、ラザースフェルドが接触するプリンストンのメンバーたちに彼が個人的に受け入れられていないという理由によるものです。(68)

フランク・スタントンはその一〇年後、当時のことを次のように回顧している。

ポールはプリンストンの連中とそりが合わなかった。彼はそこにいた人々よりもずっと優秀だったが、ユダヤ人であることや、ウィーンなまりのために、彼の行動パターンは、白人のアングロサクソン・コミュニティに常に溶けこむことがなかった。(69)

ラザースフェルドは一九三八年までにニューアークで、プリンストンにおけるほとんどの研究をやってしまうよう努め、同年にプロジェクトはニューヨークのユニオン・スクウェアの建物に移ってしまったのだった。

ラザースフェルドは、自分の興味がラジオ研究だけではなく、社会調査の方法論にもあるのだと常に主張していた。しかし、彼は明らかにアメリカのラジオと、リスナーにとってラジオが持つ意味について関心を持っていた。彼は一九三七年に「数年前、私がこの国にやってきた時」と当時のことを回顧している。

最も印象的な体験の一つがアメリカのラジオだった。それはごくシンプルな理由からだ。私はここにやってきて、この広大な大陸において孤独だという痛切な感覚を覚えた。たとえこの大陸にいることがどれだけワクワクする経験であったとしても、時にそれは耐え難いものとなった。そんなとき、家に帰ってラジオをつけ、そこから慰めを得ることは私にとって大きな意味を持っていた。それは経験のない人には決して理解できないだろう。(中略)こうした経験を経て、私はラジオの全てを理解した。(70)

おそらく自身の感情的な反応を想起しながら、ラザースフェルドは心理学者や社会学者たちとラジオ聴取の主観的体験に関する考えを交換し合ったのであろう。カレン・ホーニーやハリー・スタック・サリヴァン、ジョン・ドラード、そしてエーリッヒ・フロムといった精神分析学者たちに彼は娯楽の精神分析的力学についての質問リストを渡している。それは、特定の番組が成功している要因をどう説明するのか、また、ラジオ聴取の体験をどう分析するかといったことについての質問であった[71]。

より実証的かつ市民的な目的のためにラジオプロジェクトはニュージャージーで調査も行なっている。行政によるキャンペーンの間に、ラジオがどの程度政治的意見に影響を及ぼしたのかを測定するためである。

ラジオが様々な方面で人々の考えをどの程度変化させるのか、という大きな問いに取り組むことで、市民的な説得の装置としてのラジオに関する重要な発見をすることができるかもしれない。研究に着手した当初は、そんな興奮に満ち溢れていた。ラザースフェルドは一九三七年の一一月にマーシャルと会い、ラジオ聴取の動機に関する六〇ページに及ぶメモを年末までに仕上げられるだろうと報告している。そのメモは「プリンストンの研究に理論的枠組みを与える」ためのものだと。しかし、常にプロジェクトを市民的パラダイムの問題へと立ち返らせようとしていたマーシャルは、「公共の利益に資するためにラジオができることを理論的に定式化してしまうこと」は賢明ではないのではないかと尋ねている[72]。

最初の年の終わりには、ラザースフェルドは卓越した進歩とも思える報告を行なった。「出版計画」には、ほとんど丸一冊分にも相当する計画が一〇本もならんでいる。それは、スタントンによる測定の手法、ラザースフェルドによる動機づけについての心理学的理論のラジオへの適用、キャントリルとジェームズ・ローティのラジオ解説者についての研究、アドルノの音楽研究、読書と聴取に関する本や教育放送に関する書籍、田舎と都会における聴取の違いの研究、リスナーによる審議会に関する書籍、ラジオ研究における統計的手法を扱った書籍、そしてリスナー調査の手引書などであった[73]。

こうした相次ぐ出版の見通しにもかかわらず、あるいはそれゆえに、研究プロジェクト・オフィスの評判は芳しくなかった。このことを一九三八年の秋ごろまでに意識するようになったとラザースフェルドは回顧している。

「活用できる素材と個人の興味や個人間の接触によって導き出される研究の即時的な展開」という彼の信条が災いしていたのである[74]。

一九三九年の前半に、ロックフェラー財団はプロジェクトの外部評価をまとめている[75]。結果として出てきた評価は好意的で、プロジェクトの指導者による将来展望を概ね支持するものだった。ところが、ロックフェラー財団は、最初の二年間の研究成果が形になるまでは、「現在のところ、このプロジェクトにさらなる援助を行なうことは推奨しない」という結論を下したのである。

マーシャルはラザースフェルドに対して、プロジェクトが危機的状況にあることを警告した。

この私、ジョン・マーシャルは当然ラザースフェルドを信頼しているし、当プロジェクトがより良い放送にとって非常に重要な多くの情報をもたらすことができ、現在もそれを行ないつつあると信じている。しかし、他の人間はこの考えを共有していないのだ[76]。

財団からのこうした圧力によって、ラザースフェルドは「利用可能な資料を見直し、その大部分を用いることができるテーマを選択する」よう迫られていったのである。その結果生まれたのが一九四〇年の『*Radio and the Printed Page*』だった[77]。この出版によってロックフェラー財団は研究助成を更新することになったのである。当時ラザースフェルドとキャントリルの間柄が徐々に険悪になっていたこともあり、ラジオリサーチ・プロジェクトのオフィスをコロンビア大学に移すことになったが、これも同時に承認された[78]。

研究の最初の段階を総合し、見直してみたところ、ラジオの市民的な効用は捉え難いということが見えてきた。今やラザースフェルドはコミュニケーション研究の直面する重要な問題を大衆的な知識受容にあると考えるようになっていた。

我々が直面している全国的な危機は、問題に対する知識の応用ではなく、それを妨げている大衆的な知識や知識受容の遅れである[79]。

ラザースフェルドはそう述べている。「真面目で、意味のある情報を伝えるラジオ番組」が脆弱だったことには、主に二つの理由があった。これまで見てきたことから分かるように、その第一の理由は「選択的聴取」という問題である。それは、「もともと「好んでいた」ものしか聴かないという傾向」のことだ。このことは、「真面目な放送の中心的な目的」、すなわち「既存の思考や行動の傾向を単純に強めるのではなく、それを変化させること」にとって、大きな障害になるとラザースフェルドは警鐘を鳴らしている。さらに、彼が気づいたもう一つの弱点は、真面目な放送が「心理学的な魅力を持った形式やその水準に関する十分な技術」を大衆的な商業番組から学べていないことにあった。[80]

新しく提案された計画の一つは、絶え間なく流れてくる放送を聴いて、自分の考えや習慣を変化させる人々に関する研究だった。この研究には、こうした変化を目的として合衆国農務省によって制作された番組が用いられた。当時を振り返って、ラジオを聴いて考えを変える個人を見つけ出して研究するという意図が、「この提案のキモ」であったとラザースフェルドは述べている。彼の回顧によれば、農務省の研究が一九四〇年の選挙研究や『*The People's Choise*』〔時野谷浩ほか訳『ピープルズ・チョイス――アメリカ人と大統領選挙』芦書房〕になったというが、その理由は、おそらくこのあたりにあるのだろう。ただし、彼自身は「どのようにしてそうなったのかという過程は覚えていない」と述べているが。[81]

ラジオがそれまで考えられていたほどには人々の考えを変える力を持っておらず、少なくとも知人からの影響力の方が強い、という『*The People's Choise*』の主張は非常に有名である。一九四八年の古典的な論考においても、ラザースフェルドとマートンはマス・メディアによるプロパガンダが機能するためにはある理想的な条件が必要だと述べている。その条件の一つは、「マス・メディアの働きを助けるものとしての、地域的な組織における対面での人との接触」であった。[82] たとえそれが良質なプロパガンダであったとしても、そうした補助的な要素抜きにはプロパガンダの効果はあまり望めないというのだ。ジェファーソン・ポーリーの見解によれば、一九四〇年代の「メディアによる短期的な態度や行動の変化に関する量的調査は何度も行なわれたが、そうした変化の証拠はごく小さなものしか出なかった」という。(83) ラザースフェルドはこの点を、戦後の「寛容性を求めるプロパガンダ」に関する論文で率直に指摘した。他の人種集団に対して偏見を持つ傾向は人々の人格の発達過程に深く埋め込まれており、彼らは「自分の差別的態度を無傷で守る」ために、様々な心理学的機制を用いて寛容性を求めるプロパガンダから「逃れ」ようとするというのである。一九四七年までに、「多くの人々は自分が賛同できる可能性の高いものだけを読んだり聴いたりする」ということを一般性のある真理として主張するようになった。(84)

合衆国における主なラジオ調査計画は市民的パラダイムの考えに基づいて立てられた。ラジオの最も崇高な使命は人々の考えを変化させ、用心深く、批判的で積極的な市民としての注意深いリスナーを育てることにある、というのがその思想である。こうした問題に固執する態度こそ、実証的なデータと呼応しながら、現在では古典となった限定効果論を生み出していったのだ。メディア効果に対する幻想を廃した限定効果論は、アメリカにおける社会科学の定説になっていった。一方、その陰で、最初に問題を提起し、意見の肯定的な変化という希望を生み出した市民的パラダイムがかえりみられることは少なくなってしまった。市民的パラダイムに対する態度は深く分断されているということ自体が、ラジオ研究に根拠づけられた結論となってしまったのである。

意見の変化に関する調査の一環として、ラジオ研究者たちは聴取行動における階級間の差異を研究した。彼らはこれまでに積んできた訓練からいっても、気質から見ても、こうしたパターンを調査するためには適任だった。しかし、市民的パラダイムを普遍的な理想ではなく、ある特定の階級に共有された理想にすぎないと位置づけたことで、彼らの発見は市民的パラダイムへの信仰を掘り崩し、脅かしたのである。

アメリカのラジオ研究は社会階級に対する強い興味や、アメリカの富裕層と貧困層におけるラジオの聴き方の違いを明らかにしたいという意図を初めから持っていた。階級の分析によって、アメリカ社会の頑迷な側面、すなわち変化を起こそうというあらゆる努力にもかかわらず、物事が変化しないという状況が明らかにされていった。プリンストン・ラジオプロジェクトが研究成果の第一巻を発表したとき、それはラジオ時代の民主的な市民を言祝ぐものではなく、悲観的な警鐘を鳴らすものに見えた。

ラジオが現在において大衆を教育したり、共同体内の真剣なやりとりを大きく増加させたりする装置であるという考えには、根拠がない(85)。

ラザースフェルドはそう宣言している。彼はライマン・ブライソンに次のように書き送っている。問題は「公的な争点に関する真面目な討論番組を聴くことに対して、社会的、経済的に低い水準にある人々が示す非常に頑強な抵抗」にある、と(86)。

こうした重要な第一号の研究成果は、ラジオと印刷メディアを市民的パラダイムの観点で比較して論じている。活字の印刷物は、対立する意見の両方に関するあらゆる議論を、冷静かつ明示的に示すことができる。そうした冷静な議論に繰り返し立ち戻ることが、偏った判断をしてしまいがちな感情というものを最もうまく克服する方法である。

ラジオはこうした活字の性質に近づくことができただろうか？　活字が歴史的に達成してきた「真面目な反応の領域」をラジオが広げられたことが、いまだかつてあっただろうか(87)？　この本における分析の中核をなしていたのは、「真面目な」反応や真面目なラジオ聴取の定義についてだった。ラザースフェルドは初め、この「真面目(serious)」という言葉を、個人的な進歩や自己修養ではなく、公的、市民的な出来事に対する関心として定義づけていた。真面目なラジオ番組は感情的なプロパガンダとは反対に、「公平で客観的な」性質によって特徴づけられる、と(88)。だから真面目な番組は必然的に「真面目に」聴かれているはずだった。しかし、チャンネルを合わせてもらうにはそれだけでは不十分だった。

当時、既に社会的階級とラジオ聴取の関係を示すデータは存在していた。広告主たちは特定の番組を誰が聴いていて、それにどれだけ資金を費やすべきか、ということに強い関心を抱いていたからだ。NBCの調査を主導する立場にあったヒュー・ベヴィルは、一九四〇年にラジオの聴取率を社会経済的な地位によって分析したものを発表している。収入による四段階の分類を用いたベヴィルの分析によれば、最も裕福な家庭Aは平均より聴取時間が短く、〔上から三番目の収入に分類される〕家庭Cは、平均よりも聴取時間が有意に長かった。また、最も貧しい家庭Dにおける聴取時間は平均をやや下回った。彼の見方によると、富裕層は余暇を費やす別の方法を多く持っており、一方、貧困層は多くの中産階級がラジオを聴く場にしているリビングルームを持たないことがその原因であるという。(89) 一九三七年にはミネソタに住む一万人の聴取の嗜好調査が発表されているが、そこでは「一日のラジオ平均聴取時間は社会経済的地位が低くなればなるほど長くなる」ということが明らかにされた。また、この調査では聴取の嗜好が社会経済的地位と関係していることも示されている。専門職や準専門職に従事するグループは「オペラや交響楽、クラシック、ニュース解説（中略）、そして教育的な放送」を好み、わずかに技術を持っている人々や非熟練の職業についている人々の集団は「興奮や刺激的な魅力の度合いが強い番組や、コメディ、素人の見せ物、連続ドラマなどに特徴づけられる」番組をより好むという。(90) この結果は放送事業者たちが既に把握していたことを裏づけた。それはつまり、様々なタイプの番組が持つ訴求力は、階級と強い相関関係にあるということだ。ハイブラウとロウブラウという、よくあるストーリーがここにも存在していたのである。

ベヴィルのカテゴリー分けは経済的なものだった。家庭Aは五〇〇〇ドル以上の収入、家庭Bは三〇〇〇から五〇〇〇ドル、家庭Cは二〇〇〇から三〇〇〇ドルという具合である。彼は「経済的地位と文化レベルは直接的な相関関係にある」とも明言していた。(91) ラザースフェルドはこれをさらにいくらか推し進めた。これら二つの要素は機能的に同等のものとみなすことができるため、収入というカテゴリーは単純に「文化レベル」の代替物になりうると主張したのだ。彼は「文化レベル」を、活字においてであれ、ラジオにおいてであれ、「ある集団における、真面目なテーマの問題に対して注意を向ける能力や傾向と合理的な形で正の相関を持つあらゆる指標」として定義づけた。(92) 後の批判としては彼の後輩であるC・ライト・ミルズによるものが最も有名だが、ラザースフェルドはアメリカの社会学において融和主義的、もっと言えば保守的であるとみなされるようになっていく。(93) しかし、富や文化レベルの同一性を説く主張の根本には、資本主義社会の生活に対する非常に批判的な理解が横たわっていたのである。家庭の収入を文化レベルに置換してしまうこうしたシンプルかつ鮮やかな手つきは、アメリカの社会的理念の核心にあった、社会的流動性や自己修養の信奉という伝統を全て一蹴してしまった。ラザースフェルドは言う。高い文化水準は勤勉さや個人的な美徳、あるいは生まれ持った趣味の良さといったものの産物かもしれない。しかし、全体として見れば、それは単なる富の代替指標であるとみなすことができる、と。公的な事柄や高級文化に真剣に向き合うための時間は金で買うものだ。それゆえに「文化レベルが下がれば下がるほど真面目な聴取をする人は実態として少なくなる」というのである。ここに込められたメッセージは明確かつ痛烈なものだ。一般に、高い文化水準は単なる富の産物だというのだから。(94)

もともと、ラザースフェルドは出身地であるウィーンにいた頃、社会主義者だった。しかし、彼がウィーンにいた頃の研究の仮説やその傾向を、どのようにしてアメリカにおける研究キャリアに持ち込んだかという点に関しては、ほとんど注意が向けられてこなかった。(95) 彼のラジオプロジェクトに所属する他のスタッフも彼の批判的な見通しを共有していた。ハータ・ヘルツォークはウィーン時代のラザースフェルドの教え子で、一九三五年にはアメリカで彼の研究チームに合流し、二人は結婚する。彼女の研究もまた、大胆かつ、ほとんど無造作な階級分析の形式に特徴づけられる。(96) 彼女は子どものラジオ聴取に関する報告の中で、次のように述べている。

知的背景と社会経済的背景は、我々の文化において、完全に交換可能な指標である。[97]

初期のラジオ研究において階級が中核をなしていた理由は他にもある。世界恐慌はアメリカにおける階級格差を増大させた。それゆえに、ラジオ聴取もまた差異化されているだろうということは、ごく常識的な考えに見えたに違いない。結局のところ、自分たちのリスナーの経済的地位を知りたいという放送企業や広告企業の欲望と、階級に対する研究者たちの興味の間には、安易な共犯関係があった。ラザースフェルドはその実業家的な能力を用いて、商業的な放送事業者や広告主を口説き落とし、再分析をかけるためにラジオプロジェクトの研究者たちとデータを共有してもらうように仕向けたのだ。プロジェクトの初期の研究は企業が持っていた既存の知識を確固たるものにした。すなわち、ラジオ聴取の量やそのタイプは経済水準に大きく依存しており、富める者と貧しい者は異なる番組を異なる仕方で聴いているというのである。

ダグラスはラジオプロジェクトによる調査の「エリート主義的なバイアス」を鋭く指摘している。彼らの調査においては、「低い」文化水準の聴取ばかりが丹念に調べられ、「より高級な」文化実践は分析も問題化もされていない。[98] 換言すれば、市民的パラダイムは問題を析出はするが、自分自身を分析対象とすることはないと主張したのである。このことは番組内容だけでなく、聴取の仕方についてもあてはまる。プロジェクトの研究者たちは人々が交響曲を聴いているかソープ・オペラを聴いているか、つまり聴いている内容だけでなく、どのくらい聴いているかということも常に問題にした。低い文化水準の人々、すなわち貧困層は、高い文化水準にある富裕層より長時間ラジオを聴いているが、集中力はより低い。この相関は分かりやすく、明確であった。家計が貧しければ貧しいほど、長時間ラジオがかかっている可能性が高くなるのである。最も貧しいカテゴリーに属する家庭のほぼ二〇パーセントが、ラジオを一日に一〇時間以上かけていることが報告されている。[99] それだけ長時間、家庭内でラジオがついていれば、聴取が集中力をもってなされるのではなく、散漫なものになるのはほとんど確実である。したがって、経済水準も文化水準も低いとみなされてい

た人々が、市民的パラダイムの要求する能動的、批判的な聴き方をする可能性は非常に低くなってしまうのだ。(100)

『*Radio and the Printed Page*』の楽観的な側面は次のような主張に表れている。すなわち、いくつかの人気番組が有する商業的なテクニックは、「真面目な」内容をより多くの聴衆に届けるという目的のもと、教育者によって応用されうるという主張である。ハータ・ヘルツォークがインタビューした女性たちが言うには、彼女たちはソープ・オペラから日々の生活上の振る舞いに関連する事柄を学んでいた。同様に、高校生たちもクイズ番組や犯罪ドラマ、歴史ドラマから学習していると述べた。(101) クイズ番組が一般に、情報というよりはむしろ知識を広めているということ、また、専門的な知識を伸ばすよりもあらゆる事柄について少しずつ知りたいと考える人々に人気を博していることを、ラザースフェルドも認めている。にもかかわらず、彼は次のように指摘した。

人々が最も多くを学んだと主張している番組は広告会社によって放送されたものであって、教育者の手によるものではない。(102)

したがって『*Radio and the Printed Page*』は、市民的パラダイムに対しては、せいぜい慎重で弱々しい支持を表明しているにすぎない。この著作における真に重要な洞察は、ラジオ聴取が社会的に埋め込まれたものであって、聴取に対する人々の欲求は、生活における聴取以外の部分から直接的に育ってくるということなのだ。

ラジオ聴取には現実として二つの根本的に異なったやり方があって、その一方は変化や新しい考えに開かれており、もう一方は既存の考え方を堅持するように働く。ラジオ研究者たちはこのように論じ始めた。最も貧しく、教育も受けていないラジオリスナーたちは、ネットワーク局よりもローカル局を好み、既知の人物や地域の人間が出る番組をより好む。そのため、ラザースフェルドとその周囲の研究者たちは次のように結論づけたのだ。

低所得層に属する人々の心理的な世界観は社会的、地理的に限定されたものである。[103]

初期のラジオ研究は、ラジオに対する反応が明確に階層化されていることを描き出し、社会経済的に分類された集団の間には、「心理的な距離」があって、「想像、共感、逃避といったプロセスがそれを超えて機能することはない」という見通しさえ示している。[104]

こうした知見は多くの場所で得られた。ラザースフェルドのもとにいた研究者たちは、裕福なネブラスカと貧しいイリノイという田舎にある二つの郡を対比した研究においても、ラジオ聴取の違いを発見した。ネブラスカでは、同好会やその他の組織への参与水準がはるかに高く、団体への加入率は「少なくとも三倍」に上ったし、イリノイより読書率も優位に高かった。このことはラジオ番組の嗜好にも反映されている。ラザースフェルドが「真面目」であると定義した番組の聴取率は、ネブラスカの方がはるかに高かったのだ。個人的な興味や社会参加の範囲が広い人ほど、「真面目な」番組に惹かれることが多い。彼らは議論の対象になりやすいテーマとの接点をより多く持っているからだ。低い文化水準の人々が「真面目な」番組を聴くとすれば、それは多くの場合、強い傾向を持った政治団体への所属によるものだった。タウンゼント運動の活動家や労働組合員、「その他の圧力団体の支持者」が自分で聴いたり、その番組を聴くよう友人たちの説得を試みたりするのだ。ただし、それは多くの意見を聴くという幅広い関心から生じた聴取ではなく、自分たちの標榜する大義がどのように扱われるかをチェックするために為されるものである。これとは逆に、社会的、文化的活動に広く参加している人々は、より公平かつ開放的なやり方で聴取を行なうということを研究者たちは発見した。[105]

ラザースフェルドや彼の取り巻きは、「自分たちの生きる大衆社会において、専門家がより発言力を得るための道すじを見いだす」ことや、「文化の中央集権化という事実を肯定的に捉えさせる」方法に関心を示していたとレントールは見ている。[106] たしかに、ラジオプロジェクトの文書の中で、ローカルな文化や組織が限定的かつ閉鎖的なものとしてしばしば理解されていたのは事実である。しかし、常にプロジェクトの研究者たちに共有されていた市民的パラダイムの信念は、ラジオが提起する全国的、および国際的な問題は地域単位で議論されるべきであるというものだった。このこともまた、事実である。したがってネブラスカの活発な、人間同士が直接対面する共同体生活は、彼らを市民的パラダイムに則したより良いリスナーにしてくれるし、多様な観点を聴くことで喜びを得たり、知識や見方を獲得したりする能力ももたらしてくれると彼らは考えていた。ラジオプロジェクトにおける多くの研究の結論は、身近でない問題に関する議論に興味を持つよう人を導くのは、地域との関わりや、地域的な組織であるというものだ。たとえばそれは、日本についての本を読むよりも、日本人と知り合いになる方が良いとする考え方であった。

「真面目な」聴取の定義は、普遍的に評価される実践というよりは、階級に属する習慣を描き出している。ラザースフェルドは単純に、エリートたちによる開放的でコスモポリタン的な聴取を「真面目な」聴取として定義し、多数派によるラジオ聴取をより不真面目で個人的かつ自己の意見を強化するだけのものとして切って捨てた。真面目さは、公的、市民的な事柄への興味によって定義づけられ、個人の成長や自己修養、実践的な助言を与えてくれるような番組はそこには含まれなかった。真面目な番組は感情的な雰囲気ではなく、「冷静かつ客観的」な性質を持っているとされたのである。(107)ラザースフェルドにとって、『ATMA』は真面目な番組だったが、家計に関する助言を与えてくれる番組は「サービス番組」というカテゴリーに落とし込まれてしまっていた。これらの「サービス番組」は「低い」文化水準の人々を惹きつけた。おそらくそれは、リスナーたちが公的な事柄に対する「冷静な」思考よりも自己修養や出世といった実用的な形のものに興味を持っていたからである。ラザースフェルドにとって、ラジオの理想的な公共圏とは、一〇年後にハーバーマスが唱えるのと同様に、公的な事柄に関する冷静かつ客観的な議論に費やされるべきものであり、個人的、感情的な問題や単なる自己修養がちりばめられた場所であってはならなかったのである。

こうした事実が示しているのは、率直に言って、市民的パラダイムが特定の階級に属する理想であるということだ。それはある階級のリスナーを魅了したが、そこにあった多元主義はその他の階級の人々を不快にさせた。彼らは自分たちが賛成する者の声を聴きたかったのだから。市民的パラダイムを支える理想に対して、リスナーたちは抵抗し続けた。それは、リスナーたちに対する質的な調査でも常に浮かび上がってきた。ウィリアム・S・ロビンソンは、パイク郡やイリノイで次のような知見をえた。田舎のリスナーたちは「ニュースに対する安定した興味」を持っておらず、したがって、「意見や解説」にほとんど関心を示さない。彼の調査では、七五パーセントの男性と六五パーセントの女性が常にニュースをかけているにもかかわらず、あえて選択して解説を聴く人は男性で三六パーセント、女性で三八パーセントに過ぎなかった。ロビンソンの考えによれば、田舎のリスナーたちは「読むよりも楽なのでニュースは聴くが、一般に、そうしたリスナーはそれ以上の情報や解説を求めるほどには注意してニュースを聴いていない」という。さらに、ラジオが田舎の人々の間で、新しい意見を形成するほどには影響力を持ってはいないということも、ロビンソンは発見した。[108] 驚くべきことに、自分が研究対象としていた田舎の人々は、「重要で議論の余地がある問題」についてはっきりした意見を一切持っていないように見えたとロビンソンは回顧する。

これらの人々はその低い経済的地位のゆえに、こうしたトピックに関するプロパガンダや論争から隔絶されている。(中略)実際、彼らの態度は、意見の根底にある直接的な体験に属する問題を主に取り扱い、必ずしも、地域的、個人的な重要性をもたない全国的なトピックには触れない。したがって、ラジオは議論と説得という全く新しい世界を彼らに紹介し、それまでは彼らがほとんど聞いたことのなかった問題を強調していることになる。[109]

ロビンソンの報告によれば、自分の賛同できない意見をラジオで聴いた場合、四分の三がその番組を切ってしまった。

ラジオは田舎の人々の意見を変化させるのに効果的ではないことが分かった。なぜなら、一般的に、彼らは自分が本当に同意できない意見を聴くことがないからだ。[110]

ロビンソンの仮説的な問いは、いささか軽率にも、市民的パラダイムに完全に則して作られていたため、彼は田舎のラジオリスナーを見下すような形で描き出すことになった。しかし、おそらくそうした調査を行なった人はみな、遠くの出来事や問題に関する終わりのない議論や解釈の世界に招き入れられることに、リスナーたちが興味を持っていないことに気づいただろう。自分たちのよく知らない新しいトピックに関する意見を形成したり、自分たちのよく知っている問題に関する意見を変えたりすることは、彼らの世界において、文化的に価値のある活動ではなかったのである。絶えざる自己反省や意見の更新といった近代的な事柄は、ほとんど魅力を持たなかったのだ。

解釈を加えるニュース解説者を求めている聴衆は「比較的高い経済階層に分類される」ことをラジオ研究者たちは明らかにしている。ニューアークの高校生を対象にした研究によれば、ニュース解説の番組に対する関心は、学力や知性の水準が下がるにつれて急速に下落することが分かったという。[111] フレデリック・J・マイネは、トレントンの高校生一二〇〇人を対象に、彼らがラジオや新聞からどのくらいニュースを仕入れているかについての研究を行なった。[112] 彼は研究対象とした全ての高校生の「知性得点」を学校の成績システムからはじき出し、「知的な学生はそうでない学生に比べてより良いニュース消費の習慣を持っている」ことを発見した。[113] そうした仮説が問い自体に含まれている以上、それは全く驚くに値しない結果ではあった。「高い知性」を持った学生が常日頃、ニュースを新聞から仕入れているのに対して、「低い知性」しか持たない学生はラジオを好む。[114]「低い知性」しかもたない者は家庭でニュースについて議論することが少なく、ラジオを議論のための刺激としてではなく、単なる情報源として扱う傾向が強い。ここでは、エリートのリスナーたちは、ラジオを意見や解釈を聴くためのものであり、自分たちの地域的な文脈で可能な対話を促進してくれる装置としてみる人々であるということが、あらためて明らかにされている。これは重大な問題であるとラザースフェルドは指摘する。なぜなら、ラジオにおける批判的、解釈的な議論に対する興味が、聴いたことに対する批判能力と結びつけられているからだ。彼は悲観的に、次のような結論を下している。

文化水準の低い人々は、それが高い人に比べて明らかに暗示にかかりやすい。

プロパガンダの時代において、この結論は深刻なものだった。「ラジオはより操作されやすい人々に好まれる媒体だ」というのだから[115]。

ラジオ研究者たちが集めた証拠からは、ラジオリスナーについて二つの理念型を抽出することができる。そのうちの一つは相対的に文化エリートと呼べるような人々である。彼らは市民的な番組が自分たちに呼びかけていると感じている。より個性的かつ敏感で、何にでも興味を持ち、相対主義的、論理的だ。加えて、議論を好み、批判的かつ市民的な聴取形態を求められているとも感じている。そうした人々はネットワーク放送のもつ、国家的、コスモポリタン的な見方に共感する人々でもあった。これらのリスナーたちは自分の聴いた番組内容に積極的に関わった。彼らは手紙を書き、自身の家族や組織や近隣の文脈で番組について論じたのである。衝動的、感情的、劇的な番組には批判的ではあったが、彼らはラジオに豊かな価値と肯定すべきものを見いだしていたのだ。ラジオは彼らの世界を計り知れないほど広げてくれたし、それまでに耳にしたことのあるものよりもはるかに多くの価値あると感じるものに触れる機会を与えてくれた。音楽にニュース、ドラマ、公的な生活の直接的な体験などである。そうした人々はしばしば、果敢にラジオを守ろうとする態度をとった。彼らはこうしたものを失いたくなかったか、あるいは聴くものを選択する権利を手離したくなかったのだ。彼らは自己管理の義務とリスクを負った近代的なリスナーだった[116]。知識とはそれを知る者によって相対的なものであり、論争や議論は、それ自体、得られた結論と同じくらい、プロセスとして価値があるということを彼らは理解していたのである。

これらエリートの、十分に教育された都会的なリスナーたちはラジオの実践的なコスモポリタニズムを擁護し、リビングルームで世界中から届けられる声を聴けるようにしてくれるラジオ技術の素晴らしさに目をみはった。彼らはラジオから流れてくる意見や情報を好んだし、物事には様々な見方がありうるという前提に立った番組を求めていた。社会学者のロバート・K・マートンは一九四〇年代に、コスモポリタニズムは相対的にエリートの特徴であると主張している。労働者階級の方が中産階級よりも明らかに多様な社会環境の中で暮らし、働いている移民社会にあって、このことは意外に見えるかもしれない。しかし、コスモポリタンたちとローカルな視点を持つ人々との違いは、より広い社会への興味だけではないとマートンは言う。むしろ両者を分かつものは文化的な解釈のプロセスに参加することへの興味の濃淡であり、彼らが望む、あるいは受け入れる解釈的な部分の度合いである。したがってラジオにおいて、「コスモポリタン」たちはより分析的な解説者を好むし、一方、地域的な視点を持つ人々は分析をすっ飛ばす、実質上単なるニュースキャスターのような解説者に興味を示すというのである。[117]

アーネスト・ディヒターは「あらゆる階層に属する」一〇〇人のラジオリスナーたちに対して「詳細かつ集中的な」インタビューを行なった。その報告によれば、幾人かの典型的なエリート・リスナーたちは、ラジオが自分たちに世界中の事柄を運んできてくれる様を興奮気味に語ったという。[118] ある者は息をはずませて、次のように述べている。

私は世界中で現在起こっていることに触れていると強く実感しています。(中略)グラーフ・シュペーの戦いの描写や、スペインの防空壕から放送されたカルテンボーンのリポートを私はほぼ全て思い出すことができます。その他に私が非常に鮮明に覚えている放送は、ミュンヘン危機のとき、プラハからモーリス・ヒンダスが行なった放送や世界の絶望的な状況、そして翌日に聴いたヒトラー本人の演説です。

このリスナーは重要な結論を述べるにいたる。

我々は今日、歴史家を必要としません。我々は自分自身で分析できるのですから。(119)

このリスナーは市民的パラダイムの典型的な信者である。彼は自身の聴取や意見形成に対する責任を負いながら、視野を広げてくれるラジオの力や、論争と解釈と、常に更新される情報の世界に参加できる可能性といったものに熱狂し、そこから活力を得ていたのだ。

マートンは「コスモポリタン」をアメリカ社会における「地域的な」利害や忠誠心と分離しようとした。その試みは一九五〇年代のアメリカの社会学者たちから熱狂的に受け入れられた。彼らは社会が「寛容なエリート」と「不寛容な多数派」という特徴を持っていると見ており、そうした社会を解釈する足掛かりを求めていたからだ。(120)そうした研究の仮説、および結論の一つは、マートンの言葉を借りれば、「教育はいたるところで、寛容と結びついている」ということだった。(121)これらの考えがリチャード・ホフスタッターの重要な歴史記述にヒントを与えたのである。(122)歴史家のロバート・ウィーブがそれより後に主張したところによれば、一九世紀のアメリカ社会で支配的だった二段階の階級構造は、一九二〇年代までに三段階へと変化した。最上位に新しく形成されたという「ナショナル・クラス(national class)」という階級が加わったのだと。彼の主張によると、このナショナルという言葉には、「地域的な愛着や境界を超えるという意味と、アメリカ社会において中心的で非常に重要な地位を占めるという意味が両方」含まれている。そしてそれは、専門的な知識によって生み出されるものや、そうした知識を活用することによって正当性を得るのだ、と。(123)しかし、そこからはじき出されてしまった人々は憤慨した。

ナショナル・クラスは仕事における能率性と余暇において互いに干渉しない寛容性を標榜していた。これと競合する中で、伝統的な価値観は、防衛的で懐疑的な色彩を帯びがちになっていったのである。そうした抵抗の声をあげた人々は、彼らが遠くの強大な敵に対抗するだけの権威を失いつつあると感じていたのだ。(124)

このモデルは示唆に富んでいるが、こうした枠組みでラジオの聴衆を記述することの危険性は、大衆の偏見を蔑み、都会的で教育の行き届いた寛容さを称賛するという既存の知識人の伝統を単純に再生産してしまうという点にある。私自身も、市民的パラダイムのラジオが持つエリート的要素の価値観を共有していることは確かだ。しかし、私はここで、これらの立派な信念、すなわち、よく教育されたコスモポリタン的なナショナル・クラスのエリートたちが持っていた信念がそれ自体、偏見と不寛容の一形態として作用してしまった様を歴史的に描き出してみたい。ラジオは「公平」で「客観的」な知識を、困難ではあるが努力して勝ち取る価値のある目的として執拗に強調してきたし、個人の限定された視点を乗り越えるために他者の見解に共感し、理解する必要があることも主張してきた。また、固定された真実や自己認識ではなく、成長と議論の過程を重視してもいた。しかし、一般のリスナーたちは自分や他者を相対的に固定され、安定した自己や関心という枠組みで理解していた。ラジオの主張がこうした多くの一般的なリスナーたちから明確に認識され、拒絶されていく様を理解することは、ラジオの文化史にとって欠くことができない。

相対的に非エリートのリスナーたちもまた、ラジオを愛していた。彼らはアメリカの商業ネットワークが提供する多くの大衆的な番組を楽しんでいたのだ。大衆音楽にコメディアン、スポーツといったアメリカのラジオ一般に見られるスピード感や騒々しさ、活力がそこにはあった。彼らは番組に能動的に関わっていたし、リスナーとしても洗練されていたが、自分自身の信念やアイデンティティを確信しており、変化や自己の成長など求めてはいなかった。最も良質なラジオコメディの中には、自己言及的なものもあった。ラジオや他の番組について扱うのである。それは、熱心なリスナーたちが築き上げてきたある種の知識に訴えかけるものだった。多くのラジオコメディが民族、ジェンダー、階級といったアイデンティティをネタにしたし、様々な集団の類型やその特徴を認識して理解するリスナーたちの能力をうまくかき立て、また、それにこたえた。ラジオにおいて最も人気のあった番組は固定されたアイデンティティと戯れたのであって、それを乗り越えようなどとは想像だにしなかったのである。

不愉快なほど異質であったり、明らかに誤っていたりする意見が家庭に入ってくることに対しては、多くのアメリカ人が困惑していた。おそらく相対的に同質的なコミュニティに住んでいた人々は、特にそうだった。そうしたコミュニティでは、宗教、民族、人種、階級、地域性が共有されていたからだ。それは田舎にある「島国共同体」のようなものだけでなく、階級、人種、民族性によって高度に分断されていた大都市の居住区においてもそうだった[125]。ラジオは、どこか別の場所に、自分たちと全く異なることを考え、話している人々がいるということを想起させることで、この同質性に対して干渉したのである。ラジオにおける意見の豊饒さは、永遠の争点の世界が存在することに人々の注意を向けさせた。こうした多様性の存在を劇画化し、それをうまく操作できるようにデザインされた番組構造を、ラジオは発展させていったのである。この点において、ラジオは相対化の装置であるとともに、統合の装置でもあった。

ラジオの公共圏には二つの対照的な像がある。一つは表向きに認められていたもので、開放的で批判的な空間というイメージである。いま一つ、より大衆的な見方としては、固定されたアイデンティティと真実を語る場としてのラジオ的公共圏という理解があった。市民的パラダイムは自己形成という近代的、多元主義的な文化エリートの見方を作り上げた。ラジオは危険なメッセージを運んでしまう可能性があり、公私の曖昧さは危険なものとして理解されていたため、ラジオリスナーが自己を抑制し、監視するようになることが、重要だったのである。プロパガンダの時代にあって、正しい聴取は市民の責務となった。広く普及し、何者にも監視されないため、ラジオ聴取はその影響によってのみ理解されるようになったのである。市民たちは自身の意見に責任を持ち、両方の意見を聴き、新たな根拠となる事実に常に開かれていて、自分と異なる意見を持つ人々にも敬意を持って接しなければならなかった。しかし、そうした間違いなく賞賛に値する目標は、同時に、ラジオに社会的、文化的分断をもたらした。なぜなら、巨大で多様な多元的社会においては、多くの意見が存在し、これは最も重要なことだが、そこに真実の最終的な決定者はいないという、招かれざる認識を導き出してしまったからである。

　もちろん、こうした一般化は全て、危険なものではあるし、攻撃的なものにすらなりえる。当時の研究者たちによって何度も言及されてきた階級ごとの傾向は根拠に基づいており、それはある程度我々の精査にも耐えるものだ。そしてこうした階級ごとの傾向はいまだに容易に理解できるものであり続けている。しかし、当時の調査の一部には、あまりに明確な階級に対する冷たい偏見を示すものもある。私はここで、そうしたものを取り除きつつ、本質的な階級分析についても言及しておきたい。ポール・ラザースフェルドは「文化指標の低い人々が明らかに好む番組は疑いなく悪趣味な特徴を有している」ということに強い確信を持っていた[126]。この考えは市民的パラダイムの階級的基盤を浮き彫りにしている。当時のラジオ研究者たちによって実証的に見いだされた事柄の中には、しばしば、彼らによって無分別に解釈されてしまっているものもあるのだ。

　近代の自由主義的な政府は、選択に基づいていると、もっともらしく語られてきた。しかし、それは同時に、選択の必要性から逃れられないということも意味している。ローズは次のような影響力のある主張を行なっている。

> 我々が今日、その中で暮らしている自由という形態は、本質的に、主観化という体制に縛られている。この体制の内部において、主観は単に「選択の自由」を許されているだけではなく、自由であることを義務づけられてもいるのだ[127]。

一九三〇年代におけるアメリカのラジオの市民的パラダイムは、まさにこの種の強制を含んでいた。新しい情報に対する開放性を保ち、考えを変化させる可能性を維持し続けろというのだから。ラジオの市民的パラダイムはリスナーを選択の主体として想像し、安逸な先入観の中にとどまっているのではなく、暫定的な新しい意見にたどり着くための過程に常に身を置いている存在とみなしていた。このことによって、ラジオは典型的な近代の技術となったのである。アンソニー・

ギデンズは言う。

近代の特徴とは、新しいものを新しいという理由だけで受容するということではなく、大規模な再帰性が前衛化することにある。(128)

ギデンズやベックのような社会理論家は、より再帰的な近代への根本的な移行を一九五〇年代以後にのみ起こったこととみなした。しかし、こうした自己の再帰的な感覚の主な要素が一九三〇年代のアメリカに既に存在したこと、そしてラジオがそうした再帰性を宣伝するための重要な技術であったことは明白である。(129) ラジオは常にアメリカ人に要求した。他の採用しうる意見の範囲を考慮に入れた上で、自身の意見について熟考せよ、と。ラジオは自身の意見を反省し、変化させ、新たな情報を吸収するよう促した。それもより速いペースで、と。このことが、自身の意見や選択に責任を負うという、自己に対する高度に再帰的な感覚を刺激していったのである。

非エリートのリスナーたちはこうした相対主義的なメッセージに抵抗した。彼らがラジオに関心を向けたのは、事実を求めてのことであって、混乱や終わりのない選択を求めていたわけではない。一九三〇年代のラジオ研究者たちは知性を再帰性として定義し、近代的、コスモポリタン的な多元主義と、思考能力そのものを混同してしまっていたのである。社会的知識に対してこうした立場をとらなかった多くの普通のアメリカ人たちは、自分たちがラジオに対する好みによって、「真面目」ではないリスナーや市民として定義されているだけでなく、頭が悪いとみなされていることにも気づいていた。また、こうしたアメリカ人たちはラジオで聴いたものに対してパターン化された反応を示した。彼らはそこに事実があることを理解しており、それを知ることを望んだのだ。彼らは自分たちの社会的世界に関する知識をラジオという新しい媒体の聴取に持ち込んだ。ラジオをめぐる新しいより開放的な公共圏を希求した人々の理想に対し、彼らは時として積極的に反発を示したのである。彼らは放送者に向けて、ぶっきらぼうで口汚い怒りの言葉を書いてよこしたし、ラジオにおける答えの出ない会話の裏にある真の議題を自分たちは見抜いているとしばしば確信していた。また、これは現在にいたるまで多くの人が抱いてきた感覚かもしれないが、彼らはラジオという媒体が誰のためのものであるべきか、という自分たちの感覚が、支配的なそれとは異なっていると考えていた。

ラジオの公式な考え方はアメリカ人に多くの視点を聴かせることで、市民意識を高めようとするものだった。ラジオはアメリカ人に「思想の市場」における選択を強要した。自身のアイデンティティや確信を、伝統的に受け継いできたものや思い込みではなく、意識的な選択の問題へと変えていくよう強制したのである。支配的な市民的理想は、アメリカ人に統合だけではなく、分断ももたらした。そしてそれは、そうした理想の担い手であったラジオも同様である。こうした分断は黄金期におけるラジオの物語に悲劇的な影を投げかけている。

（1） Sidney Hook broadcast on WEVD, New York, November 11, 1938. 以下から引用。Paul H. Sheats, *Forums on the Air* (Washington DC: FREC, 1939): 6.

（2） William Hard, "Radio and Public Opinion," *Annals of the American Academy of Political and Social Science* 177, no. 1 (January 1935): 106, 111.

（3） Felix Greene report, November 14, 1938, BBC Written Archives File E1/113/3.

（4） *Broadcasting* 15, no. 7 (October 1, 1938): 7.

（5） "War Service Radio a High Spot," *Broadcasting* 15, no. 8 (October 15, 1938): 62.

（6） H. V. Kaltenborn, *I Broadcast the Crisis* (New York: Random House, 1938): 8–9.

（7） Kaltenborn, *I Broadcast the Crisis*: 11.

（8） Kaltenborn, *I Broadcast the Crisis*: 3.

（9） Letter to H. V. Kaltenborn, September 26, 1938, folder 2, box 31, Kaltenborn papers, WHS.

（10） Letter to H. V. Kaltenborn, September 5, 1938, folder 3, box 31, Kaltenborn papers, WHS.

（11） Letter to H. V. Kaltenborn, September 28, 1938, folder 4, box 31, Kaltenborn papers, WHS.

（12） Letter to H. V. Kaltenborn, September 27, 1938, folder 3, box 31, Kaltenborn papers, WHS.

（13） Letter to H. V. Kaltenborn, October 9, 1938, folder 1, box 33, Kaltenborn papers, WHS.

（14） Theodor Adorno to parents, September 8, 1939, in Christoph Godde and Henri Lonitz (eds.), *Theodor Adorno: Letters to His Parents* (Cambridge: Polity, 2006): 17.

（15） Kaltenborn, *I Broadcast the Crisis*: 254.

(16) Letter, New York City, September 27, 1938, box 31, Kaltenborn papers, WHS.

(17) Letter, Akron, OH, September 28, 1938, folder 4, box 31, Kaltenborn papers, WHS.

(18) Letter, New York City, September, 1938, folder 2, box 32, Kaltenborn papers, WHS.

(19) Letter, Newburgh, NY, September 27, 1938, box 31, Kaltenborn papers, WHS.

(20) Letter, New Orleans, October 5, 1938, folder 1, box 33, Kaltenborn papers, WHS.

(21) Letter, Abany, NY, September 26, 1938, box 31, Kaltenborn papers, WHS.

(22) Letter, Hollywood, CA, September 25, 1938, box 31, Kaltenborn papers, WHS.

(23) Letter, New York City, September 26, 1938, box 31, Kaltenborn papers, WHS.

(24) Letter, Utica, NY, September 19, 1938, box 30, Kaltenborn papers, WHS.

(25) Letter, Troy, NY, September 23, 1938, box 31, Kaltenborn papers, WHS.

(26) Letter, Los Angeles, September 28, 1938, folder 4, box 31, Kaltenborn papers, WHS.

(27) Letter, Tonawanda, NY, September 23, 1938, box 31, Kaltenborn papers, WHS.

(28) Letter, Wilkes Barre, PA, September 27, 1938, box 31, Kaltenborn papers, WHS.

(29) Letter, Duluth, MN, September 29, 1938, box 31, Kaltenborn papers, WHS.

(30) Letter, West Palm Beach, FL, September 28, 1938, box 31, Kaltenborn papers, WHS.

(31) Letter, Spokane, WA, September 26, 1938, box 31, Kaltenborn papers, WHS.

(32) Letter, Hollywood, CA, September 28, 1938, box 31, Kaltenborn papers, WHS.

(33) Letter, Beaver Falls, PA, September 23, 1938, box 31, Kaltenborn papers, WHS.

(34) Letter, Latham, NY, September 28, 1938, box 31, Kaltenborn papers, WHS.

(35) Letter, Detroit, September 25, 1938, box 31, Kaltenborn papers, WHS.

(36) Letter, Chicago, September 30, 1938, box 31, Kaltenborn papers, WHS.

(37) Letter, Detroit, September 18, 1938, box 30, Kaltenborn papers, WHS.

(38) Letter, New York City, September, 1938, box 32, Kaltenborn papers, WHS.

(39) Letter, September 3, 1938, box 32, Kaltenborn papers, WHS.

(40) Letter, Oak Park, IL, September 30, 1938, box 32, Kaltenborn papers, WHS.

(41) David Holbrook Culbert, *News for Everyman: Radio Foreign Affairs in Thirties America* (Westport, CT: Greenwood, 1976): 67.

(42) Letter, San Diego, September 25, 1938, box 31,

Kaltenborn papers, WHS.

(43) Letter, September 27, 1938, box 31, Kaltenborn papers, WHS.

(44) Glenn Frank, "Radio as an Educational Force," *Annals of the American Academy* 177, no. 1 (January 1935): 121.

(45) Cantril and Allport, *The Psychology of Radio*: 20.

(46) Robert J. Brown, *Manipulating the Ether: The Power of Broadcast Radio in Thirties America* (Jefferson, N.C.: McFarlandand & Co., 1998): 4–5.

(47) Leonard Maltin, *The Great American Broadcast: A Celebration of Radio's Golden Age* (New York: Dutton, 1997): 16, 25.

(48) Laurence Bergreen, *Look Now, Pay Later: The Rise of Network Broadcasting* (New York: Doubleday, 1980): 102.

(49) Susan J. Douglas, *Listening In: Radio and the American Imagination* (New York: Times Books, 1999): 57.

(50) Roger Chartier, "Labourers and Voyagers: From the Text to the Reader," in David Finkelstein and Alistair McCleery (eds.), *The Book History Reader* (London: Routledge, 2002): 50.

(51) Parker Wheatley, "Adult Education by Radio: Too Little? Too Late?," *Journal of Educational Sociology* 14, no. 9 (May 1941): 547, 550.

(52) Anne O'Hare McCormick, "The Radio: A Great Unknown Force," *New York Times*, March 27, 1932: SM1.

(53) *Syracuse Herald*, October 2, 1931: 6.

(54) Advertisement in the Piqua, Ohio, *Piqua Daily Call*, February 20, 1939: 7.

(55) "Proposal for Continuation of Radio Research Project for a Final Three Years at Columbia University", Box 18, Lyman Bryson papers, LOC: 1.

(56) Clifford Doerksen, *American Babel: Rogue Radio Broadcasters of the Jazz Age* (Philadelphia: University of Pennsylvania Press, 2005): 10.

(57) Bill Kirkpatrick, "Localism in American Media 1920–1934" (PhD diss., University of Wisconsin–Madison, 2006), 282.

(58) 以下の文献を参照。

Derek Valliant, "'Your Voice Came in Last Night...But I Thought It Sounded a Little Scared': Rural Radio Listening and 'Talking Back' during the Progressive Era in Wisconsin, 1920–1932," in Hilmes and Loviglio (eds.), *The Radio Reader*: 63–88; Derek Vaillant, "Bare-Knuckled Broadcasting: Enlisting Manly Respectability and Racial Paternalism in the Battle against Chain Stores, Chain Stations, and the Federal Radio Commission on Louisiana's KWKH, 1924–33," *Radio Journal* 1, no. 3 (2004): 193–211; Elena Razlogova, "The Voice of the Listener: Americans and the Radio Industry 1920–1950" (PhD diss., George Mason University, 2003); Bill Kirkpatrick, "Localism in American Media 1920–1934" (PhD diss., University of Wisconsin–Madison, 2006); Doerksen, *American Babel*.

(59) たとえば、以下の文献を参照。
Philip Napoli, "Empire of the Middle: Radio and the Emergence of an Electronic Society" (PhD diss., Columbia University, 1998).

(60) たとえば以下を参照。
Timothy Glander, *Origins of Mass Communications Research during the American Cold War* (Mahwah, NJ: L. Erlbaum, 2000); Herbert Hiram Hyman, *Taking Society's Measure: A Personal History of Survey Research* (New York: Russell Sage Foundation, 1991), ch. 6; Everette E. Dennis and Ellen Wartella (eds.), *American Communication Research: The Remembered History* (Mahwah, NJ: Erlbaum, 1996), chs. 8 and 9; Douglas, *Listening In*, ch. 6; Bruce Lenthall, *Radio's America: The Great Depression and the Rise of Modern Mass Culture* (Chicago: University of Chicago Press, 2007): ch. 5; William J. Buxton, "Reaching Human Minds: Rockefeller Philanthropy and Communications, 1935–1939," in Theresa Richardson and Donald Fisher (eds.), *The Development of the Social Sciences in the United Stetes and Canada: The Role of Philanthropy* (Stamford, CT: Ablex, 1999): 177–92; Everett M. Rogers, *A History of Communication Study: A Biographical Approach* (New York: Free Press, 1994), ch. 7.

(61) "Hot List—April 28, 1937. Humanities. Princeton," folder 3234, box 271, Series 200R, Record Group 1.1, Rockefeller Foundation Archives, RAC.

(62) 一九三〇年代の社会心理学が持っていた社会批判的側面についての議論は以下の文献にも見られる。
Katherine Pandora, *Rebels within the Ranks: Psychologists' Critique of Scientific Authority and Democratic Realities in New Deal America* (New York: Cambridge University Press, 1997); Katherine Pandora, "'Mapping the New Mental World Created by Radio': Media Messages, Cultural Politics, and Cantril and Allport's *The Psychology of Radio*," *Journal of Social Issues* 54, no. 1 (1998): 7–27; Michael J. Socolow, "Psyche and Society: Radio Advertising and Social Psychology in America, 1923–1936," *Historical Journal of Film, Radio and Television* 24, no. 4 (2004): 517–34.

(63) Letter Cantril to Marshall, December 31, 1936, folder 3233, box 271, "Princeton University—Radio Study," Series 200R, Record Group 1.1, Rockefeller Foundation Archives, RAC.

(64) Letter to Marshall from Stanton, July 12, 1937, folder 3234, box 271, Series 200R, Record Group 1.1, Rockefeller Foundation Archives, RAC.

(65) ロバート・リンドはホルクハイマーとラザースフェルドの間を取り持った。これについては以下を参照。
Thomas Wheatland, "Critical Theory on Morningside Heights," *German Politics and Society* 22, no. 4 (Winter 2004): 62.

(66) Letter to Marshall from Cantril, August 27, 1937, folder 3234, box 271, Series 200R, Record Group 1.1, Rockefeller Foundation Archives, RAC.

(67) プリンストンで当時「蔓延していた反セム主義（ユダヤ人を含むセム系民族に対する差別）」については以下を参照。James Axtell, *The Making of Princeton University: From Woodrow Wilson to the Present* (Princeton: Princeton University Press, 2006): 127–42.

(68) Interview: J. M. and Hadley Cantril and Frank Stanton, March 2, 1939, folder 3239, box 272, Series 200R, Record Group 1.1, Rockefeller Foundation Archives, RAC.

(69) Interview with Frank Stanton, Columbia University Oral History Office. 以下のサイトで閲覧可能（二〇一〇年一月二七日閲覧）。http://www.columbia.edu/cu/lweb/digital/collections/nny/stantonf/transcripts/stantonf_1_3_109.html

(70) Typed transcript of the Second National Conference on Educational Broadcasting, Chicago Nov./Dec. 1937, box 2, RG 12 Radio Education Project, Entry 181, Records Relating to National Conferences on Educational Broadcasting, 1936–37. 私はこの文献の方が以下の文献にある編集されたものよりも実際の発言に近いと考えている。C. S. Marsh (ed.), *Educational Broadcasting 1937: Proceedings of the Second National Conference on Educational Broadcasting* (Chicago: University of Chicago Press, 1938): 227. こちらの文献においてラザースフェルドは次のように述べている。自分たちヨーロッパからの亡命者は「ラジオが人々に何をなしうるのかについて、あらゆることを知っている」と。

(71) Folder 3234, box 271, Series 200R, Record Group 1.1, Rockefeller Foundation Archives, RAC; Lazarsfeld, "An Episode in the History of Social Research: A Memoir": 319.

(72) Interview: J. M. and Lazarsfeld, November 17, 1937, folder 3234, box 271, Series 200R, Record Group 1.1, Rockefeller Foundation Archives, RAC.

(73) Report to the Committee of Six, folder 3236, box 271, Series 200R, Record Group 1.1, Rockefeller Foundation Archives, RAC.

(74) Lazarsfeld, "An Episode in the History of Social Research: A Memoir": 317.

(75) "Princeton University—Radio Study," folder 3233, box 271, Series 200R, Record Group 1.1, Rockefeller Foundation Archives, RAC.

(76) "Talk with Dr. Paul Lazarsfeld," March 21, 1939, folder 3239, box 272, Series 200R, Rockefeller Foundation Archives, RAC.

(77) Lazarsfeld, "An Episode in the History of Social Research: A Memoir": 328.

(78) Lazarsfeld, "An Episode in the History of Social Research: A Memoir": 329.

(79) "Proposal for Continuation of Radio Research Project for a Final Three Years at Columbia University".

(80) "Proposal for Continuation of Radio Research Project

for a Final Three Years at Columbia University".

(81) Lazarsfeld, "An Episode in the History of Social Research: A Memoir": 330.

(82) Raymond Boudon, "Introduction" to Paul Lazarsfeld, *On Social Research and Its Language* (Chicago: University of Chicago Press, 1993): 19; Paul Lazarsfeld and Robert Merton, "Mass Communication, Popular Taste, and Organized Social Action," in Lyman Bryson (ed.), *The Communication of Ideas: A Series of Addresses* (New York: Harper and Brothers, 1948): 95–118.

(83) Jefferson Pooley, "Fifteen Pages that Shook the Field: Personal Influence, Edward Shils, and the Rememberd History of Mass Communication Research," *Annals of the American Academy of Political and Social Science* 608, no. 1(2006): 143.

(84) Paul F. Lazarsfeld, "Some Remarks on the Role of Mass Media in So-Called Tolerance Propaganda," *Journal of Social Issue* 3, no. 3 (Summer 1947): 18–19.

(85) Lazarsfeld, *Radio and the Printed Page*: 48.

(86) Letter from Lazarsfeld to Bryson, May 19, 1941, Lyman Bryson papers, LOC.

(87) Lazarsfeld, *Radio and the Printed Page*: 4–5.

(88) Lazarsfeld, *Radio and the Printed Page*: 5.

(89) H. M. Beville, "The ABCDs of Radio Audiences," *Public Opinion Quartely* 4, no. 2 (Jun. 1940): 195–206.

(90) Kenneth H. Baker, "Radio Listening and Socio-economic Status," *Psychological Record* 1, no. 9 (Aug. 1937): 115.

(91) Beville, "The ABCDs of Radio Audiences": 196.

(92) Lazarsfeld, *Radio and the Printed Page*: 14.

(93) C. Wright Mills, *The Sociological Imagination* (New York: Oxford University Press, 1959), ch. 3.
ミルズとラザースフェルドの関係については以下を参照。
Jonathan Sterne, "C. Wright Mills, the Bureau for Applied Social Research, and the Meaning of Critical Scholarship," *Cultural Studies ↔ Critical Methodologies* 5, no. 1(2005): 65–94.

(94) Lazarsfeld, *Radio and the Printed Page*: 21.

(95) 例外的にこうした点を扱っている近年の重要な研究は以下。
Douglas, *Listening In*: 126–28.
また、ジョン・ドライゼクの次のような見方にも目を向けておくべきである。彼によれば、ある社会経済的決定論が、ラザースフェルドの応用社会調査研究所の選挙研究には染み付いていたという。おそらく、冷戦期のアメリカにおける選挙研究をコロンビアではなくミシガンが牽引することになった理由の一端はここにある。そうドライゼクは述べている。
John S. Dryzek, "Opinion Research and the Center-Revolution in American Political Science," *Political Studies* 40 (1992): 679–94.

(96) Elizabeth Perse, "Herta Herzog," in Nancy Signorielli (ed.), *Women in Communication: A Biographical Sourcebook* (Westport, CT: Greenwood, 1996): 202–11.

(97) Herta Herzog, "Children and Their Leisure Time Listening to the Radio" (New York: Office of Radio Research, 1941): 24.
ただし、ダグラスの指摘によれば、この研究において人種のことは無視されており、ジェンダーについても「補足的な扱い」しかなされていないという。

(98) Douglas, *Listening In*: 143.

(99) Lazarsfeld, *Radio and the Printed Page*: 18.

(100) この議論に関するより詳細な説明は以下を参照。
David Goodman, "Distracted Listening," in David Suisman and Susan Strasser (eds.), *Sound in the Era of Mechanical Reproduction* (Philadelphia: University of Pennsylvania Press, 2010): 15–46.

(101) Lazarsfeld, *Radio and the Printed Page*: 52–54.

(102) Lazarsfeld, *Radio and the Printed Page*: 92–93.

(103) Lazarsfeld, *Radio and the Printed Page*: 102–3.

(104) Alvin Meyrowitz and Marjorie Fiske, "The Relative Preference of Low Income Groups for Small Stations," *Journal of Applied Psychology* 23, no. 1 (Feb. 1939): 162.

(105) Lazarsfeld, *Radio and the Printed Page*: 100–11.

(106) Lenthall, *Radio's America*: 153.

(107) Lazarsfeld, *Radio and the Printed Page*: 5.

(108) William S. Robinson, "Radio Comes to the Farmer," in Paul F. Lazarsfeld and Frank N. Stanton (eds.), *Radio Research 1941* (New York: Duell, Sloan and Pearce, 1941): 242.

(109) Robinson, "Radio Comes to the Farmer": 259–60.

(110) Robinson, "Radio Comes to the Farmer": 266–67.

(111) Lazarsfeld, *Radio and the Printed Page*: 241–44.

(112) Frederick J. Meine, "Radio and the Press among Young People," in Lazarsfeld and Stanton (eds.), *Radio Research 1941*: 313.

(113) Meine, "Radio and the Press among Young People": 312.

(114) Meine, "Radio and the Press among Young People": 310.

(115) Lazarsfeld, *Radio and the Printed Page*: 256–57.

(116) 現代における近代性について、ベックは次のように主張している。
教訓話から伝記が失われ、外的な統制や一般的な法律も確たるものではなくなっている。そうしたものはより開放的になり、意思決定に依存するようになりつつある。それらは、個々人に課せられた義務となったのだ。
Ulrich Beck and Elisabeth Beck-Gernsheim, *The Normal Chaos of Love* (Cambridge: Polity, 1995): 5.

(117) Merton, *Social Theory and Social Structure*: 463.

(118) Ernest Dichter, "On the Psychology of Radio Commercials," in Paul Lazarsfeld and Frank N. Stanton (eds.), *Radio Research 1942–1943* (New York: Duell, Sloan and Pearce, 1944): 466.

(119) Dichter, "On the Psychology of Radio Commercials": 469.

(120) Merton, *Social Theory and Social Structure*: 454.

(121) Merton, *Social Theory and Social Structure*: 459–60.

(122) Richard Hofstadter, *The Age of Reform: From Bryan to FDR* (New York: Knopf, 1955); *The Paranoid Style in American Politics and Other Essays* (New York: Knopf, 1965).

(123) Robert H. Wiebe, *Self-Rule: A Cultural History of American Democracy* (Chicago: University of Chicago Press, 1995): 141–42.

(124) Wiebe, *Self-Rule*: 144.

(125) Robert H. Wiebe, *The Search for Order, 1877–1920* (New York: Hill and Wang, 1967).

(126) Lazarsfeld, *Radio and the Printed Page*: 23.

(127) Nikolas Rose, *Inventing Our Selves: Psychology, Power, and Personhood* (Cambridge: Cambridge University Press, 1996): 17.

また、以下も参照のこと。

Nikolas Rose, *Powers of Freedom: Reframing Political Thought* (Cambridge: Cambridge University Press, 1999): 87.

(128) Anthony Giddens, *The Consequences of Modernity* (Stanford, CA: Stanford University Press, 1990): 39.〔松尾精文・小幡正敏訳『近代とはいかなる時代か?—モダニティの帰結』而立書房、一九九三年、五六頁〕

(129) たとえば以下を参照。

Ulrich Beck and Elisabeth Beck-Gernsheim, *Individualization: Institutionalized Individualism and Its Social and Political Consequences* (London: Sage, 2001).

第六章　ラジオと知的なリスナー——宇宙戦争パニック

近代科学は新たな、そして極めて有害な破壊兵器を我々に与えた。戦艦、戦闘機、ガス、その他あらゆる大量殺戮兵器である。ちょうどそれと同じように、近代科学は我々のオピニオン・リーダーたちに大衆を感化する武器を与えた。それはマシンガンが我々の肉体を破壊するのと同じくらい効率的に我々の精神を虐殺するのだ(1)。

エドワード・バーネイズ　一九三七年

個々の市民は毎日、あらゆる方面から、プロパガンダや雑多な情報の集中砲火にさらされている。それはしばしば最も健康な人間でも過労で倒れてしまうほどである(2)。

ジョージ・V・デニー・Jr.　一九三八年

社会におけるあらゆる知的、経済的な階層がラジオの聴衆に象徴化されて表れている。ラジオは自分たちが電波で運ぶものについて注意深くバランスをとらねばならない。ラジオはそれら全てを良き目的のために提供しなければならないからだ(3)。

『NBC *Broadcasting in the Public Interest*』　一九三九年

ラジオ聴取は能動的、市民的、意識的な活動でなければならず、個人は自身の聴取に対して責任を負っている。これが市民的パラダイムのエートスである。このエートスはある劇的な事件によって、公的な論争にさらされ、議論の的となった。

一九三八年一〇月、H・G・ウェルズの『*War of the Worlds*(宇宙戦争)』をラジオドラマ化したものがCBSの『*Mercury Theater*』で流された。これこそ、一部のリスナーの間にあの有名なパニックを引き起こした放送である。あろうことか、パニックを起こしたリスナーたちは火星人が本当にニュージャージーに侵攻してきたと思い込んでしまったのだ。

この出来事はラジオの影響力の強さと、多くのアメリカ人がプロパガンダに対して危険なほどに無防備であることを何よりも証拠立てているように見えた。市民的パラダイムや、ラジオが行動を促し、世界に対して偉大な善を為すという信念は、ある恐怖と表裏一体の関係だった。もし放送が本当にそれほど影響力のあるものだとすれば、それは悪を為すための装置にもなりえるのではないか、という恐怖である。一九三八年の「宇宙戦争」パニックは、ラジオの影響下において、アメリカ人が簡単に非合理的な行動に走らされてしまうこと、そしてそれゆえにラジオは危険であるということの直接的な証拠を示しているように見えた。ライマン・ブライソンはこの「火星からの侵入」現象からほどなくして、次のように述べている。ラジオは「現代文化における最も危険な要素の一つ」であり、あの事件は、合衆国が「ラジオの与えうる恐怖に対して何ら免疫を持たない」ということを示している、と。(4)

多くのアメリカ人たちにとって、パニックを引き起こしたこの放送は、一部のラジオ聴取者たちが分かち合っていた聴取のあり方や市民的責務の大きな挫折の証拠として見られた。しかし、そんな当時の状況が想起されることはあまりない。

このオーソン・ウェルズとH・G・ウェルズによる放送は根本的な議論を行なうためのチャンスだった。アメリカ人の公的な生活において知性と論理と感情をどう位置づけるべきかについて、また、マス・メディアやプロパガンダと共存する民主主義の可能性についての議論を行なうチャンスだったのである。それは、ラジオオーディエンスにおける文化的断絶が完全に白日のもとにさらされた瞬間であり、また、アメリカのラジオを覆っていた市民的パラダイムという表層が、その敵対的で不寛容な側面を露わにした瞬間でもあった。

　パニックの原因を説明するために長らく用いられてきたのは、ヨーロッパで戦争が起こることへの恐怖や長期にわたる不況の経験によって、アメリカ人の多くが神経質な状態にあったということである。直近のヨーロッパにおける危機や、息もつかせぬラジオの報道が不安感を高揚させていたし、一九三八年の九月にはニューヨークやニューイングランドでハリケーンと洪水が起こり、一〇〇人以上が死亡していた。一九三八年には、たしかにアメリカ人の気持ちを普段よりも不安にさせる理由が存在していたのだ。しかし、それはこの出来事を飼いならすための常識的な説明である。こうした説明の仕方はパニックを起こした放送を一つの出来事として精査するというよりは、言い逃れをするためのものなのだ。

　誰もがだまされてしまう可能性のある説得方法について、一九三八年に最も支配的だった説明は、そうしたリベラルで常識的な類のものではなかった。それとは逆に、当時の批判的な反応の一般的な論調は、パニックを起こした人々をバカなリスナー、ダメな市民、無能で愚かな失敗作として非難するものだったのである。一九三八年当時、大学一年生であったある男性は、五〇年後に当時の出来事を回顧し、それが戦争の不安にまつわるものなどではなかったとはっきりと断言している。


　ウェルズが引き起こしたパニックの原因は、多くの名も無き人々の単純さにあった。(5)


パニックを引き起こした放送のあと、公的な論争における支配的なトピックは、アメリカ人の愚かさや民主主義におけるラジオの位置づけにとってその事件がどのような意味を持つのかということだったのである。

　近年の学術研究において、パニックを引き起こした放送は、基本的にラジオをめぐる出来事として読み解かれている。スコンスはこのパニックを不安の表明であると解釈した。それは「ネットワーク・ラジオの持つ中央集権的な権威と公衆との間に新たに確立した関係性」に対する不安である。(6) また、ミラーはこの放送が、災害や非常事態とラジオの間にある親和性を分かりやすく示していると主張し、「リスナーを大災害一歩手前の状態に追い込んだ」と述べている。[7] アルパーはより一般化して、そこに、権威の没落というテーマを見いだした。その番組内において専門家たちは「ほとんど常に間違え続けた」というのである。[8]

実際のところ、ウェルズによって行なわれた翻案は、その最初期から、ラジオ聴取自体を題材にしたラジオドラマという体裁をとっていた。カギとなる劇的な場面の一つは、農家のウィルムスと名乗る人物に対する現地インタビューだった。彼は目撃した火星人について話しているということになっていたが、その証言の枠組みは、ラジオ聴取がこの出来事によって妨げられた様子を示す描写に限られていた。このドラマの大部分はこうした自己言及的な手法で構成されており、事前に告知されていた放送内容への「割り込み」の頻度が徐々に上がっていくという形式が取られていたのである。

『*Mercury Theater*』の『宇宙戦争』はラジオ聴取それ自体に関わるドラマを演じてみせた。そのため、放送後に巻き起こったのは、市民的実践としてのラジオ聴取に関する全国的な議論である。これこそが本章のテーマとなるものだ。しかし、まずはじめに二つの関連する文脈を認識しておかねばならない。それは、放送によるプロパガンダに対する批判的な対処を人々に教授しようとした一九三〇年代の教育運動と、全国的に広がりつつあった、アメリカに暮らす民衆の知性に対する関心である。

民衆をプロパガンダから防衛せよ！

一部の研究者が既に認識しているように、このパニックを引き起こした放送に対する反応は、一九三〇年代に蔓延していたラジオやプロパガンダへの懸念という文脈においてこそ、意味を持つ。第二章で論じたプロパガンダに対する広範囲にわたる不安は、アメリカの教育者や知識人にある独特の反応を引き起こした。ここでは、アメリカ人をプロパガンダについて教育し、それに対抗しうるだけの批判性や反省性を身につけさせようとした運動に焦点を当ててみたい。

一九四〇年二月に放送された『*People's Platform*』で中心になった問いは「合衆国はプロパガンダに耐え

られるか？」だった。ヨーロッパにおける戦争の予感や実際の勃発はこうした懸念を増幅したにすぎない。これは教育者たちが一貫して抱き続けてきた欲望であり、そうした目標の実現のために不可欠であるとされた成人教育を考える上で、主導権を握ってきたのもまた進歩的教育者たちだった。

アメリカの知識人や教育者たちの間で広く普及していたプロパガンダに関する考え方は二つある。最も影響力があったのはプロパガンダを批判する人々のとっていた立場である。彼らの主張によれば、プロパガンダはタチの悪い風土病のようなものだが、その最悪の影響は予防できるものだという。知識人としての自分たちの役割は、プロパガンダに対抗する教育を行なうことだと彼らは結論づけたのだ。

二つ目の立場は、発想の転換ともいえる考え方である。こちらの視点を支持した知識人たちはプロパガンダを管理する側に回った。彼らはプロパガンダを近代生活における恒常的な特徴として捉え、それが確実に望ましい目的のために用いられるようにしたいと考えたのである。こちらのグループはプロパガンダに対抗するための教育よりも輿論を監視し、管理することに興味を示した。彼らの知的系譜は輿論と民主主義に関するウォルター・リップマンの視点にまで遡る無数の研究の中に位置している。こうした方法論の典型ともいえる著作を残したハロルド・ラスウェルは、一九三四年にかの有名なプロパガンダの定義を示した。すなわち、プロパガンダは「単なる道具であって（中略）たとえて言えば、ポンプのハンドルと同じくらい、道徳的か否かという問題とは関係がない」と。(9) 既存の歴史記述では、プロパガンダの批判者に対するプロパガンダの管理者たちの最終的な勝利の物語が語られている。しかし、本章における私の関心は一九三八年においてもなお非常に強い影響力を維持していた批判者の側にある。(10)

一九三〇年代の終わりに向けて戦争の可能性が大きくのしかかってくるにつれ、国家の資源、あるいは責務として、全国民および、彼らの精神状態について知悉しておく必要が大きくなった。重要な分野の人々がプロパガンダに耐性を持たないままである場合、プロパガンダを見抜く能力を持ったエリートを擁するはずの近代的民主主義はほとんど意味を持たなくなってしまうからだ。プロパガンダに対する懸念はある種の文化的、知的風土を生み出した。そうした風土においては、国民の影響されやすさや賢さ、および精神的、感情的状況は、国家安全保障の死活的な要素として、かつてないほど精密に調査された。もし自然な状態で国民がプロパガンダによる操作に対して非常に脆いとすれば、プロパガンダに対抗する教育が不可欠なはずである。アメリカ人がラジオのプロパガンダに立ち向かうのは個々に行なうことだったし、各自が家庭内で注意深く批判的に聴くという責任を全うするのも個人としての行動だった。プロパガンダ理論はプロパガンダの犠牲者となる可能性のある人々とそれを見抜ける人々との間にある明確かつ不愉快な相違点を明らかにした。一般的なアメリカ人は普通、自分自身がプロパガンダの対象や犠牲者であるなどとは考えたがらなかったし、「批判的、開放的、論理的であれ」という恒常的な指導に共感を示すとも限らなかった。しかしプロパガンダ理論はリスナーたちに常に疑いの目を向けていた。なぜなら、独力で論理的な判断を下したり物事を認識したりする彼らの能力に対する非常に低い評価を、こうした理論は前提としていたからだ。

プロパガンダ批判はある特定の層の教育者や民主的改革論者たちが抱いていた関心事だった。彼らの抱くより良い社会の像は、批判的な公衆をどれだけ生み出せるかという点に基づいていた。性質も起源も意図もない混ぜになった雑多な情報の流れに対して、既存のアメリカ人よりずっとうまく対処できるような公衆を彼らは求めていたのである。プロパガンダの批判者たちは、自分たちの主な役割を公衆の教育および、意識の引き上げであるとみなしていた。

一九三七年、プロパガンダ教育の使命に確固たる地位と全国的な認知を付与する試みの中で、一部の突出した社会科学者たちがプロパガンダ分析の学会をニューヨークに設立した。創設者の中には、師範学校のハドリー・キャントリルやクライド・ミラー、成人教育に強い関心を抱いていたハーヴァード大学の地理学者、カートリー・メイザーがいた。彼らはボストン百貨店のオーナー、エドワード・A・フィリーンの基金に資金を求めた。フィリーンは進歩的教育や消費者運動の支援に長らく資金を投じており、当時は「民主主義教育」の促進に興味を示していた。彼もまた、プロパガンダに関心を持っていたからである。一九三七年、フィリーンとメイザーとミラーは、ジョージ・デニー、ライマン・ブライソン、エドワード・ベルナイスと会い、その結果、フィリーンは反プロパガンダを目的とする学会の創設のために一万ドルをミラーに提供することとなった。そして一九三七年九月、プロパガンダ分析学会はキャントリルを総裁に、ミラーを副総裁にすえて結成されたのである(11)。学会の目的は「プロパガンディストたちが用いている組織や技術、装置といった事柄を明らかにすることで、知的な市民がプロパガンダを見抜き、それを解釈する営みを援助する」ことであった。発足当初の段階では、知性とは、近代におけるプロパガンダの大海の中で批判的に吟味し、自己を管理する能力にとって本質的で不可欠なものであるとされていた。

この学会は『*Propaganda Analysis*』という冊子を毎月発行し、教材を用意した。この冊子は特に学校や討論団体をターゲットにしており、毎月、意識向上活動に役立つ提案を掲載していた。たとえばそれは、個々のグループメンバーがその意図を分析するために特定の新聞や雑誌、あるいはラジオ解説者を選び、後でグループ内でプレゼンテーションするためにファイルを作っておくというような方法である。一九三九年に開かれたあるワークショップでは、小学校向けのプロパガンダ分析活動について議論が交わされている。話し合われた活動の中には、いかに「話が捻じ曲げられてしまうか」を示す伝言ゲームや、「目撃者の信頼できなさ」を直接観察するための法廷訪問が含まれていた(12)。プロパガンダが飽和した時代にあって、懐疑主義、および自身の読む行為や聴く行為を管理する方法を包括的に教育するための教材をこの学会は提供していたのである。

クライド・ミラーは最初の冊子の中で、プロパガンダとは「個人や集団が、あらかじめ決められた目的のために、別の個人や集団の意見や行為に影響を与えるよう意図的に作り上げた表現」である、と非常に広く定義している(13)。この広い定義は長らくプロパガンダについて考えてきた多くの人々を納得させるものだった。

プロパガンダ批判はほとんど不可避的にこの種の定義の広範さに行きつく。そしてそれはやがて、プロパガンダを近代生活における単なる流行り病であるとみなしてしまうことに通じていくのだ。レオナルド・ドゥーブは一九三五年の重要な著作で次のように主張している。

プロパガンダは虚言であり、教育は真実であるとして区別しようとする試みは、可憐なシャボン玉のようなものである。その命は美しいが儚い(14)。

彼の言によれば、プロパガンダは不可避のものであって、「それを確実に廃するためには、人間が友好的、敵対的状況で他者と結びついている、複雑きわまりない社会的絆を全て現実的に引き裂いてしまう以外に道はない」というのである(15)。

プロパガンダに関する広い定義の利点は、あらゆる人に対して、自分たち自身もプロパガンダと関わることを免れないということを強く実感させられる点にあった。一九三九年のタウンホール講座において、クライド・ミラーは次のように主張している。

もしどちらか一方の立場に立ち、他者の行動や意見に影響を与えることを意図して意見を表明したり、行動を起こしたりした場合、我々は誰もがみなプロパガンダの主体になってしまうのです(16)。

こうした認識はプロパガンダの製造や受容と自分自身との関わりについての反省を促すものだ。しかし、人々にプロパガンダへの耐性を身につけさせるための戦略的で資金も出やすい番組を作っていく土台として、こうした定義にはいくつかの限界があった。プロパガンダ分析家たち自身の議論において、彼らの活動は非常に奇妙な所業に見えるようになっていったのである。人々が自分たちに影響を与えようとする試みの全てから隠れて暮らしたり、そうした試みに全く反応を示さなくなったりすることは、ありえそうもなかったし、決して望ましいことでもなかったからだ。

もし世界からプロパガンダを取り除くことが不可能だとすれば、できることはより強固な防御手段を与えることだけである。それは一般に、精神的な強さと揺るぎない冷静さとして理解されていた。すなわち、感情に訴えかけるプロパガンダの性質と闘うに足る鋭敏かつ頑強な合理性が求められていたのである。

教師や学生は特に、プロパガンダに対して冷静に対処する方法を知らねばならない。[17]

クライド・ミラーはそう助言する。それは強力で時宜にかなった能力であるように思われた。アメリカのナショナリストたちは陰に日向にヨーロッパにおける政治の感情的な調子や極端に走る傾向を引き合いに出した。それによって、合衆国にはより冷静で合理的な公的生活が必要であるという多くの新たな要求が下支えされることになる。[18] こうした関心が最高潮を迎えた一九三八年六月、『スーパーマン』のコミックが初めて発売されたことは注目してよい。そこには、冷静なスーパーヒーローという新しいタイプのヒーロー像が描き出されていたのである。[19] 学会の初期に行なわれた教師によるワークショップの中で、イーストデンヴァー高校からやってきたマクタマニー氏は次のように強く主張している。

私たちがプロパガンダ分析にこれほどまでに興奮するのはなぜでしょうか？ 論理性を備えた個人によって分析されれば、コフリン司祭〔p.123参照〕の演説は実に無力なものになるのです。[20]

プロパガンダ批判は不安を喚起したが、それはまた、新しい、より合理的な未来に対するこの種の燃えるような情熱を一部のアメリカ人たちに抱かせたのである。

感情とプロパガンダに関する議論は常に性差と結びつけられた。「知的な市民」はプロパガンディストに「自分の感情を利用されることを望まない。（中略）そうした人間はだまされやすい人間であることを望まない。バカにされることも望まない。もちろんだまされること自体も望まない」と力説するとき、クライド・ミラーは男性的な発音をすることに強くこだわった。[21]
プロパガンダに関する議論には根強い先入観があった。女性は男性より物事を信じ込みやすく、全てのアメリカ人がプロパガンダに対して脆くなっていることは、全人民がこうむっているある種の女性化の兆候であるという思い込みである。ライマン・ブライソンはラジオ教育学会の大会のあるセッションで四人のゲスト――長老派協会の牧師(ハリー・コットン)、ジャーナリズム論の教授(エドワード・モラン)、あるタクシー・ドライバー(テッド・ドーン)、ある「主婦」(フローレンス・ホーチャウ)――とともに、ジェンダーに関わる問題を提起している。

コットン：私は男性より女性の方がプロパガンダを信じやすいと考えています。彼女たちはより感情的で、プロパガンダの道具にもなります。

ホーチャウ：感情が人をプロパガンダの道具に変えてしまうことは間違いなく事実です。

ブライソン：しかし女性は感情的ではない、と?

ホーチャウ：女性は豊かな感情を持っています。しかし、私たちがあなた方男性の出してくるあらゆる考えを、冷静で美しい論理として受け入れているということを、あなた方はほんの少しも想定していないのですね?(22)

しかし、慣習化した考え方においてはなお、女性的な感情によって人はプロパガンダを信じやすくなるとされていたし、プロパガンダとの闘いはある部分で大衆社会内部の女性化との闘争であるともされていた。女性化は人々をより感情的にし、したがってプロパガンダに対して脆い存在にしてしまうと考えられていたのである。

もちろん、放送事業者たちは特に女性に向けた商業プロパガンダの扱いに長けており、それに強く依存してもいた。したがって彼らは人々がラジオによる説得のテクニックに接触し過ぎたり、それに対する批判をあまり多く聴いたりすることを望ましいと思っていなかった。一九三八年六月、プロパガンダ学会の冊子がその関心を「放送のプロパガンダ」に向けた時、当時主に商業プロパガンダに興味を示していた左派知識人ジェームズ・ローティに協力を求めることになった。しかしその際、学会はローティの文章を修正するようハドリー・キャントリルに依頼している。発表された冊子は、放送のアメリカン・システムにおける自由を事実として認めつつも、広告主たちは「なるべく多くのリスナーを喜ばせ、誰のことも不快にしないこと」に商業的関心を寄せていると指摘する内容になった(23)。NBCの幹部たちはこの学会に対して大きな懸念を抱いていた。彼らはそこに広告・広報ビジネスに対する一斉攻撃を見て取ったからである。

私は彼らが明言している目的が、エドワード・ベルナイスやアイヴィー・リー、T・J・ロスといった宣伝に関する法律家たちを刺激し、この新しい職業を廃業に追いこむか、少なくともその活動を限定するよう仕向けてしまうと考えています(24)。

フランクリン・ダンハムはこのように書き綴っている。政治的プロパガンダと商業的なそれの類似点があまりに多いこと、そして宣伝業者やその技術に関する懐疑的な教育が多くなされ過ぎていることで、放送産業が打撃を受けてしまうのをネットワークは恐れていたのだ。

翌年、NBCの幹部たちはプロパガンダに対する懸念から一歩踏み込んで、商業ラジオのためになる、より積極的な事柄を実施するよう試みている。ウォルター・プレストンとマーガレット・カスバートたちは次のように主張した。それまでの「プロパガンダに対する意識」が生み出した主な成果は「不満」と「不安」であり、「プロパガンディストへの恐怖が高まれば高まるほど、ラジオに対する恐怖や、ラジオが流す内容に対する不信も増大していく」だろう、と。これに対抗する別の選択肢として、彼らは「The Great Game of Propaganda」と呼ばれるシリーズもののラジオ番組を提案した。「こちらに向けて放送している海外の集団に目をやれば、彼らはいたるところで我々を出し抜いて」おり、その方法に焦点を当てた番組を作ることを提案したのである。プロパガンダに対する激しい不安が、放送のアメリカン・システムに対する多くの人たちの認識に害を及ぼすかもしれないという懸念をNBCは抱いていた。それゆえに、国内ではなく、国外におけるプロパガンダの証拠に人々の注意を向けさせたいという欲望が生まれたのである(25)。

プロパガンダに対する懸念は、ラジオリスナーたちの感情状態、すなわち通常、興奮の度合いとされているものが重要な問題となることを意味していた。子どもだけではなく、大人も、ラジオ聴取によって過度の情動的刺激を受ける危険性があると考えられていたのである。あるロチェスターの男性は一九三八年五月の『*New York Times*』で次のように主張した。「緊張感の高い放送を減らすこと」は、ニュース速報のような番組に取り巻かれている「大人の神経の高ぶりにも良い影響をもたらす」だろう、と。このリスナーはさらに考察を進める。ラジオにおける「意見の表明につきものの、恒常的な論争」は「緊張度の高い雰囲気」を生み出すのに一役買ってしまっている。

なぜ現在流行の過熱した議論をする論客たちのかわりに、「賛成」でも「反対」でもなく、客観的かつ冷静にものを考える論者をもっと起用しないのか?(26)

彼はそう問いかけているのだった。

プロパガンダ学会はプロパガンダの広い定義を発表したが、その活動の背後にあった意図は明らかに、望ましくない目的を持ったプロパガンダの働きを白日のもとにさらすことにあった。学会に所属するリベラルな知識人たちにとってそれは、右翼のプロパガンダに焦点を当てることを意味しており、そこには人々が感情の軛から解き放たれ、ファシズムや戦争を拒絶するだろうという希望が伏在していたのである。一九三八年、鋭敏な学会理事の一人、F・E・ジョンソンはクライド・ミラーに対して指摘した。学会によるプロパガンダの定義は「人の意見に影響を与えようとする有害な努力だけでなく、健全な営みも含むように」注意深く書かれているのに、この学会で分析されるプロパガンダの例はほとんど常にネガティブなものばかりではないか、と。

私たちがこれまで言ってきたことは、プロパガンダの悪しき点は論理ではなく、感情に訴えかける性質にあるということです。この理念は、論理的ではない説得は正当化しえないということを意味すると思われます。(中略)組合労働者やドイツのユダヤ人、あるいは無名のラディカルな煽動者たち。彼らが掲げる大義への共感を獲得するための努力もまた、それが妥当であるためには、厳密に論理的でなければならないと発言する覚悟ができているのでしょうか。ここで言う「妥当」とはすなわち、専ら知識人にだけ受け入れられ、感情的な部分や慣習的な態度には全く訴えかけないものを指しているのです。(27)

ジョンソンの批判は鋭かったが、彼は学会の趣旨のもう一つの軸を見落としていた。それは、個人が自分自身の非合理的な説得に対する脆弱さの兆候に対して、よくよく吟味することを学ばねばならないという学会の主張である。プロパガンダ批判者たちは自己反省の強力な唱導者となった。学会では、プロパガンダに対処するために必要とされる「知的柔軟性や思考の自律性」を身につけるには、二つの方法があるとされていた。その第一は単純にプロパガンダを「研究し、分析する」ことである。そして第二は「死活的に重要な、論争含みの問題について議論する際、誰もが無意識のうちにプロパガンダに手を染めていること」を自分自身や知人の観察を通して見抜くよう試みることだった。プロパガンダを、単純に政治的に極端な人々や既得権益によって社会が負わされている問題として捉えたり、あるいはまるで対岸の火事のように外部から理性的に眺めたりするだけでは不十分だとされていたのだ。プロパガンダが社会の中で機能する様を理解するためには、自分自身との関係を理解し、自分自身の説得に対する脆弱さを研究や反省の対象にしなければならなかったのである。

この学会は、プロパガンダ分析の持つ、こうしたきめ細かな自己反省のあり方をしばしば喧伝した。初期の会報は主にクライド・ミラーによって書かれており、彼が進歩的教育や進歩的ジャーナリズムといった自身の経歴を持ち込んだのである。彼は師範学校で「輿論と教育」、「普通教育におけるプロパガンダ分析」といったものの方針を教授した。プロパガンダを認知し、批判的に関与するために不可欠な準備として、ミラーは自己反省と自己分析を推奨している。

プロパガンダを理解するためには、我々は自分たち

自身がそれを用いていることを把握せねばならない。(28)

責任ある市民としての姿勢は、厳しい内省と自己検閲を必要とする。その方法について、ミラーは次のように論じた。

グループ内の各メンバーはノートか厚紙のカードを持ち歩き、自分が「良い」言葉や「悪い」言葉を用いるたびにそれを書き込んで自分自身をチェックするよう心掛けねばならない。(29)

プロパガンダが存在しうるのは、人々がそのメッセージを受け入れやすくなっていて、それを信じるにあたって思慮を欠いている場合だけであるとプロパガンダ学会は公言していた。

したがって、我々は自分たち自身がプロパガンダを育ててしまう肥沃な土壌であること、我々抜きにはプロパガンダ自体成立するはずもないこと、そして、我々自身がプロパガンダを生み出し、蔓延させてしまっていることを直視せねばならない。(30)

当然、民主主義におけるプロパガンダ批判は何よりもまず、自己批判であるべきだった。プロパガンダ批判においてイメージされる公共圏は市民の私的生活から決して切り離せないものだったのだ。国防意識の「最弱リンク」説〔最も弱い部分から崩壊が始まるという考え方〕の見地に立てば、全ての人がこの新たな形の内省にたずさわらねばならないはずなのである。だから、一九三八年一〇月、この学会は会員たちに対して「現在のヨーロッパで起きている危機に関する自分自身の感情を精査してみる」ように助言している。この学会がさらに頻繁に発していたアドバイスは、ラジオの演者による発言からいくつかの文章を選び、それを違った声の調子で、大声で話してみることだった。ラジオや人間の声が有している説得の手段を体験し、実験してみることで、真にそれを理解するためである。(31)

ラジオ聴取に対する内省は市民の義務となった。そしてプロパガンダ批判はラジオの市民的パラダイムに寄与する重要な思潮の一つとなったのである。理想的なリスナーがより大きな善のために自らを監視し、聴いたことを信じてしまう自身の傾向について考えをめぐらせるならば、ラジオ聴取の親密圏は自制の空間となる。

自己省察はフーコー的な意味においては、統治プロセスの一環である。

こうした他者と自分を支配するテクノロジーの邂逅を私は統治と呼んでいる(32)。

プロパガンダ分析はある種の自省を唱導した。今やそれは知的な洗練性や優越性の証であるのみならず、市民的、国民的義務でもあると考えられるようになっていた。

しかし、ラジオリスナーたちは自分自身の聴取について負わされたこの厄介な責任に嫌気がさしていた。一九三〇年代の終わりまでに、プロパガンダ批判家たちはこうしたより一般的な空気に対する責任の一部を負わされることになったのである。

知的なリスナーたち

比較的洗練された進歩的な教育はプロパガンダ批判家たちの主張を引き出した。そうした主張は一九三〇年代のリスナーに対する一連の調査から生まれてきたものだ。戦間期に広く共有されていた知性に対する懸念から、より直接的で、やや自省を欠いてもいる疑問が浮上してきた。それは、実際のところ、大衆が責任を持ってラジオ聴取という行動を行なうに足るほど賢いのかどうかという疑問だった。

『*Mercury Theater*』で放送された『宇宙戦争』は戦争の物語ではあったが、知性についての物語でもあった。それは、精神的に優れた人類が、劣った人類を征服しようと試みるドラマでもあったからだ。H・G・ウェルズが『宇宙戦争』を書いているとき、彼の兄弟は尋ねた。もしも人類より優れていて、かつ無慈悲な文明が人類を根絶やしにするために地球に降り立ったら何が起こるだろうか、と。彼が小説の中に書いている言葉を借りれば、それはちょうどタスマニアの原住民が「ヨーロッパ人による殲滅戦の中で、完全に根絶やしにされた」のと同じようなものだという[33]。『Mercury Theater』版は、火星人が地球を眺める様子を描写したナレーションから始まる。

広大で幻想的な星の海を隔てて、この地球を羨望のまなざしで眺める知的生命体がいた。彼らの知性は雄大だったが、冷酷かつ無情でもあった。彼らから見た我々は、ちょうど我々から見たジャングルの中のけだものに等しかった[34]。

この主題は多くの歴史的、政治的影響をもたらした。一九三八年にパニックを引き起こしたこの放送の内容は、ポーランドのユダヤ人がドイツから放逐された出来事と同じ紙面に並んで報じられた。『*Washington Post*』に対するある投書の送り手は次のように指摘する。この世界で火星からの侵入に対して恐れるべきことはほとんど皆無だが、ベルリンや東京やローマにある体制に関して警戒すべきことは山ほどある。あの体制は、ある人種に属する人々を、まるで狩られるケモノのように地球上を放浪させているのだ、と[35]。

『宇宙戦争』のドラマのストーリーは知性と支配、そして征服された人類の生き残りそのものに中心がある。このドラマはアメリカ社会に論争を巻き起こした。当時のアメリカ社会には、近代的でマス・メディアによって媒介された社会の中で最も愚かな場所はどこか、という優生学的な関心が満ち溢れていたのだ。

一九三〇年代までに市民の知性は公的な、そして国家的な問題になっていった。「新手の調査が人々の精神状態にも適用されていった」とニコラス・ローズは指摘する。戦時下の連帯意識に対する興味が「より広範で主観的な領域に対するこうした関心の拡大の前兆となった」というのである[36]。一九三〇年代において、個々の市民が持つ知性と批判能力と柔軟性は、あらゆる人に関係する公的な問題になった。市民たちが常に事情通であること、また、互いに矛盾しており、人をだまそうとしている可能性もある情報の流れを知的に処理できる状態にあること。この成否によって、国民は国家の資源にも、負担にもなりえたのである。

合衆国において、社会心理学者たちは、国民と知性、そしてプロパガンダに関するこうした議論の中心となった。ゴードン・オールポートやフロイド・オールポート、ハドリー・キャントリルのような、心理学分野における「造反者たち」は専門的な助言を行なうための新たな分野を形成していった。そして第二次大戦中に、プロパガンダの管理が必要となったとき、合衆国政府は喜んでそうした研究に飛びついたのである[37]。

それ以前の段階で、心理学者たちは、ある一部の国民が危険なほど低い知性しか持ち合わせていないという認識を大衆化していた。ヘンリー・ハーバート・ゴダードによって開発された知能尺度の最も有名な利用は、一九一八年に米軍の新兵に対して為されたテストだった。その結果、白人の召集兵の精神年齢は、平均一三・〇八歳で、「知的障害」の段階をわずかに上回っているにすぎないということが明らかにされた[38]。ゼンダーランドによれば、このテストはゴダードにある確信をもたらしたという。

彼は徐々に疑いを強めていった。この国における問題のほとんどが、思考力に乏しい人々からなる非常に大きな階層によって引き起こされているのではないか、と[39]。

第一次大戦後、「世論は理性的な計画にとって現実的な脅威であり、道徳的秩序をも脅かすものである」という見方に、アメリカの心理学者たちは科学的な根拠を与える道を開いたとエレン・ハーマンは述べている[40]。戦間期にアメリカの心理学者たちが、ヨーロッパの群集心理学を読み込んだことで、こうした感覚はより一層強化された[41]。一九三〇年代までには、軍隊の知能テストに対する極端に遺伝学的、優生学的な解釈は批判されるようになっていたし、信頼性を失ってもいた。しかし、ゴダードたちの衝撃的な発見に対する一般的な記憶は生き残っていた。教育や訓練を大多数の低い知性を管理する方法として位置づけた彼らの議論の要点は、アカデミックなものか大衆的なものかを問わず、プロパガンダやラジオに関する一九三〇年代の多くの議論の背景に横たわっていたのである。

「知性」という言い回しは、ラジオ聴取者に関するあらゆる方面の公的議論に広まっていった。心理学者のジェームズ・ローランド・エンジェルがＮＢＣで地位を得た際、あるジャーナリストは彼に、ラジオリスナーの平均的な精神年齢が一三歳であるという意見について尋ねている。彼はこう答えた。

それでも高く見積もっていると考えています。ラジオ聴取者の平均的な知性は一三歳以下のレベルであると私は確信しているのですよ。[42]

大衆の知性に対するラジオのこうした低い想定が、自己成就的な予言になってしまいかねないことを懸念する人々もいた。一九三八年三月、ニューヨーク大学体育学科の教授は子どものラジオについて懸念を表明している。

私たちが最も懸念するのは、ラジオの俗悪さよりも、そのばかばかしさ、愚かしさ、および消極性である。[43]

具体的な懸念として、ラジオがバカな人間向けに発信されているだけではなく、そうした人間を生み出してしまいかねないという点が挙げられた。一九三七年にFCCの長官であったジョージ・ヘンリー・ペインが見て取ったのは次のような事態だった。

放送事業者による平均的な番組は一二歳の子ども程度の知性しか持たない人間に向けて語りかけている。重要なのは、この平均的な水準を大人レベルまで引き上げることだ。さもなければラジオは、成熟しても知的には永遠に未成熟な状態に留まり続ける危険性がある。また、ラジオや映画によって、我々が早晩、大人の姿をした子どものような国民になってしまう危険もあるのだ。[44]

さらに、デーモン・ラニヨンも警鐘を鳴らす。ラジオの商業主義が「合衆国の商業活動にとって重要視され過ぎているため、番組を支配してしまっている。そうした番組は時として知的な欠陥を持つ人々の注意を引きつけることにダイレクトに投資を行なっているように見える」と。[45] 大多数の国民の知性は危険なほど低く、ラジオがそうした状態を維持することに関与してしまっているという一般的な懸念が、一九三八年には確立していたのである。
軍隊における知能テストは、とりわけ知性に関する社会問題に注意を引きつけるのに一役買ったとゼンダーランドは論じている。[46] 一九三〇年代には、知性の高さと市民的美徳との間に負の相関があるのではないかという不安も生じていた。一九三七年にニュージャージーの優生学者は次のように主張している。「知性の程度」は「社会性の度合い」、すなわち、変転するこの世界に適応していく能力によって補完されるはずである、と。つまり、彼は知的な人間が社交性に劣り、「社会に適応できない」ということが明らかになる可能性に言及したのである。[47] 一九三七年一二月にユニオン神学校の学長、ヘンリー・スローン・コフィンは、知性が破滅的な目的のために用いられる可能性を指摘している。
知性よりもずっと高度な能力である良識というものは、知力と敬虔さが一体となって生まれるのだ。[48]
一九三八年の一一月には、師範学校の教授が次のような調査結果を報告している。高い知性を持った子どもは「劣等感や孤独感、人生に対するシニカルな態度にさいなまれ」、不幸である場合が多いというのだ。[49] このことは、高い知性に対しても、低い知性に対するそれに匹敵するレベルの懸念が抱かれていたことを意味している。オーソン・ウェルズが一貫して高い知性を持つ人物、あるいは天才として広く認識されていたという点で、こうした考えはパニックを引き起こした放送とも深く関連しているのだ。

火星からの侵入

『*Mercury Theater*』シリーズのプロデューサーは当時二三歳のオーソン・ウェルズとジョン・ハウスマンだった。『*Mercury Theater*』とそのラジオプロジェクトは、連邦劇場計画におけるウェルズとハウスマンの協力関係に端を発している。ウェルズは左派系の人民戦線による美学思想を有しており、市民劇場の発展に関わっていた。[50] 彼はラジオの潜在能力を「大衆的で民主的な機械」として評価していた。ジョン・ハウスマンは、自身が持っていた共産主義のアジプロやプロパガンダに対する技術的な関心をニューディールの劇場作品からラジオへと持ち込んだ。一九四二年に彼はプロパガンダ放送局「the Voice of America」の創設者兼ディレクターに就任している[51]。パニックを引き起こした放送の裏にいたこの二人は、ラジオの持つ説得能力や、ラジオ聴取の政治性に対して強い関心を抱いていた。『*Mercury Theater*』で作品を扱うための翻案を進める中で、ウェルズはとりわけラジオの親密性にも関心を持つようになっていった。

リスナーは二人か三人の小集団として捉えねばならない。(中略)親密性はラジオの持つ最も豊かな財産の一つだ。

ストーリーの一部でもある「一人称単数の」ナレーターは、従来型のラジオドラマの距離を感じさせてしまう効果を克服するためにウェルズが選択したテクニックだった。既存のラジオドラマは、リスナーを単に立ち聞きしている人間としてキャスティングしてしまうからである[52]。

当時、「パニック」を引き起こした放送は、ウェルズの想像力の産物として理解されていたし、これまでも一般的には彼と結びつけて考えられてきた。放送後に為された多くの公的な議論の中心は、ウェルズの人物像や、ラジオの聴衆を対象に実験を行なったこの若き天才が社会不適合者なのか否かという点にあった。しかし、このラジオドラマがチームで制作されたこと、そしてウェルズは常日頃からそうだったのだが、制作に積極的に関与したのがかなり後の段階であったことは明らかである。ハウスマンは次のように回顧する。

オーソン・ウェルズは実質的に脚本の執筆に関わっていない。せいぜい、いつものように予備的なリハーサルに参加した程度だ。

しかし、彼はそれにこう付け加えている。

ただし、このドラマの最初と最後は彼の手によるものだ[53]。

たとえば、ウェルズはリハーサルの時点で、最初のシーンを他の誰もが適切だと感じる長さを超えて引き延ばし、劇中で後に出てくる出来事のドラマチックな効果を小さくしてしまったという。ハウスマンによれば、物語をニュース形式で語ったのもウェルズのアイデアだった。一九三八年のズデーテン危機以来、アメリカ人にとってお馴染みのものになっていた「ニュース速報」の形式を用いて、この新しい技法を、「間違いまで含めて忠実にコピーした」のである。[54] 脚本自体は主にハワード・コッホによって書かれていたが、ハドリー・キャントリルがそのことを指摘した際、ウェルズは強く反発した。コッホは単なるチームの一員にすぎず、自分こそが「作者にして、責任を負うべきアーティスト」として重要な役割を果たしたとウェルズは主張したのである。[55]

『*Mercury Theater*』は、当時非常に人気のあったNBCのエドガー・ベルゲンとチャーリー・マッカーシーの番組に比べて、ほんのわずかな聴衆しか惹きつけてはいなかった。パニックの前週、『*Mercury Theater*』の聴取率が三・六パーセントであったのに対して、ベルゲンと彼の人形〔ベルゲンは人形を使った腹話術で有名だった〕は三四・七パーセントもの聴取率を弾き出していた。『*Mercury Theater*』はごく一部の少数派に向けた娯楽番組となるよう意図して作られていたのだ。この段階で番組にスポンサーはついておらず、商業性のない高級文化的なラジオ番組だったのである。毎回のエピソードはチャイコフスキーのピアノ協奏曲第一番の第一楽章を用いたオープニング・テーマとともに始まり、初期のエピソードでは、この番組は「偉大な作家による有名な物語をドラマ化するユニークな新シリーズです」というアナウンスが流れていた。[56] ラジオは聴衆の知性を過小評価してきたと当時のウェルズは主張する。

ラジオオーディエンスの知性は一一歳レベルだと評価されてきたが、このことは、ラジオのマイクに向けて寄稿してくる人々がみなそれと似たような知能水準であるということを意味しているわけではない。[57]

それゆえ、ウェルズは『*Mercury Theater*』シリーズを意識的に「知的な」リスナー向けに制作していたのである。

知的な人々はラジオを真面目に聴き、決して散漫な聴取はしないというのが当時の前提だった。『宇宙戦争』のようなドラマは一種の没入的な注意力を要求するし、神聖化された高級文化を求める聴衆たちは、価値ある演技にふさわしいそうした注意の向け方に慣れ親しんでいるはずだったのである。パニックの余波の中で、『*New York Times*』のラジオ批評家、オーリン・ダンラップは次のように発言している。このパニックを通じて放送事業者たちが学んだことの一つは「ドラマも散漫に聴取されるということだ。ラジオドラマもまた、バックグラウンド・ノイズであり、その一部分が耳に入って流言が広がり始めるのである」と。[58]ニュージャージー州ホープウェルの新聞のコメントによれば、問題の一つは、「例のラジオ番組を聴いていた人々が、隕石のことを聴いた瞬間、すぐに家から走り出たこと、あるいは少なくともラジオ聴取をやめてしまったこと」にあった。[59]事件後になされたギャラップ調査において、番組を聴いていた人の六〇パーセントは番組を途中から聴き始めたと答えており、一九パーセントが最後まで聴かずに聴取をやめたと回答している。[60]このことは新聞の解説にも反映されていた。その中で、人々はしばしば隕石から避難していたと述べているのである。しかし、ドラマの本筋に入れば、わずか数分で問題は隕石ではなく火星人であることが明らかになるのだ。散漫なリスナーはそうでないリスナーよりもずっと高い確率でパニックを起こした。トレントンの新聞も事件の翌日、「パートタイム・リスナー」こそが最もだまされやすかったと指摘している。[61]遅れて番組をつけた多くの人々はNBCのマッカーシーによる番組から流れてきていた。彼らは番組開始から一二分ほど遅れて、冒頭に毎回流れるオープニング・コメディの部分が終わろうとする頃から聴き始めた。そうした人々は、このラジオドラマで最も「リアル」な場面の一つだと目されている、農場主のウィルムス氏へのインタビュー・シーンから『*Mercury Theater*』を聴き始めたのである。[62]ハドリー・キャントリルのパニック研究は次のように結論づけている。

一部の人々は、自分たちが特に興味を抱く内容が放送されていると気づくまで、ラジオを注意して聴いていなかった。(63)

散漫なラジオ聴取の証拠は新聞にも残っている。『*Trenton Evening Times*』は社説で次のように述べた。

望んだときに読めて、読み返すこともできる活字報道は不変のものである。これは正確性や、事実と虚構の区別を最もよく保証する。新聞は、ヒステリーではなく、知識へと誘うやり方で、生活の中のあらゆる場面を映し出すのである。(64)

『*Washington Post*』は広告業界の雑誌に一面全てを使った広告を出した。パニックを引き起こした放送は、人々がラジオのアナウンサーの声にほとんど注意を向けていないことを証明したと主張したのである。

誰が彼の話を聴いていたというのか？　そしてアナウンサーが商品について話していることを一体誰が聴くというのか？(65)

というわけである。

パニック

新聞がパニックを誇張することに対して明らかに利害関心を持っていたにしても、彼らはその好都合な事実をあまり強調しなかった。それゆえパニックの実際の程度についてはこれまで根強い疑念が抱かれてきたのである。翌日の新聞は「戦時下を思わせる大衆的なヒステリーの波」というように、非常に月並みな言い回しで解説を行なった。(66)『*Washington Post*』は翌朝、何百人もの人間が卒倒し、男も女も自宅から逃げ出して、「ヒステリーが国中を席巻した」と報じている。(67)しかし、何人かの学者はこう指摘する。パニックに対する後年の評価を知った上でみると、当時の新聞報道は相対的に小さいもので、一〇月三〇日から数日間に限られていたように見える、と。(68)

ある男性は事件当時、Kストリートという場所を歩いていたが、「群衆によるヒステリーのようなものは全くなかった」と『*Washington Post*』に書き送っている。[69]ソコロウは、「あのパニックは現在まで信じられてきたほど広範囲で起こったわけでもなければ、深刻だったわけでもない」と結論づけている。[70]

しかし、群衆ヒステリーなどなかったという概ね正しい観察から、パニック自体がほとんどなかったなどという誤った結論を出してしまわぬよう、注意しなければならない。パニックに関連して少なくとも一名の死亡が報告されているのだ。そのボルティモアに住む六〇歳の男性は、放送を聴いている時に心臓発作で亡くなった。彼の主治医は「急激な興奮が心臓発作を引き起こした」と診断を下している。[71] FCCに寄せられた多くの手紙も、現実にパニックがあったことを雄弁に立証している。そのうちの一通は次のような内容だった。

私たちはみな、死の恐怖におののいていました。私の娘は一晩中まんじりともしませんでした。このガソリンスタンドには六人の人間がおり、全員が恐怖に震えていました。失神した者もいましたが、残りの人間は彼に触りもしませんでした。彼は恐怖のあまり顔がどす黒くなり、医者が呼ばれました。ある酒場の店主は店にある全てのものを人に譲りました。そこには別のガソリンスタンドに向かう車がたくさんいました。彼はタダで好きなものを持って行けと言いました。こんな状況で、金などもう何の役にも立たないんだ、と。[72]

『*Mercury Theater*』の作者たちは、火星人がニュージャージー州のグローヴァーズ・ミルに着陸したと報じた。そのため、ニュージャージーにおけるパニックのうち、一定数はこの街で起こっている。州兵たちの報告によれば、人々が避難しようとしたために、グローヴァーズ・ミルでは交通が麻痺してしまったという。ニューアークのクリントン・ヒルズ地区では、二〇家族が通りにうずくまっているところを警察に発見されている。彼らはガスから身を守るために、水に浸したハンカチで顔を覆っていた。[73]ホープウェルでは大規模なヒステリー状態にはならなかったが、交換手に電話が殺到し、実際にこの地域を離れた人間もいた[74]。トレントンの警察には二時間で二〇〇〇回もの電話がかけられ、市政官代行は「全ての通信網が麻痺した」と抗議している。トレントン電気局は「泣き叫ぶ女性や取り乱した男性たち」からの多くの問い合わせに対応せねばならなかった[75]。あるグローヴァーズ・ミルの住人は当日の夜、幼い子どもを連れた隣人がポーチに駆け上がってきて、泣きながらドアを叩いた様子を、六〇年を経て回顧している。その人物の言によれば、あれほど怯えた人間の目を見たことはなかったという[76]。『*New York Times*』はハーレムの人々がそのニュースにひどく動揺していた様子を次のように描いている。

プレスに囲まれるオーソン・ウェルズ
New York Daily News photo archive.

> 黒人地区にあるいくつかの教会の出張所では、褐色砂岩でできた建物の一階で小さな信徒集団の集会が行なわれていた。日頃信心深いわけではない教区民たちがその「ニュース」をたずさえ、魂の救済を求めて駆け込んできた時にも教会は冷静に対処した。いくつかの教会では、夜の祈禱が「世界の終わり」に際して祈りを捧げる集会になったのである[77]。

さらに、黒人向けの『*Amsterdam News*』はこのことを次のように綴っている。

> 祈りの意味を完全に忘れ去っていた屈強な男たちが

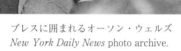

膝をつき、人生の最後の数分を神とともに過ごそうとした。子どもたちの半分は怯えきって恐怖に泣き叫び、女性たちは卒倒した(78)。

ニュージャージーから遠く離れた場所でもパニックは起こっていた。ネブラスカ州のリンカーンでも警察署や新聞社、ラジオ局に電話が殺到していたのである。『*Nebraska State Journal*』に電話をかけてきたある女性は、自分の息子が戦死したこと、それゆえにこの放送のせいで「ショック状態に」陥ってしまったことを電話口で語ったという(79)。ボイシでは、『*Idaho Daily Statesman*』紙に設置されていた四つの電話がひっきりなしに鳴り響いた。その際、明らかに分別あるらしき人が、デス・レーザー・マシーンは夜明けまでにはボイシにやってくるだろうと警告したこともあったという(80)。

多くの議論では、キャントリルによって推定された約一〇〇万人という数字が繰り返し挙げられているものの、今となってはどれだけのパニックがあったかを明確に語るのは不可能である。もちろん、パニックを起こしたのは番組を聴いていたリスナーのうち、少数派ではあるし、アメリカ一国の人口と比較すればさらに小さな割合だ。当然、パニックを起こさなかった多くの人々が存在するし、グローヴァーズ・ミルでも無差別破壊など起こらないということに納得したあと、人々は静かに家に戻り、眠りについたのである(81)。『*Trenton Evening News*』も地域的な関心事としてニュースを取り上げたが、町のプライドを込めて、パニックはニューヨークの方がひどかったと報じた。ニューヨークでは「何千もの人が通りや公園に殺到し、自分たちを呑み込んでしまう破滅の瞬間を待ちながらうろつきまわって、流言を広めた」のだ、と。

パニックをめぐる議論

『宇宙戦争』の放送はもう一つ、別の歴史的事実も物語っている。それは、放送の問題に関するアメリカ人の合意が、一九三〇年代後半において再び疑義を呈されるほどに脆いものであったということである。新聞はすぐに、パニックに対するFCCの反応を話題の中心に持ってきた。アイオワ州のある新聞のトップに掲げられた見出しにはこうある。

合衆国、ラジオショックの元凶を調査へ

『*Trenton Evening Times*』の一面の見出しも次のようなものだった。

合衆国委員会、調査に乗り出す。標的はラジオドラマによるパニックか

新聞社は、地理的にパニックの中心に近い地域の会社ですら、ラジオの規制についてまことしやかに報じた。AP通信の最初の報道は、ラジオ業界が「ハロウィーンの幽霊よりも恐ろしいホブゴブリン」に目を向けているという見方を中心に展開された。これはつまり、「放送に対する国の統制が強まる」という見解である。(82)

パニックを引き起こした放送は、ネットワークの放送と独占に関するFCCの大規模調査が実施されるほんの二週間前に流れた。また、FCCはラジオ改革を目指す活動家的な空気に支配されているということで知られてもいた。そのため、ネットワーク・ラジオの持つ大衆に対する説得能力を驚くべき形で示したあの事件が、現行の規制に対する疑問やアメリカン・システムの未来といった文脈で検討されることは避けがたかった。アイオワ州の上院議員、クライド・ヘリングは一〇月三一日発行のほとんど全ての新聞で、次の国会に法案を提出する旨を語っている。「あのような乱用を統制」するとともに、番組案をFCCに提出して認可を求めることを全てのラジオ局に課すというのだ。彼は次のように述べている。

あの種の番組は、巨大な機関に対する我々の統制が不十分であることを示す、非常に分かりやすい症候である。(83)

ヘリングの提案は、猥褻な、あるいは恐怖を感じさせるような番組を事前にチェックするために、放送事業者たちに番組の届け出をさせ、審査する委員会をFCC内部に設けるというものだ。(84)しかし、ヘリングの提案に対する新聞社説の反応はほとんどが敵対的だった。

政府による検閲への恐怖の方が、一般によく知られていた活字とラジオの競合関係よりも強く作用したのである。ヘリングの選挙区にあたる州でも、『*Esther-ville Daily News*』が次のように論じている。

大衆が何を聴くべきで、何を聴くべきでないかを、一部の欲得づくで働く人間が決められる。そのようなことが政府の政策になれば、何を読むべきで何を読むべきでないかが独裁的に決定されるようになるまでは、あとほんの一歩である。(85)

『*Oakland Tribune*』も「民主主義においては、政府による言論統制のいかなる潮流にも反対していかねばならない」と主張した。(86) 一一月一日の『*New York Times*』もこの時点で、放送の問題は「深い思慮に基づく自主規制によってしか解決されえない」と確信を持って主張している。(87) さらに同紙は一一月六日号で、パニックを引き起こした放送に関する議論を、少し前にニュージャージー州のバッハ協会から出された要求と並列に位置づけた。当時バッハ協会は、放送でクラシックを「スウィング」アレンジにすることを禁止するよう要求していたのだ。その上で、『*New York Times*』はどちらの問題においても、言論の自由は守られるべきだと主張したのである。(88)『*Milwaukee Journal*』は「大衆の反応の方が官僚による検閲よりもはるかにマシで、安全である」と主張したし、(89)『*Chicago Tribune*』はあてこすり的に次のように述べた。「政治家たちが自分の有権者に呼びかけるためにラジオを使うことを妨げず、悪ふざけの放送だけを禁止する法律を書くのは途方もなく難しい」だろう、と。(90)

予想できることではあったが、業界雑誌の『*Broad-casting*』はこのパニックの中に、「アメリカン・システム」の美点のさらなる根拠を見いだした。もし作り話の放送が「一部のアメリカ人たちを狂乱の渦に叩き込めるのであれば、ラジオが政府の独裁によって支配された場合、どのようなことが起こるだろうか」と論じたのである。(91)

FCCの主な関心事は独占や品位の問題にあったため、彼らからすれば、パニック事件はある意味で周縁的なものだった。『*New York Times*』の記事によれば、「あの番組は独占という差し迫った第一の問題から明らかに大きく外れており、(中略)それと同様に猥褻さという点でも特に疑問の余地はなかった」という[92]。しかし、委員会は大きく割れた。進歩派のジョージ・ヘンリー・ペインが次のように主張したのである。

人々が道徳的、肉体的、精神的、および心理的に明確な害をこうむった際には、猥褻さや下品さを取り締まる法律に関わる場合と同じように、異議を申し立てる権利がある[93]。

一方、放送産業に好意的だったT・A・M・クラーヴェンは、「演劇芸術の発表を阻害し」たり、「毒にも薬にもならないラジオ」を生み出すことにFCCが加担すべきでないと警告した[94]。

一〇月三一日、議長のフランク・マクニンチは以下の声明を出した。

今回報告されているような巨大なパニックや恐怖を引き起こす放送は、控えめに言っても非常に嘆かわしいものだ。今回の放送に対する広範囲に及ぶ大衆的な反応は、新聞が指摘しているように、ラジオの権力と影響力を示すものであり、ラジオ局運営の認可を受けた人々の大衆に対する重大な責任を再びあぶり出した。

彼は三大ネットワークのトップとの非公式な会議を呼びかけたが、この会議はあくまでフィクションにおけるニュース速報の利用という一点に絞られたものだと強調した[95]。ただし、この会議では「望ましくない番組を根絶するために、放送事業者がとる自発的な対応にまで踏み込んで」議論が行なわれたと『*Broadcasting*』誌は報じている[96]。

ネットワークは、今後「速報」や「定時報道」といった言葉をドラマで用いる際には細心の注意を払うということに進んで同意した。そのため、FCCは「この番組について受け取った抗議は、放送を行なった局のライセンス更新において、審査の対象としない」ことを全ての関係者に保証するにいたった[97]。『*New York Evening Post*』は、ことの成り行きを簡潔にまとめている。

国からの干渉を防ぐために、電波によるテロも鎖から解き放たれた(98)。

NBC社長のレノックス・ローアは親会社であったRCAのデヴィッド・サーノフに電報を打った。

委員長のマクニンチと三時間にわたって十分な会議を行ないました。彼は非常に協力的な態度を示してくれました。我々がすべきこと、あるいはすべきでないことについて指図するつもりはないとあっさり言ってくれたのです(99)。

当然、その後の規制も緩やかなものとなった。こうなった大きな要因は双方に合意が成立したことにある。その合意とは、責められるべきは別の者たちであるということだった。責められるべきは誰か。それはリスナーたちであった。

リスナーへの非難

規制への動きに歯止めをかけたものの一つは、当時広く共有されていた市民的パラダイムであった。当時最も注目されたのは、人々のラジオの聴き方であって、誰が放送の中身を決めているかではなかった。CBSは、混乱の責任はパニックを起こした個々のリスナーにあるとした。問題は流動的な聴取の方にあると考えたのである。

しばしば部分的に聴取されたり、全体から切り離されてしまったりするというラジオ特有の性質が今回のような過ちを引き起こしてしまった。我々に言えることはそれだけだ。

『*Radio Guide*』誌はもっと乱暴に批判を行なっている。

無意識にダイヤルを回す人々は、水辺のゴキブリのように周波数帯全域を矢のように駆け抜ける(100)。

当時は、散漫で興奮しがちなリスナーこそが事件の原因だと広く受けとめられていた。散漫で感情的な聴取がなぜ目に見えて蔓延するようになったのか。この問いに答えるために様々な試みがなされた。心理学者のルドルフ・アッシャーは事件について、世界大戦や「長引く経済的混迷」によってもたらされた「大衆的な興奮状態」と診断を下した[101]。『*Salt Lake Tribune*』は社説で次のように論じている。

近年のヨーロッパにおける戦争の脅威、二つの大陸で恒常的に鳴り響く砲火の音、爆撃機の轟音、死のミサイルが降り注ぐ音、粗末な小屋や市場で死んでいく母親たちのうめき声や自分たちを産んだ母親の死体の横で泣き叫ぶ飢えた赤ん坊の泣き声。これらは地球全体でラジオから繰り返し流され、こうしたことによって、活字を読む人々も恐れを抱き、興奮とヒステリーの状態になってしまうのだ[102]。

『*Washington Post*』に手紙を寄せたある投稿者は、神経質な人間を生み出す状況そのものが、パニックをも作り出してしまったと主張する。

無意味で野蛮なスウィング・ミュージック、いかがわしい歌、酒の入ったパーティー、粗野な飲酒運転、その他の音もなく社会を蝕んでいく活動など、一晩中続くこうした生活が、多くの不名誉かつ悲劇的な結果を引き起こしてきた。そのため、多くの人々の精神的安定は、ほとんど破壊され尽くしてしまったのである[103]。

これらの意見は厳しくもあるが、この種の社会学的、歴史的な説明は、複雑かつ危険性をはらんだ時代の中で生きていくリスナーの能力に対し、少なくとも一定の信頼を寄せている。知性に関する議論においては、聴衆やその知的能力を嘲笑するものの方がはるかに多かったし、それらはずっと不寛容なものでもあった。『*Chicago Tribune*』の社説にはこうある。

ラジオの聴衆は一般的に言って、あまり賢いとはいえない。おそらくより気の利いた言い方をすれば、ラジオの聴衆は知的にやや遅れており、多くの番組が彼らの消費のために作られている。(104)

『*Chicago Tribune*』は、火星人に関する放送が害ばかりを及ぼしたわけではないという考えも示している。

今回の事件は、ごく一部の人々に対して自身の知的限界を悟らせるよう機能したかもしれない。何百人かの市民たちは、自分たちが思っていたほど賢くないということを学んだ可能性がある。(105)

いくつもの新聞に寄稿し、当時影響力のあったコラムニスト、ドロシー・トンプソンもまた、ラジオの聴衆の知性という問題を取り上げた。放送の三日後、彼女はウェルズと放送会社について、彼らは「大衆的で演劇的な煽動の持つ、ゾッとするほどの危険性と途方もない効果を、どんな議論よりも強く、そしてあらゆる疑念を超えて証明してみせた」と述べている。

彼らは大衆教育の失敗に、まぶしくも残酷な光をあてた。何千という人々の信じ難いほどの愚かさや、平常心のなさ、そして無知。こうしたことを白日のもとにさらしたのである。そして彼らはまた、大衆的な妄想状態を生み出すのがいかに容易であるかも証明してみせた。(106)

この事件はそんな「世紀の物語」であるとトンプソンは結論づけた。この事件は「ヒトラーイズム、ムッソリーニズム、スターリニズム、反ユダヤ主義、その他現代のあらゆる恐怖政治を理解するにあたって、知識人によって書かれたどんな文章よりも大きな貢献をなした」というのだ。トンプソンは、多くの反証に逆らって、「聞き手たちがどこから番組を聴き始めたかに関わらず」、今回の放送に関する「全ての事柄は何ら信頼するに値しない」と断言している。パニックが示しているのは「論理の破綻」にすぎない、と。さらに、トンプソンに言わせれば、だまされた人々には、「無論、国の保護が必要であり、彼らが自分の判断に頼ることはできないと示してやらねばならない」という。

彼女は、こうした明らかな自己統治能力の欠如を軽蔑すると明言した。パニックを起こした人々は、懐疑的かつ自省的に聴くという市民的義務を果たせなかったと考えたのだ。[107]愚かで、自分の聴取に責任を持てない人々が民主主義を脅かし、彼らによってラジオの権威は失墜したとされたのである。

国中の新聞が、パニックを引き起こした放送について同じような言葉で書き立てた。トンプソンや『*Chicago Tribune*』によって論じられたテーマを反復し、リスナーたちの欠陥を並べたて、彼らの知性に疑問を投げかけたのである。テキサス州パリスのコラムニストは次のような見解を示している。

平均的なラジオリスナーは一四歳程度の知性しか持ち合わせていないとしばしば言われてきた。しかし今回の放送で、正常だとされている合衆国の何千人もの市民がとった行動を見て、私は彼らが二つの耳の間に何も通していないのではないかと疑った。[108]

コラムや社説はこうした露骨な主張を述べると同時に、広く行き渡った侮蔑的な空気感も伝えてしまった。『*New York Times*』の一面では、パニックを起こした人々の過ちや怠惰に関するストーリーが詳細に語られている。

ラジオのリスナーたちは明らかに、番組の前口上を聞き逃していたかあるいはそもそも聴いていなかった。（中略）彼らは新聞の番組欄と番組を照らし合わせなかった。（中略）さらに、彼らは番組中に三度流されたアナウンスも無視したのだ。[109]

翌日の社説にはこうある。

多くの人々が遅れて番組を聴き始め、自分たちが架空の破滅を描写した解説を聴いているのだということを理解できなかった。そのことが、馬鹿馬鹿しく、そして痛ましくもある様相をもたらしたのである。[110]

ニューヨークの『*Radio Daily*』はこれに同意し、問題点について率直に語っている。彼らによれば、問題はＣＢＳがあの番組を「ハイブラウな聴衆」のものだと考えていたこと、にもかかわらず、「想定より知性の劣った人々も番組を聴いており、内容を理解することができなかった」ことにあったという。[111]

新聞に投書した人々もまた、パニックを起こした人々に対して自分の愚かさを理解させようとした。『*New York Evening Post*』に投書を送ったある男性の言によれば、今回のヒステリーは「一部の人々の頭の中に存在している愚かさと無知を鮮やかに示す実例」であった。[112] さらに、『*New York Evening Sun*』に寄せられた投書で、あるリスナーは言う。「あらゆる人が、想像力に富んだ荒唐無稽な話を真剣に捉えることなどありえない」ように思えるが、「アメリカ人はここ数年で極端にだまされやすく」なってしまった、と。[113]

パニックを起こして責められた側で反論する者はほとんどいなかった。嘲笑され、恥をかいた人間の一員として反応を返すことは難しかったのである。それでも、パニックを起こしたあるリスナーはトンプソンに対して、それなりに学のある自分の家庭が、あの放送をどのように聴いていたかを書き送っている。

その場にいた八人のうち、六人は大卒でしたし、二人は哲学の博士号を持っていました。にもかかわらず、（中略）番組表を見るまでの一〇分間、うちの家族はパニック寸前の状態になってしまいました。[114]

ほんのわずかではあったが、恐慌状態に陥った人々の側に立つ新聞もあった。『*Chicago Daily News*』は、人間としての知性に欠けていたのは放送した側であると主張している。彼らが言うには、「おそらくラジオは人の頭の中をかき回す、歴史上最も強力な手段である。それゆえに「訓練され、分別を身につけた人間を除いては、一瞬たりともラジオの力に身をゆだねてはならない。（中略）愚かな人間とマイクは相性が悪いのだ」と。[115]

活字メディアの風刺家たちは、社説の書き手よりもずっと自由にリスナーたちをバカにした。都会的な『*New Yorker*』の風刺漫画は例の放送について次のような言葉とともに描きだしている。

現在我々は、台本にリボルバーの銃声が出てくることを、ドラマを中断して聴衆にアナウンスするようにしています。番組を聴いている全ての人に、銃声がドラマの音響係によるものだと保証しなくてはなりません。そのために、リボルバーとその弾倉というごく一般的な小道具を用いています。警戒する必要はありません(116)。

この風刺漫画はその形式やジャンルが持つ伝達能力の高さを駆使して、文化エリートたちがその他の大衆から離れていく瞬間を戯画化しているのである。物事を他の視点からみることができない大衆は、知性に欠けており、物事をそのまま受け取ってしまう。彼らはあらゆる方面からそう意地悪く嘲笑された。

パニックを起こした放送は現代において、メディアに対する理解が洗練されていなかった時代に起こった、古い時代に新しかった事件として想起されることが最も多い。しかし、それは同時に、市民的美徳の没落と文化戦争勃発の瞬間としても想起されるべきである。この時、エリートたちは、メディアの機能に対して自分たちとは異なる期待や経験を持つ人々を躊躇なく攻撃したのである。

ラジオコメディアンたちは火星人の侵入に対する恐怖をネタにしようとした。しかし、突発的な事件に対して強い懸念を抱いていた放送事業者によって、彼らは強い制約を受けた。コメディアンたちは当時の状況に詳しいリスナーを招いて番組に参加させ、パニックに陥ったナイーヴで未熟なリスナーたちを笑いものにするネタを作った。しかしＮＢＣは、面白おかしくパニックに言及することを禁止したのである。ジョン・ローヤルは次のような社命を出している。

昨夜コロンビアで起こった火星人パニックについて、笑いものにするような発言は一切あってはならない。(中略)公衆を非難したり笑いものにしたりするリスクを冒してはならない。そんなことをすれば、だまされたという認識による怒りや復讐心を育てることになるだろう。ＦＣＣはこのことについて、慎重に話を進めているし、我々も同じように振る舞わねばならない(117)。

以下のギャグは実際に、フレッド・アレンの台本から削除されている。彼がライバルのネットワークをからかうことをNBCが良しとしなかったためであろう。

アレン：ラジオで最近起きた事件を見てると、番組が始まる前にいくつかアナウンスをしといた方がいいような気がするんだけど。

フォン・ゼル：そうした方がいいよ。フレッド。

アレン：俺もそう思う。何でも事前に注意しとかなきゃな。

えー、紳士淑女の皆さま。番組開始の前におことわり申し上げたいと思います。当番組はコメディ番組です。これから一時間の間に聴こえてくるあらゆる会話や音響効果は全て架空のものでありまして、実際の音とは何の関係もございません。(中略)もし電話がこんな風に鳴っても(電話のベル音)、決して電話機の方に走って行かないでください。もしノックの音がこんな風に聞こえても(ノックの音)決してご自宅のドアに向かって走らないでくださいませ(118)。

このユーモアは単純で信じやすいリスナーを小馬鹿にすると同時に、口頭の演技や虚構抜きにはラジオの娯楽が成立しえないことを鋭く突いてもいる。

新聞がラジオに対する検閲に反対すべく結集したように、NBCもこれから起こりうる規制のバックラッシュに対抗し、ライバルのネットワークを守るようになっていった。解説者のローウェル・トーマスはパニックの翌日の夜、NBCのブルー・ネットワークで自身が持っている午後六時四五分の枠を使い、批判されているCBSを擁護した。それによると、パニックは「予想できなかった」ことであり、「あのようなことが二度と起こらないように、あらゆる可能性に備えて防止」措置を既に講じている。さらに、その迅速な対応によってFCCが何ら対策を講じる必要がなくなったのは明らかである、と。NBCの解説者、エドウィン・ヒルも同じ夜の放送で、「同様の過ちは二度と起こりえないでしょう」と述べ、リスナーたちに対して

「ラジオは愛すべきアメリカ的なものであり、高潔、公正で、階級意識とは完全に無縁であります」と請け合った[119]。

パニックを引き起こした放送をめぐる議論の背後には、常に戦争への備えという問題が不気味にそびえたっていた。『*New York Post*』は次のように懸念を表明している。

世論は（中略）何でも受け入れる態勢になっているため、こうした特異な「現実」をも事実として受け入れられるようになってしまっている。（中略）常に新たな世界大戦に脅かされている文明においては、何百万もの人々が大きな不安を抱えているのだ[120]。

AP通信の報告によれば、「合衆国軍人のリスナー」は、あのパニックを非常に重大なものとして捉えていたという。

あのラジオドラマが軍人のリスナーに最も衝撃を与えたのは、その即時的かつ感情的な効果のゆえであった。何千もの人々が（中略）恐怖やパニック、抵抗の決断、絶望、勇気、興奮、あるいは運命論による諦観といったあらゆる症候を示した。それらはおそらく、現実の戦争が生み出してきたものと同じものだった[121]。

ヨーロッパの報道は嘲笑で終わる傾向が強かった。ロンドンの『*Times*』誌はアメリカという国家に対する驚きを表明している。異世界からの攻撃について「十分な理由などほとんどないまま、突如として鵜呑みにして信じてしまう」国民であると論じたのである。一方、ヒトラーも一一月八日のミュンヘンにおける演説で暗にアメリカのパニックに触れ、ドイツ国民は「たとえば火星や月から降ってくる爆弾にも怯えてはならない」と強く述べた[122]。おそらくこうした批判を見越して、『*San Antonio Express*』はこの事件を、新たな可能性に対するアメリカ人の開放性という物語へと、うまく読みかえた。彼らの主張によれば、パニックを起こした人々の反応は、「アメリカを世界で最も進歩的な国にしている人々の態度の基盤であり、不可能なこ

となどないという深い確信を示している」のだった。(123)

リスナーの反応

『宇宙戦争』の放送によって、リスナーたちは多くの投書へと駆り立てられた。個々の放送局や『*Mercury Theater*』やＣＢＳにあてられた手紙は手に入らないが、ＦＣＣに寄せられたものは読むことができる。彼らはラジオの基準からいけば大きな集団とはいえないし、典型的なリスナー・グループではないかもしれない。ＦＣＣに手紙を書くことは、おそらく不満を持った平均的なリスナーが最初にやる行動ではないからだ。しかしその一方で、大統領直轄の役所にあてて送られた手紙も、ＦＣＣには転送されている。したがって国のお役所仕事の細かな知識によって整理されたコレクションより、こちらの方が代表性を有しているのは確実である。

ＦＣＣは例の放送に関して受け取った六二五通を、賛意を示す二五三通と抗議を表明する三七二通にまとめている。放送に好意的な手紙の内訳は以下のようになっている。

再放送の要望……二一三通
「急激な人々の反応を引き出した」ＣＢＳを賞賛するもの……二四通
オーソン・ウェルズの「素晴らしい演技」を称えるもの……三六通
検閲への反対……四九通
ＦＣＣによるいかなる行動にも反対するもの……二九通
政府による放送局の所有に反対するもの……八通
ヘリング議員が提出した法案に反対するもの……九通

抗議の内訳は以下のようなものだ。

あの種の番組が繰り返されないためにＦＣＣになんらかの行動を促すもの……八七通
番組制作の参加者たちを放送から追放することを勧めるもの……五六通
ＣＢＳの全ての演劇に対する検閲を要求するもの

……二一通
番組を流した放送局のライセンス取り消しを要求するもの……八三通
政府の役人の称号を用いたことに対する抗議……五九通
現実の町の名前を用いたことへの抗議……一六通
ラジオ番組への検閲を要求するもの、その他……一七通[124]

これら二つの手紙のグループはその論調も内容も全く異なるものだったのである。

侮蔑

ウェルズを支持する手紙は、だまされたリスナーたちに対する侮蔑に満ちていた。手紙を書いた人々は活字メディアの評論家たちよりも自由に、反民主主義的帰結にいたったラジオリスナーの知的能力を追及した。これらの手紙の書き手たちは、アメリカ人の信じ込みやすさこそが問題であると明言し、シンプルに事態を説明している。大衆の愚かさこそが、その脆弱さや信じやすさの原因であるというのだ。ワシントン州ヤキマに住むあるリスナーは「平均的なラジオリスナーの知性については、残念だと言うほかありません」と述べている。[125]別のリスナーは、「この国はバカばっかりだ」と断言している。[126]また、ニューヨークのあるリスナーはこう書いている。

たとえそれがどれほど小さな割合であったとしても、我々の人口のうち、幾分かが、その低い知的水準を積極的に露呈してしまったことは悲しむべきことです。[127]

別のリスナーは、より不寛容である。

こんな突拍子もない話を信じられる人がいるということ自体、私は理解に苦しみます。(中略)マチュワーンやベルヴューの精神病棟、その他の精神障害者を預かる施設の住人たちはこの放送を信じていました。放送で恐慌状態に陥った人々はパニックに陥るべくして陥ったのです。[128]

こうした人々の主な意図は、ＦＣＣがラジオを検閲しないように説得することにあった。あるニュージャージーの男性は『*New York Times*』に次のように書き送っている。

多くのリスナーのうち、ほんの一部が起こした子どもじみたヒステリーやパニックのためにネットワークを糾弾すれば、ＦＣＣは、今回その信じやすさやパニックによって恥をかき、憤慨して復讐心に燃えている感情的で愚かな人々と同列になってしまうでしょう[129]。

さらに、ニュージャージー州のトレントンにある州立師範学校のある教員は、こう付け加えている。

自分が聴いたものについてその真相を見極めようと努力しないリスナーたちの感覚には、私はとても共感できません[130]。

これらの手紙の書き手たちが明確に述べているのは、理性的、自省的な聴取は国の問題ではないということだ。セントポールのあるリスナーはこう述べる。

もし人々が羊の群れのように振る舞うのなら、そして虚構を現実に変換するという選択をするのならば、それは彼ら自身の問題です[131]。

彼らに言わせれば、ラジオを規制するよりも、政府はまず第一に大衆の教育に関心を払わねばならなかった。なにしろ、大衆の危険な愚かさこそがパニックを引き起こしたのだから。

多くの他のトピックと同じく、ラジオにおいても人々は教育を必要としています。彼らはラジオ放送をチェックすることを教えられねばならないのです[132]。

ある女性はこのように書いている。

第一次大戦時の知能テストが、幾分信頼性が低いことを知っているリスナーたちもいた。しかし、このパニックは多くの人々にとって、そうした知見を再度確証するもののように見えた。

軍隊の知能テストによって、我々の平均ＩＱが一三歳程度であるということが明らかになったという古いストーリーは、神話にすぎないと聞いたことがあります。おそらくそうなのでしょうが、日曜日以降、私は判断に迷っています。[133]

ペンシルヴァニアのリスナーはそう述べている。手紙を書いた非常に多くの人々はこの放送を、普通のアメリカ人のＩＱが低いことを示す明確な証拠として捉えたのである。「事実は明らかです」とある手紙は主張する。「巧みに表現されたリアルなラジオドラマが、多くの愚かな人々をパニックに陥れたのです」と。さらに、天文学、数学の教授は次のように述べている。

弱い精神と信じられない愚かさを有し、常軌を逸した判断を行なう多くの人々を我々は抱え込んでいるのです。

ある電報では簡潔にこう主張されている。

ヒステリーの国は世界中の物笑いの種です。平均的な市民の持つ知性の低さを誇示してしまった我々はバカ者の国なのでしょうか。平均的な知的能力を引き上げる法律を作らねばなりません。

ロングアイランドから寄せられた電報の書き手は、世界からの見方について最も大きな懸念を表明している。

奇想天外な放送に対する今回の反応によって、一部の国民の知性の低さが明るみに出てしまいました。これが世界中の物笑いの種になってしまったと私は感じています。[134]

この問題を解決するためには専門的な知識が必要だと多くのリスナーが主張した。ニューヨークのある女性は次のように書いている。

我々の中に、思慮を欠いたヒステリックな人間が多くいるということは、嘆かわしい事態だと思います。明らかに、我々はもっと多くの神経科医を必要としているのです。[135]

あるニュージャージーの女性は自身の考えを披露する。「こうした不必要な混乱によって、平均的なアメリカ人が知的に未成熟であるということが明確に示されてしまった」のだから、「大規模な成人教育」を施す必要がある、と。[136] 多くの人々が放送にだまされてしまったという事実は、これらのリスナーたちにとって、大衆教育の失敗をシンプルに示す証拠となっていった。「どのタイミングでチャンネルを合わせたとしても、少しも信じる余地などなかった」とあるカップルは書き送っている。「おそらく我が国の教育システムは理性や論理を鍛えることに失敗しているのです」と。

多くのリスナーたちが現実と虚構を区別する能力を持っていないということは、知的能力の低さを示す決定的な証拠として受けとめられた。シンシナティのある男性はこう書き送っている。

このドラマに衝撃を受けた人々が、現実と虚構を区別できなかったのだとしたら、彼らは明らかに、非常に子どもっぽくて鈍感であるに違いありません。

インディアナ州の男性はこう問いかけた。

我が国は四歳児程度の知性しか持たない国なのでしょうか。あるいは、四回もアナウンスされた場合には、さすがに現実と虚構の違いを認識できる程度には賢いのでしょうか。[137]

ノースカロライナのリスナーは次のようにも書いている。

これだけ夥しい数の合衆国市民が八歳程度の知的、感情的安定性しか持たないということを、我々は恥ずかしく思わなければなりません。[138]

ウェルズ支持者のリスナーたちは、知性の問題について明確に性差を意識した理解をしていた。ある男性が『*New York Times*』に寄せた投書には次のように書かれている。

アメリカ人の知性の平均が、一部の人々が考えているよりさらに低いものでない限り、子どもや老齢の女性、知的障害者を除く人の中に、あの程度のものに激しく混乱させられる人がいるということは、私としてはとても信じられません。私の家族も私もあのドラマを退屈で意味のない作品だと受けとめていましたから。(139)

放送の支持者たちは、アメリカの大衆が危険なほど愚かできちんと教育されていないという意見を持っているだけでなく、アメリカの男性が大衆文化に触れることによって、女性化してもいるということをこの放送は明らかにしたのだと主張した。その結果、ドラマの中にあったリアリズムを「受けとめる」ことができなかったのだ、と。そうした手紙を書いたうちの幾人かは、ここで言うリアリズムを、男性的で力強いものであると述べた。あるリスナーは「知的な人々から男性的で力強い娯楽を奪うべき理由などない」と強く主張している。また、インディアナ州のある男性に言わせれば、「このパニックを起こしたリスナーたちは安全に対してあまりにも分別に欠けており、女性的過ぎ」たし、テキサスの男性によれば、彼らは「神経質な軟弱者の集まり」であった。

それは無論、国家の安全とも密接な関係を持っていた。ニューヨーク州北部のある男性は次のように主張している。

国家防衛の最前線は市民の知性の中にあります。それは明晰な認識力であり、精神の安定と冷静さです。実際、その脆さを露呈したのは少数派にすぎません。しかし、非常時にあって、一国の士気に影響を与えるのはこの少数派なのです。

ウェルズの支持者たちは、いまや骨抜きにされてしまった人々の知性の低さや初期的なヒステリー状態によって国防が脅かされていると捉え、現実の危機において起こりうることを懸念していた。「なんらかの国家的緊急事態が起こった際に、何が予想されるのかを、この放送は我々に示してくれている」とミズーラの弁護士は書き送っている。さらに彼はこうも書いている。

我々は危機の際の秩序について話し合っておくことができます。しかし、ひとたびそうしたことが起これば、我々市民の中にいる知性の低い大衆はヒステリーを起こし、格好の餌食になってしまうでしょう。(140)

アンドレアス・ハイセンの主張によれば、二〇世紀の「大衆文化はいくぶん女性的であり、一方、リアルなホンモノの文化は、男性が持つ天賦の才の中に残存しているのみである」という。(141)この種の発想は一九三〇年代後半、多くのアメリカ人が持っていた考え方の背後に明確に存在していた。ニューヨークのパーク・アヴェニューから書き送られた手紙には、自分は「多くのヒステリックな女性や臆病な男性たちのせいで、将来のあらゆる放送が骨抜きにされてしまう」のを見たくないと書かれていた。また、インディアナのある男性は、ラジオは既に「十分軟弱になっています。それも頭の悪い連中の要求に合わせるためにです」と書き送っている。

ミシガンのある男性は、リスナーの知性に対する全ての批判に含まれている意図を率直にまとめている。それはすなわち、「愚かな人間はラジオにアクセスできてはならない」ということだった。(142)また、あるフィラデルフィアの男性はこんな提案を行なっている。

対象をはっきり指定した放送のチャンネルを用意すればいいのではないでしょうか。

「(1)大人向け番組
(2)子ども向け番組
(3)バカ向け番組」

というように。(143)

あるいは、頭の悪い人間は社会からまとめて排除されるべきではないか、とインディアナポリスの医者は主張する。

あなた方は、今回の放送でパニックを起こした人々が社会の中のほんの少数を代表しているにすぎないことを認識しているはずだ。彼らはその愚鈍さのせいで、実生活の中でも、虚構と現実を区別できないでいる。彼らを強制収容してしまうという真面目な議論もあってよいのではないか。

しかし放送の擁護派は同時に、そうした愚かな人々もまた、民主主義の維持に熱意を持っていることを理解していた。あるペンシルヴァニアのリスナーは「今や有名になったラジオパニックが白日のもとにさらした、熱狂的な愚かさとほとんど想像もつかないほど思慮を欠いた知的退廃」について自説を述べ、アメリカの民主主義の未来に対する悲観的な見通しを次のように付け加えている。

たしかに私は、ムッソリーニ、スターリン、ルーズヴェルト、ヒトラー型の集団主義的な精神に強い抵抗があり、心から嫌悪してもいます。ルーズヴェルト氏が一九四〇年に三期目を務めることになれば、私は最初に撃ち殺される人間になるでしょう。それでも、彼らが人間を統治する上で正しい方向性を持っていることは認めるほかありません。(中略)独裁者を戴き、こんなことに終止符を打とうではありませんか。[144]

これら相対的なエリート層が民主主義を放棄することに賛同した場合には、彼らは芸術の熱烈な守護者とみなされた。ウェルズを支持する手紙は放送の文学的、演劇的長所を主張した。彼らの多くは『宇宙戦争』を自分たちがラジオで聴いた中で最良の演劇だと考えており、あのような創造的な努力は支援するべきであって、無知な人間たちの愚かな反応のために抑圧するべきではないという見解を述べた。「これは知的なメディアにおける知的な虚構」であるとペンシルヴァニアの女性は言う。

これは「娯楽」でしかありません。悪いのはCBSやオーソン・ウェルズではなく、想像力を少ししか、あるいは全くと言ってよいほど持ち合わせていない鈍いリスナーの方なのです[145]。

また、ナッシュヴィルの女性からは次のような手紙が届いた。

あの番組は素晴らしい芸術作品でした。迷信深く、近視眼的な人たちに対してあの作品が及ぼしたであろう影響は、嘆かわしいものですが、無視すべきではありません。

これらのリスナーは、聴衆の側の失態のせいで、ウェルズの芸術が阻害されるべきではないと明言したのだ。ピッツバーグの女性は言う。

ウェルズ氏は熟練した素晴らしい若手芸術家です。多くの人々が一五世紀程度の知的世界に生きているということを認識できなかったからといって、彼を責めることはできないのです[146]。

パニックを起こした人々の問題は、虚構であることを認識し、それを楽しむ能力の欠如にあると考える人もいた。進歩的教育協会の人間関係部会で議長を務めていたアリス・ケリアーに言わせれば、問題は「アメリカの男性や女性がフィクションを、そしてなによりもドラマを非常に想像力の欠如した状態で受けとめた」ことにあるという[147]。エディー・カンターはロサンゼルスからの電報で例の番組について、「人々を怖がらせようとするのではなく、軽いスリルを与えようと意図して作られた通俗劇の傑作」であると説明している。ウェルズを支持する手紙では、番組のリアリズムは偉大な芸術的成功であると強調されていた。

「今世紀最高のラジオドラマ」の一つであり、生き生きとして生活に根ざした現実感は明らかに、世界で最も大きな賞賛に値します。

とニューハンプシャーの男性は書き送っている。ウェルズ支持のリスナーたちはまた、若きオーソン・ウェルズの才能も強調した。彼らはウェルズの「独創性、想像力、活力」や「素材をメディアに適応させる」優

れた技量に賞賛を送ったのである。(148)

これらの手紙の書き手たちが相対的にエリートの地位にあったという証拠は豊富にある。多くの人が名前入りの便せんや、電報を使って書き送っていることもその一つだ。(149) 彼らは一種のコスモポリタン的な羞恥の念をナイーヴな一般的アメリカ人に対して抱いていた。彼らの恒常的な懸念の一つは、合衆国が他国からどう見えているかということだった。

夥しい数の市民たちの有する壮大な無知を世界中にさらしてしまったのは、最悪の事態です。

ノースカロライナのシャーロットという人物からの手紙には、そう書かれていた。「新しい法案を通すか、FCCがどうにかする計画を考えなければならない」と。(150) こうした手紙の様式やそのコスモポリタン的な視点は、ウェルズ支持の手紙が相対的な社会・文化的エリート層から送られたものであることを証拠づけていると考えられる。いくつかの手紙では、活字メディアが自分たちの競合者であるラジオの信頼を掘り崩すようなストーリーに関心を持っているという指摘も為されていた。そうした手紙では、活字メディアの商業上の仕組みに関する知識や公開講演との疑わしい関係なども示されている。こうしたこともまた、しばしばエリート的な特徴の中に見いだされるものである。

犠牲者たち

「非常に奇妙なことだ」として『*Washington Post*』のジャーナリストは次のように記述している。

質問を寄せた人々は、自分たちがH・G・ウェルズによる架空のストーリーを伝える全国規模の番組を聴いていたのだと知った後も、(中略)安堵してはいなかった。彼らは怒っていた。それも猛烈に。警察に言って放送を止めさせるべきだと主張する人間も多くいた。(151)

こうした「非常に奇妙なことだ」式の無理解は、放送への反応をめぐるストーリーに多く見受けられる。当事者の身になって生きるのは難しいことだし、それがプロパガンダの犠牲者ともなればなおさらだった。自分自身が誘惑や説得に対して危険なほど無防備であるということを理解しているアメリカ人はほとんどいなかった。それゆえに、だまされ、まずい方向に説得されてしまった経験を語るにあたって、個人的な過失を責める以外の言葉はほとんど存在しなかったのである。

パニックの犠牲者たちはラジオに裏切られたと感じていた。責任ある放送事業者が市民との契約を反故にしたと彼らは主張した。あるモンタナの男性はCBSに対して率直に見解を述べている。

あなた方が公衆の信頼を裏切ったために受けるべき軽蔑と同様に、あなた方が公共への奉仕に対して行なった侮蔑もまた、筆舌に尽くしがたい。(152)

反ウェルズの手紙はもっと直接的で辛辣なものだった。手紙を書いた人々は、例の放送を、これまでに自分たちや自国に対して起こった出来事の中で最悪のものの一つだとみなしていた。あの放送は「最悪の犯罪」としてアメリカの民衆に永久に記憶されるだろう」とあるリスナーは言う。その人物は「私は未亡人で健康状態も良くないので、危うくショックで死んでしまいそうになった」と書き送っている。(153) ニューヨークのある保険の代理人は次のように述べている。

私が生きている限り、今後二度と、自分の家族があれほどつらい四五分間に叩き込まれるのを見たくありません。あの放送は明らかに、私が今まで経験したり遭遇したりした中で最も卑劣なものでした。(154)

これらのしばしば辛辣な手紙を読んだうえで、大したパニックは起こっていなかったとか、あるいは、あのパニックはニュージャージーとニューヨークに限定されたものだったなどと結論づけるのは不可能である。抗議の手紙は、放送がもたらしたパニックを証言しているとともに、誰かがあのようなひどい状況を引き起こす道を選んだのだろうとか、あるいはああなってしまうリスクを意図的に冒したはずだという誤解があったことも証拠づけている。家族が心臓発作やヒステリー、そのほか過度のストレスによる症状に苦しめられたとする報告をした人々もいる。あるニューヨークの男性は「私の妻は書き表すことができないほどひどいヒステリー状態に陥りました」と綴っている[155]。また、ある女性は「私は、ＣＢＳで日曜夜に流れたような番組を放送することに許可を出した残酷さに対して心の底から抗議いたします」と書き送った。彼女はその四五分間のことをこう述べている。

絶望的な恐怖にさいなまれながら、あの最も許しがたい（それも意図的なものだと私は信じております）恐ろしい放送を聴き続けたのです。あの放送は誰もがそう感じるはずです[156]。

あるカリフォルニアの男性の報告によれば、彼の妻はあの放送がドラマにすぎないことを知っていたにもかかわらず、「ショックを受けて私の膝の上に倒れかかり、赤ん坊のように泣いていた」という[157]。カリフォルニアの合衆国退役軍人病院からは、第一次大戦で従軍した六人の退役軍人が手紙を送っている。彼らはフランスの塹壕にいた現役時代から、戦争の恐怖や、それが人の精神に与える影響について熟知していたが、その彼らをして、放送による「リアルな描写」は、「想像しうるどんな悪夢よりもずっと恐ろしく、陰惨なものだ」と感じられたのだという[158]。また、アーカンソー州の女性は次のように書いている。

私の子どもたちも、私自身も恐怖で死にそうでした。この手紙を書いている今も、私はナーバスな状態が続いており、食べることも寝ることも働くこともほとんどできないでいるのです。あの放送は私にとってあまりにリアルだったので、全ての終わりを前にして、私はひざまずくだけでした[159]。

さらに、ロサンゼルスのある女性は彼女が見たものについて鮮やかに描きだしている。

一四歳の少女がいました。彼女は飛び出しそうなほど目を見開き、「ママ、愛してるわ。死にたくない。生きたいの。抱きしめて、ママ」と泣き叫んでいました。母親の方も自分自身がくずおれそうになっていました。私は彼女たちに落ちつくように言いましたが、それはかないませんでした。また、私は若い母親が店から二ブロック離れた家にいる二人の子どもたちのもとに走って帰るのを見ました。彼らは幽霊のように顔面蒼白で震えていました。彼女は子どもたちに着せる服をとり、家族とともに自分の母親のもとに行こうとしていました。死ぬときは一緒にと思ったのでしょう。恐怖に硬直し、逃げまどい、泣き叫びながら、我を忘れる人々の様子を、もしあなた方が見ることができたなら、この放送が引き起こしたパニックがいかに恐ろしいものだったかを理解できることでしょう[160]。

これらの手紙は、実際のパニックが本人たちにとって不本意なものであったことを強調することで、共感を呼びかけただけでなく、彼らの反応の真正性やその合理性すら暗に擁護しているのである。

犠牲者たちの中には、放送がドラマであることに気づいた後も、ショック症状は長らく残ったと報告している人々もいた。テネシー州ノックスヴィルのある男性はその夜、「いつまでも神経が興奮して眠れなかった」と報告している[161]。また、あるブルックリンの男性は「私の妻はヒステリーになり、ずっとナーバスな状態が続いた」と書き送った[162]。さらに、ワシントン州の女性はこう書いている。

私は何とかしてあれを忘れたいのです。とりわけ、怪物が円筒から現れてくる様子を[163]。

あるニューアークの女性は次のように報告した。

私は今も、自分が経験したもののせいで、軽いヒステリー状態にあります。結局のところ、怪物の手による死の放送には見るべき良い点など一切ないのです[164]。

手紙の書き手の中には、現在も継続中の肉体的症状を訴える人々もいた。

ショックのせいで、私の右手は今も機能せず、麻痺

していま す[165]。

とロサンゼルスのリスナーは述べている。

市民的パラダイムのもとでリスナーに期待された合理性や懐疑主義は、多くのリスナーの実際の信念と摩擦を起こしていた。とりわけ最も顕著だったのは、彼らの宗教的信念との対立であった。批判者たちの中には、放送で世界の終わりが間近に迫っていることを予期させる兆しを聴いたという。具体的には、それは砲火や破壊の描写を指していた。ミシガンのある女性は「私たちはいつの日か、この世界が炎によって焼き尽くされると信じています」と述べ、「そのような神による所業は決して起こらないとはいえないでしょう」と書き送ってい る[166]。ボルティモアのリスナーもこう書いている。

この世界は炎によって焼き尽くされるだろうと聖書は告げています。だから、これが世界の終わりではないかと私は言ったので す[167]。

こうしたリスナーたちは、非宗教的な聴取をしろという市民的パラダイムからの期待を経てはいた。しかし、それは外部から寄せられる期待であって、彼ら自身の信念体系や願望とは全く異質なものだった。あるオレゴンのリスナーは、これと同種の関連性を認識し、FCCに対して助言的に提案をしている。

今こそ、世界の終わりを説く説教師たちを放送から追い出すチャンスです。

なぜなら、「これらの修道僧たちや彼らの滑稽な態度は、少なからぬ人々が今回の事件のような反応をしてしまう土壌を作ることに一定の役割を果たしてしまっている」からだ、 と[168]。

反ウェルズの手紙の書き手たちは、知性が欠けているとか、常にヒステリー状態にあるなどという批判に対し、自らの威信にかけて自分たちを弁護した。「思い出してほしい。我々は「火星人と小さな人間」の話など聞いたことがなかった」とあるリスナーは主張する。「あんなものを信じるほど我々はバカではない」

と。[169] そうしたリスナーたちは自分たちの精神的な正常さや賢さといった信念を確立しようとした。あるリスナーはこう書き綴っている。

これは大卒者や公認会計士の意見です。こうした証拠から分かるように彼らは正気でしたし、まともな人間です。[170]

さらに、ミネソタの女性も言う。

ここで放送を聴いていた私たちは二人とも大卒者であり、コミュニティの中でも知的で信頼のおける市民として知られているということを断言します。それでも、私たちは深刻な影響を受けたのです。[171]

ミネアポリスの女性も「私はほとんどヒステリーに近い状態になりました。私は三〇歳を越えた普通の人間です。それでも、あれは私にはあまりな出来事でした」と述べている。また、ミシガンの女性は次のように書き綴っている。

まず最初に、私と夫は大卒者であることをお知らせしておかねばならないでしょう。私たちはヒステリックな人間ではありませんし、迷信深くもなければ、簡単に煽動されてしまうこともありません。（中略）私たちの理性は、あんなことが真実であるはずがないと告げていました。しかし、私たちはあの内容に反するアナウンスがなかったことで、信じ込まされてしまいました。（中略）私たちが体験した地獄は永遠のように長いものでした。私たちの一番上の子どもはだんだんヒステリックになっていきました。しかし、私たちは恐怖と不安で弱り果てていたため、彼女をなだめることができませんでした。（中略）私たちは結婚生活の中で多くの厳しい時間やショッキングな瞬間を経験してきましたが、日曜の夜に私たちが陥った精神状態に匹敵する出来事など、一度としてありませんでした。（中略）私たちがあの体験から完全に回復するまでには長い時間がかかるでしょう。[172]

しかし、批判者たちは放送の擁護者たちほどのエリート層ではなかった。FCCの手紙の集計によると、例の放送を批判した手紙の送り手には、弁護士一五人、大卒者五人、教員三人、ビジネスマン一五人、新聞記者三人、エンジニア二人、裁判官二人、聖職者二人、その他様々な専門職九人が含まれていた。三七二通のうち、その書き手が専門職であることが分かる手紙は五六通しかなかったのである[173]。放送を批判するリスナーの多くは、知的程度が低いという主張を放送事業者の側にそっくりそのまま返した。あるリスナーはFCCに対して、恐慌状態を作り出した人々は「明らかに、クッション付きの独房に放り込まれるべき、愚か者の集団」であると述べた[174]。また、ミズーリ州の医者の手紙には、番組冒頭のアナウンスより後に聴き始めた「人々に対して放送が与える影響について考えられないほどに、放送会社は愚かである。これは信じ難いことだ」と綴られている[175]。ミズーリ州に住む別のリスナーの言によれば、問題はラジオで「想定される演者」が「その知的、道徳的程度において非常にばらつきがある」こと、そして実際のところ「彼らの大部分は一二歳以下の精神年齢でしかない」ことにあるという。さらに、これら欠陥のある演者はそれ以外の人々にとって脅威であるとして次のように書き送っている。

> 子どもたちはあの多種多様なくだらない話を聴きたいと主張し、愚かで神経質な人間になっていく[176]。

また、ヴァージニア州アレクサンドリアの女性は次のように主張している。

> あのような放送を許可してしまうほど人間の感情的な反応に対して無理解な人たちがラジオの権威ある地位についているなどということは、到底信じられません。

さらに、彼女は不気味にこう付け加えている。

> もしラジオ番組が敵対する宇宙人に作られているというなら、説明はつきますが[177]。

あの放送に関わった人たちは、「ハエの羽をむしって苦しむのを眺める人間と同種である」とあるシカゴのビジネスマンは言う[178]。あのように思慮に欠けた、感情的に未熟な残酷さは、子どもや思春期の若者のものであって、責任ある知性的な大人の為すことではない。これらのリスナーたちはそう主張したのである。「人間の感情的な反応に対して無理解な」知的人材は、それ自体、社会にとっての脅威であった。

パニックを起こした人々はラジオ自体に裏切られたと感じていた。彼らは自分自身が容易に虚構と現実を見分けられるという自信を持っており、むしろ放送者の側にそれができているかどうか不審に思っていた。

我々はラジオのニュース速報を信じることに慣れ親しんできた。だから、その深刻な内容にもかかわらず、我々はあの放送を信じたのだ[179]。

また、ニューハンプシャーのリスナーは、「あれは作り話だ」と主張する。

なぜなら、あの放送の「成功」は、近年のコロンビアのニュース速報によって築かれていた信頼と善意に、全面的に依拠しているからである[180]。

アーカンソー州のある男性は次のように書き送っている。

私の家族も私自身も、敬意を持ってラジオニュースを扱い、その内容を信じることを習慣としています。こうした習慣は過去にニュースから受け取った多くの価値ある内容によって、育て上げられたものです。特に最近では、あなた方の会社がヨーロッパの危機に関するニュース速報を扱った際の報道の仕方です。そこでは、正確性や信頼性が基調になっていたのですから[181]。

ペンシルヴァニアのある男性は、

合衆国の大多数の人々は、ラジオを聴き、ニュース番組やニュース速報に頼っている。それは事実を伝えるものとしてであって、フィクションの性質を帯びたものとしてではない[182]。

と述べている。また、あるノースカロライナの女性は次のように書き送った。

もちろん、あんなものを理解することはできません。しかし、誰にこの問いを向ければいいのでしょうか？　プリンストンの科学者？　ワシントンの陸軍省？　赤十字？　あるいは、私たちが敬意を寄せているその他の団体でしょうか[183]？

明らかに、これらのリスナーたちがラジオに期待していたのは真実を述べることであって、劇を演じることではなかった。だからこそ、彼らは自分たちの信頼が裏切られたと感じたのである。

反ウェルズのリスナーたちのうち、非常に多くは、自分たちがあの放送を信じてしまったこと、および裏切られたという強烈な感覚を持っていることの理由として、放送における政府の役人のモノマネを挙げている。ケネス・デルマーによって演じられた内務省長官の声は、不気味なほど、ルーズヴェルトに似ていた。「合衆国政府だけが有するはずの権威の衣を、放送局が用いたり、借りたりすることを政府は許す」のか、とミシガンの男性は問いかけている[184]。さらに、ロングアイランドのある女性は次のように主張した。

正気の人間がどのようにして、我々市民に対して大胆にもあのような攻撃に出て、国や州や街の政府高官のモノマネまでするにいたったのでしょうか。その目的は理解不能ですし、彼らは罰せられるべきです[185]。

あるブルックリンのリスナーはルーズヴェルトに対して次のように書き送っている。

私たちは、ちょうど役者があなたご自身のマネをしてセリフを読んでいる場面でチャンネルを合わせました。（中略）もちろん、私たちは「ニュース速報」や演説など、その全てが純粋な事実であると信じていましたし、決定的な破滅に対する覚悟もしていました。ごくごく終わりの方まで、それが全てフィクションであるというアナウンスは全くありませんでした。その瞬間まで、私たち家族は悲しみのどん底に陥っていたのです。（中略）正しく生き、正しく考えるアメリカ人を公平に評価してみて、このようなことは二度と起こらないだろうと私は信じています。[186]

こうしたリスナーたちは、ドラマとニュースを取り違えたのは低い知性のゆえであるという考えを受け入れなかった。

個々の重要な放送が事実であるということを保証してくれる明確な印が欲しいという人もいた。セント・ルイスのある男性は、「本物のニュース」を識別するために、「かすかなベルの音を二、三秒ごとにほんの小さな音で鳴らす」ことを提案している。[187] また、あるミシガンの男性は、今後、「政府高官」が重要なニュースを放送しようとする場合には、書留郵便で通知しておいてほしいと要求した。[188]

反ウェルズの手紙の多くは女性によって書かれたものだった。彼女たちは、頭が悪い、もしくはヒステリーなどといった批判から自分の家族を守ろうとしたのである。ミネソタのある女性はこう述べる。

私たちは自分の家庭の中にいるとき、「ヒステリックな女性」ではありません。そのことは保証します。しかしそれでも、あのリポートには恐怖を覚えました。[189]

また、あるメイン州の女性は次のように書き送っている。

毎週日曜夜に放送されている番組の途中に入ってくるニュース速報を聴いたために、自分が完全な愚か者になってしまったなどとは、私は信じたくありません。[190]

手紙を書いた多くの男性たちは、放送が自分の妻や子どもに及ぼした影響に対する、謝罪や償いを求めていた。あるマサチューセッツ州の男性は、ルーズヴェルトに「一人の父親から、同じ一人の父親にあてて」と書かれた次のような手紙を送っている。

何百万もの良き子どもたちや母親たちに無用の恐怖感や激しい精神的苦痛を経験させたことに弁解の余地などありません。(191)

また、恐怖を感じたことを認めた男性たちは、自分たちが男らしさに欠けているということを否定するために手紙を書いた。あるテキサスの男性は次のように説明する。

私は鉄道会社に勤めており、あの夜はたまたま家にいました。私の小さな家族は恐怖に震えていましたし、私自身もしばらくの間、非常に不安な気持ちになったことは認めます。もしもあの夜、私が外で働いていたら、私の家族に何が起こっただろうかと考えると恐ろしくなるのです。(192)

この放送は、人々がどのようにラジオを聴いているのかという問題を提起した。そしてこのことはジェンダーにまつわる言葉で理解されてもいたのである。一九三〇年代のラジオリスナーたちは、ダイヤルを回すことで番組を渡り歩き、遠くや近くのラジオ局にチャンネルを合わせられるという技術的な喜びをまだ感じていた。また、家庭内で別の出来事が起こるたびに、彼らは注意を向けたりそらしたりするし、多くの時間ぼんやりと聴いているだけだった。(193) あるアーカンソー州の男性によれば、彼と彼の妻と二人の客で夕飯を食べている時に、あの放送は流れてきたが、「特に、別の番組に切り替わったことに気づかなかった」という。(194)

ウェルズ支持派のリスナーたちは、パニックを起こした人々を、ダメなリスナーであるとか、ごく限られた集中力しか持たないとか、芸術に対する敬意が足りないなどと言って非難した。オーソン・ウェルズ自身は放送の翌朝、こう述べた。

ラジオを通した演劇表現が完全に成功することはないだろう(中略)と私は長らく主張してきた。(中略)音楽番組はそれほど強い集中力を必要としないが、ドラマの場合、平均的なリスナーは盛り上がりの部分だけを聞くことになる。[195]

放送されたドラマに対する、こうした「強い集中力」の欠如は、当時しばしば、女性的な特徴として理解されていた。忙しく、気の散りがちな主婦は散漫な聴取を体現しており、彼女たちが途切れがちであっても聴取できる通俗的なドラマは、ラジオのソープ・オペラの中で上演されるものだったからだ。[196] しかし、『*Mercury Theater*』はソープ・オペラではなかった。この番組は、真面目な文学を電波にのせることを使命としていたのである。注意深く、責任をもって聴くリスナーたちがだまされることはなかっただろう、と例の放送を擁護する人々は主張した。

> だまされやすいリスナーたちに、笑いものになるべきは彼らの方だと認めさせ、次からはもっと注意深く聴くように心に誓わせるべきです。[197]

あるピッツバーグのリスナーはそう書き送っている。

放送によって恐怖を味わったと書いているリスナーのほとんどが、自分たちは番組の始まりの部分が終わってからチャンネルを合わせたと述べている。多くの人にとって、それは個人的な、あるいは家族や技術的な問題に関わる偶発的な理由によるものだった。

> 私たちは午後八時からコロンビアのボストン放送局であるＷＥＥＩをしばらく聴いていました。ところが、『*Faneuil Hall Forum of the Air*』が全然面白くなかったのです。

と、あるマサチューセッツ州のリスナーは報告している。さらにこのリスナーは次のようにも述べている。

> バンドの音が止められ、地震計が感知した振動は、おそらくジャージーに落ちた隕石によって引き起こされたなどという報告がなされました。そのとき、電波に雑音も混ざり始めたのです。[198]

こうしたリスナーたちは当然、自己弁護のためにその夜の聴取体験を詳細に語ったし、遅れて番組を聴いたことで、恐慌状態に陥ることがいかに不可避なものになってしまったかを説明もした。あるカリフォルニアの男性は見事なほど証言を列挙している。

昨夜、私たちは静かに読書をしながら座っていました。時計を見ると八時三〇分で、そろそろ民主党の演説がＫＦＩで始まるはずでした。チャンネルを合わせてみると、時間が少し遅れているので少し待つようにとアナウンスされていました。そこで、ダイヤルをＫＨＩに合わせてみると、五機の敵の飛行機がニュージャージーの上空を飛び交い、そこからガスと細菌を積んだ巨大な鋼鉄の戦車がおりてきていると言うではありませんか。アナウンサーは、自分たちはニューヨークの高い建物から放送しており、その建物も倒壊しつつあると言いました。そして通りは交差しながら逃げまどう人々で渋滞している、と。彼は逃げまどう人々に避難経路を伝え続けていました。爆弾が爆発し、何百ものベルが鳴り響き、笛やサイレンも鳴っていました。私の愛する妻は心臓が弱く……（以下略）[199]。

こうしたリスナーたちはある程度の正確さをもって、自分たちの体験を明確に記述した。自分たちが放送を聴いた状況を考えれば、あのような反応や理解をしてしまうことは、ごく正常なことだったと主張したのである。あるアイオワ州の女性は、自分の家族が遅れてチャンネルを合わせたことを断ったうえで、次のように述べている。

円盤がセント・ルイスに降り立ち、シカゴに入ったと彼らが告げた時、私たちはそれが非常に近くに迫りつつあると感じました。あれほどの短時間で行なわれた破壊と移動の距離を考えれば、次は自分たちの番であり、次の夜にはベッドで寝てはいないだろうと思ったのです。そして翌朝までには永遠の眠りについているだろう、とも。私たちの思考の中心を占めていたのは、一族や家族を集め、死ぬときは一緒に家にいようということでした[200]。

反ウェルズのリスナーたちをとりわけ不快にさせたのは、芸術としての位置づけゆえに、あの番組は正当化されるという主張だった。あるロサンゼルスの女性は次のように報告している。

私たちがKNXに電話すると、インフォメーション・デスクの若い人が応対し、こう言いました。もし、あなた方が何か本を読んだことがあるなら、あの本のことを知っているはずですよ、と。[201]

あるトレントンの男性はこう述べる。

私は自分の書架に二〇〇冊あまりの本を持っています。しかし残念ながら、H・G・ウェルズの本は読んだことがなかったのです。だから放送で流されるものは、私たちにとって、あまりに真実らしく見えてしまったのです。[202]

ルイジアナ州からは女性教員が次のように書き送っている。

ウェルズ氏による放送の結果、子どもたちは動転した両親に撃ち殺されるところでした。彼らはピストルで撃たれるよりも恐ろしい死に方から我が子を救おうとしたのです。ウェルズ氏は私たちアメリカ人の子どもの命よりも自分の芸術の方がかわいいとでもいうのでしょうか。

手紙をよこした中の幾人かは、放送によって恐怖を覚え、恐ろしい死が間近に迫っていると信じ込むあまり、自殺しようかと真剣に考えたと述べている。ある男性は言う。

もし我が家に武器があったなら、私たちは自らを木っ端みじんに吹き飛ばしていたかもしれません。私の幼い娘はヒステリーに襲われ、私のような大の男が恐怖に青ざめていました。[203]

また、ボルティモアに住む男性はこう問いかけた。

たかが娯楽のために、幼い娘を殺して、そのあと自殺しようとする寸前まで私たちは追い込まれねばならなかったのですか？(204)

あるカリフォルニアのリスナーは、オーソン・ウェルズとH・G・ウェルズは「天才に属するかもしれない」と述べたうえで、次のように続けた。

しかし、彼らの歪んだ精神は悪魔的なものだと私は思います。（中略）彼らは普通よりも高い知性を与えられたからといって非難されるべきではありませんが、特権階級の楽しみのために、国中をパニックに陥れることができる地位を与えるべきでもありません。(205)

これらのごく平凡な、そして多くの場合コスモポリタンではないアメリカ人たちは、特に高い知性を持った人間が脅威となりうるという考えや、とりわけ、彼らが普通のアメリカ人の価値観を理解していないかもしれないという考えを書き送ったのである。

反ウェルズのリスナーの中には、富裕な、あるいは高い教育を受けた人々の方が、恐怖を覚えることが少なかった理由について指摘する者もいた。ミズーリ州の男性の言によれば、市民は、「その信じ込みやすさにつけこみ、科学的な題材に対する「より優秀かつ広い情報」をもっているという優越感にほくそ笑む連中から保護される」べきであるという。また、ニューヨークの女性は、あのような侵略から逃れるための車を所有している「富裕層にとって、ああした事態はそう悪いものではない」と指摘し、こう続けている。

しかし、多くの子どもを抱え、車のようなものを一切持っていない貧しい人々にとってはどうでしょうか？(206)

これらの手紙の書き手たちはまた、富裕層や高学歴層の意見は、議論の中により反映されやすいのではないかと考えていた。アイオワ州の女性は次のように書き送っている。

マクニンチ氏は、電報をそう多くは受け取っていないと言います。おそらくそれは、私のように電報を打つだけのお金の余裕がない何百万もの人がいるせいでしょう。私は何人かの人が「もし十分に文章が書けたら、例の放送について手紙を書くだろう」と言っているのを耳にしました。

彼女はこれに続けて、以下のように締めくくっている。

もし、黒人や貧しい人間がこれをやったとしたら、現時点で生きて自分たちへの非難を聞けているかどうかあやしいところです。(207)

これらのリスナーは復讐に燃えていた。

もしあんな番組が続くようなら、俺は自分のラジオに火をつけるだろう。

そう書いたウェストヴァージニアの男性はこうも付け加えている。あの放送のあと、もしオーソン・ウェルズを銃の射程に捉えていたら、「誓って言えるが、それがあいつの最後だっただろう」(208)と。

子どもたちは例の放送が引き起こしたある種の興奮状態にとりわけ弱いと見られていた。ラジオが子どもたちを過度に興奮させることに対する懸念は以前からあったが、『*Mercury Theater*』の放送は、こうした問題に関する直近の最もドラマチックな事例として捉えられたのである。ニューヨークのある女性はルーズヴェルト大統領に我が子のことを次のように書き送っている。

ビリーは今年の一一月一九日で一五歳になります。身長は六・二五フィート。私たちはあの子を過度の興奮から守るよう心掛けています。でも今回のことはひど過ぎました。夫も私も恐怖を覚えてしまったのですから。近い将来多くの人間は正気を無くしてしまうだろうとか、「神経症の病棟」に入るだろうなどといった話をあなた方は読んで知っているはずです。もしこのようなことが現実に起こったとしたら、私たちはルーズヴェルト大統領に何を望めばよいのでしょうか。[209]

オハイオ州アクロンの弁護士は、自分の九歳になる息子が「生々しく激しい物語」を聴いて興奮状態に陥ってしまったと書き綴っている。

あの子は寝ている時も起き上がって悲鳴をあげたり、部屋中を歩き回ったりします。ラジオで聴いた恐怖を夢に見ているのです。

彼に言わせれば、ウェルズの放送は、日常的なラジオ番組より「ほんのわずかにスリリング」だったにすぎなかった。彼はFCCの委員長に対して次のように保証し、手紙を締めくくっている。すなわち、自分の息子は「常に医者の検査を受けており、あらゆる点で正常だということを自分は確信している」と。[210]

例の放送を信じてしまった理由として、問題含みの世界情勢や、うち続く災害のニュースを挙げる人もいた。メイン州の女性は次のように言う。

過去数年間、私たちは恐ろしい大恐慌が裕福な我が国に訪れるのを見てきました。信じられないような洪水や干ばつも経験し、戦争にも脅かされてきました。私たちは戦争が文明を地球から全て消し去ってしまうと聞かされたのです。さらに、平和で小さな町だったニューイングランドも高潮とハリケーンに呑み込まれてしまいました。[211]

こうした問題だらけの世界情勢はまた、あのような放送が二度と許可されるべきではないということの根拠にもなった。テキサスの金物屋の店主はこう主張した。

いかなる状況下においても、ああした放送が国中の家庭生活を妨害するのを許してはなりません。特に、今回のように、人々が現実の事柄で不安にかられていたり、不利益をこうむっていたりする場合にはよけいです。[212]

さらに、件の放送が戦争を促進してしまうかもしれないと考える人もいた。あるニューヨークの男性はFC

> Ｃに向けて警告する。
>
> 昨夜のような放送を許可していると、あなたたちは意図的に、戦争を目論む軍需企業を利するように動いていると言われてしまうかもしれませんよ。(213)

また、パニックを起こしてしまった人々は、あまりに神経質過ぎて、現実の戦争に対処できないのではないかという自分たちに対する疑念から身を守る必要があった。「私たちは平和主義者ではありません」と述べるペンシルヴァニアの夫婦からの電報は、こう続けられていた。

> しかし、勇ましいアメリカ国民と(中略)私たちは、あのような不当な番組には抗議いたします。(214)

多くの抗議は、ラジオが一般的に検閲を受けていることを前提としており、今後、その検閲をもっと厳しくするように要求していた。よりあからさまな放送の取り締まりを要求することで、これらのリスナーは、市民的パラダイムの理想からの隔たりを印象づけてしまった。市民的パラダイムの理想は、リスナーの責任に力点をおいているからだ。あるリスナーは「将来的に番組を取り締まるＧメンをラジオ局に割り当てるべきだ」と提案している。(215)また別のある人物はＦＢＩに直接手紙を書いて、「ラジオを通した表現は公開される前に徹底して調査され、検閲されるべきだ」という考えを伝え、さらに、ラジオ劇の作者の「精神についても調査する」ことまで要求した。(216)ニューヨークの弁護士は「オーソン・ウェルズという名の女々しい俳優がニューヨーク・シティの人々に恐怖を与えることを許した恥ずべき管理不行き届き」を批判している。(217)メンフィスの女性は「あれはアメリカ国民の感情を刺激するために演じられた、これまでで最も残酷な作り話」であるとした上でこう述べる。

> 昨夜の放送は、何千もの人々に対して行なわれた精神的な残虐行為という犯罪です。あれに対して責任を負うべき全ての人物はラジオから永久に追放されるべきです。罪のないリスナーたちを守るために、

あらゆる放送を政府が監視できるようコロンビア、その他の放送システムは罰金を科されるべきなのです。[218]

コロラド州のある女性にいたっては、「私たちの放送を守る警察官はどこに？」と問いかけている。[219] 大衆を守り、放送を直接的に監視する必要があるという感覚。それはおそらく、あの放送に対する批判の論理的帰結であっただろう。アメリカのラジオ放送やその聴取が持っていた、相対的に自主規制の傾向が強いという特徴は、多くのアメリカ人にとって、まだ理解しがたいものだったのである。もっとも、それが理解された後にも、賛同されることはなかったのだが。

アメリカのエリートたちはより規制の強いシステムから、自由市場のラジオを守ろうとする場合が多かった。ラジオの聴衆は規制による管理に関わる問いによって深く分断されていたのだ。一九三八年二月のギャラップ調査によれば、アメリカ人の五九パーセントがラジオ検閲に反対しており、四一パーセントが賛成となっている。検閲という否定的な含意を持った言葉に対して、この四一パーセントという数字は非常に高いように思われる。この調査はまた、「国による検閲は、高い階層のラジオ所有者によって強く反対され、一方で平均以下の収入しか持たないラジオ所有者は、この問題について意見が分かれている」ということを明らかにした。[220] 言論の自由に対する絶対的な信奉は、収入が上がれば上がるほど強くなるという感覚、すなわち、ラジオ規制をめぐる階級ごとの分断が指し示すものは、パニックのエピソードによって喚起された論争を理解する上で、非常に重要な文脈となっている。ギャラップ調査の数字によれば、それが検閲として提示された場合ですら、相対的に貧しいアメリカ人の約半数が、ラジオ番組の内容についてより強い管理が行なわれることを望んでいたのである。

パニックの余韻を引きずる中で、反ウェルズ派のリスナーたちは、商業的で規制の緩いアメリカのラジオシステムこそが問題の中心をなす事柄の一つであると理解していた。オレゴン州の男性は次のように書き送っている。

> 愛国心や忠誠心、アメリカニズムに関わるより多くの内容を生み出すべきだと私には思えます。ラジオは朝から深夜まで狂気と薬と粉せっけんと歯磨き粉に関する内容で満たされており、教育的に価値のあるものはほとんどないのです。

彼は「放送に対するより厳格な統制」と「公共に向けて放送される内容に対する厳しい検閲」を課すことを主張している[221]。これらのリスナーたちにとって、パニックを引き起こした放送は、アメリカン・システムの良識に対して疑義を投げかけているように見えた。ブルックリンに住むある弁護士は次のように結論づけている。放送事業者たちは「自分たちの仕事が取り上げられ、ほんの一部の人間のためではなく、多くの人々のために用いられるようになるまでそう長くはかからない」ということに気づくだろう、と[222]。また、カリフォルニアの男性はルーズヴェルト大統領に直接手紙を書き、こう述べている。

> 実際私は、政府が放送会社を接収し、こうした多くの唾棄すべき愚行を止めてくれると考えています[223]。

ミシガンの女性も言う。

> もしも、あのような放送がこれ以上許可されていくなら、結局のところイギリスのラジオに対する考え方の方が正しいと人々は信じ始めるでしょう[224]。

あるリスナーはごく良識的なアナロジーを用いて次のように述べている。

> ペンシルヴァニアに住む私たちがハイウェイでスピード違反をしたら、運転免許を取り上げられます。それは、どこにいるのであれ、他者にとって安全ではないからです。あなた方の番組は電波上の狂人のようなものです。地方に向けて不安と恐怖とパニックをまき散らしたのですから[225]。

このことは、アメリカン・システムが一九三八年以前においてすら、盤石とはほど遠かったことを示す強い証拠だ。アメリカのラジオによって何か悪いことが起これば、多くのアメリカ人はそのシステムをすぐに根本的に考え直そうとしたのである。

この国を愛する私たちのような人間はみな、放送であんなほら話を流されることを望んでいません。

オレゴン州の男性はこう述べた上で、次のように書き送っている。

私たちは政府によるラジオ規制を求めます。私たちは国中のあらゆる小さな町がラジオ局を持ち、自分たちの望むものを放送するということに反対します。私たちはラジオ上の独裁者を必要としているのです（後略）。[226]

パニックの犠牲者たちからの手紙の中には、外国生まれの人間やユダヤ人によってアメリカの放送が支配されていると感じられるような放送内容に対して怒りを表明しているものもあった。そこでは、「真の」アメリカ人に放送の支配を取り戻すべく、政府が介入することが要請されていた。

私はコロンビアの経営者に関する巷の噂を耳にしたことがあります。あの番組の途中で、私たちのすぐ身近な未亡人があやうく心臓発作を起こしかけました。あれは意図的に計画されたことのように見えます。[227]

フィラデルフィアのある男性は、放送を所有し、支配している人々が「外国的な考え方と哲学」を有していると抗議した。彼の言によれば、問題は以下の点にあるという。

レヴィ氏、サーノフ氏、グレッドシュタイン氏にフィッシュバイン氏、およびその他の経営者たちは、現実のアメリカ人が住む何百万という家庭に入っていくラジオ番組を監督するにふさわしい階級の人間ではありません。彼らのうちの何人かはこの国の生まれではない可能性があると私は疑っています。

この人物は続けて、ＦＣＣの役人に対してこう提案している。

イギリスやスイスなどを含むあらゆる国の政府は、ＣＢＳやＮＢＣ、ミューチュアル・ネットワークのシステムを支配している人間たちと同じ人種の人々を官公庁から追い出しました。その理由を調査されてはいかがでしょうか。[228]

『宇宙戦争』の放送はラジオにおける文化的分断を戯画化したものだった。一方には当時支配的だった市民的パラダイムの理想やリスナー自身による自主規制という目的を重要視するエリートたちがいた。彼らは芸術を検閲から守ることを要求するとともに、最も率直な場合には、大衆が本当に自己をコントロールできるのかどうかについては疑問を呈していた。もう一方には、知識人たちの絶え間ない批判に対して怒りを覚える一般的なアメリカ人たちがいた。彼らは、もっとシンプルにこう考えていた。あの放送は無責任なものであって、許可されるべきではなかった。また、ラジオは事実を伝えるべきであり、政府はその結果まで含めて監視すべきである、と。彼らはリスナーとして、そして市民としての自分たちを細部にわたって正当化してくれるパニック後の論争に心を動かされていたのだ。これらの多くの人々にとって、ラジオはそれが引き起こしてきたトラブルに見合うだけの価値がないと思えたのである。ウィスコンシンの男性はこう書き送っている。

もしラジオアナウンサーが真実として受け入れられ難いことを特報で話し、人々が死の恐怖におびえた後、それが単なる作り話だったと気づいたなどということをあなた方が許すのであれば、私はこの国中のあらゆるラジオ放送団体を潰してやると断言します。[229]

プリンストンの研究

プロパガンダ分析学会はパニックを引き起こした放送の重要性を即座に認識した。この出来事はラジオの危険性やプロパガンダに対する脆弱性といった彼らの中心的理念の多くを補強してくれるように見えたのである。学会はパニック研究を提案した(この文章の筆者の一人がハドリー・キャントリルである可能性は非常に高い)。

我々の主張は、多くの個人の側にある漠然とした不安こそ、民主主義の存続にとっての極めて現実的な脅威であるということだ。これと同種の不安からドイツの人々が解放されたという事実に我々は注目している。彼らはナチスの番組を進んで受け入れたのだ。

この研究は人々の精神状態や、そのような不安と軽信に満ちた社会における民主主義の将来予測に光を当てることになるだろう、と学会は宣言したのである[230]。キャントリルはすぐに火星からの侵入に対する恐怖について考え始めた。既に一一月二日には、彼はプリンストン大学の心理学の授業で例のパニックについて論じている。そこで彼は学生に向けてこう述べたという。

ほとんどあらゆるタイプの人間が放送によって「だまされて」しまう可能性がある[231]。

ポール・ラザースフェルドも、信頼の問題やラジオと人々との関係に焦点を当てる手っ取り早い研究を行なう機会を見据えていた。彼とキャントリルは、フランク・スタントンの要請で急遽依頼されたCBSの調査の結果に刺激されたのである[232]。キャントリルと当時ラザースフェルドの妻であったハータ・ヘルツォークは、ロックフェラー財団に申請するべく、共同で「ウエルズ研究の概要」を一一月にまとめている[233]。彼らはあの放送のリスナーたちに対する人格や知能のテストを提案した。年齢、侵略シーンへの接触、性別、教育水準、宗教、人種、家族状況、読書の習慣と嗜好、知的成熟度、感情的成熟度、神経症傾向のリスト、そして「どの程度人生に意味を与えようとしているかをはかる質問」。彼らが求めたのはこうした項目への答えだった[234]。

ただし、ラザースフェルドの助言によって、キャントリルは、パニックに陥ったリスナーとそうでないリスナーがいる理由の分析へと研究の力点を移している[235]。ロックフェラー財団のジョン・マーシャルとの会談の後、ラザースフェルドはキャントリルに対して、研究の要点を「情報の照合という点に強くおく」べきだという自分の考えを書き送っている。

この研究の最も重要な対象は（中略）人々が恐怖を覚えたこと自体ではない。（中略）非常に興味深く、かつ普遍化するに値するのは、恐怖を覚えたあと、その内容が真実かどうかについて人々が確かめられなかった、あるいは確かめようとしなかったという事実なのだ。

なんらかの実用的な結論や、人種暴動やリンチなど、他の「大衆的なヒステリー状態」に対しても適用可能な知見を得られる研究に対して財団は有益性を見いだしていたとラザースフェルドは言う。そうした状況において「重要なのは、人々が進んで噂をチェックするか否か、（中略）黒人をリンチする前にまずレイプが本当にあったという事実を見いだし、確認するか否かである」というのだ。彼はいつも通り、最も価値を持つであろう結論を抜け目なく示しながら、こう主張した。もしこの研究の中心を「我々は不安でいっぱいで、それゆえに何でも信じ込んでしまうという事実においてしまうと、君はほとんど何の役にも立たないことをしていることになる。我々の懸念はいつまでも払拭されず、危機はいつでも起こりうるということになるのだから」、と。「教育的、社会的干渉の可能性が最大化する」のは情報の照合プロセスに関してであるとラザースフェルドは助言する。彼はまた、キャントリルに対して照合(check-up)以外の言葉を考えるよう提案もした。

これに対するもっと良い言葉を君が見つけ出すことを祈る。そうすれば、この発想をより容易に売りこめるようになるだろう[236]。

キャントリルはロックフェラー財団から三〇〇〇ドルを受け取った[237]。「私は自分の空き時間を注意深く割り振った。(中略)それはとても貴重なものだったからだ」と述べているように、彼は非常に忙しかったため、本の執筆にはかなりの助けが必要だった。キャントリルはインタビューにあたって、ハータ・ヘルツォークに助けを求めた。キャントリルはこのことについて、以下のように書き残している。

彼女の能力と、最終章の賞賛すべき脚注に対して感謝し続ける以外に、どう報いていいのか分からない。[238]

『火星からの侵入』は、多くの住民がパニックを起こしたことで知られるニュージャージー地域で行なわれた一三五人に対するインタビューに基礎をおく研究だったのである。

知性はこの研究の中核的関心の一つだった。今回の事例において、「なぜ一部の人々が愚かな反応を示したのか」を、この研究は明らかにしようとしていたからだ。[239]プリンストンの研究者たちは、「批判能力」が教育水準と最も緊密な関係にあるということを発見した。「低い教育水準の人々は、その経済的地位に関わらず、例の放送を誤って解釈する傾向」が見られたという。[240]二番目に重要な個人特性は「信じ込みやすさ(susceptibility)」であった。ここでも再び、「教育をうけた人々は、相対的に教育の足りていない人々よりも信じ込みにくい」とされている。[241]この信じ込みやすさは、個人の批判能力を「機能不全」に陥らせてしまう感情状態を生み出す。その感情状態には、不安、恐怖、懸念、自信の不足、諦念、宗教性などが含まれていた。[242]

この本は、心理学的に健康な行動を無意識に分類する見方を暗示していた。教育を受け、社会的に安定した理想的な人物像と比較して、読み書きに疎く、非論理的、宗教的かつ物質主義的で好奇心の薄いアメリカ人たちの生活を批判的に調査したからである。キャントリルは一九三九年の論文で自身の結論を率直にまとめている。

社会経済的に高い地位にある人々は、より構造化され、高度に合理化され、様々な状況をより容易に受け入れられるような参照枠を持っている。[243]

柔軟で近代的で移動にも耐えるといった典型的な個人の合理性は、維持するのが非常に難しい。一九三八年の合衆国において、このことをプリンストンの研究者たちは明確に認めている。社会的に流動的な地位にある人たちを苦しめる貧困や地位に関する不安は、いずれも、この世界に対する安心感を蝕むということが明らかにされた。歴史的状況が社会の動揺や不確かさを生み出し、それが市民の直面する認知的作業を複雑なものにしていた。「個人の習慣に付随する多くの社会的規範が流動的になり、変化しつつあった」し、それゆえに、多くの個人は当惑し、混乱した状況で放置されていたからだ。[244]

この研究には、気がかりな一般的結論がまだあった。パニックによって白日のもとにさらされた不安や恐怖は、一般的な民衆の中に潜在的に眠っているのであって、今回の騒動に参加してしまった人々に特異なものではない。そのことを信じる十分な根拠がある。[245]

ただし、この本では啓蒙された論理性の普及についての希望も提示されている。

こうした懐疑主義と知識を一般の人間に、より広く普及させるためには、より豊富な教育機会を与えねばならない。

しかしさらに根本的に言えば、そうした懐疑主義的な合理性を獲得するためには、そうした人々が「恵まれない環境に由来する感情的な不安によって悩まされることが少ない」ようにする必要があるだろうとしている。[246] これは、この本の結びの文章に書かれていることであり、プロパガンダ学会の文書に示されている、より社会批判的な立場の痕跡を示すものだ。

これまで見てきたように、多くのアメリカ人は環境的な原因の説明にあまり時間を割いていなかった。『宇宙戦争』の放送は昔あった珍しい事件として想起されるべきではない。ラジオに何ができるのか、また、放送の時代における自己統治の形態はどのようであるべきか、そしてどのようでありうるのかといったことについての根本的な議論が不安を伴って現れた瞬間として想起されるべきである。それは、市民的パラダイムの展望が持つあまり魅力的であるとは言い難い側面が白日のもとにさらされた瞬間でもあった。アメリカにおいて最も高い教育水準を持ち、最も裕福で影響力のある人々の多くにとって、普通の市民は自己を抑制できず、反省もできず、論理的、批判的市民にもなりえないように見えた。しかし、そうした能力はマス・メディアとプロパガンダの浸透した近代において必要とされるものでもあった。それは、合理性と知性と国家の安全が過度に熱望される中で、寛容と共感という市民的パラダイムの価値観が完全に忘却された、悲惨なほど非民主的な瞬間でもあったのである。

(1) *America's Town Meeting of the Air: Propaganda: Asset or Liability in a Democracy?* (New York: American Book Company, 1937): 20–21.

(2) *America's Town Meeting of the Air: Democracy and American Ideals* (New York: Town Hall, 1938): 8.

(3) *Broadcasting in the Public Interest* (New York: National Broadcasting Company, 1939): 21–22.

(4) "Women Are Urged to Act on Nazis," *New York Times*, November 16, 1938: 11.

(5) "Martian Invasions," *New York Times*, December 11, 1988: BR46.

(6) Jeffrey Sconce, *Haunted Media: Electronic Presence from Telegraphy to Television* (Durham, NC: Duke University Press, 2000): 111, 114.

(7) Edward D. Miller, *Emergency Broadcasting and 1930s Radio* (Philadelphia: Temple University Press, 2002): 113.

(8) Benjamin Alpers, *Dictators, Democracy and American Public Culture: Envisioning the Totalitarian Enemy, 1920s–1950s* (Chapel Hill: University of North Carolina Press, 2003): 123.

(9) Harold Lasswell, "Propaganda," in Robert Jackall (ed.), *Propaganda* (New York: New York University Press, 1995): 17.

(10) 特に以下の文献を参照。J. Michael Sproule, *Propaganda and Democracy: The American Experience of Media and Mass Persuasion* (New York: Cambridge University Press, 1997).

(11) この学会の歴史を最も詳しく解説しているのは、以下の文献である。Sproule, *Propaganda and Democracy*, ch. 5.

(12) Transcript of discussions at Institute summer workshop, n.d., folder 1, box 1, Institute for Propaganda Analy-

sis records, NYPL.
(13) *Propaganda Analysis* 1, no. 1 (October 1937): 1.
(14) Leonard W. Doob, *Propaganda: Its Psychology and Technique* (New York: Henry Holt, 1935): 9.
(15) Doob, *Propaganda: Its Psychology and Technique*: 5.
(16) Clyde Miller, *How to Detect and Analyze Propaganda* (New York: Town Hall, 1939): 15.
(17) Miller, *How to Detect and Analyze Propaganda*: 26.
(18) Peter N. Stearns, *American Cool: Constructing a Twentieth-Century Emotional Style* (New York: New York University Press, 1994): 103.
(19) *Action Comics*, June 1, 1938.
(20) Box 1, Institute for Propaganda Analysis records, NYPL.
(21) Miller, *How to Detect and Analyze Propaganda*: 31.
(22) "Are We Victims of Propaganda? A Propaganda in the Manner of 'The People's Platform,'" in Josephine H. MacLatchy (ed.), *Education on the Air* (Columbus: Ohio State University, 1940): 32.
(23) *Propaganda Analysis* 1, no. 9 (June 1938): 3.
(24) John Royal to Lenox Lohr, July 25, 1938, folder 68, box 61, NBC records, WHS.
ジョン・ローヤルの前職はB・F・キース・シアターの広報マンだった。
(25) W. G. Preston to John Royal, June 8, 1939, folder 59, box 94, NBC records, WHS.
(26) *New York Times*, May 8, 1938: 10.
(27) Letter F. E. Johnson to Clyde Miller, September 8, 1938, box 2, Institute for Propaganda Analysis records, NYPL.
(28) Institute for Propaganda Analysis, *Propaganda Analysis: Volume 1 of the Publications of the Institute for Propaganda Analysis, Inc.* (New York: Institute for Propaganda Analysis, 1938): ix, xiii.
(29) *Propaganda Analysis: Volume 1 of the Publications*: 69.
(30) *Propaganda Analysis* 2, no. 4 (January 1939): 10.
(31) *Propaganda Analysis: Volume 1 of the Publications*: 83.
(32) Michel Foucault, "Technologies of the Self," in Luther H. Martin, Huck Gutman, and Patrick H. Hutton (eds.), *Technologies of the Self: A Seminar with Michel Foucault* (London: Tavistock, 1988): 19.
(33) Paul Heyer, *The Medium and the Magician: Orson Welles, the Radio Years, 1934–1952* (Lanham, MD: Rowman and Littlefield, 2005): 83; H. G. Wells, *The War of the Worlds* (Rockville, MD: Phoenix Pick, 2008): 10–11.
タスマニアの歴史に対する近年の評価に関しては以下を参照。
Henry Reynolds, "Genocide in Tasmania?" in A. Dirk Moses (ed.), *Genocide and Settler Society: Frontier Violence and Stolen Indigenous Children in Australian History* (New York: Berghahn Books, 2004): 127–49.
(34) 映画監督のスタンリー・キューブリックはこのセリフ

をよく覚えており、「近い将来、地球外生命体がやって来るのではないかという考えを大衆に刷り込む声の調子」だと思ったという。

Gene D. Phillips (ed.), *Stanley Kubrick: Interviews* (Jackson: University Press of Mississippi, 2001): 53.

(35) Morton Jerome Jacobs, letter to the editor, *Washington Post*, November 10, 1938: 11.

(36) Rose, *Governing the Soul: The Shaping of the Private Self*: 23.

(37) Blair T. Johnson and Diane R. Nichols, "Social Psychologists' Expertise in the Public Interest: Civilian Morale Research During World War II," *Journal of Social Issues* 54, no. 1 (1998): 53–77.

(38) Stephen Jay Gould, *The Mismeasure of Man* (New York: Norton, 1981): 222; Leila Zenderland, *Measuring Minds: Henry Herbert Goddard and the Origins of American Intelligence Testing* (Cambridge: Cambridge University Press 1998): 289.

(39) Zenderland, *Measuring Minds*: 295.

(40) Ellen Herman, *The Romance of American Psychology: Political Culture in the Age of Experts* (Berkeley: University of California Press, 1995): 55.

(41) Herman, *The Romance of American Psychology*: 23.
また、以下の文献も参照。

Eugene E. Leach, "'Mental Epidemics': Crowd Psychology and American Culture, 1890–1940," *American Studies* 33, no. 1 (Spring 1992): 5–29.

(42) "From Yale to Radio," *New York Times*, September 26, 1937: 184.

(43) "Radio Denounced as Peril to Young," *New York Times*, March 31, 1938: 25.

(44) "Calls for Rising Radio Standards," *New York Times*, December 2, 1937: 28.

(45) Damon Runyon, "The Brighter Side," *San Antonio Light*, July 11, 1938: 7.

(46) Zenderland, *Measuring Minds*: 293.

(47) "Yardstick Tests Social Fitness," *New York Times*, August 22, 1937: N2.

(48) "Misdirected Intelligence Greatest Danger in World of Today," *New York Times*, December 6, 1937: 28.

(49) "Children With an I. Q. Above 150 May Be Too Smart for Own Good," *New York Times*, November 1, 1938: 25.

(50) Michael Denning, *The Cultural Front: The Laboring of American Culture in the Twentieth Century* (New York: Verso, 1998): 363–65.

(51) Holly Cowan Shulman, "John Houseman and the Voice of America: American Foreign Propaganda on the Air," *American Studies* 28(2): 23–40, and Holly Cowan Shulman, *The Voice of America: Propaganda and Democracy, 1941–1945* (Madison: University of Wisconsin Press, 1990)参照。

(52) Richard O'Brien, "'The Shadow' Talks: Mr. Welles Turns to a New Art Form," *New York Times*, August 14,

1938: 10.

(53) John Houseman, "The Men from Mars," *Harpers* (December 1948): 76.

(54) John Houseman, "Introduction," in Howard Koch, *As Time Goes By: Memoirs of a Writer* (New York: Harcourt Brace Jovanovich, 1979): xiii; John Houseman, "The Men from Mars,": 79.

(55) Heyer, *The Medium and the Magician*: 107–11; Hilmes, *Radio Voices*: 225–27 参照。

(56) Introduction to Mercury Theater broadcast of "The Thirty Nine Steps," August 1, 1938.

(57) "'The Shadow' Talks," *New York Times*, August 14, 1938: 10.

(58) Orrin E. Dunlap Jr., "Message from Mars," *New York Times*, November 6, 1938: 12.

(59) "No Terror Here as 'Meteor' Kills," *Hopewell Herald*, November 2, 1938: 1.

(60) American Institute of Public Opinion poll, December 16, 1938, in Mildred Strunk (ed.), *Public Opinion*, 1935–1946 (Princeton: Princeton University Press, 1951): 711.

(61) *Trenton Evening Times*, October 31, 1938: 2.

(62) Heyer, *The Medium and the Magician*: 85.

(63) Hadley Cantril with Hazel Gaudet and Herta Herzog, *The Invasion from Mars: A Study in the Psychology of Panic* (Princeton: Princeton University Press, 1940): 80.

(64) *Trenton Evening Times*, November 1, 1938: 8.

(65) *New York Times*, November 15, 1938: 41.

(66) "Nationwide Hysteria Caused by Radio Drama," *Tyrone Daily Herald*, October 31, 1938: 1.

(67) *Washington Post*, October 31, 1938: 1.

(68) たとえば以下を参照。
Sconce, *Haunted Media*: 115.

(69) A. McK. Griggs, letter to the editor, *Washington Post*, November 3, 1938: X10.

(70) Michael J. Socolow, "The Hyped Panic Over 'War of the Worlds,'" *Chronicle of Higher Education* 55, no. 9 (October 24, 2008): 35–35.

(71) "'Mars Invasion' Heart Attack Fatal to Baltimore Man," *Washington Post*, November 13, 1938: M8.

(72) Letter to FCC, November 6, 1938, box 238, RG 173, FCC, Office of the Executive Director, General Correspondence 1927–46, 44–3, NACP.

(73) "Probe on as Protests Mark Program that Spread Panic," *Trenton Evening News*, October 31, 1938: 1–2.

(74) "No Terror Here as 'Meteor' Kills," *Hopewell Herald*, November 2, 1938: 1.

(75) Letter to FCC, October 31, 1938, box 238, RG 173, FCC, Office of the Executive Director, General Correspondence 1927–46, 44–3, NACP.

(76) "60 Years after Invasion, Some Revisionist History in Grovers Mill," *New York Times*, October 25, 1998: NJ3.

(77) *New York Times*, October 31, 1938: 4.

(78) "War of Worlds Scared Harlem," *Amsterdam News*, November 5, 1938: 1.

(79) *Nebraska State Journal*, October 31, 1938: 1; *Abilene Reporter-News*, November 1, 1938: 1.
(80) *Ogden Standard Examiner*, October 31, 1938: 2.
(81) *New York Evening Post*, November 1, 1938: 2.
(82) "Men of Mars Spread Havoc in Radioland," *Dallas Morning News*, October 31, 1938: 1.
(83) "The Martian Attack," *Augusta Chronicle*, November 1, 1938: 4.
(84) "Herring Discloses Letter Approving 'Clean Up' of Radio," *Carroll Daily Herald*, February 12, 1938: 1.
(85) "Radio Censorship," *Estherville Daily News*, November 26, 1938: 4.
(86) "Radio Censorship," *Oakland Tribune*, November 15, 1938: 36.
(87) *New York Times*, November 1, 1938: 22
(88) Charles W. Hurd, "Will the Radio Be Censored?" *New York Times*, November 6, 1938: 7, and "Let Freedom Swing: Protest against Jazzing the Classics Stirs Listeners in War against Censorship," *New York Times*, November 6, 1938: 12.
(89) Reprinted in *Chicago Tribune*, December 5, 1938: 14.
(90) "The Gullible Radio Public," *Chicago Tribune*, November 10, 1938: 16.
(91) *Broadcasting* 15, no. 10 (November 15, 1938): 40.
(92) *New York Times*, November 1, 1938: 26.
(93) *Washington Post*, November 1, 1938.
(94) *Broadcasting* 15, no. 10 (November 15, 1938): 28.
(95) Telegram Frank MacNinch to William S. Paley, November 5, 1938.
(96) *Broadcasting* 15, no. 11 (December 1, 1938): 14.
(97) Frank MacNinch, "A New Communications Program—Address of Frank MacNinch...Over the Mutual Broadcasting System," FCC Press release, February 10, 1939: 9.
(98) *New York Evening Post*, November 1, 1938.
(99) Lenox Lohr telegram to David Sarnoff, November 8, 1938, box 358, NBC history files, LOC.
また，FCCからの返答については以下を参照。
Justin Levine, "A History and Analysis of the Federal Communications Commission's Response to Radio Broadcast Hoaxes," *Federal Communications Law Journal* 52, no. 2 (2000): 273–320.
(100) *Radio Guide*, November 19, 1938: 1.
(101) "Radio Play Hysteria Laid to 'Jitters' Era," *Miami News Record*, November 1, 1938: 6.
(102) "Wars of Imagination Cause Hysterical Casualties," *Salt Lake Tribune*, November 1, 1938: 6.
(103) I.L.G., letter to the editor, *Washington Post*, November 3, 1938: X10.
(104) "The Gullible Radio Public," *Chicago Tribune*, November 10, 1938: 16.
(105) "The Gullible Radio Public,": 16.
(106) Dorothy Thompson, "Mr. Welles and Mass Delusion," *New York Herald Tribune*, November 2, 1938: 21.
(107) Thompson, "Mr. Welles and Mass Delusion,": 21.

(108) Henry Moore in *Paris, Texas News*, November 2, 1938: 2.

(109) *New York Times*, October 31, 1938: 1.

(110) *New York Times*, November 1, 1938: 22.

(111) *Radio Daily*, November 1, 1938.

(112) Daniel Feerst, letter to the editor, *New York Evening Post*, November 2, 1938.

(113) "A. R.," Letter to *New York Evening Sun*, November 3, 1938.

(114) Letter to Dorothy Thompson, November 2, 1938, box 238, RG 173, FCC, Office of the Executive Director, General Correspondence 1927–46, 44–3, NACP.

(115) *Chicago Daily News*, November 1, 1938.

(116) Reprinted in *Broadcasting* 15, no. 10 (November 15, 1938): 14.

(117) John Royal telegram, October 31, 1938, folder 76, box 59, NBC records, WHS.

(118) Martin Lewis, "Airialto Lowdown," *Radio Guide*, November 26, 1938.

(119) Edwin Hill script, October 31, 1938, folder 76, box 59, NBC records, WHS.

(120) *New York Post*, November 1, 1938.

(121) "Military Lesson Taught," *Nebraska State Journal*, November 1, 1938: 2.

(122) Max Domarus (ed.), *Hitler—Speeches and Proclamations 1932–1945: The Chronicle of a Dictatorship* Volume 2, The Years 1935 to 1938 (London: I.B. Tauris, 1992): 1238; "Panic Caused by Broadcast," *Times*, November 1, 1938: 14.

(123) *San Antonio Express*, November 2, 1938.

(124) Memo from Grace Miner, Correspondence Section, FCC, December 3, 1938, box 237, RG 173, FCC, Office of the Executive Director, General Correspondence 1927–46, 44–3, NACP.

(125) 以下で議論に挙げている手紙は全て次の資料が出典である。
FCC files: boxes 237 and 238, RG 173, FCC, Office of the Executive Direcutior, General Correspondence 1927–46, 44–3, NACP.

(126) Letter to FCC, received November 15, 1938.

(127) Letter to FCC, November 1, 1938.

(128) Letter to FCC, November 1, 1938.

(129) Alvin J. Bogart, letter to the editor, *New York Times*, November 2, 1938: 22.

(130) Letter to FCC, November 1, 1938.

(131) Letter to FCC, November 1, 1938.

(132) Letter to FCC, received November 4, 1938.

(133) Letter to FCC, November 1, 1938.

(134) Letter to FCC, received October 31, 1938; letter to FCC, November 1, 1938; telegram to FCC, November 15, 1938; telegram to FCC, November 1, 1938.

(135) Letter to FCC, November 1, 1938.

(136) Letter to FCC, November 2, 1938.

(137) Letter to FCC, October 31, 1938.

(138) Letter to FCC, November 1, 1938.
(139) *New York Times*, November 2, 1938: 22.
(140) Letters to FCC, November 1, 1938.
(141) Andreas Huyssen, *After the Great Divide: Modernism, Mass Culture, Postmodernism* (Bloomington: Indiana University Press, 1986): 47.
(142) Letters to FCC, October 31, 1938; letter to FCC, November 1, 1938.
(143) Letter to FCC, November 1, 1938.
(144) Letters to FCC, November 1, 1938.
(145) Letter to FCC, November 1, 1938.
(146) Letter to FCC, n.d.
(147) Alice V. Keliher, "Radio 'War' Stirs Educators," *New York Times*, November 6, 1938: 8.
(148) Letters to FCC, November 1, 1938.
(149) こうした違いに力点をおいてラジオファンからの手紙を分析した近年の研究としては以下を参照。Jeanette Sayre, "Progress in Radio Fan-Mail Analysis," *Public Opinion Quarterly* 3, no. 2 (April 1939): 272–78.
(150) Letter to FCC, November 1, 1938.
(151) Marshall Andrews, "Monsters of Mars on a Meteor Stampede Radiotic America," *Washington Post*, October 31, 1938: X1.
(152) Letter to CBS from FCC files, November 10, 1938.
(153) Letter to FCC, October 31, 1938.
(154) Letter to FCC, October 31, 1938.
(155) Letter to FCC, October 30, 1938.
(156) Letter to FCC, n.d.
(157) Letter to West Coast President, CBS, from FCC files, October 31, 1938.
(158) Letter to FCC, November 1, 1938.
(159) Letter to FCC, November 2, 1938.
(160) Letter to President Roosevelt from FCC files, November 1, 1938.
(161) Letter to FCC, October 30, 1938.
(162) Letter to FCC, November 1, 1938.
(163) Letter to FCC, November 1, 1938.
(164) Letter to FCC, October 30, 1938.
(165) Letter to FCC, November 3, 1938.
(166) Letter to FCC, November 4, 1938.
(167) Letter to FCC, October 30, 1938.
(168) Letter to FCC, October 31, 1938.
(169) Letter to FCC, November 13, 1938.
(170) Letter to FCC, October 30, 1938.
(171) Letter to FCC, October 31, 1938.
(172) Letters to FCC, November 1, 1938.
(173) Grace Miner Memo December 3, 1938.
(174) Letter to FCC, October 30, 1938.
(175) Letter to FCC, October 30, 1938.
(176) Letter to FCC, November 11, 1938.
(177) Letter to FCC, October 31, 1938.
(178) Letter to FCC, November 2, 1938.
(179) Letter to FCC, October 31, 1938.
(180) Letter to FCC, November 1, 1938.

(181) Letter to FCC, November 1, 1938.
(182) Letter to FCC, October 31, 1938.
(183) Letter to FCC, received November 3, 1938.
(184) Letter to FCC, November 5, 1938.
(185) Letter to FCC, n.d.
(186) Letter to President Roosevelt, from FCC files, October 31, 1938.
(187) Letter to FCC, October 31, 1938.
(188) Letter to FCC, November 5, 1938.
(189) Letter to FCC, October 31, 1938.
(190) Letter to FCC, November 1, 1938.
(191) Letter to President Roosevelt, from FCC files, October 30, 1938.
(192) Letter to FCC, October 31, 1938.
(193) David Goodman, "Distracted Listening: On Not Making Sound Choices in the 1930s," in Susan Strasser and David Suisman (eds.), *Sound in the Age of Mechanical Reproduction* (Philadelphia: University of Pennsylvania Press, 2010): 15–46 参照。
(194) Letter to FCC, November 1, 1938.
(195) *The Daily Princetonian*, November 1, 1938: 5.
(196) Susan Smulyan, "Radio Advertising to Women in Twenties America: 'A Latchkey to Every Home,'" *Historical Journal of Film, Radio and Television* 13, no. 3 (1993): 299–314.
(197) Letter to FCC, October 31, 1938.
(198) Letter to FCC, November 5, 1938.
(199) Letter to President Roosevelt, from FCC files, October 30, 1938.
(200) Letter to FCC, n.d.
(201) Letter to FCC, October 31, 1938.
(202) Letter to FCC, October 31, 1938.
(203) Letter to FCC, November 30, 1938.
(204) Letter to FCC, n.d.
(205) Letter to FCC, November 1, 1938.
(206) Letter to FCC, October 31, 1938.
(207) Letter to FCC, n.d.
(208) Letter to FCC, November 2, 1938.
(209) Letter to President Roosevelt, from FCC files, October 31, 1938.
(210) Letter to FCC, November 1, 1938.
(211) Letter to FCC, November 1, 1938.
(212) Letter to FCC, November 1, 1938.
(213) Letter to FCC, October 31, 1938.
(214) Letter to FCC, October 30, 1938.
(215) Telegram to FCC, October 31, 1938.
(216) Letter to FBI, from FCC files, October 31, 1938.
(217) Letter to FCC, October 31, 1938.
(218) Letter to FCC, October 31, 1938.
(219) Letter to FCC, October 31, 1938.
(220) *New York Times*, February 11, 1938: 4.
(221) Letter to FCC, October 30, 1938.
(222) Letter to FCC, October 31, 1938.
(223) Letter to President Roosevelt, from FCC files, Octo-

ber 30, 1938.

(224) Letter to FCC, November 1, 1938.

(225) Unsigned copy of letter to CBS, from FCC files, November 1, 1938.

(226) Letter to FCC, October 31, 1938.

(227) Letter to FCC, October 31, 1938.

(228) Letter to FCC, November 1, 1938.

(229) Letter to FCC, n.d.

(230) "A Clinical Study of Social Crisis," box 2, Institute for Propaganda Analysis Papers, NYPL.

(231) *The Daily Princetonian*, November 3, 1938: 1, 3.

(232) Michael Socolow, "The Behaviorist in the Boardroom: The Research of Frank Stanton, Ph.D.," *Journal of Broadcasting and Electronic Media* 52, no. 4 (2008): 538.

(233) ずっと後年になってからのポール・ラザースフェルドの回顧によれば、キャントリルは「私を『火星からの侵入』の共同執筆者にしようとした。彼自身は実務的には何もしないにもかかわらずだ」と述べている。Lazarsfeld letter to Ann Pasanella, September 6, 1975, in Ann Pasanella, *The Mind Traveller: A Guide to Paul F. Lazarsfeld's Communication Research Papers* (New York: Freedom Forum Media Studies Center, 1994): 30.

(234) Folder 6, box 26, Lazarsfeld papers, CRBM.

(235) Hadley Cantril, "Proposed Study of 'Mass Hysteria,'" folder 6, box 26, Lazarsfeld papers, CRBM.

(236) Memorandum Lazarsfeld to Cantril, October 12, 1939, folder 6, box 26, Lazarsfeld papers, CRBM.

(237) *New York Times*, December 20, 1938: 29.

(238) Cantril to Lazarsfeld, undated, folder 6, box 26, Lazarsfeld papers, CRBM.

(239) Hadley Cantril with Hazel Gaudet and Herta Herzog, *The Invasion from Mars: A Study in the Psychology of Panic* (Princeton: Princeton University Press, 1940): viii.〔斎藤耕二・菊池章夫訳『火星からの侵入―パニック状況における人間心理』川島書店、一九七一年、vii頁〕

(240) *The Invasion from Mars*: 113.〔『火星からの侵入』、一一六頁〕

(241) *The Invasion from Mars*: 135.〔『火星からの侵入』、一三八頁〕

(242) *The Invasion from Mars*: 139.〔『火星からの侵入』、一四〇―一四一頁〕

(243) Cantril comment in P. F. Lazarsfeld, "The Change of Opinion during a Political Discussion," *Journal of Applied Psychology* 23, no. 1 (February 1939): 136.

(244) *The Invasion from Mars*: 154.〔『火星からの侵入』、一五六―一五七頁〕

(245) *The Invasion from Mars*: 202.〔『火星からの侵入』、二〇九頁〕

(246) *The Invasion from Mars*: 205.〔『火星からの侵入』、二一二―二一三頁〕

第七章　ポピュリズム、戦争、アメリカン・システム

ポピュリズムと独占

市民的パラダイムを基盤としたラジオに対する反応は、階級によって分断されていた。一九三〇年代後半になると、そうした分断が、放送のアメリカン・システムに対するポピュリストたちの一斉攻撃という形で政治的に表出してくる。論理的説得や新たな知識、観点に対して心をひらくアクティブな市民という理想は、市民的パラダイムの悲願であった。しかしそれに対して一九三〇年代を通じて異議を唱えていたのは、よりアメリカ的でよりポピュラーな別種の批判的議論だった。それは商業的なネットワーク放送に対する批判である。エリートの教育的なラジオ改革論者たちと異なり、ポピュリストは時として巨大な支持層を動員することができた。一九三〇年代後半まで、アメリカン・システムに対する基本的な批判は、教育団体やアメリカ版BBC設立を支持する人々からよりも、国家の中央集権化や国際主義に反対するポピュリストから提起されることが多かった。「大衆による管理」という名目でなされた異議申し立ては、放送のアメリカン・システムを改良する方向に導くかもしれない。しばらくの間はそのように見られていたのである。

ラジオに対するポピュリストの批判は、ラディカルな意図と保守的な意図を両方持っていた。ポピュリストたちはラジオの支配権を企業や政府から奪い、放送を民衆の手に取り戻すと述べたてた。一九二〇年代後半から、ポピュリストの改革論者や評論家たちはネットワーク放送の中央集権的な影響に対して疑念を抱い

ており、放送の所有権や番組制作は、あまりに少数の手に握られてしまっていると主張したのである。同じような理由でポピュリストたちは政府出資の、あるいは政府が管理する放送という提案にも同様の敵意を向けていた。彼らは中央集権化や全国的な統一がラジオから放逐されることを望んでいた。その理由の一端は、彼らがそうした全国的な一致を国際主義への序曲であるとみなしていたことにある。あらゆる種類の経済的独占に対してポピュリストたちは偏見を抱いていた。そのため、彼らは巨大な放送組織を作るのではなく、解体することを支持するようになっていったのである。

放送のアメリカン・システムを形成したもう一つの重要な要素は、最も力を持っていた批判的伝統の一つが全国的な公共放送の設立を全く後押ししていなかったということだ。なぜなら、そうした伝統において、既存の商業的なラジオシステムの危険性は、商業的だという点にあるのではなく、ネットワーク化された全国的な、そして国際的な特質の方にあると理解されていたからだ。こうした伝統の中で、商業主義それ自体というよりはむしろ、一九三〇年代当時やラジオ初期の独占こそが問題である、と最も広く認識されていたのである。

ポピュリズムは、ネットワークがはらむ中央集権化の可能性を批判するために非常に適確な言葉を提供した。しかしそれはラジオ改革計画としての現実的な限界も含んでいた。教育的、市民的な改革論者たちは概して自らの要求するところを自覚していた。これに対して、ネットワーク・ラジオに対するポピュリストの批評家たちは、現体制の欠点については非常に明確な意見を持っていても、代案に関してはそれよりずっと不明確だったのである。ポピュリズムの用語は、ネットワーク化され、メディアに媒介されるようになった近代の新しい状況について対話する道すじを用意し、その危険性を認識する手段を提供したが、それは必ずしも改革運動の現実的なプランを与えてはくれなかったのだ。

ポピュリズムの中には、ラジオは民衆に呼びかけたいと望む全ての人が使える共有の伝達手段であるという夢がまだ生き延びていた。街角で行なう演説と全国的なラジオネットワークで行なうそれは、声が届く人間の数では比較にならないのは明白だ。そのため、両者を言論の自由の例として一緒くたに扱う論理には、明らかに何かが欠けているように見えた。放送する権利を一般化することは、理論的には魅力的でも、克服することが不可能な現実的困難を抱えていたのだ。それはとりわけ、一体誰が聴くのか、という問題だった。ラジオを民衆の手に取り戻すことは、単なる受動的なオーディエンスとしてだけではなく、能動的な送り手として聴衆を捉えることを意味するはずだった。しかし、こうした主張は常にいくつかの単純だが致命的な反論に対して無力だったのである。FCCのフランク・マクニンチは次のような見解を示している。

> もし、あらゆる人間の持つ、ラジオで話す権利を認識し、守るべきだという意見が提示されたとしても、そんな権利は人生の中でほんの数秒、あるいは数分のものでしかないということが、ちょっとした計算ですぐ明らかになってしまうだろう。

しかし、放送の権利という考えが現実問題として馬鹿げていることが明白だったとしても、そうした疑問が繰り返し提起されるのを押しとどめることは、一九三〇年代を通じてかなわなかった。そしてそれはマス・コミュニケーションがはらんでいた大きな非対称性の結果でもあったのである。たとえば元FRCのメンバーであったアイラ・E・ロビンソンは一九三四年においてもなお、ラジオが公共の使用に供されることを望んでいた。そうなれば、認可を受けた人々は自分たちの見方を伝えるための「私的な長距離に届く送話口」を放棄することになるし、また、より一般的なアメリカの公衆はそうした機関があることを拒否するだろうというのだ[1]。

完全なユートピア主義者たちの持つ、放送する権利という考えの非現実性は、商業主義の、そして市民的パラダイムの体制を守ろうとする放送事業者たちを利することになった。放送事業者たちは、放送の権利に基づく提案に対して標準的な回答を用意していた。もし、共有の伝達手段とか平等な時間の提供といったことが放送事業者に強制されれば、公的な事柄に関する議論が完全に放逐される恐れがある。そうした強制によって、うまく釣り合いのとれた面白い放送が不可能になってしまうと主張したのである。ＮＢＣのＡ・Ｌ・アシュビーは「番組のバランスが崩れ、アメリカの家庭にふさわしくない言論が大規模に放送されてしまうだろう」と書き綴っている。[2] 一九三〇年代後半におけるアメリカン・システムへの批判で支配的だった言葉、すなわちポピュリズムの言説は遠吠えをあげたにしても、ラジオ改革のための現実的な提案はほとんど出せずに終わったのだ。

ポピュリズムは、人民の名において発言するというレトリックを用いるものだ。しかし合衆国の状況に特徴的なのは、そのポピュリズムがラジオに対する庶民的な批判を言葉にしたというだけでなく、公的な規制にまつわる言説の増加にもつながっているという点にある。一方において、消費者運動家のルース・ブリンズのような急進的ポピュリストは、アメリカのラジオが「政府によって支配された私的独占（認可制度のことを指している）」に陥っていると主張した。[3] 他方、ポピュリストであったＦＣＣ議長のマクニンチは放送事業者に対して、「あらゆるラジオ周波数は民衆のもの」であり、自分たちの判断は広く支持されるはずだと警告している。[4] つまり、放送事業者たちのジレンマは、ポピュリズムによって、民主化への批判と規制に向けての批判という二つの側面から挟撃されていたことだったのである。

最もラディカルなポピュリストたちは、放送時代における言論の自由は放送の自由を伴うという建議を行なった。しかしその失敗によって最終的には、政府の中にいた一部のポピュリストたちがある妥協案に基づく中道の立場をとるようになった。その妥協案とは、市民は放送する権利ではなく、聴く権利を有しているというものだった。あらゆる見解を聴くことができるという消費者の権利は、一九三〇年代における市民的パラダイムの終着点を示している。アメリカ人は聴く権利、とりわけ論争を呼ぶ問題に関するあらゆる方面の意見を聴く権利を有しているとフランク・マクニンチは主張した。[5] あらゆる人間の「マイクロフォンを使用する権利」というポピュリストたちが提示したよりラディカルな、しかし実現不可能な夢に対するリベラルな次善の策として、こうした考えが一九三〇年代後半に台頭したことは記憶しておくべきである。マクニンチは言う。

リスナーを守るうえで死活的に重要な要求は、次のようなものだ。社会的、政治的、経済的、宗教的な話題で議論のあるものについては、一つの立場の意見が提供された場合、あらゆる立場の意見が提供されねばならない(6)。

彼の後任のローレンス・フライはこの考えをさらに精緻化して述べた。一九四三年に彼は聴く権利の認識がなければならないと主張した上で、「聴取の完全な自由を達成するには、多様な見解を放送することが必要である」と述べている(7)。

ラジオに対するポピュリストの懸念の急進的かつ鋭い主張は、放送の独占的支配と、それがリスナーの多様な意見を聴く権利にもたらす脅威を警告するものであった。ラジオやその独占に強い関心を抱く多くの人々を、二大政党の両方が、囲い込もうとした。マサチューセッツ州の民主党議員ウィリアム・パトリック・コネリーは一九三七年、次のように主張する下院決議案を提出した。

ラジオ放送における独占は現に存在している。(中略)一つの局だけが放送するチャンネルや、その他の魅惑的なラジオ放送局の独占的な支配と営業活動を通して民衆に負担と不利益をもたらすことにより、非合法的に彼らは利益を得ているのだ(8)。

これに似た主張をする電話が国会に繰り返しかかってきたという。ここではポピュリストの言説が、非常に典型的な形で、「民衆」の利益と商業的独占を敷く者たちのそれを対置している。一九三七年から一九三八年の前半にかけて、ラジオの独占的支配の可能性について調べるよう要求する決議が国会で立て続けに出された。ネットワークとルーズヴェルトの統治との間にある協調関係を共和党が恐れていたことも、こうした動きの一因となったのである。

これらの懸念にこたえて、公益事業統制というバックグラウンドを持っていたマクニンチは、放送における独占の存在についてFCCが調査すると宣言した。一九三八年三月、ラジオ会社に調査を要求する委員会規定第三七条が発令されたのである。FCCの委員会は一九三八年一一月から一九三九年三月にかけて、六ヶ月以上にわたる、のべ七三日間の公開ヒアリングを実施した。証人は九六人に上り、八〇〇〇ページ以上の議事録と七〇〇の添付書類を含む証拠書類は二七冊に及んでいる。NBCからの証人たちはNBCの二つのネットワーク、レッドとブルーの間に存在するとされていた競争について事細かに尋ねられた。ジョン・ローヤルはFCCの疑り深い弁護士から次のように問いかけられたという。

あなたはできる限り多くのリスナーをブルー・ネットワークに惹きつけようとし、そちらを聴かせるために、リスナーたちをレッド・ネットワークから奪おうとしていますが、その逆のこともしていますね？[9]

この独占調査の最も目に見えて分かりやすい結果は、FCC議長のローレンス・フライによって作られた規制の制定である。それは、ネットワークが同一地域に二つの放送局を持つことを禁ずるものだ。これによってNBCは二つのうち片一方のネットワークを切り離さねばならなくなった。その結果、NBCはブルー・ネットワークを売却し、ブルー・ネットワークはアメリカン・ブロードキャスティング・カンパニー(ABC)として再出発することとなったのである。

NBCにブルー・ネットワークを売却させるというFCCの決断は、全国的な公共放送を夢見る改革精神を再び惹起した。ジョージ・デニーは一九四二年五月に希望に満ちたメモを書き残している。そこには、ブルー・ネットワークの所有権を「タウンホール」に移管するという主張の概要が記されていた。[10] ルーズヴェルト大統領は一九四一年一二月一一日、戦時の間、ブルー・ネットワークを政府が所有することについて助言を求めている。しかし、バイロン・プライスやローレンス・フライを含む彼の主なラジオアドバイザーたちがそれを思いとどまらせた。[11] アーチバルド・マクリーシュは当時のことを次のように回顧する。

大統領にブルー・ネットワークを買うよう説得しようとする人はたくさんいた。しかし、彼らは大統領を納得させられなかった。[12]

独占に関する調査は、徐々に中央集権化していくアメリカン・システムのあり方に対するポピュリストたちの不安への返答だった。それはアメリカの放送の根本的な変容に対する疑問を国家的な議題へと一時的に押し戻した。調査の結果として、一九四一年から一九四三年までの間、アメリカの放送の未来に関する論争や訴訟が巻き起こった。しかしちょうどその頃、戦時体制によって、アメリカの放送を現状のままにとどめるべきだという有力な新しい論理が台頭した。新たな組織形態による実験よりも、現在の強みを生かして機能させるべきだという論理である。

ラジオと戦争

一九三〇年代後半に非常に勢いを持っていたポピュリストたちによる改革の機運は戦争によって鎮静化させられた。放送事業者たちは、戦争関連のメッセージを聴衆に聴かせるためには、ラジオが彼らを楽しませ続ける必要があるという主張を首尾よく行なった。NBC社長のナイルズ・トランメルによるパール・ハーバー後の二週間に関する記述には、次のように書かれている。FCCの独占撲滅運動があったにもかかわらず、「宣戦布告以来、政府高官たちは我々に意向を表明してきた。自分たちは現在のネットワークの構造を阻害するようなことが一切なされないよう望んでいる」と。[13]

ラジオがプロパガンダの装置として、また、非常時における情報拡散の手段として、戦時には国家にとって死活的に重要なものとなるだろうということは、誰の目にも明らかだった。一九三四年の通信法(Communications Act)の六〇六条(C)は、「戦争、あるいは戦争の脅威がある場合、(中略)もしくは合衆国の中立を保持する必要がある場合」に、「適切だと判断する形で」放送のルールを「停止、あるいは修正する」権限と「放送局を閉鎖する」、あるいは「政府のいずれかの部局が放送局を使用、もしくは管理すること」を認可する権限を大統領に付与している。[14] 一九三九年の演説において、フランク・マクニンチは次のように述べた。

我々の国防計画はかなりの程度、ラジオに関わる形で構築されていると私が述べたとしても、全く国家の機密を漏えいしたことにはならない。[15]

戦時下における商業的なアメリカン・システムの継続は、多くの人にとって驚くべき事柄だった。敵のプロパガンダや暗号化されたメッセージがマイクを通して忍び込むリスクは絶えずあったため、近代戦においては、ラジオをよりきめ細かい政府の指導のもとに置く必要があるということは、当然の前提とされていたからである。政府発表のディレクターであったローウェル・メレットは一九四一年三月、戦時下においては「ラジオの完全な支配が不可欠である」と主張したが、検閲局の局長であったバイロン・プライスがこれに賛成しなかったのである。[16]

ラジオが持つ疑いようのない戦略的重要性は、放送事業者たちにとっての切り札となった。このような大事な時期に、国家のコミュニケーション環境を動揺させることを望む者など誰もいないということを、彼らはよく分かっていたのである。戦時下のニュース放送の重要性と、士気を上げ、宣伝を行なう役割を進んで担ったラジオの姿勢は、政府によるより強い管理や政府所有のネットワークといった議論の再燃に対して有効な反論材料となった。[17] ラジオの自主検閲を求める一九四二年の条例は、政府によるラジオの接収が、この頃にはもはや一顧だにされていなかったことを示している。[18] この条例は聴衆参加型番組に対して、より強い注意を払うよう要請した。この法律が標的にしていたのは、街頭インタビューやリクエストによる音楽番組、遠隔地から答えるクイズ番組、電話や電報による遺失物の通知などである。[19] 公開討論番組もまた、より細かく指導を受けるようになった。これにより、『*People's Platform*』において、ライマン・ブライソンは「一般人」のゲストを廃止せねばならなかった。[20]『*Broadcasting*』誌によれば、相対的に小さなラジオ局にとって、この条例は「苦い薬」であったという。それらの中には、一般開放されたマイクロフォンによって「かなりの額の収入」を得ていた局もあったからだ。しかし、放送業界の広報は、この条例はさらに厳しいものになりうるし、戦争によって、アメリカン・システムの防衛は予断を許さない状況にあると警告していた。

ワシントンにはいまだ、政府による放送局の所有を促進する急進的な一派がいることを、放送事業者は肝に銘じておかねばならない。こうした考えの信奉者はＦＣＣにもいる。役人の中にはそうした人間がごまんといるのだ。[21]

市民的パラダイムが一九三四年の合意の産物であったように、今や放送事業者たち自身が政府との間に暗黙の契約を交わす時代になったのである。現状のまま放置しておいてもらう見返りに、放送事業者たちはネットワーク割り当て計画（Network Allocation Plan）のもと、政府に指定されたテーマを伝え、政府のプロパガンダや検閲、士気高揚に協力するという役割を進んで担った。[22] 戦争関連のメッセージは普段の商業的な番組の中に巧妙に組み込まれた。たとえば、物資の制限、海外渡航を減らすことや戦時国債購入の呼びかけなどを国民に伝えるために、ラジオコメディアンやソープ・オペラの脚本家たちが雇われたのである。[23] アーチボルド・マクリーシュは、戦時下の政府がラジオを必要とするのは、単にその施設を利用するためだけではないと主張した。それは「ラジオ業界が持つあらゆる技術、あらゆる経験、そして独創性や想像力という途方もなく大きな資源を全て政府の仕事に応用するためでもある」と。[24] 戦時情報局（ＯＷＩ）のラジオ部門にいた元ネットワーク幹部のダグラス・メザーヴィとウィリアム・Ｂ・ルイスはラジオプロパガンダ作成の役割を与えられていた。ドラマやコメディ番組に重要なメッセージを埋め込むという放送局との協力を比較的スムーズに進められるよう保証したという意味で、彼らは重要な人物であった。ただし、彼らのネットワークとのつながりによって、ＯＷＩは小さな局よりもネットワークを好んでいると非難され続けることになるのだが。[25] とはいえ、戦争に関するメッセージは非常に効率的に伝達されたのである。OWIのドナルド・シュタウファーの記録によれば、燃料の供給制限が必要だと考える人は、中西部では一九四二年時点で二四パーセントしかいなかったが、ラジオキャンペーン後は六七パーセントにまで増加したという。(26)

アメリカのラジオは聴衆が望む内容を放送し、政府とは何らの関わりもないということが、これまで繰り返し語られてきた。しかし、一九三四年以後のアメリカのラジオをこのような単純なものとして捉えてしまうと、これまでに述べた政府との密接な関係がどこから来たのかを理解することが不可能になってしまう。市民的パラダイムのもとにおいて、ラジオは既に市民の行動に影響を与え、政府と協力しようとする考えに慣らされていたのである。フランク・ミューレンはNBCの社員に向けて次のように述べている。

政府が何をするにしても、我々は死活的に重要な存在だ。(中略)民衆の士気を維持すること、そして公的情報を提供することにおいて、我々は最重要の存在なのである。(27)

彼は放送事業者と政府の連携を行なってきたベテランとしてこの演説を行なっている。したがって、戦争という状況において求められる事柄は、ニューディール時代を通して営業してきた放送事業者たちにとって、全く新しいものというわけではなかった。市民的パラダイムにおける政府との協力が、戦時におけるそれのモデルとなったのである。放送事業者たちの市民的パラダイムに基づく能力、すなわち、教育的メッセージと娯楽形式を組み合わせる技術は既に実証済みだった。それが再び重要になってきたのである。元陸軍次官のルイス・ジョンソンは一九四〇年にサンフランシスコでNABに対して次のように述べた。

あなた方アメリカの放送事業者は文章やスローガンを作るエキスパートです。私はあなた方に要請したい。アメリカ国民に国家の団結の重要性を意識させるために、毎日あらゆる方法で常に彼らの眼前に提示しておくための国家的標語を作っていただきたい。(28)

この声明自体は新しく出されたものだ。しかしアメリカの放送が、面白さと、個々のアメリカ人の思考を変えさせようとする試みとの結合を必要としているという考えは決して新しいものではなかったのである。

合衆国が戦争に参加する以前も、アメリカ人たちは史上かつてないほどラジオに親しみ、注意を向けていた。一九四〇年の間に使用されるようになったラジオセットの数は、それ以前の三年間の平均と比較して一〇パーセントから二〇パーセントも増加している[29]。さらに、一九四〇年までには、ニュースが男女両方から圧倒的に好まれる番組形式になっていた。大統領演説を聴くラジオオーディエンスの割合も一九四一年の三一パーセントから四二年半ばの六六パーセントへと急上昇している[30]。放送業界はヨーロッパにおける戦争の勃発から、戦争による非常事態がいい商売になると感じ取っていたし、その予測は正しかった。広告の数は聴衆の数以上に急速に増加した。一九四二年の税制改革によって、企業は番組が戦争に協力している場合には、広告料の八〇パーセントの税金を控除するように要求できるようになった。このことが、ラジオ広告のより大きな潮流を生み出すにいたったのである[31]。

その結果として、無論、アメリカン・システムのはらむ緊張関係という特徴は戦時中、よりはっきりしたものになっていった。戦争のニュースと商業広告を混合することは、多くの人から、有害であるとみなされた。

私は以前、キャンベルのスープを宣伝するアナウンサーがいくつかのロシアの師団が壊滅したことを述べたすぐ後に、「奥さん、本物のチキン・ヌードルはお好きですか？　はっはは！」と叫ぶのを聴いた。

『*New Republic*』誌のあるライターはそう回顧している。この人物はこうした戦争報道と商業広告の結合を「野蛮である」とまで表現した[32]。一九三四年からニューヨークに住んでいた心理学者のエーリッヒ・フロムは、一九四一年には既にこうした戦時における情報の並列化を警戒していた。

恥知らずなことに、都市の爆撃や何百という人々の死を告げるアナウンスのすぐ後に、あるいはその途中に洗剤やワインの広告が入る。同じ話し手が、同じぐらい思わせぶりで愛想がよく、権威のある口調で話すのだ。[33]

しかし、このような批判がラジオ改革に対する真剣な政治的注意を引くきっかけになることはなかった。その一因は、守りに入った放送業界の自主規制にあった。「スポンサーが広告を聴かせるためにニュースを利用することを許してはならない」とNABの規定は警告している。「「ところで、ここで、良いお知らせがあります」などという言葉で広告を始めるようなことは決して許可してはならない」、と。[34]

しかし、放送事業者たちが戦時下における暗黙の契約を首尾よく履行することで、彼らが長らく立脚してきた市民的パラダイムの責任が無視されてしまうのではないかと、FCCは強い懸念を抱いていた。戦時下におけるラジオ広告の増加は、自主制作番組の数やその聴取率の減少を意味していたからだ。ヘイスタッドの計算によれば、ネットワークにおける自主制作番組が全体に占める割合は、一九三五年から一九四一年まで四二パーセントだったが、第二次大戦中には三〇パーセントにまで下落している。[35] 混み合っていて、利益も上がるスケジュールの中で、価値ある自主制作番組にあてられる時間はほとんど残っていなかったのだ。ジョン・ローヤルの後任としてNBCの番組統括部長に就任したシドニー・ストローツは一九四一年、レッド・ネットワークとブルー・ネットワークの責任者に手紙を書き、「ウォルター・プレストンとともに公共サービス番組の状況を見直して、できる限りその数を減らす」ようにと提案している。[36]

こうした状況の中で、代表的な公開討論番組も時間や放送局の確保に苦労していた。ウィリアム・ベントンは一九四三年、ノーマン・トーマスから次のような話を聞かされた。

タウン・ミーティングは多くの放送局を失いました。(中略)デトロイトやシカゴなどが良い例です。『UCRT』もまた放送局を失い、それに伴って聴衆も失った。「我々の番組を放送してくれる局の数は一九から四七に激減した」という証言が残っている。問題は「広告のために要求される時間が増えるにつれて、ローカル局が自主制作番組を断るようになった」ことにある[37]。ネットワーク内部の思想風土も変容しつつあった。一九四一年、シドニー・ストローツはジュディス・ウォーラーに向けて次のように打ち明けている。

ここだけの話、タウンホールの連中はやや「左」がかっていると、常々私は思っているのだ[38]。

ＦＣＣ議長のローレンス・フライは一九四四年、『*Billboard*』誌に自身の懸念について書き綴っている。それは「自主制作番組の時間や教育番組の減少」という「根本的な問題」に対して懸念を表明するものだった[39]。同年六月、フライは報道の自由委員会に対して「金のために自主制作番組の時間が損なわれている」と主張した。

つまり、放送業界はこれまでと比べて五〇パーセントも収益を増やした一方で、公共サービス番組は今までで最も少なくなっています。公共サービスに関する問題は放送事業者に対して、何の影響も持たなくなってしまっているのです。

しかし同時に、フライは政府による放送は「政治的に現実的ではない」ことも再度認めている[40]。

したがって合衆国は戦後の世の中をジレンマとともに迎えることになった。全国的な公共放送を作ることが、史上かつてないほど政治的可能性を閉ざされている時代にあって、市民的パラダイムの契約は完全に崩壊したように見えた。この状況を嘆く人々は打開策をほとんど持たなかった。一九四五年、ジェームズ・ローランド・エンジェルはＮＢＣの副社長、フランク・ミューレンに対して、ＮＢＣの公共サービス番組のスタッフは「放送が商業主義によっておさえつけられているという深く、真摯な確信」を抱いていると書き送っている[41]。また、別の手紙にはこう書かれていた。

> 番組がどのような利益を提供するにしても、大きな預金を抱えた顧客は自分の目的に合った最良の時間帯を選ぶでしょう。そういう顧客は自分たちの商品を買ってくれる消費者を惹きつけるような番組に最も金をかけるに違いありません(42)。

ＦＣＣの委員長であったクリフォード・デュールは一九四四年のシンポジウムで、商業的になればなるほど、ラジオの自由が失われていくと警告した。

> ラジオのスイッチをひねりさえすれば、ラジオ番組のほとんど全面的な商業化という状況に気づくでしょう。良い自主制作の番組はどんどん減少しており、夜にいたってはほとんど電波から完全に消滅しつつあります(43)。

合衆国のラジオを注視していた人々は、市民的パラダイムという盟約が崩壊しつつあることを鋭く察知していたのである。

ラジオ討論は寛容と善意のエートスや、多様な意見を聴くことが寛容の精神を育てるということを提示する力を持っていたが、戦時下において、その影響力を維持するために悪戦苦闘していた。合衆国がヨーロッパの戦争に参加する可能性が出てきた時期から、『ＡＴＭＡ』を悩ませていた論争がいよいよ深い分断をはらんだ問題になっていったことは、別の場所で既に述べた(44)。孤立主義者たちは、ある正当な理由からデニーを国際主義者、干渉主義者のシンパとして糾弾した。より根本的には、『ＡＴＭＡ』が持つ民主主義という理念の相対主義的、コスモポリタン的な切り口がリスナーたちを分断したのである。この番組は非アメリカ的な視点を持つ国際主義エリートやユダヤ人、および外国人のための討議の場になっている。敵意に満ちた手紙やハガキの山は、そう主張していた。これらのポピュリストたちにとって、真のアイデンティティは固定されたものであって、突き詰めて言えば人種に起源を持つものであった。ここに、ポピュリズムの頑迷で排他的な側面が表れている。ラジオの所有権を守られるべき「民衆」は全人口よりも幾分少ないというわけだ。あるリスナーは一九四〇年に、『ＡＴＭＡ』の質問時間に表出される感情を批判した手紙を送っている。

とりわけ、話者が明らかに外国風のアクセントで話していることを考慮に入れれば、彼らの一部が表明する考えは驚くにあたりません。外国人的な思考を持つ反体制的な外国人が大量に流入して以来、（中略）このことは近年、かなり頻繁に指摘されてきました。彼らは祖国同士の憎しみという個人的な戦いを持ちこもうと躍起になっているのです。(45)

こうしたポピュリストのリスナーたちは誰もが参入できるラジオ討論という考え自体に反旗を翻していた。孤立主義者のジョン・T・フリンが一九四一年五月に『ATMA』に出演した際、彼には賛意を示す手紙が送られてきた。

アメリカの市民以外は『*Town Meeting*（ATMA）』への参加を認めるべきではないと私は常々思っていました。(46)

「タウンホール」を観察していたある人は観客の変化にも言及している。彼らは「激しやすく」なり、質問も「口汚くなって」いったというのだ。ある回の放送で、デニーは「観客が完全に制御不能になっている」ことに初めて恐怖を覚えた。このような状況下で、彼は個人的な意見と公的なそれを区別し続けるよう、苦心していたのである。(47) 何年もの間、「タウンホール」の考えを説明するのにデニーが好んで用いていた方法の一つは、半分が黒で、もう半分が白の球体にたとえることだった。物事は自分たちの立ち位置によって異なる見え方をするが、討議は我々の違いを理解し、克服するのを助けてくれる。彼はそう述べていたのである。しかし一九四三年までに、デニーはこの黒と白のボールのたとえからより悲観的な結論を導き出すようになっていた。

悲劇的なことに、我々は自分たちの問題をそう単純に反転させてみることはできない。我々は、一人一人が自身の過去に束縛されているのだ。(48)

討議が歴史を克服するという初期に持っていた自信を彼は失っていったのである。

公開討論運動に最も共感を抱いていた人々でさえ、民主的な公衆の士気を保つには、公開討論モデルよりも強い指導や助言が必要とされると考え始めていた。より思慮深い、公開討論の擁護者たちの間にも、このような状況下できちんと管理されない討論を行なうことで、シカゴ大学のシャーマン・ドライヤーの言う「言論の軽視」を生み出しかねないという懸念が生じていた。彼の主張によれば、討論番組を主導する全ての人にとって、「最大の関心事」は、民主的な公的議論に対するこの種の軽視を避ける方法を見つけ出すことでなければならなかった[49]。ドライヤーはロバート・ハッチンスに一九四二年一一月号の『*Variety*』誌の社説を送り、その記事が『*Round Table*』に対する自分たちの政策に正当性を与えるものだという考えを述べている。その記事は次のように論じたものだった。

言葉が入り乱れ、それぞれが相手の話をさえぎったり、無礼な野次や皮肉を飛ばしたりして、常に険悪な雰囲気が漂っている恒常的な混乱状態を公衆が聴取するならば、討議が討議であるという理由だけで「教育的」だとする考えは全て、完全に破綻していることになる[50]。

早くも一九三九年六月の時点で、ＮＢＣの幹部たちは、「民主的政府形態を持った合衆国の市民としての信念や自信」を生み出す手段としてのラジオ討論の限界について考えていた。ウォルター・プレストンとマーガレット・カスバートの主張によれば、『ＡＴＭＡ』は興味深い対照的な人物を呼んで重要な議論を行なってはいたが、にもかかわらず、「民主主義に対する潜在的な脅威」を作り出してしまったという。『ＡＴＭＡ』は「公的議論の結果として達成感よりもむしろ不全感」を生んでいるというのだ。そこで、彼らは新たな番組を提案している。その番組では、リスナーに自分で意見を決めさせるかわりに、審査員から演説者に自身の主張と根拠に基づいた質問をさせるという。

この番組は真実の探求にリスナーを参加させようと

するものだ。(中略)こうした過程の中で、自分で考えることをリスナーたちに学んでもらうのである。

最終的に誰が審査員をまとめるのか、という評価方法も紹介されている[51]。意見を主導する権威ある人物を伴ったこの複雑な形式は、結論を出さない議論に対する幻滅が膨らみつつあったことの一つの表れであった。そうした議論の形式はそれまでに『ATMA』や公開討論運動が育ててきたものだったはずなのだが。

チャールズ・シープマンもまた、『ATMA』について重要な留保をつけている。彼はBBCのトーク番組のディレクターをやめてFCCに入り、その後、ハーヴァード大学でラジオ研究も行なった人物である。シープマンはウィリアム・ベントンにあてて「『ATMA』に対するあなた方の賛辞は、あまりに寛大過ぎると私は考えています」と書き送っている。『ATMA』についての彼の主張はこうだ。

あの番組は感情的な様子を大きく取り上げ、群衆心理を利用する中で、議論する技術の目的そのものを殺してしまっています。(中略)実際、私から見れば、いわゆる教育的な目標がデニーの巧みに利用している宣伝の技術と結びついた場合に起こることを、『*Town Meeting*』は見事に示しているように思えるのです[52]。

デニー自身、『ATMA』の技術自体がこの新しい環境の中でうまく機能していないことを憂慮し始めていた。それでも、一九四二年九月の記事の中で、家に帰る途中で耳にした、ルーズヴェルトをラジオで聴かない隣人の話を再び語っている。しかしこの時、彼はアメリカ人が異なる意見を聴く「べき」だという結論は下していない。むしろデニーは次のように、このことを動機と欲望の問題として捉え直している。

どうすれば、自分の意見と一致しない見解を聴くチャンスが欲しいと人々に思わせることができるだろうか? またどうすれば民衆に両方の意見を聴きたいと動機づけることができるだろうか[53]?

別の場所では、ラジオは市民的な公共の議論を育てようと試みることすら放棄しつつあった。第二章で言及したように、『放送認可取得者における公共奉仕の責任』と銘うたれた一九四六年のFCCによる「報告書」で、放送局による誓約とその履行の関係に対するFCCの懸念は頂点に達していた。クリフォード・デュールやチャールズ・シープマン、エドワード・ブリッチャー、ダラス・スマイスらがまとめたその報告では、ニュースや公的な事柄に関する議論から放送局を引き離そうとする商業的な圧力がかかる傾向があると指摘されている。

ものの見方に関わる活発な議論は、必然的に一部のリスナーを怒らせたり、彼らの気分を害したりすることもあるだろう。したがって放送事業者は、討論を自局から流すことを可能な限り避けて、誰も怒らせることのない娯楽番組に放送内容を限定しようとする誘惑にかられるかもしれない。このようなやり方で運営することは、明らかに民主主義に対する放送の効果を減退させてしまうことになる。(54)

戦争中に盛んに論じられていた孤立すべきか、干渉すべきか、という問いに関するラジオの報道内容を調査する中で、FCCはこのことを痛感していた。戦争に関する問題に真っ向から取り組むことの難しさにジョージ・デニーが立ちすくんでいたとき、その他の多くの放送事業者たちはそうした議論を避けることによって、トラブルから距離を置く道を選んだのである。一九四一年の一月から五月という最も緊迫した時期におけるネットワーク番組とローカル番組を調べた研究によれば、ネットワークは戦争への介入という差し迫った問題に関しては、概して火曜日の番組でのみ扱っており、しかも傘下の放送局の中にはそうした番組を放送しない局もあった。また、ローカル番組にいたってはほとんど全くと言っていいほど戦争に関する議論はなかったという。こうした事態は全て、「より広い範囲の番組提供を行なうことを妨げる経済的な理由などない」時期に起こったことである。(55) この報告書は議論を喚起はしたものの、大きな変化にはほとんどつながらなかった。「この報告書による論争の終わりをもって、ニューディール時代の自主規制の最後の痕跡は途絶えてしまった」とソコロウは述べている[56]。市民的パラダイムの影響力が低下したのは、それが代表していた思想潮流の衰退だけが原因ではなかった。ラジオ産業自体も新たな環境の中で変貌し始めていたのである。

知的な領域における関心も、市民をプロパガンダから守ることより、プロパガンダを生み出すことへと移りつつあった。ライマン・ブライソンはロックフェラー財団によるコミュニケーションセミナーに参加した。財団とブライソンの両者が接触を持ち始めたのは、ちょうどヨーロッパで戦争が勃発した一九三九年九月のことである。ブライソンやラスウェル、ラザースフェルド、リンド、シープマンを含む先鋭的なグループは、将来に関する見解を次のように結論づけている。すなわち、「完全な緊急事態」においては、「輿論を意図的に創り、管理下に置くこと」が必要になる、と[57]。こうした空気の中で、自然発生的な集団討議は相対主義的に過ぎると考えられるようになっていった。喫緊の課題は国民的な合意を形成することであって、懐疑的に距離を置くことを教え込んだり、終わりのない議論を奨励したりすること、あるいは複雑で微妙なニュアンスを含んだ個人的意見を生み出すことではないというわけだ。

その一方で、現にプロパガンダを行なっている国との戦争の間、政府による直接的な放送はそれまで以上に受け入れられにくいものとなっていた。政府による放送についての政治的な吟味が進む中で、ラジオ番組制作に最も積極的だった部局の予算は削られていった。一九四一年、議会はラジオ放送に用いられる可能性のある助成金に限度額を設けることを可決した。その結果、政府によるラジオ制作は急速に衰退していった[58]。

こうして、アメリカのラジオは終戦までに繊細な平衡状態に突入していくのである。市民的パラダイムはその存立条件の一つであった、政府による放送への介入という脅威が遠のいたことで、次第に無視されるようになっていく。ラジオの「独占」を突き崩そうとしたポピュリストたちの改革も、根本的変革への現実的な見通しをほとんど持っていなかった。そしてやがて、当時すでに熟年に達していた市民的パラダイムの提唱者たちが理解しがたい方向へとラジオ番組は変化していくのである。

(1) Ira E. Robinson to C. C. Dill, March 10, 1934, in *Hearings Before the Committee on Interstate Commerce United State Senate on S. 2910* (Washington DC: U.S. Government Printing Office, 1934): 71.

(2) A. L. Ashby, "Legal Aspects of Radio Broadcasting," *Air Law Review* (1930): 346.

(3) Ruth Brindze, *Not to Be Broadcast: The Truth about the Radio* (New York: Vanguard Press, 1937): 5–8.
ブリンズについては以下を参照。
Kathy M. Newman, *Radio Active: Advertising and Consumer Activism, 1935–1947* (Berkeley: University of California Press, 2004): 63–70.

(4) "Public Owns Air, McNinch Cautions," *New York Times*, November 23, 1938: 12.

(5) Frank McNinch, "Radio and the Bill of Rights—Address of Frank McNinch, Chairman, FCC...Over the Blue Network of the National Broadcasting Company," FCC Press release, January 26, 1939: 5–8.

(6) Frank McNinch, "A New Communications Program—Address of Frank McNinch...Over the Mutual Broadcasting System," FCC Press release, February 10, 1939: 13.

(7) "Freedom to Listen Basic Counterpart of Freedom of Speech, Fly Tells Club," *Broadcasting* 25, no. 14 (October 4, 1943): 30.

(8) Hearings before the Committee on Interstate Commerce, United States Senate, Seventy-Seventh Congress, First Session, on S. Res. 113: 14.

(9) FCC chain broadcasting hearings, box 1400, Docket 5060, RG 173, NACP: 617.

(10) Memorandum "The Blue Network and Town Hall," May 11, 1942, box 103, President's Office Correspondence, Town Hall Inc. papers, NYPL.

(11) Michael Socolow, "'News Is a Weapon': Domestic Radio Propaganda and Broadcast Journalism in America, 1939–1944," *American Journalism* 24, no. 3 (2007): 110.

(12) Meeting in New York March 22, 1944, Document 15, folder 4, box 1, Commission on Freedom of the Press papers, UCSC.

(13) Trammell statement, December 31, 1941, folder 10, box 83, NBC records, WHS.

(14) Communications Act of 1934, Section 606; Max D. Paglin, James R. Hobson, Joel Rosenbloom (eds.), *The Communications Act: A Legislative History of the Major Amendments, 1934–1996* (Silver Spring, MD: Pike & Fischer, 1999): 384–86.

(15) Frank McNinch, "Radio and the Bill of Rights," broadcast on the NBC Blue Network January 26, 1939, Library of American Broadcasting, University of Maryland.

(16) Lowell Mellet in *Censorship* (New York: Council for

Democracy, 1942): 11–12, as quoted in Robert E. Summers, *Wartime Censorship of Press and Radio* (New York: H. W. Wilson, 1942): 16.

(17) Michael J. Socolow, "To Network a Nation: NBC, CBS, and the Development of National Network Radio in the United States, 1925–1950," (PhD diss., Georgetown University, 2001): 217.

(18) Michael S. Sweeney, *Secrets of Victory: The Office of Censorship and the American Press and Radio in World War II* (Chapel Hill: University of North Carolina Press, 2001): 8–10.

(19) John K. Hutchens, "Radio Gets a Code," *New York Times*, January 25, 1942: X12.

(20) "Reminiscences of Lyman Bryson," Columbia Oral History Research Unit: 133, box 40, Lyman Bryson papers, LOC.

(21) Editorial, "It Could Be Worse," *Broadcasting* 22, no. 4 (January 26, 1942): 24.

(22) Gerd Horten, *Radio Goes to War: The Cultural Politics of Propaganda during World War II* (Berkeley: University of California Press, 2001)参照。

(23) Horten, *Radio Goes to War*, chs. 5, 6; *Address by Donald D. Stauffer Before the NAB War Conference April 28, 1943* (Washington: NAB, 1943).

(24) Archibald Macleish, *Radio and War* (Washington, DC: NAB, 1942): 4–5.

(25) Socolow, "To Network a Nation": 201–9.

(26) "Global Effort, 'Nerve' Warfare," *Billboard*, May 8, 1943: 7.

(27) "More Realistic View of War Needed, NBC Tells Affiliates," *Broadcasting* 22, no. 12 (March 23, 1942): 14.

(28) "Johnson Urges Broadcasters to Feature Patriotic Message," *Broadcasting* 19, no. 4 (August 15, 1940): 28.

(29) "How the War Affects Radio Listening," *Broadcasting* 19, no. 3 (August 1, 1940): 76; "Ladies First...As News Listeners Too," *Broadcasting* 19, no. 3 (August 1, 1940): 86.

(30) A. W. Lehman, "War Listening Since Pearl Harbor," *Broadcasting* 22, no. 19 (May 11, 1942): 27.

(31) Barnouw, *The Golden Web*: 165–67; Horten, *Radio Goes to War*: 92–93; "Net Time Sales Hit $191,000,000 in 1942," *Broadcasting* 24, no. 6 (February 8, 1943): 7.

(32) Jesse Rainsford Sprague, "Slaughter, Sponsored by —," *New Republic*, October 6, 1941: 435.

(33) Erich Fromm, *The Fear of Freedom* (London: Routledge and Kegan Paul, 1942): 216.

(34) "NAB Guide for Wartime Broadcasting," *Broadcasting* 1942, Yearbook no. 92.

(35) Mark J. Heistad, "Radio without Sponsors: Public Service Programming in Network Sustaining Time, 1928–1952," (PhD diss., University of Minnesota, 1998): 177.

(36) Strotz to Carlin and Hillpot, April 25, 1941, folder 1, box 354, NBC records, WHS.

(37) Benton to Hutchins, November 15, 1943, folder 4, box

176, Office of the President records, Hutchins administration, UCSC.

(38) Strotz to Waller, August 11, 1941, folder 5, box 354, NBC records, WHS.

(39) "Fly Says He Had Something to Buzz Around About," *Billboard*, January 29, 1944: 6.

(40) Commission on Freedom of the Press, Meetings of June 19–20, 1944, New York City, Commission on Freedom of Press Records, UCSC.

(41) James Angell to Frank Mullen, June 1, 1945, folder 69, box 114, NBC records, WHS.

(42) James R. Angell to Frank E. Mullen, May 25, 1945, folder 69, box 114, NBC records, WHS.

(43) Clifford Durr, "How Free Is Radio," Speech at 15th Institute for Education by Radio, Columbus, Ohio, May 5, 1944, in box 25, James Lawrence Fly papers, CRBM.

(44) David Goodman, "Programming in the Public Interest: *America's Town Meeting of the Air*," in Michele Hilmes (ed.), *NBC: America's Network* (Berkeley: University of California Press, 2007): 44–60.

(45) Letter to George Denny, January 10, 1940, box 18, Town Hall Inc. papers, NYPL.

(46) Letter to John Flynn, Chicago, May 9, 1941, box 16, John T. Flynn papers, University of Oregon Library.

(47) Herbert Lyons Jr., "Free Speech in Action," *New York Times*, May 25, 1941: X8.

(48) Box 26, Series 1, Denny papers, LOC.

デニーはこのたとえ話をしばしば繰り返し用いている。同じくだりは『*New York Times*』の彼に対するインタビューにも見られる。

S. J. Woolf, "The Umpire of the Town Meeting," *New York Times*, June 6, 1943: 16.

(49) Sherman Dryer, *Radio in Wartime* (New York: Greenberg, 1942): 169.

(50) *Variety*, November 11, 1942.

(51) W. G. Preston to John Royal, June 8, 1939, folder 59, box 94, NBC records, WHS.

(52) Charles Siepmann to William Benton April 10, 1941, folder 1, box 1, University of Chicago, Office of the Vice President Records 1937–46, UCSC.

(53) George V. Denny Jr., "'Town Meetin' Tonight!': The Revival of a Great American Institution," *Atlantic Monthly* (September 1942): 63.

(54) John A. Salmond, *The Conscience of a Lawyer: Clifford J. Durr and American Civil Liberties 1899–1975* (Tuscaloosa: University of Alabama Press, 1990): 86; Federal Communications Commission, *Public Service Responsibilities of Broadcast Licensees* (Washington DC: FCC, 1946): 40.

(55) *Public Service Responsibilities of Broadcast Licensees*: 47.

(56) Socolow, "To Network a Nation": 351.

(57) Rockefeller Communication Seminar, "Public Opinion and the Emergency," in box 18, Lyman Bryson papers,

LOC.

(58) Sayre, *An Analysis of the Radiobroadcasting Activities of Federal Agencies*: 77.

後奏──トスカニーニからシナトラへ

報道の自由委員会はヘンリー・ルースからシカゴ大学学長のロバート・M・ハッチンスへの提案によって創設された。彼らはイェール大学時代の級友だったのである。ルースが二〇万ドルを計画に出資し、この委員会は一九四四年から四六年まで活動を行なった。委員会のメンバーは次の通りで、全員が男性だった。バーズリー・ラムル（ニューヨーク連邦準備銀行総裁）、ロバート・ハッチンス（シカゴ大学学長）、ゼチャリア・チャフィー（法学者）、アーサー・M・シュレジンガー（歴史家）、ジョージ・シュスター（大学学長、ドイツ専門家）、ロバート・レッドフィールド（人類学者）、ラインホールド・ニーバー（神学者）、チャールズ・メリアム（政治学者）、アーチバルド・マクリーシュ（詩人、アメリカ議会図書館司書）、ハロルド・ラスウェル（心理学者）、ウィリアム・ホッキング（哲学者）、ジョン・ディッキンソン（法学者）、ジョン・M・クラーク（経済学者）。また、彼らに加えて四人の「外国人アドバイザー」もいた。社会科学、法学、歴史学、哲学といった分野で最も影響力があり、時代を代表する知識人たちが、報道の自由について三年の間、広範な議論を行なったのである。委員会のメンバーは五八のメディア企業のオーナーや実務家にインタビューを行ない、委員会スタッフは二二五を超える聞き取りを行なった。委員会はそこで明らかになったことを七冊の本で発表している(1)。

委員たちは市民的パラダイムと、独占に対するポピュリストたちの懸念の両方に深く影響を受けた人々であり、彼らはラジオの未来に強い不安を覚えていた。

戦後世界について構想していた彼らにとってみれば、市民的パラダイムが機能しないこと、および独占を打破しようとするポピュリストたちの処方箋が何の解決にもならないことは明らかだった。全てがアメリカのラジオにとってあまり良くない方向に進んでいる。そんな彼らの感覚を主要な情報提供者たちがさらに補強した。委員会スタッフのロバート・レイは、ライマン・ブライソンに「ラジオ産業の指導者についての現実的な見通し」を尋ねている。しかし、彼らはこの質問の社会的意義や、職業的専門家の立場に立って公共の利益に奉仕することとの必要性を本当に理解していただろうか?「ブライソンは社会的視点を持ち合わせていると考えられる企業経営者の名前を二人しか挙げられなかった」という。[2]こうした悲観主義はアメリカのラジオの市民的な番組作りと密に関わっていた人間にとって、非常に大きな意味を持っていたのである。

委員たちは自分たちの討議を「公的事柄に関する民衆教育において、マス・コミュニケーション機関が果たす役割」という市民的パラダイムにまつわる疑問に限定することに決めた。[3]関心の所在を示した最初の草案では、メディアが市民に共通の公共圏を提供する可能性について長々と述べられている。それは、「かつてあった地縁ベースの共同体ではなく、経済的、あるいは職業的な基盤を持つ共同体という分断された集団を生み出す産業社会の細分化傾向」に抗うためだという。特に際立っていたのは、この文書が、自由企業だけでは問題は解決しないと結論づけていることだ。個々の人間や集団が自分たちの目的や利益をバラバラに追求することが自動的に公共の利益に資するなどというユートピア的信念を持っている者は、当委員会に一人としていない。[4]

この声明は結局、草案の段階で消去されてしまった。しかし、最終的に発表された委員会の声明では、彼らが文化的、社会的な細分化や不平等に強い懸念を抱いており、こうした状況を改善する手段としてのメディアに関心を持っているということが明らかにされたのである。

この委員会はポピュリストによる疑問にも言及して

いる。メディア所有やそこへの新規参入の多様性が衰退しつつある中で、彼らは表現の自由を維持するための処方箋を継続的に模索していった。ＦＣＣの独占禁止キャンペーンにもかかわらず、メディア所有の集中化という問題には何ら実行可能な解決法は見いだせなかった。それでも、委員会のメンバーたちは幾分不安を抱えつつ、戦後の世界に期待の目を向けていたのである。ハロルド・ラスウェルは一九四四年に、「合衆国とロシアの対立の始まりによって、国内の自由が抑圧されてしまう」か否かを深刻な様相で問うている。

一つの可能性として起こりうる事態は次のようなものだ。我々の独占的なビジネスやそれに関連した集団に対する大衆の恐怖心によって、恒常的な「赤化への不安」が生まれ、それが、労働組合の弾圧や南部における「白人至上主義」の復活に利用される。こうした不安は、私的な独占やその他の不正に反対する闘争的なリベラルを攻撃するためにも利用される。それによって、集権化の傾向は急速に進むだろう。(5)

経済的な集中化がメディアの自由に欠陥をもたらす原因であるというポピュリストの見立てを、委員会メンバーの多くは受け入れていた。彼らは、意見の多様性を保持することへの市民的パラダイムの関心にも執着していた。しかし他方で、セカンド・ニューディールにおいて非常に重要だった経済的独占に対する伝統的思考を維持、発展させながら、それを戦後の未来における未知の危険にあてはめて考えていたのである。

委員たちはポピュリストの主張に多くの時間を割いた。その主張とは次のようなものだ。すなわち、メディア所有者たちの表現の自由よりも、一般庶民の表現の自由の権利の方が社会的に重要である。そして、こうした発言の権利は、マス・メディアを通して話を聞いてもらう権利をも含むべきだ、と。委員会のより保守的なメンバーは、こうしたポピュリスト的な意見に気づき、異を唱えたが、にもかかわらず、起草作業や議論を経た上で最終的な報告書まで生き残った。公表された報告書では、「全ての民衆にとって最も重要な装置がごく一部の少数派によってのみ、用いられるとき」、報道の自由は危機に瀕すると述べられている。(6)マス・メディア時代における報道の自由は、新聞を所有することと、拡声器を持って街角に立つことの違いを考慮に入れねばならなかったのである。

委員会の保守的なメンバーは放送、出版する権利という考えを嘲笑った。

もしこれが我々の報告書の目指す報道の自由の概念だとすれば、それは、誰でも望んだ者が新聞の所有者になることができるようにするという提案に帰着するはずだ。

ジョン・ディッキンソンは辛辣にそう述べたのである。(7)こうした懐疑主義を反映して、公表された報告書は、聴衆へのアクセスについて問題を提起しつつも、次のことを明記していた。

ただし、このことは、報道機関を所有したり、編集者になったり、既存のコミュニケーション・メディアの聴衆に対するアクセス権を持ったりする、道徳的、法的権利をあらゆる市民が持っていることを意味しているわけではない。

この報告書は聴衆に対する権利をより抽象的に論じている。それはまるで、人間ではなく、アイデア自体が持っている権利のような論じられ方であった。公衆に聴いてもらう「機会をアイデアは持たねばならない」というわけである。(8)これこそ委員会において最も扱いづらい意見の相違が残した爪痕の一つであり、委員会メンバーたちが最もよく論争に陥った問題であった。

委員会の改革に向けての主要な関心は、市民的パラダイムとポピュリズムの両方にまたがっていた。市民がメディアを能動的に使うこと、すなわち、聴き手としてだけでなく、話し手としても用いること。これを妨げるアメリカン・システム内部の要因に目が向けられたのである。能動的な市民性に必要な経済面、情報面の前提条件について多くの啓蒙的な意見が交わされ、そうした課題の邪魔になると目されるものは全て嫌悪されたのだ。

しかし、委員会における市民的パラダイムによる分析とポピュリスト的なそれは、内部の不和と奇妙な均衡状態をもたらした。議論はメディア所有と統制、そして公共サービスに関するお馴染みの議題の周辺をぐるぐると回るようになっていった。委員たちはいくつかの中核的な問題の原因を非常に明確に見抜いていたが、基本的な提言については全く意見が一致しなかったのである。この取り組みに気前よく寄付を行ない、彼らが独創的な解決法を思いつくに違いないと思っていた人々にとって、これは欲求不満と困惑を抱かせる事態だった。

最初に大枠の報告を起草した委員会のリベラル派の中には、アーチバルド・マクリーシュも含まれていた。彼は経済的な集中化の問題に焦点をあて、これを委員会による討議の目玉にすえようとしていた。しかし結局、彼は明確な解決法をえられなかった。委員会のメンバーたちは、この問題が難しく、解決不能であるという考えへと後退することとなった。それだけではなく、メディアの所有や統制に関する自分たちの白熱した議論が新たな考えを生み出すだろうという見方にも、自ら疑義を呈し始めていた。

近代社会におけるより一般的な集中化の問題の一つとして経済的な問題を提起すれば、当然、彼らが以前から既に拒絶していたもの、すなわち政府によるメディアの管理についても、より強硬に排除することになる。彼らは企業や政府による、さらなる集権的な統治ではなく、より多様性を生み出す解決法を模索していた。しかし、それを達成する方法は思いつかなかった。小さなメディアの活動が本当に大きなメディアのそれより良いのかどうかという問いを推し進めていったとき、彼ら自身が小さな町の新聞よりも大都市の新聞を、そしてローカル番組よりもネットワークの番組を好んでおり、メディアの集権化は短所だけでなく、長所もあるということを、全員が認めざるをえなかったのである。

マクリーシュはある日、同僚の委員に尋ねた。商業的な動機だけではアメリカ国民が現在求めている情報サービスを与えるための十分な誘因にはならない、という結論を発表したとすれば、委員会は一線を踏み越えてしまうことになるだろうか。

この問題は「あまりにも複雑」だと返答されたマクリーシュは、次のように返答した。

あなた方の分析に、提言するに足るだけの単純さがない限り、我々は、三年間ただ集まっていただけの滑稽な集団になってしまう。

ラインホールド・ニーバーも「我々は実際のところ、解決不能な問題を抱えている」と述べ、「世界中に衝撃を与えるような途方もない解決法」など存在しえないと繰り返し主張している。チャールズ・メリアムは「我々の生きる近代的な産業社会」と報道の自由をもう少し関連づける必要があると考えていた。「集中化の進行」はメディアだけに特異な現象ではなく、「我々の社会に広く共通する特徴」でもあるというのだ。委員会で使われる言葉やその考え方には時代錯誤な部分があり、求められているような分析結果を出すのは難しいと彼は主張した。現在の産業システムや技術に目を向けることで、もう少し現代的かつ近代志向、未来志向の分析ができたならば、もっと役立つものになったかもしれないと私には思える。(9)

しかし結局、ハッチンスが最終報告で言及したところによれば、委員会の発見した最も驚くべき事柄は、それこそ「驚くべき提案などできない」ということだった。(10)

この委員会は二つの時代の狭間で活動していた。市場の混乱と利益追求のさなかにあって公共の利益をどうやって守るか。放送における大いなる協調の可能性を模索するこうした関心のあり方こそ、委員会が受け継いだ市民的パラダイムの一要素だった。それは自然と、政府による改革や規制への興味につながっていった。しかし、戦争や冷戦の空気感、国有のメディアが単なる政府のプロパガンダの道具になりがちであるという根強く残る信念、そして一九三〇年代後半に復活してきたポピュリストたちが抱いていた集権化や独占に対する懸念、これらは全て政府によるメディア運営という解決策も強固に拒絶していたのである。委員会メンバーの誰も、アメリカ版ＢＢＣのようなものを求めはしなかった。委員会の末期までには、たとえばジョン・ディッキンソンのような人物から新たな懸念が提示されるようになっていった。放送への政府の介入を提言することは、放送の「ロシア的」モデルを支持しているように見えるのではないか、という懸念である。

> もし現代社会が巨大なマス・コミュニケーション機関を必要としているなら、また、もしこうした集中化があまりに進んで民主主義を脅かすとすれば、そしてまたもしも、民主主義が単純にそれを壊すことで問題を解決できないのであれば、そうした機関は自分で自分を制御するか、政府によって統制されるかしかない。そうした機関が政府によって統制されるならば、我々は全体主義に対する主要な予防手段を失うことになる。それは同時に、全体主義に向けての大きな一歩でもある。(11)

元来、自分たちが取り組んできた中心的な問題関心のゆえに、委員会は敗北を認めることになってしまったのである。委員会はメディアにおける経済的な集中化の問題に対して十分な解決策を何ら生み出せなかった。したがって、より良い民主的なメディアに向けたシンプルな処方箋も提供できないと彼らは感じていたのだ。「独占の打破」というニューディール的な言葉も、市民的観点から見た「良いラジオ」について考えるための知的道具立てを与えてはくれなかった。経済的集中がメディアの大きな問題の根本にあると考えていた委員会メンバーたちですら、そのことを認めていた。それゆえに彼らは、市民的な論理性ではなく、メディアとの感情的なつながりや人々の情動について議論するための言葉を手探りで模索していった。

彼らの最も際立った功績は、公衆への正確な情報の伝搬についてメンバーが調査していた問題を議論の俎上にのせたことだ。委員会のメンバーは折に触れて、より感情的な次元のコミュニケーションがあることを認めていた。しかし、議論が始まるたびに、そうしたことを知らないとか、不十分にしか理解していないといった告白がなされ、放棄されていった。コミュニケーションの感情的な側面や大衆的な娯楽メディアとの相互作用について、説明的に、あるいは分析的に論じるための知的訓練も人生経験も、委員たちは概して持ち合わせていなかったのである。

アメリカの社会科学は、ポピュラー音楽に対する反応の主観的な力学について、ほとんど何も語りうることを持っていなかった。また、クラシック音楽の聴衆を広げることに異常なほど力を入れていた市民的パラダイムは、大衆に対するポピュラー音楽の魅力を自明かつ望ましくないものとして、ほとんど調べもしていなかった。ある戦時中の研究では、次のように論じられている。

ポピュラー音楽は社会的刺激の一形態である。その制作に、音楽会社、広告会社、ラジオ会社は毎年何百万ドルとつぎ込んでいる。しかしながらその莫大な支出や、生み出された作品の持つ人々への心理学的影響にもかかわらず、この社会的力学に満ちた空間については、社会科学者はほんの少し触れている程度だ。[12]

筆者はさらに踏み込んで、一つの重要な結論を下している。

全体として見れば、一般的に男性よりも女性の方がややポピュラー音楽を好んでいる。[13]

全て男性で構成されていた委員たちがこの問題について何かを見落としていると感じていた、より根本的な理由はおそらくこれであった。

委員会のメンバーたちはメディアに対する感情的な反応という領域に、少しだけ研究の歩みを進めてはいた。少なくとも自分たちの研究の範囲外に広大かつ重要な領域が存在するということを指摘できる程度には、である。ロバート・レッドフィールドは「シンボルを生み出し、それを維持する機能」の重要性について論じている。[14] バーズリー・ラムルはポジティブで民主的なプロパガンダについて考えており、ためらいがちに次のような考えを提示した。おそらく真実を告げることは常に最も重要であるとは限らず、時として「ロマン主義的な視点(中略)つまり良い方向に偏った視点」の方が良いこともあるだろう、と。一般に普及している民主主義への信奉は「現実的な視点に立って見れば、それほど確固たるものではない。我々はおそらく世界で最も頑固で、人種意識の強い国民である。しかし、そうした事実はあまり強調しない方がよい」というのである。

委員会の外国人アドバイザーの一人であった哲学者のクルト・リーツラーの考えによれば、こうした議論は、真実を告げることを絶対的なものとしてみなすのを暗黙のうちに放棄する非常に危険な方向性だった。

たとえ真実を伝えられるということ自体が虚構であったとしても、それは維持し続けるべきものであって、「しょせん虚構だ」などと正体を暴くべきではない。(15)

しかしラムルは、コミュニケーションとは真実を告げることであるという説明を何か別の方法で補う試みにこだわった。彼は後に「本質的には事実である事柄をシンボルによって事実とは異なる形で示すこと」、すなわち擁護しうる、あるいは賞賛すべきとさえいえる表現と、擁護しようのない「誤りの意図的な使用」とを区別している。彼の言によると、バック・ロジャースとオーファン・アニーは「おそらく正確な報道であっても共同体の中に適用した場合にシンボルとして誤解を生みやすい多くの事実よりも(中略)真実らしいことを伝えている」というのだ。さらに彼はこうも語っている。

こうした視点から、我々はソ連の報道に対する姿勢を再検討せねばならない。なぜなら、おそらく何が「有益な報道」かという彼らの認識は、実際のところ、我々のそれとは全く異なっているかもしれないからだ。(16)

委員たちは、心理学者のポール・ラザースフェルドとエーリッヒ・フロムに、コミュニケーションの感情的な側面について指導を求めた。マクリーシュは委員会からの問いを彼らに提示している。

私たちは自分たちが常に同じ疑問に立ち返ってくるということに気づきました。それはあなたが報道に求めている肯定的な側面に関することです。事実の情報を非常に詳細な形で提供し、物議を醸す討論を放送することを求めるのであれば、さらなる情報を持つことや、マス・コミュニケーションという装置の利用を報道に求める必要は必ずしもないとはいえないでしょうか。マス・コミュニケーションを用いるのは、我々がシンボルの永続化や妥当なシンボルの創出と呼んでいるもののうち、肯定的なものを用いるためなのですから。

他方、私たちは、自分たちがもう一つの問いにも直面していることに気づきました。非常に感情的で、その多くが理性的な水準にないようなシンボルを通した情報伝達を合衆国の現代のジャーナリズムに持ち込むことが、自己統治のプロセスにとって有害とはいえないのではないか、少なくとも理論上は、理性の不可欠な働きを阻害しないのではないか、ということです。

委員たちは率直に、自分たちがこれらの重要な選択肢を検討したり、必要な調査をしたりするのに求められる知的道具立てを持っていないか、あるいは不十分であることを認めている。マクリーシュは言う。

こうした質問を個人的に尋ねることすら、私には難しい。なぜなら彼らに質問するための用語すら私は知らないからだ。(17)

これに対する返答で、フロムは「空想的な満足という感情的な魅力」の重要性を語り始めた。それは「個人が市民として民主主義に積極的に参加するにあたって持つ目標とは完全に異なるし、相矛盾する」ものであるという。(18) 過度に理性的で個人主義的な市民的パラダイムに対するフロムの疑念は戦時中に出版された彼の著書『*The Fear of Freedom*』で既に表明されていた。そこで彼は、リベラルな民主主義が個人的意見の形成を中心にすえていることに対して疑義を呈している。

しかしながら、自身の考えを表現する自由は、我々が自分自身の考えを持つことができる場合にのみ、存在しうるものである。

「自分の意志を持った個人が存在するという幻想」と書くことで、フロムはアドルノと同様に、市民的パラダイムの前提を巧みに批判したのである。[19]

しかし、コミュニケーションの感情的、象徴的側面に委員会が注意を向けることに最も説得力のある理由を与えたのは、当時カナダで働いていたドキュメンタリー映画制作者のジョン・グリアソンだった。彼はマクリーシュの原稿を批判した。それはマクリーシュの原稿が概して、「娯楽と「事実や意見の公平性」との間には大きな溝」があると主張していたことや、情報の提供にあたって「多面性、多様性」を維持する必要性を「ワンパターンに」繰り返していたことに対する批判だった。

マクリーシュは娯楽を客寄せの材料、あるいは薬を飲みやすくするための砂糖程度に考えている。しかしそれは大きな間違いだ。人はパンのみにて生きるにあらず、真実のみにて生きるにもあらず、である。こうした娯楽の多くは我々が生きる技術時代の（中略）民衆に根ざしたものだ。観察とユーモアと空想こそが、この技術社会を人間の社会にしてくれるのである。

委員会に集ったアメリカの知識人たちが、アメリカの大衆娯楽の達成した非常に創造的なシンボルに関わる業績に耳をふさぎ、眼を閉ざし続けていることをグリアソンは嘆いていた。

アメリカは技術社会に秩序をもたらす政治形態に関しては後れをとってきたかもしれない。しかし、こうした社会における実験の活発さ、独創性、持続力、大胆さを生み出す想像力に関してはそうではない。[20]

彼は自分の同僚である委員たちが、快楽とコミュニケーションのつながりについて理解できていないとして、強く批判したのである。プロパガンダの批判者というよりは、実践者として、彼は感情と知識の関係に対するはるかに確かな感覚を持っていたのだ。

委員たちはみな中高年の男性であり、一人を除いた全員が一九世紀の生まれだった。ラジオとともに育った人物は一人もいなかったのである。いくつかの事柄について、自分たちが単に分かっていないだけかもしれないという危険性に彼らは気づいていた。テレビについて議論しながら、ジョン・ディッキンソンはこう述べている。

私が悩んでいるのは、なぜ人がラジオで演説している時の口の動きを見ることに関心を示さねばならないのか、ということです(21)。

専門家として招集された彼らが、大衆的なメディア形態に対する自分たちの無知や、マス・コミュニケーションと大衆との関係に対する自分たちの分析手法の弱さについて論じる時代がやってきたのである。

市民的パラダイムやポピュリストからの疑問について議論しながら、この委員会はほとんど音楽については何も語るべきことを持たなかった。しかし一九四四年九月、ニューヨークで開かれた会合で、アーサー・シュレジンガーは次のような問いを発している。

音楽は社会的態度を作り出すのでしょうか。だとすれば、当委員会はその影響について議論すべきなのではないでしょうか。

バーズリー・ラムルはこれに対して「我々は音楽についてよく知らない」と答えた上で、こう述べている。

たとえばシナトラの音楽に熱狂する若者たちの集団ヒステリー状態を引き起こしているものは何なのか。そこでは今まさに、コミュニケーションの態度に関わる非常に重要なことが起こりつつあるのかもしれません。しかし、我々はそれについてほとんど何も知りません。したがってそれはきっと我々の射程を超えてしまっているのです(22)。ラスウェル氏もこれには同意しておりました。

このように、委員会のメンバーたちは、メディアとの新しい種類の関係性に対する自分たちの当惑を認めていたのである。一般報告書として出版された『自由と責任ある報道』でも、以下のような認識が示されていた。

批判的な新しい考えについて発言するとき、それが感情の入らない純粋に論理的な主張であることはほとんどない。そしてそれに対する反応も必ずしも討議という形になるとは限らない。討議とは、常に聴き手の知性と先入観と感情的なバイアスが示す働きなのだ。[23]

しかし、この本全体としては、委員会が諸問題に対して十分に取り組んだということが繰り返し示されている。その諸問題とは、こうした感情的なコミュニケーションの領域ではなく、規制や、表現の自由の法的基盤、コミュニケーションにおける政府の役割、意見の多様性の維持、そして経済的集中化の危険性に関するものである。その理由の一端は、アメリカの知識人たちが、プロパガンダモデルによって、ラジオに心をつかまれることの喜びではなく、その危険性を考えることに慣らされていたことにあった。それによって、知識人たちは次のような見通しを語る方向に進むことになった。感情や「非理性的な欲望」に訴えかけるコミュニケーションが過剰になると、「最終的に聴衆は事実の情報と虚偽の情報を区別できなくなり、メディア全体に対する信頼感を失くしてしまうだろう」と。[24]

シナトラ現象に対する困惑を含んだ言及は、こうした局所的な幻滅とは正反対の状況を示すものだ。それは、ラジオの魅力や、疑うことでなく没入することに人々が見いだした喜びに関わる物語であった。一部の聴衆たちに、激しく、ほとんど圧倒的ともいえる感情的反応を引き起こすのに、ラジオが大きな役割を果たした事例がそこにはあった。一九四三年を通して、シナトラはニューヨークのパラマウント・シアターで、ボビーソックスをはいた一〇代の群れなす若者たちに向けて公演を行なっていた。少女を中心とする三万人のティーンエイジャーたちがパラマウント・シアターで行なわれたシナトラのコンサートへ入場しようとしてほとんど暴動のような状況を引き起こしたのは、委員会が一九四四年一〇月一一日のコロンブス記念日に九月分の会合を催したわずか数週間後のことだった。彼らはそれまで主にラジオで声だけの存在、「ザ・ボイス」として知られていたシナトラの姿を見、その音を聴いて、叫び声をあげながら熱狂した。ブルース・ブリーヴェンは『*New Republic*』誌に次のように書いている。

彼を一度もナマで見たことがないにもかかわらず、何千人もの少女たちが、ラジオを通して「ザ・ボイス」の声を聴いただけで魔法にかけられてしまったと告白している。(25)

コンサートに出演したシナトラのか細くて壊れそうな姿は多くの物議を醸した。(26) ブリーヴェンは驚きをもってその様子を語っている。

そこには、彼の肉体的な弱々しさとは不釣り合いな連帯と確かな感覚があった。

これらのティーンエイジャーたちがコンサートに入場するために学校をサボろうとしたという事実とは別に、まだファシズムから抜けきらない時代にあって、この種の大衆的な行動が不安を巻き起こしたのは理解しがたいことではない。『*New York Times*』に寄せられたある手紙の主は、この若いシナトラのファンたちを擁護しつつも、「彼らがヒトラーではなく、シナトラのために列をなしていることを神に感謝します」と綴っている。(27) シナトラ現象に関する批判的な公の議論は、公的な場での感情の表出に関するこの種の問いに焦点が当てられていた。ニューヨークの教育委員会のメンバーであったジョージ・H・チャットフィールドは教育委員会と警察と裁判所に対して、この問題に対処するよう求めた。

若者たちが感情のコントロールを失っている姿を公の場でさらしてしまっていることを看過することはできない。

彼の懸念は学校の無断欠席だけではなく、彼らが統制や見識を失っていることにも向けられていたのである。(28)『New York Times』に寄せられた別の手紙では、「キャンプ生活をしているヨーロッパの若者や労働を強いられているドイツの若者」とニューヨークのシナトラファンたちのヒステリックな行動が対比されている。彼らはパラマウント・シアターの外で時間を「浪費」しているというのだ。(29) したがってファンたちの行動は、感情的に行き過ぎているというだけでなく、戦時においては国家の資源であるはずの貴重な時間や労力を著しく無駄にしており、それは彼らの着ている「ズート・スーツ」に見られる布地の浪費と象徴的に符合しているというわけである。当時のシナトラファンたちは「セーターとズート・スーツを身に着けたティーンエイジャー」として描写されていたからだ。(30) ある専門家はもう少し共感的に、戦時中の若者たちが「群れたがる欲求」、すなわち「群衆とともにありたいという欲求の明らかな高まり」(31)という傾向を持っていると指摘している。

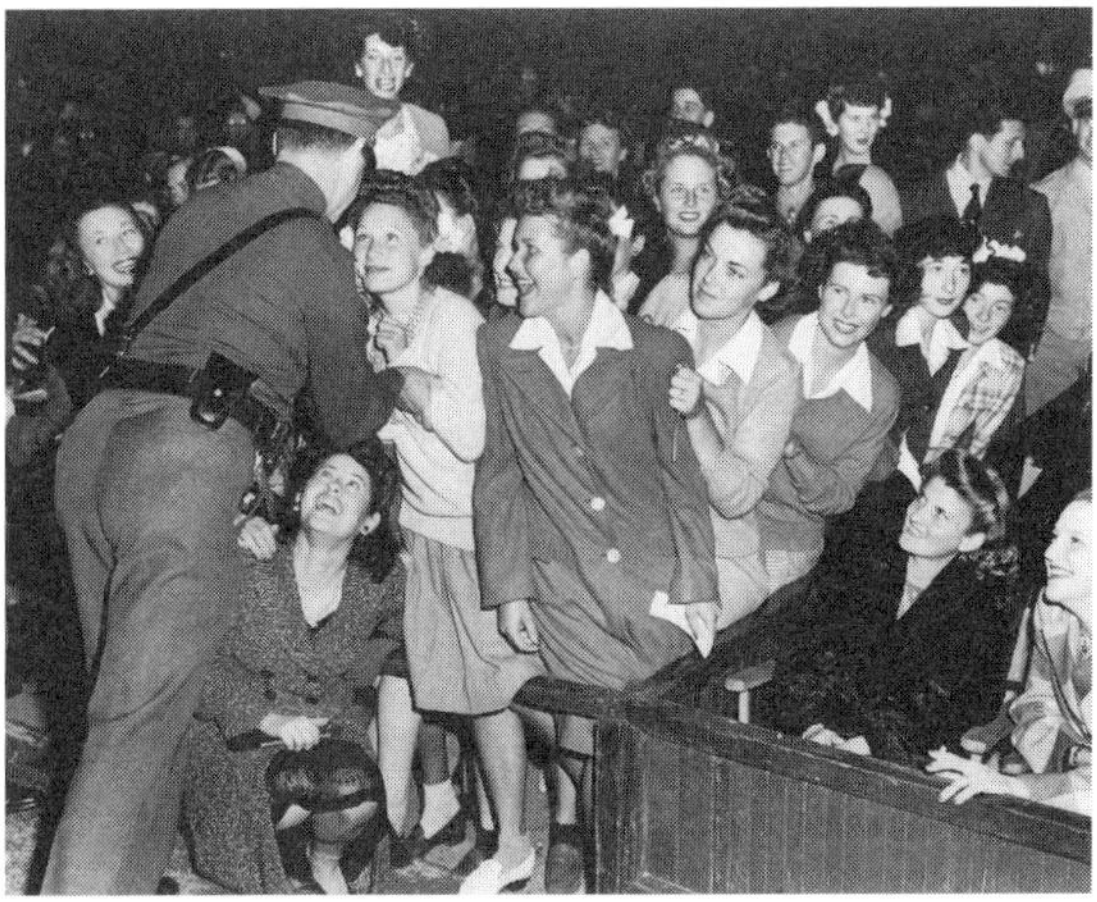

フランク・シナトラのコンサートに集まったファンたち（1943年8月14日，ハリウッド・ボウルにて）
このコンサートはハリウッド・ボウルとロサンゼルス・フィルハーモニックに利益をもたらした．しかし，『*Los Angeles Times*』の音楽評論家，イザベル・モース・ジョーンズはこれを非難した．シナトラのように「感情を掻き立てるクルーナー（swooner-crooner）」は「音楽のドラッグ」や「激しい感情というアヘン」をまき散らす輩であり，ハリウッド・ボウルという会場には似つかわしくないと彼女は主張している．

　シナトラ現象は説明と解釈を必要としていた。しかし合衆国を代表する社会科学者たちはそれについて語る言葉を持たなかった。彼らはシナトラ現象の中に、合衆国のメディア利用の歴史における重要な進歩が含まれていることを認識できてはいた。しかし、情報と個人的意見の形成、多様な視点といった市民的パラダイムがもたらす利益に彼らの研究の焦点はあった。それは、彼らが文字通り、それ以外に語るべきことを知らないということを意味していた。彼らはその知的伝統のせいで、ラジオに対する感情的な没入を、単にネガティブなもの、あるいは潜在的に全体主義へとつながるものとして認識することになってしまったのである。彼らは多かれ少なかれ、この場合にも同じことが起こっていると理解していたのだ。

合衆国が冷戦に突入した頃、リベラルな国家という考え方が容易に共産主義へとつながりうるのではないかという激しい疑念が噴出した。それに伴って、放送に関する市民的パラダイムの考え方はさらに激しい攻撃にさらされるようになった。『*Chicago Tribune*』誌のオーナーであったコロネル・マコーミックは委員会の報告書やそのメンバーについて次のように非難している。

委員会の報告書では、大体においてうだつの上がらない教授たちや狂った連中が、共産主義陣営のための非アメリカ的な活動について六七回も言及している(32)。

ニューディール時代の市民的パラダイムは、もはや政治的に擁護できない立場に追い込まれていった。アメリカ社会の民主化は、現在進行中であるというよりも、ある程度確立されたものであると理解されていた。そのため、喫緊の課題としては受け入れられにくくなっており、それよりも世界の他の場所にアメリカの民主主義を広めようという要求の方が受容されやすくなっていたのである。しかし、ラジオのようなマス・メディアについて語るための新たな言葉はそう簡単に獲得できるものではなかった。マス・メディアに関心を持つアメリカの知識人たちは第二次大戦の終わりごろには、ラジオが持つ魅力の感情的側面について語る方法を見つける必要性を意識していた。しかし彼らは、自身のこうした素材に対する研究上の考えと市民的なラジオを志向する野望への主要な関心とをどう結びつけていいのか分からなかったのだ。結論にいたるための自分たちの能力に対する彼らの不安と不全感は、市民的パラダイムの衰退と新たな思考法を探求する動きに表れていたのである。

ラジオ自体も戦後に入って変化しつつあった。テレビという新たなメディアが全国的な広告料を吸い上げてしまったことで、ローカルなスポット広告やFCCの報告書で嘆かわしいとされていた録音音楽がラジオの将来展望の主流になっていったのである。市民的パラダイムへの期待はテレビへと移行した。テレビは一九五〇年代を通して増大する市民的関心の時代を形成し、「シリアスな」ドラマと音楽に対する人気の黄金時代を迎えた。しかし、一九六〇年代までには、対立する意見を持った人間同士の政治討論の放送はお決まりのものになり、世界を変えつつあるようなものではなくなった。それはちょうど、クラシック音楽放送が改革運動ではなく、ニッチな市場を狙ったものになっていったのと同じ変化だった。

テレビに関するウィリアム・ボディの見立てによれば、一九六〇年代初めの、黄金時代と「広大な荒地」の端境期は「ごく短い期間」にすぎなかった。市民的な高い期待が寄せられた時期から幻滅にいたるまでのサイクルは、ラジオよりもテレビの場合の方がはるかに速く、また極端な形で進行したように見える。[33]そして一九九〇年代までにアメリカにおける市民的な生き方を復活させつつあったのはインターネットだった。

こうした循環する歴史は我々にシニシズムをもたらすわけではない。希望から幻滅へといたるそれぞれのサイクルの中で、一体何が起きていたのか。それを理解しようとする試みへと、我々を導いてくれるはずである。そのような試みこそが、次の大きなメディアを理解する上で我々の助けとなるだろう。

(1) 本章の元になったものは、以下の学会発表の議事録に掲載されている。
David Goodman, "'We Know So Little': Civic Ideals and Emotional Engagement in Post-war Debate about American Radio," in Sianan Healy, Bruce Berryman, and David Goodman (eds.), *Radio in the World: Papers from the*

2005 Radio Conference (Melbourne: RMIT, 2005): 331–41.

(2) Document 57, folder 12, box 2, Commission on Freedom of Press Records, UCSC.

(3) Commission on Freedom of the Press, *A Free and Responsible Press* (Chicago: University of Chicago Press, 1947): vi.

(4) "Definition of the Inquiry," Document 20, Commission on Freedom of Press Records.

(5) Discussion on April 26, 1944, Document 16, folder 4, box 1, Commission on Freedom of Press Records, UCSC.

(6) Commission, *A Free and Responsible Press*: 2.

(7) "Comments on the Revised Draft of the General Report, February, 26, 1946," Document 91B, folder 2, box 5: 1–4, Commission on Freedom of Press Records, UCSC.

(8) Commission, *A Free and Responsible Press*: 9.

(9) Document 90, folder 9, box 4: 18–28, Commission on Freedom of Press Records, UCSC.

(10) Commission, *A Free and Responsible Press*: viii.

(11) Commission, *A Free and Responsible Press*: 5.

(12) Peatman, "Radio and Popular Music": 391.

(13) Peatman, "Radio and Popular Music": 354.

(14) Document 91, folder 1, box 5: 7, Commission on Freedom of Press Records, UCSC.

(15) Record of discussion September 18/19, 1944, New York City, Document 21, folder 9, box 1, Commission on Freedom of Press Records, UCSC.

(16) Document 91C, folder 2, box 5, Record of discussion, September 28, 1946, Commission on Freedom of Press Records, UCSC.

(17) Document 90A, folder 11, box 4, Commission on Freedom of Press Records, UCSC.

(18) Document 90A, folder 11, box 4, Commission on Freedom of Press Records, UCSC.

(19) Erich Fromm, *The Fear of Freedom* (London: Routledge and Kegan Paul, 1942): 207, 218.

(20) Document 91, folder 1, box 5: 15, Commission on Freedom of Press Records, UCSC.

(21) Document 108A, folder 3, box 8: 37, Commission on Freedom of Press Records, UCSC.

(22) Record of discussion, September 18/19, 1944, New York City, Document 21, folder 9, box 1, Commission on Freedom of Press Records, UCSC.

(23) Commission, *A Free and Responsible Press*: 7.

(24) "Definition of the Inquiry," Document 20A, folder 8, box 1: 7, Commission on Freedom of Press Records, UCSC.

(25) Bruce Bliven, "The Voice and the Kids," *New Republic* 1944, reprinted in Steven Petkov and Leonard Mustazza (eds.), *The Frank Sinatra Reader* (New York: Oxford University Press, 1995): 33.

(26) Bliven, "The Voice and the Kids": 33.

(27) Narciso Puente Jr., letter to the editor, *New York Times*, October 19, 1944: 22.

(28) "Sinatra Fans Pose Two Police Problems and Not the Less Serious Involves Truancy," *New York Times*, October 13, 1944: 21.

(29) "Teenager Disapproves," *New York Times*, October 16, 1944: 18.

(30) "Mob Runs Riot in New York," *Washington Post*, October 13, 1944: 1.

(31) Roy Sorenson, "Wartime Recreation for Adolescents," *Annals of the American Academy of Political and Social Science* 236 (November 1944): 147.

(32) "Col. McCormick Reacts," in Louis M. Lyons, "A Free and Responsible Press," *Nieman Reports* 1, no. 2 (April 1947): 3.

(33) William Boddy, *Fifties Television: The Industry and Its Critics* (Urbana: University of Illinois Press, 1992): 107.

結論

放送における自由市場だけが電波上の言論の自由を保障してくれる。一九三〇年代のアメリカの放送業界は、それを公衆に信じさせることにある程度成功した。ラジオの黄金時代には、それを相殺するような制約もあった。「ラジオが創出しうる、あるいは創出すべき公共圏」という考え方である。この制約こそが放送の形を生み出し、それを限定していったのだ。

一九九六年以降、合衆国における放送はさらに制約の少ない自由市場へと移行してきたが、その根拠として、一九三〇年代の放送企業によって形成された主張の一部が用いられている。重要なのは黄金期のアメリカのラジオが、現在我々が記憶しているよりもはるかに市民的な志向を持ち、政府の動きに対してずっと敏感に反応していたということを理解しておくことだ(1)。本筋は商業的でありながら、一定の規制も受けていた放送のアメリカン・システムは一九三四年以後も生き残ったのである。放送事業者たち、とりわけネットワーク各社が、規制体制の精神に適応しようと、現在から見て異常なほどの努力を払っていたからである。当時の体制は、どのような種類の放送が公共の利益に資するかを判断する能力を要求していた。私が市民的パラダイムとして認識してきたものの影響下で作られた番組は、能動的かつ敏感で、自分の意見を持ち、個人化された公衆の形成を促進するという意図を持っていた。ここまで論じてきたように、これは、いかにしてラジオを公共や国家の利益に資するよう機能させるか、という国際的な議論のアメリカ特有の変奏であった。

多くの妥協や論争があったにもかかわらず、アメリカのラジオ史には、市民的パラダイムの時代をめぐる感嘆すべき事柄がおびただしく存在していた。あの時代に発達したラジオ実践やラジオに関する思想は、今日もなお、新鮮かつ創造的なものであり続けている。ラジオの聴衆を能動的にさせるにはどうしたらよいか？　彼らに自分たちが聴いた政治的、社会的な事柄について議論するよう説得するにはどんなやり方があるか？　音楽聴取と音楽制作を結びつけるには？　これらの方法を見いだそうとする試みは、いずれも重要な取り組みとなったのである。

さらに考察を進めるならば、ラジオは政治学者のロバート・パットナムによる知見の文脈の一部をなしているかもしれない。その知見とは、市民的パラダイムのラジオの全盛期に育った第二次大戦期世代が、その後の世代よりも公的な事柄により多く従事するというものである。『孤独なボウリング』はテレビを社会関係資本衰退の原因の一つであるとしているが、市民活動により多く従事しているとパットナム自身が評価した年輩世代を形成したのがラジオであるということに関してはほとんど語っていない(2)。新しい世代が討議的民主主義について意見を闘わせ、これまで夢にも思わなかったほどの集中化と均質化から商業放送を救い出そうと孤独な試みを繰り広げているとすれば、我々は市民的パラダイムの時代に何が言われ、何がなされたのかについてもう少し注意を払い、彼らが何を言っていたのかを聞き取れる程度には耳をすましてみてもよいはずだ。高級文化と大衆文化、能動的聴衆と受動的聴衆、政府機関と服従といった、我々の時代における時として乱暴な議論にそれらを押し込めてしまうことなしに、である。

聴衆を様々な視点に触れさせることは公共善である。市民的パラダイムに則ったラジオは、これを前提としていた。曖昧にしか構築されなかった「放送する権利」というポピュリストたちの主張は、どこにも行き場がなかった。しかし、それに対するリベラルからの反応、すなわち、公的事柄に関するあらゆる意見を「聴く権利」の構築は何十年もの間、アメリカ社会に対して放送がなしうる貢献の支柱であり続けたのである。ジョン・ハートリーはネットワーク・テレビ時代の聴衆と関連づけて、こう問いを発している。「何世代にもわたり、自分の生きる世界とは異なる世界に強制的に触れさせられたこと」は、「一定程度の外交に関する洗練や、「部分的」、「妥協的」な交渉を行なう新しい技術を生み出した」といえるだろうか、と。(3)

社会科学者たちは、選択肢の少なかった時期のテレビ放送が政治に対する理解や振る舞いに与えていた影響について、実証的な調査を始めつつある。テレビ視聴者の四分の三が夜のニュースを見ていた何十年間かの年月は、現在の我々が生きるニッチな市場の乱立するメディア環境よりも、多くの政治的関与を生み出したのだろうか? また、不寛容な政治的分極化を減少させたのだろうか?(4) ケーブルテレビやインターネットで自身の選択した同意できる意見にのみ触れ続けることは、過激思想をはぐくみ、ここ一〇年のアメリカにおける政治生活の著しい分極化の原因の一部をなしているとして、学者や知識人は懸念を表明する。(5) 誰も時計を戻したいとは思わないし、インターネットというランプの精を元の場所に戻して閉じ込めてしまいたいなどとは考えない。しかしそれでも、過去の世代が現代とよく似た問題や危険性について考えていたということを認識することから学ぶべきものはある。不寛容な教条主義を生み出してしまうメディアの機能については、近年、多くの議論がある。それはおそらく知らず知らずのうちに、一九三〇年代にあった同じような懸念を繰り返している。もし、我々の目の前にジョージ・V・デニー・Jr.やジョン・スチュードベーカーを座らせて、ニッチなメディアの細分化と政治的不寛容の結びつきを指摘する現在の論文を読んで聞かせることができたなら、彼らは深く同意し、うなずいてくれるだろう。

しかし、放送の時代に対するノスタルジアは明らかに、私が本書で描いてきた歴史から引き出される反応としては、役に立たないものである。市民的パラダイムがラジオの聴衆を分断してしまったということを想起しておくのもまた重要なことだ。変化に開かれ、進んで自分の意見を変えようとするコスモポリタン的なありようを尊重することを拒否するアメリカ人もいたからである。こうした分断や論争を詳説し理解しようとする試みに、本書は多くの部分を費やしてきた。我々は、市民的パラダイムのもたらす不和や軋轢についてもまた、理解し、銘記しておく必要がある。この領域を扱うのは、あまり愉快なことではない。今日、リベラル・エリートたちがもたらす軋轢に対してはテレビの右派のニュースチャンネルから非常に声高な、気分が悪くなるほどの批判が寄せられていることがその一因である。

私は本書で扱ってきた市民的パラダイムのラジオ活動家たちの多くに敬意を抱いており、もしも一九三〇年代に生きていたとすれば、自分は確実に彼らのオーディエンスであっただろうとも思う。しかしメディアの文化史は、論争や、無害な活動の意図せざる結果や、うまくいったコミュニケーションだけでなく、誤解というコミュニケーションについての考察も含んでいなければならない。私は市民的パラダイムの活動家たちによる自己評価を受け入れ、繰り返すだけにとどまらないよう、努力してきた。彼らの物語は、寛容なリベラル・エリートによる、大衆的な偏見や頑迷さとの戦いというものでしかないからだ。一般的なラジオリスナーたちは実際のところ、本書において、いくつかの点で人種的、宗教的差別意識を持ったポピュリストだったのである。私はこの文化的闘争を逆の側から示そうと、自身の考え方から身を離してみることもした。市民的パラダイムを内面化したエリートたちが大衆的な信念を、単なる無知と愚かさと世界に対する経験の少なさの証明にすぎないとして不寛容に拒絶した瞬間を描き出してみたのである。リベラル・エリートたちが度を越して開放性や共感、寛容、譲歩といったことを評価したとき、彼らは一般的なアメリカ人の視点だけでなく、確固たる道徳の歴史的重要性をも放棄する危険を冒したのだった。市民的パラダイムの真の信奉者たちは、第二次大戦中に国家のための思想的な機能を担っていたとき、しばしばそのことに気づいていたのである。

道徳の確かさとパースペクティヴィズムによる共感との弁証法は普遍的に存在したドラマである。しかし私は少なくとも折に触れては、アメリカのケースの特殊性について議論するよう心掛けてきた。デューイ的な進歩的思想が、陰に日向に、アメリカの市民的パラダイムを内在化したラジオの形成を促していたからである。

本書にはまた、国境を越えたラジオの比較史を発展させてほしいと訴える狙いもあった。この領域はまだ生まれたばかりなのだ。比較というアプローチは、メディア史を文脈の中で記述すること、そして一国の放送が国内で発展していく過程をさらに詳細に語るだけでなく、ラジオを中程度の射程から捉えてみることの重要性に光をあててくれる。無論、ラジオ史はより広い文化的、社会的歴史の文脈の中で語られるべきだ。しかしまた、ケイト・レイシーの言を借りれば、ラジオはその歴史において、「徹底的に脱中心化」させられるべきである。[6] ラジオは常に、その他のニューメディアと同様、既存の社会的、文化的世界に現れ、大きな変革の可能性を生み出した。そしてほとんど全ての場合、人々はラジオが解決法を見いだすのではないかと期待された問題について、既に考え抜いていたのである。

マス・メディアに呼応した個人的意見の形成についても本書は多くの枚数を費やしてきた。ラジオ史は個人主義や日常生活における自己という観念の発達の歴史について多くの重要な知見を含んでいる。人々が「ブロードキャスト・ユアセルフ！」という命令に従って、「個人的意見のブログ」をウェブ上に開設したり、自分自身が意見を述べている動画をYouTubeに投稿したりしているように、現在は個人の意見があらゆる場所にはびこっている。それゆえ、マス・メディアに対する個人の意見を発展させるという営みが歴史を有していることは、容易に忘れ去られてしまう。そう遠くない昔、影響力のあるアメリカ人たちは、自分たちの同胞である市民たちに、意見を形成する技法を教える必要があると見抜いていたのである。

我々が忘れがちなのは、ロックンロールの時代に聴取と服従についての懸念が現れてくる以前、一斉に個人主義を量産しようとする試みにラジオが用いられていたということだ。二〇世紀の合衆国において、ごく短い期間だけ花ひらいた、熱意にあふれ、想像力に満ちた自由主義。それに対する最高の希望と、最良の資質を表したものこそ、市民的パラダイムに固有の大きな野望に他ならなかったのである。

(1) Robert W. McChesney, "Theses on Media Deregula-

tion," *Media, Culture & Society* 25 (2003): 125–33.

(2) Robert D. Putnam, *Bowling Alone: The Collapse and Revival of American Community* (New York: Simon and Schuster, 2000).〔柴内康文訳『孤独なボウリング―米国コミュニティの崩壊と再生』柏書房、二〇〇六年〕

(3) John Hartley, "Flowers Powers: Mars or Venus?" *Flow* 2, no. 7 (June 24, 2005). 以下で閲覧可能。 http://flowtv.org/?p=446(二〇一〇年一月二一日閲覧)

(4) Markus Prior, *Post-Broadcast Democracy: How Media Choice Increases Inequality in Political Involvement and Polarizes Elections* (New York: Cambridge University Press, 2007)参照。

(5) Cass R. Sunstein, *Going to Extremes: How Like Minds Unite and Divide* (New York: Oxford University Press, 2009)参照。

(6) Kate Lacey, "Ten Years of Radio Studies: The Very Idea," *Radio Journal: International Studies in Broadcast and Audio Media* 6, no. 1 (Feb. 2009): 22.

訳者解説

二〇一六年、アメリカ大統領選において、共和党のドナルド・トランプが下馬評をくつがえし、民主党のヒラリー・クリントンに歴史的勝利をおさめた。選挙結果が明らかになった直後、多くの進歩的知識人やマス・メディアは嘆き悲しみ、トランプ本人のみならず、その支持者たちをも罵った。いわく、「アメリカの民主主義はもう終わりだ」、「トランプに投票した人間は愚か者の集まりだ」と。しかし、社会のエリートたちから発せられたこうした感情的な意見の中で、「そもそも民主主義とは一体何なのか？」という根本的な問いを投げかける者は、少なくとも初期においてほとんど皆無だった。

本書は一九三〇年代におけるアメリカのラジオ史を対象にしながら、この現代的な問いに光をあてようとする稀有な試みである。著者のデヴィッド・グッドマンが「アメリカの民主主義」という言葉をマジックワードにしなかったのは、おそらく彼がオーストラリア人であるという理由が大きい。アメリカを外部から眺める視点を持ちながら資料を綿密に読み込んだ結果、生まれたのが本書である。

本書の前半にあたる第Ⅰ部では、一九三〇年代のアメリカのラジオが標榜していた放送の「アメリカン・システム」をめぐる商業放送と政府、ラジオ改革論者、ラジオ教育者たちの葛藤が描き出されている。

前半部の底流を流れるテーマを一言で述べるとすれば、「民主主義と資本主義の関係」である。当時、アメリカの放送が持っていた最大の特徴は、全て商業放送であったということだ。当時の他国における放送制度に目を移せば、国営放送や公共放送のみで運営されているか、あるいはそれらと商業放送が共存して役割分担をしているかのどちらかしかない。この制度自体がアメリカのメディア環境をユニークなものにしていたといえる。

しかし当時、国営放送や公共放送を作り出そうとする動きがアメリカ国内になかったわけではない。そこで、それらの参入を拒む放送業界が当時の放送体制を守るために打ち出した理念は次のようなものだった。いわく、商業的な自由こそ民主主義の核心であり、アメリカの放送だけが持つ固有の価値である。民衆が望むものを与えることこそ民主主義であり、政府による干渉を廃し、全てを商業的な自由にゆだねることが正義である。そんな論理を構築し、世論を煽動していったのだ。

現代の新自由主義とも符合するこうした価値観は、アメリカのナショナリズムと密接に結びついた「自由」というキーワードのゆえに、広く受け入れられた。しかしその一方で、進歩的知識人や教育者たちからの批判にもさらされることになる。放送局への認可や勧告を行なっていたFCC(連邦通信委員会)もまた、そうした人々と意見を同じくしていた。そのため、放送事業者たちは、放送の自由を標榜しながらも、教育的要素や地域振興の要素を取り入れていることをアピールし続けねばならなかった。いわば、ラジオというニューメディアが持つ教育力への期待が、「利益追求＝自由」という価値観に対する歯止めになっていたのである。

こうした背景によって、黎明期のラジオ制作においては、「クリエイティブな綱引き」が行なわれることになった。聴衆に望むものを与えること(商業の原理)と未知のものについて知識を与え、考えさせること(教育の原理)との間に生じる緊張関係である。「楽しませつつ、教育する」あるいは「楽しくて、タメになる」という理想は、現代においてもなお、教育者が追求し続ける見果てぬ夢であり、当時のラジオが抱いていた野望でもあった。商業放送が単なる娯楽だけでなく、同時に公共サービスとしての役割も果たすというアメリカ独特の放送システムはこのようにして生まれたのである。

こうした動きの中で、FCCのメンバーやラジオ教育論者たちは、放送事業者たちとは別の側面に民主主義の本質を見いだし、唱導した。それは寛容性や開放性、コスモポリタニズムといった進歩的価値観である。

自分とは異なる意見を喜んで聞き、対話し、場合によっては意見を変える人間。国境を越えて多くの他者と共感できる人間。そうした理想はやがてクラシック音楽番組や討論番組の隆盛という形に結実していく。

　しかし、現実を冷静に見つめたとき、自分とは異なる意見を聞きたい人間がどれほどいるだろうか。インターネットが普及した現代において、フェイク・ニュースが問題になるのは、単に送り手だけの問題ではない。信じたいもの、見たいものだけを見るという受け手側の性質こそ、問題の根源である。それは当時においても同じだった。本書後半の第Ⅱ部は、そうした人間の限界を直視できなかった進歩的知識人たちがアメリカにもたらした分断に焦点を当てている。

　一般に「声のメディア」であるラジオは、活字に対するリテラシー能力を必要としないため、文化水準の格差を解消する民主的な媒体であるとこれまでは論じられてきた。格差解消は階級間の分断よりも融和を連想させる。しかし、本書が主張するのは、新たな階級的分断の誕生である。その様が最も鮮やかに描き出されているのが、第六章のラジオパニックに関する記述だ。

　一九三八年にオーソン・ウェルズのラジオドラマが引き起こしたパニックは、ハドリー・キャントリルによる研究『火星からの侵入』を通してよく知られている。火星人が攻めてきたという劇中のフェイク・ニュースを一部の人間が信じてパニックを起こしてしまったのである。筆者は既に論じ尽くされた感のあるこの事件に新たな光をあてている。パニックを起こした当事者の意見のみならず、それをめぐるインテリ層の言説をも議論の俎上にのせているのだ。あまり言及されることはないが、実はオーソン・ウェルズのラジオドラマはインテリ層向けの番組だった。それゆえ、インテリ層はその芸術性を褒めたたえ、パニックを起こした人々を愚か者として激しく非難したのである。

　当時のアメリカのインテリ層は先に述べた進歩的価値観を内面化していた。寛容を旨とするはずの彼らはしかし、「知的に劣った」人々に対して容赦がなかった。一般庶民の情報に対する閉鎖性や視野の狭さ、不寛容さといった性質は、ラジオをめぐる言説の中で繰り返し論難される。当時のアメリカのインテリ層は、不寛容な人々に対して全く寛容ではなかったのである。ここにおいても、冒頭で述べた現代の出来事がオーバーラップして見えてくる。トランプがアメリカを分断したとよく言われるが、本当に分断を引き起こしているのは誰なのか。現代のアメリカで起きている問題を考えるヒントが本書にはつまっているのだ。

このように解説すると、本書がまるでインテリ批判を中心に展開しているように聞こえる。しかし、ラジオによる教育に人生を捧げた進歩的知識人たちを記述する筆者のまなざしは、あくまでやさしい。その描写は、彼らの年齢を別にすれば、さながら一種の青春群像劇のように見える。ラジオという新しい媒体に夢を託した知識人たちと、そこから取り残される一般庶民。その両者に対する深い共感の上に打ち立てられた本書の冷静な歴史記述こそは、新たな時代における「寛容」のあり方を体現しているといえよう。

デイヴィッド・グッドマン　David Goodman
メルボルン大学教授．博士(歴史学，シカゴ大学)．シドニー大学を経て，1990年からメルボルン大学でアメリカ史について教鞭をとる(〜現在まで)．
主著に『*Gold Seeking: Victoria and California in the 1850s*』(1994年)がある．

[訳者]
長﨑励朗
桃山学院大学社会学部准教授．博士(教育学，京都大学)．著書に『「つながり」の戦後文化誌──労音，そして宝塚，万博』(2013年，河出書房新社)，「『ロッキング・オン』──音楽に託した「自分語り」の盛衰」(佐藤卓己編『青年と雑誌の黄金時代』収載，2015年，岩波書店)等の著作がある．

ラジオが夢見た市民社会
──アメリカン・デモクラシーの栄光と挫折
デイヴィッド・グッドマン

2018年3月9日　第1刷発行

訳　者　長﨑励朗《ながさきれお》

発行者　岡本　厚

発行所　株式会社　岩波書店
〒101-8002　東京都千代田区一ツ橋2-5-5
電話案内　03-5210-4000
http://www.iwanami.co.jp/

印刷・理想社　カバー・半七印刷　製本・牧製本

ISBN 978-4-00-025506-6　　Printed in Japan

青年と雑誌の黄金時代
——若者はなぜそれを読んでいたのか——
佐藤卓己編
A5判三四六頁
本体三四〇〇円

チャップリンとヒトラー
メディアとイメージの世界大戦
大野裕之
四六判三一四頁
本体二二〇〇円

『図書』のメディア史
——「教養主義」の広報戦略——
佐藤卓己
四六判三三四頁
本体二一〇〇円

現代史のリテラシー
——書物の宇宙——
佐藤卓己
四六判二六四頁
本体二三〇〇円